U0156919

图书在版编目（CIP）数据

金枪鱼人工养殖与加工 / 马振华，于刚，吴洽儿主编 .—北京：中国农业出版社，2022.11

ISBN 978-7-109-29391-5

Ⅰ.①金… Ⅱ.①马… ②于… ③吴… Ⅲ.①金枪鱼—鱼类养殖②金枪鱼—食品加工 Ⅳ.①S959.485 ②TS254.4

中国版本图书馆 CIP 数据核字（2022）第 072993 号

中国农业出版社出版

地址：北京市朝阳区麦子店街 18 号楼

邮编：100125

责任编辑：杨晓改　郑　珂

版式设计：杜　然　　责任校对：吴丽婷

印刷：北京通州皇家印刷厂

版次：2022 年 11 月第 1 版

印次：2022 年 11 月北京第 1 次印刷

发行：新华书店北京发行所

开本：787mm×1092mm　1/16

印张：25.25　　插页：1

字数：750 千字

定价：198.00 元

编写人员名单

主　　编　马振华　于　刚　吴洽儿

副 主 编　胡　静　付志璐　虞　为　周胜杰

冯启超　蒋伟明　纪东平　苏友禄

编写人员　（按姓氏笔画排序）

于　刚　马胜伟　马振华　王　珺

王晓梅　付志璐　白泽民　冯启超

邢迎春　汤涛林　纪东平　苏友禄

苏胜齐　杨　蕊　吴洽儿　张　鹏

林黑着　罗　鸣　周传朋　周胜杰

赵　磊　胡　静　秦传新　黄应邦

曹　坤　彭士明　蒋伟明　虞　为

戴世明

前　言

金枪鱼作为世界海洋食物链中最顶层的、具有高价值和高营养的海洋鱼类资源，长久以来一直受到世界各国消费者的青睐。世界金枪鱼渔业起自20世纪50年代，全球金枪鱼渔获量从1950年的39万t增长至2012年770万t，约占世界海洋捕捞总量（8 150万t）的9.5%。自2000年以来，世界7种主要金枪鱼类，大眼金枪鱼（*Thunnus obesus*）、长鳍金枪鱼（*Thunnus alalunga*）、黄鳍金枪鱼（*Thunnus albacares*）、南方蓝鳍金枪鱼（*Thunnus maccoyii*）、太平洋蓝鳍金枪鱼（*Thunnus orientalis*）、大西洋蓝鳍金枪鱼（*Thunnus thynnus*）和鲣（*Katsuwonus pelamis*），其捕捞量一直占金枪鱼总捕捞量的90%左右，出口贸易额占世界水产品出口贸易总额的10%左右。现阶段高值金枪鱼主要面向生鱼片市场，约占世界总产量的1/3，而低值金枪鱼主要流向罐头加工市场。

金枪鱼肉质紧密匀称，质地柔嫩，富含蛋白质、脂肪、维生素及微量元素，其中DHA（二十二碳六烯酸）、EPA（二十碳五烯酸）等不饱和脂肪酸、牛磺酸、矿物质等含量极其丰富，对于降低人体胆固醇、增强免疫力、保护肝脏、预防老年痴呆等都具有良好的功效，因此金枪鱼被世界公认为顶尖食材，深受世界各国消费者喜爱。近年来，由于市场需求以及价格的优势，金枪鱼渔业出现过度捕捞的现象，蓝鳍金枪鱼等金枪鱼类的自然资源量显著下降。为了满足市场消费需求，金枪鱼类人工养殖业逐渐兴起，世界各国都投入了大量的人力、物力进行金枪鱼人工繁育与养殖技术的研发。

经过世界各国从业人员及科研人员30年的不懈努力，现已在蓝鳍金枪鱼、黄鳍金枪鱼、黑鳍金枪鱼等品种的人工繁育及养殖方面取得了突破性进展。目前，太平洋蓝鳍金枪鱼主要在日本和墨西哥养殖，大西洋蓝鳍金枪鱼在地中海沿岸的几个国家养殖，南方蓝鳍金枪鱼只在澳大利亚养殖。虽然黄鳍金枪鱼曾经在墨西哥和阿曼等国家开展过人工养殖，后因为野生苗种资源量的衰退导致养殖逐渐停止。但近年来由于黄鳍金枪鱼的人工繁殖技术取得突破，其人工养殖也正在逐渐恢复。

本书系统总结了近年来国内外在金枪鱼资源、繁育与养殖技术、病害防控、营养需求及加工等方面的研究进展，以及笔者近年来的研究成果。希望本书的出版能够促进我国金枪鱼养殖产业的发展，助力金枪鱼养殖在技术上不断完善，形成规范性的操作并进行推广应用，为我国开展深远海养殖提供参考资料，推进我国对深远海蓝色粮仓的开发，进而为我国国民提供更多优质海洋蛋白质。

本书出版得到了海南省重大科技计划项目（ZDKJ2021011）、中国水产科学研究院基本科研业务费资助项目（2019XT02，2020XT0301，2020TD55）和亚洲合作资金项目（中国与南海周边国家现代渔业合作）的资助，在此表示感谢。

由于编者水平有限，书中难免存在不足之处，敬请各位专家、同行不吝赐教。

编　者

2022年4月

目 录

第一章　金枪鱼渔业发展趋势及南海金枪鱼资源开发利用进展

第一节　引　　言

金枪鱼是备受关注和最受推崇海水鱼类中的一类。虽然“金枪鱼”实际上代指混合物种，包括鲣、鲔等，但大多数人只将该名词与金枪鱼属的大型高价值物种联系起来，如蓝鳍金枪鱼、黄鳍金枪鱼和大眼金枪鱼。从分类上来看，一般将鲭科中的金枪鱼属、鲣属、鲔属、舵鲣属和狐鲣属统称为金枪鱼类，它们的共同特征是有发达的皮肤血管系统，体温略高于水温。金枪鱼类具有高度洄游的特性，广泛分布于世界三大洋的热带和温带水域，全球共计 17 种。

金枪鱼类的高经济价值使得渔业捕捞强度逐年加大，过度的捕捞使得金枪鱼野生资源量显著降低，如蓝鳍金枪鱼等部分品种已经被列为濒危物种。近年来市场需求强劲使得价格上扬也为金枪鱼养殖业创造了机会。按照投资与回报比率来看，金枪鱼目前是投资回报率最高的养殖品种。金枪鱼养殖产业建立在水产养殖和渔业捕捞两个产业的交叉点上，因此无法从单一产业进行考虑与分析。不仅如此，就目前金枪鱼类的人工养殖来看，金枪鱼类的饲料主要是沙丁鱼和鲭鱼等野生小型远洋性鱼类，而不是营养均衡的人工配合饲料。因此，金枪鱼类的养殖主要依赖于其他野生鱼类资源，且大规模养殖条件下对海洋蛋白具有侵略性，会显著影响海洋中生物链。伴随着全球水产养殖产业的蓬勃发展，人工养殖海产品产量已经占据全世界一半以上的海鲜消费量，规模化金枪鱼养殖亦会成为未来水产养殖产业发展的方向。

第二节　全球金枪鱼产业发展

考虑到产业的可持续性，金枪鱼产业中的利益相关者，从渔民、养殖从业者和科学家到海鲜行业的专业人士及消费者，都面临着巨大的挑战和不确定性（马振华 等，2006）。为了更好地了解这些问题并有效地管理世界金枪鱼种群资源，五个区域政府间渔业组织［包括美洲热带金枪鱼委员会（IATTC）、中西太平洋渔业委员会（WCPFC）、南部蓝鳍金枪鱼养护委员会（CCSBT）、印度洋金枪鱼委员会（IOTC）和国际大西洋金枪鱼保护委员会（ICCAT）］开展了大量研究工作，这些研究工作涵盖了金枪鱼种群资源的时空变化和影响这些资源的生物、非生物和人为因素。

尽管金枪鱼捕捞已经有近百年的历史，但金枪鱼人工养殖是一个相对较新的行业。金枪鱼早期人工养殖可以追溯到 20 世纪 60 年代末，但直到 20 世纪 90 年代初规模化养殖才初现雏形。同样，对金枪鱼室内循环水养殖生产的研究始于 20 世纪 70 年代。然而，研发初期由于育苗技术及设施的限制进展缓慢，后经过各国科学家及从业者的长期努力，建立了金枪鱼的人工苗种繁育、陆基标粗至网箱养殖的整套技术体系，但截至目前该养殖模式仅主要在日本和小部分欧洲地区应用。

截至目前，金枪鱼全球捕捞量和金枪鱼产量仍旧很难准确报道，即使是来自最可靠和最有信誉的数据也不完整，常常相互矛盾。根据现有的最新渔业统计数据，金枪鱼和金枪鱼类物种的捕获量继续增加，2012 年创下了 700 多万 t 的新纪录（FAO，2014）。然而，这些渔获物的大部分是低价值的鲣，主要用于金枪鱼罐头生产。自 2000 年以来，7 种金枪鱼一直占金枪鱼总捕捞量的 90%左右。小型金枪鱼如鲣、长鳍金枪鱼等的捕获量显著增加。2012 年，黄鳍金枪鱼捕获量经过前几年的波动，超过了 2000 年的水平，而大眼金枪鱼捕获量是唯一下降的品种（下降了 5%，FAO，2014）。

现阶段高值金枪鱼主要面向生鱼片市场，约占世界总产量的 1/3。通过水产养殖生产的金枪鱼的实际数量难以准确量化，各调查机构和政府引用的数字之间存在很大差异（Metian et al.，2014）。例如，联合国粮食及农业组织（FAO）数据表明：2011—2013 年间全球蓝鳍金枪鱼的年度水产养殖产量为 9 400～23 500 t（FAO，2014），但该数据存在忽略了几个国家的产量，以及其他国家产量报告不足等情况。例如，2011 年日本没有产量，澳大利亚的产量报告不足，大西洋蓝鳍金枪鱼的产量仅约为 3 000～4 000 t，尽管在此期间总产量约为 13 000 t。相比之下，Tveteras 等（2015）提供的蓝鳍金枪鱼养殖的总产量更为准确，约 36 000 t。目前，主要养殖的金枪鱼类分别是太平洋蓝鳍金枪鱼（*Thunus orientalis*）、大西洋蓝鳍金枪鱼（*Thunus thynnus*）和南部蓝鳍金枪鱼（*Thunus maccoyii*）。太平洋蓝鳍金枪鱼在日本和墨西哥养殖，大西洋蓝鳍金枪鱼在地中海沿岸的几个国家养殖，南方蓝鳍金枪鱼只在澳大利亚养殖（彭士明等，2019，表 1-1）。蓝鳍金枪鱼的产量因品种和生长区域的不同而有很大差异，而且随着时间的推移，捕捞配额也会发生变化。随着养殖技术的不断突破，日本太平洋蓝鳍金枪鱼产量已经超过了南方蓝鳍金枪鱼和大西洋蓝鳍金枪鱼的产量（Tada，2010）。虽然黄鳍金枪鱼（*Thunnus albacares*）曾经在墨西哥和阿曼等国家开展过人工养殖，后因为野生苗种资源量的衰退导致养殖逐渐停止。但近年来，由于黄鳍金枪鱼的人工繁殖技术取得突破，其人工养殖正在逐渐恢复。

表 1-1　太平洋、南部和大西洋蓝鳍金枪鱼的养殖产量

单位：t

国家	品种	2011 年	2012 年	2013 年	2014 年
日本	太平洋蓝鳍金枪鱼	—	9 639	10 396	9 000
墨西哥	太平洋蓝鳍金枪鱼	3 557	1 784	6 228	4 500
澳大利亚	南方蓝鳍金枪鱼	1 987	2 486	3 482	8 350
克罗地亚	大西洋蓝鳍金枪鱼	1 610	1 125	915	
西班牙	大西洋蓝鳍金枪鱼	575	555	305	
马耳他	大西洋蓝鳍金枪鱼	960	530	985	
土耳其	大西洋蓝鳍金枪鱼	100	395	470	14 500
突尼斯	大西洋蓝鳍金枪鱼	70	220	630	
意大利	大西洋蓝鳍金枪鱼	435	85	85	
希腊	大西洋蓝鳍金枪鱼	95	30	55	
合计		9 389	16 849	23 551	36 350

一、太平洋蓝鳍金枪鱼

太平洋蓝鳍金枪鱼的养殖虽然可以追溯到20世纪70年代，但这些早期的尝试主要是将捕捞的幼鱼养殖至商品规格进行销售，其主要特点是规模小、产量低。在日本，商业规模的养殖直到20世纪90年代初才开始，1993年第一次收获约900 t（Tada，2010）。目前日本的主要养殖模式是从100～500 g的蓝鳍金枪鱼幼鱼开始养殖，通过2～3年的养殖，体重达到30～50 kg的商品规格（Masuma等，2008）。

日本太平洋蓝鳍金枪鱼人工繁育及养殖主要是由日本近畿大学推动，联邦政府（渔业研究机构）、地方政府和私营公司也发挥了重要作用。初始阶段，日本太平洋蓝鳍金枪鱼受精卵几乎完全来自网箱养殖条件下自然产卵的亲鱼，而第一个陆基亲鱼系统直到2013年才在长崎投入使用。太平洋蓝鳍金枪鱼人工育苗技术的研发初期也充满了挑战，仔、稚鱼每个重要发育阶段都会出现大规模死亡的现象。这些早期死亡现象被归为以下几个阶段：①孵化后8 d内的漂浮死亡和下沉死亡（Ishibashi，2010）；②在后变态阶段的残食和碰撞死亡；③从陆基孵化车间转移到网箱后的转移死亡。每个时期的死亡率接近90%，金枪鱼幼鱼的总体平均存活率仅为0.01%～4.5%（Masuma et al.，2008）。金枪鱼人工育苗阶段饵料选择也具有非常大的挑战，据日本报道，金枪鱼仔、稚鱼必须以其他海洋鱼类的卵黄囊阶段幼体为食，单独以卤虫为食会造成“生长衰竭”（Seoka et al.，2007）。这主要是因卤虫中缺乏营养，需要采用强化剂进行应用强化。2009年，南澳大利亚水生生物研究所采用了“鸡尾酒”式营养强化方式对轮虫及卤虫无节幼体进行营养强化并进行了投喂实验，取得显著成效。此外，早期阶段的残食行为是导致所有金枪鱼仔、稚鱼存活率低的瓶颈问题，有科学家推断这主要是金枪鱼在自然状态下繁衍进化过程中的一种后代自我保护方式，目前暂无有效解决途径。

2002年，日本近畿大学完成了太平洋蓝鳍金枪鱼人工繁育实验，第一代亲鱼成功产卵（Sawada et al.，2005）。2002—2007年，每年大约繁殖了10 000尾，2009年这一数字增加到45 000尾（Tada，2010）。据统计，2012年在47.4万条网箱养殖的金枪鱼幼鱼中有56%的幼鱼为人工繁殖幼鱼（Masuma et al.，2011）。在韩国，太平洋蓝鳍金枪鱼人工繁育也取得了一定进展，由国家渔业研究和发展研究所（NFRDI）未来农业研究中心、济州岛海洋和渔业研究所和庆尚南道渔业资源研究所合作的研发项目中已经生产了几千尾太平洋蓝鳍金枪鱼幼鱼。由于台风的影响巨大，这些幼鱼被安置在济州岛外高海况海域半潜式网箱中进行养殖。除此之外，墨西哥也开展了太平洋蓝鳍金枪鱼的人工养殖，与其他国家不同，墨西哥地处太平洋蓝鳍金枪鱼洄游路线中，因此采用捕捞野生幼鱼的方式进行养殖。

二、大西洋蓝鳍金枪鱼

自20世纪90年代中期开始，毗邻地中海和大西洋海岸的国家开展了大西洋蓝鳍金枪鱼东部种群的养殖（Ottolenghi，2008）。由于种群资源脆弱，对于该种群的开发与利用一直处于争议状态，且目前施行严格的捕捞配额限制。该地区养殖的大西洋蓝鳍金枪鱼主要在洄游期由渔民采用围网捕捞，其大小通常为40～400 kg。克罗地亚养殖的鱼类捕捞目标从8～30 kg不等。地中海的育肥期为3～7个月，克罗地亚的育肥期为2年（Mylonas et al.，2010）。

为了减少对野生捕获的幼鱼的依赖，并使苗种供应保持稳定，自21世纪初以来欧洲一直在努力开展大西洋蓝鳍金枪鱼人工繁育工作。欧盟已经向主要的研发联盟，如REPRODOTT和SELFDOTT投资了超过1 000万英镑，并从其他欧洲政府和公司获得了大量资助。由于该项目组织缜密且具有很强的合作性，最终取得了科学性和生产性双赢的结果，成功培育出了一批大西洋蓝鳍金枪鱼幼鱼。目前受精卵主要来自网箱养殖的亲鱼，通过自然产卵或使用植入物（主要是GnRH－a）进行激素诱导产卵的技术所获得。采用持续释放激素植入物方法诱导产卵使得收集到的卵的数量有了显著改善，并将人工养殖亲鱼产卵季节从原来的几周时间延长到2个月以上。

由西班牙科学与创新部、穆尔西亚地区社区和独立评估办公室提供建设资金，西班牙海洋研究所于2015年完成了陆地繁育设施的建设（图1－1），该设施目前是世界上最大的陆基蓝鳍金枪鱼亲鱼设施。新设施的建筑面积为2 660 m^2，其中1 960 m^2 用于亲鱼养殖，300 m^2 用于干湿实验室和办公空间，400 m^2 用于净化和再循环设备。这一设施的建成将实现大西洋蓝鳍金枪鱼在受控条件下繁殖，这也标志着该物种工厂化封闭式生产的重大进展。

图1－1　位于西班牙穆尔西亚的新建陆基金枪鱼养殖设施（引自Benetti等，2016）
A. 平面布局　B. 防水混凝土罐　C. 系统内视觉背景的油漆图案　D. 屋顶
E. 亲鱼养殖系统　F. 和G. 循环系统和过滤系统　H. 蛋白质分离器和冷却装置

三、南方蓝鳍金枪鱼

南方蓝鳍金枪鱼又称马苏金枪鱼，是最为名贵的金枪鱼品种。澳大利亚是目前世界上唯一一个人工养殖南方蓝鳍金枪鱼的地方，尽管其他国家也拥有配额，但自1989年实行配额以来，南方蓝鳍金枪鱼的全球总配额一直在减少。然而，2014年，有研究报告表明南方蓝鳍金枪鱼的野生资源量已经恢复，全球总产量从2010年的9 449 t增加到2014年的12 449 t，2017年增加到14 647 t。2017年，澳大利亚在全球市场的份额达到5 665 t，成为1989年以来的最高水平。目前南方蓝鳍金枪鱼主要养殖模式是对野生成鱼进行围网捕捞，然后把它们拖到林肯港附近水域的养殖基地进行养殖育肥。在它们迁徙的这个阶段，这些鱼大约2龄，重约15 kg。它们以本地和进口的杂鱼为食，经过6～9个月的育肥，体重会增加到 30～40 kg。

在澳大利亚联邦政府的支持下，澳大利亚 Clean Seas Tuna 公司实现了南方蓝鳍金枪鱼的全人工繁殖（图 1－2）。Clean Seas Tuna 公司的金枪鱼繁殖计划始于 1999 年，大约 500 尾养殖的金枪鱼作为亲本圈养在深水网箱中（Stehr，2010）。Clean Seas Tuna 公司于 2006 年为南方蓝鳍金枪鱼建立了世界上第一个陆基亲鱼系统，（Partridge，2013；Stehr，2010）。与其他蓝鳍金枪鱼不同（性成熟年龄在 3～5 龄，体重约 50～60 kg），南方蓝鳍金枪鱼繁殖存在巨大困难，其性成熟期在 8～14 龄，体重超过 100 kg。尽管存在各种困难，Clean Seas Tuna 公司在 2008 年首次成功地以激素诱导的方法使得养殖亲鱼产卵（Thomson et al.，2010）。2009 年，共计获得 5 000 万枚受精卵（Stehr，2010），人工孵化的金枪鱼幼鱼在陆地上成功饲养了 238 d。这一成就当年也被《时代》杂志评为最佳年度发明。2011 年，Clean Seas Tuna 公司第一次成功地将 149 尾人工繁育的幼鱼转至海上深水网箱养殖。然而，越冬问题严重阻碍了该项目的进展，当南方蓝鳍金枪鱼生长至 500 g 后，因无法抵御澳大利亚冬天水温而全部死亡（CST，2012）。Clean Seas Tuna 公司随后调整了催产季节，以便生产出更大、更健壮、能忍受冬季较低水温的幼鱼。此时 Clean Seas Tuna 公司管理出现问题，运行资金出现危机，强迫公司执行了过于激进的催产计划。由于激素过量注射及反复催产，导致受精卵质量差，孵化率与成活率极低。2012 年项目资金链断裂后 Clean Seas Tuna 公司宣布暂停南方蓝鳍金枪鱼繁殖项目，将精力和资源集中在黄尾鰤的运营上（CST，2012）。保留南方蓝鳍金枪鱼亲鱼希望在未来某个时候重新启动该计划（CST，2015）。

A　　B　　C　　D

图 1－2　位于澳大利亚的 Clean Seas Tuna 公司南方蓝鳍金枪鱼繁育设施

A. 设施外观　B. 亲鱼繁育池　C. 包埋激素的蓝鳍金枪鱼　D. 蓝鳍金枪鱼育苗车间及孵化后的蓝鳍金枪鱼仔鱼

四、黄鳍金枪鱼和其他种类的金枪鱼

虽然黄鳍金枪鱼的价值低于蓝鳍金枪鱼，但人们对其养殖仍有相当大的兴趣。在墨西哥，建立了大批的黄鳍金枪鱼养殖基地，但由于野生苗种供给有限，严重制约了该品种养殖产业的发展。因此，解决黄鳍金枪鱼人工繁育中的苗种供给瓶颈问题已成为世界各国科学家重点攻关的科学问题。目前，黄鳍金枪鱼的人工繁殖已经取得了巨大进展，在巴拿马、印度尼西亚等国先后实现了养殖亲鱼的产卵。黄鳍金枪鱼生长迅速，成熟较早，体积比蓝鳍金枪鱼小，几乎全年都可人工繁殖，不需要激素诱导。早期黄鳍金枪鱼人工繁育研究主要是在巴拿马的美洲热带金枪鱼委员会（IATTC）实验室中进行，在印度尼西亚的贡多尔海水养殖研究所（GRIM）也进行了部分研究。这两个陆基亲鱼设施都是与日本海外渔业合作署合作建造的，目前已经实现了黄鳍金枪鱼的人工繁育与网箱养殖。

在过去的几十年里，世界各国设立了为数众多的研发项目致力于实现如大眼金枪鱼

（*Thunnus obesus*）、黑鳍金枪鱼（*Thunnus atlanticus*）和鲣（大西洋：*Sarda sarda*；太平洋：*Sarda chiliensis*）等品种的人工繁育。这些物种虽然没有蓝鳍金枪鱼和黄鳍金枪鱼那么有名，但对捕捞业来说却很有价值。相比蓝鳍金枪鱼与黄鳍金枪鱼，黑鳍金枪鱼、青干金枪鱼、长鳍金枪鱼、鲣等体型较小，对陆基基础设施的需求较低，因此更适合在陆基循环水中养殖与繁殖。截至目前，鲣和黑鳍金枪鱼实验规模的人工繁育已经取得了成功（McFarlane et al.，2000；Benetti et al.，2009；Ortega et al.，2013）。

五、健康与营养

野生金枪鱼携带了大量的病原（特别是寄生虫），但由于金枪鱼非常健壮，在野生环境中这些病原对其生存生长影响较小。相关研究发现，许多寄生在野生捕获的鱼体上的寄生虫在被转移至网箱养殖后会逐渐消失。笔者前期对野生金枪鱼幼鱼驯养时发现其主要疾病包括：①野生幼鱼捕捞时造成的皮肤机械性损伤及并发性感染；②细菌性肠炎。细菌性肠炎主要是由于饵料处理不当腐败变质所引起的，其致死性极强，在 28 ℃时 48 h 内死亡率可达 50%。

随着全球对高价值金枪鱼需求的持续增长，有必要开发具有成本效益和环境可持续性的养殖方案及饲料来满足这一需求。鉴于饲料成本平均约占金枪鱼养殖运营成本的 60%，对金枪鱼营养的研究将会有效降低其养殖成本。截至目前小型远洋鱼类（俗称“杂鱼”）仍然主要用于网箱养殖金枪鱼，虽然比配方饲料便宜，但对生态环境具有显著影响。因此，它的使用备受争议，并不断受到一些有影响力的科学家和强大的环保组织的质疑。这种养殖模式通常被认为是不可持续的，对海洋生态系统具有显著破坏性。因此在金枪鱼养殖产业发展中，开发更经济、更生态高效的配合饲料势在必行。

第三节　我国南海金枪鱼资源开发与利用

一、南海金枪鱼渔业发展面临的问题

（一）南海金枪鱼资源已经处于充分开发状态

南海的大型金枪鱼主要是由大洋洄游进入，少量是南海土生群体。南海所属的中西太平洋海域是世界金枪鱼类主产区，2015 年四种主要金枪鱼产量 268.8 万 t，占世界总产量的 57%。其中，鲣、黄鳍金枪鱼、大眼金枪鱼和长鳍金枪鱼产量分别为 182.8 万 t（占 68%）、60.6 万 t（占 23%）、13.4 万 t（占 5%）和 12.0 万 t（占 4%），产值分别为 23 亿美元、15 亿美元、6.05 亿美元和 3.57 亿美元。

因为金枪鱼类高度洄游的特性，无法对南海资源量做出准确评估。台湾学者 2003 年和 2005 年的研究显示，南海黄鳍金枪鱼和大眼金枪鱼的开发率分别为 63.07%和 62.47%，资源已处于完全开发状态。中西太平洋渔业委员会（WCPFC）对中西太平洋海域黄鳍金枪鱼和大眼金枪鱼的多次评估显示资源已处于充分开发状态。越南海洋水产研究所（RIMF）2004 年估算越南中南部海域黄鳍金枪鱼和大眼金枪鱼资源量为 4.48 万～5.26 万 t（鲣类为 61.8 万 t），最大持续可捕量 1.7 万 t，2016 年仅越南捕捞产量已达 2.95 万 t。

（二）南海资源量年度和季节性变化大

研究显示，以黄鳍金枪鱼为主的大型金枪鱼每年 8—10 月洄游进入南海，第二年 6—8

月淡出，吕宋海峡和南海与苏禄海相连的海峡是鱼群出入南海的主要通道；南海延绳钓渔场季节性变动大，3—5月中心渔场位于海盆区南部，9—11月中心渔场位于海盆区北部，6—8月是南海延绳钓渔业的淡季，专业钓船无法全年作业。

每年洄游进入南海的大型金枪鱼资源量也存在差异。1998年台湾近海钓船黄鳍金枪鱼上钩率达16.1尾/千钩，1999年的上钩率为11.3尾/千钩，而2001—2003年的上钩率都未达到3尾/千钩。因为黄鳍金枪鱼栖息在温跃层以上，受表层水温变化影响大，所以我国学者推测厄尔尼诺和拉尼娜现象所造成的温跃层厚度的变化可能是影响南海金枪鱼资源量变动的关键。

（三）南海金枪鱼延绳钓渔业的上钩率偏低

我国曾多次组织金枪鱼延绳钓船到南海探捕，但都因经济效益不佳而未能坚持下来。南海金枪鱼资源密度偏低、未能准确把握渔场、渔期等是造成探捕亏损的主要原因。2010—2013年广东海洋大学和多家渔业公司合作进行了新一轮探捕，8个航次后的上钩率合计放钓193次，金枪鱼上钩率1.6尾/千钩，加上剑旗鱼后的上钩率合计1.9尾/千钩；显示南海金枪鱼渔获率较低，未达到商业生产的要求。

越南金枪鱼钓业的快速发展，与其距离渔场近、生产成本低有关。2003—2009年越南平定省延绳钓渔业的平均上钩率约300 kg/千钩（包括剑旗鱼和鲨鱼），其延绳钓和手钓渔船，一个航次20～30 d，生产成本3.3万～4.2万元，捕捞产值4.5万～7.5万元，船员收入1 500～2 100元。在我国南海劳动力和生产成本日益高涨的今天，延绳钓作业难以取得经济效益。

（四）罩网捕捞的大型金枪鱼未能有效利用

灯光罩网渔船在南海中南部深海区作业时，经常捕获前来摄食的大型金枪鱼，已知最高纪录是单船一个航次捕捞400多尾黄鳍，我国目前年产量300～500 t。因为金枪鱼海上保鲜问题未解决，这些资源还未能高值化利用。生鱼片级别金枪鱼品质要求严格，外海罩网航次时间长达2个月，现有渔船缺乏超低温速冻设备，又无外海基地或冷藏运输船配套，回港后金枪鱼普遍无法达到生食标准，收购价格仅8～18元/kg。

远洋超低温黄鳍的收购价格约60元/kg。南海区目前仅有海南东方市的一艘罩网渔船投资近200万元安装了－60 ℃的超低温速冻舱（2 t）和冷藏舱（20 t），因为投资成本高，所以无法大规模推广。相比超低温冷冻，冰鲜金枪鱼收购价格更高，具有投资成本小、技术要求低的特点，适合大规模推广，但冰鲜法时效性要求高，需在金枪鱼捕获后2周内将其运送到销售终端或陆地加工厂。

二、我国南海金枪鱼人工养殖进展

（一）南沙深远海大型金枪鱼驯养进展

在南海渔业中心的资助下，自2016年起中国水产科学研究院南海水产研究所热带水产研究开发中心与三沙美济渔业开发有限公司在美济礁开展了野生金枪鱼（黄鳍金枪鱼、鲣、鲔等）苗种捕捞、驯化养殖的实验。探明了美济礁周边海区金枪鱼幼鱼洄游路线，选取了近礁盘处进行了采捕实验（9°51′44″N，115°30′56″E），完成了野生金枪鱼高海况下活体转运、鱼体创伤恢复、摄食行为学及摄食生物、深水网箱幼鱼食性驯化等关键技术初步探索（图1-3）。完成了金枪鱼幼鱼渔船暂养方法及装置的研发，突破了野生金枪鱼幼鱼活鱼船上暂养的瓶颈并申请发明专利“一种金枪鱼幼鱼渔船暂养方法与装置”，申请号 201811467413.5。

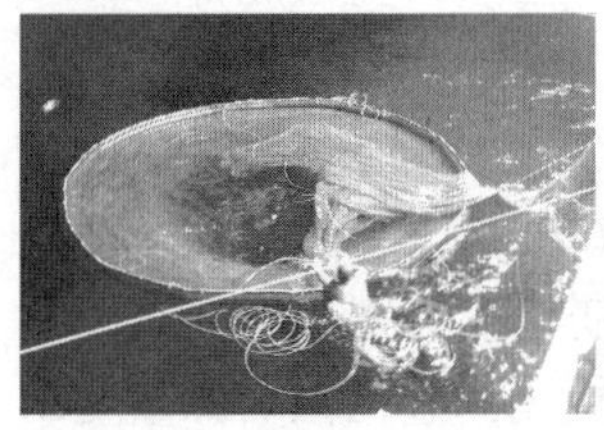

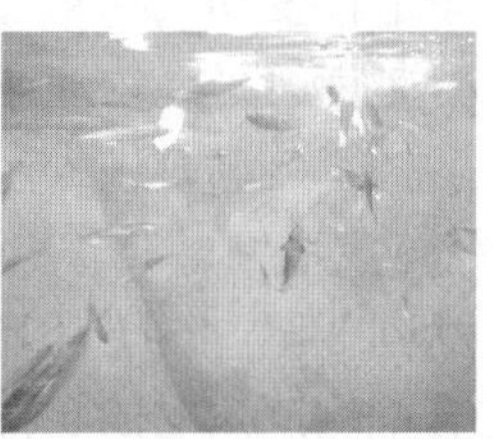

图 1-3　美济礁金枪鱼野生幼鱼捕捞、转运与网箱养殖

在探捕过程中收集了美济礁附近水域主要金枪鱼生长数据，其中黄鳍金枪鱼体长（L）、体重（W）关系如下 $W_{yellowfin}=0.009\,6\times L2.548$（$R^2=0.924\,3$），鲣 $W_{skipjack}=2.759\,3\times L1.443\,7$（$R^2=0.846\,8$），鲔 $W_{yaito}=0.007\,9\times L3.198\,3$（$R^2=0.908\,7$）。该数据的收集为网箱养殖金枪鱼提供了生长模型，可通过水下拍摄进行体长测量用于估算体重，从而指导日常饵料投喂。

完成了金枪鱼幼鱼驯化摄食生物学研究，收集了黄鳍金枪鱼和鲣网箱养殖的生长数据（图 1-4）。研究表明，驯化初期，黄鳍金枪鱼主动摄食水深在（2.95±0.77）m；驯化第 2 天，黄鳍金枪鱼主动摄食水深移至（2.28±0.85）m。在驯化后第 8 天，黄鳍金枪鱼主动摄食可在水表面观测到。同网箱养殖的鲣在驯化过程中主动摄食水深与黄鳍金枪鱼保持一致。在 30 d 的驯化养殖试验中，黄鳍金枪鱼的特定生长率为［(0.25±0.02)%/d］，显著低于鲣的特定生长率［(0.32±0.03)%/d］。在 30 d 的实验结束后，黄鳍金枪鱼和鲣的观测误差（CV）分别为 5.55 和 5.02。发表了首篇黄鳍金枪鱼幼鱼驯化论文：“Feeding depths of wild caught yellowfin tuna *Thunnus albacores* juveniles and skipjack tuna *Katsuwonus pelamis* in sea cages”。

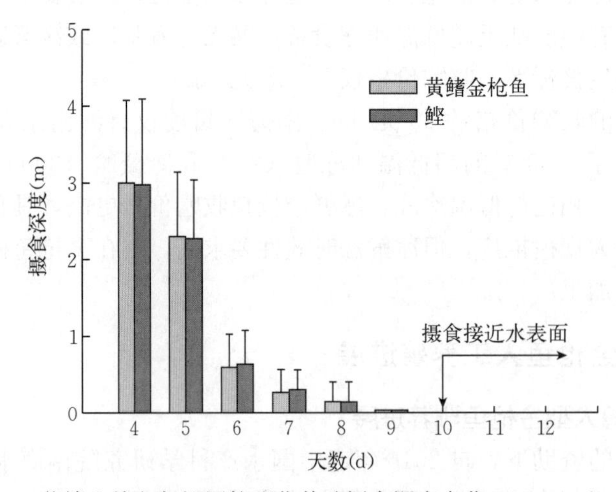

图 1-4　黄鳍金枪鱼与鲣网箱驯化养殖摄食深度变化（Ma et al.，2017）

（二）南海金枪鱼循环水养殖取得突破

2017 年在南海水产研究所热带水产开发研究中心完成了室内全天候保育循环水养殖系统构建，养殖水体 60 t，温度控制范围在 20～35 ℃，系统配备有 24 h 水质在线监控、2 套

水下摄像机。2019年在南海渔业中心项目和院基本业务费项目支持下完成了南海小型金枪鱼类近岸捕捞、活体运输、驯化及养殖测试（图1-5）。筛选了两种小型金枪鱼类（青干金枪鱼和小头鲔）开展了循环水养殖实验，首次实现了我国小型金枪鱼类室内循环水养殖。

图1-5　小型金枪鱼类幼鱼驯养池及水下实时视频照片

在青干金枪鱼钓捕和运输过程中以成活率为评价指标测试了葡萄糖、维生素C、五羟色胺对青干金枪鱼幼鱼应激的缓解作用。研究结果表明，维生素C和五羟色胺对体长（25.51±1.89）cm青干金枪鱼幼鱼具有显著缓解应激效果，其钓捕成活率最高达78%，运输成活率达100%，但当体长超过（34.43±3.21）cm时无效。30 d的驯养成活率为75%，特定生长率为（0.19±0.03）%/d，FCR＝10.3。幼鱼口径与体长关系如图1-6所示，实验中所获得最大口径幼鱼体长为35.42 cm，其45°开口口径为2.32 cm，90°开口口径为3.36 cm；最小口径为体长21.2 cm，其45°开口口径为1.50 cm，90°开口口径为2.17 cm。该研究首次实现了陆基人工驯化养殖青干金枪鱼幼鱼，为后续青干金枪鱼人工养殖和科研工作的开展提供了参考数据。针对金枪鱼类代谢速度快的特点，开展了小头鲔营养需求研究，完成了能量饲料的初步研发，测试养殖阶段，小头鲔平均月增重（423±67）g。

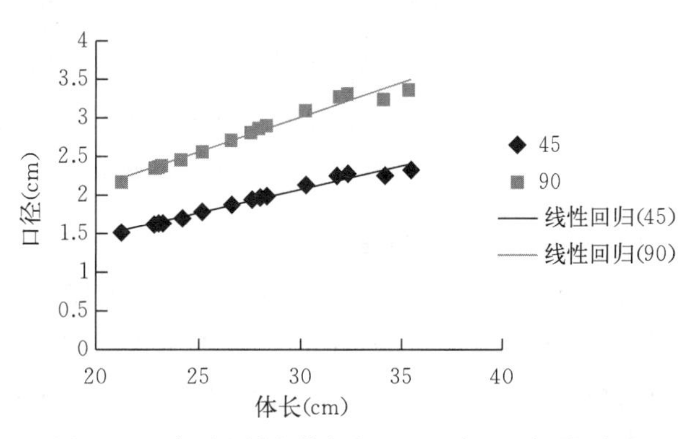

图1-6　青干金枪鱼体长与开口45°和90°口径关系

2020年，中国水产科学研究院南海所深远海养殖技术与品种开发创新团队开展了南海野生金枪鱼幼鱼捕捞、驯化养殖、摄食生物学、营养需求等方面的研究，实现了黄鳍金枪鱼、小头鲔野生幼鱼室内循环水养殖（图1-7）。针对现有金枪鱼幼鱼捕捞机械损伤大、成活率低等问题，系统开发了野生金枪鱼幼鱼诱捕及创伤治愈技术体系，降低了金枪鱼幼鱼诱捕过程中的损伤并提高了诱捕和后期驯化养殖成活率；开展了海上运输和海陆转运实验，实现了野生金枪鱼海陆转运，成活率达90%。为了提高金枪鱼幼鱼驯化养殖阶段对饵料的摄食率，开展了饵料种类、大小、形状、适口性等方面的研究，完成了野生黄鳍金枪鱼、小头鲔幼鱼的饵料驯化，实现了野生幼鱼转运至陆基循环水养殖系统后5 d内100%摄食率。

开发了基于鸢乌贼和枯草芽孢杆菌等的专用饲料，并申请国家发明专利 2 项。开发的黄鳍金枪鱼野生幼鱼室内驯化养殖装置及方法申请了国家发明专利 1 项、实用新型专利 1 项，同时申请了澳大利亚革新发明专利 1 项。针对金枪鱼幼鱼驯化养殖过程中出现寄生虫病害，通过 18S、28S rRNA 分子鉴定，鉴定了黑斑鳍缨虫（*B. nigromaculatum*）等寄生虫，开展了药物驱虫试验，成功率达 75.9%。为了进一步了解金枪鱼的生长特征，研究团队开展了黄鳍金枪鱼、小头鲔和青干金枪鱼的骨骼系统研究，丰富了金枪鱼属鱼类生物学基础，也为其驯化、养殖、分类及演化等相关研究提供了参考。

图 1-7　中国水产科学研究院南海水产研究所热带水产研究开发中心陵水试验站室内循环水系统中驯养的黄鳍金枪鱼幼鱼

（三）存在的问题及建议

科研经费投入严重不足。金枪鱼养殖产业发展体现了一个国家科研综合水平，目前科研经费投入严重不足，无法全面开展研发工作，建议建立专项经费支持研发工作。构建南海金枪鱼捕捞—养殖—加工全产业链技术体系是一项庞大而复杂的系统工程，需要渔场判别、捕捞技术优化、人工繁育、养殖技术与装备、营养饲料、收储保鲜、加工工艺等创新链各环节技术的集成优化应用，具有多团队协同、研发周期长、资金需求大、技术风险高的特点，建议作为国家“十四五”重点研发计划发展深远海渔业的南海海区发展重点工作。

设施装备落后缺乏研发平台。由于金枪鱼类为大洋性洄游鱼类，具有个体大、运动速度快的特点。现有捕捞及转运装备无法实现规模化的作业，现有深水网箱及陆基养殖设施无法满足后续人工繁育养殖条件。建议借鉴欧盟和日本的经验，由政府及企业联合出资在海南构建南海金枪鱼类人工繁育研发中心，以该中心为平台引进国内外先进技术开展全产业链的研发。

消费市场定位不明确。国内金枪鱼类的高端市场主要用于加工生鱼片，但市场份额少于 1%。金枪鱼加工技术研发尚处于起步阶段，且国内消费者对于金枪鱼加工产品（如金枪鱼罐头等）的认可度低，主要表现在该类产品价格虚高、口感国人难以接受。金枪鱼加工制品的研发与推广将会成为我国未来金枪鱼产业发展的一个瓶颈问题。根据笔者前期市场调查发现，泰国和越南代工的金枪鱼罐头销往欧美的成本在 5 元人民币以内，以澳大利亚市场为例，其零售价格在人民币 10 元/罐以内，但国内所生产的油浸金枪鱼罐头零售价在人民币

20元/罐以上。金枪鱼肉质柔嫩，低脂肪、低热量，同时富含优质蛋白以及丰富的DHA、EPA、Omega-3脂肪酸、牛磺酸、钾、维生素B_{12}等多种营养成分。DHA对脑功能发育、增强记忆力具有重要作用，而EPA可抑制胆固醇增加、防止动脉硬化，对预防和治疗心脑血管疾病也起到特殊功效。目前我国中小学生营养餐补助在4元/d，建议考虑将金枪鱼罐头纳入中学生营养餐，一方面可以改变我国中学生营养状况，提高我国中小学生健康水平；另一方面可以促进金枪鱼养殖业和远洋渔业的发展，是一项利国利民的双赢工程。

第二章 渔业捕捞

第一节 世界金枪鱼捕捞渔业概况

金枪鱼类广泛分布于太平洋、大西洋和印度洋的热带、亚热带和温带水域，具有高度洄游的特性，是世界捕捞渔业和水产品贸易的主要对象之一。从分类上，一般将鲭科中的金枪鱼属、鲣属、鲔属、舵鲣属、狐鲣属的18种鱼类统称为金枪鱼类，广义的金枪鱼类和类金枪鱼类（Tunas and tuna-like species）包括鲭科、剑鱼科和旗鱼科的61种鱼类。鲣（*Katsuwonus pelamis*）、黄鳍金枪鱼（*Thunnus albacares*）、大眼金枪鱼（*Thunnus obesus*）、长鳍金枪鱼（*Thunnus alalunga*）捕捞产量高、分布范围广，是世界渔业最为关注的4种主要金枪鱼类。鲣产量2018年创历史新高，黄鳍金枪鱼产量最高纪录是2003年的151.63万t，大眼金枪鱼产量最高纪录是2003年的53.26万t；长鳍金枪鱼产量最高纪录是2002年的27.51万t。1960—2018年按种类列出的世界4种主要金枪鱼产量见图2-1。

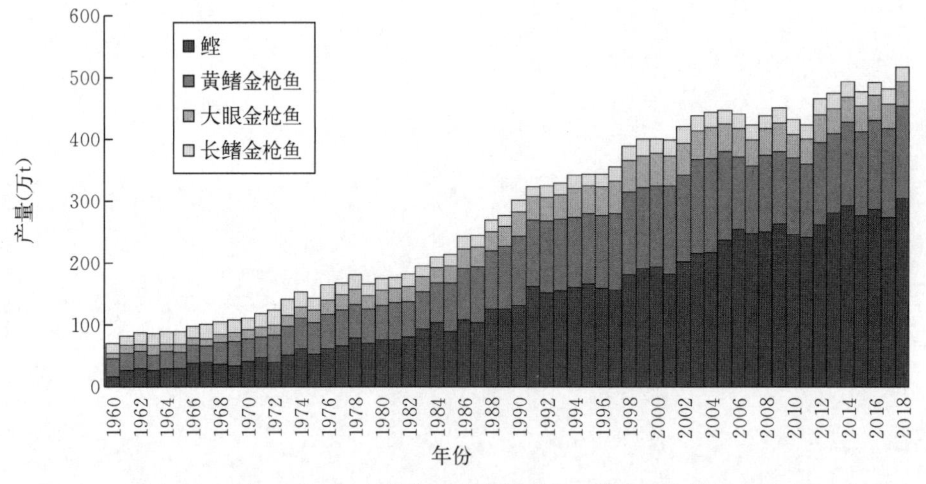

图2-1 1960—2018年按种类列出的世界4种主要金枪鱼产量

根据中西太平洋渔业委员会（WCPFC）年鉴数据，2018年世界4种主要金枪鱼捕捞总产量517.12万t，创历史新高。按鱼种统计，鲣304.26万t，占58.82%；黄鳍金枪鱼149.66万t，占28.94%；大眼金枪鱼40.26万t，占7.79%；长鳍金枪鱼22.93万t，占4.44%。按捕捞海域统计，中西太平洋（WCPO）277.36万t，占53.64%；东太平洋（EPO）66.82万t，占12.92%；大西洋（ATLANTIC）56.33万t，占10.89%；印度洋（INDIAN）116.61万t，占22.55%（图2-2）。

南海所属的中西太平洋渔业委员会（WCPFC）公约海域是世界金枪鱼主产区。2018年WCPFC海域4种主要金枪鱼产量279.09万t，占世界总产量的53.97%，其中，鲣184.21万t，

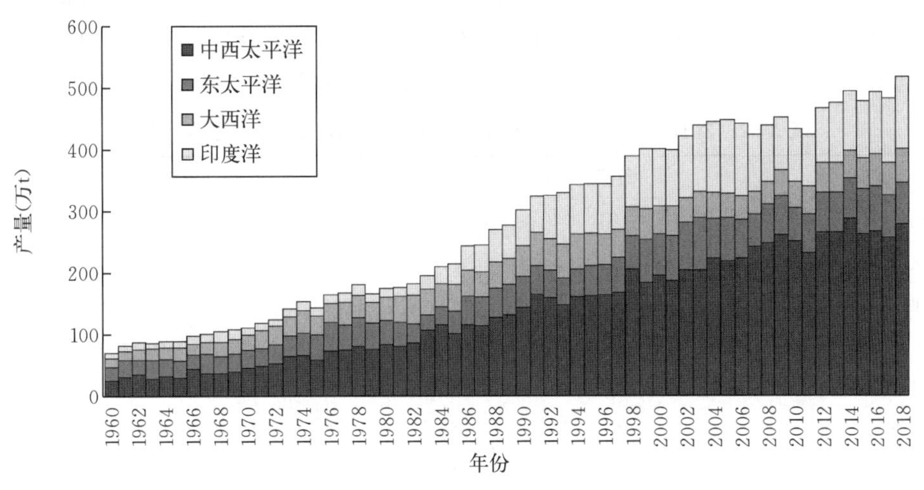

图 2-2　1960—2018 年按洋区列出的世界 4 种主要金枪鱼产量

黄鳍金枪鱼 69.02 万 t，大眼金枪鱼 14.80 万 t，长鳍金枪鱼 11.05 万 t，占世界总产量的比例分别为 60.55%、46.12%、36.75%和 48.19%。按作业类型统计，产量排名前 3 位的是围网、延绳钓和竿钓（表 2-1），其中，围网 189.59 万 t，占总产量的 67.93%，主捕鲣，其次为黄鳍金枪鱼；延绳钓 25.66 万 t，占总产量的 9.19%，主捕黄鳍金枪鱼、长鳍金枪鱼和大眼金枪鱼；竿钓 21.93 万 t，占总产量的 7.86%，主捕鲣，其次为黄鳍金枪鱼和长鳍金枪鱼。WCPFC 海域的鲣主要是由围网（79.23%）捕捞；黄鳍金枪鱼主要是由围网（53.54%）和延绳钓（14.13%）捕捞；大眼金枪鱼主要是由延绳钓（46.30%）和围网（43.14%）捕捞；长鳍金枪鱼主要是由延绳钓（78.17%）捕捞。

表 2-1　2018 年 WCPFC 海域按作业类型列出的 4 种主要金枪鱼产量

作业类型	鲣		黄鳍金枪鱼		大眼金枪鱼		长鳍金枪鱼		合计	
	产量（t）	占比（%）	产量（t）	占比（%）	产量（t）	占比（%）	产量（t）	占比（%）	产量（t）	占比（%）
围网	1 459 442	79.23	369 571	53.54	63 836	43.14	3 024	2.74	1 895 873	67.93
环网	30 422	1.65	6 670	0.97	165	0.11	3	0.00	37 260	1.34
刺网	34 290	1.86	528	0.08	277	0.19	0	0.00	35 095	1.26
延绳钓	4 144	0.22	97 548	14.13	68 518	46.30	86 392	78.17	256 602	9.19
手钓	2 790	0.15	41 750	6.05	1 640	1.11	91	0.08	46 271	1.66
竿钓	172 036	9.34	25 503	3.69	4 174	2.82	17 600	15.92	219 313	7.86
曳绳钓	2 363	0.13	2 718	0.39	175	0.12	2 848	2.58	8 104	0.29
印菲小型钓具	34 136	1.85	88 019	12.75	838	0.57	141	0.13	123 134	4.41
其他	102 524	5.57	57 900	8.39	8 362	5.65	421	0.38	169 207	6.06
总计	1 842 147	100	690 207	100	147 985	100	110 520	100	2 790 859	100

南海周边国家和地区的金枪鱼渔业在世界渔业中占有重要地位。根据联合国粮食及农业组织（FAO）按国家和地区列出的数据，2016 年全球 4 种主要金枪鱼捕捞总产量 489.55 万 t，

其中，南海周边的印度尼西亚产量 66.91 万 t，占总产量的 13.67%，排名世界第 1；中国台湾产量 32.27 万 t，次于日本和韩国，排名世界第 4；菲律宾产量 21.48 万 t，排名世界第 8；越南产量 12.31 万 t，中国产量 7.83 万 t，排名也都进入世界前 20 位（表 2-2）。

表 2-2 2016 年世界 4 种主要金枪鱼产量排名前 20 位的国家和地区

国家和地区	鲣		黄鳍金枪鱼		大眼金枪鱼		长鳍金枪鱼		合计	
	产量(t)	占比(%)	产量(t)	占比(%)	产量(t)	占比(%)	产量(t)	占比(%)	产量(t)	占比(%)
印度尼西亚	413 152	14.60	197 207	13.48	51 449	13.03	7 301	3.51	669 109	13.67
日本	202 006	7.14	61 116	4.18	44 650	11.31	39 170	18.81	346 942	7.09
韩国	231 426	8.18	74 346	5.08	21 866	5.54	1，997	0.96	329 635	6.73
中国台湾	149 651	5.29	75 090	5.13	46 648	11.81	51 343	24.66	322 732	6.59
厄瓜多尔	199 803	7.06	56 208	3.84	37 971	9.62	0	0.00	293 982	6.01
巴布亚新几内亚	197 894	6.99	82 094	5.61	8 904	2.26	90	0.04	288 982	5.90
西班牙	148 396	5.24	73 157	5.00	28 192	7.14	17 439	8.38	267 184	5.46
菲律宾	125 556	4.44	83 847	5.73	5 275	1.34	125	0.06	214 803	4.39
美国	171 140	6.05	20 575	1.41	10 783	2.73	11 178	5.37	213 676	4.36
基里巴斯	134 443	4.75	26 515	1.81	8 125	2.06	510	0.24	169 593	3.46
马尔代夫	69 589	2.46	53 705	3.67	2 480	0.63	15	0.01	125 789	2.57
法国	50 408	1.78	60 408	4.13	7 994	2.02	4 471	2.15	123 281	2.52
越南	93 820	3.32	24 389	1.67	4 867	1.23	0	0.00	123 076	2.51
塞舌尔	60 756	2.15	43 261	2.96	12 740	3.23	308	0.15	117 065	2.39
墨西哥	13 279	0.47	98 674	6.75	547	0.14	186	0.09	112 686	2.30
伊朗	39 158	1.38	45 110	3.08	3 069	0.78	0	0.00	87 337	1.78
斯里兰卡	46 482	1.64	33 727	2.31	4 988	1.26	37	0.02	85 234	1.74
巴拿马	44 602	1.58	27 283	1.87	11 162	2.83	2	0.00	83 049	1.70
中国	13 292	0.47	13 441	0.92	23 622	5.98	27 971	13.43	78 326	1.60
密克罗尼西亚	55 256	1.95	14 208	0.97	5 644	1.43	2 036	0.98	77 144	1.58
其他	369 820	13.07	298 179	20.39	53 865	13.64	44 038	21.15	765 902	15.64
合计	2 829 929	100	1 462 540	100	394 841	100	208 217	100	4 895 527	100

金枪鱼类由于较高的经济价值、广泛的国际贸易、高度洄游跨境分布的特性而备受关注。全球金枪鱼种群评估总体较为充分，主要金枪鱼物种中仅少数种群状况未知或知之甚少。蓝鳍金枪鱼是经济价值最高的金枪鱼类，分为太平洋蓝鳍金枪鱼（*Thunnus orientalis*）、南方蓝鳍金枪鱼（*Thunnus maccoyii*）和大西洋蓝鳍金枪鱼（*Thunnus thynnus*），2016 年全球渔获量分别为 1.10 万 t、1.44 万 t 和 2.21 万 t。蓝鳍金枪鱼（上文所示 3 种）和鲣、黄鳍金枪鱼、大眼金枪鱼、长鳍金枪鱼被称为七大主要市场金枪鱼物种。根据 FAO 统计，2015 年全球这七大金枪鱼物种中，43%的种群估计在生物不可持续水平上捕捞，57%的种群在生物可持续限度内捕捞；金枪鱼捕捞船队产能大量过剩，需要实施有效管理，以恢复过度捕捞种群的状态。

第二节 南海概况及金枪鱼类组成

一、南海及周边国家和地区概况

南海，又称南中国海，海域面积约350万 km^2，位于中国大陆的南方、太平洋西部海域，是世界第三大陆缘海。南海南北纵跨约2 000 km，东西横越约1 000 km，北起广东省南澳岛与台湾岛南端鹅銮鼻一线，南至加里曼丹岛、苏门答腊岛，西依中国大陆、中南半岛、马来半岛，东抵菲律宾，通过海峡或水道东与太平洋相连，西与印度洋相通，是一个东北—西南走向的半封闭海。南海平均水深1 212 m，根据海底地貌，可分为大陆架、大陆坡和深海盆三大地貌单元。北、西、南部是浅海大陆架，深度一般为0～150 m，西北、西南两部分较宽而缓；外缘是大陆坡，陆坡上有高原、海山、峡谷、海槽和海沟，水深在100～3 500 m上下，高低起伏、崎岖不平；东部是狭窄的岛架，外缘临海沟和海槽；中部为菱形深盆地，盆底为宽广的平原，平均水深约4 000 m，最深处为4 577 m，盆底点缀着孤立的海山，露出或接近水面部分形成西、中、南沙等珊瑚礁群。汇入南海的主要河流有珠江、韩江以及中南半岛上的红河、湄公河和湄南河等。

南海周边国家和地区从南海东部顺时针方向计数，有菲律宾、马来西亚、文莱、印度尼西亚、新加坡、泰国、柬埔寨、越南等8个东南亚国家以及中国。南海周边国家和地区陆地面积1 320万 km^2，约占世界总量的8.8%；2016年总人口19.91亿，约占世界总量的26.7%；GDP 14.63万亿美元，约占世界总量的19.2%。

南海位于北回归线以南，纵跨热带和亚热带区域，热带海洋性气候显著。南海北部地区，夏长冬短，四季温和，雨热同季，光照充足，雨量充沛；南海中南部地区终年高温高湿，长夏无冬，季节变化很小。南海中南部海盆区面积约150万 km^2，平均水深约4 000 m，具有洋的特性，蕴藏着较为丰富的金枪鱼资源。南海周边国家海域面积广阔，菲律宾东部的太平洋海域，印度尼西亚西部的印度洋海域，以及菲印群岛之间的苏禄海、西里伯斯海（又名苏拉威西海）、马鲁古海、班达海等，都是世界著名的深海，盛产金枪鱼类。

二、金枪鱼类组成和研究

南海有记录的金枪鱼类共10种，如表2-3所示。其中，蓝鳍金枪鱼、大眼金枪鱼、黄鳍金枪鱼、长鳍金枪鱼和鲣在大洋范围内洄游，又称为大洋性金枪鱼类（oceanic tunas）；鲔、扁舵鲣、圆舵鲣、青干金枪鱼等主要在近岸和海区范围内洄游，又称为沿岸性金枪鱼类（neritic tunas）。蓝鳍金枪鱼、大眼金枪鱼、黄鳍金枪鱼的成鱼体型较大，属于大型金枪鱼类，鲣和沿岸性金枪通常称为小型金枪鱼类。南海的金枪鱼类主要分布于南海中南部海盆区，其中，蓝鳍金枪鱼、大眼金枪鱼、黄鳍金枪鱼、长鳍金枪鱼的成鱼（包括剑旗鱼）主要活动于50 m以下的深水层，传统上只有延绳钓等深水层作业渔具才能有效捕捞；小型金枪鱼类（包括大型金枪鱼类的幼鱼）主要栖息于表层水域，可用刺网、围网、罩网等多种渔具捕捞。

大型金枪鱼类是制作生鱼片的优质食材，经济价值较高，一直是渔业关注的重点。南海的大型金枪鱼类以黄鳍金枪鱼为主，大眼金枪鱼也占一定比例，蓝鳍金枪鱼主要洄游分布于台湾以东海域，南海较为罕见。

表 2-3　南海金枪鱼类的组成

大陆名	台湾名	学名	英文名	常见体长（cm）	最大体长（cm）	最大体重（kg）
太平洋蓝鳍金枪鱼	北方黑鲔	*Thunnus orientalis*	pacific bluefin tuna	80～200	300	650
大眼金枪鱼	大眼鲔	*Thunnus obesus*	bigeye tuna	70～180	230	200
黄鳍金枪鱼	黄鳍鲔	*Thunnus albacares*	yellowfin tuna	60～150	200	175
长鳍金枪鱼	长鳍鲔	*Thunnus alalunga*	albacore	40～100	127	40
青干金枪鱼	小黄鳍鲔	*Thunnus tonggol*	longtail tuna	40～70	130	35
鲣	正鲣	*Katsuwonus pelamis*	skipjack tuna	40～80	108	33
鲔	巴鲣	*Euthynnus affinis*	kawakawa	30～60	100	13
东方狐鲣	齿鰆	*Sara orientalis*	striped bonito	30～50	102	11
扁舵鲣	平花鲣	*Auxis thazard*	frigate tuna	25～40	65	2
圆舵鲣	圆花鲣	*Auxis rochei*	bullet tuna	15～35	50	—

历史上，南海的大型金枪鱼主要由日本和中国台湾的延绳钓渔船捕捞。日本钓船 20 世纪 30 年代以前就开始到南海生产，六七十年代为鼎盛期，1967 年金枪鱼产量达 6 568 t，80 年代后由于上钩率逐年下降而退出南海。台湾渔业鼎盛期为 20 世纪七八十年代，近 30 年来延绳钓渔业一直呈萎缩态势。目前，南海的大型金枪鱼主要由越南钓船捕捞。越南金枪鱼渔业起步于 20 世纪 90 年代初，2016 年黄鳍金枪鱼和大眼金枪鱼产量已达 29 515 t，其中钓船（延绳钓、灯光手钓）产量 16 232 t。越南成为南海金枪鱼的最大捕捞国，主要作业渔场在我国传统疆界线以内海域。

台湾学者 2000 年前后曾采集台湾东港钓船渔获物，研究过南海黄鳍金枪鱼和大眼金枪鱼的年龄、生长、死亡和繁殖，发现台湾延绳钓渔业主要捕捞达到最适开捕年龄的成鱼，南海黄鳍金枪鱼和大眼金枪鱼资源已经处于充分开发状态，黄鳍金枪鱼和大眼金枪鱼雌性个体的绝对繁殖力非常惊人。

台湾东港延绳钓渔获中，黄鳍金枪鱼渔获叉长范围 58.0～164.6 cm，绝大部分集中在 95～155 cm；渔获中共有 6 个年龄组，2、3 龄为优势年龄组，分别占样本数的 36.7%和 52.6%，4 龄占样本数的 9.5%，其余年龄组只占 1.3%；黄鳍金枪鱼目前的开捕年龄接近最适开捕年龄，加大捕捞死亡系数所能增加的单位补充量渔获量有限。大眼金枪鱼渔获叉长范围 51.3～183.1 cm，绝大部分集中在 92～164 cm；渔获中共有 10 个年龄组，3～5 龄为优势年龄组，分别占样本数的 30.7%、39.6%和 13.2%，其余年龄组只占 16.4%；大眼金枪鱼目前的开捕年龄接近最适开捕年龄，加大捕捞死亡系数所能增加的单位补充量渔获量有限；台湾近海延绳钓渔业中大眼金枪鱼资源已处于完全开发状态（表 2-4）。

表 2-4　南海黄鳍金枪鱼和大眼金枪鱼渔业生物学特征

研究内容	黄鳍金枪鱼	大眼金枪鱼
体重叉长关系式	$W=2.266\times10^{-5}FL^{2.982}$	$W=3.535\times10^{-5}FL^{2.913}$
生长方程	$L_t=175.0\left[1-e^{-0.392(t-0.00306)}\right]$	$L_t=203.8\left[1-e^{-0.212(t+0.91)}\right]$

（续）

研究内容	黄鳍金枪鱼	大眼金枪鱼
最大体长（cm）	175.0	203.8
最大年龄（龄）	7.65	13.22
年总死亡系数	1.76	1.01
年自然死亡系数	0.65	0.38
年捕捞死亡系数	1.11	0.63
开发率（%）	63.07	62.47
最适开捕年龄（龄）	2～2.5	3～4
资料来源	苏楠杰（2003）	刘姵妤（2005）

黄鳍金枪鱼渔获中雄鱼所占比例为 53.78%，渔获叉长超过 138 cm 后，雄鱼比例显著提高；黄鳍金枪鱼终年都有产卵活动，2—6 月为产卵高峰期；黄鳍金枪鱼为多次产卵类型，雌性个体绝对繁殖力 128.3 万～489.5 万粒，绝对繁殖力会随叉长和体重的增加而增加。大眼金枪鱼渔获中雄鱼所占比例略高于雌鱼，1997 和 1998 年分别占 61.43%和 56.42%，渔获叉长超过 146 cm 后雄鱼比例显著提高；除 12 月外，大眼金枪鱼整年均有产卵活动，3—6 月为产卵高峰期；大眼金枪鱼为多次产卵类型，雌性个体绝对繁殖力 83.4 万～780.0 万粒，绝对繁殖力会随叉长和体重的增加而增加（表 2-5）。

表 2-5　南海黄鳍金枪鱼和大眼金枪鱼雌鱼的繁殖生物学参数

<table>
<tr><th>研究内容</th><th>黄鳍金枪鱼</th><th>大眼金枪鱼</th><th>注</th></tr>
<tr><td>相对繁殖力（粒/g）</td><td>62.1</td><td>59.5</td><td rowspan="9">1. 成熟叉长：黄鳍金枪鱼是 50%性成熟叉长，大眼金枪鱼是 100%性成熟叉长。
2. 绝对繁殖力：黄鳍金枪鱼和大眼金枪鱼分别是按雌鱼叉长 108～149 和 100～164 推算。</td></tr>
<tr><td>产卵比例</td><td>0.59</td><td>0.95</td></tr>
<tr><td>产卵频率（次/d）</td><td>1.69</td><td>1.05</td></tr>
<tr><td>成熟叉长（cm）</td><td>107.8</td><td>99.7</td></tr>
<tr><td>绝对繁殖力叉长关系式</td><td>$F=4.46\times10^{-7}FL^{4.16}$</td><td>$F=8.82\times10^{-8}FL^{4.49}$</td></tr>
<tr><td>成熟年龄（龄）</td><td>2.44</td><td>2.26</td></tr>
<tr><td>渔获叉长（cm）</td><td>100～149</td><td>97～164</td></tr>
<tr><td>绝对繁殖力（万粒）</td><td>128.3～489.5</td><td>83.4～780.0</td></tr>
<tr><td>资料来源</td><td>王尉任（2004）</td><td>朱淑玲（1998）</td></tr>
</table>

线粒体 DNA 分析已证明南海和中西太平洋海域的黄鳍金枪鱼和大眼金枪鱼为同一种群。相关资料显示，以黄鳍金枪鱼为主的大型金枪鱼类每年 8—10 月洄游进入南海，第二年 6—8 月淡出，吕宋海峡和南海与苏禄海相连的海峡是鱼群出入南海的主要通道。南海延绳钓渔场季节性变动大，3—5 月中心渔场位于海盆区中南部海域，9 月至翌年 2 月中心渔场位于海盆区中北部海域，6—8 月则是渔业淡季。每年洄游进入南海的金枪鱼资源量还存在较大年际差异。台湾近海钓船黄鳍金枪鱼上钩率 1998 年达 16.1 尾/千钩，1999 年为 11.3 尾/千钩，而 2001—2003 年的上钩率都未达到 3 尾/千钩。蔡怡卉（2006）认为厄尔尼诺和拉尼娜现象所造成的巴士海峡等重要洄游通道海域温跃层厚度的变化可能是影响南海金枪鱼资源量变动的关键。

第三节　南海周边国家和地区金枪鱼产量

根据FAO数据，2016年全球4种主要金枪鱼捕捞总产量489.55万t，印度尼西亚、中国台湾、菲律宾产量分别为66.91万t、32.27万t和21.48万t，排名世界第1、第4和第8位；越南产量12.31万t，中国产量7.83万t，排名也进入世界前20位。中国台湾产量主要来自远洋渔业，中国产量全部来自远洋捕捞；越南产量全部捕自南海，主要渔场位于我国传统疆界线以内海域。印度尼西亚和菲律宾产量基本来自国内捕捞，但主要作业渔场不在南海。

2016年南海周边国家和地区金枪鱼和剑旗鱼的总产量为224.19万t，占世界总产量的35.81%。鲣、沿岸性金枪鱼、黄鳍金枪鱼产量排名前3位，分别为79.98万t、74.21万t和39.59万t，分别占周边总产量的35.67%、33.10%和17.66%（图2-3，表2-6）。由于远洋渔业发展，这里统计的蓝鳍金枪鱼除了太平洋蓝鳍金枪鱼（*T. orientalis*）以外，还包括南方蓝鳍金枪鱼（*T. maccoyii*）和大西洋蓝鳍金枪鱼（*T. thynnus*），沿岸性金枪鱼（neritic tuna）则包括鲔、扁舵鲣、圆舵鲣、青干金枪鱼等种类。南海及其周边海域是沿岸性金枪鱼的世界主产区。2016年南海周边国家和地区鲔产量27.02万t，占世界总产量的73.79%；扁舵鲣和圆舵鲣产量34.01万t，占世界总产量的73.82%；青干金枪鱼产量13.18万t，占世界总产量的55.58%。

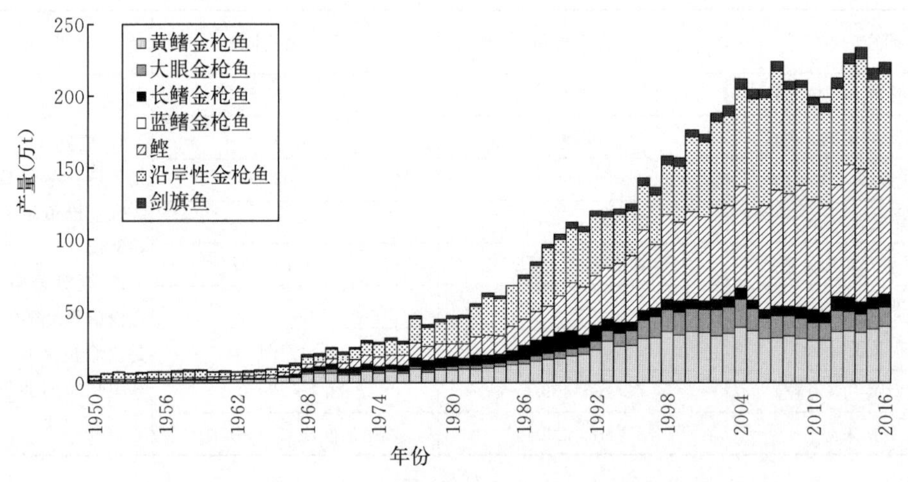

图2-3　1950—2016年按种类列出的南海周边金枪鱼和剑旗鱼产量

表2-6　2010—2016年按种类列出的南海周边金枪鱼和剑旗鱼产量

单位：t

种类	2010年	2011年	2012年	2013年	2014年	2015年	2016年
黄鳍金枪鱼	301 858	298 616	356 903	366 091	355 342	379 457	395 887
大眼金枪鱼	116 400	121 133	147 692	134 285	128 609	135 506	132 819
长鳍金枪鱼	89 860	73 916	93 438	93 366	81 231	78 979	88 070
蓝鳍金枪鱼	2 315	1 750	1 657	2 798	2 575	2 376	2 132

（续）

种类	2010 年	2011 年	2012 年	2013 年	2014 年	2015 年	2016 年
鲣	773 095	745 461	784 909	926 393	925 341	758 650	799 782
沿岸性金枪鱼	661 618	652 724	676 464	709 037	773 712	766 150	742 072
剑旗鱼	48 150	58 602	72 934	70 651	77 537	80 667	81 145
周边合计	1 993 296	1 952 202	2 133 997	2 302 621	2 344 347	2 201 785	2 241 907
世界产量	5 561 138	5 514 534	5 984 009	6 095 130	6 360 220	6 187 352	6 260 694
周边占比（%）	35.84	35.40	35.66	37.78	36.86	35.59	35.81

南海周边国家和地区的金枪鱼和剑旗鱼主要捕自太平洋海域，其次为印度洋海域，大西洋海域产量很少。2016 年太平洋海域产量合计 181.36 万 t，占总产量的 80.90%；印度洋海域产量合计 39.44 万 t，占总产量的 17.59%；大西洋海域产量合计 3.38 万 t，占总产量的 1.51%。鲣、黄鳍金枪鱼和沿岸性金枪鱼捕自太平洋的比例均超过 80%（表 2－7，图 2－4）。

表 2－7 2016 年按种类列出的南海周边金枪鱼和剑旗鱼产量及洋区分布

种类	产量合计（t）	太平洋		印度洋		大西洋	
		产量（t）	占比（%）	产量（t）	占比（%）	产量（t）	占比（%）
黄鳍金枪鱼	395 887	338 763	85.57	55 715	14.07	1 409	0.36
大眼金枪鱼	132 819	71 698	53.98	42 154	31.74	18 967	14.28
长鳍金枪鱼	88 070	44 907	50.99	30 924	35.11	12 239	13.90
蓝鳍金枪鱼	2 132	456	21.39	1 613	75.66	63	2.95
鲣	799 782	722 696	90.36	77 067	9.64	19	0.00
沿岸性金枪鱼	742 072	594 765	80.15	147 307	19.85	0	0.00
剑旗鱼	81 145	40 331	49.70	39 664	48.88	1 150	1.42
合计	2 241 907	1 813 616	80.90	394 444	17.59	33 847	1.51

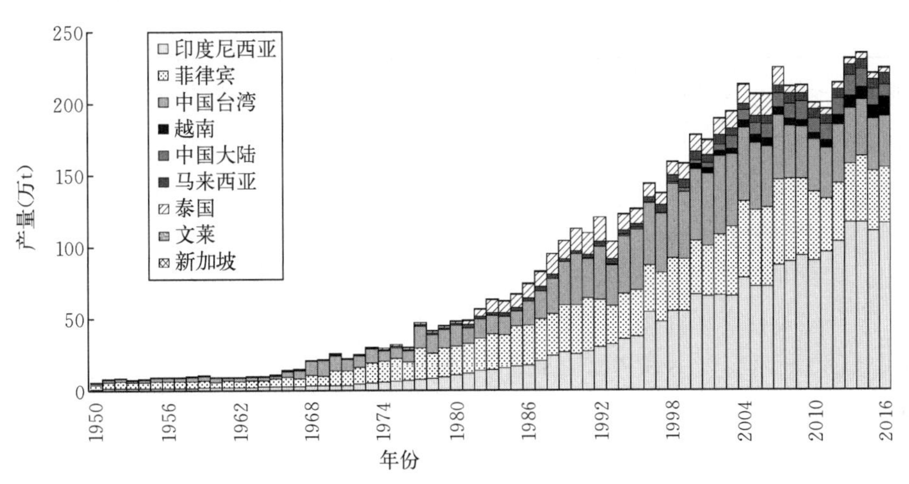

图 2－4 1950—2016 年按区域列出的南海周边金枪鱼和剑旗鱼产量

按区域统计，2016 年金枪鱼和剑旗鱼产量排名前 3 位的是印度尼西亚、菲律宾和中国台湾，产量分别为 115.71 万 t、38.78 万 t 和 36.14 万 t，分别占周边总产量的 51.61%、

17.30%和16.12%。越南渔业近年来发展迅速，产量从2010年的4.29万t增至2016年的13.01万t（表2-8）。

表2-8　2010—2016年按区域列出的南海周边金枪鱼和剑旗鱼产量

单位：t

国家和地区	2010年	2011年	2012年	2013年	2014年	2015年	2016年
印度尼西亚	897 531	959 514	1 031 053	1 163 271	1 163 891	1 100 774	1 157 133
菲律宾	477 991	367 141	406 660	405 472	461 918	422 525	387 802
中国台湾	365 252	354 206	404 738	392 039	393 615	362 049	361 355
越南	42 894	50 684	67 859	82 665	85 263	93 524	130 100
中国	103 409	121 104	116 228	148 818	125 297	113 310	86 667
马来西亚	64 659	60 844	67 711	70 412	69 694	66 108	78 438
泰国	41 560	38 708	39 746	39 941	44 668	42 990	39 778
文莱	0	0	0	0	0	504	634
新加坡	0	1	2	3	1	1	0
合计	1 993 296	1 952 202	2 133 997	2 302 621	2 344 347	2 201 785	2 241 907

印度尼西亚和菲律宾海域是金枪鱼类主产区，大洋性金枪鱼和沿岸性金枪鱼产量都居世界前列，国内表层渔业作业类型多样，大量捕捞黄鳍金枪鱼和大眼金枪鱼幼鱼。中国金枪鱼产量基本来自远洋渔业，渔获物以大洋性金枪鱼为主，黄鳍金枪鱼和大眼金枪鱼主要是延绳钓渔船捕捞，生鱼片级别以成鱼为主。越南金枪鱼产量主要捕自南海深水区，渔获物基本为大洋性金枪鱼，黄鳍金枪鱼和大眼金枪鱼主要是钓船捕捞，成鱼为主。马来西亚和泰国金枪鱼产量基本来自国内捕捞，渔获物以沿岸性金枪鱼为主（表2-9）。

表2-9　2016年按区域和种类列出的南海周边金枪鱼和剑旗鱼产量

单位：t

国家和地区	黄鳍金枪鱼	大眼金枪鱼	长鳍金枪鱼	蓝鳍金枪鱼	鲣	沿岸性金枪鱼	剑旗鱼	合计
印度尼西亚	197 207	51 449	7 301	601	413 152	457 083	30 340	1 157 133
菲律宾	83 847	5 275	125	0	125 556	170 804	2 195	387 802
中国台湾	75 090	46 648	51 343	1 477	149 651	4 237	32 909	361 355
越南	24 389	4 867	0		93 820		7 024	130 100
中国	13 441	23 622	27 971	54	13 292		8 287	86 667
马来西亚	1 856	958	1 330		3 917	69 987	390	78 438
泰国						39 778		39 778
文莱	57				394	183		634
周边合计	395 887	132 819	88 070	2 132	799 782	742 072	81 145	2 241 907
世界产量	1 462 540	394 841	237 124	47 495	2 829 929	1 063 964	253 708	6 289 601
周边占比	27.07%	33.64%	37.14%	4.49%	28.26%	69.75%	31.98%	35.64%

第四节　中国金枪鱼渔业

一、国家及海域概况

中国位于亚洲东部，太平洋西岸，全国共有一级行政区（省级）34 个 。台湾位于我国东南沿海的大陆架上，西隔台湾海峡与福建省相望，东临太平洋，东北邻日本琉球群岛，南界巴士海峡与菲律宾群岛相对，全境包括台湾岛及兰屿、绿岛、钓鱼岛等 21 个附属岛屿和澎湖列岛 64 个岛屿。根据 AIC 2016 年数据，中国大陆陆地面积 960 万 km^2，平均海拔 1 840 m，陆岸线长 22 457 km，海岸线长 14 500 km。中国台湾地区陆地面积约3.6 万 km^2，平均海拔 1 150 m，海岸线长 1 566 km。

我国已宣布并实施 12 n mile 领海、24 n mile 毗连区、200 n mile 专属经济区（EEZ）制度。我国管辖海域面积约 300 万 km^2，其中，大陆架面积约 152 万 km^2。我国海域从北向南分为渤海、黄海、东海、南海等 4 个海区。其中，渤海是我国的内海，黄海、东海和南海是我国的边缘海。渤海面积 7.7 万 km^2，全为大陆架水域，平均水深 18 m。黄海面积 38 万 km^2，全为大陆架水域，平均水深 44 m。东海面积 77 万 km^2，陆架面积 57 万 km^2，平均水深 72 m。南海面积约 200 万 km^2，陆架面积约 49.4 万 km^2，平均水深 1 212 m。其中，南海北部陆架面积 37.4 万 km^2，南沙西南陆架面积 12 万 km^2。中南部海盆区面积 150 万 km^2，海盆中散布着东沙、西沙、中沙、南沙四大珊瑚礁群。

我国气候复杂多样，从南到北跨热带、亚热带、暖温带、中温带、寒温带等气候带。台湾中部及北部属亚热带季风气候，南部属热带季风气候。台湾夏季长且潮湿，冬季短且温暖。东部、北部降水量大且全年有雨，中南部雨季主要集中在夏季。台湾是我国受台风影响最多的地区之一，每年夏秋两季平均有 3～4 个台风。1961—1990 年月平均气温 14.4～28.4 ℃，1 月最冷，7 月最热，月平均降水量 81～214 mL，年平均降水量 1 714 mL。

2016 年，中国大陆水产品总产量（不含水生植物等）6 680.8 万 t，居世界第 1 位，其中，海洋捕捞、淡水捕捞、水产养殖分别占总产量的 22.8%、3.5%和 73.7%，均居世界 1 位。金枪鱼和剑旗鱼产品出口额 9.58 亿美元，重量 22.59 万 t；进口额 1.53 亿美元，重量 8.91 万 t。我国台湾地区水产品总产量 100.5 万 t，海洋捕捞占总产量的 74.6%，金枪鱼和剑旗鱼产品出口额 8.35 亿美元，重量 34.13 万 t；进口额 0.15 亿美元，重量 0.68 万 t。

二、台湾远洋渔业

中国台湾地区 1913 年由日本引进金枪鱼延绳钓作业，1982 年引进金枪鱼围网渔业，经多年发展，台湾金枪鱼产量位居世界前列，作业渔场遍及世界三大洋。根据 FAO 数据，2016 年中国台湾地区鲣、黄鳍金枪鱼、大眼金枪鱼、长鳍金枪鱼等 4 种主要金枪鱼产量合计 32.27 万 t，次于印度尼西亚、日本和韩国（图 2－5）。其中，长鳍金枪鱼产量 5.13 万 t，排名世界第 1；大眼金枪鱼产量 4.66 万 t，排名世界第 2；黄鳍金枪鱼产量 7.51 万 t，排名世界第 5；鲣产量 14.97 万 t，排名世界第 7。中国台湾地区的金枪鱼产量目前主要来自远洋捕捞，主要作业方式为延绳钓和围网。

2016 年中国台湾地区金枪鱼和剑旗鱼总产量 36.14 万 t。鲣、黄鳍金枪鱼、长鳍金枪鱼产量排名前 3 位，分别为 14.97 万 t、7.51 万 t 和 5.13 万 t，分别占总产量的 41.41%、

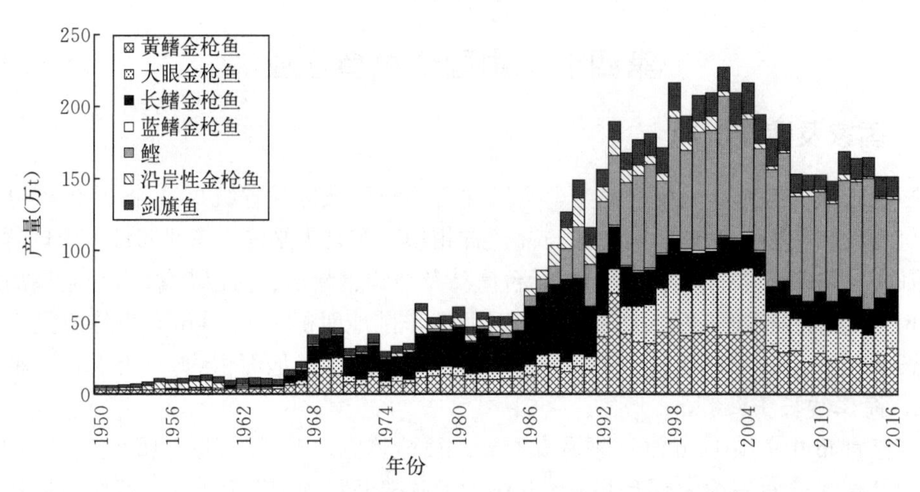

图 2-5　1950—2016 年按种类列出的中国台湾金枪鱼和剑旗鱼产量

20.78%和 14.21%。太平洋、印度洋、大西洋海域均有渔业分布，产量分别为 26.53 万 t、6.92 万 t 和 2.69 万 t，分别占总产量的 73.42%、19.15%和 7.43%。沿岸性金枪鱼包括扁舵鲣和圆扁舵，2016 年产量 4237 t，仅占总产量的 1.17%（表 2-10）。

表 2-10　2010—2016 年按洋区和种类列出的中国台湾地区金枪鱼和剑旗鱼产量

单位：t

洋区	种类	2010 年	2011 年	2012 年	2013 年	2014 年	2015 年	2016 年
太平洋	黄鳍金枪鱼	51 759	40 651	46 643	42 870	35 904	47 665	57 190
	大眼金枪鱼	18 729	16 667	18 907	17 646	16 847	19 318	18 279
	长鳍金枪鱼	23 325	20 622	22 411	22 559	14 359	15 212	18 929
	蓝鳍金枪鱼	378	321	222	346	538	591	456
	鲣	166 505	162 271	181 423	193 209	218 494	165 494	149 402
	沿岸性金枪鱼	4 745	4 885	10 114	3 371	3 558	3 298	4 237
	剑旗鱼	14 642	24 168	22 434	22 042	19 091	19 595	16 806
	小计	280 083	269 585	302 154	302 043	308 791	271 173	265 299
印度洋	黄鳍金枪鱼	13 800	12 782	12 989	12 755	12 286	13 922	16 958
	大眼金枪鱼	17 755	20 249	34 733	21 888	17 613	16 343	15 254
	长鳍金枪鱼	15 741	12 188	12 520	18 676	19 774	1 030	20 373
	蓝鳍金枪鱼	1 216	539	472	1 014	924	1 138	1 012
	鲣	9	34	306	219	47	71	230
	剑旗鱼	9 328	7 994	15 064	12 093	11 651	12 923	15 364
	小计	57 849	53 786	76 084	66 645	62 295	62 427	69 191
大西洋	黄鳍金枪鱼	824	1 768	1 070	1 259	1 041	1 220	942
	大眼金枪鱼	13 189	13 732	10 805	10 316	13 272	16 453	13 115
	长鳍金枪鱼	12 562	14 399	13 823	10 913	7 622	10 014	12 041
	蓝鳍金枪鱼	5	12	17	17	13	9	9

（续）

洋区	种类	2010年	2011年	2012年	2013年	2014年	2015年	2016年
大西洋	鲣	13	17	13	13	11	25	19
	剑旗鱼	727	907	772	833	570	728	739
	小计	27 320	30 835	26 500	23 351	22 529	28 449	26 865
合计	黄鳍金枪鱼	66 383	55 201	60 702	56 884	49 231	62 807	75 090
	大眼金枪鱼	49 673	50 648	64 445	49 850	47 732	52 114	46 648
	长鳍金枪鱼	51 628	47 209	48 754	52 148	41 755	43 256	51 343
	蓝鳍金枪鱼	1 599	872	711	1 377	1 475	1 738	1 477
	鲣	166 527	162 322	181 742	193 441	218 552	165 590	149 651
	沿岸性金枪鱼	4 745	4 885	10 114	3 371	3 558	3 298	4 237
	剑旗鱼	24 697	33 069	38 270	34 968	31 312	33 246	32 909
	小计	365 252	354 206	404 738	392 039	393 615	362 049	361 355

中国台湾地区的大洋性金枪鱼主要捕自中西太平洋渔业委员会（WCPFC）公约海域。作业类型分为金枪鱼围网、大型延绳钓和小型延绳钓。大型延绳钓作业渔船大于100总吨，基本为深冷渔船，根据捕捞季节和市场价格变换渔场和目标鱼种。小型延绳钓作业渔船小于100总吨，冰鲜渔船为主，少量具冷冻能力。金枪鱼围网和大型延绳钓渔船全部在公海或太平洋岛国专属经济区作业。小型延绳钓渔船部分以台湾港口为基地，在台湾周边包括南海海域作业，部分以太平洋岛国为基地，在其专属经济区或公海作业。2017年中国台湾共有365艘在WCPFC海域作业，金枪鱼围网31艘，大型延绳钓82艘，小型延绳钓1 097艘（表2-11）。

表2-11　2012—2017年中国台湾地区在WCPFC海域渔船作业类型和主要金枪鱼产量

作业类型	种类	单位	2012年	2013年	2014年	2015年	2016年	2017年
围网	渔船	艘	34	34	34	34	34	31
	鲣	t	150 978	168 638	196 671	150 831	140 599	119 371
	黄鳍金枪鱼	t	41 565	35 247	32 118	37 050	40 466	43 208
	大眼金枪鱼	t	8 110	8 595	8 367	6 368	5 975	5 519
大型延绳钓	渔船	艘	87	82	62	76	79	82
	鲣	t	214	179	515	162	165	303
	黄鳍金枪鱼	t	2 059	1 441	2 057	2 848	4 230	3 809
	大眼金枪鱼	t	5 770	5 486	6 005	5 331	4 707	4 440
	长鳍金枪鱼	t	5 656	6 533	5 487	5 526	7 531	7 835
小型延绳钓	渔船	艘	1 326	1 296	1 275	1 306	1 303	1 079
国外基地	鲣	t	214	209	109	37	172	355
	黄鳍金枪鱼	t	7 906	10 313	8 880	8 030	10 144	14 241
	大眼金枪鱼	t	4 615	4 389	3 136	2 729	3 494	4 102
	长鳍金枪鱼	t	7 922	9 569	4 336	4 813	6 987	8 422

（续）

作业类型	种类	单位	2012年	2013年	2014年	2015年	2016年	2017年
台湾基地	鲣	t	0	66	40	48	48	74
	黄鳍金枪鱼	t	6 983	3 245	1 320	3 240	3 442	3 572
	大眼金枪鱼	t	609	725	877	1 374	1 287	1 096
	长鳍金枪鱼	t	583	1 301	928	1 966	1 011	2 289
合计	渔船	艘	1 447	1 412	1 371	1 416	1 416	1 192
	鲣	t	151 406	169 092	197 335	151 078	140 984	120 103
	黄鳍金枪鱼	t	58 513	50 246	44 375	51 168	58 282	64 830
	大眼金枪鱼	t	19 104	19 195	18 385	15 802	15 463	15 157
	长鳍金枪鱼	t	14 161	17 403	10 751	12 305	15 529	18 546

根据WCPFC数据，2017年中国台湾地区在WCPFC海域的4种主要金枪鱼总产量21.86万t，其中，鲣12.01万t，黄鳍金枪鱼6.48万t，长鳍金枪鱼1.85万t，大眼金枪鱼1.52万t。金枪鱼围网16.81万t，占76.88%；大型延绳钓1.64万t，占7.50%；国外基地小型延绳钓2.71万t，占12.40%；台湾基地小型延绳钓0.70万t，占3.22%。围网主捕小型金枪鱼，渔获中鲣占71.01%，黄鳍金枪鱼占25.70%，大眼金枪鱼占3.28%；延绳钓主捕大型金枪鱼，大型延绳钓渔获中，长鳍金枪鱼占47.81%，大眼金枪鱼占27.09%，黄鳍金枪鱼占23.24%；国外基地小型延绳钓渔获中，黄鳍金枪鱼占52.51%，长鳍金枪鱼占31.05%，大眼金枪鱼占15.13%；台湾基地小型延绳钓渔获中，黄鳍金枪鱼占50.80%，长鳍金枪鱼32.56%，大眼金枪鱼占15.59%。WCPFC数据库数据与中国台湾地区上报WCPFC和FAO数据并不完全一致，因为上报的围网渔业鲣产量中混有相当数量的黄鳍金枪鱼和大眼金枪鱼幼鱼，WCPFC对此进行了修正。

三、台湾南海渔业

南海的黄鳍金枪鱼、大眼金枪鱼等大型金枪鱼历史上主要由台湾延绳钓渔船捕捞。来南海作业的台湾渔船都是以台湾港口为基地、小于100总吨的小型延绳钓船，台湾称之为“近海鲔延绳钓”。渔船主要分布在屏东县东港、宜兰县南方澳和高雄市新港渔港，其中东港渔船数量最多（图2-6）。玻璃钢船为主，船长20～30 m，吨位20-80GRT，主机147～221 kW。渔船全年作业，秋季和冬季主要在南海生产（图2-7），渔船每次放钩1 500～2 000枚，放钓深度100～150 m，航次时间7～20 d，渔获冰鲜或冷海水保存。1998—2003年的调研显示，57.3%的黄鳍金枪鱼和73.5%的大眼金枪鱼是捕自南海。

台湾近海钓船的鼎盛期是20世纪七八十年代，近海钓船数量峰值为1987年的2 207艘，黄鳍金枪鱼产量峰值为1979年的22 629 t，大眼金枪鱼产量峰值为1975年的3 787 t，渔业近30年来一直呈萎缩态势。

1990年开始有近海小型钓船通过协议转移到国外基地生产，近年来大部分小型钓船已经转移到太平洋岛国海域作业。2017年台湾在WCPFC海域作业的小型钓船合计1 079艘，金枪鱼和剑旗鱼总产量4.13万t，其中，台湾基地近海钓船产量仅1.11万t。2017年台湾基地钓船捕捞黄鳍金枪鱼3 572 t，大眼金枪鱼1 096 t，蓝鳍金枪鱼415 t，长鳍金枪鱼2 289 t，

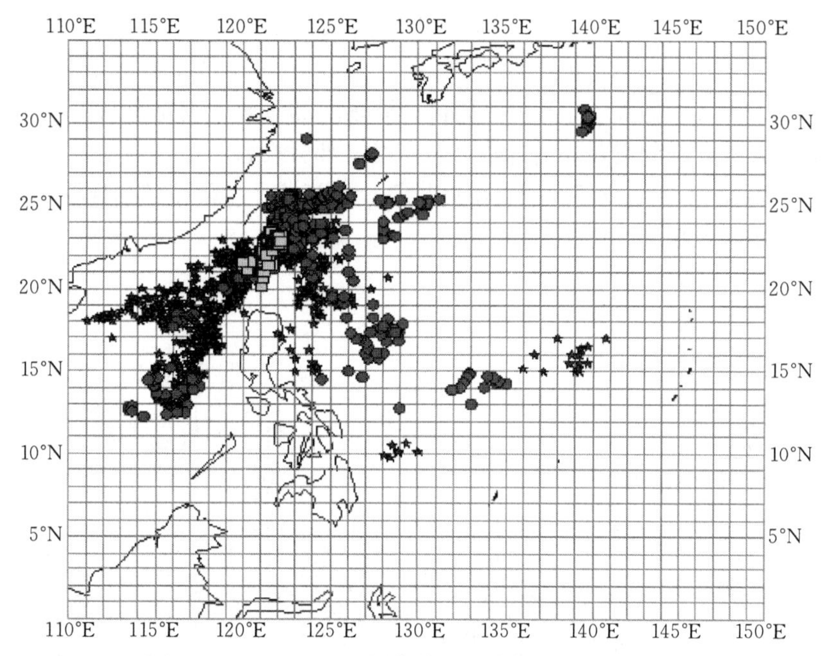

图 2-6　1998—2003 年台湾近海钓船作业渔场分布图
（星号为东港渔船，方框为新港渔船，圆圈为南方澳渔船）

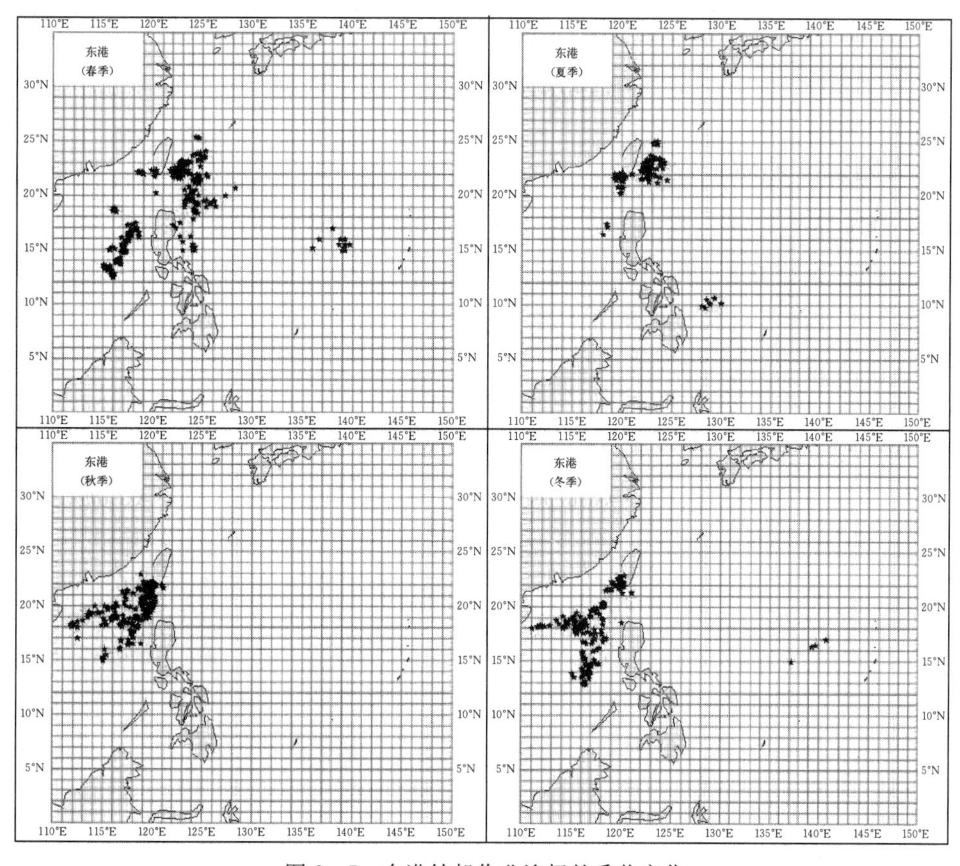

图 2-7　东港钓船作业渔场的季节变化

鲣 74 t，剑旗鱼 3 611 t（图 2－8）。剑旗鱼中，剑鱼（*Xiphias gladius*）1 524 t，蓝枪鱼（*Makaira nigricans*）1 831 t，条纹四鳍旗鱼（*Tetrapturus audax*）243 t，印度枪鱼（*Makaira indica*）13 t。蓝鳍金枪鱼主要捕自台湾东南部海域，主要渔期在春季。台湾捕捞的黄鳍金枪鱼和大眼金枪鱼主要外销日本生鲜市场，部分在台湾市场内销。如果按黄鳍金枪鱼的 57.3%、大眼金枪鱼的 73.5%捕自南海推算，2017 年台湾近海钓船在南海捕捞黄鳍金枪鱼 2 047 t，大眼金枪鱼 806 t。

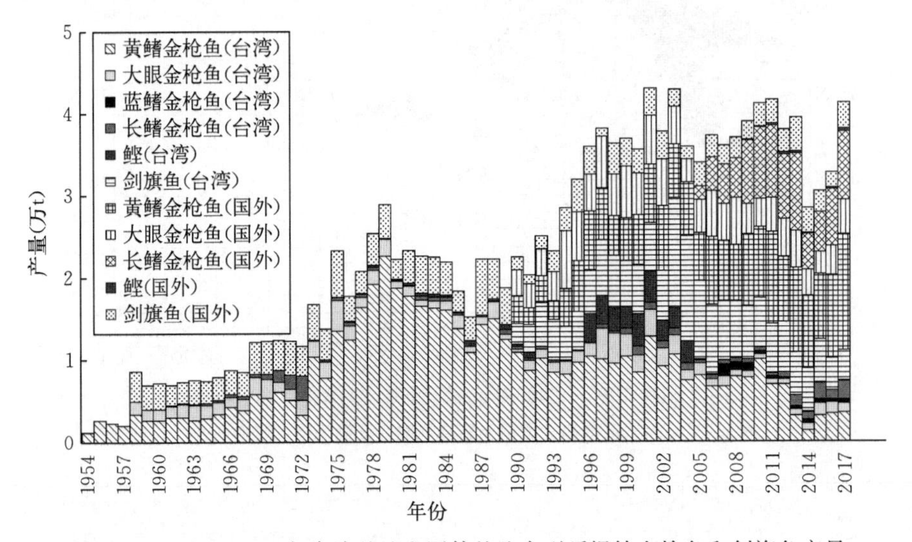

图 2－8　1954—2017 年台湾基地和国外基地小型延绳钓金枪鱼和剑旗鱼产量

四、大陆远洋渔业

中国大陆上报 FAO 的金枪鱼产量几乎全部来自远洋捕捞。1988 年 6 月，一支仅由 11 艘旧渔船改装的延绳钓船队开赴贝劳，金枪鱼渔业开始起步，经过几十年发展，我国目前已经成为金枪鱼远洋渔业大国。根据 FAO 数据，2016 年中国大陆鲣、黄鳍金枪鱼、大眼金枪鱼、长鳍金枪鱼等 4 种主要金枪鱼产量合计 7.83 万 t（图 2－9），排名世界第 13 位，其中，

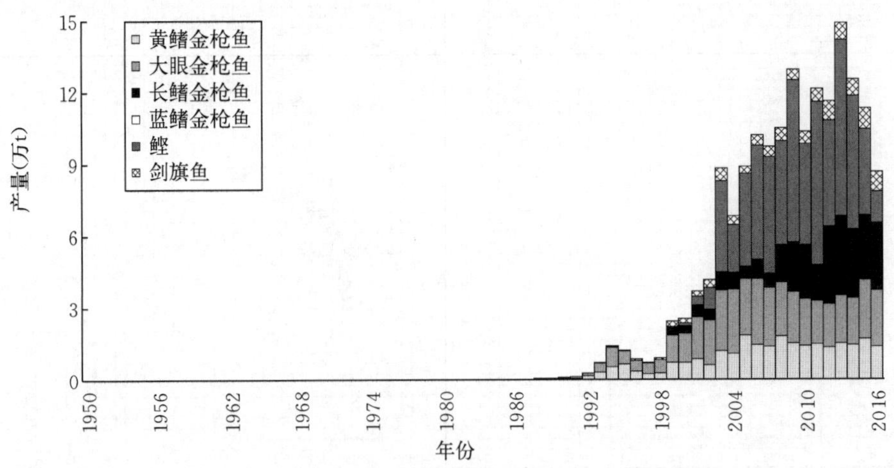

图 2－9　1950—2016 年按种类列出的中国大陆金枪鱼和剑旗鱼总产量

经济价值较高的大眼金枪鱼产量2.36万t，排名世界第6位。金枪鱼延绳钓渔业一直都是我国最主要的作业方式，金枪鱼围网渔业始于2001年，目前是我国金枪鱼渔业的重要组成部分。

2016年中国大陆金枪鱼和剑旗鱼总产量8.67万t。长鳍金枪鱼、大眼金枪鱼和黄鳍金枪鱼产量排名前3位，分别为2.80万t、2.36万t和1.34万t，分别占总产量的32.27%、27.26%和15.51%；太平洋、印度洋和大西洋海域均有渔业分布，产量分别为6.93万t、1.04万t和070万t，分别占总产量的79.99%、11.95%和8.06%（表2-12）。

表2-12　2010—2016年按洋区和种类列出的中国大陆金枪鱼和剑旗鱼总产量

单位：t

洋区	种类	2010年	2011年	2012年	2013年	2014年	2015年	2016年
太平洋	黄鳍金枪鱼	12 741	14 053	12 207	13 741	12 954	14 684	11 162
	大眼金枪鱼	12 921	14 164	12 592	13 254	13 484	15 195	13 683
	长鳍金枪鱼	17 612	13 369	30 654	31 977	27 503	25 006	25 853
	鲣	42 255	68 194	44 303	73 607	55 644	35 960	13 292
	剑旗鱼	3 521	4 524	7 272	5 914	5 776	6 445	5 337
	小计	89 050	114 304	107 028	138 493	115 361	97 290	69 327
印度洋	黄鳍金枪鱼	500	192	538	922	1 077	1 793	1 812
	大眼金枪鱼	1 401	239	2 405	4 311	3 862	4 729	4 087
	长鳍金枪鱼	4 767	1 414	1 835	1 011	1 431	1 843	1 920
	剑旗鱼	1 013	243	364	975	828	1 841	2 539
	小计	7 681	2 088	5 142	7 219	7 198	10 206	10 358
大西洋	黄鳍金枪鱼	428	347	265	212	93	169	467
	大眼金枪鱼	5 489	3 721	3 231	2 372	2 232	4 942	5 852
	长鳍金枪鱼	239	181	82	146	68	141	198
	蓝鳍金枪鱼	38	36	36	38	37	45	54
	剑旗鱼	484	427	444	338	308	517	411
	小计	6 678	4 712	4 058	3 106	2 738	5 814	6 982
合计	黄鳍金枪鱼	13 669	14 592	13 010	14 875	14 124	16 646	13 441
	大眼金枪鱼	19 811	18 124	18 228	19 937	19 578	24 866	23 622
	长鳍金枪鱼	22 618	14 964	32 571	33 134	29 002	26 990	27 971
	蓝鳍金枪鱼	38	36	36	38	37	45	54
	鲣	42 255	68 194	44 303	73 607	55 644	35 960	13 292
	剑旗鱼	5 018	5 194	8 080	7 227	6 912	8 803	8 287
	小计	103 409	121 104	116 228	148 818	125 297	113 310	86 667

中国大陆的远洋金枪鱼产量主要捕自中西太平洋渔业委员会（WCPFC）公约海域，这是中国大陆最早的金枪鱼渔场，也一直是中国金枪鱼的主产区。作业类型包括金枪鱼延绳钓和金枪鱼围网，作业渔场位于公海和太平洋岛国专属经济区海域。2017年，中国大陆地区

共有365艘渔船在WCPFC公约区域作业，延绳钓渔船362艘，围网渔船3艘（注册渔船16艘）。延绳钓渔业分为冰鲜和深冷两类，冰鲜延绳钓渔船277艘，25艘渔船主捕大眼金枪鱼，其余主捕长鳍金枪鱼，渔船主要在所罗门群岛、马绍尔群岛等岛国专属经济区海域作业。深冷延绳钓渔船85艘，主捕大眼金枪鱼，渔船主要在公海作业。

根据WCPFC数据，2017年中国大陆在WCPFC公约海域的4种主要金枪鱼总产量6.03万t，其中，长鳍金枪鱼2.93万t、鲣1.16万t、黄鳍金枪鱼1.13万t，大眼金枪鱼0.82万t。延绳钓产量4.48万t，占总产量的74.33%；金枪鱼围网产量1.55万t，占总产量的25.67%。延绳钓主捕大型金枪鱼，渔获中长鳍金枪鱼占65.29%，黄鳍金枪鱼占19.03%、大眼金枪鱼占15.68%；围网主捕小型金枪鱼，渔获中鲣占75.06%、黄鳍金枪鱼占17.61%、大眼金枪鱼占7.33%（表2-13）。WCPFC数据库数据与中国上报WCPFC和FAO数据并不完全一致，因为上报的围网渔业鲣产量中混有相当数量的黄鳍金枪鱼和大眼金枪鱼幼鱼，WCPFC对此进行了修正。

表2-13 2012—2017年中国大陆在WCPFC海域渔船作业类型和主要金枪鱼产量

作业类型	科目	单位	2012年	2013年	2014年	2015年	2016年	2017年
延绳钓	渔船	艘	286	379	353	429	427	362
	黄鳍金枪鱼	t	6 004	4 638	5 949	6 226	6 559	8 526
	大眼金枪鱼	t	11 324	10 671	9 370	8 210	8 195	7 023
	长鳍金枪鱼	t	24 826	24 162	14 643	15 122	16 175	29 252
围网	渔船	艘	13	14	19	20	2	3
	鲣	t	36 192	64 157	47 171	33 203	7 006	11 615
	黄鳍金枪鱼	t	10 444	14 026	9 530	8 288	2 942	2 725
	大眼金枪鱼	t	2 512	3 645	2 705	1 745	317	1 135
合计	渔船	艘	299	393	372	449	429	365
	鲣	t	36 192	64 157	47 171	33 203	7 006	11 615
	黄鳍金枪鱼	t	16 448	18 664	15 479	14 514	9 501	11 251
	大眼金枪鱼	t	13 836	14 316	12 075	9 955	8 512	8 158
	长鳍金枪鱼	t	24 826	24 162	14 643	15 122	16 175	29 252

中国延绳钓渔船捕捞的大眼金枪鱼和黄鳍金枪鱼主要出口到日本生鱼片市场，捕捞的长鳍金枪鱼主要在斐济上岸卖给罐头工厂，其他鱼种则作为副渔获物，在作业港口当地市场销售。围网渔船的渔获物大部分转运到泰国去做罐头。

五、大陆南海渔业

中国大陆历史上曾多次组织金枪鱼延绳钓船到南海生产和探捕，但都因经济效益不佳未能坚持下来，目前没有延绳钓船在南海从事金枪鱼商业性捕捞。南海中南部深水区作业的鸢乌贼灯光罩网渔船兼捕一定数量的大型和小型金枪鱼类。

中国大陆共开展过四轮规模较大的南海金枪鱼延绳钓探捕。1953年12月至1954年12月，南海水产公司先后组织6艘钓船在南海试捕生产，合计放钓163次（单次平均411枚钩），金枪鱼上钩率 3.3 尾/千钩，渔获物以鲨鱼为主，黄鳍金枪鱼渔获体长 98～172 cm，体重 25.5～92 kg。1974 年 12 月至 1976 年 8 月，南海水产研究所进行南海金枪鱼资源调查，合计放钓 104 次（单次平均 466 枚钩），金枪鱼上钩率 2.7 尾/千钩，捕获黄鳍金枪鱼 117 尾、5 317 kg，大眼金枪鱼 12 尾、671 kg，黄鳍金枪鱼渔获体长 56～160 cm，体重 3.5～80 kg。1977 年 12 月至 1978 年 5 月，南海水产公司南渔“501”延绳钓渔船在南海生产 4 个航次，合计放钩 64 次（单次平均 908 枚钩），金枪鱼上钩率 3.7 尾/千钩，共获 6.5 t 大型金枪鱼，黄鳍金枪鱼渔获体长 44～152 cm，体重 2.5～66.5 kg。2010 年 6 月至 2013 年 2 月，广东海洋大学与多家渔业公司合作，进行了 8 个航次延绳钓探捕，合计放钓 193 次（单次平均 1 454 枚钩），金枪鱼上钩率 1.6 尾/千钩，加上剑旗鱼上钩率合计 1.9 尾/千钩。

中国大陆在南海的金枪鱼延绳钓探捕可分为两个阶段。第一阶段是 20 世纪 80 年代以前，当时远洋渔业还未起步，南海金枪鱼资源状况尚佳，正是日本和中国台湾地区钓船在南海的生产高峰期。几次探捕效果不佳，生产亏损，主要是由于技术力量和船只的性能、设备等问题造成的。第二阶段是 2010 年以来，此时远洋渔业已形成规模，探捕钓船不少从事过远洋捕捞，船只的性能设备较好，但探捕生产仍以亏损告终，一方面可能是因为没有准确掌握渔场渔期，另一方面应该与南海土生金枪鱼资源已开发殆尽，目前的资源主要靠外洋洄游补充，资源密度相对较低有关。越南金枪鱼渔业的快速发展与其距离渔场近、生产成本低有关。越南平定省延绳钓渔业多年平均上钩率约 300 kg/千钩（包括鲨鱼），越南延绳钓和手钓渔船，一个航次 20～30 d，生产成本 3.3 万～4.2 万元，捕捞产值 4.5 万～7.5 万元，船员收入 1 500～2 100 元。

灯光罩网是 20 世纪 90 年代才在南海北部出现并迅速发展起来的一种新型渔具渔法，主捕趋光性头足类和鱼类（图 2－10）。它是利用鱼类的趋光习性，夜晚先用灯光将鱼类诱集到渔船周围，再借助渔船两舷的四根撑杆将罩网底纲及网衣撑开布置于船底，然后调暗灯光将鱼群诱集至船底近表层，最后放开网具利用底纲的沉降和闭合作用将鱼群包裹在网内而捕捞。根据渔船长度和网具规格的不同，渔船放网和起网一次耗时 20～40 min，正常每晚作业 6～12 网次。罩网渔船广泛分布于南海北部渔港，早期基本为小型近海渔船。2004 年春季，罩网开发南海深水区鸢乌贼资源成功，渔船生产效益显著，刺激了可到南海中南部深水区作业的大型渔船的发展。随着深水区鸢乌贼渔业的发展，罩网渔船也兼捕到相当数量的小型金枪鱼类（圆舵鲣、鲣为主的多个种类，具有趋光习性）和大型金枪鱼类（黄鳍金枪鱼和大眼金枪鱼成鱼，无趋光习性，因捕食灯光诱集的鱼类而被捕获，已知最高纪录是单船一个航次捕获 500 多尾）（图 2－11）。

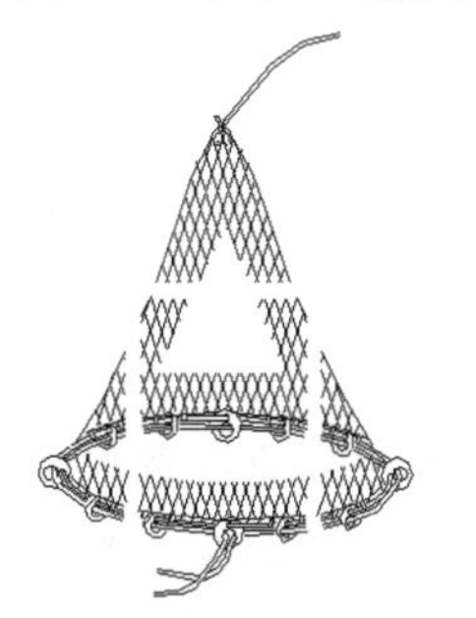
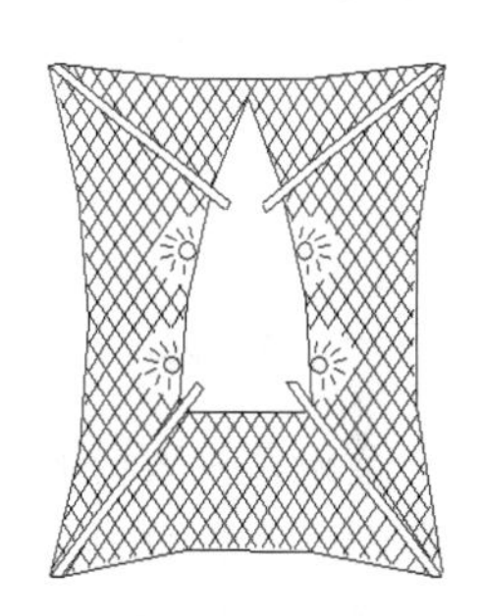

图 2－10　灯光罩网及其作业示意图

图 2－11　南海深水区灯光罩网捕获的大型和小型金枪鱼类

2010年以前，罩网渔场局限于西中沙海域，作业渔船以船长20～30 m的老式木制渔船为主，船员5～7人，渔获冰鲜保存，航次时间10～20 d。根据2005—2010年“琼文昌33180”（木质，船长28 m）的生产监测记录，渔船主要在3—5月到西中沙海域作业，5年合计在深水区作业295 d，总产量650.5 t，平均2.21 t/d，渔获中鸢乌贼占91.10%，大型金枪鱼类占0.83%。2011年春季，罩网渔场拓展至南沙海域，根据“桂防渔96886”（钢质，船长37.6 m）的南沙探捕资料，渔船航次26天，作业18晚，捕捞鸢乌贼68.4 t，占96.75%；大型金枪鱼1.51 t（黄鳍金枪鱼和大眼金枪鱼成鱼52尾，尾重10～57 kg），占2.14%；鲣、鲔等小型金枪及其他鱼类合计0.79 t，占1.11%。2012年以来，南沙渔场成为开发热点，作业渔船以船长35～72 m的新建钢质渔船为主，船员7～15人，渔获冷冻保存，航次时间2～3个月。根据2012—2014年“粤电渔42212”（钢质，船长49.8 m）的生产监测记录，渔船主要在2—6月到南沙作业，2年合计在深水区作业130 d，总产量542.9 t，平均产量4.18 t/d，渔获中鸢乌贼占85.40%，小型金枪鱼类占5.54%，大型金枪鱼类占0.63%，鲹科鱼类占6.36%。

近年来的多次调查探捕发现，南海深水区的鸢乌贼终年可以捕捞，小型金枪鱼类主要渔期在夏季和秋季，而大型金枪鱼类夏季少有捕获。结合天气海况，南海中南部海域罩网适宜渔期2—10月，2—6月渔场分布范围广，南沙海域受冷空气和台风影响小，为最适作业海域；7—10月中心渔场移至西中沙海域，渔业生产受到休渔限制。目前，中国大陆有能力到深海区作业的灯光罩网渔船已达600艘左右，这些渔船每年捕捞大型金枪鱼300～600 t，小型金枪鱼类5 000 t左右。

第五节　越南金枪鱼渔业

一、概况

金枪鱼主要分布于越南中部海域深水区。越南地处北回归线以南，属热带季风气候，高温多雨。北方分春、夏、秋、冬四季。南方雨旱两季分明，大部分地区5—10月为雨季，11月至翌年4月为旱季。1991—2015年月平均气温20.1～27.5 ℃，1月最冷，6月最热，月平均降水量27～281 mL，年平均降水量1 863 mL。海域表层水温因季节和海区而异，南高北低，通常在21～26 ℃。海域北部和中部夏秋季节常受台风影响，南部受影响较小。海域冬季刮东北季风，夏季刮西南季风。

2016年，越南水产品总产量（不含水生植物等）641.0万t，次于中国、印度尼西亚、印度，居世界第4位，其中，海洋捕捞、淡水捕捞、水产养殖分别占总产量的41.8%、1.7%和56.5%，分别居世界第8位、第21位和第4位。水产品进出口总额87.1亿美元，占全国商品进出口总额的2.48%，水产品贸易顺差59.8亿美元。金枪鱼和剑旗鱼产品出口额4.84亿美元，重量9.08万t；进口额2.35亿美元，重量9.68万t。

二、捕捞渔业概况

越南的金枪鱼渔业是20世纪90年代初在日本的扶持下起步的，早期主要是越南国有渔业公司利用引进的小型玻璃钢钓船作业。1994年起，越南中部省份的一些群众渔船转为延绳钓作业，渔业进入快速发展阶段，随后作业方式向流刺网、灯光围网、灯光手钓等扩展，主要捕捞大洋性金枪鱼类。根据 FAO 数据，2016 年，越南鲣、黄鳍金枪鱼、大眼金枪鱼、长鳍金枪鱼等 4 种主要金枪鱼产量合计 12.31 万 t（图 2－12），超过中国大陆的 7.83 万 t，排名世界第 13 位。越南的金枪鱼全部捕自南海，目前越南已是南海金枪鱼的最大捕捞国，作业渔场遍布南海深水区。

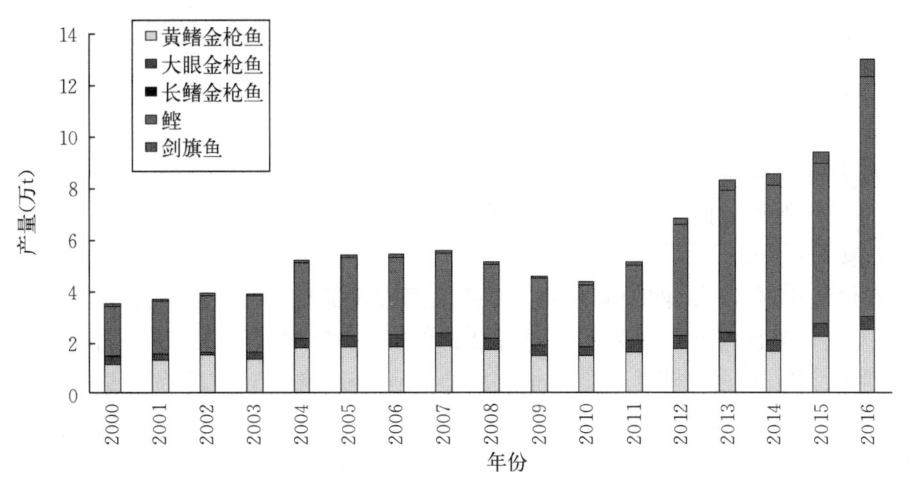

图 2－12　2000—2016 年按种类列出的越南金枪鱼和剑旗鱼产量

2010 年，越南在南海的金枪鱼和剑旗鱼总产量仅 4.29 万 t，2016 年总产量增至 13.01 万 t。其中，鲣 9.38 万 t，占 72.11%；黄鳍金枪鱼 2.44 万 t，占 18.75%；大眼金枪鱼 0.49 万 t，占 3.74%；剑旗鱼 0.70 万 t，占 5.40%（表 2－14）。越南统计上报的大洋性金枪鱼类鲣产量中，实际混有相当数量的沿岸性金枪鱼类，主要为圆舵鲣和扁舵鲣。

表 2－14　2010—2016 年按洋区和种类列出的越南金枪鱼和剑旗鱼产量

单位：t

洋区	种类	2010 年	2011 年	2012 年	2013 年	2014 年	2015 年	2016 年
太平洋	黄鳍金枪鱼	14 193	15 359	16 816	19 524	15 898	21 676	24 389
	大眼金枪鱼	3 412	4 718	5 089	3 465	4 183	4 966	4 867
	长鳍金枪鱼	4	15	15	251	—	—	—
	鲣	24 056	29 492	43 636	55 391	60 761	62 421	93 820
	剑旗鱼	1 229	1 100	2 303	4 034	4 421	4 461	7 024
	小计	42 894	50 684	67 859	82 665	85 263	93 524	130 100

越南金枪鱼渔业的作业类型包括钓具（延绳钓、灯光手钓）、灯光围网和流刺网。作业渔船以船长 20 m 左右的木质渔船为主。船队数量和结构的年度与季节变动较大。为了降低成本、提高效益，多种作业类型兼作情况很普遍，渔船基本配有集鱼灯，渔民夜晚空闲时从事鱿鱼手钓作业。

延绳钓渔船集中分布在越南中部的平定（Binh Dinh）、富安（Phu Yen）和庆和（Khanh Hoa）三省，主要目标鱼种是黄鳍金枪鱼和大眼金枪鱼，船员 10～12 人，放钩数量 600～1 200 枚，放钓深度 50～70 m，航次时间中部海域 20 d，南部海域 30 d，航次金枪鱼产量 0.8～

1.5 t，渔获黄鳍金枪鱼为主，冰鲜保存，金枪鱼年产量 8～10 t。越南钓船作业海域范围 6°N—20°N、110°E—120°E，基本位于我国传统疆界线以内。东北季风期（11 月至翌年 4 月），中心渔场位于西沙群岛附近直至菲律宾海域。西南季风期（5—10 月），中心渔场位于南沙群岛附近直至马来西亚海域。12 月至翌年 2 月为旺汛期，此时金枪鱼产量和质量高于其他月份。

灯光手钓是近年兴起的一种新型作业。渔船配有几至十几盏集鱼灯，船员 6～8 人，作业时升出四根木杆，杆上各挂 1 根钓线，每根钓线有 2 个钩，配 3～4 kg 的重沉，傍晚 5～6 点开始放钩，使用鸢乌贼饵料。船员夜晚在船边进行灯光诱钓作业，等待金枪鱼上钩。灯光手钓几乎可以全年作业，黄鳍金枪鱼上钩率相对更高，满月期间手钓无法作业，渔船一般从事延绳钓作业；渔船航次 20～30 d，金枪鱼产量约 1 t，鸢乌贼产量 3～5 t。越南平定省的 507 艘延绳钓船 2011 年底开始全部转为灯光手钓作业，2012 年灯光手钓渔船已达 1 060 艘。

金枪鱼灯光围网和流刺网渔船在越南中部沿海省份都有分布，主要目标鱼种是鲣，围网船员 12 人左右，航次时间 15～25 d；刺网船员 6～8 d，航次时间 5～15 d。渔船主要在南海中部越南岘港（Da Nang）至头顿（Vung Tau）一线海域作业，主要渔期 5—9 月。

2017 年越南共有 4 478 艘金枪鱼渔船在南海作业，4 种主要金枪鱼产量合计 11.26 万 t。钓具产量 1.67 万 t，占 14.81%；围网产量 5.47 万 t，占 48.56%；刺网产量 4.13 万 t，占 36.63%。钓具主捕大型金枪鱼，渔获中黄鳍金枪鱼占 93.98%，大眼金枪鱼占 6.02%；围网和刺网主捕小型金枪鱼，围网渔获中鲣占 84.03%，黄鳍金枪鱼占 12.38%，大眼金枪鱼占 3.58%；刺网渔获中鲣占 97.65%，黄鳍金枪鱼和大眼金枪鱼占 1.36%和 1.00%。越南金枪鱼总产量高、单船平均产量低。2017 年单船金枪鱼产量：钓具 9 t、围网 37 t、刺网 39 t（表 2-15）。

表 2-15　2012—2017 年越南在南中国海渔船作业类型和主要金枪鱼产量

作业类型	种类	单位	2012 年	2013 年	2014 年	2015 年	2016 年	2017 年
延绳钓/手钓	渔船	艘	1 772	1 729	1 645	1 623	1 689	1 924
	黄鳍金枪鱼	t	12 456	13 917	11 603	15 097	16 423	15 677
	大眼金枪鱼	t	3 761	2 260	2 350	3 100	1 115	1 004
	长鳍金枪鱼	t	15	251	0	0	0	0
围网	渔船	艘	592	1 014	1 586	1 461	1 459	1 493
	鲣	t	22 638	18 895	27 972	32 691	48 823	45 960
	黄鳍金枪鱼	t	3 336	2 784	4 122	4 817	7 195	6 773
	大眼金枪鱼	t	965	805	1 192	1 394	2 081	1 959
	长鳍金枪鱼	t	0	0	0	0	0	1
刺网	渔船	艘	1 204	898	979	973	1 003	1 061
	鲣	t	20 998	36 496	32 789	29 730	44 997	40 281
	黄鳍金枪鱼	t	1 024	2 823	173	1 762	771	560
	大眼金枪鱼	t	363	400	641	472	1，671	411

（续）

作业类型	种类	单位	2012年	2013年	2014年	2015年	2016年	2017年
合计	渔船	艘	3 568	3 641	4 210	4 057	4 151	4 478
	鲣	t	43 636	55 391	60 761	62 421	93 820	86 241
	黄鳍金枪鱼	t	16 816	19 524	15 898	21 676	24 389	23 010
	大眼金枪鱼	t	5 089	3 465	4 183	4 966	4 867	3 374
	长鳍金枪鱼	t	15	251	0	0	0	1

金枪鱼渔业的发展既解决了众多渔民的生计，又带动了加工、贸易产业的迅速发展。越南金枪鱼出口额1997年只有620万美元，2000年增加到0.23亿美元。随着金枪鱼加工工业的发展，越南开始进口金枪鱼用于罐头加工出口，2007年金枪鱼出口量超过越南捕捞量。2012年越南进口金枪鱼10.3万t，同年总的金枪鱼出口量是15.9万t。2016年越南金枪鱼出口额为5.10亿美元，美国和欧盟是其主要出口市场。

第六节　菲律宾金枪鱼渔业

一、概况

菲律宾1978年宣布实施200 n mile专属经济区（EEZ）制度，是东盟国家中第一个宣布专属经济区的国家。菲律宾四面环海，岛屿众多，境内多内海、海峡和港湾。各岛之间的海域较浅，水深一般在50 m以内。群岛的外海则很深，200 m等深线紧贴着陆地，海陆对比很明显，濒临太平洋的东海岸大陆架尤为狭窄。西侧的南中国海，深度超过4 000 m；东侧的太平洋，深度超过6 000 m，萨马岛和棉兰老岛以东的菲律宾海沟，最深达10 479 m，是世界海洋最深的地区之一。海域陆架面积相对狭小，且大部分陆架有珊瑚或礁岩分布。因此，海域金枪鱼等中上层鱼类资源的开发历史悠久，早于底层鱼类资源的开发，产量也比底层鱼类多。

菲律宾属热带海洋性气候，全年阳光充足，一年分干季、湿季两季。湿季为5—12月，高温多雨；干季为1—4月，炎热干燥。每年6—10月多台风。1991—2015年月平均气温24.7～27.0℃，1月最冷，5月最热，月平均降水量101～310 mL，年平均降水量2 536 mL。海域冬季刮东北季风，夏季刮西南季风。北部的吕宋岛海域一年遭受20多次台风袭击，南部的棉兰老岛海域则很少受到台风的影响。

2016年，菲律宾水产品总产量（不含水生植物等）282.1万t，排名世界第12位，其中，海洋捕捞、淡水捕捞、水产养殖分别占总产量的66.1%、5.7%和28.2%，分别居世界第10位、第16位和第11位。水产品进出口总额11.3亿美元，占全国商品进出口总额的0.79%，水产品贸易顺差3.4亿美元。金枪鱼和剑旗鱼产品出口额3.10亿美元，重量10.79万t；进口额1.66亿美元，重量15.20万t。

二、捕捞渔业概况

金枪鱼捕捞是菲律宾渔民长期以来的生计活动，尤其是在达沃（Davao）、三宝颜（Zamboanga）、科塔巴托（Cotabato）等菲律宾南部地区。1942—1944年日本占领期间，商业性金枪鱼延绳钓捕捞在达沃开始出现，这些船大多为日本人所有。20世纪50年代，美国商人开始探索从菲律宾采购金枪鱼，当地加工商开始在棉兰老岛建立金枪鱼采集网络。20世纪60年代，当地渔业公司开始组织起来，提供资金扶持小型渔民，使用手钓和曳绳钓在棉兰老岛南部捕捞金枪鱼。20世纪70年代中期，日本市场生鱼片级金枪鱼价格高昂，促进了金枪鱼渔业投资，吸引了邻近省份的渔民，人工集鱼装置payao（采用竹竿、椰子叶或棕榈叶等绑扎制成，锚系于50～200 m深度的水域）也被引进，金枪鱼渔业成为菲律宾最大、最有价值的渔业。桑托斯将军城金枪鱼渔业开始繁荣。20世纪80年代末，菲律宾水域金枪鱼捕捞率开始下降，菲律宾渔业公司开始到国际水域捕鱼。根据FAO数据，2016年菲律宾鲣、黄鳍金枪鱼、大眼金枪鱼、长鳍金枪鱼等4种主要金枪鱼产量合计21.48万t，排名世界第8位（图2-13）。

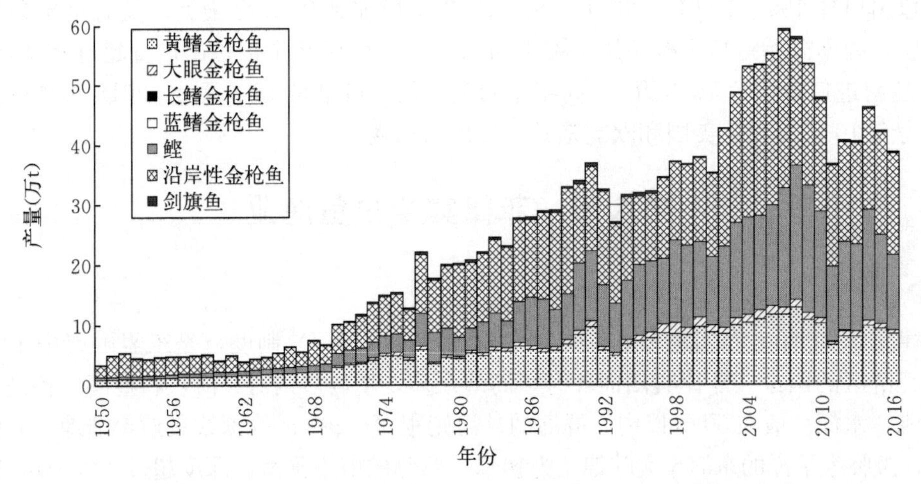

图2-13　1950—2016年按种类列出的菲律宾金枪鱼和剑旗鱼产量

2016年，菲律宾金枪鱼和剑旗鱼总产量为38.78万t。沿岸性金枪鱼、鲣、黄鳍金枪鱼产量排名前3位，分别为17.08万t、12.56万t和8.38万t，分别占总产量的44.04%、32.38%和21.62%。菲律宾从2015年开始已经没有远洋渔船在印度洋和大西洋海域作业，目前全部渔获捕自太平洋海域。沿岸性金枪鱼包括扁舵鲣和圆扁舵，2016年产量17.08万t，其中，鲔产量3.69万t，占21.61%；扁舵鲣和圆扁舵产量13.39万t，占78.39%（表2-16）。

表2-16　2010—2016年按洋区和种类列出的菲律宾金枪鱼和剑旗鱼产量

单位：t

洋区	种类	2010年	2011年	2012年	2013年	2014年	2015年	2016年
太平洋	黄鳍金枪鱼	100 446	63 957	78 890	79 623	97 229	92 347	83 847
	大眼金枪鱼	6 854	4 368	6 787	5 672	5 731	6 820	5 275
	长鳍金枪鱼	102	138	149	155	155	125	125
	鲣	178 192	125 452	147 560	143 944	184 075	148 667	125 556
	沿岸性金枪鱼	187 804	169 032	167 498	170 337	169 609	172 356	170 804
	剑旗鱼	2 286	2 429	2 128	2 416	2 225	2 210	2 195
	小计	475 684	365 376	403 012	402 147	459 024	422 525	387 802

（续）

洋区	种类	2010年	2011年	2012年	2013年	2014年	2015年	2016年
印度洋	黄鳍金枪鱼	301	65	208	187	70	—	—
	大眼金枪鱼	243	82	2 364	912	319	—	—
	长鳍金枪鱼	81	8	86	212	360	—	—
	蓝鳍金枪鱼	42	—	—	—	—	—	—
	剑旗鱼	37	55	86	104	15	—	—
	小计	704	210	2 744	1 415	764	—	—
大西洋	黄鳍金枪鱼	89	134	35	128	76	—	—
	大眼金枪鱼	1 400	1 267	532	1 323	1 964	—	—
	长鳍金枪鱼	95	96	286	415	18	—	—
	剑旗鱼	19	58	51	44	72	—	—
	小计	1 603	1 555	904	1 910	2 130	—	—
合计	黄鳍金枪鱼	100 836	64 156	79 133	79 938	97 375	92 347	83 847
	大眼金枪鱼	8 497	5 717	9 683	7 907	8 014	6 820	5 275
	长鳍金枪鱼	278	242	521	782	533	125	125
	蓝鳍金枪鱼	42	—	—	—	—	—	—
	鲣	178 192	125 452	147 560	143 944	184 075	148 667	125 556
	沿岸性金枪鱼	187 804	169 032	167 498	170 337	169 609	172 356	170 804
	剑旗鱼	2 342	2 542	2 265	2 564	2 312	2 210	2 195
	小计	477 991	367 141	406 660	405 472	461 918	422 525	387 802

菲律宾的大洋性金枪鱼主要捕自中西太平洋渔业委员会（WCPFC）公约海域。作业类型多样，所用渔船从传统的独木舟到配备现代化捕鱼设备的大型远洋钢壳船。渔业分为远洋渔业和国内渔业。

2017年，菲律宾远洋渔业仅有12艘围网渔船在WCPFC公约区域作业。4种主要金枪鱼产量合计3.00万t，其中，鲣1.56万t，占52.01%；黄鳍金枪鱼1.38万t，占45.83%，大眼金枪鱼646 t，占2.15%。截至2018年4月18日，菲律宾在WCPFC注册船舶数量397艘，其中，鱼货运输船132艘、围网渔船91艘、渔业辅助船174艘（表2-17）。

表2-17　2012—2017年菲律宾在WCPFC海域的远洋金枪鱼渔业

作业类型	科目	单位	2012年	2013年	2014年	2015年	2016年	2017年
围网	渔船	艘	21	27	27	23	17	12
	鲣	t	69 124	47 315	67 288	40 992	43 555	15 610
	黄鳍金枪鱼	t	38 138	34 599	36 730	30 213	25 142	13 755
	大眼金枪鱼	t	3 065	2 923	2 962	4 055	2 697	646

（续）

作业类型	科目	单位	2012年	2013年	2014年	2015年	2016年	2017年
延绳钓	渔船	艘	2	2	2			
	鲣	t	0	0	111	0	0	0
	黄鳍金枪鱼	t	61	27	153	0	0	0
	大眼金枪鱼	t	248	167	63	0	0	0
	长鳍金枪鱼	t	24	30	30	0	0	0
合计	渔船	艘	23	29	29	23	17	12
	鲣	t	69 124	47 315	67 399	40 992	43 555	15 610
	黄鳍金枪鱼	t	38 199	34 626	36 883	30 213	25 142	13 755
	大眼金枪鱼	t	3 313	3 090	3 025	4 055	2 697	646
	长鳍金枪鱼	t	24	30	30	0	0	0

国内渔业作业类型多样，主要包括大型手钓、小型手钓、围网和环网（ringnet）。大型手钓主要捕捞栖息于深水层的黄鳍金枪鱼、大眼金枪鱼成鱼以及剑旗鱼等。小型手钓、围网和环网为表层渔具，主要捕捞鲣和沿岸性金枪鱼，同时大量兼捕黄鳍金枪鱼和大眼金枪鱼幼鱼。payao集鱼装置被认为是促进菲律宾金枪鱼渔业发展的重要因素，其在吸引金枪鱼方面效果明显，尤其是黄鳍金枪鱼和鲣，极大减少了搜索鱼群的时间。菲律宾商业和市政渔民都使用payao集鱼装置来吸引金枪鱼，经常共享部署在渔场的payao集鱼装置。菲律宾海域的主捕金枪鱼种类为鲣和黄鳍金枪鱼，所有水域全年都有发现，菲律宾南部的摩洛湾、苏禄海和苏拉威西海资源最为丰富。超过55%的鲣和黄鳍金枪鱼产量从棉兰老岛周围水域中捕捞。

大型手钓渔业是20世纪80年代随着出口生鱼片市场的兴起而出现并繁荣的。渔业使用菲律宾特色螃蟹船（outrigger bancas），长度6～40 m，无论大小都归为市政渔业。单钩手钓作业，放钩深度80～200 m，使用鱿鱼或扁舵鲣饵料，渔民频繁的拉动钓线以吸引金枪鱼咬钩。渔船最初仅在夜晚作业，使用灯光诱捕鱿鱼等作为钓饵，近十年来白天也进行作业。渔业主要捕捞体长1 m以上的黄鳍金枪鱼和大眼金枪鱼成鱼，蓝枪鱼和剑鱼也有捕获。大型手钓渔船遍布菲律宾，在棉南老岛南部海域最为重要。大型渔船航次时间可达1个月，作业范围向东可达巴布亚新几内亚，南至印度尼西亚班达海。小型手钓渔船放钩深度较浅，主要捕捞体长小于50 cm的小型金枪鱼，通常使用小船夜晚作业。环网属于围网的一种，其网具规格相对较小，取鱼部在网的中部，作业时同时绞收2个网翼完成起网，围网的取鱼部则在网的一端，作业时绞收网的另一端完成起网操作。棉兰老岛水域围网和环网捕捞的黄鳍金枪鱼和鲣，超过九成年龄不足12个月。

2017年，菲律宾国内渔业4种主要金枪鱼产量合计17.01万t，其中，鲣9.53万t，占56.06%；黄鳍金枪鱼7.00万t，占41.19%；大眼金枪鱼4 454 t，占2.62%；长鳍金枪鱼223 t，占0.13%。大型手钓产量2.84万t，占16.70%；小型手钓产量2.61万t，占15.35%；围网产量6.80万t，占39.99%；环网产量3.80万t，占22.37%；其他渔业产量0.95万t，占5.58%。大型手钓渔获中，黄鳍金枪鱼占84.35%，鲣占10.69%，大眼金枪鱼和长鳍金枪鱼占4.56%和0.40%；小型手钓渔获中，黄鳍金枪鱼占56.92%，鲣占

41.14%，大眼金枪鱼占1.94%；围网渔获中，鲣占71.83%，黄鳍金枪鱼占25.65%，大眼金枪鱼占2.51%；环网渔获中，鲣占73.13%，黄鳍金枪鱼占25.21%，大眼金枪鱼和长鳍金枪鱼分别占1.61%和0.05%（表2-18）。

表2-18　2012—2017年菲律宾在WCPFC海域的国内金枪鱼渔业

单位：t

作业类型	种类	2012年	2013年	2014年	2015年	2016年	2017年
大型手钓	鲣	439	708	3 806	2 820	1 954	3 038
	黄鳍金枪鱼	14 449	12 731	26 925	20 825	17 593	23 961
	大眼金枪鱼	508	767	713	743	850	1 294
	长鳍金枪鱼	125	125	125	125	125	114
小型手钓	鲣	10 600	10 360	6 374	12 833	5 864	10 742
	黄鳍金枪鱼	8 400	11 000	8 434	17 726	14 188	14 862
	大眼金枪鱼	1 000	440	58	585	327	506
围网	鲣	41 043	51 950	61 924	42 594	41 415	48 846
	黄鳍金枪鱼	10 971	11 060	14 972	13 332	15 967	17 444
	大眼金枪鱼	1 323	709	1 257	1 034	908	1 708
环网	鲣	23 255	30 714	37 885	37 471	26 475	27 827
	黄鳍金枪鱼	5 590	6 829	7 118	7 955	8 290	9 592
	大眼金枪鱼	655	449	499	373	363	611
	长鳍金枪鱼	0	0	0	0	0	19
其他	鲣	3 078	2 910	6 197	11 797	6 420	4 878
	黄鳍金枪鱼	1 247	3 365	3 411	2 266	2 546	4 187
	大眼金枪鱼	43	216	155	220	124	335
	长鳍金枪鱼	0	0	0	0	0	90
合计	鲣	78 415	96 642	116 186	107 515	82 128	95 331
	黄鳍金枪鱼	40 657	44 985	60 860	62 104	58 584	70 046
	大眼金枪鱼	3 529	2 581	2 682	2 955	2 572	4 454
	长鳍金枪鱼	125	125	125	125	125	223

菲律宾市政渔业捕捞的金枪鱼大部分都是鲜鱼上岸，除了直接供应当地市场消费以外，渔获物主要是通过烘干、腌制、熏制等传统方式加工，只有少部分渔获能进入商业化加工流程。例如，在桑托斯将军市，大型手钓渔业捕捞的金枪鱼不少会作为生鱼片出口以及冷冻、熏制销售，可能也有少量市政渔业捕捞的鲜鱼直接卖给罐头工厂。菲律宾商业渔业捕捞的大洋性金枪鱼通常直接卖给菲律宾的罐头加工厂，极少量是冷冻或熏制加工。菲律宾当前有8家金枪鱼罐头厂，6家位于桑托斯市，2家位于三宝颜市，巴布亚新几内亚还有2家菲律宾

运营的罐头厂，这些罐头厂的年产量约为15.7万t（巴布亚新几内亚约5万t），主要依靠围网、环网渔船提供原料，也有通过运输船从海外进口的原料。菲律宾目前有超过17家冷冻金枪鱼加工厂。70%位于桑托斯市，提供约3 000个工作岗位，产品主要出口美国和欧洲国家。

根据菲律宾农业统计局（BAS）数据，2017年菲律宾港口鲣、黄鳍金枪鱼、大眼金枪鱼等3种金枪鱼总上岸量36.64万t（无论国内或国外海域捕捞，无论本国或外国渔船捕捞），鲣23.11万t，占63.08%；黄鳍金枪鱼10.73万t，占29.29%；大眼金枪鱼2.79万t，占7.63%。商业渔业（包括运输船）合计30.17万t，占82.35%；市政渔业合计6.47万t，占17.65%。桑托斯将军市综合渔港（The General Santos Fish Port Complex，GSFPC），是全国最大的金枪鱼卸货港，年卸货量超20万t（表2-19）。

表2-19　2012—2017年菲律宾港口主要金枪鱼卸货量

单位：t

类别	种类	2012年	2013年	2014年	2015年	2016年	2017年
商业渔业	鲣	163 026	168 183	194 583	199 153	181 610	211 794
	黄鳍金枪鱼	77 730	83 142	94 256	102 400	70 565	70 565
	大眼金枪鱼	7 912	6 899	6 188	5 258	8 106	19 325
市政渔业	鲣	7 912	6 899	6 188	5 258	8 106	19 325
	黄鳍金枪鱼	45 698	46 742	45 664	40 987	35 103	36 730
	大眼金枪鱼	4 568	4 962	4 980	5 614	7 505	8 623
合计	鲣	170 938	175 082	200 771	204 411	189 716	231 119
	黄鳍金枪鱼	123 428	129 884	139 920	143 387	105 668	107 295
	大眼金枪鱼	12 480	11，861	11 168	10 872	15 611	27 948

菲律宾目前禁止悬挂外国国旗渔船在其专属经济区海域作业，仅有达沃（Toril）一个港口允许外国渔船靠岸卸鱼，2013—2017年，金枪鱼卸货量最高是2013年的3 994 t，最低是2017年的983 t。另据菲律宾PSA数据，2017年菲律宾金枪鱼上岸量中有17.26万t为悬挂外国国旗渔船捕捞；2017年菲律宾共出口金枪鱼罐头75 928 t，生鲜、冷藏或冷冻金枪鱼25 637 t，干制或熏制金枪鱼1 434 t。

第七节　印度尼西亚金枪鱼渔业

一、概况

印度尼西亚已宣布并实施12 n mile领海、200 n mile专属经济区（EEZ）制度，领海基线采用的是其声称的群岛直线基线。印度尼西亚海域面积辽阔，岛屿间形成众多海峡和内海，为便于渔业管理与发展，印度尼西亚根据地理环境和渔业资源特征，将全国海洋水域划分为11个渔业管理区（Fisheries Management Area，FMA），其中，3个位于东印度洋（FAO57区），编号FMA571～FMA573；8个位于中西太平洋（FAO71区），编号FMA711～FMA718（表2-20，图2-14）。

表 2-20　印度尼西亚渔业管理区编号及海域范围

洋区	渔区编号	海域范围
印度洋	FMA571	马六甲海峡和安达曼海
	FMA572	苏门答腊岛西部印度洋和巽他海峡
	FMA573	爪哇岛南部印度洋、努沙登加拉群岛南部、萨武海和帝汶海西部
太平洋	FMA711	卡里马塔海峡、纳土纳海和南中国海
	FMA712	爪哇海
	FMA713	孟加锡海、波尼湾、弗洛勒斯海和巴厘海
	FMA714	托罗湾和班达海
	FMA715	托米尼湾、马鲁古海、哈马黑拉海、塞兰海和伯劳湾
	FMA716	苏拉威西海和哈马黑拉岛北部海域
	FMA717	伊里安湾和太平洋
	FMA718	阿鲁湾、阿拉弗拉海，帝汶海东部

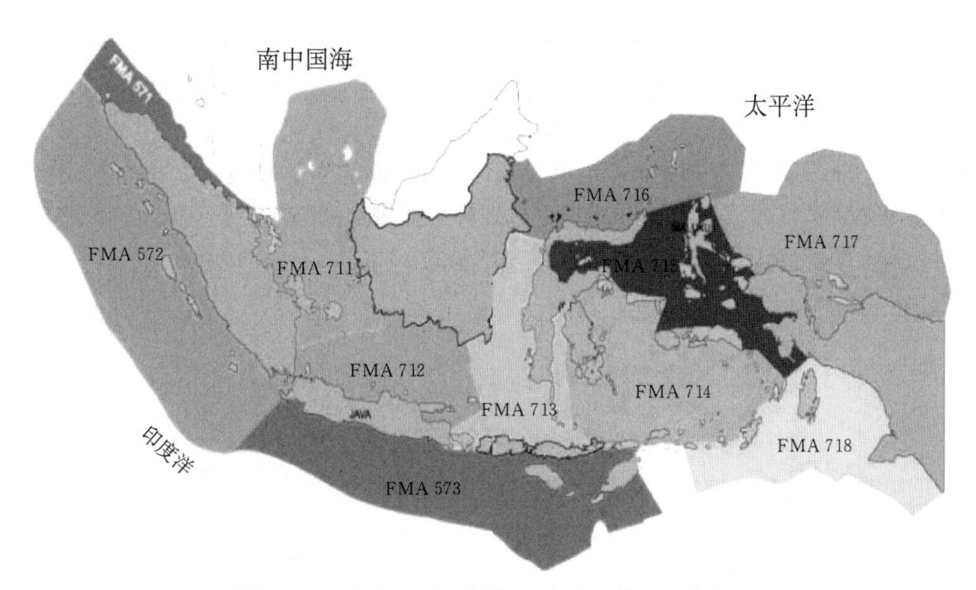

图 2-14　印度尼西亚海域 11 个渔业管理区分布图

印度尼西亚的 11 个渔业管理区中，FMA571、FMA711 和 FMA712，即马六甲海峡、南中国海、爪哇海这 3 块海区是一片相连的浅海，水深平均在 40～50 m，盛产底层和小型中上层鱼类，虾蟹、枪乌贼等甲壳和头足类资源也较丰富，爪哇海目前是印度尼西亚渔获量最高海域；FMA713、FMA714、FMA715、FMA716、FMA717 这 5 块海区位于苏拉威西岛周边，海域较深，盐度较大，班达海最大深度超过 7 000 m，盛产大型中上层鱼类和小型中上层鱼类，班达海、马鲁古海、苏拉威西海是印度尼西亚金枪鱼主产区；FMA718 为阿拉弗拉海和帝汶海东部区域，属于印度尼西亚与澳大利亚之间的大陆架水域，水深为 15～

80 m，地质条件好，没有灾害性天气，盛产底层鱼类、虾蟹等渔业资源，小型中上层鱼类资源也较丰富；FMA572 和 FMA573 这 2 块海区属于印度洋，从苏门答腊岛北端延伸至帝汶岛，大陆架狭窄，基本上都是深海，仅帝汶海西部有大陆架浅海分布，该海区盛产大型和小型中上层鱼类，也是印度尼西亚金枪鱼类主要产区。

印度尼西亚地跨赤道，终年高温炎热，全年分旱季和雨季，每年 5—10 月为旱季，11 月至翌年 4 月为雨季。1991—2015 年月平均气温 25.9～26.5 ℃，月平均降水量 165～308 mL，年平均降水量 2 869 mL。印度尼西亚海域位于印度洋—太平洋暖池区的中间地带，表层水温周年基本保持在 24～29 ℃，海水表温高，周年变化小。海域基本不受台风影响，11 月至翌年 2 月刮西北季风，6—8 月刮东南季风，东南季风期间常伴有中浪，捕捞生产受影响较大。

2016 年，印度尼西亚水产品总产量（不含水生植物等）1 149.2 万 t，仅次于中国，居世界第 2 位，其中，海洋捕捞、淡水捕捞、水产养殖分别占总产量的 53.2%、3.8%和 43.1%，分别居世界第 2 位、第 6 位和第 3 位。水产品进出口总额 43.7 亿美元，占全国商品进出口总额的 1.56%，水产品贸易顺差 36.4 亿美元。金枪鱼和剑旗鱼产品出口额 5.98 亿美元，重量 15.24 万 t；进口额 0.41 亿美元，重量 1.68 万 t。

二、捕捞渔业概况

印度尼西亚传统的金枪鱼捕捞为生计渔业，作业类型多样，商业性金枪鱼延绳钓渔业 1972 年出现于印度洋巴厘岛南部的贝诺阿港（Benoa），商业性金枪鱼围网渔业 1980 年出现于太平洋马鲁古省的德那地岛（Ternate）。印度尼西亚金枪鱼捕捞产量自 20 世纪 70 年代以来不断提高，金枪鱼类目前已是印度尼西亚水产品出口创汇的主要支柱，出口额仅次于虾类居第 2 位。根据 FAO 数据，2016 年印度尼西亚鲣、黄鳍金枪鱼、大眼金枪鱼、长鳍金枪鱼等 4 种主要金枪鱼产量合计 66.91 万 t，占世界总产量的 13.67%，排名世界第 1 位（图 2－15）。

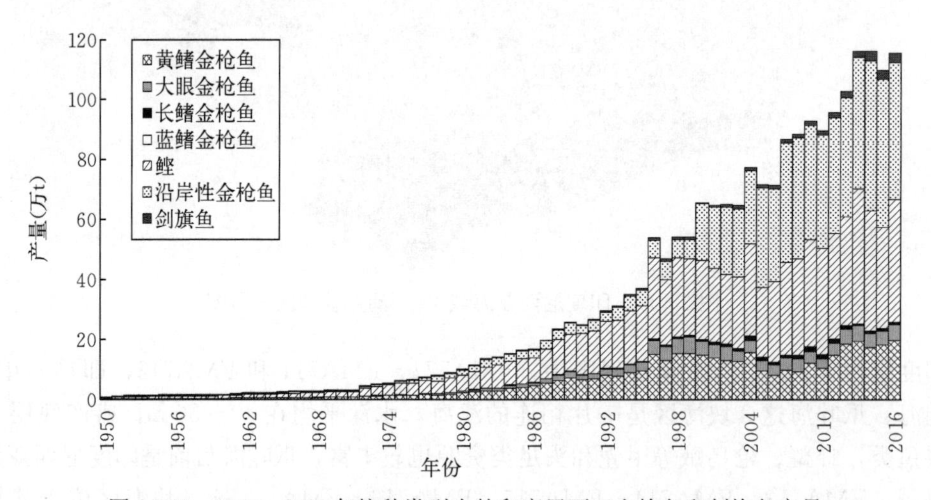

图 2－15　1950—2016 年按种类列出的印度尼西亚金枪鱼和剑旗鱼产量

2016 年印度尼西亚金枪鱼和剑旗鱼总产量 115.71 万 t。沿岸性金枪鱼、鲣、黄鳍金枪鱼产量排名前 3 位，分别为 45.71 万 t、41.32 万 t 和 19.72 万 t，分别占总产量的 39.50%、

35.70%和17.04%。太平洋海域产量86.88万t，占总产量的75.09%；印度洋海域产量28.83万t，占总产量的24.92%（表2-21）。沿岸性金枪鱼包括鲔、扁舵鲣、圆舵鲣和青干金枪鱼，2016年太平洋海域产量33.45万t，鲔15.61万t（46.65%），扁舵鲣10.74万t（32.10%），圆舵鲣2.69万t（8.04%），青干金枪鱼4.41万t（13.21%）；印度洋海域产量12.25万t，鲔3.99万t（32.55%），舵鲣5.91万t（48.26%），青干金枪鱼2.35万t（19.19%）。

表2-21　2010—2016年按洋区和种类列出的印度尼西亚金枪鱼和剑旗鱼产量

单位：t

洋区	种类	2010年	2011年	2012年	2013年	2014年	2015年	2016年
太平洋	黄鳍金枪鱼	73 846	114 442	144 745	147 484	136 209	146 020	160 418
	大眼金枪鱼	10 771	12 900	18 924	20 806	23 867	22 739	28 760
	鲣	273 637	270 100	279 647	357 946	322 841	263 319	336 455
	沿岸性金枪鱼	250 308	254 951	269 068	290 647	374 571	370 766	334 536
	剑旗鱼	4 739	5 349	5 646	7 463	8 353	9 628	8 654
	小计	613 301	657 742	718 030	824 346	865 841	812 472	868 823
印度洋	黄鳍金枪鱼	29 289	33 550	41 221	45 901	36 334	36 789	36 789
	大眼金枪鱼	22 826	28 089	30 165	31 213	23 952	22 689	22 689
	长鳍金枪鱼	13 035	11 474	11 019	6 100	8 750	7 301	7 301
	蓝鳍金枪鱼	636	842	910	1 383	1 063	593	601
	鲣	80 621	83 627	82 496	92 662	78 778	76 697	76 697
	沿岸性金枪鱼	128 788	133 580	131 782	148 020	125 840	122 547	122 547
	剑旗鱼	9 035	10 610	15 430	13 646	23 333	21 686	21 686
	小计	284 230	301 772	313 023	338 925	298 050	288 302	288 310
合计	黄鳍金枪鱼	103 135	147 992	185 966	193 385	172 543	182 809	197 207
	大眼金枪鱼	33 597	40 989	49 089	52 019	47 819	45 428	51 449
	长鳍金枪鱼	13 035	11 474	11 019	6 100	8 750	7 301	7 301
	蓝鳍金枪鱼	636	842	910	1 383	1 063	593	601
	鲣	354 258	353 727	362 143	450 608	401 619	340 016	413 152
	沿岸性金枪鱼	379 096	388 531	400 850	438 667	500 411	493 313	457 083
	剑旗鱼	13 774	15 959	21 076	21 109	31 686	31 314	30 340
	小计	897 531	959 514	1 031 053	1 163 271	1 163 891	1 100 774	1 157 133

印度尼西亚金枪鱼渔业作业类型多样，包括延绳钓、大型手钓、小型手钓、竿钓、曳绳钓、围网、刺网等多种作业类型。其中，延绳钓和大型手钓主要捕捞栖息于深水层的黄鳍金枪鱼、大眼金枪鱼成鱼以及剑旗鱼等；其他为表层渔具，主要捕捞鲣和沿岸性金枪鱼等小型金枪鱼类，同时大量兼捕黄鳍金枪鱼和大眼金枪鱼幼鱼。与菲律宾渔民相似，印度尼西亚金枪鱼渔业也普遍使用人工集鱼装置。托米尼湾和望加锡海峡手钓渔民使用的是一种由藤条作线、石头作锚、柳叶作集鱼器的竹筏制成的传统深水集鱼装置，

该渔业主要捕捞10～30 kg的黄鳍金枪鱼。

印度尼西亚海域的11个渔业管理区中，8个渔区位于中西太平洋渔业委员会（WCPFC）公约海域，其中，FMA713、FMA714、FMA715、FMA716和FMA717渔区盛产大洋性金枪鱼类，这5个渔区位于印度尼西亚东部海域；3个渔区（FMA571、FMA572、FMA573）位于印度洋金枪鱼委员会（IOTC）公约海域，这3个渔区位于印度尼西亚西部海域。

2017年，印度尼西亚东部海域（WCPFC公约海域）4种主要金枪鱼产量合计46.63万t，其中，鲣31.10万t，占66.69%；黄鳍金枪鱼14.50万t，占31.09%；大眼金枪鱼1.03万t，占2.22%。按作业类型统计，围网20.88万t（44.80%），竿钓7.98万t（17.11%），小型手钓5.50万t（11.79%），大型手钓2.25万t（4.83%），刺网0.51万t（1.10%），延绳钓0.38万t（0.82%），曳绳钓0.30万t（0.64%），其他8.82万t（18.91%）。FMA713、FMA714和FMA715渔区产量42.08万t，鲣27.37万t（65.05%），黄鳍金枪鱼13.75万t（32.68%），大眼金枪鱼9 559 t（2.27%）；FMA716和FMA717渔区产量4.55万t，鲣3.72万t（81.91%），黄鳍金枪鱼7 459 t（16.40%），大眼金枪鱼772 t（占1.70%）。

截至2017年12月31日，印度尼西亚在WCPFC注册船舶数量仅15艘，其中，围网6艘、竿钓9艘；而2015年注册船舶数量394艘，延绳钓153艘，围网124艘，竿钓28艘，刺网2艘，手钓4艘，辅助船55艘，鱼货运输船26艘，其他2艘（表2-22）。

表2-22　2012—2017年印度尼西亚在WCPFC海域渔船作业类型和主要金枪鱼产量

单位：t

作业类型	种类	2012年	2013年	2014年	2015年	2016年	2017年
延绳钓	鲣	0	0	0	0	3 998	267
	黄鳍金枪鱼	18 863	19 207	28 423	19 409	14 659	2 126
	大眼金枪鱼	5 371	4 513	7 194	3 762	4 954	1 446
大型手钓	鲣	0	0	0	0	0	0
	黄鳍金枪鱼	14 269	11 309	23 157	29 679	20 650	20 650
	大眼金枪鱼	1 231	471	2 079	2 824	1 886	1 886
小型手钓	鲣	—	6 046	—	49 838	51 883	40 196
	黄鳍金枪鱼	—	6 981	15 438	22 653	23 583	12 200
	大眼金枪鱼	—	615	1 386	3 021	3 145	2 584
竿钓	鲣	100 857	85 796	79 749	78 838	85 524	70 660
	黄鳍金枪鱼	30 631	18 323	20 291	32 435	19 884	8 867
	大眼金枪鱼	1 817	2 586	2 053	4 906	2 919	232
曳绳钓	鲣	—	45 808	74 942	59 621	83 543	2 839
	黄鳍金枪鱼	—	25 631	10 711	21 776	40 100	99
	大眼金枪鱼	—	3 175	3 910	4 061	10 236	49
围网	鲣	69 058	169 398	120 860	42 256	90 458	117 832
	黄鳍金枪鱼	25 755	41 676	22 040	12 057	33 328	89 992
	大眼金枪鱼	1 940	4 507	2 054	2 049	3 178	1 071

（续）

作业类型	种类	2012 年	2013 年	2014 年	2015 年	2016 年	2017 年
刺网	鲣	—	17 230	18 669	5 392	9 126	4 541
	黄鳍金枪鱼	—	2 157	6 066	1 239	1 442	158
	大眼金枪鱼	—	1 602	1 875	248	574	407
其他	鲣	109 732	33 668	28 621	27 374	11 923	74 643
	黄鳍金枪鱼	55 227	22 200	10 083	6 772	6 772	10 868
	大眼金枪鱼	8 565	3 337	3 316	1 868	1 868	2 656
合计	鲣	279 647	357 946	322 841	263 319	336 455	310 978
	黄鳍金枪鱼	144 745	147 484	136 209	146 020	160 418	144 960
	大眼金枪鱼	18 924	20 806	23 867	22 739	28 760	10 331

2017 年，印度尼西亚西部海域（IOCT 公约海域）4 种主要金枪鱼产量合计 16.58 万 t，其中，鲣 9.69 万 t，占 58.45%；黄鳍金枪鱼 4.00 万 t，占 24.08%；大眼金枪鱼 2.19 万 t，占 13.24%；长鳍金枪鱼 0.70 万 t，占 4.23%。按作业类型统计，延绳钓 3.18 万 t（19.18%），手钓 3.71 万 t（22.41%），围网 6.47 万 t（39.03%），刺网 0.83 万 t（5.01%），其他 2.38 万 t（14.37%）。延绳钓渔获中，黄鳍金枪鱼占 33.12%，大眼金枪鱼占 26.12%，鲣占 20.62%，长鳍金枪鱼占 20.13%；手钓渔获中，鲣占 66.23%，黄鳍金枪鱼占 24.33%，大眼金枪鱼和长鳍金枪鱼分别占 7.91% 和 1.52%；围网渔获中，鲣占 67.42%，黄鳍金枪鱼占 17.93%，大眼金枪鱼占 14.60%；刺网渔获中，鲣占 72.53%，黄鳍金枪鱼占 13.98%，大眼金枪鱼占 13.49%。

截至 2016 年 12 月，印度尼西亚在 IOTC 注册的公海作业渔船数量为 1 367 艘，其中，延绳钓渔船 1311 艘，围网渔船 43 艘，刺网渔船 2 艘，运输船 11 艘；同年，印度尼西亚上报 IOTC 在印度尼西亚管辖的印度洋海域作业的金枪鱼捕捞渔船数量为 57.26 万艘。贝诺阿港（Benoa）是印度洋金枪鱼渔获的主要上岸点。金枪鱼类的上岸点广泛分布在苏门答腊西部、爪哇南部、巴厘岛和努萨登加拉群岛。苏门答腊西部地区（FMA 572）以围网船队和延绳钓船队为主。在爪哇南部，巴厘岛和努萨登加拉（FMA 573）主要由手钓、绳钓和延绳钓船队组成（表 2－23）。

表 2－23　2013—2017 年印度尼西亚在 IOCT 海域渔船作业类型和主要金枪鱼产量

单位：t

作业类型	种类	2013 年	2014 年	2015 年	2016 年	2017 年
延绳钓	鲣	9 517	5 729	4 763	2 281	6 555
	黄鳍金枪鱼	16 325	12 645	10 549	10 404	10 527
	大眼金枪鱼	15 037	16 197	7 919	7 642	8 302
	长鳍金枪鱼	6 021	8 539	4 488	6 278	6 399

（续）

作业类型	种类	2013 年	2014 年	2015 年	2016 年	2017 年
手钓	鲣	32 161	25 131	19 474	16 964	24 594
	黄鳍金枪鱼	18 681	13 465	9 645	9 276	9 034
	大眼金枪鱼	6 533	5 175	1 908	2 872	2 938
	长鳍金枪鱼	3	9	1 179	860	566
围网	鲣	33 871	26 468	18 597	28 828	43 614
	黄鳍金枪鱼	20 229	14 582	8 363	10 786	11 598
	大眼金枪鱼	12 012	9 516	5 779	9 199	9 445
	长鳍金枪鱼	70	199	7	18	29
刺网	鲣	4 394	3 434	7 652	12 892	6 023
	黄鳍金枪鱼	617	445	1 241	2 912	1 161
	大眼金枪鱼	430	341	938	729	1 120
	长鳍金枪鱼	—	—	965	20	—
其他	鲣	14 494	11 326	30 452	11 394	16 086
	黄鳍金枪鱼	5 528	3 985	10 773	3 107	7 593
	大眼金枪鱼	1 493	1 183	2 121	1 692	140
	长鳍金枪鱼	1	3	662	3	—
合计	鲣	94 437	72 088	80 938	72 359	96 872
	黄鳍金枪鱼	61 380	45 122	40 571	36 485	39 913
	大眼金枪鱼	35 505	32 412	18 665	22 134	21 945
	长鳍金枪鱼	6 095	8 750	7 301	7 179	6 994
	合计	197 417	158 372	147 475	138 157	165 725

第八节　马来西亚金枪鱼渔业

一、国家及海域概况

马来西亚已宣布并实施 12 n mile 领海、200 n mile 专属经济区（EEZ）制度。马来西亚管辖海域习惯分为 4 个海区，分别是西马的半岛西岸海区和半岛东岸海区，东马的砂捞越海区和沙巴海区。半岛西岸海区为印度洋马六甲海峡的部分，水深基本在 120 m 以内，海区北部和中部，底质为泥质或泥沙混合，海区南部海底为岩质，崎岖不平。半岛东岸海区属南中国海，这是一块宽广的热带大陆架浅海，水深基本在 100 m 以内，底质主要由沙、泥和泥沙构成，海底相对平坦，仅中部外海有一片珊瑚礁分布区。砂捞越海区中南部海域大陆架辽阔，最远延伸到 220 n mile，东北部海域大陆架最窄仅 30 n mile，陆架水深多在 120 m 以内，地形平坦，珊瑚礁和崎岖海底约占大陆架面积的 22%，陆架外水深迅速下降到 1 000 m

以下。沙巴海区（含纳闽岛）西岸属南中国海，东岸分属苏禄海（Sulu）和西里伯斯海（Celebes Sea，又名苏拉威西海），沿岸水域多珊瑚礁，大陆架由陆地延伸至 30 n mile 左右，面积狭窄且多礁岩。外海金枪鱼等中上层资源丰富。

马来西亚全境属热带雨林气候，终年炎热多雨。气候变化受季风的影响。10 月至翌年 3 月为东北季风期，风力较大，半岛东海岸时有大暴雨袭击，并经常导致大面积洪水；5—9 月为西南季风期，风力微弱，是全国较为干燥的季节。1991—2015 年月平均气温 25.2～26.3 ℃，全年平均气温非常稳定；月平均降水量 190～378 mL，年平均降水量 3 105 mL。沙巴和沙捞越的降水量一般比马来半岛多。马来西亚海域属热带海域，表层水温周年变化小，年平均约 28 ℃，气温引起的轻微变化在 1.5 ℃左右。海域全年无台风影响。

2016 年，马来西亚水产品总产量（不含水生植物等）178.2 万 t，排名世界第 16 位，其中，海洋捕捞、淡水捕捞、水产养殖分别占总产量的 88.3%、0.3%和 11.3%，分别居世界第 11 位、第 74 位和第 23 位。水产品进出口总额 11.3 亿美元，占全国商品进出口总额的 0.79%，水产品贸易逆差 2.4 亿美元。金枪鱼和剑旗鱼产品出口额 658 万美元，重量 1 934 t；进口额 2 241 万美元，重量 5 746 t。

二、捕捞渔业概况

马来西亚海域的金枪鱼类以沿岸性金枪鱼为主，鲣、黄鳍金枪鱼、大眼金枪鱼以及剑旗鱼等大洋性金枪鱼主要分布于沙巴外海的深水区，包括西岸的南中国海和东岸的苏碌海、苏拉威西海。1986 年，沙巴和纳闽岛 25 n mile 外专属经济区资源调查估算的海域金枪鱼类年可捕量为 5 万 t，马来半岛东岸外海调查估算的海域金枪鱼类年可捕量也达 5 万 t，主要为青干金枪鱼、鲔等沿岸性金枪鱼（图 2-16）。

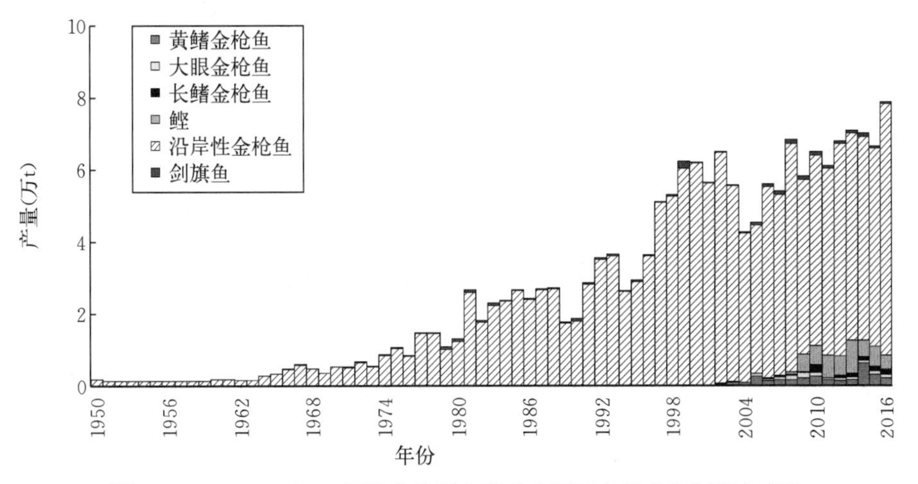

图 2-16　1950—2016 年按种类列出的马来西亚金枪鱼和剑旗鱼产量

马来西亚的金枪鱼捕捞一直以沿岸性金枪鱼为主，早期作为其他渔业的副渔获物出现。1987 年以来，随着围网渔业的发展，集鱼灯和棕榈叶制作的人工集鱼装置（FAD）的使用，沿岸性金枪鱼产量持续增长。马来西亚沿岸性金枪鱼产量的增加与当地罐头加工工业的增长保持一致。除了供国内使用，来自泰国罐头行业的需求也在不断增长。金枪鱼产量目前约占马来西亚海域海洋捕捞总产量的 5%。马来半岛西岸的马六甲海峡和东岸的南中国海是两个主要捕捞区，贡献了大部分的产量，小部分产量来自沙巴州东海岸的苏禄海和西里伯斯海。

2016年，马来西亚金枪鱼和剑旗鱼总产量7.84万t。其中，沿岸性金枪鱼产量7.00万t，占总产量的89.23%，黄鳍金枪鱼、大眼金枪鱼、长鳍金枪鱼、鲣等大洋性金枪鱼产量0.81万t，占总产量的10.28%。太平洋海域产量1.63万t，占总产量的20.78%。印度洋海域产量6.21万t，占总产量的79.22%。马来西亚海域捕捞的沿岸性金枪鱼主要有青干金枪鱼（*Thunnus tonggol*）、鲔（kawakawa）和扁舵鲣（*Auxis thazard*）。2016年印度洋海域产量5.66万t，占总产量的80.99%，其中，青干金枪鱼产量3.64万t，鲔产量1.77万t，舵鲣产量0.26万t。太平洋海域产量1.33万t，占总产量的19.01%，其中，青干金枪鱼产量6 483 t，鲔产量6 597 t，舵鲣产量227 t（表2-24）。

表2-24　2010—2016年按洋区和种类列出的马来西亚金枪鱼和剑旗鱼产量

单位：t

洋区	种类	2010年	2011年	2012年	2013年	2014年	2015年	2016年
太平洋	黄鳍金枪鱼	411	619	668	626	851	861	834
	大眼金枪鱼	1 557	1 186	1 090	1 264	5 783	2 650	1 700
	长鳍金枪鱼	—	—	—	—	47	177	—
	鲣	293	86	3	140	0	1	140
	沿岸性金枪鱼	20 147	21 679	24 168	17 974	14 936	13 784	13 307
	剑旗鱼	689	652	871	639	668	412	315
	小计	23 097	24 222	26 800	20 643	22 285	17 885	16 296
印度洋	黄鳍金枪鱼	733	38	104	107	77	144	156
	大眼金枪鱼	656	69	42	32	60	57	124
	长鳍金枪鱼	2 034	—	555	947	714	1 028	1 330
	鲣	5 145	6 187	5 520	9 259	4 689	5 750	3 777
	沿岸性金枪鱼	32 674	30 258	34 646	39 371	41 751	41 118	56 680
	剑旗鱼	320	70	44	53	118	126	75
	小计	41 562	36 622	40 911	49 769	47 409	48 223	62 142
合计	黄鳍金枪鱼	2 290	1 224	1 194	1 371	5 860	2 794	1 856
	大眼金枪鱼	1 067	688	710	658	911	918	958
	长鳍金枪鱼	2 034	—	555	947	761	1 205	1 330
	鲣	5 438	6 273	5 523	9 399	4 689	5 751	3 917
	沿岸性金枪鱼	52 821	51 937	58 814	57 345	56 687	54 902	69 987
	剑旗鱼	1 009	722	915	692	786	538	390
	小计	64 659	60 844	67 711	70 412	69 694	66 108	78 438

马来西亚的金枪鱼渔业分为远洋渔业和国内渔业。远洋渔业作业类型为延绳钓。马来西亚金枪鱼延绳钓渔船于2003年开始在印度洋公海作业，主要捕捞黄鳍金枪鱼、大眼金枪鱼等热带金枪鱼，钓船数量由2003年的15艘逐渐增加到2010年的58艘。2011年，因为公司管理问题，活动渔船数量降至7艘。2012年开始，一个新的渔业公司的5艘延绳钓渔船

开始在印度洋作业，在印度洋西南部海域捕捞长鳍金枪鱼，在毛里求斯的路易斯港卸鱼并出口渔获物。2017 年，马来西亚共有 19 艘远洋金枪鱼延绳钓船获批在印度洋金枪鱼委员会（IOTC）区域运营，13 艘在印度洋东部海域作业，6 艘在印度洋西南部海域作业，总产量 2 683 t，4 种主要金枪鱼产量 2 180 t（表 2－25）。

表 2－25 2012—2017 年马来西亚在 IOTC 海域延绳钓作业渔船和主要金枪鱼产量

种类	单位	2012 年	2013 年	2014 年	2015 年	2016 年	2017 年
延绳钓渔船	艘	5	5	10	5	10	19
鲣	t	—	—	—	—	—	16
黄鳍金枪鱼	t	120	107	77	162	156	384
大眼金枪鱼	t	47	32	60	60	124	173
长鳍金枪鱼	t	682	107	714	1 049	1 331	1 607

国内渔业作业类型以围网为主，包括拖网以及传统的手钓、曳绳钓、竿钓和流刺网等渔具。大洋性金枪鱼主要是由围网和传统手钓渔船捕捞，南中国海有围网渔船使用人工集鱼装置 FAD 捕捞鲣和黄鳍金枪鱼幼鱼，苏拉威西海域有传统的小型手钓渔船作业，航次 4～5 d。沿岸性金枪鱼年产量的 82％以上来自围网捕捞。在离岸 30 n mile 以外作业的大型围网渔船（总吨≥70 GRT）是捕捞沿岸性金枪鱼的主力，马六甲海峡的青干金枪鱼主要是由在离岸 13～30 n mile 作业的中型围网渔船（40 GRT≤总吨＜70 GRT）捕捞。马来半岛西岸围网主要作业区域位于马来海域的西北部，靠近泰国和印度尼西亚边界，渔场水深超过 100 m。半岛西岸的珀利斯（Perlis）是沿岸性金枪鱼主要的上岸点。

第九节 泰国金枪鱼渔业

一、海域概况

泰国已宣布并实施 12 n mile 领海、200 n mile 专属经济区（EEZ）制度。大陆架面积 18.54 万 km^2。泰国管辖海域分为 2 个海区，东侧为泰国湾，西侧为安达曼海。泰国湾旧称暹罗弯，海岸线长 1 875km，海域面积 30.40 万 km^2，海域全为大陆架，平均水深 45 m，最大深度 86 m，底质平坦，泥和泥沙为主。由于海底山脊的阻隔，泰国湾与南中国海的水体不能完全交换，因此有人将泰国湾当作一个独立的海洋生态系统。安达曼海属印度洋，海岸线长 739 km，海域面积 11.63 万 km^2。海岸曲折，沿岸山脉延伸入海，形成众多岛屿；海区北部陆架相当狭窄，南部逐步加宽，陆架外为陡峭的大陆坡，最大水深 1 200 m。陆架底质主要是沙、泥和珊瑚残留物，相当粗糙，离岸 3 km 内的沿岸水域水深较浅。

泰国全境大部分属热带季风气候，全年可以明显地分为热、雨、凉三季：3—4 月为热季，5—10 月刮西南风为雨季，11 月至翌年 2 月刮东北风为凉季。1991—2015 年月平均气温 23.7～29.2 ℃，12 月最冷，4 月最热，月平均降水量 16～265 mL，年平均降水量 1 542 mL。泰国海域表层水温周年基本保持在 27～30 ℃。海域基本不受台风影响，冬季刮东北季风，夏季刮西南季风。

2016 年，泰国水产品总产量（不含水生植物等）249.3 万 t，排名世界第 14 位，其中，海洋捕捞、淡水捕捞、水产养殖分别占总产量的 53.9%、7.5%和 38.6%，分别居世界第 15 位、第 15 位和第 10 位。水产品进出口总额 90.9 亿美元，占全国商品进出口总额的 2.22%，水产品贸易顺差 27.4 亿美元。金枪鱼和剑旗鱼产品出口额 20.63 亿美元，重量 58.76 万 t；进口额 12.66 亿美元，重量 77.12 万 t。

二、捕捞渔业概况

泰国是世界金枪鱼罐头加工和出口大国，但其 80%的原料依靠进口。为了给国内的金枪鱼罐头厂提供原料，泰国政府支持投资金枪鱼渔业。泰国国内金枪鱼渔业主要捕捞沿岸性金枪鱼。1997 年泰国成为印度洋金枪鱼委员会（IOTC）成员国之一，并于 2000 年开始发展远洋金枪鱼渔业，作业类型包括围网和延绳钓。1 艘远洋围网渔船 2000 年开始在印度洋作业，2000 年产量 1 530 t，2001 年产量 763 t，由于没有经济效益而停止作业，2005 年开始又有 6 艘金枪鱼围网船投入生产，年产量 11 937 t，作业几年后退出。2 艘远洋延绳钓船 2000 年开始在印度洋作业，2005 年数量增加到 6 艘，2011—2015 年共有 6 艘泰国钓船在西印度洋的中部和南部作业，年渔获量 308～600 t，2016 年开始停止作业（图 2-17）。目前泰国没有捕捞渔船在中西太平洋渔业委员会（WCPFC）公约海域作业，但有运输船和加油船在 WCPFC 海域活动。

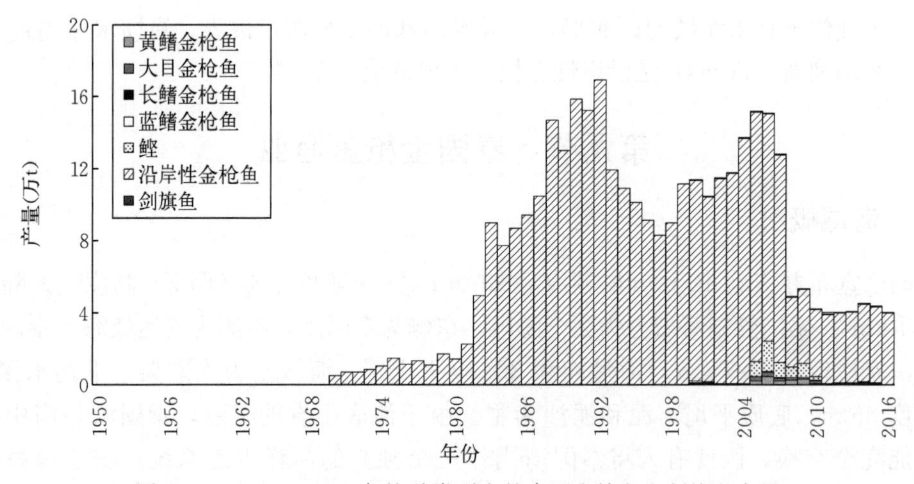

图 2-17　1950—2016 年按种类列出的泰国金枪鱼和剑旗鱼产量

根据 FAO 数据，2016 年，泰国金枪鱼和剑旗鱼总产量 3.98 万 t，全部来自国内捕捞，渔获全为沿岸性金枪鱼。太平洋海域产量 2.83 万 t，占总产量的 71.21%，其中，青干金枪鱼16 944 t，鲔 6 831 t，舵鲣 4 550 t；印度洋海域产量 1.15 万 t，占总产量的 28.79%，其中，青干金枪鱼 4 230 t，鲔 6 212 t，舵鲣 1011 t（表 2-26）。围网是捕捞沿岸性金枪鱼的最主要渔具，泰国安达曼海沿岸，金枪鱼围网渔船船长 21～25 m，所用网具长度 1 000～2 000 m，深度 100～150 m，船员35～45 人。渔船西南季风期间在外海区作业，捕捞沿岸性金枪鱼，12 月至翌年 5 月其他时间，渔船在近岸或外海作业，捕捞其他中上层鱼类。

表 2-26　2010—2016 年按洋区和种类列出的泰国金枪鱼和剑旗鱼产量

单位：t

洋区	种类	2010 年	2011 年	2012 年	2013 年	2014 年	2015 年	2016 年
太平洋	沿岸性金枪鱼	26 634	17 141	24 837	30 156	32 111	31 140	28 325
印度洋	黄鳍金枪鱼	1 352	92	82	114	311	216	—
	大眼金枪鱼	343	249	448	449	372	394	—
	长鳍金枪鱼	263	12	3	4	430	102	—
	鲣	2 369	—	—	—	—	—	—
	沿岸性金枪鱼	10 518	21 198	14 351	9 161	11 336	11 043	11 453
	剑旗鱼	81	16	25	57	108	95	—
	小计	14 926	21 567	14 909	9 785	12 557	11 850	11 453
合计	黄鳍金枪鱼	343	249	448	449	372	394	—
	大眼金枪鱼	1 352	92	82	114	311	216	—
	长鳍金枪鱼	263	12	3	4	430	102	—
	鲣	2 369	—	—	—	—	—	—
	沿岸性金枪鱼	37 152	38 339	39 188	39 317	43 447	42 183	39 778
	剑旗鱼	81	16	25	57	108	95	—
	小计	41 560	38 708	39 746	39 941	44 668	42 990	39 778

泰国普吉岛（Phuket）允许外国金枪鱼渔船进港卸鱼。2016 年，中国台湾、日本、印度尼西亚等外国渔船共在普吉岛卸鱼 203 次，总上岸量估计 7 847 t，金枪鱼类占上岸量的 85.48%，其中，黄鳍金枪鱼 4 154 t，鲣 1 730 t，大眼金枪鱼 802 t，长鳍金枪鱼 21 t；剑旗鱼占上岸量的 13.43%，其中，剑鱼 558 t、蓝枪鱼 373 t、旗鱼 123 t；其他种类占上岸量的 1.09%。

第三章　金枪鱼市场需求与分析

第一节　金枪鱼简介及国内外金枪鱼捕捞业发展

金枪鱼是世界范围内的高经济价值鱼类，其分布较广，资源丰富，且肉质鲜美，蛋白质含量高，同时富含二十二碳六烯酸（DHA）、二十碳五烯酸（EPA）等多不饱和脂肪酸、甲硫氨酸、牛磺酸、矿物质和维生素，因此广受世界各国消费者的喜爱，是当今世界远洋渔业发展的重点，在世界水产品贸易中扮演重要角色。从分类上，一般将鲭科中的金枪鱼属、鲣属、鲔属、舵鲣属、狐鲣属统称金枪鱼类，它们的共同特征是有发达的皮肤血管系统，体温略高于水温。金枪鱼类具有高度洄游的特性，广泛分布于世界三大洋的热带和温带水域，全球共计 17 种，南海有记录的金枪鱼类共 10 种（广义的金枪鱼类和类金枪鱼类是指鲭科、剑鱼科和旗鱼科鱼类，全球共计 61 种）。

金枪鱼渔业是渔业领域中国际化程度最高的产业之一。据联合国粮食及农业组织（FAO）报告显示，2012 年金枪鱼和类金枪鱼的总捕捞量接近 770 万 t，约占世界海洋捕捞总量 8 150 万 t 的 10%。自 2000 年以来，世界 7 种主要金枪鱼类，大眼金枪鱼（*Thunnus obesus*）、长鳍金枪鱼（*Thunnus alalunga*）、黄鳍金枪鱼（*Thunnus albacares*）、南方蓝鳍金枪鱼（*Thunnus maccoyii*）、太平洋蓝鳍金枪鱼（*Thunnus orientalis*）和大西洋蓝鳍金枪鱼（*Thunnus thynnus*）和鲣（*Katsuwonus pelamis*），其捕捞量一直占金枪鱼总捕捞量的 90%左右，出口额占世界水产品出口总额将近 10%。

我国南海有着丰富的金枪鱼类资源，有记录的金枪鱼类共有 10 种。蓝鳍金枪鱼、大眼金枪鱼、黄鳍金枪鱼、长鳍金枪鱼属大型金枪鱼类，是大洋性洄游种类，分布于南海中南部深海区（海盆区），成鱼主要活动于 50～350 m 水层（幼鱼活动于海洋表层），传统上只有延绳钓渔具才能有效捕捞。南海的大型金枪鱼类以黄鳍金枪鱼为主，大眼金枪鱼次之，二者是制作生鱼片的优质食材，经济价值极高。青干金枪鱼、鲣、鲔、东方狐鲣、扁舵鲣、圆舵鲣属小型金枪鱼类，除了鲣是大洋性洄游种类以外，其他种类基本只在海区内洄游。小型金枪鱼类主要活动于海洋表层，广泛分布于南海陆架、岛礁和深海区，可用围网、罩网、刺网等多种渔具捕捞。小型金枪鱼类可制作金枪鱼罐头，南海外海有着丰富的圆舵鲣、扁舵鲣、鲔资源。

我国对南海金枪鱼资源的调查研究起步较晚，专门的调查直到 20 世纪 70 年代才陆续开展起来。由于技术力量和经验不足以及捕捞作业海域主权争议、捕捞技术不高等原因，使得我国长期以来对南海金枪鱼资源的开发利用相对较少。随着近年来我国远洋渔业的发展以及对金枪鱼产业重视程度的加深，对南海金枪鱼资源的开发力度逐渐增大，同时也面临着不少挑战。南海金枪鱼资源目前已经处于充分开发状态。南海的黄鳍金枪鱼和大眼金枪鱼开发率分别为 63.07%和 62.47%，资源已处于完全开发状态；南海资源量年度变化和季节性变化大，专业钓船无法全年作业；南海金枪鱼延绳钓渔业的上钩率偏低，延绳钓作业难以取得经济效益；金枪鱼渔船低能耗保鲜技术缺乏。生鱼片级别金枪鱼品质要求严格，外海罩网航次时间长达2个月，现有渔船缺乏超低温速冻设备，回港后金枪鱼普遍无法达到生食标准，收购价格低。

国内目前金枪鱼市场研究尚不健全，研究内容包括金枪鱼市场的供求、销售、消费等情况。但由于我国金枪鱼远洋渔业起步晚，市场整体尚未成熟。截至目前，我国消费者对金枪鱼产品的消费文化与认知仅停留在高端生鱼片的消费上。随着我国远洋渔业的不断发展，国内学者开始研究国内金枪鱼市场，例如，韩云峰（2006）从市场分析的角度，初步描述了我国金枪鱼市场的供给和需求情况，探讨了金枪鱼市场供求影响因素，指出资源保护管理机制、资源状态、价格、收入、人口结构等为影响我国金枪鱼市场的主要因子。随后，胡家辉（2007）从全球市场的生产和贸易的角度，对比分析了我国与日本、美国等金枪鱼的生产和贸易情况，通过分析日本、美国和西欧三大消费市场的情况，总结出影响我国金枪鱼消费的三大原因主要是居民收入水平、饮食习惯以及出于对食品质量安全的考虑。之后，有学者分析了国内金枪鱼市场份额、营销渠道、销售收入等，并从产品策略、定价策略、品牌推广、营销渠道等方面提出了在我国如何拓展金枪鱼市场的建议（朱军，2012）。鉴于我国金枪鱼消费市场发展缓慢，有研究人员梳理了日本金枪鱼市场发展历史，系统分析了日本金枪鱼生产消费、流通体系，在此基础上对比了我国金枪鱼产业发展状况，提出从打造饮食文化、加强我国批发市场建设、发挥渔业管理组织作用等方面促进我国金枪鱼产业发展的建议（杨静雅，2014）。从冰鲜、速冻、金枪鱼罐头的主要进出口国及国际价格变化趋势来看，世界范围内金枪鱼罐头的需求与消费将会呈现持续增加的趋势。然而，就中国国内市场而言，由于国民消费习惯的不同，金枪鱼罐头的需求与消费一直处于较低的增长水平。

第二节　国内外金枪鱼养殖业发展

为了解决金枪鱼资源枯竭、消费者对金枪鱼的需求日益增加问题，从20世纪60年代开始，世界各国开展了金枪鱼人工养殖的试验，经过世界各国科学家和从业人员的不懈努力，金枪鱼人工养殖取得了一定进展。目前，人工养殖金枪鱼的主要品种有太平洋蓝鳍金枪鱼、大西洋蓝鳍金枪鱼、南方蓝鳍金枪鱼和黄鳍金枪鱼等，开展养殖的国家主要有日本、美国、澳大利亚、西班牙、巴拿马、印度尼西亚等。虽然金枪鱼人工繁育技术已经有所突破，但由于人工繁育成本高、效率低，目前主要养殖的大型金枪鱼的苗种仍旧依靠野生采捕。例如，虽然马苏金枪鱼在澳大利亚的人工繁育问题已经解决，但繁育成本远远高于野生捕捞幼鱼，因此，澳大利亚马苏金枪鱼养殖的苗种来源仍旧依靠野生采捕。在澳大利亚，野生金枪鱼幼鱼的捕捞采用双船围网的模式，主要捕捞规格大于20 cm的马苏金枪鱼幼鱼，捕捞后将幼鱼转养在深海网箱中。同样在日本，蓝鳍金枪鱼的人工繁育问题已经解决，但出于成本等因素考虑，野生捕捞苗种仍旧是人工养殖的首选。

目前，金枪鱼国际市场的研究主要是针对其相关产品的价格、贸易状态和发展趋势等进行定量分析。目前，在金枪鱼加工方面，世界金枪鱼罐头数量呈迅速增加的趋势。根据《欧洲渔业导报》相关资料记载，自20世纪80年代起，世界金枪鱼罐头业的国际贸易区和出口国发生了巨大改变。泰国凭借着加工技术的提升，其加工能力迅速增强，成为金枪鱼罐头的主要出口国，美国、英国、澳大利亚、法国等国家为金枪鱼罐头主要进口国（舒扬，1992；

Josupeit，2000）。从全球金枪鱼市场状况，包括全球生鲜及冷冻金枪鱼和金枪鱼罐头的进出口量和价格分析中可以看出，泰国、印度尼西亚金枪鱼罐头出口量迅速增长，欧洲、美国、日本、澳大利亚是金枪鱼罐头的主要进口国家和地区（周先标，2001）。

第三节　国内外市场需求及分析

金枪鱼消费群体及市场比较稳定，根据相关统计数据，2016 年，全球金枪鱼总产量为 629 万 t，其中养殖产量约 4 万 t，其余为捕捞的产量。自 2012 年以来，全球金枪鱼捕捞年产量一直高于 500 万 t。在全球消费量上，金枪鱼消费量呈稳步上升趋势，由 2012 年的 147.33 万 t 上涨至 2016 年的 177.91 万 t。

目前，国内金枪鱼捕捞产量难以满足国内消费需求，每年都需要进口大量的冰鲜及冷冻金枪鱼。我国领海范围内也有一定量的太平洋蓝鳍金枪鱼野生种群，主要分布在东海、南海以及台湾附近海域，但由于养殖技术水平较低，目前还只能依靠远洋捕捞和进口来供给国内市场。2010—2015 年，国内金枪鱼市场规模平稳在 50 亿元左右，产量和需求量均保持平稳，增速较缓。在进口方面，目前中国进口的冰鲜金枪鱼绝对数量并不多，每年约 10 万 t，但近年来保持 5%～6%的年增速。

下游代表市场发展潜力巨大。就金枪鱼生鱼片市场而言，随着国内消费水平的提升和受到邻国日本金枪鱼文化的影响，中国国内金枪鱼消费时代正在来临。冰鲜蓝鳍金枪鱼、冰鲜黄鳍金枪鱼和超低温大眼金枪鱼，将占据中高端金枪鱼市场，未来市场规模有望达到 5 千到 1 万 t，并替代部分冰鲜三文鱼的市场。就金枪鱼罐头市场而言，金枪鱼罐头是水产罐头行业的第一大品类，在欧美市场，金枪鱼罐头的需求量非常大。2017 年金枪鱼罐头的全球出口额为 70.8 亿美元，金枪鱼罐头行业是所有水产罐头行业中最重要的部分。按 2017 年金枪鱼罐头出口额排名，中国已是全球第四大金枪鱼罐头及相关产品的生产国，有望替代印度尼西亚、菲律宾等东南亚国家，成为亚洲第二大金枪鱼罐头生产国。从产值看，中国生产的金枪鱼罐头价格，在国际市场上高于印度尼西亚和菲律宾等国家，属于中高端金枪鱼罐头。中国 2018 年冷冻鲣进口量接近 8 万 t，达到这些年来的最大进口值。这些进口的鲣绝大多数用于加工金枪鱼罐头，并出口到美欧等国际市场。

第四节　近年来金枪鱼国际市场的变化

随着原料供应量的增加，原料价格开始回落，世界金枪鱼罐头市场在 2018 年开始复苏。2018 年，全球市场对金枪鱼罐头的需求有所改善，而发达地区市场对高价值金枪鱼产品的需求保持稳定。金枪鱼的消费趋势由整鱼购买逐渐转变为鱼片或鱼排的购买，非罐装金枪鱼市场继续保持积极趋势。

与 2017 年相比，2018 年全球金枪鱼供应增加，大多数捕鱼区的捕捞量均有所改善。除 7—9 月 FAD 禁渔月份外，西太平洋和中太平洋的捕捞量中等至良好，与 2017 年相比，2018 年鲣价格降低了 16%。

在东太平洋，渔获量在 2018 年 1—5 月间出现下降趋势，并在 6 月和 10 月有所改善。IATTC 的捕捞关闭时间为 2018 年 7 月 29 日至 10 月 6 日以及 2018 年 11 月至 2019 年 1 月

19 日。禁渔期使得在该区域作业的金枪鱼捕鱼船队渔获量降低了 41%～59%。在捕捞高峰期，厄瓜多尔的金枪鱼罐头厂主要从西太平洋和印度洋采购原材料。由于印度洋金枪鱼的捕获量稳定，实现了定期将冷冻原料转运到泰国和厄瓜多尔。在大西洋，金枪鱼的捕捞量从 2018 年 1—4 月的适中水平波动至 5 月的低水平，推高了欧洲罐头企业的原材料价格。渔获量从 8 月开始有所改善，直到 11 月一直保持稳定，但在 2018 年 12 月略有减弱。

鲣捕获量的增加和价格的调整导致罐头厂的冷冻鱼进口量持续增加。与 2017 年相比，泰国冷冻金枪鱼（鲣、黄鳍金枪鱼、长鳍金枪鱼）的总进口量增加了 14%，达到 745 000 t；而中国则增长了 53%，达到 107 000 t；菲律宾的冷冻金枪鱼进口总量下降了 0.7%，降至 140 000 t；西班牙的冷冻金枪鱼进口量减少了 10%，降至 150～500 t，但 2018 年的预加工原料增加了 7.6%。

2019 年 7—9 月，在太平洋的两个预定的捕捞禁渔区内全球金枪鱼的捕捞量低于平均水平。西太平洋和中太平洋地区 7—9 月为 FAD 的休渔期，东太平洋地区 7—10 月有为期两个月的休渔期。然而，由于曼谷加工商的需求不足，鲣价格创历史新低。7—9 月，印度洋的渔获量低至中度。到 8 月，大西洋的渔获量也有所下降。2019 年上半年，亚洲、欧洲和印度洋地区罐头厂的原料库存保持良好。这使金枪鱼价格承受压力，尤其是鲣。直到 8 月，印度和大西洋地区的捕捞量也有所放缓。泰国 2019 年用于罐头的冷冻金枪鱼进口量为 312 900 t，比 2018 年同期下降了 17.6%。

一、新鲜和冷冻金枪鱼市场（非罐装产品）

金枪鱼非罐装产品市场可细分为生鱼片和非生鱼片级两个产品级别。该市场中的高价值物种包括蓝鳍金枪鱼、大眼金枪鱼和黄鳍金枪鱼，主要供应形式为新鲜、冷冻整鱼和鱼片形式。对于整条金枪鱼的需求，国际市场排名前两名的是美国和日本。尽管美国金枪鱼进口量在 2018 年达到了平稳期，但日本对进口新鲜金枪鱼的需求却显著下降。

相反，生鱼片和非生鱼片级产品的冷冻鱼片市场在全球范围内呈现扩展趋势。2018 年，估计有 130 000 t 金枪鱼鱼片进入国际贸易，比 2017 年增加约 3%～5%。在美国、日本和欧盟三大市场中，进口量增加了 3%～13%，与 2017 年相比，2018 年的总份额为75%～78%。韩国、俄罗斯、中国、土耳其和瑞士持有其他 22%～25%的市场份额，与 2017 年相比这些国家的冷冻鱼片进口量均增长了 20%～100%。

在美国市场，由于进口价格稳定，2018 年，消费者对非罐装金枪鱼的需求增加。2018 年，美国的非罐装金枪鱼总进口量较 2017 年有所增长，对高价值新鲜蓝鳍金枪鱼和冷冻金枪鱼鱼片的需求增加，增长了 6.2%，达到 63 800 t。2018 年，新鲜金枪鱼的总进口量与 2017 年相同（23 100 t），但高价值地中海蓝鳍金枪鱼的供应量（2 130 t）增长了 25%，黄鳍金枪鱼进口量（16 700 t）增长了 2.5%，大眼金枪鱼的进口量下降了 17%。美国进口的冷冻金枪鱼包括 3 600 t 急冻鱼（增长 6%）和 37 100 t 冷冻鱼片（鱼排）（增长 13%）。

在世界上最大的生鱼片市场日本，金枪鱼正逐渐失去市场份额，而鲑鱼则受到年轻一代的青睐。金枪鱼已成为特殊场合和庆祝活动的消费品。2018 年，新鲜（冷藏）和冷冻金枪鱼的进口量分别达到 13 600 t 和 155 000 t。但是，2018 年深冻金枪鱼鱼片进口量增加 10.6%，达到 52 500 t。近年来，日本国内捕捞的本地金枪鱼，包括养殖的太平洋蓝鳍金枪鱼，比进口的新鲜金枪鱼更受青睐。

欧盟非罐装金枪鱼的进口量在 2018 年适度增加，原因是冷冻鱼片商品主要由非欧盟国家供应。2018 年，欧盟市场进口了近 23 000 t 冷冻金枪鱼片，比 2017 年增长了约 2.7%。其中，法国增长了 5%，增至 8 000 t；荷兰增长了 20%，增至 2 800 t；葡萄牙增长了 38%，增至 1 600 t；波兰增长了 100%，增至 910 t；但在西班牙减少了 5%，减至 10 400 t，意大利减少了 7%，减至 4 000 t。

2018 年金枪鱼罐头贸易生产商和销售商扩大了全球金枪鱼罐头贸易，造成金枪鱼罐头贸易快速发展的因素为总体原材料供应（尤其是鲣的供给）与 2017 年相比价格较低，且全年价格保持平稳。随后，全球许多市场的进口量都增加了。

二、出口方面

金枪鱼商品出口方面，泰国是金枪鱼罐头的最大出口国，增加了对美国、澳大利亚、日本、埃及和加拿大的供应。泰国的出口量在 2018 年增长了 6%，而 2017 年的出口量却比 2016 年下降了 13%。泰国金枪鱼罐头在亚太地区和中东地区的出口量有所增长。厄瓜多尔出口量的增长是东太平洋捕获量下降和对主要市场欧盟出口量下降（−3%）的结果，特别是对西班牙的冷冻鱼排的出口量下降了 23%。然而，对一些国家的出口量增加了，如哥伦比亚（+34%，达到 21 300 t）、阿根廷（+3%，达到 14 400 t）和智利（+0.3%，增至 8 800 t）。西班牙是高价值加工金枪鱼的大型生产国，在欧盟市场中保持着强大的地位，并增加了对意大利、法国、荷兰、德国和比利时的出口。中国对欧盟的出口量增长了 73%，主要出口预加工的鱼排。从印度尼西亚到泰国和欧盟的预加工鱼排出口量也有所增加，而印度尼西亚罐装金枪鱼对中东市场的供应量较高。

2019 年受稳定且便宜的原材料供应的支撑，全球对加工和罐装金枪鱼的需求持续增长。美国和欧盟这两个大市场的进口量稳定，但供应量增幅最小，而中东市场的进口量却显著增加。在 2019 年上半年，泰国、厄瓜多尔和西班牙仍然是全球金枪鱼罐头的三大供应商，而中国取代菲律宾排名第四。中国在金枪鱼加工出口中的突出地位可归因于预烹制脊肉的激进销售，尤其是对欧盟和泰国的出口，但是对美国的出口则由于美国对中国产品征收的关税增加（现在为 25%）而下降。

三、进口方面

（一）北美和南美地区

2018 年，美国对传统罐头金枪鱼以及更高价值的金枪鱼加工（袋装或杯装或方便包装）商品的进口趋势有所增加。2018 年，这些进口中近 22%（45 200 t）为高价值金枪鱼加工产品和其他增值产品，而 2017 年为 19%（38 200 t）。较高价值的黄鳍金枪鱼（包括袋装）的进口量增加了 18%，从 2017 年的 28 200 t 增加到 2018 年的 33 000 t。这一趋势证实了美国市场对高价值产品的需求不断增长。总体而言，所有金枪鱼罐头（鲣和黄鳍金枪鱼）的进口量也从 2017 年的 99 400 t 增加到 2018 年的 122 800 t，其中近 64%为盐水中的传统金枪鱼。在加拿大，金枪鱼罐头进口量在 2018 年增长了 4%，达到 32 800 t。拉丁美洲的金枪鱼罐头进口量在哥伦比亚增长了 26%（达到 32 200 t），在阿根廷增长了 10%（达到 18 200 t），但在智利下降了 3%（降至 19 100 t）。

在 2019 年上半年，受此期间冷冻鲣价格较 2018 年价格疲软的影响，全球大多数市场对金枪鱼罐头和加工金枪鱼的需求保持乐观态度。中东市场对亚洲来源金枪鱼产品的需求仍然强劲。在西方市场，消费者对高价值产品的偏好也持续存在。根据美国国家海洋渔业局（NMFS）的数据，2019 年前 6 个月，美国金枪鱼罐头的总进口量增长了 2.6%，达到 115 600 t，而同期进口量为 112 700 t。在此期间，加拿大金枪鱼罐头进口量增长了 5%。在拉丁美洲，哥伦比亚的进口量下降了 8%，降至 16 100 t；但是在秘鲁增长了 169%，达到 12 500 t；在智利增长了 33%，达到 11 600 t。

（二）欧盟

总体而言，欧盟对罐装（加工）金枪鱼的需求在 2018 年间仍然疲软，进口总额略有上升，这可能归因于欧洲生产商在欧盟内部进行的贸易。欧盟市场中加工金枪鱼的前三名供应商是厄瓜多尔、西班牙和菲律宾。其中，来自西班牙的出口略有增加，表明市场倾向于高价值产品，而欧盟以外的进口主要是预加工鱼排和常规罐头产品，与 2017 年相比呈负趋势（−0.22%，降至 513 000 t）。在大型市场中，意大利的进口量增长了 9.6%，达到 129 200 t；西班牙的进口量增长了 4.7%，达到 128 200 t；而英国则下降了 12.5%，达到 104 200 t。法国市场进口量持平于 99 900 t（+0.14%）。德国的进口量增加了 8.7%，达到 92 000 t。尽管厄瓜多尔和菲律宾的原材料价格普遍偏低并且享有优惠的关税地位，但欧盟从这些供应商的进口量却下降了。在瑞士，金枪鱼罐头进口量略有下降（−0.75%，降至 9 100 t）。价格波动敏感的俄罗斯市场进口量增加了 12%，达到 4 700 t；挪威市场的进口量也增长了 2%，达到2 000 t。

尽管欧盟 2019 年半年度进口数据显示 2018 年半年度进口量为 382 200 t，与 2018 年同期相比增长了 3.8%，但在 2019 年第二季度，欧盟市场对罐装和袋装金枪鱼的消费需求仍然处于休眠状态。大约有 275 200 t（增长 5.5%）原料来自非成员国。在最大的进口国中，西班牙进口了大部分预加工的脊肉以进行后期加工。荷兰约有 95%的罐头金枪鱼进口后在欧盟内再次出口。由于来自中国（增长 56%）、印度尼西亚（增长 32%）、巴布亚新几内亚（增长 20%）和越南（增长 89%）的大量供应，欧盟以外的预煮脊肉进口量增长了 13%，达到 9.3 万 t。瑞士市场的进口量下降了 24%，表明进口商或分销商水平上的库存过多。同期俄罗斯的金枪鱼进口量增加了 40%。

（三）亚太和其他市场

2018 年，亚太地区既有市场和新兴市场对金枪鱼罐头的需求增加。在两个区域发达市场中，日本的进口量略有增加（+3.5%，达到 39 400 t），澳大利亚也增长 3.3%，达到 47 100 t。廉价的原材料也刺激了日本国内的生产。在 2017 年，东南亚市场，马来西亚的进口量增加了 31%，达到 3 200 t；新加坡的进口量增加了 28%，达到 2 300 t；韩国的进口量增加了 28%，达到 1 500 t；缅甸的进口量从仅仅 80 t 增加到 1 500 t。而在发展中的南亚市场，消费者对货源稳定的罐装金枪鱼的需求一直在上升。2018 年，斯里兰卡的进口量增长了近 100%。

由于原料价格低廉，日本的金枪鱼罐头进口量继续下降，原因是日本国内产量增加。由于本地货币疲软导致进口价格上涨，澳大利亚的进口量在 2019 年上半年也有所下降。2019 年前 6 个月，中东金枪鱼市场表现强劲，与 2018 年同期相比，埃及、沙特阿拉伯和利比亚的金枪鱼罐头进口量由 25%增长至 30%。也门、黎巴嫩、科威特、叙利亚和该区域的其他国家进口量也出现了不同程度的增长。另一个值得关注的市场变化是，在 2019 年 1—4 月，伊朗金枪鱼罐头出口量增加了350%，主要出口对象为邻国伊拉克、阿富汗和阿塞拜疆等国，累计出口量为1 000 t。

四、价格

自2018年7月以来，大多数捕捞区的鲣价格开始下降。值得注意的是，2018年7—9月冷冻鲣（曼谷）的平均进口价格比2017年同期低了近30%，而2018年全年均价比2017年低15%～16%（图3-1）。泰国价格下跌的趋势也推低了印度洋和其他捕捞区域的价格，但黄鳍金枪鱼价格保持坚挺，略有上涨。对于非罐装金枪鱼，2018年全年新鲜和冷冻脊肉价格保持稳定。在年底高消费期（圣诞节-新年），美国西海岸批发商给零售商的新鲜黄鳍金枪鱼脊肉价格达到每磅15美元，且呈上涨趋势。冷冻鲣从2019年1—9月的平均价格为在泰国的四年低点，降至1 243美元/t，而2018年为1 536美元/t，2017年为1 765美元/t，2016年为1 411美元/t。由于泰国需求低迷，6月、7月泰国鲣价格甚至一度跌至1 000美元/t，尽管在8月份反弹至1 350美元/t。

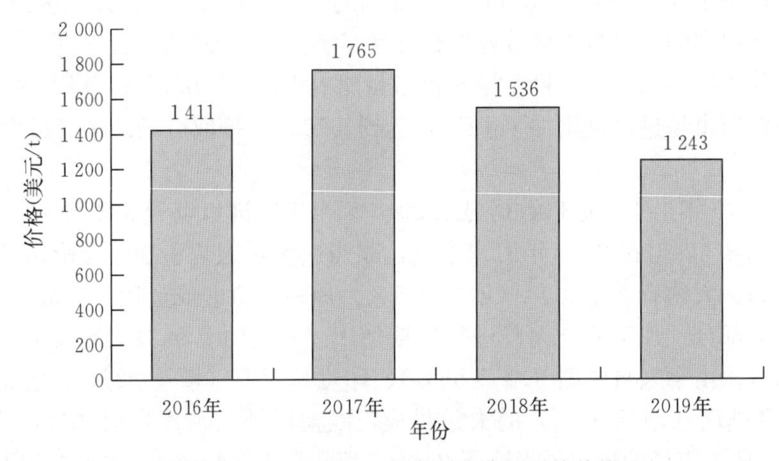

图3-1 2016—2019年泰国冷冻鲣平均价格

由于太平洋和印度洋的捕获量低，2019年开始，鲣价格上涨。由于2019年1月和2月不利天气的影响，西太平洋和中太平洋的捕获量开始低于平均水平。尽管泰国的冷冻库存充足，但是曼谷的冰冻鲣价格在3月份已经升至1 450美元/t。由于东太平洋的金枪鱼捕获量低，所以曼塔的罐头厂的原料出现短缺现象，鲣的船捕出货价格上涨至1 600美元/t，并且有望进一步上涨。随着鲣价格的上涨，印度洋的捕捞速度也有所放缓，但黄鳍金枪鱼的价格略有下降。截至4月，冷冻鲣价格已达到1 650美元/t。在最大的非罐装金枪鱼市场日本，对生鱼片金枪鱼的需求预计将在4月和5月期间增加。西方国家对金枪鱼片和鱼排的需求从较温暖的月份持续到夏季结束。

随着FAD的休渔期在2019年9月结束，金枪鱼捕捞将在2019年10—11月在西太平洋和中部太平洋地区开始，从10月中旬开始，在东太平洋地区捕捞金枪鱼。因此，从11月开始，金枪鱼原材料价格会有所下降。只要金枪鱼罐头和加工金枪鱼罐头价格保持稳定并接近2019年的水平，对罐装金枪鱼和加工金枪鱼的需求预计将在全球范围内持续存在。

第四章　黄鳍金枪鱼

第一节　黄鳍金枪鱼基础生物学

黄鳍金枪鱼（拉丁名：*Thunnus albacares*，英文名：yellowfin tuna，图 4-1），隶属于鲈形目（Perciformes）、鲭科（Scombridae）、金枪鱼属（*Thunnus*），是世界远洋渔业重要渔获品种之一。黄鳍金枪鱼地方名称黄鲮甘、黄金枪鱼、萤马鲛（广东）。英语中常用的名称包括 yellowfin tuna，yellow fin tuna，allison tuna，long fin tunny，longfin，Pacific long-tailed tuna，and tuna。其他语言中常见的名字包括 a'ahi（塔希提岛的），ahi（夏威夷），albacora（葡萄牙），badla-an（塔加拉族语），chefarote（克里奥尔语/葡萄牙语），gelang kawung（马来），jaydher（阿拉伯语），kababa（阿拉伯语），kelawalla（僧伽罗人），kihada（日本），lamatra（马达加斯加），maha'o（夏威夷），otara（塔希提岛的），rabil（西班牙语），te baibo（基里巴斯），thon jaune（法国），thunfisch（德国），tonno albacore（意大利），tonnos macropteros（希腊），tuna（南非荷兰语），tunczyk zoltopletwy a. albakora（波兰语），yatu（斐济语），zheltokhvostyj tunets（俄语），zutorepi tunj（塞尔维亚语）。

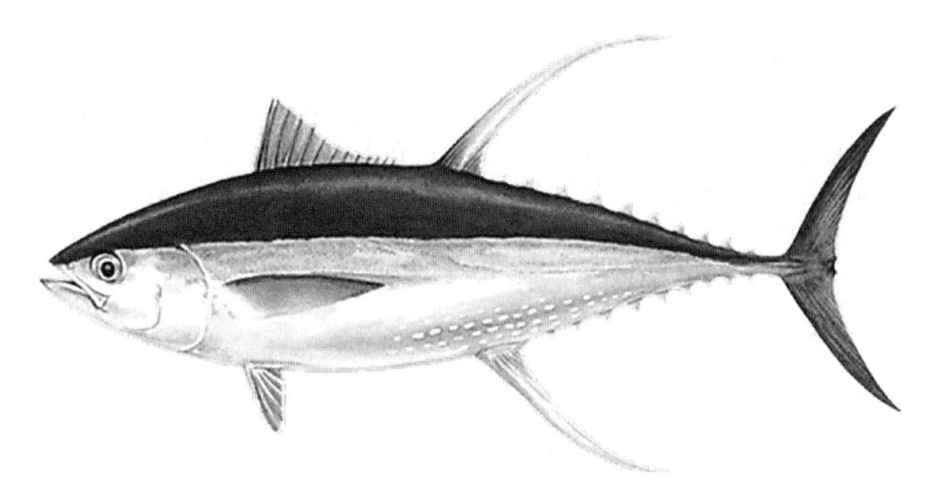

图 4-1　黄鳍金枪鱼（*Thunnus albacares*）
（Les Hata © Secretariat of the Pacific Community）

一、黄鳍金枪鱼基础生物学

黄鳍金枪鱼身体呈纺锤形，躯干稍微侧扁，尾部细长。体高最高处位于第一背鳍基中部。第一鳃弓鳃耙数为 26～34，椎骨 18+21，颌骨上有细小的牙呈锥形排成 1 列。成年黄鳍金枪鱼第二背鳍和臀鳍为金黄色且呈弧形弯曲，超过叉长 20%，是区别于其他品种的一个重要特征。胸鳍较长，常常超过第二背鳍起点，但不超过其基部末端，约占叉长的22%～

31%。具有发达的鱼鳔。背部呈蓝色、腹部呈银白色，全身长满细鳞，胸部鳞较大形成胸甲（戴小杰 等，2007；傅红 等，1999）。黄鳍金枪鱼属于远洋肉食性鱼类，以甲壳类、头足类和中上层小型鱼类为食（Potier et al.，2007），集群性生活与摄食，摄食高峰时段为傍晚和凌晨（Hunsicker et al.，2012）。

世界自然保护联盟（IUCN）是一个由国家、政府机构和非政府组织组成的全球联盟，通过伙伴关系评估物种的保护状况。黄鳍金枪鱼目前被世界自然保护联盟归类为“濒临危险（NEAR THREATENED)”，但其网站分类的时效性存在差异（图 4-2）。

图 4-2 黄鳍金枪鱼世界自然保护联盟（IUCN）资源状态

黄鳍金枪鱼广泛分布于太平洋热带亚热带水域中，有垂直移动的习性，一般活动于中上层，白天潜入较深的水层。通过对遗传样本的检测统计（Ward et al.，1994）和分子标记研究发现东、西太平洋中黄鳍金枪鱼中亚种间的交差极少发生。有关资料表明黄鳍金枪鱼分布水温为 18～31 ℃，大量密集于 20～28 ℃。黄鳍金枪鱼分布在世界各地的热带和亚热带水域，纬度大约为 40°N—35°S，但不在地中海分布。黄鳍金枪鱼是一种高度洄游鱼类，然而在太平洋几乎没有证据表明黄鳍金枪鱼有长距离的南北或东西移徙。因此，东、中、西太平洋之间的基因交流相对较少，亚种的发展可能也较少。

黄鳍金枪鱼一般体长为 60～100 cm，最大体长可达 300 cm。成年黄鳍金枪鱼（体长>100 cm）在水温大于 26 ℃时产卵（Itano，2000）。在太平洋中，已知产卵场位于夏威夷群岛和马绍尔群岛的赤道海流北部、苏拉威西海、哥斯达黎加沿岸和加拉帕戈斯群岛。黄鳍金枪鱼食性广泛，主要取决于环境中饵料丰度变化而变，主要以头足类、小型鱼类和甲壳类为主（黄西昌 等，2003）。

二、黄鳍金枪鱼渔业发展

黄鳍金枪鱼是商业捕捞业的热门鱼类，在美国，黄鳍金枪鱼的捕获量已增长到美国北大西洋金枪鱼捕获量的近 45%，以围网捕获为主。一艘围网船首先用一张底部是封闭的大网围住鱼群，然后向上拉网，把网拉到船上，一旦网出了水就可以通过重新打开网的底部来释放渔获物。20 世纪 50 年代末，东太平洋热带地区的渔民开始利用黄鳍金枪鱼与海豚一起觅食的特点来捕鱼，当海豚出现在海面上时，渔民们会用围网围住它们，而金枪鱼就在海面下成群游动。起初，人们几乎没有做任何努力来释放这些海豚，因为它们没有任何商业价值，海豚会被网缠住而溺水死亡。每年都有成千上万的海豚被这种方法杀死。目前，美国和其他国家的渔业在环保主义者和消费者的协调下，正在努力减少或消除海豚的副渔获物。还有一种针对深海黄鳍金枪鱼的延绳钓渔业，主要来自日本、韩国，以及中国台湾地区。虽然这些渔场在世界各地都有，但大部分的深海金枪鱼是在西太平洋捕捞的。在许多地区，特别是太平洋岛屿，黄鳍金枪鱼仍然被鱼钩和鱼线捕获。黄鳍金枪鱼是许多地区的垂钓目标鱼类。它们在南加州、下加利福尼亚、墨西哥和夏威夷以及包括墨西哥湾在内的美国东南部被捕获。黄鳍金枪鱼是美国人食用的主要罐头鱼。在亚洲，它是尤其受欢迎的生鱼片，被称为“ahi”。

黄鳍金枪鱼是太平洋区域渔业捕捞的重要品种。FAO 的报告显示，太平洋黄鳍金枪鱼产量曾一度占据世界黄鳍金枪鱼产量的 70%（FAO，1999），在东太平洋，年平均渔获量呈逐年增长趋势，19 世纪 60 年代的渔获量约为 100 000 t，到了 20 世纪初期，渔获量突破 400 000 t（Nomura et al.，2014）。在中西太平洋的渔获量增速迅猛，从 1970 年的 100 000 t 增加到 2008 年的 650 000 t（Langley et al.，2011），其围网渔获年产量为 115 000～270 000 t，具有较大的波动性。黄鳍金枪鱼在渔获物中的比例与海水温度密切相关，厄尔尼诺年份较高（海水温度升高），拉尼娜年份较低（海水温度降低）。

在太平洋从事黄鳍金枪鱼捕捞作业的代表性国家中，日本主要在西北太平洋区域从事延绳钓作业，墨西哥在距离本国陆地较近的海域进行围网作业（孟晓梦 等，2007）。黄鳍金枪鱼主要用于制作罐头，但生鲜和速冻产品量持续增长。冷冻产品进口总额 124 万美元，总量约为 823 t，其中中国台湾地区为 194 t，进口额 45 万美元；此外，也从乌干达、哥伦比亚、肯尼亚、斐济、阿曼等国进口（林洪 等，2008）。

三、黄鳍金枪鱼繁殖生物学研究

繁殖生物学研究对特定物种的种群资源评估具有重要作用（Schaefer，1987；Schaefer，1996；Schaefer，1998），研究内容主要包括繁殖特征对种群动态的影响以及种群对渔业活动的恢复力等（Schaefer，2001；Murua et al.，2006）。了解黄鳍金枪鱼繁殖生物学特征，可为其资源评估提供基础参数，对其资源状况做出全面完整的评估，制定合理的可持续性资源开发利用方案以及资源保护措施。目前关于金枪鱼繁殖生物学的研究主要包括性别比、最小和 50%性成熟体长、繁殖力等。

性别比例能够直观反映种群雌雄组成，是种群繁殖研究和资源评估的重要参数之一。Albaret（1976）研究表明，黄鳍金枪鱼体长在 130～140 cm 时雌性个体占据大部分比例，而当体长大于 140 cm 时雄性个体居多。Capisano（1991）对东太平洋以及西太平洋中部海域的黄鳍金枪鱼的研究验证了 Albaret 的发现。Wild（1993）研究发现，当东太平洋区域的黄鳍金枪鱼叉尾长达到 140 cm 时，雌性个体的数量急剧减少。在几内亚海湾区域的黄鳍金枪鱼群体里雌性比例则占较大优势（Bard，2001）。然而 Schaefer（1998）在 1987—1989 年对黄鳍金枪鱼性别比例的研究中发现，其性别比例约为 1∶1。陈丽雯（2016）研究发现，黄鳍金枪鱼雌雄比例在 1∶1.17，各个月份雌雄总体性别比与总体性别比相差较小，接近 1∶1。性成熟性别比除了 8 月符合 1∶1 的理论比例，9—12 月都是极显著地偏离期望性别比（1∶1）。80～119 cm 和 130～139 cm 叉长组内雌雄性别比符合 1∶1；当叉长大于 150 cm 时，几乎为雄性个体（图 4－3）。

最小和 50%性成熟体长反映了鱼类具备繁殖功能的阶段体长参数，该参数可以用于探讨鱼类性成熟与体长的关系。Orange（1961）在中北美洲区域的研究发现，黄鳍金枪鱼最小性成熟体长为 50 cm，而墨西哥科隆群岛海域的黄鳍金枪鱼最小性成熟体长为 70～80 cm。IATTC（1990）数据表明东太平洋热带区域的黄鳍金枪鱼最小性成熟体长为 84 cm。Zhu 等（2008）对印度洋中西部黄鳍金枪鱼的研究发现，雌鱼最小性成熟体长为 101 cm，而雄鱼最

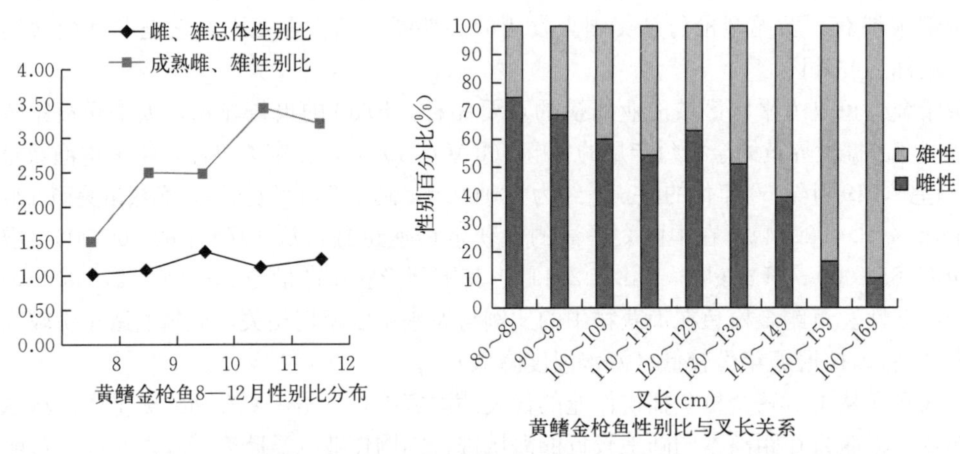

图 4-3　黄鳍金枪鱼性别比分布和性别比与叉长关系（陈丽雯，2016）

小性成熟体长为 110 cm，预测 50%性成熟个体体长中雌鱼为 113.77 cm，雄鱼为 120.20 cm。Zudaire（2013）对印度洋黄鳍金枪鱼的研究发现雌性 50%性成熟叉长 75 cm。陈丽雯（2016）采用分组统计的方法估算黄鳍金枪鱼 50%性成熟的体长为 138.13 cm（图 4-4）。

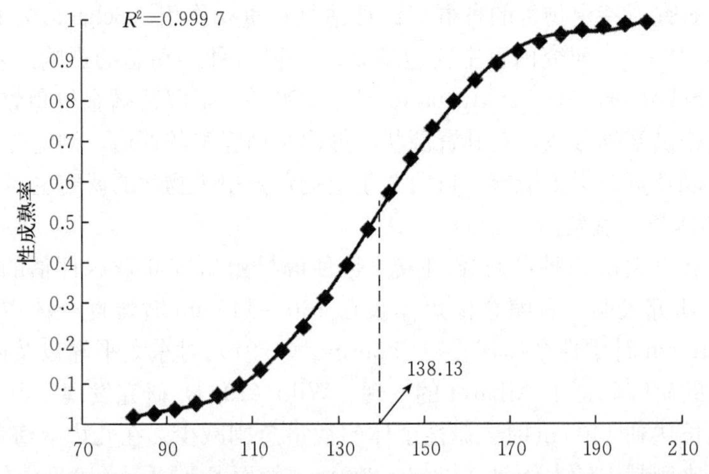

图 4-4　不同长度组雌性黄鳍金枪鱼性成熟率和 L_{50}（138.13 cm）（陈丽雯，2016）

繁殖力体现了鱼类的繁殖能力，是研究鱼类繁殖和产卵补充量模型的重要参数之一。目前有记录的黄鳍金枪鱼的繁殖力结论与分布区域有关。Schaefer（1996）发现东太平洋黄鳍金枪鱼繁殖力为 157 万粒卵，西太平洋黄鳍金枪鱼繁殖力范围为 97～469 万粒卵，个体均值为 271 万粒卵（Sun et al.，2005）。ICCAT（2001）研究表明，黄鳍金枪鱼一次产卵 120 万粒（叉长 132 cm）至 400 万粒（叉长 142 cm），平均一次产卵量为 210 万粒（Aroch et al.，2001）。Potier（2007）研究发现印度洋西部叉长 79～147 cm 的黄鳍金枪鱼平均繁殖力为 310 万粒。在我国南海，冯波等（2014）研究发现南海金枪鱼绝对怀卵量为 15 万～154 万粒，黄鳍金枪鱼延绳钓渔场春夏季分布于西沙北部和南沙中西部海域，秋冬季分布于西中沙、南沙西北部和中西部海域，渔获水深 50～350 m。

自然产卵条件研究可用于鱼类产卵场研究与保护，产卵季节的判定对种群保护和制定相关捕捞政策也有重要参考价值。Schaefer（1998）研究发现东太平洋0°—20°N黄鳍金枪鱼全年产卵无季节性差异，20°N以北的黄鳍金枪鱼产卵主要发生在7—11月，0°以南的黄鳍金枪鱼群体产卵时间在12月至翌年2月。Niwa等（2003）研究估算黄鳍金枪鱼的初次产卵体重为12～28 kg（体长为75～112 cm），在温度和饵料充足的海域产卵活动可长时间发生。Margulies等（2007）对黄鳍金枪鱼产卵活动和早期发育进行了研究，研究表明，产卵时间主要集中在13:00～21:30，产卵水温在19.7～23.3 ℃，产卵后24小时之内95%的受精卵孵化，雌鱼首次产卵的年龄约为1.6～2.0龄。有研究表明，当体长100 cm的黄鳍金枪鱼产卵时，其生活海域水温可能高于26 ℃。目前已知的黄鳍金枪鱼产卵场包括夏威夷群岛和马绍尔群岛的赤道海流北部、苏拉威西海、哥斯达黎加沿岸、加拉帕戈斯群岛（赵传絪 等，1983）。在针对产卵频率的研究中发现，黄鳍金枪鱼产卵频率可达到1.5 d/次（Schaefer，2001；McPherson，1991；Itano，2000；Stequert et al.，2001）。

陈丽雯（2016）系统研究了黄鳍金枪鱼性腺组织结构特征，雌性黄鳍金枪鱼性腺各发育期见图4-5。各成熟期的细胞呈现结果有差异，其中稚龄期的性腺内细胞一致性较高，每一个发育期的细胞都会出现少量之前发育期的细胞，发育期的细胞数量按发育期的前后依次增多，在排卵后期还会出现少量稚龄期细胞的情况。这些结果表明黄鳍金枪鱼的性腺成熟具有一定的持续性。

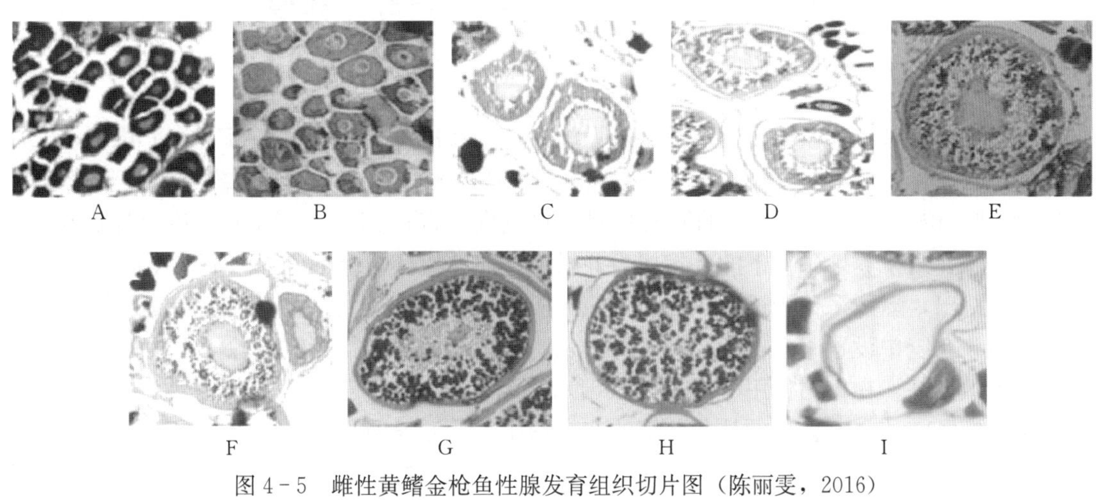

图4-5　雌性黄鳍金枪鱼性腺发育组织切片图（陈丽雯，2016）

A. 卵巢Ⅰ期细胞　B、C、D. 卵巢Ⅱ期细胞的早期、中期和晚期

D、E. 卵巢 Ⅲ 期细胞（D为细胞核膜皱缩明显，E为细胞膜皱缩明显）

F、G. 卵巢 Ⅳ 期细胞（F为细胞核还未消失，G为细胞核已消失）　I. 卵巢Ⅴ期细胞

雄性黄鳍金枪鱼性腺各发育期见图4-6（陈丽雯，2016）。在所有的性腺显微图像中，各成熟期的细胞呈现结构不同。几乎每一个发育期的细胞都会出现少量之前发育期的细胞，各发育期的细胞数量按发育期的前后依次增多，Ⅵ期还会出现少量Ⅰ期细胞的情况，其中Ⅳ期的情况最为特别，因为精小囊的存在，各发育期的细胞均存在。这也同样说明了黄鳍金枪鱼的性腺成熟有一定的持续性。

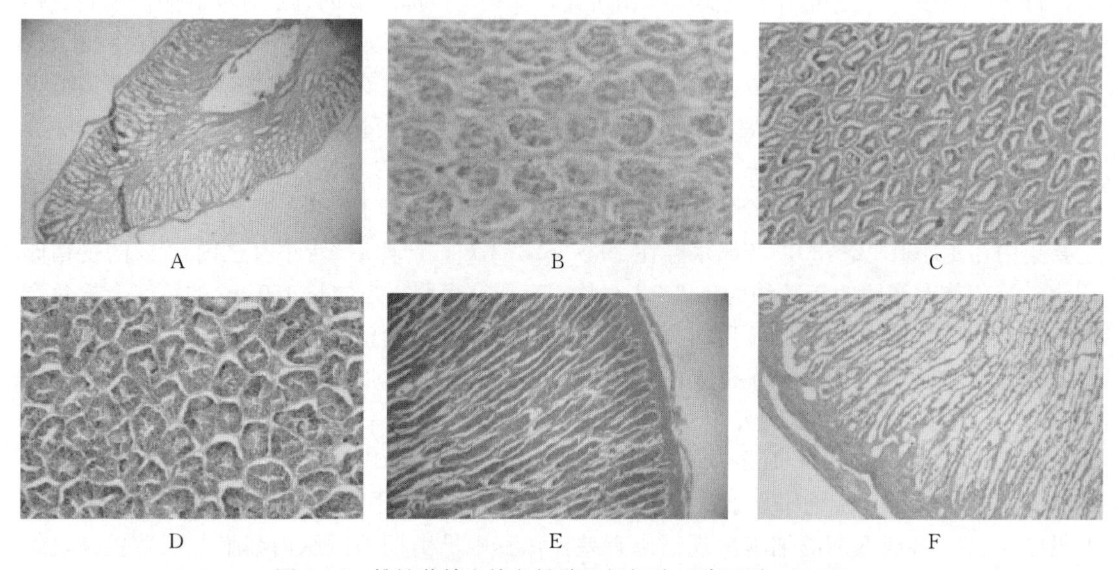

图 4-6　雄性黄鳍金枪鱼性腺组织切片（陈丽雯，2016）
A. 精巢Ⅰ期细胞　B. 精巢Ⅱ期细胞　C. 精巢 Ⅲ 期细胞
D. 精巢 Ⅳ 期细胞　E. 精巢 Ⅴ 期细胞　F. 精巢Ⅵ期细胞

第二节　黄鳍金枪鱼人工繁育与养殖

一、基础设施开发

黄鳍金枪鱼亲鱼养殖需要大量的基础设施支持。在巴拿马，通过 IATTC - OFCF -巴拿马政府项目，于 1996 年建成了首个黄鳍金枪鱼陆地亲鱼养殖系统。该系统主要亲鱼养殖池（一号鱼池）位于一个 1 300 m^2 的开放式屋顶建筑内，直径 17 m，深 6 m，该设计足够大，以减少亲鱼在人工养殖条件下的环境压力并增加产卵的机会。金枪鱼围网被悬挂在水池周围以防止鱼跳出，屋顶采用半透明的面板，该面板被放置在水池上方使亲鱼能够暴露在自然光线中。在该系统中设置一个充气塔用于对进入一号鱼池的水进行充气和除气（图 4-7）。水通过塔的填充柱，在重力作用下通过四根出水管回流到水箱。泵入曝气塔的水约有 10%通过泡沫分馏塔转移，除去小颗粒和溶解的有机物质，然后返回曝气塔。一号池的生物过滤系统运行是通过玻璃纤维泵将水从水仓底部抽上来输送到生物过滤器。过滤后的水通过重力返回到污水池，其中的固体被生物过滤器保留，每天通过反冲洗被冲走。采用过滤和紫外线消毒的预处理水每天以 3%～10%的交换率补充到亲鱼养殖系统中。在同一栋建筑中，同时建有一个二号池，水体为 170 m^2，其设计与一号亲鱼池类似但降低了水体大小，主要的不同之处在于没有曝气塔和蛋白质分离器。二号亲鱼池主要用于暂养个体较小的黄鳍金枪鱼亲鱼以及性腺首次发育成熟的亲鱼。

二、黄鳍金枪鱼成鱼生长与发育

该系统中的黄鳍金枪鱼亲鱼为 1996 年 4—6 月在 Frailes 群岛附近捕获（Wexler et al.，2003；Margulies et al.，2007a）。捕获期间采用的是一艘 7.3 m 长的泛型船，配有一个完整

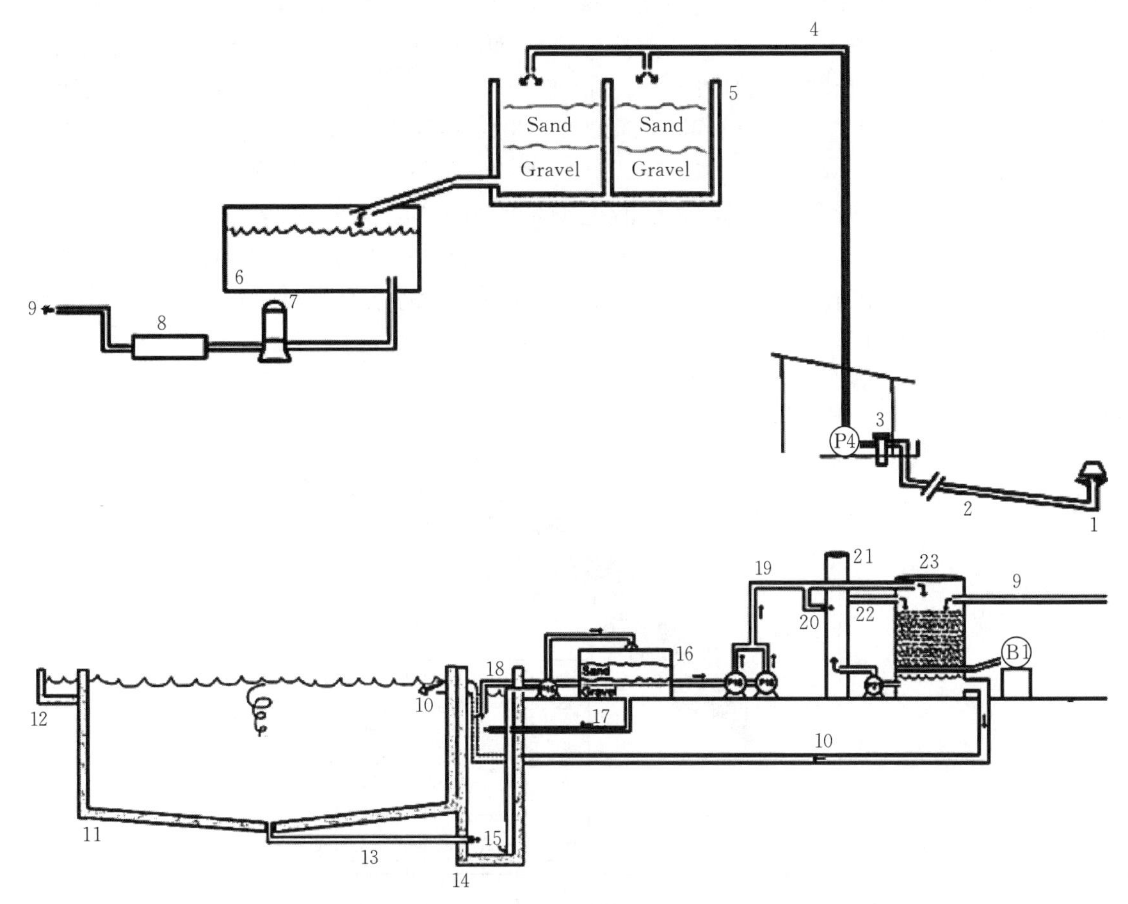

图 4-7　巴拿马黄鳍金枪鱼亲鱼陆基养殖系统（Wexler et al.，2003）

1. 进水　2. 进水管路　3. 篮式粗滤器　4. 回水管　P4. 水泵　5. 沙滤　6. 水箱　7. 筒式过滤器
8. 紫外线杀菌器　9. 供水管道　10. 充气塔回路　11. 一号养殖池　12. 受精卵收集箱
13. 下水管路　14. 污水道　15. 生物滤池进水　16. 生物过滤
17. 生物过滤回水　18. 爆气塔进口　19. 爆气塔出口　20. 泡沫分馏器进口
21. 泡沫分馏　22. 泡沫分馏器出口　23. 爆气塔　B1. 爆气塔鼓风机

的活水箱。在这次捕捞中 50%的黄鳍金枪鱼能够在捕获和处理过程中幸存下来，大约30%在一号或二号水池中变成了亲鱼。每条鱼都被植入芯片的标签，然后称重、测量并注射土霉素（OTC）。注射的 OTC 可以在耳石和椎骨中建立一个时间标记以帮助衰老研究。Wexler 等（2003）描述了 1996—1999 年黄鳍金枪鱼亲鱼的生长、存活、能量需求等相关信息，这些结果首次提供了热带金枪鱼陆地系统中养殖的资料。在黄鳍金枪鱼养殖过程中主要采用 50%乌贼和 50%鱼类作为饵料，如鲱（*Opisthonema* spp.）或凤尾鱼（*Cetengraulis mysticetus*），为黄鳍金枪鱼亲鱼提供了充足的营养，使得亲鱼可以连续产卵。分别在 1996—2001 年和 1999—2014 年对黄鳍金枪鱼亲鱼的生长进行了测量与评估（图 4-8）。对于 1996—2001 年的人工养殖的黄鳍金枪鱼亲鱼，Wexler 等（2003）描述了增长方程和模型参数（表 4-1）。黄鳍金枪鱼亲鱼重量数据参数首次在 2006 年开始评估，通过不断的数据收集使得黄鳍金枪鱼生长（重量）数据变得更为完整。在此过程中，人工养殖黄鳍金枪鱼生长数据与野生捕捞的黄鳍金枪鱼数据进行比较开展了衰老与生长研究（Wild，1986）（图 4-8、图 4-9，表 4-1）。研究表明，人工养殖条件下黄鳍金枪鱼的生长速度随着鱼的长度的增加而下降。在 1996—2001 年，人工养殖超过 1 年的黄鳍金枪鱼平均生长速度为 18～37 cm/年，在 1999—2014 年为 11～62 cm/年。1996—2001 年体重平均增长为 11～26 kg/年，1999—2014 年为 4～36 kg/年。初期阶段，在一号池养殖的黄鳍金枪鱼成活率较高，但成活率随着生物量的增加而下降，大多数的死亡率与撞击池壁有关（Wexler et al.，2003）。黄鳍金枪鱼亲鱼在该系统养殖了大约 6 年，此时年龄达到 7 岁龄（图 4-8 和图 4-9）。基于亲鱼在人工养殖系统的生存和增长数据，建议养殖密度不超过 0.75 kg/m^3。

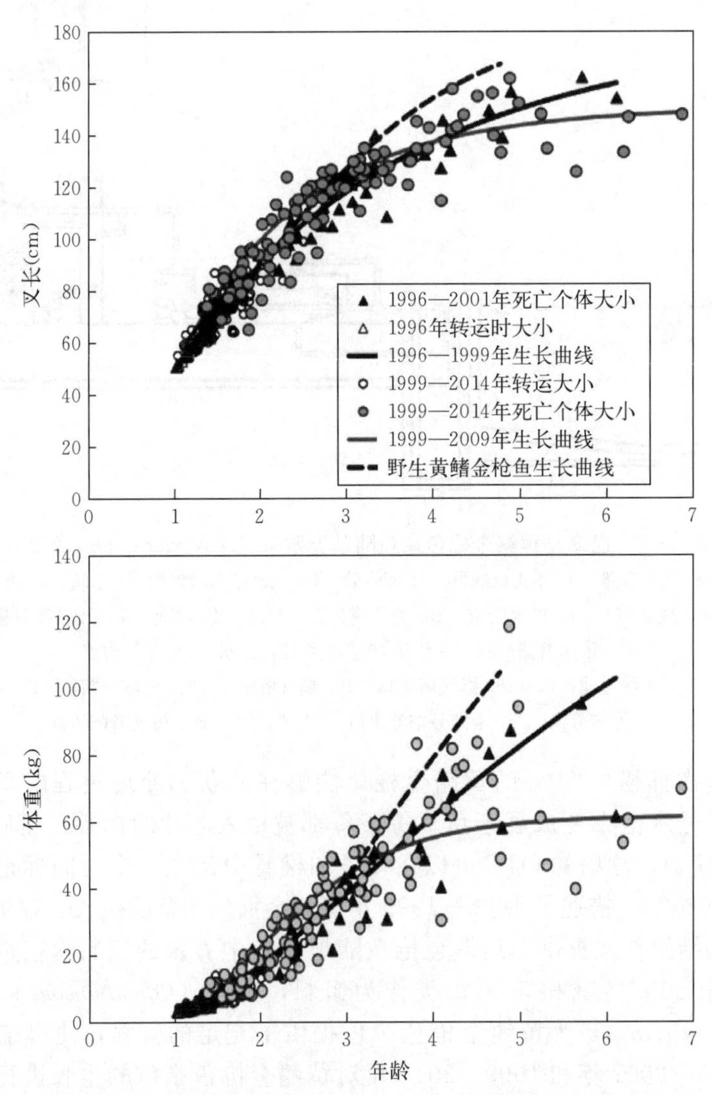

图 4-8 人工养殖和野生黄鳍金枪鱼长度（上面板）和重量（下面板）与年龄之间关系（Wild，1986）

人工养殖黄鳍金枪鱼采用 von Bertalanffy 模型估算和野生黄鳍金枪鱼采用 Richards 模型估算（模型参数见表 4-1）应用于长度数据（顶部面板）。养殖鱼的 Richards 模型和野生鱼的 Gompertz 模型（表 4-1）

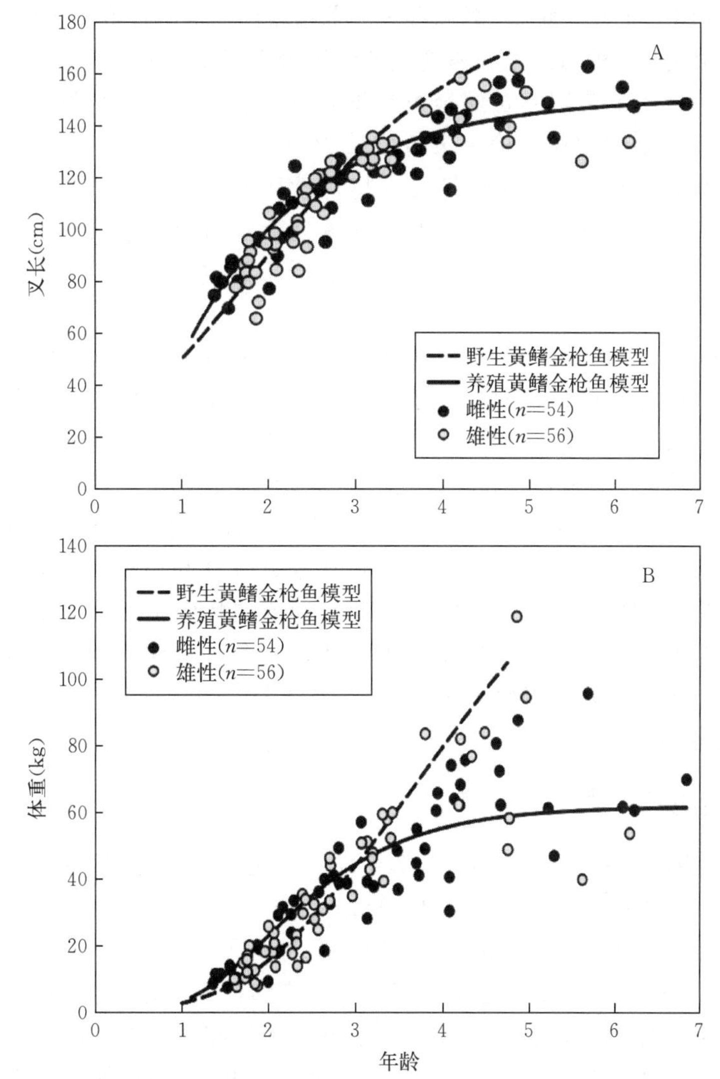

图 4-9　按照性别区分的人工养殖与野生群体黄鳍金枪鱼长度（A）和重量（B）与年龄之间的关系（Wild，1986）

表 4-1　参数估计

公式	参数				参考文献
	$Y\infty$	K	t	m	
a. 因变量 Yt					
野生黄鳍金枪鱼体长（cm）	188.2	0.724	1.825	1.434	Wild（1986）
野生黄鳍金枪鱼体重（kg）	178.4	0.555	3.638		Wild（1986）
1996—1999 年养殖黄鳍金枪鱼体长（cm）	179.2	0.376 1			Wexler et al.（2003）
1996—1999 年养殖黄鳍金枪鱼湿重（kg）	169.3	0.667 1		0.568 2	Wexler et al.（2003）
1999—2009 年养殖黄鳍金枪鱼体长（cm）	150.8	0.674 4			Wexler et al.（2003）
1999—2006 年养殖黄鳍金枪鱼湿重（kg）	61.6	532.756		0.997 9	Wexler et al.（2003）
b. 自变量和适用尺寸范围					
体长（30.2～167.9 cm）	211.7	0.521	1.726		Wild（1986）

研究表明，3 龄之前野生黄鳍金枪鱼与人工养殖条件的黄鳍金枪鱼生长速度相似，但超过 3 龄后人工养殖黄鳍金枪鱼的生长速度显著低于野生黄鳍金枪鱼的生长速度（图 4 - 8）。虽然养殖水体的大小可能是限制黄鳍金枪鱼增长的主要因素，但持续产卵的能量分配也可能是限制达到繁殖期的黄鳍金枪鱼亲鱼增长的一个可能的因素。尽管人工养殖条件下的黄鳍金枪鱼亲鱼饵料充足，健康良好且支持持续产卵，但它们消耗的食物量可能远远少于野生黄鳍金枪鱼。在网箱养殖条件下，黄鳍金枪鱼的食物组成和数量已达到最优标准，但当其达到 3 龄时仍旧会出现生长速度显著低于野生黄鳍金枪鱼的生长速度的现象（图 4 - 8）。

在图 4 - 8 和图 4 - 9 中提到的野生金枪鱼研究中（Wild，1986），对来自热带东太平洋的 196 条黄鳍金枪鱼进行了叉长测量和年龄分析。在该研究中，发现了性别的双态生长，雌鱼最大个体为 143 cm 和 62 kg，年龄在 3.5 龄，而雄鱼最大个体为 168 cm 和 105 kg，达到 5 龄。在巴拿马捕获的黄鳍金枪鱼亲鱼中也发现了类似的增长趋势，最大的雄鱼达 162 cm 和 119 kg，最大的雌鱼达到 156 cm 和 80 kg。在人工饲养的情况下，黄鳍金枪鱼雌鱼在卵巢发育和卵细胞产生方面的能量水平可能比雄鱼在睾丸发育和精子产生方面的能量水平要高得多。生殖活跃的雌鱼体重的增长可能受到生理或遗传的限制。正如在野生黄鳍金枪鱼群体中所发现的规律，在人工养殖条件下黄鳍金枪鱼种群中目前尚未找到证据证明雄性的寿命更长。在巴拿马陆基养殖系统中，27 条最老的亲鱼（4～7 龄）中有 16 条是雌性，包括 2 条最老的鱼。

三、黄鳍金枪鱼产卵动态研究

从 1996 年开始，巴拿马 Achotines 实验室黄鳍金枪鱼亲鱼实现了产卵，这是全球第一次实现黄鳍金枪鱼在陆基设施中持续产卵（Margulies et al.，2007）。黄鳍金枪鱼产卵时间在前四年较长，接近每日一次，水温范围为 23.3～29.7 ℃（图 4 - 10），2001—2014 年水温范围为 22.8～29.7 ℃（2012 年温度接近 22.8 ℃，产卵量低，出现异常）。产卵前 1～4 h 的求偶行为是产卵事件发生的前奏。产卵群体包括一个雌性和一个到五个雄性，通常两个到八个群体同时产卵，取决于鱼的总数。1996—2000 年，产卵日时间与平均日水温呈强正相关，受精卵孵化期持续时间与平均日水温呈负相关且孵化日时间范围较窄，95%发生在 1 500～1 900 h（图 4 - 10）。在随后的几年中（2001—2014 年），除 2 个异常年份外，黄鳍金枪鱼亲鱼的产卵和孵化时间规律基本一致，水温的快速波动会改变产卵的正常时间规律。

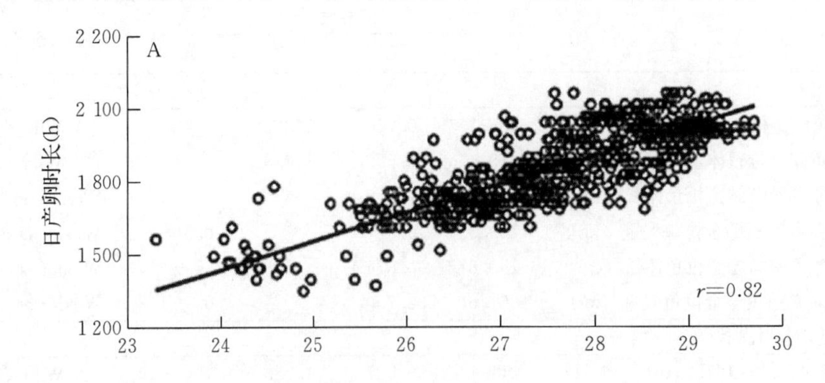

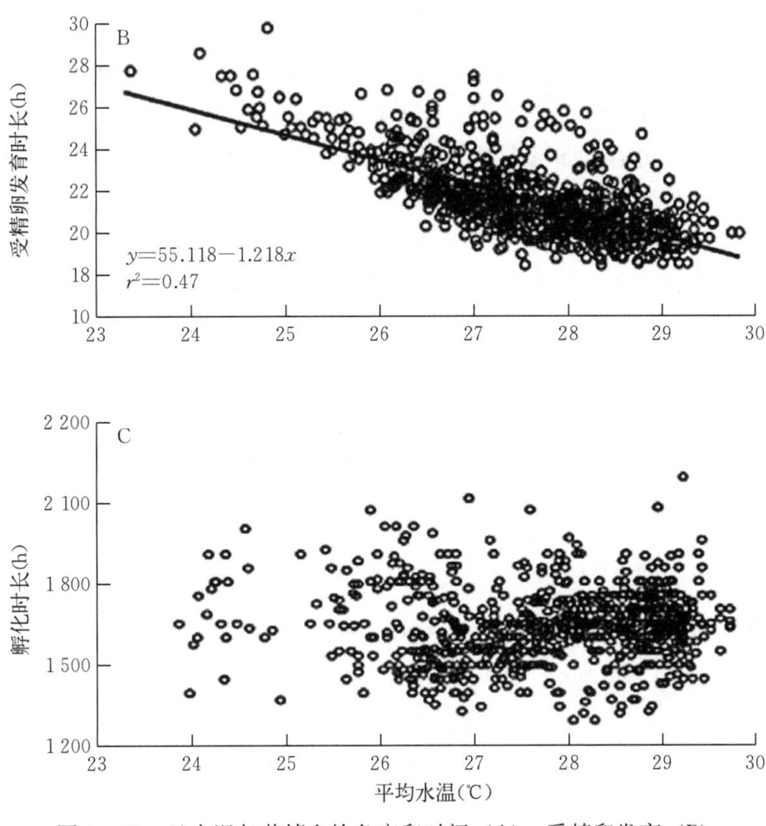

图 4-10 日水温与黄鳍金枪鱼产卵时间（A）、受精卵发育（B）、孵化时间（C）的关系（1996—2000 年）

从 1996 年底到 2012 年，人工养殖的黄鳍金枪鱼几乎每天都要产卵，但也存在不产卵的时期。在这 15 年的时间内，由于水温有利于产卵，亲鱼产卵的时间占了 90%。在大约 10% 的非产卵期里，停止产卵的时间在一周左右。为了弄清如何致使亲鱼停止产卵，相关研究人员从 1996 年开始对收集的关于池水水质、池鱼体型分布和池鱼性别比例等方面的数据进行了分析。研究发现水温似乎是控制产卵发生和时间的主要外生因素，只要黄鳍金枪鱼亲鱼每天有足够的食物配给且水温在 23.3 ℃以上产卵就会发生（Margulies et al.，2007）。在几个时期，产卵的终止也与成熟雌性在亲鱼组的出现有关。初步分析没有显示任何其他因素与产卵有很强的相关性。

1996—2000 年人工养殖条件下的黄鳍金枪鱼亲鱼首次产卵的年龄估计为 1.3～2.8 龄（体重 12～28 kg），平均略低于 2 龄（Margulies et al.，2007）。在较短的时间内（少于 1 个月），产卵的雌鱼产卵量可增加 30%～234%，以回应每日饲料 9%～33%的短期增加。在增加饲料后，受精卵的产量峰值为 4～21 d（平均 12 d）。孵化率平均为 83%。受精卵的平均直径为 0.97 mm（范围为 0.85～1.13 mm），并含有一个平均直径为 0.22 mm 的油球（范围为 0.15～0.28 mm）。水温与受精卵的大小、孵化期长短、孵化时仔鱼的大小和卵黄囊的长度呈显著的负相关。从早期仔鱼到幼鱼（大小 30 cm，6 个月大）的生长潜力估计值极高，接近 10^6 到 10^7 倍。

四、黄鳍金枪鱼受精卵与仔、稚鱼运输

作为热门品种，世界范围内的商业研究和教育机构针对金枪鱼受精卵，仔、稚鱼和幼鱼的生物学和生态学（图 4-11）开展了大量研究。虽然在金枪鱼某些生命阶段采用野生采捕的方法可以对其进行研究，但价格昂贵且不切实际。随着金枪鱼养殖产业不断发展，在早期发育阶段开发金枪鱼运输技术对水产养殖非常有意义。由于环境因素和极高管理标准的限制，最初投资和维持金枪鱼亲鱼繁殖群的费用极高且在物流运输中存在各种技术局限性。巴拿马 Achotines 实验室设立了几个不同项目来研究黄鳍金枪鱼受精卵和仔、稚鱼国际运输的可行性。

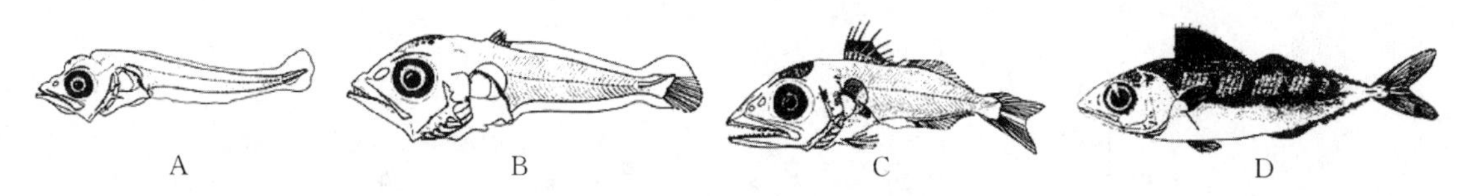

图 4-11　黄鳍金枪鱼仔、稚鱼
A. 5.1 mm 体长　B. 6.0 mm 体长　C. 8.5 mm 体长　D. 46.0 mm 体长

2005 年 6 月，作为 IATTC-迈阿密大学联合研讨会的一部分，首次对活体黄鳍金枪鱼受精卵和仔、稚鱼进行了模拟空运试验（Zink et al.，2011）。这些试验取得了大量数据，其结果足以支持实际运输。2010 年 1 月，作为 IATTC-Hubbs 海洋世界研究所（HSWRI）联合项目的一部分，从巴拿马 Achotines 实验室向美国加州圣地亚哥的 HSWRI 运输了三个用装有海水的塑料袋装着的活黄鳍金枪鱼仔、稚鱼的保温箱。在该实验中，总运输时间是 24 h，仔、稚鱼成活率为 24%～80%。在 2010—2014 年进行了多次从巴拿马 Achotines 实验室至 HSWRI 的运输。受精卵的运输密度为 1 300～2 000 个/L，仔鱼的运输密度为200～350 尾/L。运输用水中纯氧过饱和度约 200%，分别加入 Trizmas 和 Amquells 用于缓冲 pH 和氨。在运输过程中，每个运输箱内都装有冻胶包以稳定温度。这些研究结果表明了黄鳍金枪鱼受精卵和仔鱼采用该运输模式的可行性。虽然黄鳍金枪鱼仔鱼到达 HSWRI 后存活率高达 80%，随后在育苗池中存活至孵化后第 9 天（IATTCHSWRI，未发表的数据），但也有因航空公司处理错误或文书问题而导致 100%死亡的情况。在 2014 年，作为 IATTC 和马里兰大学巴尔的摩县分校（UMBC）海洋与环境技术研究所（Institute of Marine and Environmental Technology）联合项目的一部分，将黄鳍金枪鱼仔鱼空运到美国马里兰州的巴尔的摩，运输成活率与 IATTC-HSWRI 运输结果相似。虽然已经证明了从巴拿马空运黄鳍金枪鱼受精卵和仔鱼到美国的可行性，但在国际空运成为常规程序之前还需要进行进一步的研究。

五、黄鳍金枪鱼遗传分析

Niwa 等（2003）报道了利用线粒体 DNA 对人工饲养的黄鳍金枪鱼亲鱼进行的遗传监测。在该研究中，在以 28 个亲鱼个体和 18 个基因型确定单个个体身份的群体中，确定了 27 个基因型。该研究结果建议未来的研究利用短 DNA 片段从 d 环与单链构象多态性（SSCP）分析，以改善实时监测黄鳍金枪鱼的遗传变异的后代和确定个体产卵概况。作为

SATREPS正在进行研究的一部分，2012—2014年收集了人工养殖黄鳍金枪鱼亲鱼的DNA样本，以及从这些亲鱼产生的受精卵中提取的DNA，并将使用上述SSCP分析进行比较。黄鳍金枪鱼的mtDNA D-loop区域的遗传变异非常高，这可能对鱼类个体的鉴定和野外种群结构的研究有帮助。保持捕获的金枪鱼亲鱼的一定性别比例在金枪鱼人工繁育中至关重要，但是通过从野外捕获并储存在养殖系统中的幼年晚期和成年早期黄鳍金枪鱼的外部特征来确定性别，其准确率极低。作为SATREPS项目的一部分，无创性别鉴定黄鳍金枪鱼亲鱼活体的方法正在进行研究。由KU开发的确定人工养殖的太平洋蓝鳍金枪鱼后代性别的遗传技术（Agawa et al.，2015）正在Achotines实验室用于确定人工养殖条件下黄鳍金枪鱼亲鱼及其后代的性别。此外，通过免疫化学分析来确定性别的方法（Susca et al.，2001）也在研究中。此外，还对黄鳍金枪鱼亲鱼进行了遗传分析。利用从一对单独捕获的产卵的黄鳍金枪鱼和由此产生的后代获得的DNA，确定了核糖体蛋白基因内含子变异的孟德尔遗传（Chow et al.，2001），并参与了一项确定微卫星孟德尔遗传的研究（Takagi et al.，2003）。

六、黄鳍金枪鱼幼鱼和成鱼的视觉发育及水产养殖的应用

鲭科鱼类是一类非常活跃的捕食者，主要依靠视觉来探测、跟踪和捕获猎物（Magnuson，1963）。金枪鱼的视网膜高度发达，有杆状体、单锥体和双锥体（Margulies，1997；Loew et al.，2002）。主要的视觉轴向上或向下，沿着这条视线的视觉分辨率是已知硬骨鱼类中最高的（Tamura et al.，1963；Nakamura，1969）。然而，把幼金枪鱼和成年金枪鱼关在陆基水池和深水网箱的狭小空间里，确实给视觉上的摄食和游泳带来了特殊的挑战。例如，养殖环境中的金枪鱼必须依靠视觉识别池壁和网箱中网衣，在室内环境中应保持光强度和光周期变化来调节金枪鱼视网膜运动反应。

考虑到幼鱼和成鱼的视觉发育，IATTC在黄鳍金枪鱼繁育计划的各个方面都得到了发展。Achotines实验室陆基圆形养殖池由混凝土浇筑而成，养殖池内壁墙涂成灰色。为了确保让黄鳍金枪鱼亲鱼最大限度视觉检测到墙壁，池内壁间隔46 cm垂直涂有黑色条纹油漆。此垂直条纹的间距为黄鳍金枪鱼最小视力感知的距离（Margulies，1997；Loew et al.，2002）。该养殖系统已经工作了达20年，虽然偶尔出现亲鱼撞击池壁的情况，但大多数情况运行良好。金枪鱼视网膜的视网膜运动反应存在时滞（Margulies，1997；Fukuda et al.，2010），该视网膜工作机制允许鱼调整从暗视（无光）到光视（有光）的敏感性。由于Achotines实验室的黄鳍金枪鱼撞击池壁的主要时间发生在黎明时分，所以被认为亲鱼池壁撞击是由于亲鱼没有足够的时间从暗视野适应到明视觉。在Achotines实验室对黄鳍金枪鱼成鱼的红外光谱（MSP）研究表明，他们的视网膜在颜色光谱的蓝到蓝绿范围（峰值在483～485 nm）中含有高度敏感的视色素，但在426 nm时也含有对紫罗兰敏感的色素。这表明成年黄鳍金枪鱼可能有能力在光谱的蓝绿到紫色区域进行有限的色相分辨（Loew et al.，2002）。因此在选择亲鱼养殖池池壁和深水网箱网衣颜色时，可依据成年黄鳍金枪鱼这种光谱敏感性来操作。

黄鳍金枪鱼陆基养殖的另一个重要方面是尽量减少在生长各个阶段光强度的突然变化。通常在夜间引入明亮的白光会引起黄鳍金枪鱼灾难性的恐慌和剧烈游泳导致撞墙，特别是在幼鱼和成鱼的初期阶段。因此，环境光强度可以随着每日光周期的变化而自然变化，而在夜

间，所有工作人员的活动和收集受精卵都只能在红光下进行，这主要是因为红光超出了黄鳍金枪鱼的光谱敏度范围（Loew et al.，2002）。

七、黄鳍金枪鱼仔、稚鱼研究

（一）仔、稚鱼发育、成活与生长动态

自 1997 年以来，IATTC 已经研究了黄鳍金枪鱼早期生命阶段的发育、生存和生长，这些早期生命阶段是由人工养殖黄鳍金枪鱼亲鱼产卵并进行人工孵化所获得的。实验室研究了生物和物理因素对仔、稚鱼发育和存活率（存活、生长）的影响。虽然实验室研究的重点是生态学和未成熟的生存模式，但通过制定最优的仔、稚鱼和早期幼鱼饲养投喂管理方案，大多数实验结果对黄鳍金枪鱼养殖产业发展具有重要意义。

（二）卵黄囊阶段

在孵化时，初孵仔鱼的平均体长为 2.5 mm（范围 2.0～2.9 mm）和 30μg（范围 25～41 μg）干重。初孵仔鱼孵化时眼睛无色素、无消化道、无口，有一个大的椭圆形卵黄块，内含单个后油球。孵化时平均幼体长度与平均卵径呈正相关，与平均孵化温度呈负相关（Margulies et al.，2007）。卵黄囊期的持续时间与水温成反比（但较弱），从 29.0 ℃的 56 h 到 23.5 ℃的 65 h 不等。仔鱼的眼睛色素沉着和嘴的形成几乎是同时发生的，在嘴的形成阶段，通常只剩下少量的卵黄。仔鱼首次摄食的平均体长为 3.3 mm（范围 2.7～3.9 mm），体重平均为 22 μg 干重（范围 14～30 μg）。仔鱼首次摄食的口宽度范围为 225～350 μm，平均为 262 μm（Margulies et al.，2007）。

（三）存活模式

黄鳍金枪鱼育苗在 700～1 000 L 的圆形玻璃纤维缸中进行，保持每天 2.5～3.5 次的换水率。在 IATTC 的实验室饲养试验中，黄鳍金枪鱼仔鱼在早期喂养阶段的自然死亡率很高（Lang et al.，1994）。卵黄囊和首次喂养阶段都是绝对死亡率最高的时期。卵黄囊期（孵化至孵化后 2.3～3.0 d）的实验室存活率一般为 50%～80%，平均为 65%～70%。由于 IATTC 早期生活史研究的重点是模拟自然条件，所以黄鳍金枪鱼卵黄囊期的饲养没有任何可供人工操作的条件。黄鳍金枪鱼在初孵仔鱼期会因表面附着而死亡（Honryo et al.，2014），因此在金枪鱼养殖系统中，通常在卵黄囊阶段引入一层油膜层以减少仔鱼与表层的接触，降低仔鱼的表面附着死亡率。在 IATTC 的实验室实验和饲养试验（主要在 26～30 ℃的水温下进行）中，绝对死亡率在喂养初始两天最高。通常，IATTC 实验和饲养试验使用相对低至中等浓度的轮虫密度（一般 1～3 轮虫/mL，在第一周喂养）和模拟自然光周期的照明（12 h 光照，12 h 黑暗）。使用扩展光周期饲养的黄鳍金枪鱼仔、稚鱼会显著提高生存和增长率［在更高的光强度 30 μmoles/(m^2·s)］，在生存和增长方面无显著差异［在较低光强度的夜里 10 μmoles/(m^2·s)］（Partridge et al.，2011）。IATTC 试验中，扩展光周期与自然光周期的比较在生长和存活方面产生了混合结果（IATTC，未发表的数据）。IATTC 饲养试验中使用的饵料水平模拟自然饲养条件，比金枪鱼养殖系统中常规使用的饵料水平低70%～90%（Tanaka et al.，2014）。尽管首次摄食成功率极高（通常是在首次取食后的两天内），但黄鳍金枪鱼仔鱼死亡率仍然很高（死亡率 90%）。据推测，大部分早期仔鱼死亡率是由营养不良和每日定量摄食不足所造成，同时在高发育温度下有非常高的代谢需求（Margulies et al.，2007；Wexler et al.，2007）。在育苗的第一周，每日死亡率持续稳步下降，

80%～95%的死亡发生在育苗前 10 d。另一段死亡率较高的时期开始于早期脊索后曲期（一般为 14～16 日龄），此时仔、稚鱼在育苗系统中出现同类残食的现象。同类残食所造成的死亡率一直持续到变态期（一般为孵化后 24～30 d）。实验室条件下黄鳍金枪鱼仔、稚鱼期的存活率存在较大的变化，但一般较低。从孵化阶段（1 dah）到变态阶段总体存活率一般为 1%～3%。在大约 25%的育苗试验中，存活率更高（3%～5%），而在 10%的育苗试验中，存活率特别高（5%～10%）。育苗池之间在物理条件（光照强度、水流模式、微湍流）和摄食水平上的细微差异，通常会导致巨大的成活率差异，尤其是在初始摄食的第一周。

（四）食物种类和丰度对仔、稚鱼生长的影响

自 1997 年以来，IATTC 的科学家们一直在实验室里研究黄鳍金枪鱼仔、稚鱼和幼鱼的生长情况。研究了食物种类、可利用性、水温等物理因素对幼体生长的影响（Margulies et al.，2007；Wexler et al.，2007）。在实验室中，早期仔鱼的生长（前 7～11 d）在长度和重量上呈指数增长（0.35 mm/d 的长度和 20%～35%的干重/d），但在仔鱼后期阶段（0.6 mm/d 的长度和 30%～50%的干重/d）生长显著增加（图 4-12 和图 4-13）。这些增长模式是基于在饵料充沛的情况下（轮虫 1 000～3 000 个/L，营养强化的卤虫无节幼体 100～250 个/L），鱼糜按照 50%～125%鱼体重率投喂（图 4-12 和图 4-13）。利用 AlgaMac 2000 或 AlgaMac 进行营养强化（Aquafauna BioMarine，Inc.，Hawthorne，CA，USA）解决了初期的黄鳍金枪鱼仔鱼营养问题。这些育苗试验也是在 26～30 ℃的水温下进行。黄鳍金枪鱼仔鱼在体长达到 6.5 mm 时（孵化后 14～16 d）摄食能力增强，当体长达到 6.2～7.0 mm 后生长速度开始显著增加（图 4-13）。在此阶段生物的应用提供了更多的热量/猎物（Margulies et al.，2001）、必需脂肪酸（Tocher et al.，2008）和促进蛋白质合成的游离氨基酸（Buentello et al.，2011）。

桡足类是黄鳍金枪鱼初孵仔鱼首次摄食的主要天然饵料（Uotani et al.，1981），富含高不饱和脂肪酸（HUFAs），尤其是二十二碳六烯酸（DHA），这是海洋鱼类仔、稚鱼发育和生长的关键需求（Tocher et al.，2008）。当与轮虫共存时，黄鳍金枪鱼仔、稚鱼对桡足类表现出强烈的正向选择（Margulies et al.，2001）。在仔、稚鱼阶段，即使是饵料中存在少量的野生浮游动物，当背景食物水平较低时，也可能促进其更快地生长。虽然天然浮游动物（特别是桡足类动物）是喂养黄鳍金枪鱼仔、稚鱼的首选食物类型，但常规使用桡足类动物或其他天然浮游动物来持续投喂黄鳍金枪鱼具有一定的难度。这主要是由于人工室内培育桡足类具有一定难度，产量难以满足需求（Wexler et al.，2007）。实验室内黄鳍金枪鱼变态前期的生长速度比野生状态低，这主要是由于大多数营养不良或生长缓慢的仔鱼因饥饿和被捕食等原因而在野外被迅速消灭（Margulies，1993；Wexler et al.，2007）。研究结果表明，黄鳍金枪鱼仔、稚鱼在试验室亦可达到快速生长，在中等（1 000～3 000 轮虫/L）到较高（大于 3 000 轮虫/L）的饵料供给水平（生物饵料在投喂之前必须进行营养强化）下生长可以得到促进。初步证据表明，桡足类等作为生物饵料（初级或补充饵料）也可能促进黄鳍金枪鱼仔、稚鱼快速生长。研究结果表明，26～30 ℃为黄鳍金枪鱼仔、稚鱼快速生长的最适温度。

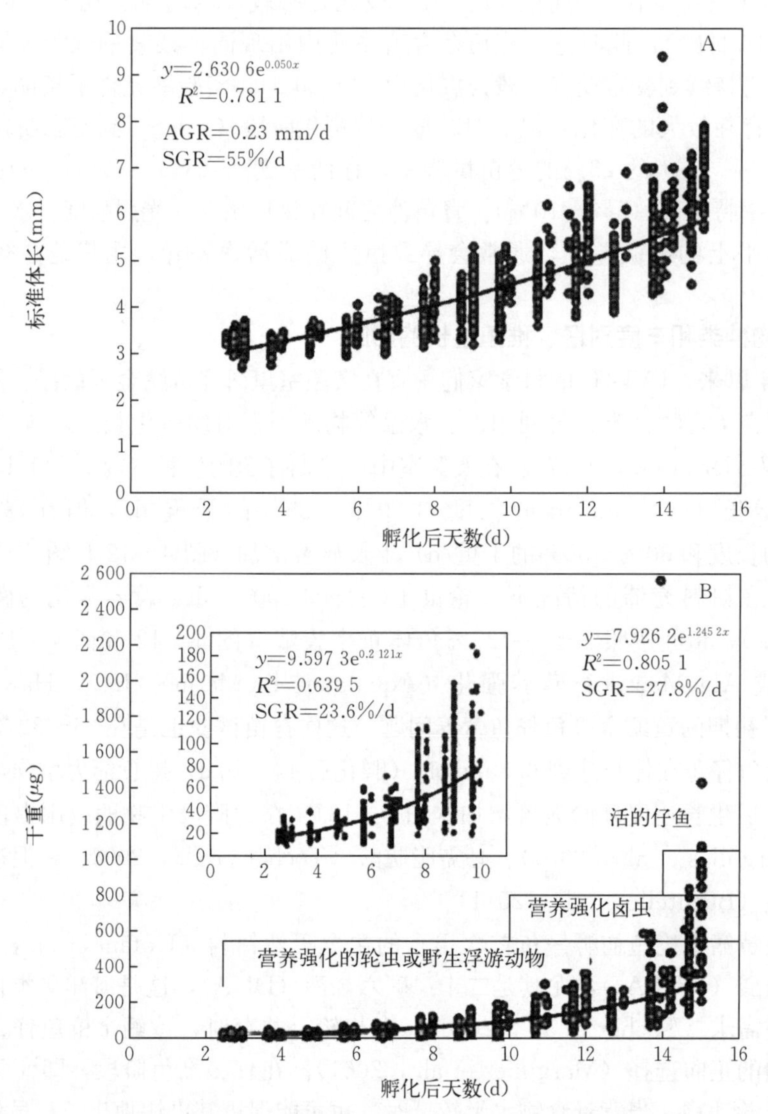

图 4-12　黄鳍金枪鱼仔、稚鱼孵化后 3～15 d 的体长（A）和干重（B）

从指数模型参数的微分估计的平均增长率。SGR：特定生长率（%/d）

八、密度制约的生长

黄鳍金枪鱼早期发育过程中的生理和形态变化影响其在动态海洋环境中的摄食行为及高效摄食和消化食物的能力。在育苗的前三周，黄鳍金枪鱼仔、稚鱼的生长是可变的，并受到食物的有效性和组成、饲养水温和饲养密度的显著影响。在黄鳍金枪鱼的早期生命阶段，密度对其生长的影响具有阶段性特点。在实验室饲养试验中，在变态前期阶段（喂养的第一周），无论背景食物水平如何都存在一个显著的密度依赖性生长，在较低的食物水平下密度效应可能更显著（Jenkins et al.，1991）。当黄鳍金枪鱼仔鱼在放养密度增高后，无论如何增加饵料密度（从 1 600 轮虫/L 增加至 3 600 轮虫/L）其生长速率显著降低（ANCOVA，$P<0.01$）。在刚开始摄食的 6 d 内（孵化后 3～9 d），仔鱼的密度增加了 2～4 倍，会减少

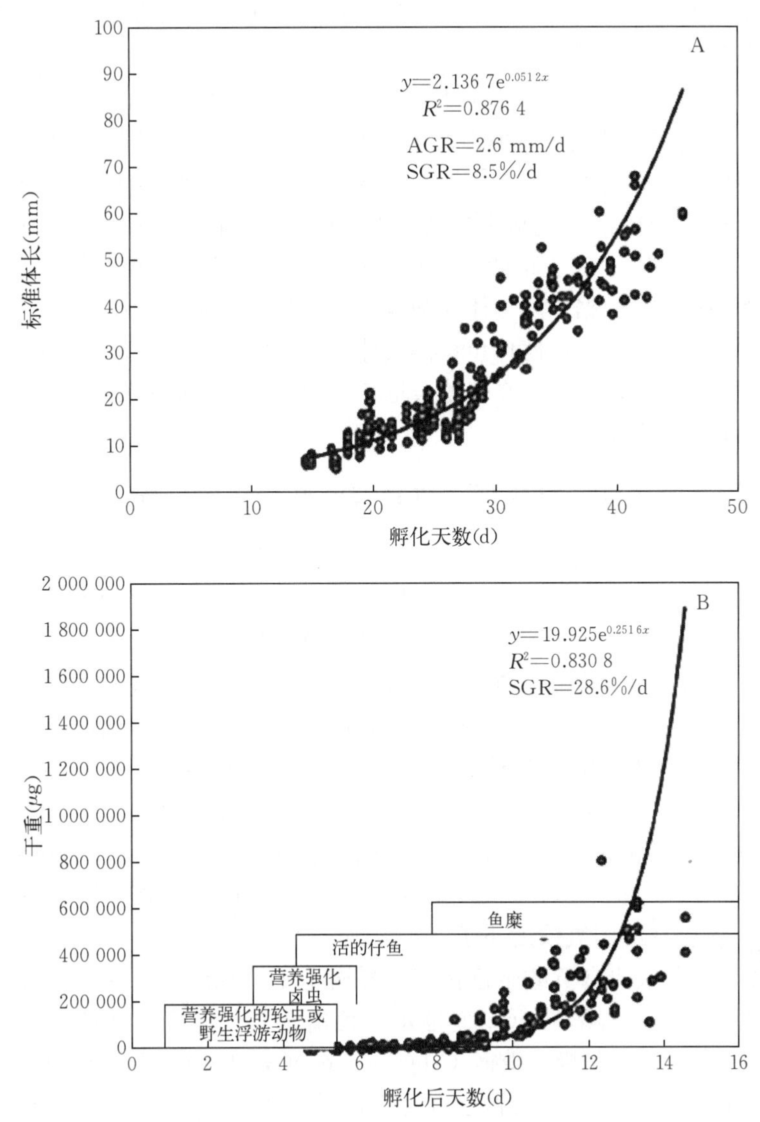

图 4-13　在实验室孵化后 15～45 d 内，黄鳍金枪鱼稚幼鱼的生长（A）和干重（B）
SGR：特定生长率（%/d）

56%的体重和 47%的体长（即由密度造成的生长缺陷），但在低密度饲养的仔鱼生长速度更不稳定。在较高密度下，生长缺陷的这种幅度差异可以以一种微妙的模式持续到仔鱼早期阶段，并影响该同生群体的平均生物量。

密度对生长的影响在早期摄食阶段最为显著并一直持续到幼鱼早期阶段，在发育的早期阶段，密度影响的相对幅度随着仔、稚鱼的大小而减小（IATTC，未发表的数据）。当养殖密度增加 2 倍，可使 9～15 日龄黄鳍金枪鱼仔、稚鱼的平均生长速度缩短 19%～28%，体重减少 18%～30%（每天平均食物量为 375 只浮游动物/L）。与高密度组相比，低密度饲养组仔、稚鱼的生长速率显著增高（ANCOVA，$P<0.001$）。当 9～15 日龄的仔、稚鱼饵料投喂密度较高的时候（即每日平均食物水平为 2 400～2 700 只浮游动物/L），生长速度在高养殖密度组和低养殖密度组无显著差异（$P>0.05$）。研究结果表明，当黄鳍金枪鱼仔、稚鱼在变态开始至后期（即孵化后14～23 d）的放养密度增加3～4倍时，以仔鱼为饵料的仔、稚鱼生长速度受放养密度限制较小。

在实验室育苗环境中，孵化后的前2周在没有捕食者的情况下，生长较慢的黄鳍金枪鱼个体（3～23 d）的存活率不受放养密度影响。在14～16 d左右，同类残食行为会在黄鳍金枪鱼仔、稚鱼同生群体中发生；但无论放养密度如何，对最终生存估计的影响都很小。在密度试验中，每个阶段的成活率受放养密度影响极低且无显著差异（ANOVA，$P>0.10$）（IATTC，未发表的数据）。从受精卵中孵化出仔鱼的高存活率和相对快速的生长使得规模化金枪鱼养殖面临挑战。根据不同群体的饲养目标，较适宜采用低密度至中等密度来培育初孵仔鱼，以一种更平衡的方法，使仔鱼获得最佳生存和快速生长。为了避免在较高的放养密度下出现的显著群体生长缺陷，应在黄鳍金枪鱼早期生命阶段根据发育特点提供特定生物饵料及相对较高的背景饵料水平。

九、环境因素对黄鳍金枪鱼仔、稚鱼存活和生长的影响

（一）水温和溶解氧的影响

通过在Achotines实验室进行的一系列实验，确定了黄鳍金枪鱼受精卵、卵黄囊和初孵仔鱼存活、发育和生长的最佳水温和溶解氧范围（Wexler et al.，2011）。根据这些实验的结果，卵黄囊阶段和初孵黄鳍金枪鱼仔鱼在低于21 ℃和高于33 ℃的温度下出现大规模死亡的现象（图4-14）。胚胎在除36 ℃以外的所有试验温度下均能存活孵化，但仔鱼在低于20 ℃和高于34 ℃时孵化后出现畸形现象。初孵仔鱼在首次摄食后生长快、成活率高的最佳温度范围为26～31 ℃，体重的平均特定增长率在这个范围内从21%/d增加到45%/d。

与大多数其他种类的海洋鱼苗相比，黄鳍金枪鱼仔鱼对缺氧环境更敏感（Miller et al.，2002；Ishibashi et al.，2005）。孵化后和首次摄食黄鳍金枪鱼仔鱼致死溶解氧条件（100%死亡率）发生在溶解氧浓度小于2.2 mg O_2/L（大约小于<34%氧饱和度）时，温度为26～29 ℃。当首次摄食黄鳍金枪鱼仔鱼暴露于2.7 mg O_2/L的溶解氧浓度（约40%的氧饱和度）时其存活率显著降低。金枪鱼仔鱼由于其代谢率高在卵黄囊期和第一次进食时，对高水温下的低溶解氧极其敏感（Miyashita et al.，1999）。这主要是因为黄鳍金枪鱼仔鱼在低溶解氧条件下无法调节呼吸和进行生理调整（Pelster，1999；Ishibashi et al.，2007；Davis et al.，1989；Lauth et al.，1996；Owen，1997）。降低黄鳍金枪鱼仔鱼早期阶段的死亡率是水产养殖成功的关键。根据黄鳍金枪鱼仔鱼存活和生长的生理需要，卵黄囊和首次摄食阶段仔鱼应保持水温在26～31 ℃，溶解氧浓度为大于2.7 mg O_2/L。

（二）微扰动对生存和生长的影响

海水鱼类仔鱼摄食成功与否受到摄食环境微扰动程度的影响（Rothschild et al.，1988；Dower et al.，1997）。当微扰动中湍流达到渐近湍流水平时，仔鱼与其猎物遭遇的概率与摄食成功率会显著增加，而当湍流程度越高时仔鱼捕获饵料成功率越低（MacKenzie et al.，1994）。IATTC相关研究团队和日本海上养殖协会（JASFA）1992年在日本进行的早期研究表明，微尺度湍流对黄鳍金枪鱼仔鱼具有显著影响（Margulies et al.，2001）。在1997—2000年Achotines实验室进行了一系列的实验室测试，研究了在可变微扰动条件下，黄鳍金枪鱼仔鱼孵化后第一周的存活率。在1999年和2000年开展了一系列相关研究，这些试验中采用中性浮力面浮管的平均水平速度来测量实验池中的湍流，这些速度是根据微声多普勒流

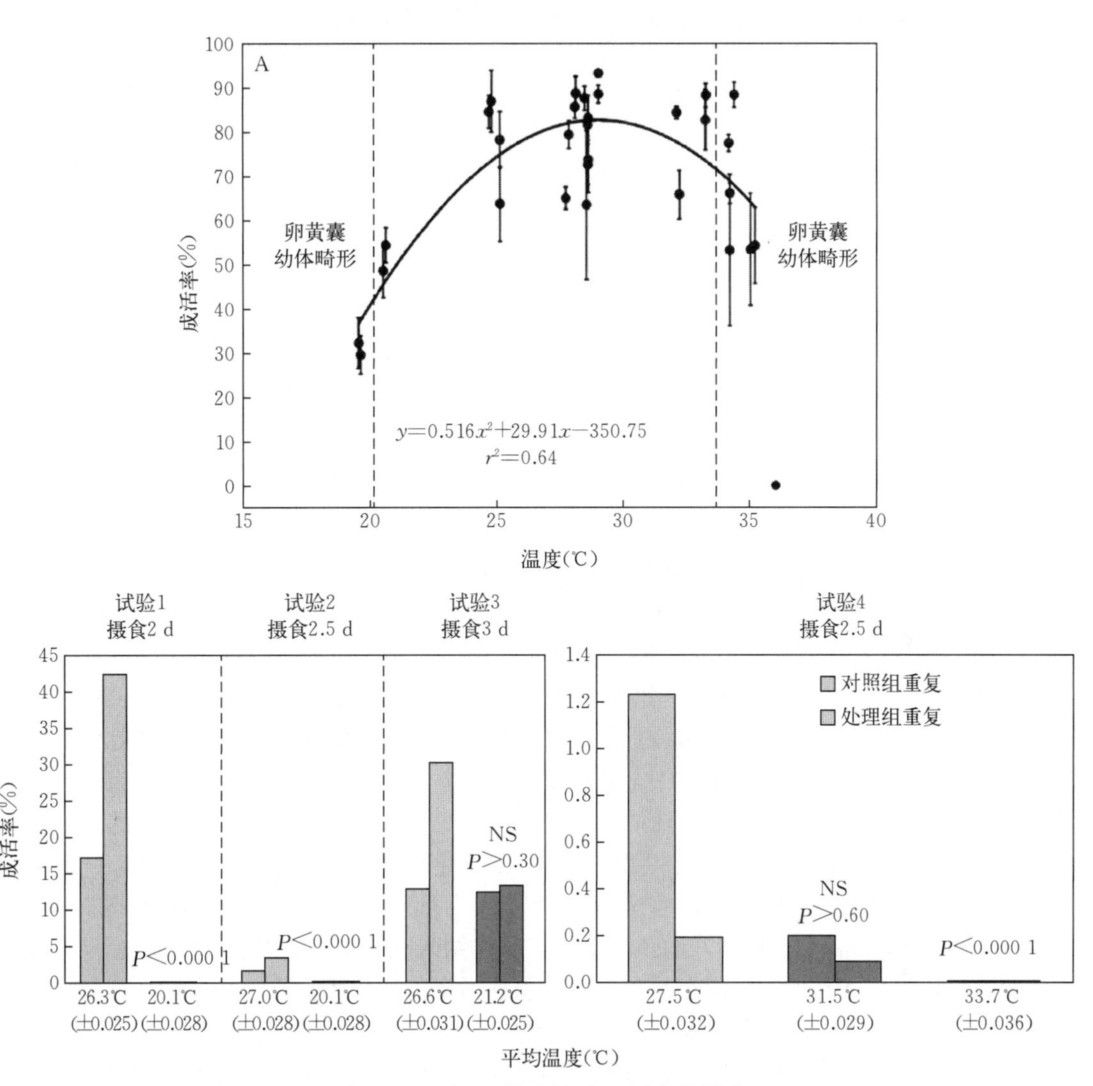

图 4－14　水温对初孵仔鱼存活率的影响

A. 在不同平均温度下孵化的黄鳍金枪鱼仔鱼的成活率［数据拟合的二次函数描述了孵化发生时平均水温范围内（19.5～35.2 ℃）的存活率。标绘值为 4 个不同温度试验中黄鳍金枪鱼仔鱼 2.0～2.5 d 后的平均±SE（B）存活率，处理组和对照组的平均存活率有显著性和非显著性差异］

速仪（ADV）在深度测量的速度进行校准的。根据 ADV 测量的流速，用湍流能量耗散或运动黏度的三维模型评估仔鱼遇到的湍流耗散率（Kimura et al.，2004）。根据金枪鱼养殖标准，实验期间饵料水平保持在低至中等水平（250～3 000 轮虫/L）。黄鳍金枪鱼仔鱼在摄食第一周的存活率与微乱流呈穹顶状（图 4－15）。中等水平的微湍流（能量耗散率为 $7.4\times10^{-9}\ m^2/s^3\sim2.25\times10^{-8} m^2/s^3$）的存活率是低或高水平湍流的 2.7 倍。在实验室育苗养殖的第一周，群体生物量以存活率为主导，同时也与微扰动呈穹顶状关系。然而，至少在实验室中使用的低到中等饵料条件下生长与微扰动水平呈中度平坦或弱 U 型关系。在黄鳍金枪鱼仔鱼生存的最佳微扰动范围内，生长速度一般具有中到高的水平但不一定达到最快生长速度。在中等微扰动条件下，仔鱼存活与生长的明显不耦合，可能是因密度对生长的影响。中

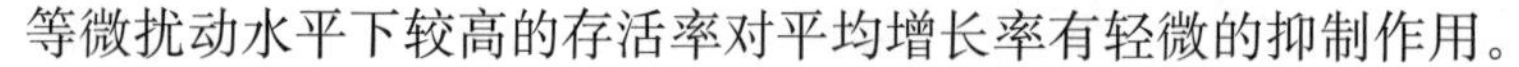
等微扰动水平下较高的存活率对平均增长率有轻微的抑制作用。

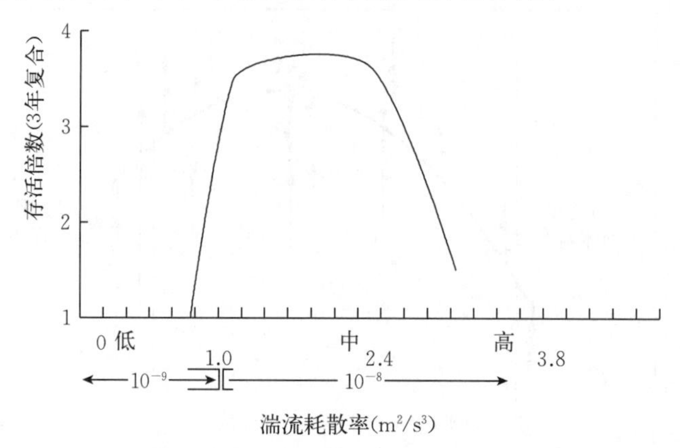

图 4-15　黄鳍金枪鱼仔鱼在实验室喂养第一周的微湍流度（估计为湍流耗散率）与存活率的关系生存

（三）海洋酸化对黄鳍金枪鱼发育、存活与生长的影响

政府间气候变化专门委员会（IPCC）第五次评估预测（Stocker et al.，2013）估计，到 2100 年，由于人类活动导致的溶解二氧化碳（CO_2）浓度增加，全球海洋表面 pH 平均下降 0.30～0.32。在黄鳍金枪鱼产卵和早期发育的太平洋地区，到 2100 年，平均表层水 pH 预计将下降 0.26～0.49（Ilyina et al.，2013）。海洋酸化对海洋栖息地和以沿海水域或海洋海水系统喂养的水产养殖系统中金枪鱼早期生命阶段的潜在影响令人担忧。为了进一步了解海洋酸化对黄鳍金枪鱼早期生命阶段的潜在影响，2011 年 Achotines 实验室的多个合作组织进行了两项独立的试验，以测试温室效应下二氧化碳分压对黄鳍金枪鱼受精卵、卵黄囊仔鱼和首次取食仔鱼的影响。测试的酸化水平范围为从现在到太平洋某些地区未来 100 年（不久的将来）至 300 年（长期）的预测水平。研究结果在不同的试验之间存在差异，但确实表明在酸化水平下与近期预测水平相关的仔鱼存活率和孵化体长显著降低，受精卵孵化时间显著延长（Bromhead et al.，2015）。

海洋酸化对仔鱼早期生活阶段的潜在影响是仔鱼育苗产业未来发展的重要影响因素。如果酸化确实在太平洋的预测水平上发展，那么金枪鱼是否有能力通过选择更有抵抗力的个体来适应酸化尚不清楚（Bromhead et al.，2015），抗性个体性状是否遗传也不清楚（Munday et al.，2012）。迄今为止，有证据表明，在不久的将来海洋酸化水平可能对黄鳍金枪鱼受精卵和仔、稚鱼的发育、生存和生长产生显著的负面影响。这些结果在未来黄鳍金枪鱼水产养殖项目开发时需要进行细化评估。

（四）胚后发育中视觉系统

金枪鱼仔、稚鱼视觉系统相对较差，视网膜为纯锥状，无暗光适应能力（Margulies，1997）。金枪鱼仔、稚鱼在摄食初期属于昼夜活动的视觉浮游生物，与其他海洋鱼类仔、稚鱼相比，金枪鱼仔、稚鱼的视觉敏锐度有所提高，在幼鱼转化阶段视觉系统表现出快速发展的敏锐度、距离调节能力，使得其在弱光下具有更高的敏感度（Margulies，1997；Loew et al.，2002）。黄鳍金枪鱼仔、稚鱼和早期幼体的光谱敏感性与成体不同。首次摄食仔鱼的单锥视网膜在个别锥吸收器中分布广泛，不仅含有两种成年锥色素的混合物（最高敏感度分别为 423 nm 和 495 nm），而且至少含有第三种绿敏色素，最高敏感度超过 560 nm。随着生长，较长波长的视色素在幼年期消失，光谱敏感性趋向成熟（Loew et al.，2002）。逐渐扩大色素范围使得黄鳍金枪鱼在发育过程中提高对浮游动物的发现和捕获成功率。

黄鳍金枪鱼仔、稚鱼的视觉形态和敏感性是育苗阶段内在影响因素之一。首次摄食的黄鳍金枪鱼仔鱼必须在足够的光照下进行，而且在黑暗中不会出现取食的现象（Margulies et al.，2007b）。绿水（Green water）育苗方法是黄鳍金枪鱼仔、稚鱼育苗成功的重要方法，这与仔、稚鱼视色素中的绿敏感峰（三大峰之一）有关。在育苗池中，绿色或蓝绿色的视觉背景能最大程度地增强浮游动物在下降光线下的视觉对比度（McFarland et al.，1975）。随着个体发育，较年长的黄鳍金枪鱼仔鱼和早期幼鱼不再需要绿色的水环境进行摄食，这主要是由于在其视网膜内绿色敏感性消失，它们的视觉敏感性转向蓝绿色和紫色波长，这些变化使其更适应在低光照条件下取食（Loew et al.，2002）。

十、黄鳍金枪鱼育苗技术构建研究

（一）黄鳍金枪鱼受精卵与初孵仔鱼操作与转运

Achotines 实验室多年来开发了黄鳍金枪鱼受精卵和孵化技术体系，该技术体系在 Margulies 等（2007a）发表的论文中有描述。黄鳍金枪鱼受精卵孵化操作流程如下：受精卵在 240～300 L 的锥形玻璃纤维缸中进行孵化，黄鳍金枪鱼受精卵孵化缸配有导流系统，使得新鲜海水从底部进入，从顶部附近流出，该进出水模式能在孵化缸内实现“上升流”（Up-welling），使得受精卵在孵化缸内均匀分布。孵化缸内水的流速通常为每天 12～18 次交换，但较低的流速为每天 6 次交换，对黄鳍金枪鱼受精卵也无显著影响。经过一系列的研究，黄鳍金枪鱼受精卵最佳孵化条件、初孵仔鱼放养和转移方案已被优化。黄鳍金枪鱼受精卵在孵化缸内的密度不宜超过 170 个/L，以保持孵化缸内清洁的水质并避免水体内拥挤。相关研究表明，受精卵孵化密度两倍差异内（150 个/L 和 300 个/L）黄鳍金枪鱼受精卵的孵化率没有显著差异（$P>0.05$）。

经过一系列的实验室测试，构建了黄鳍金枪鱼仔鱼的最佳转运和放养操作方案。通常情况下，养殖池的转移和放养可以选择在受精卵发育期末期、孵化前或孵化后。在孵化前转运具有一定的优势，在此期间操作受精卵的卵膜可以提供额外的物理保护。另一种操作模式是待黄鳍金枪鱼受精卵孵化完成后再转移卵黄囊幼体，这种操作的优点是让卵壳脱落，从而减少育苗池中作为细菌生长和含氮废物媒介的生物碎屑的数量。此外，如果孵化后进行转移，养殖池的物理环境（如充气和水流速度）不需要根据两个不同的生命阶段进行调整。Achotines 系统研究并对比了两种转运操作，研究结果表明两种操作模式对存活率影响无显著差异（$P>0.05$）。掌握了黄鳍金枪鱼蛋黄囊阶段仔鱼的最适放养密度。在育苗阶段，密度对生长和生存的影响已经在前文进行过讨论。为了研究卵黄囊仔鱼放养密度对存活率的影响，以 5、10、20、40/L 密度进行了系统测试，在该实验测试方养密度范围内，存活率相似，根据研究结果推测在卵黄囊期，任何高方养密度潜在负面影响可能会发生在大于 40 卵黄囊仔鱼/L 时。育苗环境可能会影响这些结果，因此放养后必须保持足够的水循环和交换以避免水质恶化影响仔鱼发育。

（二）益生菌试验

近年来，益生菌在水产养殖中的应用越来越受欢迎（Gatesoupe，1999；Vine et al.，2006；Wang et al.，2008；Zink et al.，2011）。有益菌的引入已被证明可以降低海水养殖环境中的致病菌水平并改善水质（Skjermo et al.，1999；Verschuere et al.，2000）。相关研究表明，益生菌可以在仔鱼养殖的多个阶段引入。在 Achotines 育苗实验室进行了大量实验以研究益生菌在卵黄囊期和孵化后第一周对黄鳍金枪鱼的影响。正如前文所述，在运输过程中保持高水质对黄鳍金枪鱼仔鱼成活率具有重要意义。Zink 等（2011）在 Achotines 实验室进行的运输模拟中，研究了在黄鳍金枪鱼卵黄囊阶段仔鱼运输过程中添加含混合菌株的益生菌产品（Bacillus spp.，EcoAqua，EcoMicrobialst）效果。与对照组相比，益生菌的加入显著降低了总氨氮和游离氨浓度，同时显著提高了溶解氧浓度（Zink et al.，2011）。在益生菌处理和对照处理中，24 h 后存活率都很高（>85%），尽管运输过程中的水质对仔鱼生存能力的影响可以在较长一段时间内表现出来，即在第一次摄食时存活。基于这些结果，益生菌在活体运输操作规程中的使用可以改善运输过程中的水质，但需要进一步细化研究。此外，使用益生菌还可以提高轮虫的产量。IATTC 和迈阿密大学进行了一项联合试验，研究了益生菌和抗生素对批量培养的轮虫生产的影响。在微藻培养过程中大量添加益生菌后，生产出的微藻用于培养轮虫。抗生素治疗是通过在轮虫营养强化期间给其使用土霉素（OTC）溶液，而对照组既不使用益生菌，也不使用土霉素。初步分析结果表明，益生菌处理可提高轮虫产量，但还需进一步研究。益生菌在黄鳍金枪鱼仔鱼养殖过程中的应用取得了一定效果，但商业化养殖规范还需要进一步探索。

（三）微扰动对仔鱼摄食前成活率影响

在育苗池中制造微扰动有助于保持卵黄囊仔鱼在到达首次摄食阶段之前就分布在水柱中。作为 Achotines 实验室开发的方案的一部分，在蛋黄囊阶段通过放置在饲养槽底部的空气扩散器创造了一个非常轻的曝气系统（水面水平速度约为 2.5～3.0 cm/s）并保持。一旦初孵仔鱼开始进食，微扰动就会增加达到先前描述的首次摄食仔鱼最佳水平。对蛋黄囊仔鱼生存的最佳微扰水平的实验研究支持了这些方案，处于低水平的曝气中的初孵仔鱼存活率（10～12 倍）显著高于对照组。

（四）育苗缸壁颜色对比试验

黄鳍金枪鱼仔、稚鱼捕食依靠视觉发现猎物，当发育到幼鱼早期阶段其视觉系统高度发达，包括对紫色、蓝色和绿色敏感的色素（Loew et al.，2002；Margulies et al.，2007b）。与育苗池中的绿色水体相结合，池壁的颜色可能会影响仔、稚鱼的生存和生长，影响其视觉探测猎物的能力，避免其与池壁接触造成身体伤害。Achotines 实验室采用了各种不同的缸壁颜色来饲养仔、稚鱼，测试颜色包括白色、黑色、绿色和蓝色，研究结果表明，淡蓝色为黄鳍金枪鱼育苗阶段缸壁首选颜色。

（五）生物饵料营养强化

黄鳍金枪鱼仔、稚鱼生长速度快、代谢率高，因此在生长过程中对营养需求高。对于这类海水鱼类仔、稚鱼的营养供给主要采用营养强化剂强化生物饵料从而提高生物饵料中高度不饱和脂肪酸（HUFA）含量，使其营养达到与野生浮游生物相同的水平（Tocher et al.，2008）。利用 AlgaMac 2000 或 AlgaMac 营养强化的方法（Aquafauna BioMarine，Inc.，Hawthorne，CA，USA）可以有效提高轮虫和卤虫无节幼体中不饱和脂肪酸含量。一些浓缩营养强化剂脂肪含量接近 50%，使得营养强化后的轮虫缺乏活性和成批死亡，导致仔、稚鱼饲养效果欠佳。相关研究结果表明，相对 DHA 水平（干重约 10%）在 30%～35%的脂肪含量最适合黄鳍金枪鱼仔、稚鱼，在该含量范围内亦可支持轮虫正常活动与生长。

（六）幼鱼室内养殖

黄鳍金枪鱼幼鱼阶段较长，估计陆基养殖系统中最短时间为16～18个月。成功的全周期水产养殖需要对幼鱼的生长和营养需求有全面的了解。虽然在Achotines实验室，IATTC黄鳍金枪鱼研究的重点一直是人工繁育与育苗研究，但也涉及了孵化后25～100 d的养殖研究。早期仔、稚鱼在孵化后25～35 d时从育苗实验池（700～1 000 L容积）转移到较大的玻璃纤维池（4 000～10 000 L容积）。早期幼鱼以刚孵化的幼鱼（投喂密度1～10尾/L）为食直至25～40 d，然后以鱼糜为食每天定量供应体重的50%～125%。从25 d到40 d，它们的食物通常是刚孵化的幼虫和切碎的鱼。人工饲料驯化及人工饲料养殖在黄鳍金枪鱼幼鱼中还未被广泛研究。

1. 存活、生长、营养需求

黄鳍金枪鱼早期幼鱼的生存和生长受饵料影响显著，其次受水温和放养密度的影响。在达到30日龄时，室内育苗的黄鳍金枪鱼存活率一般为1%～3%，但个别群体的存活率高达5%～10%。通常室内育苗的黄鳍金枪鱼会被养至孵化后60～65 d，但也有养至孵化后115 d。当室内育苗的黄鳍金枪鱼幼鱼进入以鱼为食［包括刚孵化的幼鱼和（或）鱼糜］阶段生长速度显著提高（图4-16）。在孵化后25～45 d幼鱼的生长速度显著提高（图4-14），其每天的生长速度为1.0～3.8 mm（平均每天2.5 mm）。在这一阶段，每天的瞬时生长速度可以达到9%。以干重为计算单位的特定生长率很高，每天从25%～45%不等（平均每天30%～35%），这与仔、稚鱼后期体重的增长相似。

关于黄鳍金枪鱼早期幼鱼的营养研究目前极为有限，但基于此阶段的营养需求研究可为该阶段育苗管理提出科学指导意见。Buentello等（2011）研究了黄鳍金枪鱼早期幼鱼主要消化酶活性的表现和变化趋势。该研究结果表明，早期幼鱼有一个发育早熟的消化系统，这使它们能够消化和有效利用其他海洋鱼类的幼体。早期幼鱼的酶活性与其他鱼类在较晚发育阶段的酶活性相当。该阶段营养均衡的饵料可以促进鱼体快速生长，提供代谢所需的大量游离氨基酸，特别是精氨酸，促进蛋白质沉积和快速生长。

在室内育苗池中饲养黄鳍金枪鱼幼鱼的最大挑战是如何提供最佳条件，保持良好的营养，以及防止继发性细菌和真菌感染的发生。黄鳍金枪鱼幼鱼通常会表现出较高的活动水平，对光线强度的突然变化很敏感，尤其是在黄昏和黎明。育苗池内的照明必须一致，自然光线变化一致，即在清晨和黄昏时逐渐改变。在人工育苗系统内，幼鱼的身体状态在特定环境时期内会出现恶化的情况。迄今为止采用的鱼糜饲料营养可能无法满足黄鳍金枪鱼幼鱼的需求，因此需要开发与幼鱼消化和营养需求相匹配的人工饲料来改善幼鱼阶段养殖。在室内养殖中即使偶然接触到池壁，也可能导致黄鳍金枪鱼头部和躯干继发细菌或真菌感染。目前针对该问题，可采用气泡幕和强电流来防止幼鱼与池壁接触，但效果有限，采用深水网箱养殖幼鱼可能是解决以上问题的一个有效途径。

2. 颗粒饲料驯化及人工饲料养殖试验

黄鳍金枪鱼在IATTC实验研究主要集中在幼鱼前期。截至目前只进行了一些有限的试验用以探明颗粒饲料驯化和养殖对幼鱼生长和存活的影响。在过去的10年里，IATTC已经测试了几种黄鳍金枪鱼幼鱼早期驯化饲料，这些饲料包括Otohime（由日本中央丸红日新饲料公司生产）和Skretting（USA和INVE水产公司生产的饲料）。在这些有限的试验中，黄鳍金枪鱼幼鱼被驯养在12 000 L容量的玻璃纤维池中，每隔0.5～1 h投喂一次（每隔1 h喂食一次，直到喂食停止，不计每日投喂量）。到目前为止，早期黄鳍金枪鱼可在25日龄时

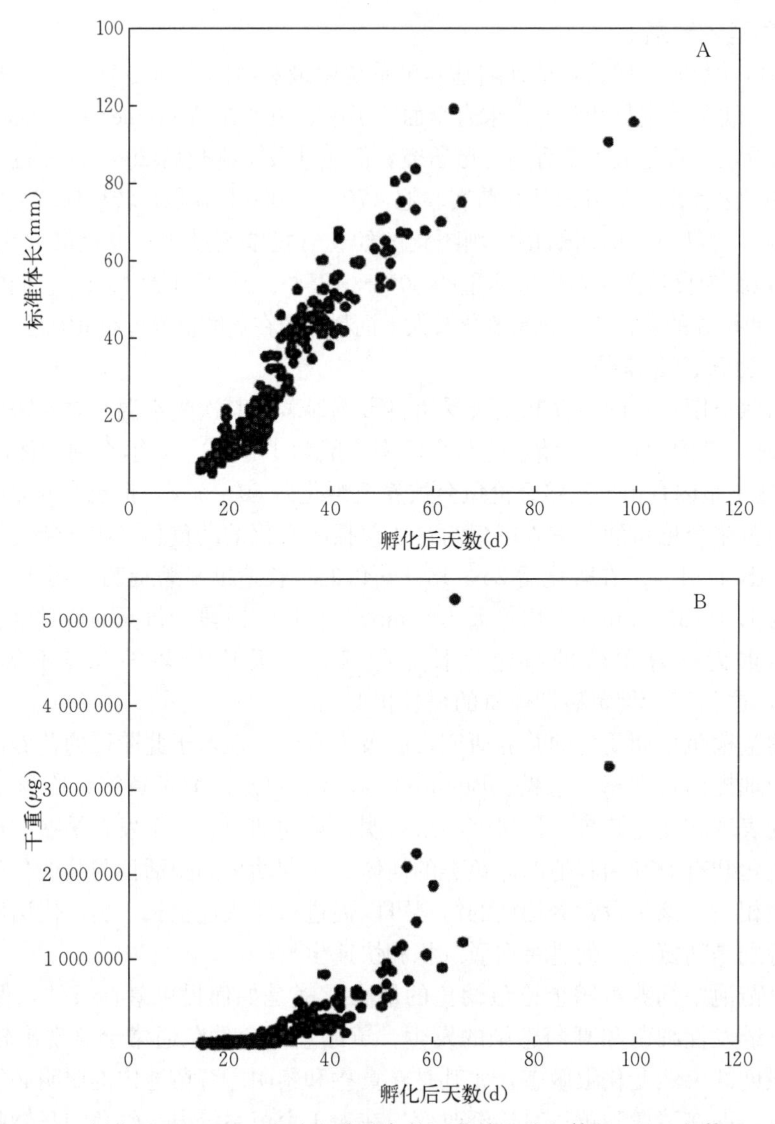

图 4-16　孵化后 15～100 d 实验室养殖条件下黄鳍金枪鱼体长（A）与体重（B）

首次接受人工饲料，在 25 日龄至 115 日龄时可采用人工饲料养殖。这些结果包括近畿大学在 2015 年与 IATTC 和 ARAP 合作进行的试验。从孵化后 30～93 d，可用人工饲料与鱼糜对幼鱼进行饲养。采用人工饲料养殖的黄鳍金枪鱼幼鱼的成活率较低，而生长速度则比鱼糜饲料慢。在 115 d 内，完全人工饲料的日生长速度为 1.0～2.3 mm/d，而混合人工或小鱼饲料的日生长速度为 1.1～2.3 mm/d。相比之下，以小鱼为食可使黄鳍金枪鱼的生长速度在孵化后 25～100 d 增加 2.0～3.8 mm。

3. 黄鳍金枪鱼幼鱼网箱养殖

近畿大学（Kinki University）的研究人员开展了在深水网箱中饲养早期太平洋蓝鳍金枪鱼的开创性工作（Sawada et al.，2005；Masuma et al.，2008）。通过将幼鱼从陆基育苗池转移至深水网箱中，该养殖模式有效提高了早期幼鱼的存活率和整体状况。IATTC 研究团队与近畿大学和 Autoridad de Recursos Acua′ticos de Panama（ARAP）合作开展一项多年项目合作（SATREPS），由 JICA 和 JST 提供资金，研究在 Achotines 实验室附近的近岸水域的深水网箱养殖黄鳍金枪鱼幼鱼的可行性。2014 年底，Achotines 实验室进行了初步的饲养试验，2015 年进行了更广泛的网箱养殖试验。黄鳍金枪鱼早期幼鱼是由 KU 和 ARAP 在 IATTC 的支持下在 Achotines 实验室饲养的，在 1 000～7 000 L 容量的玻璃纤维缸中完成。黄鳍金枪鱼幼鱼被转移到圆形深水网箱中（直径 20 m，深 6 m），系泊在离 Achotines 实验室约 0.5 km 处。在转移的时候，有 52 只幼鱼的长度从 9～13 cm 不等。这是全球第一次成功地将黄鳍金枪鱼幼鱼从陆基育苗设施中转移到深水网箱中。

第三节　南海黄鳍金枪鱼野生幼鱼驯化养殖试验

2016 年 6—9 月，在农业农村部财政专项资助下中国水产科学研究院南海水产研究所热带水产研究开发中心在中国南沙美济礁开展了南海金枪鱼幼鱼资源探捕、野生幼鱼驯化捕捞试验。该试验的金枪鱼幼鱼采捕于美济礁南部礁盘外（9°51′44″N，115°30′56″E），采用灯光照网（图 4-17）和气浮圈（图 4-18）的方式收集活鱼。当金枪鱼幼鱼被收集到气浮网箱后将其拖至船尾，进行下一个重复操作。待翌日早晨，将气浮网箱内的金枪鱼幼鱼转至运输网箱（图 4-19）。由具有动力的工作排将运输网箱转运至美济礁内养殖区，该运输过程通常在 10～12 h。当运输网箱被转运至礁盘内的养殖区，黄鳍金枪鱼幼鱼和鲣幼鱼从水下被转运至养殖网箱。养殖网箱为 6.5 m×6.5 m×5 m 的金属框架式网箱（图 4-20）。

图 4-17　灯光照网捕捞野生金枪鱼幼鱼

图 4-18　诱捕野生金枪鱼幼鱼采用的气浮圈

图 4-19　野生金枪鱼幼鱼运输

图 4-20　野生金枪鱼幼鱼驯化养殖网箱

当金枪鱼幼鱼被转运至养殖网箱后，前两天静止不进行饵料驯化，之后开始驯化试验。2016 年驯化试验中，共计有 12 尾黄鳍金枪鱼幼鱼［平均体长（29.98±8.78）cm］和 23 尾鲣［平均体长（29.39±7.35）cm］。驯化实验周期为 30 d，试验期内平均水温为（31.41±0.30）℃，表面水流速（0.25±0.12）m/s。

驯化开始后，幼鱼主要投喂切段的鲔鱼肉（3 cm×2 cm），驯化时间在每天早上 7 时。用于投喂驯化的鱼肉在前两周预先用渔用抗生素和水产用多维进行处理，处理后进行投喂驯化。一周过后采用冰鲜的鲔鱼肉进行投喂。在该实验中，饵料的主要营养成分如下：（23.45±0.48）%蛋白质、（1.46±0.42）%粗蛋白、（1.38±0.07）%粗灰分、（72.27±1.58）%水分。驯化后的金枪鱼幼鱼采用饱食法进行投喂饲养直到试验结束。

在驯化养殖过程，每天投喂时采用三部 *GoPro4*®水下摄像机进行视频采集。鱼类生长通过视频采集进行计算。特定生长率采用以下公式进行计算：SGR＝100（LnSLf－LnSLi）/Δt，公式中 SLf 和 SLi 分别为最终体长（cm）和初始体长（cm），Δt 为试验周期。幼鱼的体重由体长-体重关系式进行估算。研究团队前期在美济礁进行探捕时根据品种进行了系统测量，并构建了该区域幼鱼体长-体重估算公式（Ma et al.，2016）。其中黄鳍金枪鱼体长-体重关系可表达为 W－yellowfin＝$0.009\,6\times L^{2.548}$，鲣体长-体重关系可表达为 W－skipjack＝$2.759\,3\times L^{1.443\,7}$。变异系数（CV,%）由本研究结束时各鱼种的标准差和平均值计算（CV＝100×SD/mean）。采用独立 t 检验比较黄鳍金枪鱼和鲣的摄食深度和生长情况（SPSS 18.0）。

为了防止皮肤感染，在喂养试验的前两周，水产养殖级抗生素和混合维生素被添加到鱼的饵料中。经过连续两周的抗生素和维生素治疗后，幼鱼体表机械损伤消失。

驯化第 2 天黄鳍金枪鱼和鲣的主动投喂深度分别为（2.28±0.85）m 和（2.25±0.77）m，其主动摄食深度无显著性差异（$P>0.05$，图 4－21）。驯化第 8 天，黄鳍金枪鱼和鲣主动摄食行为的场所由水下移动至水面并一直维持直至试验结束（$P>0.05$）。该实验也是迄今为止第一次报道驯化的野生黄鳍金枪鱼和鲣幼鱼摄食深度的变化。

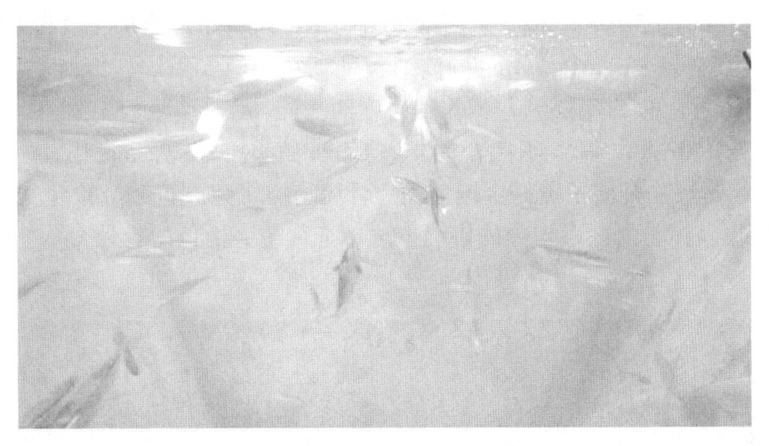

图 4－21　深水网箱中驯化养殖的野生金枪鱼幼鱼摄食

在这项研究中，黄鳍金枪鱼幼鱼的特定增长率（SGR）为（0.25±0.02）%/d，显著低于鲣幼鱼的特定生长率（0.32±0.03）% /d（$P<0.05$）。在驯化试验结束时，黄鳍金枪鱼和鲣的变异系数 CV 分别为 5.55 和 5.02。在整个驯化养殖过程中，黄鳍金枪鱼和鲣的成活率分别为 100%和 82.60%。采用渔用抗生素和多维进行口服治疗，可有效治愈在捕捞过程中幼鱼体表受到的机械损伤（表 4－2）。

表 4－2　黄鳍金枪鱼和鲣特定生长率、变异系数及成活率

种类	特定生长率（%/d）	变异系数 CV	成活率（%）
黄鳍金枪鱼	0.25±0.02	5.55	100
鲣	0.32±0.03	5.02	82.60

在自然条件下，由于在开放的生活环境中金枪鱼的摄食深度变化很大，而在人工饲养条件下，金枪鱼被限制在一个恒定的深度，并只采用单一的饲料喂养。这些条件可能影响了它们的摄食行为。在本研究中，黄鳍金枪鱼和鲣的特定生长率分别为（0.25±0.02）%/d 和（0.32±0.03）%/d。尽管一些文献已经描述了黄鳍金枪鱼（Fonteneau et al.，2013）和鲣（Andrade et al.，2003）的生长，但这些研究结果大多与在自然条件下进行的测试有关，并基于成鱼的年龄增长。而人工养殖条件下黄鳍金枪鱼幼鱼和鲣幼鱼的生长相关信息较少。我们本次研究得到的数据为黄鳍金枪鱼和鲣幼鱼驯化养殖首次发表数据。本研究结果表明，黄鳍金枪鱼和鲣的摄食习惯可以适应相对较小的深水网箱。研究结果还表明，在这两个物种中存在高度的皮肤自愈机制。这种加速愈合可能需要进一步的研究。为了开展金枪鱼商业规模的水产养殖实践，未来的研究应致力于改进捕捞金枪鱼幼鱼的方法，并需要了解与掌握黄鳍金枪鱼和鲣幼鱼的营养需求（Ma et al.，2017）。

第四节　黄鳍金枪鱼幼鱼骨骼形态研究

2019年起，在中国水产科学研究院基本科研业务费的资助下，笔者开展了黄鳍金枪鱼野生幼鱼陆基驯化养殖试验，实现了黄鳍金枪鱼幼鱼室内循环水养殖。试验系统为配有循环水系统的水泥池（直径5 m，高3 m的圆筒形），换水量为100%/d，饵料主要以冰鲜杂鱼为主，投喂量为鱼体质量的2%～5%，其养殖密度约5 kg/m^3，水温28～32 ℃，盐度27～34，pH 7.5～8.5，溶氧≥7.0 mg/L，氨氮≤0.2 mg/L，亚硝酸盐≤0.02 mg/L。

采用X-ray透视法开展了黄鳍金枪鱼幼鱼骨骼结构研究。黄鳍金枪鱼X射线图像如图4-22所示。依据鱼体骨骼区系划分的传统方法，将黄鳍金枪鱼的骨骼分成主轴骨骼和附肢骨骼。

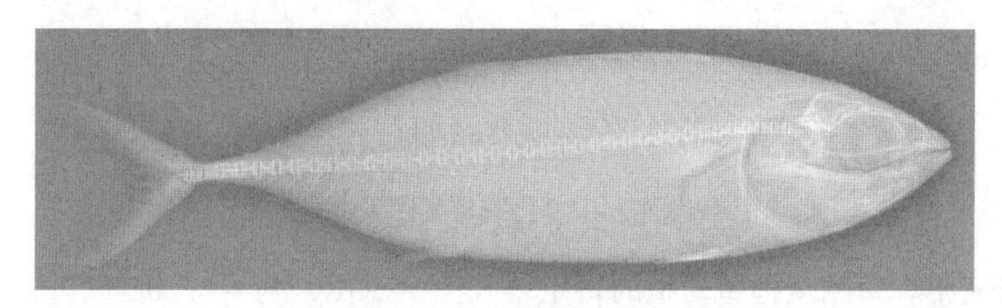

图4-22　黄鳍金枪鱼X射线图像

一、主轴骨骼

黄鳍金枪鱼的主轴骨骼由头骨（包括脑颅、咽颅）和脊柱组成（图4-23）。

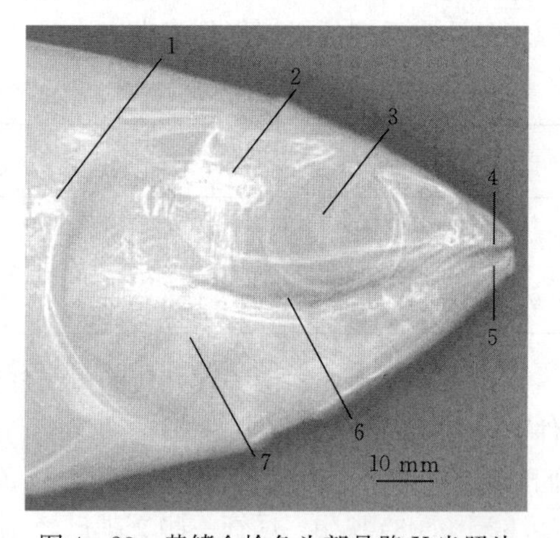

图4-23　黄鳍金枪鱼头部骨骼X光照片
1. 脊椎骨　2. 脑颅骨　3. 眼球　4. 上颌骨
5. 下颌骨　6. 咽腔　7. 腮盖

（一）头骨

黄鳍金枪鱼的头骨结构如图4-24所示。鱼类的头骨由两部分组成，分别为脑颅和咽颅。在图中可以明显看到筛骨区、额骨区、鳃弓区及颌弓区等，其脑颅骨、上颌骨、下颌骨等骨骼轮廓清晰。该鱼的脊椎骨与脑颅骨相连，整个头部覆盖5枚脊椎骨，眼球位于脑颅右下方，咽腔上方，结构轮廓清晰。鳃盖骨较薄，其下方形成鳃腔，里面布满扇形鳃丝。

（二）脊椎

黄鳍金枪鱼共有38枚椎骨，由头后延伸至尾基形成一根分节的柱体，其中躯椎共30枚，尾椎共8枚，髓棘共37枚。躯椎由椎体、髓弓、棘突及椎体横突组成。躯椎分布在第1～30枚椎骨，其中第1枚椎骨仅向后内凹与头部相连。第1～3枚和第22～30枚椎骨间隙较大呈椭圆形，而第4～21枚椎骨间隙均匀且呈规则的长条形；尾椎由椎体、髓弓、椎管、髓棘及脉弓、脉棘组成。尾椎分布在第31～38枚椎骨，其中第38枚椎骨仅向前内凹与尾鳍基部相连。第31～36枚椎骨之间的间隙较大且呈椭圆形，第 36～38 枚椎骨之间的缝隙逐渐变密，顺势呈直线与躯椎相连。从整体来看，黄鳍金枪鱼的整条脊椎近乎呈直线状排列，每枚椎骨在 X－ray 照射下呈“X”状。除去第 1 枚和第 38 枚椎骨外，其余椎骨前后面两端都呈近似圆形且向内凹入，称为双凹椎体，椎体之间由韧带相连（图 4－24）。

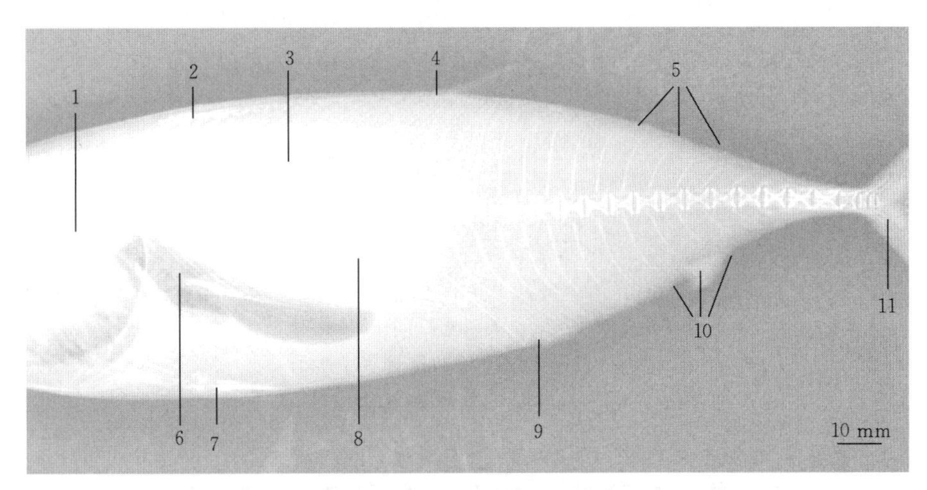

图 4－24　黄鳍金枪鱼脊椎骨及其附肢骨 X 光照片

1. 脊椎骨　2. 第一背鳍　3. 背肋　4. 第二背鳍　5. 背鳍后小鳍腹鳍
6. 胸鳍　7. 腹鳍　8. 腹肋　9. 臀鳍　10. 臀鳍后小鳍　11. 尾鳍

黄鳍金枪鱼的肋骨可分为背肋和腹肋。背肋共有 26 根，主要分布在第 5～30 的躯椎上，呈均匀发散式分布于背部肌肉内，第 6～7 躯椎上的背肋末端呈弯曲状态；第 10～16 躯椎上的背肋普遍长于其他部位的肋骨，且呈两边逐渐递减的趋势。腹肋共 25 根，每根肋骨一端与椎体横突相连，另一端游离在肌肉里，主要分布在第 6～30 的躯椎上。第 8～18 躯椎的腹肋末端弯折，且角度呈逐渐变大的趋势；第 19～30 躯椎上的腹肋呈相似性规律变化发散式分布于腹部肌肉内。尾椎骨上的肋骨已经逐渐退化，倒数 3 枚尾椎骨上的肋骨已经完全退化。

二、附肢骨骼

同所有硬骨鱼类相似，黄鳍金枪鱼的附肢骨骼也分为支持奇鳍的支鳍骨、支持偶鳍的支鳍骨和带骨。

奇鳍的支鳍骨：①背鳍、臀鳍的支鳍骨。黄鳍金枪鱼有 2 条背鳍，稍分离，其中第一背鳍有支鳍骨 14 根，第二背鳍有支鳍骨约 11 根，臀鳍的支鳍骨共有 12 根。②尾鳍的支鳍骨。黄鳍金枪鱼的尾鳍介于正型尾与歪型尾之间，分上下两叶，基部分叉，整体呈新月形，其整个尾鳍支鳍骨团呈“√”形分布。背部尾鳍支骨团上翘呈羽状，偏修长，由 14 根支鳍骨组成；腹部尾鳍支骨团有 14 根支鳍骨，比较宽且短。在尾鳍的基部有 3 个基点延伸出呈叉型的结构。

偶鳍的支鳍骨和带骨：①胸鳍的支鳍骨及肩带。如图 4－25 所示，黄鳍金枪鱼胸鳍的支鳍骨共有 32 根，均为软骨。肩带的带骨由上匙骨、匙骨、乌喙骨和肩胛骨组成。②腹鳍的支鳍骨及腰带。黄鳍金枪鱼腹鳍的支鳍骨有 5 根，其腰带由 1 对无名骨组成，呈薄片长条状，上端比较宽，下端较窄，内缘有软骨性鳍基骨，后者支持鳍条。

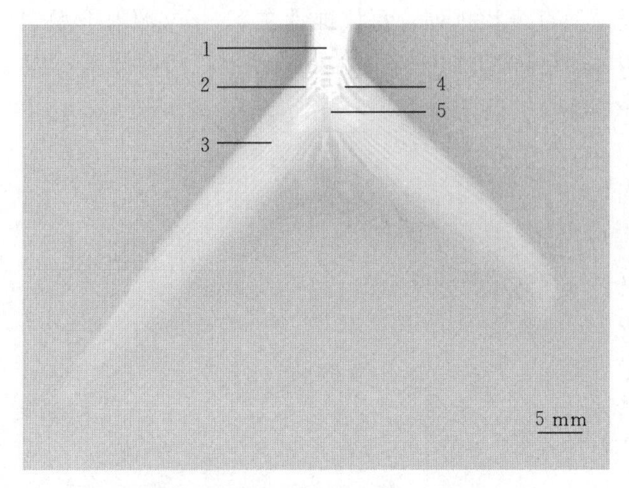

图 4-25 黄鳍金枪鱼尾骨 X 光照片

1. 脊椎骨 2. 尾上骨 3. 支鳍骨 4. 尾下骨 5. 尾骨

第五节 5 月龄黄鳍金枪鱼幼鱼形态性状对体质量的相关性及通径分析

该研究在中国水产科学研究院南海水产研究所热带水产研究开发中心陵水试验基地开展，随机选取生长状态良好的 65 尾黄鳍金枪鱼幼鱼，循环水养殖于室内水泥池（直径5 m，高 3 m 的圆筒形），换水量为 100%/d，饵料主要以冰鲜杂鱼为主，投喂量为鱼体质量的 2%～5%，其养殖密度约 5 kg/m^3，水温 28～32 ℃，盐度 27～34，pH 7.5～8.5，溶氧≥7.0 mg·L^{-1}，氨氮≤0.2 mg/L，亚硝酸盐≤0.02 mg/L。该研究对 5 月龄黄鳍金枪鱼进行随机采样，通过获取其体质量和形态性状的相关数据，利用多元回归分析的方法来找出影响体质量的主要性状，并建立起形态性状对体质量的回归方程，以揭示其形态性状与体质量的相互关系，为黄鳍金枪鱼优良形态性状的选育提供理论参考。

一、测量方法

测定指标包括：体质量（Y）、体长（X_1）、全长（X_2）、体高（X_3）、头长（X_4）、眼径（X_5）、上颚长（X_6）、下颚长（X_7）、胸鳍长（X_8）、臀鳍长（X_9）尾鳍长（X_{10}）、尾鳍宽（X_{11}）、第Ⅰ背鳍长（X_{12}）、第Ⅱ背鳍长（X_{13}）、尾柄高（X_{14}），共 15 个性状。称量体质量使用电子天平（精确度为 0.01 g），测量长度指标使用游标卡尺（精确度 0.01 mm）（图 4-26）。

二、数据分析

采用软件 SPSS 19.0 对各形态性状和体质量等相关数据进行统计分析。首先获得各性状的描述性统计结果，然后通过相关分析和通径分析，确定各形态性状对体质量的直接作用与间接作用的大小，最后经回归分析，构建黄鳍金枪鱼形态性状对体质量的多元回归方程及偏回归系数检验。

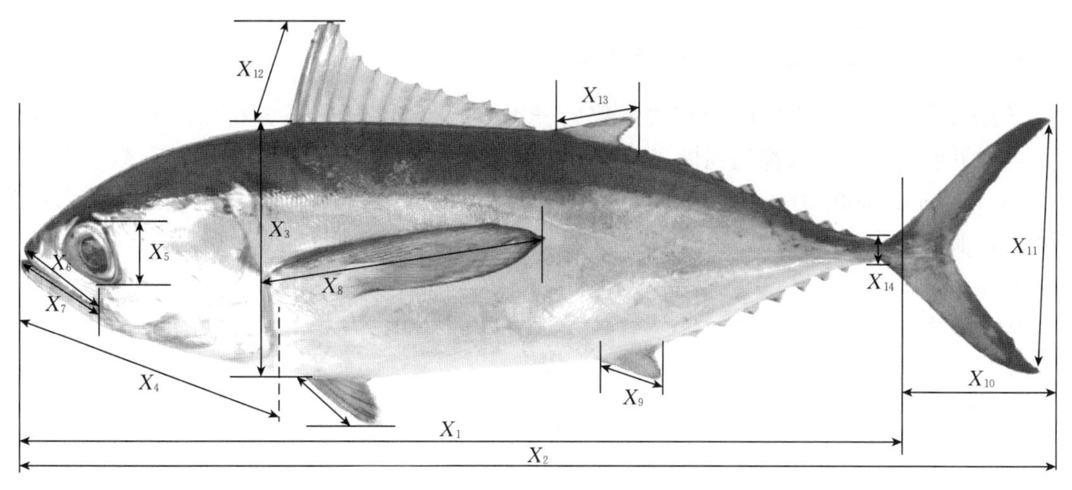

图 4-26　黄鳍金枪鱼各形态特征指标测量示意图

三、黄鳍金枪鱼各性状的描述性结果

黄鳍金枪鱼各形态性状的描述性结果如表 4-3 所示，其中变异系数最大的为体质量，高达 38.96%，而其他性状的变异系数为 10.04%~31.45%，说明体质量在黄鳍金枪鱼的各性状中具有较大的选择潜力，可作为优质亲本选育的目标性状。其他形态性状变异系数从大到小依次为：第Ⅱ背鳍长、下颚长、第Ⅰ背鳍长、头长、上颚长、臀鳍长、胸鳍长、眼径、尾柄高、尾鳍宽、尾鳍长、体高、全长和体长。

表 4-3　黄气鳍金枪鱼体质量与形态性状的描述性统计

性状	平均值	标准差 SD	标准误差 SE	峰度	偏度	变异系数 CV (%)
Y (g)	304.34	118.57	21.65	1.57	1.28	38.96
X_1 (mm)	264.19	26.53	4.84	1.03	0.86	10.04
X_2 (mm)	308.46	33.02	6.03	0.98	0.27	10.07
X_3 (mm)	68.16	9.10	1.66	−0.60	0.38	13.35
X_4 (mm)	74.65	18.81	3.43	7.76	−1.74	25.20
X_5 (mm)	18.45	3.02	0.55	−0.43	0.26	16.36
X_6 (mm)	24.85	5.22	0.95	1.69	0.86	21.01
X_7 (mm)	26.69	8.30	1.52	18.68	3.87	31.11
X_8 (mm)	64.57	12.44	2.27	0.26	0.57	19.27
X_9 (mm)	16.10	3.30	0.60	0.31	0.76	20.51
X_{10} (mm)	44.31	5.97	1.09	0.71	−0.93	13.48
X_{11} (mm)	73.39	10.98	2.00	0.03	−0.38	14.96
X_{12} (mm)	33.30	8.56	1.56	−0.59	0.39	25.70
X_{13} (mm)	19.10	6.01	1.10	2.04	−0.80	31.45
X_{14} (mm)	7.20	1.16	0.21	−0.48	0.58	16.14

四、黄鳍金枪鱼各性状间的相关分析

黄鳍金枪鱼各形态性状间的相关系数见表 4-4。经软件 SPSS 分析变量间的相关性发现：各性状间的相关系数都达到极显著水平，其中形态性状 X_4 与 X_6 的相关系数最大，为 0.989；X_7 与 X_{10} 间的相关系数最小，为 0.653。此外，各形态性状与体质量的相关系数各不相同，其中最大为 X_1（0.981），其次为 X_{14}（0.961），最小的为 X_7（0.827）。

表 4-4　黄鳍金枪鱼各形态性状间的相关系数

性状	Y	X_1	X_2	X_3	X_4	X_5	X_6	X_7	X_8	X_9	X_{10}	X_{11}	X_{12}	X_{13}
X_1	0.981**													
X_2	0.957**	0.976**												
X_3	0.953**	0.964**	0.965**											
X_4	0.957**	0.984**	0.982**	0.949**										
X_5	0.949**	0.975**	0.966**	0.975**	0.959**									
X_6	0.953**	0.986**	0.971**	0.940**	0.989**	0.954**								
X_7	0.827**	0.844**	0.789**	0.699**	0.846**	0.736**	0.875**							
X_8	0.962**	0.987**	0.960**	0.964**	0.965**	0.984**	0.968**	0.805**						
X_9	0.960**	0.984**	0.977**	0.958**	0.966**	0.974**	0.971**	0.788**	0.969**					
X_{10}	0.828**	0.891**	0.922**	0.912**	0.928**	0.921**	0.903**	0.653**	0.897**	0.886**				
X_{11}	0.905**	0.940**	0.960**	0.967**	0.955**	0.969**	0.932**	0.687**	0.951**	0.936**	0.975**			
X_{12}	0.932**	0.959**	0.955**	0.973**	0.955**	0.955**	0.956**	0.738**	0.950**	0.954**	0.918**	0.950**		
X_{13}	0.927**	0.964**	0.958**	0.962**	0.959**	0.988**	0.950**	0.724**	0.975**	0.966**	0.934**	0.970**	0.939**	
X_{14}	0.961**	0.977**	0.963**	0.977**	0.959**	0.982**	0.960**	0.750**	0.976**	0.983**	0.895**	0.953**	0.966**	0.974**

注：*表示显著相关，$P<0.05$；**表示极显著相关，$P<0.01$。

五、黄鳍金枪鱼形态性状对体质量的通径分析

在黄鳍金枪鱼的通径分析中，体质量作为因变量，形态性状为自变量，其分析结果如表 4-5 所示。经通径系数的显著性差异检验，剔除通径系数不显著的变量，保留 X_2、X_4、X_6 和 X_8 4 个形态变量。根据相关系数的组成效应，将黄鳍金枪鱼形态性状与体质量的相关系数分解为各性状的直接作用和各性状通过其他性状的间接作用两部分。从直接作用来看，对点带石斑鱼体质量影响的直接作用系数最大的是 X_8（0.507），达到极显著水平，这说明 X_8 对体质量影响的直接作用最大，其次依次为 X_2（0.307）、X_4（0.181），其中 X_6（−0.015）对体质量的直接作用系数为负值，说明 X_6 对体质量影响为负向作用，但是 X_6 通过与其他性状产生较大的间接作用，抵消了负向作用。从间接作用来看，除 X_8 外，黄鳍金枪鱼各形态性状对体质量的直接作用均小于间接作用。其他性状对体质量的间接作用大小为 0.650～0.968，主要通过 X_8 间接影响体质量。

表 4-5 黄鳍金枪鱼各形态性状对体质量的通径分析

性状	相关系数	直接作用	间接作用				
			Σ	X_2	X_4	X_6	X_8
X_2	0.957	0.307**	0.650	—	0.178	−0.014	0.487
X_4	0.957	0.181**	0.776	0.301	—	−0.015	0.489
X_6	0.953	−0.015**	0.968	0.298	0.179	—	0.491
X_8	0.962	0.507**	0.455	0.295	0.175	−0.014	—

注：**表示极显著相关，$P<0.01$。

六、黄鳍金枪鱼形态性状对体质量的决定程度

黄鳍金枪鱼主要形态性状对体质量的决定系数如表 4-6 所示。单个性状对体质量的直接决定系数分布在对角线上，而对角线上方为两个性状对体质量的间接决定系数。从表中可以得出，直接决定系数与间接决定系数的总和为 0.942，表明选取的 X_2、X_4、X_6 和 X_8 形态性状是影响黄鳍金枪鱼体质量的重要性状，其他的性状对体质量的影响较小。此外，以上 4 个性状对体质量的直接决定系数存在差异，其中 X_8 对体质量的直接决定系数最高，为 0.257，决定系数最小的是 X_6（0.001）。X_2 和 X_8 共同作用对体质量的决定程度最大，为 0.299。可见，黄鳍金枪鱼体质量主要由 X_2、X_4、X_6 和 X_8 这 4 个形态性状决定。

表 4-6 黄鳍金枪鱼主要形态性状对体质量的决定系数

性状	X_2	X_4	X_6	X_8	Σ
X_2	0.094	0.109	−0.009	0.299	0.942
X_4		0.033	−0.005	0.177	
X_6			0.001	−0.014	
X_8				0.257	

七、多元回归方程的构建

通过多元回归分析，剔除偏回归系数不显著的形态性状，利用偏回归系数显著的形态性状与体质量建立黄鳍金枪鱼形态性状与体质量的多元回归方程：

$$Y=-462.621+1.157X_2+1.253X_4+0.424X_6+4.707X_8$$

其中，Y 为体质量，X_2 为全长，X_4 为头长，X_6 为上颚长，X_8 为胸鳍长。

方差分析结果显示，多元回归方程的回归关系达到极显著水平（$F=98.190$，$P=0.000<0.01$），其 $R^2=0.921$。经显著性检验该回归方程的偏回归系数，所选的 X_2、X_4、X_6 和 X_8 4 个形态性状对黄鳍金枪鱼体质量的偏回归系数达到显著或者极显著水平（X_2：$t=3.578$，$P=0.012<0.05$；X_4：$t=1.198$，$P=0.002<0.01$；X_6：$t=8.146$，$P=0.003<0.01$；X_8：$t=1.974$，$P=0.002<0.01$）。

八、曲线模型拟合结果

以多元回归方程中 X_2、X_4、X_6 和 X_8 4 个形态性状为自变量，体质量为因变量，进行

曲线模型拟合，如表4-7所示。从拟合结果可以看出，4个形态性状与体质量的最优拟合模型分别为二次函数、指数函数、幂函数和二次函数，其公式分别为 $Y=-6.598X^2+0.016X+795.394$、$Y=40.412e^{0.026X}$、$Y=1.229X^{1.706}$、$Y=-4.937X^2+0.104X+174.317$，对应的 R^2 分别为0.972、0.952、0.937和0.956。

表4-7 黄鳍金枪鱼形态性状与体质量的曲线模型拟合

回归	模型	模型汇总			参数估计		
		R^2	F	P	参数	系数 b1	系数 b2
X_2-Y	线性	0.916	306.545	0	−755.61	3.436	
	对数	0.869	185.124	0	−5 578.726	1 027.459	
	二次函数	0.972	473.505	0	795.394	−6.598	0.016
	三次函数	0.971	450.662	0	293.496	−1.65	0
	幂函数	0.947	496.043	0	2.19×10^{-6}	3.263	
	指数	0.961	689.4	0	10.471	0.011	
X_4-Y	线性	0.916	304.687	0	−324.773	8.251	
	对数	0.855	165.674	0	−2 320.412	607.895	
	二次函数	0.938	205.399	0	35.829	−1.079	0.058
	三次函数	0.951	167.396	0	1 077.514	−41.901	0.573
	幂函数	0.948	512.544	0	0.064	1.947	
	指数	0.952	560.004	0	40.412	0.026	
X_6-Y	线性	0.909	280.948	0	−233.655	21.658	
	对数	0.865	179.294	0	−1 415.024	538.767	
	二次函数	0.915	145.157	0	−92.985	10.75	0.202
	三次函数	0.927	109.323	0	771.688	−88.686	3.849
	幂函数	0.937	418.505	0	1.229	1.706	
	指数	0.921	325.577	0	54.81	0.066	
X_8-Y	线性	0.924	342.317	0	−287.217	9.161	
	对数	0.872	190.622	0	−2 109.562	581.71	
	二次函数	0.956	294.732	0	174.317	−4.937	0.104
	三次函数	0.956	292.057	0	63.002	0	0.033
	幂函数	0.942	455.587	0	0.138	1.839	
	指数	0.946	489.162	0	46.081	0.028	

第六节 黄鳍金枪鱼幼鱼体长与血液指标关系研究

电解质的水平是机体生理功能的保障，有影响机体的新陈代谢、调节心脏以及肌肉指标水平的功能（陈金玲，2020）。血气分析仪通常用于人类疾病检测，目前尚未发现将其用于黄鳍金枪鱼血液指标检测的研究。血气分析指标中血乳酸水平、葡萄糖水平、离子浓度等均有重要的指示作用。例如血乳酸，其水平检测对于 GBS 感染败血症新生儿的早期诊断具有重大的临床意义（范小萍 等，2020）；血糖测定是诊断糖尿病的最主要检查项目之一，同时也是多种人体疾病检查的重要指标（蔡英蔚 等，2010）。血清中离子具有保证酸碱平衡、调节体液渗透压和维持细胞新陈代谢的功能（王忠民 等，2010）。其中 K^+、Na^+ 主要以碱的形式存在于组织及细胞中，对酸碱平衡有重要的调节作用。Ca^+ 对神经信号的传递、激素分泌、酶活性等具有重要的作用（王忠民 等，2010）。电解质水平在鱼体中也有重要的作用，有研究表明，当鲤鱼（*Cyprinus carpio*）发生暴发性疫病时，病鱼血清中 K^+、Na^+ 浓度有较明显的升高，而对 Ca^+ 的影响较小（王忠民 等，2010）。关于电解质水平在鱼类研究中的应用较少，多数相关研究集中在广盐性鱼类及海水鱼类离子转运能力及离子通道的研究上（Wilson et al.，2002；熊莹槐 等，2019）。

广盐性鱼类在降海洄游和溯河洄游过程中因外界离子浓度变化较大，导致渗透压发生变化，机体失水或吸水。为了维持体内稳态，广盐性鱼类具有调节渗透、酸碱和离子的功能器官，因此可以在淡水与海水之间穿梭（Wilson et al.，2002）。海水鱼类在海洋环境中摄食会吞食大量高盐海水，亦具有强大的离子调节器官（于娜 等，2012）。ATP 酶（NKA 和 CMA）是调节鱼类离子平衡的重要参与者（熊莹槐 等，2019），多种激素如催乳素（PRL）、生长激素（GH）、类胰岛素生长因子-1（IGF-1）的介导亦与之密切相关（Foskett et al.，1983）。通过刺激转运蛋白合成，影响氯细胞的增殖、分化等方式促进对水分和离子的转运能力（Mccormick，1995；Mccormick et al.，1991）。多种与之相关的活动均是为了维持机体的离子平衡，可见离子平衡的重要性。目前关于鱼类的血液指标方面的研究主要集中在外界环境因子（pH、温度、盐度等）对血抗氧化酶活性、免疫酶活性等指标的影响上（廖雅丽 等，2016；杨健 等，2007；刘亚娟 等，2018）。关于鱼类血液电解质稳态相关的研究较少。通过对鱼类血液电解质基础指标的检测积累数据，可以类比人类医学，为鱼类疾病的诊断提供思路。

本研究测试的黄鳍金枪鱼幼鱼体长为 25.78～49.21 cm，体质量为 410～2 580 g，共计 48 尾，由中国水产科学研究院深远海养殖技术与品种开发创新团队于 2021 年 1 月在海南陵水黎族自治县新村镇附近海域完成科研项目过程中诱捕，在转运至基地后进行驯化养殖。

不同体长组黄鳍金枪鱼幼鱼血清的 K^+ 浓度和 Ca^+ 之间均存在差异，均为 30G 体长组含量最高：K^+ 为（13.85±3.49）mmol/L，Ca^+ 为（2.96±0.32）mmol/L，但是不同组之间均差异不显著（$P>0.05$）。标准化钙离子浓度也呈现同一规律，但是 30G 体长组（2.89±0.45）mmol/L 的浓度显著（$P<0.05$）高于其他两组（图 4-27C）。Na^+ 浓度随着体长的增加逐渐降低，由（286.05±0.55）mmol/L 降低至（244.87±30.53）mmol/L，相邻体长组之间差异不显著（$P>0.05$），但是 20G 与 40G 体长组之间差异显著（$P<0.05$）。Cl^+ 的浓度随着体长的增加逐渐增加，由（194.05±1.35）mmol/L 降低至（215.60±27.67）mmol/L，各组间差异不显著（$P>0.05$）。20G 体长组渗透单位显著高于其他两组，达 607.90 mOsm/kg，30G 与 40G 体长组之间平均值相近，且差异不显著（$P>0.05$，图 4-27）。

黄鳍金枪鱼幼鱼三个体长组之间 H^+ 和 pH 差异均不显著（$P>0.05$，图 4-28），但是变化规律有所差别。H^+ 随着体长的增加逐渐降低，而 pH 随着体长的增加逐渐上升。20G

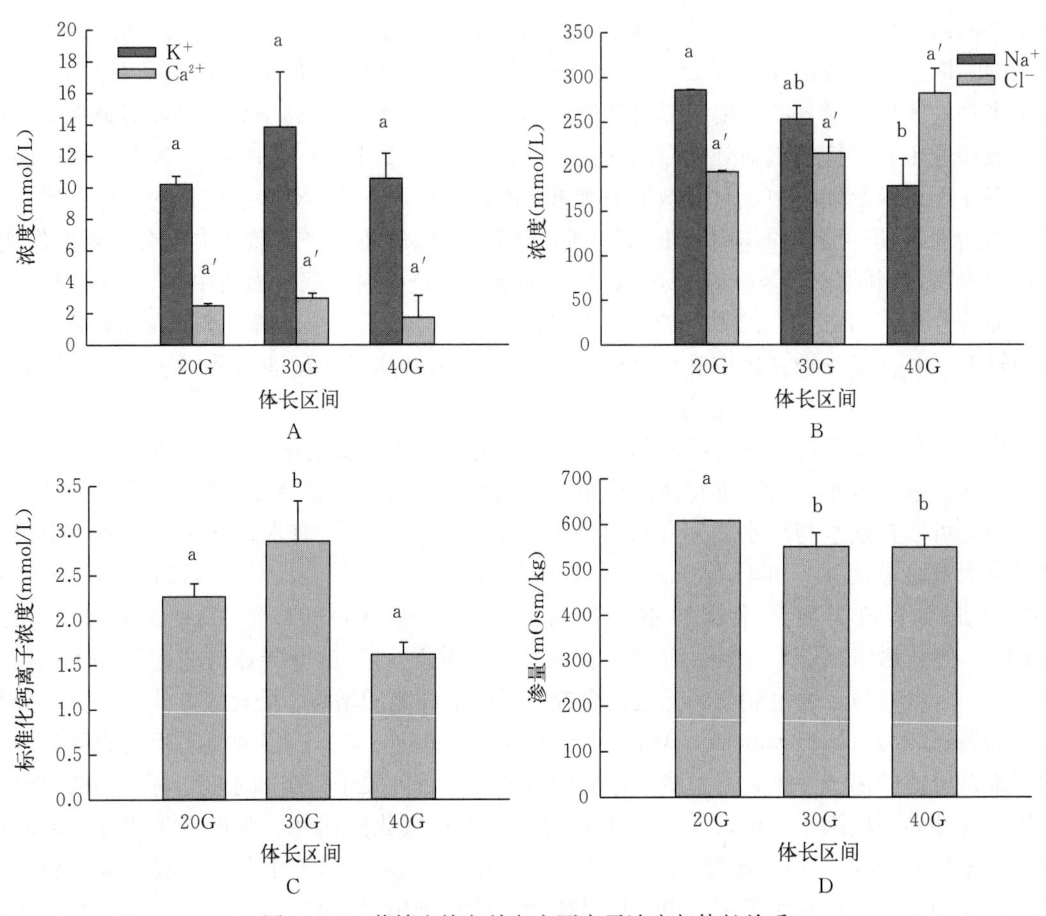

图 4-27　黄鳍金枪鱼幼鱼主要离子浓度与体长关系

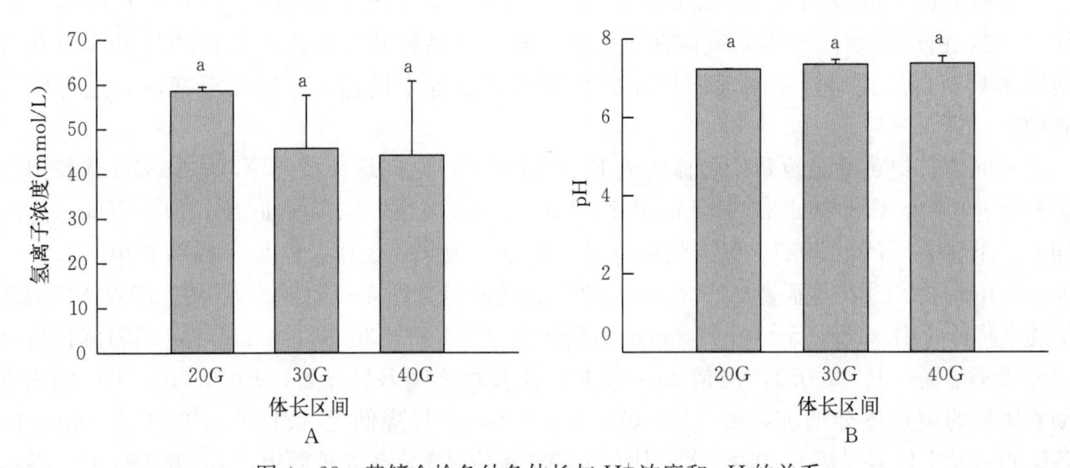

图 4-28　黄鳍金枪鱼幼鱼体长与 H^+ 浓度和 pH 的关系

体长组 H^+ 明显高于其他两组，为（58.60±0.90）mmol/L；30G 和 40G 体长组之间 H^+ 差异较小，分别为（45.68±11.98）mmol/L 和（44.10±16.67）mmol/L。三组 pH 依次为：

7.23±0.01、7.35±0.12、7.38±0.19，差异较小。

黄鳍金枪鱼幼鱼血清葡萄糖和乳酸含量均呈现逐渐下降的趋势。不同的是，葡萄糖含量在各组之间差异不显著（$P>0.05$，图4-29A），含量分别为（0.86±0.38）mmol/L、（0.81±0.73）mmol/L、（0.35±0.34）mmol/L；乳酸在20G体长组（18.69±0.20）mmol/L显著（$P<0.05$）高于其他两组（7.75±1.47）mmol/L、（4.99±4.02）mmol/L。黄鳍金枪鱼幼鱼血清红细胞比容在三个体长组之间呈现先下降后上升的趋势，三组之间差异不显著（$P>0.05$，图4-29B），分别为：(21.4±0.50)%、(14.63±3.21)%、(16.50±4.60)%。如图4-29C所示，黄鳍金枪鱼血清总血红蛋白含量随着体长的增加逐渐下降，且20G体长组显著（$P<0.05$）高于其余两组。三组总血红蛋白含量分别为：（68.35±1.75）g/L、（45.85±10.78）g/L、（41.77±15.81）g/L。

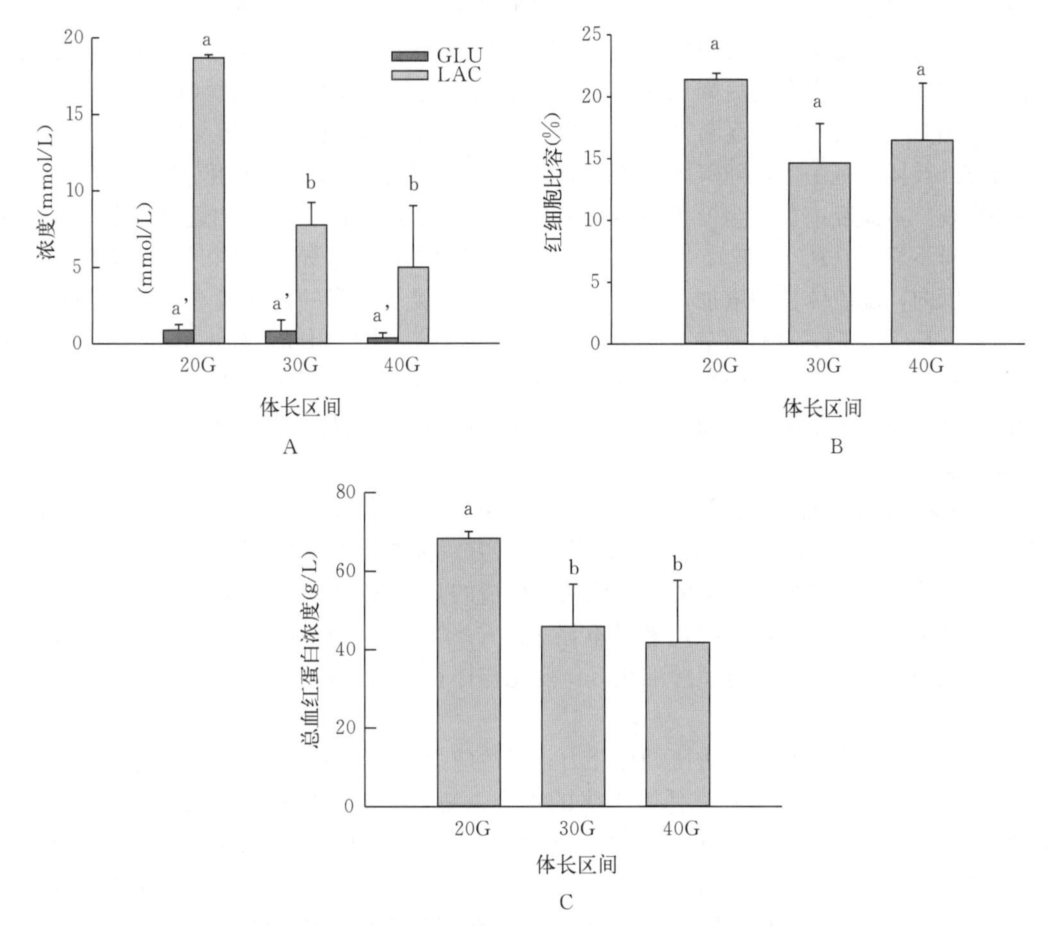

图4-29　黄鳍金枪鱼幼鱼体长与葡萄糖、乳酸、总血红蛋白浓度、红细胞比容的关系

血清中的主要离子，如Na^+、K^+、Ca^+、Cl^+等是血液离子的主要组成部分，对离子平衡、心脏跳动等机体活动有重要的作用，同时是机体健康与否的重要指示标准。血清中葡萄糖含量、乳酸含量、渗量、总血红蛋白含量等均是人体健康检查的重要血液指标。目前关于鱼类的血液方面的研究主要集中在血液抗氧化酶、免疫酶活性方面（廖雅丽 等，2016；杨健 等，2007；刘亚娟 等，2018）；关于离子平衡的研究主要集中在鳃ATP酶对Na^+、K^+

等离子的转运能力方面（熊莹槐 等，2019）。关于鱼类血清重要电解质指标方面的研究较少。本研究开展了海南陵水近海野生黄鳍金枪鱼幼鱼的血液电解质指标随着体长变化的基础研究，旨在丰富黄鳍金枪鱼的生理基础数据。

一般来说，机体内的所有元素，都存在着直接或间接的关系（牟啸东 等，2020）。血清中主要离子的含量变化更是医学上作为疾病诊断的重要参考依据，如：甲状腺疾病、心脏疾病、脑血管疾病、新生儿败血症等基础性或重大疾病。有研究表明 Ca^+ 能够提高大鼠的免疫能力（赵冬芹 等，2011）。在鱼类的研究中，针对主要离子变化的研究主要集中在广盐性鱼类或海水鱼类上（Wilson et al.，2002）。广盐性鱼类在外界盐度变化时会出现外界离子与体内离子差的剧烈变化，直接导致鱼体失水或吸水。广盐性鱼类可通过鳃上的离子通道和 ATP 酶等进行离子和水的获取或排出（熊莹槐 等，2019）。海水鱼类在摄食过程中因吞入海水而获取的过多的盐分也可以通过泌盐细胞排出体外，以此来维持体内离子平衡。因此血液主要离子指标也是鱼类重要的健康指示标准。本研究中黄鳍金枪鱼幼鱼血清的 K^+ 浓度随着体长的增加，呈现先升高后降低的现象，但不同组之间均差异不显著（$P>0.05$）；随着体长的增加 Cl^+ 的浓度呈现逐渐升高的现象，各组间的差异同样不显著（$P>0.05$）。表明在本研究涉及体长范围中，随着体长的增加血清中 K^+ 浓度和 Cl^+ 浓度相对稳定，仅有较小的波动出现。本研究中黄鳍金枪鱼幼鱼血清的 Na^+ 浓度随着体长的增加逐渐降低，相邻两组之间差异不显著（$P>0.05$），但 20G 与 40G 之间存在显著差异（$P<0.05$）。表明在本研究体长范围内，随着体长的增加，血清 Na^+ 的浓度是缓慢下降的，并且在体长差距较大时差异显著（$P<0.05$）。整体而言，主要离子中 K^+、Ca^+、Cl^+ 组间差异不显著（$P>0.05$），是随着体长变化较稳定的血液指标，可以为黄鳍金枪鱼的疾病检查提供稳定参考。Na^+ 随着体长的增加含量逐渐下降，是随着体长增加变化规律明显的指标，亦可为黄鳍金枪鱼的疾病检查提供稳定参考。

血清 Ca^+ 是指示机体是否缺钙的重要指示标准。标准化 Ca^+ 浓度是计算出的浓度，是 Ca^+ 在 pH 为 7.4 时的标准化浓度（杜武芹，2006）。标准化 Ca^+ 浓度可以排除干扰，更直观地表示其浓度值。本研究中黄鳍金枪鱼幼鱼血清的 Ca^+ 浓度随着体长的增加，呈现先升高后降低的现象，但是不同组之间均差异不显著（$P>0.05$）。而标准化 Ca^+ 浓度表现出 30G 显著高于其他两组。黄鳍金枪鱼标准化 Ca^+ 变化与体长之间没有明显规律，影响其变化的主要因子有待进一步研究。

广盐性鱼类具有较强的渗透压调控能力，可适应盐度的变化，在高渗环境中广盐性鱼类主要通过吞饮高盐环境水来补充体表丢失的水分，鳃上皮细胞基底膜上的 ATP 酶（NAK 和 CMA）可调节 Na^+、K^+、Ca^+ 和 Cl^+ 等的平衡以适应外界盐度的变化（Mccormick，1996；Havird et al.，2013；Boeuf et al.，2012；Evans et al.，2005）。渗量的变化可以为体液离子平衡能力提供参考，本研究中 20G 体长组渗量显著高于其他两组，达 607.90 mOsm/kg，30G 与 40G 体长组之间平均值相近，且差异不显著（$P>0.05$）。渗量的不同能从侧面反映出其对体液平衡的调节能力。本研究结果表明 30G 和 40G 体长组的体液离子平衡能力较强。

血液酸碱度即血液内 H^+ 浓度的负对数值。酸碱度对机体的作用主要表现在对神经肌肉组织兴奋性的影响上。在一定 pH 范围内，碱性增加，兴奋性提高；酸性增加，兴奋性降低。正常情况下血液酸碱度变化很小，主要依赖于血液中抗酸和抗碱物质形成的缓冲系统的作用和正常呼吸功能及肾排泄功能（胡敏 等，2021）。如果这些功能不良或受疾病的影响，则可能出现酸碱平衡紊乱，表现为酸中毒或碱中毒（胡敏 等，2021）。环境酸碱度对鱼类有极大的影响，如抗氧化酶活性、鱼病发生、能量代谢等（韩春艳 等，2016；刘辉，2020；强俊 等，2011）。有研究表明血液 pH 能够反映机体的健康状况（胡敏 等，2021）。本研究中黄鳍金枪鱼幼鱼三个体长组之间 H^+ 和 pH 差异均不显著（$P>0.05$），但是变化规律有所差别。H^+ 随着体长的增加逐渐降低，而 pH 相对稳定，随着体长的增加轻微上升。

正常情况下，机体中糖的分解和合成代谢处于动态平衡中，保持相对恒定。血清葡萄糖是指血液中的葡萄糖浓度，血糖测定是诊断糖尿病的最主要检查项目之一，同时也是多种人体疾病检查的重要指标（蔡英蔚 等，2010）。血乳酸，是体内糖代谢的中间产物，主要由红细胞、横纹肌和脑组织产生，血液中的乳酸浓度主要取决于肝脏及肾脏的合成速度和代谢率。体内乳酸升高可引起乳酸中毒。检查血乳酸水平，可提示潜在疾病的严重程度（蔡英蔚 等，2010）。相关研究表明，不同养殖环境中淡水鱼血糖含量有所差异（许品诚 等，1989）。本研究中，黄鳍金枪鱼幼鱼血清葡萄糖含量随着体长的增加呈现逐渐下降的趋势，但在各组之间差异不显著（$P>0.05$），是本研究体长范围内随体长增加含量稳定降低的血液指标。黄鳍金枪鱼幼鱼血清乳酸含量随着体长的增加亦呈现逐渐下降的趋势，乳酸在 20G 体长组［(18.69 ± 0.20) mmol/L］显著（$P<0.05$）高于其他两组。有研究表明，体内葡萄糖代谢过程中，如糖酵解速度增加，剧烈运动、脱水时，也可引起体内乳酸升高（蔡英蔚等，2010）。本研究中血糖与乳酸含量的变回趋势相同，表明黄鳍金枪鱼在血糖含量高时可能会分解产生较多的乳酸。红细胞比容指红细胞占全血容积的百分比，它反映红细胞和血浆的比例，是影响血黏度的主要因素（陈金玲，2020）。血清红细胞比容在三个体长组之间呈现先下降后上升的趋势，三组之间差异不显著（$P>0.05$）。说明在本研究中 3 个体长组内血清红细胞比容有轻微浮动，但整体差异不大，是较稳定的血液指标。

血红蛋白浓度指单位体积（L）血液内所含血红蛋白的量，是一种含色素的结合蛋白质，是红细胞主要成分，能与氧和二氧化碳结合，具有运输氧和二氧化碳的功能，同时可以与某些物质作用形成多种血红蛋白衍生物，是临床诊断某些变性血红蛋白症和血液系统疾病的重要参考依据（文娟 等，2020；张莉 等，2020）。其增减具有的临床意义与红细胞相似，但血红蛋白对贫血的反映效果更加明确（文娟 等，2020）。在鱼类研究中，测定血红蛋白的研究较少。有研究表明，鱼类的血红蛋白含量受环境因素的影响，河流围网养殖状态下的团头鲂（*Megalobrama amblycephala*）、草鱼（*Ctenopharyngodon idella*）全血的血红蛋白值高于池塘养殖同种鱼的值（许品诚 等，1989）。本研究中黄鳍金枪鱼血清血红蛋白含量随着体长的增加逐渐下降，且 20G 体长组显著（$P<0.05$）高于其余两组。人类幼儿的血红蛋白的含量也高于成年人，与本研究结果相似。说明黄鳍金枪鱼的血红蛋白含量与体长有较大的关系，与环境的关系有待进一步探索。

综上所述，本研究中黄鳍金枪鱼幼鱼在 3 个体长组中血液指标较稳定。K^+、Ca^+、Cl^+、H^+、pH、葡萄糖、红细胞比容组间差异不显著，是随着体长变化较稳定的血液指标，可以为黄鳍金枪鱼的疾病检查提供稳定参考。Na^+、乳酸和总血红蛋白均随着体长的增加含量逐渐下降，是随着体长增加变化规律明显的指标，亦可为黄鳍金枪鱼的疾病检查提供稳定参考；标准化 Ca^+ 在 30G 体长组显著高于其他两组，其变化规律有待进一步研究。整体而言，随着体长的增加，血液指标逐渐趋于稳定。血清数据与体长之间的关系研究可以为黄鳍金枪鱼幼鱼积累基础生理数据，为养殖过程中疾病的诊断提供参考。

第七节　陆基循环水养殖黄鳍金枪鱼幼鱼摄食及运动行为研究

游泳（运动）是鱼类在生境中必需的生命活动之一，对其的洄游、索饵、繁殖及逃避敌害等均具有重要的生物学意义（钟金鑫 等，2013)。对于鱼类运动行为的研究至关重要，影响鱼类游泳行为的因素主要有：水流速度（叶超，2014)、温度（曾令清 等，2011；杨阳 等，2013)、饥饿（曾令清 等，2014)、溶氧（赵文文 等，2013)、运动消耗等（房敏 等，2014；吴青怡 等，2016)。鱼类游泳方式主要分为暴发式游泳、持续式游泳和延长式游泳三种。其中暴发式游泳也被称之为短跑游泳，是鱼类暴发游动的过程，是鱼类捕食或逃避猎食者的重要方式，对鱼类的生存有重要的作用（Webb，1975；Kazutaka et al.，2007；Marcia et al.，2009；Shinya et al.，2007)。持续式游泳指能够长时间游动而不会产生肌肉疲劳的低速游泳状态。而黄鳍金枪鱼由于其特殊的生理构造及生活习性导致其必须维持一定速度的游泳状态。因此，测定其暴发式游泳和持续式游泳具有重要的生态学意义，对人工养殖设计养殖池或养殖网箱大小有一定的指导意义。

金枪鱼是一种远洋洄游性鱼类，而其在海水中的位置受多种因素的影响，这对金枪鱼渔场的预判造成了很大的难度（徐丽丽 等，2018)。关于金枪鱼所处水体中深度的研究主要集中在渔场的预判，有研究表明，海水的温度、盐度、叶绿素的浓度、溶解氧等均会影响金枪鱼的空间分布（Song et al.，2008)，甚至有研究发现，金枪鱼渔场空间分布有显著的季节变化（杨胜龙 等，2019)。而陆基循环水养殖状态下非摄食黄鳍金枪鱼所处水深与时间的关系相关研究尚未开展。开展黄鳍金枪鱼所处水深变化的研究可为黄鳍金枪鱼的陆基驯化养殖设施的深度设计提供数据支撑。

本研究中黄鳍金枪鱼幼鱼采用中国水产科学研究院深远海养殖技术与品种开发创新团队自主研发的金枪鱼诱捕-海陆转运-驯化养殖技术（马振华 等，2020)。黄鳍金枪鱼幼鱼全长38.63～51.25 cm，共计48尾，由中国水产科学研究院深远海养殖技术与品种开发创新团队于2020年6—7月在中国水产科学研究院南海水产研究所热带水产研究开发中心陵水试验基地室内循环水车间进行驯化养殖。通过监测黄鳍金枪鱼整个白天的游泳速度变化，可以发现黄鳍金枪鱼幼鱼的游泳速度自6:00—18:00有所变化，整体呈现先上升后下降再次上升再次下降的规律。在所有的试验点中，6:00时游泳速度均值（0.62 m/s）和中位数（0.64 m/s）均最小，随着时间的延伸，8:00—10:00第一次达到峰值，平均游速达到1.18 m/s，在12:00左右达到谷值0.80 m/s，在16:00左右第二次达到峰值0.98 m/s，之后游速逐渐下降。在所有试验数据采样点中仅8:00和18:00不存在离群值（图4-30)。

如图4-31和表4-8所示，黄鳍金枪鱼幼鱼初始发现食物的游泳速度为1.84～3.90 m/s，与摄食游速和摄食后游速差异显著（$P<0.05$)，发现食物的距离为4.80～5.51 m；摄食中黄鳍金枪鱼幼鱼冲向食物的速度为0.98～1.54 m/s，冲刺距离为0.61～1.09 m；黄鳍金枪鱼幼鱼在摄食后会向前冲刺一段距离，后转弯再次准备摄食，逃离速度为0.77～1.67 m/s，逃离速度与摄食游速差异不显著（$P>0.05$)，逃离距离为0.40～1.47 m。

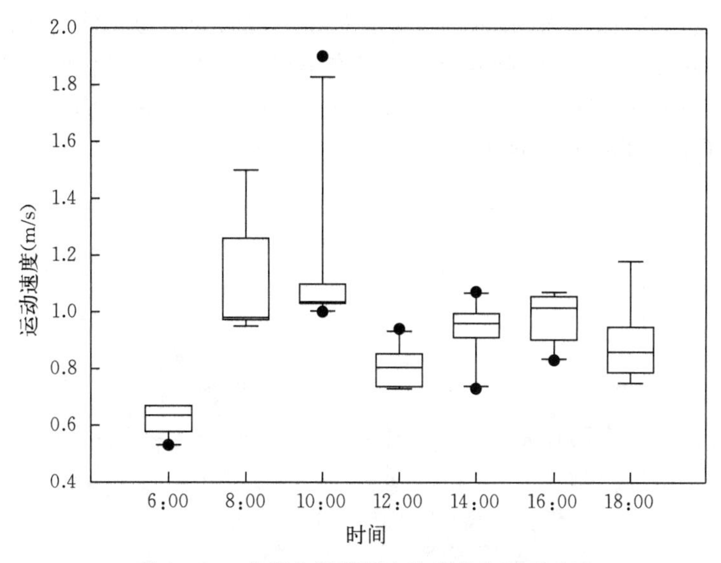

图 4-30　非摄食期黄鳍金枪鱼幼鱼运动速度

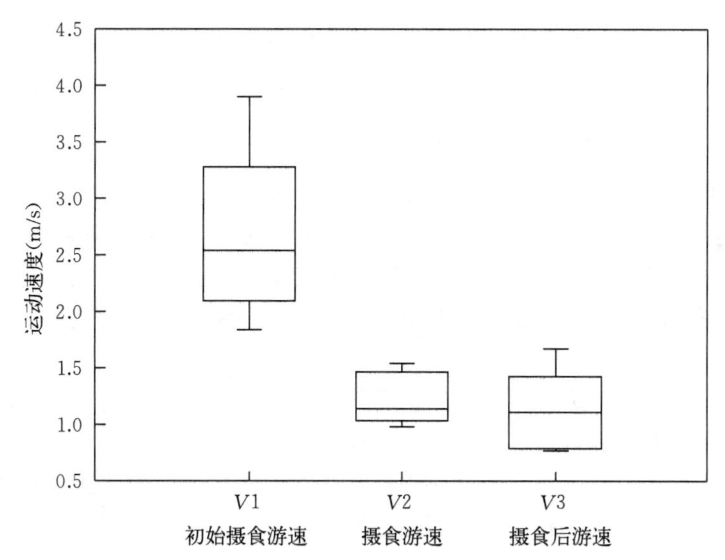

图 4-31　摄食期间黄鳍金枪鱼幼鱼运动速度

*V*1. 初始发现食物的游泳速度　*V*2. 摄食中冲向食物的速度　*V*3. 摄食后逃离的速度

表 4-8　摄食期间黄鳍金枪鱼幼鱼运动距离

项目	距离（m）
*L*1	4.80～5.51
*L*2	0.61～1.09
*L*3	0.40～1.47

注：*L*1 为初始发现食物的游泳距离；*L*2 为摄食中冲向食物的距离；*L*3 为摄食后逃离的距离。

如图 4-32 所示，黄鳍金枪鱼的初始摄食深度为 0.83～1.43 m，随着投喂时间的延长摄食深度逐渐变浅，最浅可至距水面 0.46 m，稳定一段时间后摄食深度再次逐渐变深，最深可至 1.94 m。距池小于 0.7 m 黄鳍金枪鱼基本不摄食。黄鳍金枪鱼幼鱼摄食水深与摄食时间关系式为：$y=0.0002x^2-0.021x+1.168$（$R^2=0.360$）。整体而言，随着投喂时间延长，个体之间摄食深度相差逐渐增大。

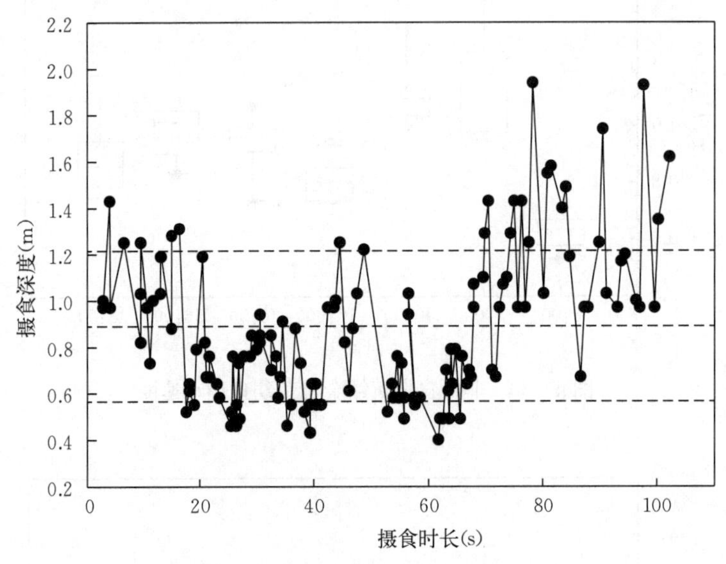

图 4-32　黄鳍金枪鱼幼鱼摄食深度与时间的关系

由图 4-33 可知，黄鳍金枪鱼幼鱼在 6:00 时所处深度最深，所处水深范围为 1.9～2.6 m；8:00 时深度范围最大，为 1.1～2.3 m，整体所处水深较浅。14:00 时黄鳍金枪鱼鱼群最紧密，所处深度范围最小，为 1.7～2.2 m。整个黄鳍金枪鱼群最下层的金枪鱼在 6:00 时所处深度最深，之后每一个点深度比较稳定；而最上层的金枪鱼所处水深呈明显的波动状态。

游泳是鱼类获取食物、逃避敌害、繁衍后代等生命活动的重要实现方式，同时也是鱼类养殖环境设计的必要考虑因素（钟金鑫 等，2013；张沙龙，2014）。本研究中黄鳍金枪鱼因其独特的生理构造和生活习性，导致其必须在水体中不停游动，因此测定其在驯养环境下不同时间和投喂期间的游泳速度和深度对黄鳍金枪鱼养殖池直径和深度的设计均有重要的指导作用。

鱼类游泳可根据对氧气的需求分为有氧运动和无氧运动两种类型。有氧运动一般指鱼类巡游、洄游等缓慢持续性运动，常用临界游泳速度表示；而无氧运动是鱼类暴发性运动，一般指捕食、逃离等激烈运动，一般持续时间较短，可用暴发游泳速度表示（曾令清 等，2011；金志军 等，2017；Plaut，2001；Reidy et al.，2000）。目前，已有研究表明，鱼类的游泳速度、游泳能力与种类有较密切的关系，长丝裂腹鱼（*Schizothorax dolichonema*）与齐口裂腹鱼（*Schizothorax prenanti*）的临界游泳速度和暴发游泳速度等均有差异（王永猛 等，2020）；鱼类的游泳速度与饥饿、水流速度、温度、溶解氧、运动消耗等有很大的关系，如环境溶氧变化对瓦氏黄颡鱼（*Peltebagrus vachelli*）（庞旭 等，2012）、南方鲇（*Silurusmeri dionalis*）（Zhang et al.，2010）、鲫鱼（*Auratus auratus*）（张伟 等，2012）

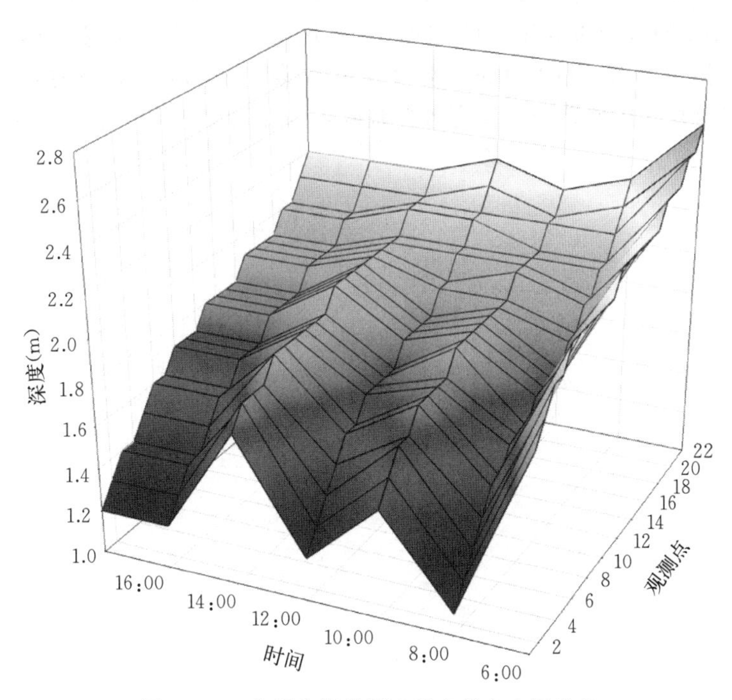

图 4-33 非摄食期黄鳍金枪鱼幼鱼水层分布

和金鱼（*Carassius auratus*）（付世建 等，2010）等鱼类的游泳能力有显著的影响。本研究发现，黄鳍金枪鱼在早晨、傍晚时间巡游速度较慢。这可能是因为早晚光照较弱，可见距离变短，为防止在游动过程中冲撞不明物品故降低游泳速度。8:00—10:00、14:00—16:00 巡游速度较快，这可能跟摄食或洄游有关，在自然状态下，水体含氧量高，表层水温上升，水生动植物生命活动加强，更利于捕食。黄鳍金枪鱼在最初发现食物时暴发游泳速度较快，速度可达 1.84～3.90 m/s，冲刺距离为 4.80～5.51 m，快速缩短与猎物之间的距离，更利于捕食；短距离摄食游泳速度与摄食后逃离速度稍慢，这可能与在自然界中的捕食习惯有关，在待捕食鱼群附近，不停地冲入鱼群捕食，并返回保持包围状态。冲刺速度和距离显示本实验中驯化的黄鳍金枪鱼所处养殖池直径足够长，不会影响其摄食冲刺及游动转弯。该结果可为其行为学积累数据，同时为养殖池的设计提供一定的指导作用。

在自然界中金枪鱼具有调节温度的能力，为了追踪猎物可以从表层水深入至混合层甚至深层的冷水团中（Holland et al.，1992；Dagorn et al.，2000；Block et al.，1997）。在驯化养殖过程中也会出现深度的变化，因此在捕获野生幼鱼并驯化养殖的过程中应对此有所了解，以便能够更好地进行养殖管理。有研究表明，黄鳍金枪鱼和鲣（*Katsuwonus pelamis*）摄食的水深随着驯化投喂天数的延长而逐渐变浅（Ma et al.，2017）。本研究发现，已经驯化成功的黄鳍金枪鱼摄食深度随着投喂时间的延长由深到浅再缓慢到深；黄鳍金枪鱼在陆基循环水养殖过程中，早晨 6:00 所处位置最深，8:00—18:00 有轻微波动。

综上所述，本研究中黄鳍金枪鱼非摄食状态下的游泳速度有两个峰值，分别在 8:00—10:00 和 14:00—16:00；黄鳍金枪鱼幼鱼白天的游泳深度变化存在周期性的下沉或上浮的变化。黄鳍金枪鱼初始发现食物时的冲刺速度最快，最高可达 3.90 m/s，摄食过程中冲刺速度略高于摄食后逃离速度，但差异不显著。口径与全长成正比关系，口径大小可指导饵料粒径大小。早晨 6:00 所处位置较深，其余时间小范围波动，差异不显著；摄食深度随投喂时间的延长由深至浅再变深，到距池底小于 0.70 m 时基本不摄食。游泳速度、深度、口径的研究可以为黄鳍金枪鱼的驯化养殖奠定数据基础，为养殖环境的设计提供指导。

第五章　蓝鳍金枪鱼

第一节　太平洋蓝鳍金枪鱼繁育与人工养殖

太平洋蓝鳍金枪鱼隶属于金枪鱼属，体型纺锤形，尾柄细，平扁，体被细小圆鳞，头部无鳞，胸部鳞片大，尾鳍新月形，背部深蓝色到黑色，侧面灰色，腹部银白色，成鱼尾柄中部为黑色，背纹不延伸到腹部。太平洋蓝鳍金枪鱼的养殖最早起源于日本，早在20世纪70年代，日本便已启动太平洋蓝鳍金枪鱼的养殖项目，养殖作业方式是通过捕捞小型野生金枪鱼幼鱼进行蓄养，以期开发金枪鱼养殖技术，并探索该技术的产业化前景。目前，国际上太平洋蓝鳍金枪鱼的养殖主要集中在日本、墨西哥等国家。本节主要介绍太平洋蓝鳍金枪鱼繁育、人工养殖研究的相关进展情况。

一、太平洋蓝鳍金枪鱼养殖研究历程

日本在1970年首次启动了太平洋蓝鳍金枪鱼的养殖项目（Miyashita，2002），该项目是由日本远洋水产研究所与东海大学，静冈三重长崎、高知和鹿儿岛县的水产研究所近畿大学大岛实验站和水产实验室（和歌山县）合作完成，这个为期5年的项目旨在开发用于养殖太平洋蓝鳍金枪鱼的技术并评估这些技术产业化发展的可能性。然而，在项目执行过程中，由于捕获的野生金枪鱼幼鱼成活率非常低，养殖效果也不理想，导致后期所有项目参与单位中除了高知县水产研究所和近畿大学外，均放弃了金枪鱼的养殖研发。高知县水产科学研究所后来于1981年也终止了金枪鱼养殖开发的研究，但近畿大学一直没有放弃金枪鱼的研究，相继开发了多种金枪鱼捕获技术（Sawada，2005），改进了捕鱼方法。通过去除钩子的倒钩以促进鱼的平滑释放，然后将它们放入小桶中，一旦鱼平静下来，再将它们转移到渔船上的运输桶中。通过这些努力，1974年，捕获的野生金枪鱼幼鱼存活率提高到了80%左右，当年捕获的金枪鱼幼鱼在网箱中经过5年的养殖成功培育至亲鱼阶段。

随着野生金枪鱼幼鱼捕捞技术的不断完善，通过捕捞小型野生金枪鱼幼鱼进行蓄养的这种养殖作业方式也逐步兴起，由此逐步带动了太平洋蓝鳍金枪鱼养殖产业的快速发展。日本金枪鱼的正式商业化养殖起于20世纪90年代，首次金枪鱼商业性收获是在1993年，产量约900 t（Tada，2010）。金枪鱼养殖主要集中在日本南部的14个都道府县，该地区具有适宜的水温，通常最低温度不低于13 ℃，养殖区域处于开阔的海域，具有良好的水体交换能力以及充足的溶氧，水深一般在30～50 m。养殖网箱一般为圆形（直径20～30 m）或者方形（边长40～80 m），日常投喂主要采用人工手动投饵或者机械设备自动投喂，饵料主要以冰鲜或冷冻的饵料鱼（竹筴鱼、鲐鱼等）为主。近几年，随着金枪鱼人工配合饲料技术日臻成熟，加之环境因素以及饵料鱼供应的季节性等问题，在金枪鱼养殖过程中，对配合饲料的研发及应用研究的关注度越来越高（Buentello et al.，2016）。目前，在日本从事金枪鱼养殖的企业有90多家，共有大约1 300个养殖网箱，金枪鱼的养殖周期一般为2～3年，

上市规格通常在30～70 kg（JFA，2015）。2016年之前，年养殖产量为10 000～15 000 t（Buentello et al.，2016）。根据日本最大的两家金枪鱼养殖企业（玛鲁哈日鲁集团与日本水产株式会社）对外发布的信息，2018年，日本金枪鱼养殖总产量约18 000 t（彭士明等，2019）。

墨西哥太平洋蓝鳍金枪鱼的养殖，兴起于20世纪90年代，养殖区域位于下加利福尼亚州。墨西哥金枪鱼的养殖，严格意义上来讲，同样是一种依靠捕捞野生金枪鱼为基础的金枪鱼短期蓄养（育肥），通过捕捞野生金枪鱼幼鱼或者亚成鱼，在大型网箱中进行育肥约8个月后，再进行销售处理。由于受各种因素的影响，加之野生金枪鱼资源量的变动，每年可进行育肥养殖的金枪鱼数量并不稳定，年养殖产量也呈波动性变化，一般为2 000～7 000 t（Buentello et al.，2016）。FAO的官方统计数据显示，2017年全球太平洋蓝鳍金枪鱼养殖产量约2.2万t。

然而，近些年来的过度捕捞致使全球金枪鱼资源面临巨大压力，相关金枪鱼资源保护组织纷纷制定配额捕捞制度，使得这种依靠捕捞野生金枪鱼而建立起来的金枪鱼养殖业前景堪忧。因此，开展金枪鱼人工繁育技术研究，逐步建立以全人工养殖为基础的金枪鱼养殖业，是全球金枪鱼养殖产业健康可持续发展的唯一可行和有效之道。

二、太平洋蓝鳍金枪鱼人工繁殖

日本自20世纪70年代起就开始进行太平洋蓝鳍金枪鱼的人工繁殖技术研究。1974年，通过技术改进，野生金枪鱼苗种捕捞成活率达到了80%左右，这一批金枪鱼幼鱼经过5年的养殖，于1979年成功发育至亲鱼阶段，并首次实现了自然产卵（Kumai，2012）。梁旭方（2005）概述了日本太平洋蓝鳍金枪鱼繁育方面的研究进展情况，1979年的产卵群体中雌雄亲鱼合计60尾，平均体重约为70 kg，共获得受精卵约160万粒，此产卵群在1980年水温22.0～24.7 ℃时及1982年水温24.7 ℃时各产卵1 d，收集到约5 000粒受精卵，此后再也没有产卵。1994年7月，用1987年捕获的天然幼鱼饲育而成的7龄亲鱼开始产卵，46 d共获得受精卵约8 400万粒。亲鱼的体重为45～140 kg（平均90 kg），雌雄亲鱼共计约200尾，产卵水温是23.2～29.2 ℃，同一群体在随后的1995年水温为21.6～26.4 ℃时及1996年水温为25.8～29.2 ℃时再次产卵。由此表明，太平洋蓝鳍金枪鱼的产卵水温范围较广，产卵时刻集中在17:30—18:00，产卵时数尾雄鱼追逐1尾雌鱼，多在水面或水面下进行。

1994年，日本近畿大学首次培育出50日龄的稚鱼2 036尾，平均全长（120.2±25.4）mm，平均体重（24.1±7.8）g，后移至大小为6 m×6 m×4 m的网箱中培育。由于移箱时间偏迟，加之受移动过程中操作的影响，移入网箱后部分稚鱼冲撞箱壁致死，使得移箱后第2天成活率只有53.7%，第5天急降到17.3%，至孵出后第246天，所剩的最后1尾也死亡（全长42.8 cm，体重1 327.3 g）。1995年，共培育出稚鱼8 100尾（培育天数36～40 d），其中6 071尾（平均全长5.82 cm）放养在边长为5 m、深3 m的正八角形海上网箱里，投喂添加有1%复合维生素的乌贼肉糜。通过掌握出箱规格，采用大小适中的网箱以及选择合适的网箱设置场所，出箱的第2天稚鱼的成活率达到77.7%，第5天成活率达到52.1%，比前次有较大改善。孵出后390 d以前断断续续出现死亡，此后就几乎没有死亡。1995年孵出的仔鱼，经过2年6个月的培育，至1998年1月大约有15尾存活下来，最大个体体重30 kg，全长110 cm左右。1996年共收集到30万粒受精卵，培育出平均全长51.96 cm的稚鱼384

尾。此次出箱规格较小，同时在移箱操作上也下了功夫，结果出箱后第 2 天稚鱼的成活率高达 93.2%，第 5 天达到 72.9%，比 1994 年有了很大改善。至 1998 年 1 月，经过 1 年 5 个月的培育，大约有 40 尾存活下来，最大个体重约 7 kg，全长 70 cm（梁旭方，2005）。

经过 30 多年的研究，2002 年，日本在世界范围内首次实现了太平洋蓝鳍金枪鱼的全人工繁育，近畿大学利用人工繁育的太平洋蓝鳍金枪鱼亲鱼进行了人工繁殖，从人工繁育的 6 尾 7 龄亲鱼和 14 尾 6 龄亲鱼获得受精卵约 100 万粒，孵化出仔鱼约 80 万尾。在亲鱼产卵期间，通过观察其生殖腺发育状况发现，一尾 7 龄小型雌亲鱼具有成熟透明卵，它的体重为 21.4 kg，全长 113.8 cm，卵巢重 914 g，生殖腺指数为 4.29%，卵巢内具有各发育期的卵细胞。据此可以推断，太平洋蓝鳍金枪鱼属多次产卵型，该亲鱼一次产卵约 44 万粒，总产卵数估计为 780 万粒。成熟雄亲鱼体重 104.7 kg，全长 181.0 cm，生殖腺重 3 492 g，生殖腺指数为 3.34%，钓获时就有精子流出。虽然人工养成的亲鱼可以自然产卵，但是如果没有优质的亲鱼以及合适的产卵环境（特别是水温），仍然不能稳定地获得大量的受精卵（梁旭方，2005）。

三、太平洋蓝鳍金枪鱼人工育苗

Partridge（2013）概述了近畿大学太平洋蓝鳍金枪鱼人工育苗的主要技术方法：育苗池的规格通常很大（20～30 m^3），提供紫外线处理后的过滤水，以排除神经坏死病毒；太平洋蓝鳍金枪鱼在水温 24 ℃的条件下，受精卵经 45 min 发育至 2 细胞期，1 h 5 min 发育至 8 细胞期，2 h 30 min 发育至桑椹期，10 h 50 min 胚体形成，19 h 5 min 眼球晶状体形成，22 h 40 min 心脏开始跳动，32 h 仔鱼开始出膜，34 h 30 min 孵化完成；初孵仔鱼全长（2.83±0.13）mm，60 h 后卵黄囊几乎全被吸收，此时眼变黑，消化道开通，仔鱼开始摄饵；出膜后第 2 天开始投喂轮虫，第 11 天开始投喂卤虫无节幼体，15 d 左右投喂石鲷的仔鱼，20 d 后投喂乌贼肉糜及沙丁鱼仔鱼。仔鱼孵出后 20 d 长至全长（18.44±1.16）mm，30 d 全长达（40.03±2.80）mm，34～38 d 全长达 36.5～70.0 mm；仔鱼能完全摄食鱼肉糜时就可以出槽，其中存在的最大问题是仔稚鱼的成活率很低，即使孵化率高达 95%以上，孵出后第 2 天的成活率也只有 50%，第 10 天成活率急剧下降至 10%。孵出后第 20 天左右仔鱼向稚鱼期转化，此时会发生严重的相互蚕食现象，成活率降至 0.4%。孵出后第 10 天左右仔鱼大批死亡，孵出后 20 d 左右，进行个体大小筛选分养并投喂充足饵料，可以减少仔鱼相互蚕食并提高成活率；太平洋蓝鳍金枪鱼育苗密度比大多数海鱼低，通常每升少于 10 个苗种（Kaji et al.，1996），提供的第一批饵料是营养强化后的轮虫并且在有绿水（有藻类的环境）的情况下进行（Nakagawa et al.，2007）；育苗池内水体最初是静态的，但流量随着鱼苗的生长而增长，每天的交换率达到 500%；投喂卤虫在 10 d 左右开始，而在以往的育苗过程中卤虫的投喂直到 25 d 左右才开始，这一喂养期现在已经缩短，有利于早期引入其他鱼苗，如红鲷的鱼苗等，以提高金枪鱼鱼苗的生长效果；如果长期投喂卤虫，则会导致金枪鱼苗种生长受阻，诱发死亡，其原因可能是卤虫中的主要磷脂组分浓度较卵黄囊仔鱼低（Seoka et al.，2007；2008），导致营养摄入不足，影响其生长发育。在人工育苗技术开发研究过程中，日本近畿大学积累了有关初期仔鱼发育的各种宝贵资料，主要包括受精卵发育过程中其生化成分及酶的活性变化、从仔鱼期到稚鱼期的形态发育、消化器官的发育及消化酶的活性变化、内分泌系统的发育、骨骼的形成过程、卵的比重和上浮速度等（Buentello et al.，2016)。

2007年，日本在全人工养殖太平洋蓝鳍金枪鱼的基础上，成功培育获得了第二代全人工养殖金枪鱼苗种。近些年，太平洋蓝鳍金枪鱼人工育苗技术不断完善，育苗成活率较之前明显提升，但也仅为1%左右（Buentello et al.，2016）。通过综合分析历次太平洋蓝鳍金枪鱼人工育苗的经验，总结得出其育苗成活率低的原因是育苗过程中存在以下几个高死亡关键期（Buentello et al.，2016）：

（一）孵化后1～4 d

在孵化后1～4 d内，由于育苗水体表面污染，鱼苗在游到水面进行鱼鳔充气时，空气和海水界面的表面张力会将它们困住，从而导致死亡，此为育苗过程中的第一个关键死亡事件，称之为“鱼苗的水表面死亡”。物理表面张力和生物游泳推力之间的相关性目前尚不清楚其机制，但这种死亡的情况往往在由低质量卵孵化获得的鱼苗中更为普遍。研究表明，在水面上加一层油膜可以防止水面被包裹，然而，它也会中断或延迟鱼苗鱼鳔的充气，这种死亡在孵化后的10 d内均会出现（Sakamoto et al.，2012）。

（二）孵化后4～10 d

在孵化后4～10 d内，由于太平洋蓝鳍金枪鱼鱼苗与育苗池底部的物理接触致使其脆弱皮肤受到磨蚀性损害，最终导致沉底死亡，这是育苗过程中的第二个关键死亡事件，称之为“鱼苗沉底死亡”。这个关键时期的死亡率相比较鱼苗水表面死亡更为严重（Masuma et al.，2011）。这种现象可以追溯到鱼苗无法通过重力游动来保持其在水体中的位置，且这种现象在夜间更为普遍，鱼苗的游动速度取决于它们的身体密度，而身体密度又由鱼鳔的体积控制，由于金枪鱼鱼苗体密度高于海水，即使鱼鳔膨胀，但是夜间觅食活动停止，金枪鱼鱼苗停止游动，重力大于浮力，鱼苗往往会沉到育苗池的底部（Takashi et al.，2006）。此外，如果鱼苗的鱼鳔没有充气，则会进一步加剧鱼苗的沉底死亡（Ishibashi，2012）。通过通气控制水循环和育苗水体自下而上的水流来防止夜间幼鱼下沉，可以在一定程度上降低这种死亡率（Nakagawa et al.，2011）。

（三）始于孵化后10 d

自孵化后10 d起，金枪鱼鱼苗之间会存在明显的同类相食现象（Ishibashi，2012），此为第三个关键死亡事件，称之为“同类相食死亡”。太平洋蓝鳍金枪鱼鱼苗的消化系统比其他养殖的海洋鱼类（如鲷、鲈鱼和比目鱼）更早发育，鱼苗的胃腺和幽门盲囊分别在10 d和15 d开始分化（Miyashita et al.，1998）。当鱼苗体长达到7 mm时，其对同伴的攻击行为就已非常明显。因此，太平洋蓝鳍金枪鱼鱼苗与其他鱼类相比，会在更早阶段就开始同类相食的攻击。在人工育苗过程中，为了尽量减少鱼苗同类相食的现象，最重要的是将提供的活饵料从卤虫改为新孵化的其他鱼类的鱼苗，如日本鹦鹉鱼或红鲷仔鱼等（Sawada et al.，2005）。以其他鱼类鱼苗为食符合金枪鱼的自然食鱼行为，尽管喂入卵黄囊是有效的，但它有许多缺点，如与维护其他亲鱼有关的成本，以及作为可能传播病毒性疾病的媒介等（Masuma，2011）。大小分级是减少同类相食的另一个有效方法，但金枪鱼鱼苗的大小分级相对比较困难，主要是因为它们的皮肤敏感，处理起来不太好操作（Partridge，2013）。

（四）始于孵化后30 d

自孵化后30 d，随着金枪鱼鱼苗游动能力的提高，由于碰撞池壁等引发的死亡率明显增加，此为第四个关键死亡事件，称之为“碰撞死亡”。金枪鱼鱼苗在30日龄到80日龄之间，经常与池壁或网箱发生碰撞，因此导致金枪鱼活鱼的数量会随着饲养时间的推移而减少（Miyashita，2002）。出现这种情况的一个可能的原因是，这个年龄段的鱼苗其尾鳍快速发育，为游泳提供向前的推力，但缺乏足够发达的胸鳍、背鳍和腹鳍来控制它们的三维游泳方向（Miyashita，2002）。由于碰撞导致的鱼苗死亡，鱼苗的头部和身体侧面有骨折、脊椎脱位、擦伤和其他损伤（Buentello et al.，2016）。

四、苗种从陆基养殖池转运至海上网箱

太平洋蓝鳍金枪鱼苗种从陆基养殖池转运到海上网箱后，苗种生存状况的改善是全人工繁育太平洋蓝鳍金枪鱼养殖生产过程中最具挑战性的问题之一（Miyashita，2002）。这种转移的目的是减少鱼与陆基养殖池壁接触或碰撞的机会，增加游泳空间。但是，早期尝试将孵化场生产的太平洋蓝鳍金枪鱼苗种转移到海上网箱中，导致转运后几天内苗种 100%死亡。最初，该死亡归因于运输过程中遭受的压力或外伤。但是，近畿大学研究人员后续进行多项研究表明，造成这些死亡的主要潜在因素是太平洋蓝鳍金枪鱼苗种的暗视能力（弱光条件下的视力）差，导致它们在夜间发生池壁、网或同类碰撞。通过布设顶灯在水面上提供 200～3 000 lx 的光照，运输后 23 d 测得的存活率可提高到 73%，相反，未控制的对照组平均存活率为 12%（Ishibashi et al.，2009）。太平洋蓝鳍金枪鱼苗种的暗视视觉阈值比其他海洋硬骨鱼如红鲷、虎河豚和七带石斑鱼等低 40 倍（Ishibashi et al.，2009）。Honryo 等（2013，2014）推荐了一种优化的夜间照明方案，即在运输后持续 8～12 d，这也改善了苗种的生长性能和应激状态，但在运输后延长夜间照明时间至第 12 天之后，在生长性能和应激指标方面似乎没有进一步的改善。

在苗种转运至海上网箱过程的环节，尽管多年来已经取得了一些改善，但即使使用夜间照明，太平洋蓝鳍金枪鱼苗种在运输后的存活率仍然很低，运输后 10 d 的平均成活率为（69±13)%，30 d 的平均成活率为（46±11)%（Okada et al.，2014），较低的运输后成活率暗示着尚存在其他因素可能也会导致苗种的死亡。如，2012 年近畿大学在一次对 9 441 尾太平洋蓝鳍金枪鱼幼鱼进行的运输演习中使用了夜间照明，夜间照明从黄昏开始，到黎明后不久结束，转移后第 28 天，共有 4 449 条鱼死亡（48%的死亡率），其中 50%以上的损失发生在运输后的第一周内（Okada et al.，2014）。这一试验证实了近畿大学以前的观察结果，记录的死亡范围超出了正常碰撞（结构性伤害）或皮肤磨损，其中还包括生长缓慢、鱼体瘦弱等情况。在金枪鱼幼鱼转运至海上网箱后，由于幼鱼无法区别食物和杂物颗粒，常常会摄入食网箱框架上的一些异物或颗粒，如树枝、木头、泡沫聚苯乙烯和铁锈的细小碎片等，进而导致幼鱼生长受到影响，最终死亡。因此，在苗种转运期间为金枪鱼苗种提供良好的营养供给策略应能进一步提高这一关键时期的存活率。

五、太平洋蓝鳍金枪鱼养殖技术

日本是世界上最早研究太平洋蓝鳍金枪鱼养殖技术的国家。1970 年日本水产厅开展了“金枪鱼类养殖技术的开发产业化试验”项目。初期是采用 12 m×12 m×8 m 的方形网箱对 7 月份捕获的体重 0.1～0.5 kg 的 1 500 尾幼鱼进行驯化养殖，成活率仅为 50%～80%，11 月长到 1～5 kg。在钢管结构的八边形网箱和 PE 管材结构的大型圆形网箱中，养殖的金枪鱼幼鱼体重 0.1～0.5 kg，1 年后 5～10 kg，两年后平均 25 kg，最大 40 kg。近畿大学 1979

年在串本町养殖网箱（直径 30 m、深 7 m 的圆形网箱）养殖的太平洋蓝鳍金枪鱼首次自然产卵。根据已有的研究报道，太平洋蓝鳍金枪鱼网箱养殖主要包括如下几点技术内容（梁旭方，2005；李娟 等，2008；Buentello et al.，2016）。

（一）网箱养殖设施

日本网箱结构为双管圆形网箱，直径 15～40 m，周长 47～126 m，深 7～20 m；正方形网箱（20～40）m×(20～40) m，深 10～12 m；长方形网箱（20～40）m×(26～60) m，深 12～20 m；八角形网箱，直径 32～40 m，深度 20 m。日本于 1970 年开始进行有关金枪鱼养殖试验，双管圆形网箱用 PE 管材，正方形、长方形和八角形用钢管材料，网衣材料为 PE 和 PA；墨西哥 20 世纪 90 年代初开始养殖，采用的是双管圆形 PE 管材网箱。

围栏养殖是日本养殖太平洋蓝鳍金枪鱼的另一种方式，1994 年在鹿儿岛县奄美大岛和加计吕麻岛之间，仲田浦 1 km 的狭长海峡，围栏在湾里和湾口两处。湾里侧围栏宽度为 290 m，湾口侧为 235 m，两处围栏间距为 465 m，围栏面积 13.95 km^2，水深 35 m，围栏采用悬索吊桥方式和钢丝悬垂方式将网放入海底，围栏为双层网衣。

（二）苗种来源

苗种来源主要依靠捕获野生金枪鱼幼鱼，在日本长崎县对马市 8 月至翌年 1 月，鱼苗体重 0.2～0.5 kg，可采用钓捕和定置网具捕获，鱼苗用直径 1.8 m、深 0.6 m 的船内活鱼舱运输至养殖网箱。在日本，另一个苗种来源则是通过人工繁育所获得的金枪鱼苗种，然而，由于全人工繁育的苗种供应量有限，目前全人工养殖的金枪鱼产量占日本金枪鱼养殖总产量的比例尚不到 10%。

（三）养殖海区条件

养殖海区应处于开阔的海域，具有良好的水体交换能力以及充足的溶氧，水深一般在 30～50 m。由于太平洋蓝鳍金枪鱼适宜水温为 15～28 ℃，因此，海区应具有适宜的水温，通常最低温度不低于 13 ℃。

（四）放养密度

放养密度一般以 3～5 kg/m^3 为宜。如，直径 40 m、周长 126 m 的网箱，放养 1 500 尾，体重 30 kg 时分移出 500 尾，剩养 1 000 尾，体重 30～40 kg 时每箱以 600 尾最适宜生长。

（五）饵料来源

日常投喂主要采用人工手动投饵或者机械设备自动投喂。饵料来源包括冷冻玉筋鱼、沙丁鱼、竹筴鱼、鲐鱼和秋刀鱼，以鲐鱼为主。水温 21～22 ℃，每年 11—12 月摄食效果最好。如在日本纪伊半岛大岛海区，夏季摄食效果较好，体重 10 kg 的幼鱼，投饵量为 15%～17%；体重 22～23 kg 的成鱼，投饵量为 7%～9%，成活率为 80%～90%。近几年，随着金枪鱼人工配合饲料技术日臻成熟，加之环境因素以及饵料鱼供应的季节性等问题，在金枪鱼养殖过程中，配合饲料逐步替代饵料鱼已成必然趋势。

第二节　大西洋蓝鳍金枪鱼繁育与人工养殖

大西洋蓝鳍金枪鱼分布于大西洋西部、东部以及整个地中海，是南欧洲地区最重要的捕鱼目标物种之一。然而，随着 20 世纪欧洲捕捞船队的工业化发展，导致了大西洋蓝鳍金枪鱼的过度捕捞。针对这种情况，世界自然保护联盟正式将大西洋蓝鳍金枪鱼列为濒危物种

(IUCN，2016)，并呼吁改进种群管理措施。20 世纪 90 年代，以捕捞为基础的大西洋蓝鳍金枪鱼养殖业逐步兴起，由于需求量巨大，也进一步导致了野生大西洋蓝鳍金枪鱼捕获量的大幅增加。因此，公众越来越关注世界现有的金枪鱼渔业的可持续性，希望停止过度捕捞，并呼吁进行大西洋蓝鳍金枪鱼的全人工繁育，以期解决当前大西洋蓝鳍金枪鱼养殖业仅仅依靠捕捞野生金枪鱼的窘境。本节主要介绍了大西洋蓝鳍金枪鱼繁育及养殖的现状与进展情况。

一、大西洋蓝鳍金枪鱼养殖及繁育概况

大西洋蓝鳍金枪鱼的养殖主要集中在地中海周边及大西洋沿岸国家，由西班牙在 1979 年率先发起，至 20 世纪 90 年代中期，地中海周边海域金枪鱼的养殖已初具规模（Ottolenghi，2008)。地中海区域的金枪鱼养殖同样是以短期育肥为主，除克罗地亚主要采取捕获8～30 kg 野生金枪鱼幼鱼进行为期不少于 2 年的养殖外，其余国家基本是采捕 40～400 kg 的野生金枪鱼，进行为期 3—7 个月的短期育肥（Mylonas et al，2010)。该区域金枪鱼育肥大多采用圆柱形网箱，放养密度通常不高于 6 kg/m^3，养殖所用饵料主要以冰鲜沙丁鱼、鲱鱼、鲭鱼、竹筴鱼以及一些头足类为主。根据国际大西洋金枪鱼资源保护委员会（ICCAT）的公开资料显示，2017 年从事大西洋蓝鳍金枪鱼养殖的企业有 54 家，主要集中在克罗地亚（5 家)、塞浦路斯（3 家)、希腊（2 家)、意大利（14 家)、利比亚（1 家)、马耳他（7 家)、摩洛哥（1 家)、葡萄牙（1 家)、西班牙（9 家)、突尼斯（5 家）和土耳其（6 家)，年度总配额为 53 606 t。

受 ICCAT 配额限制等一系列保护措施的影响，这种基于捕捞野生金枪鱼而发展起来的金枪鱼养殖业，从长远来看，其产业发展必将受到资源、环境等各方面的制约。因此，研究开发以全人工养殖为基础的金枪鱼养殖业是大西洋蓝鳍金枪鱼养殖产业可持续发展的唯一出路。依据 Van Beijnen（2017）的报道，西班牙海洋研究所通过将野生大西洋蓝鳍金枪鱼培育至性成熟，在 2013—2014 年，成功繁育获得约 3 000 尾大西洋蓝鳍金枪鱼苗种，这批人工繁育所得金枪鱼的部分苗种已于 2016 年发育成熟；此外，土耳其的一家养殖企业在 2014 年也成功繁育获得了约 15 000 尾大西洋蓝鳍金枪鱼苗种。如果这几批全人工养殖的大西洋蓝鳍金枪鱼后期顺利产卵受精，并能培育获得金枪鱼苗种，大西洋蓝鳍金枪鱼也将最终实现全人工繁育。同时，西班牙海洋研究所最新投入建设的金枪鱼陆基亲鱼培育系统，为后续更为有效地开展大西洋蓝鳍金枪鱼人工繁育研究提供了重要的硬件条件支持。然而，截至目前，仍未有官方报道宣称大西洋蓝鳍金枪鱼成功实现全人工繁育。

二、大西洋蓝鳍金枪鱼性腺发育

大西洋蓝鳍金枪鱼的性腺是一对长形器官，位于腹腔内。睾丸由两个结构不同的区域组成，一个是外增殖区，一个是内精子贮存区。在增殖区，与体细胞相关的生殖细胞在囊肿（精囊）中发育，这些囊肿构成生殖上皮，从睾丸周围的连接膜到发育良好的导管内系统，排列在生殖小叶周围。在输精管腔内，精子积累并向输精管移动。卵巢是中空的器官，有一个圆形的截面，尾部连接在一个共同的输卵管上，输卵管通向泌尿生殖孔的外部。成年个体的卵巢由厚肌壁和卵生片层组成，含有发育不同阶段的卵黄质和卵母细胞，嵌在大量的结缔组织中。一个卵母细胞，由单层的颗粒细胞和双层的膜细胞包围，构成一个卵泡。

Abascal 等（2004）对大西洋蓝鳍金枪鱼雄性生殖细胞在不同发育阶段的超微结构进行了描述。初级精母细胞（直径为 5 μm）是具有异色核和胞质的成簇细胞，其中含有多核糖体、线粒体和双倍体。次级精母细胞（直径 3～4 μm），可能是在组织学样本中很少发现的短寿命生殖细胞，其核具有弥散的形成染色质的电子致密斑。在早期的精子细胞中（直径为 2～3 μm），细胞核显示出密集的染色质和一些电子透明区域。染色质在精子中期变得更加均匀，在精子后期（直径为 2 μm）以大颗粒状浓缩。精子发生涉及轴突周围区域的鞭毛伸长，细胞质减少和线粒体重排。Sarasquete 等（2002）、Corriero 等（2003）与 Abascal 等（2005）分别对雌性大西洋蓝鳍金枪鱼生殖细胞的形态、组织化学特征与超微结构进行了研究报道。卵巢发育具有卵母细胞发育不同步的特点，在产卵季节，同一样本中所有卵母细胞阶段均存在，导致成熟卵母细胞分批释放。针对野生大西洋蓝鳍金枪鱼的研究发现，其繁殖力约为每千克体重 93 000 枚卵，这意味着 100 kg 雌鱼一次可产卵约 900 万枚卵（Medina et al.，2002）。根据野生大西洋蓝鳍金枪鱼排卵后卵泡的存在情况，估计产卵频率为 1.2 d（Medina et al.，2002）。

Corriero 等（2005）基于卵黄卵母细胞的存在作为生殖轴激活的标志，通过对生殖腺的观察，结合历史数据的分析，认为大西洋东部的大西洋蓝鳍金枪鱼群体（地中海区域）的 50％在叉长 104 cm 时达到性成熟，对应的年龄为 3～4 龄，而 100％的大西洋蓝鳍金枪鱼在叉长 130 cm 时均达到性成熟，对应的年龄为 5 龄。基于雌性卵巢组织学观察，大西洋西部的大西洋蓝鳍金枪鱼群体，其性成熟时间较晚，据报道，个体为 7～8 龄方可达到性成熟（Goldstein et al.，2007）。然而，Heinisch 等（2014）通过一种新的分子方法，利用促卵泡激素和促黄体生成素的垂体比率作为性成熟的标志，证明大西洋西部群体其成熟的个体相对较小，与大西洋东部种群相似。

三、人工饲养条件下大西洋蓝鳍金枪鱼的繁殖性能

通过比较野生金枪鱼与人工圈养条件下，大西洋蓝鳍金枪鱼性腺发育（性腺指数）及性激素（促性腺激素释放激素、促黄体生成激素）分泌情况，发现人工圈养条件下大西洋蓝鳍金枪鱼性腺指数、脑垂体中促性腺激素释放激素与促黄体生成激素含量与野生金枪鱼相比均无显著性差异，这表明了人工圈养条件下大西洋蓝鳍金枪鱼的性腺发育也正在对繁殖季节的到来进行预期的生理调节（Zohar et al.，2016）。然而，一系列研究表明，配子的发生则在圈养条件下受到一定程度的伤害（Corriero et al.，2007；Pousis et al.，2012）。Corriero 等（2007）对 36 尾大西洋蓝鳍金枪鱼雄鱼进行了组织学研究，这些雄鱼在地中海西部的一个金枪鱼养殖场饲养了 1～3 年，并在 2004 年和 2005 年的繁殖季节取样，结果发现，绝大多数（＞72％）的鱼处于早期精子形成阶段，只有不到 5％的鱼被归类为性腺已消耗。然而，与圈养鱼类不同的是，成熟野生雄鱼睾丸的组织学结果（繁殖季节在产卵地取样）显示睾丸发育明显增强。

Zupa 等（2013）对野生和人工圈养的大西洋蓝鳍金枪鱼雄性生殖细胞的增殖和凋亡进行了比较研究，发现 5 月份人工圈养的大西洋蓝鳍金枪鱼的精原细胞增殖率高于野生个体，而减数分裂性包囊的数量较低；6 月份，人工饲养的鱼的精原细胞和精母细胞增殖密度高于野生产卵鱼。得到的结论是，人工饲养导致了精子形成过程的转变，5 月出现了高的精母细胞分裂，6 月出现了减数分裂，此时野生产卵鱼正处于精子形成的最后阶段（即精子形成阶

段)，精子单体和精子的发生率很高。在同一项研究中，在野生和人工饲养个体的睾丸中都检测到了精原细胞和初级精母细胞。在生殖周期的两个时期（5 月和 6 月)，人工饲养的细胞凋亡密度明显高于野生群体，圈养条件下大西洋蓝鳍金枪鱼中细胞凋亡率的增加可能是雄激素水平降低的结果，特别是 11 -酮睾酮水平的降低，11 -酮睾酮是刺激鱼类精子形成的主要雄激素（Corriero et al.，2009)。人工饲养大西洋蓝鳍金枪鱼相对较低的雄激素水平可能反映了圈养条件会引起垂体促性腺激素分泌的减少，这与其他鱼类的情况类似（Zohar，1989)。人工饲养条件对大西洋蓝鳍金枪鱼卵子发生的影响比对精子发生的影响更为明显。对人工饲养大西洋蓝鳍金枪鱼卵巢发育的研究表明，圈养并不能阻止卵黄发生和卵母细胞的生长，因为卵黄颗粒的形成和卵母细胞的直径均类似于野生金枪鱼群体（Corriero et al.，2007)。Pousis 等（2011，2012）也证实了这一发现，卵黄蛋白原及其受体的基因表达以及卵母细胞卵黄积累程度在圈养与野生群体之间均无明显差异。但是，与野生大西洋蓝鳍金枪鱼（按每千克体重分析）相比，养殖的雌性金枪鱼始终表现出相对较低的性腺质量、卵母细胞数量少、卵母细胞成熟能力降低以及闭合性卵母细胞比例更高的情况。

四、人工饲养条件下大西洋蓝鳍金枪鱼的诱导产卵与自然产卵

由于圈养条件下大西洋蓝鳍金枪鱼的产卵季节非常短（约 1～2 个月)，而且雌雄发育不同步，不可预测性很高，所以诱导产卵对于大西洋蓝鳍金枪鱼人工繁育的研究至关重要（Corriero et al.，2007；2009)。Mylonas 等（2007）首次尝试对大西洋蓝鳍金枪鱼进行诱导产卵，在地中海捕获了性成熟的大西洋蓝鳍金枪鱼（5～12 龄)，将它们养在网箱中，在野生大西洋蓝鳍金枪鱼产卵的季节（6—7 月)，基于聚合物的控制释放系统（植入物）把通过促性腺激素释放激素植入亲鱼体内，这个操作直接在水下进行。通常，将 2～3 枚促性腺激素释放激素植入物（每个直径 3～4 mm）与可见标签一起安装在矛枪的尖端上，然后由潜水者在水下射入游泳的大西洋蓝鳍金枪鱼体内。设计植入物的目的是将促性腺激素释放到鱼体中，持续 2～3 周，总剂量为每公斤体重 50～75 μg。在自然产卵期（6—7 月）连续 2 年，在处理后的不同时间进行样品的采集，以监测激素植入物对卵母细胞成熟和排卵，以及精子的诱导作用效果（Mylonas et al.，2007)。在雄性中，促性腺激素释放激素植入物不会导致睾丸的组织学结构发生任何差异，几乎所有鱼类（包括经促性腺激素释放激素处理和对照组的金枪鱼）睾丸内均含有精子（Corriero et al.，2007)，但是含有精子的成年雄性的比例有所增加，在对照组含有精子的成年雄性的比例仅为 12%，而经促性腺激素释放激素处理组的比例为 26%。在雌性大西洋蓝鳍金枪鱼中观察到了更强的作用效果，其中 63%的金枪鱼中，促性腺激素释放激素植入后的 2～8 d 诱导了最终的卵母细胞成熟，卵巢中有 88%的排卵后卵泡，相比之下，对照组的雌性卵巢中的比例分别为 0 和 21%。此外，在取样时，两尾雌性的卵巢中发现有卵形的卵子，经人工授精后，第一次人工繁殖出了可存活的大西洋蓝鳍金枪鱼胚胎和仔鱼（Mylonas et al.，2007)。在相同的实验中，从放置经促性腺激素释放激素处理过的金枪鱼的网箱中也成功收集到了受精卵，证明开发的促性腺激素释放激素植入物可以诱导大西洋蓝鳍金枪鱼卵母细胞成熟、排卵、精子形成和受精。随后，在意大利的另一个人工饲养的大西洋蓝鳍金枪鱼种群被诱导使用相同的促性腺激素释放激素植入法，导致在 4 d 内连续产卵，每天产卵量约 2 000 万个，前两天的卵其受精率为 80%（De Metrio et al.，2010)，这些受精卵成功孵化出了大西洋蓝鳍金枪鱼仔鱼，并在孵化后 60 d 内首次培育

出 8 cm 长的大西洋蓝鳍金枪鱼的幼鱼。2009 年，西班牙使用相同的促性激素释放激素植入物诱使另一尾圈养的大西洋蓝鳍金枪鱼亲鱼产卵，产卵行为持续了 17 d，总共获得了 1.4 亿枚受精卵，这批受精卵被送往地中海沿岸的多个孵化场，最终培育出了少量的鱼种（Zohar et al.，2016）。促性腺激素释放激素植入物被用来延长大西洋蓝鳍金枪鱼的产卵季节，在 6 月开始出现一些零星产卵后，从 7 月初到 8 月中旬，每隔几周，用促性腺激素释放激素植入物对网箱中的大西洋蓝鳍金枪鱼亲鱼进行数次激素植入处理，这些处理可诱发多次大规模产卵，一直可持续到 8 月底。促性腺激素释放激素植入处理是启动、同步和延长大西洋蓝鳍金枪鱼产卵时间的有效工具，因此有助于亲鱼管理和提供更好的卵供应的可预测性。目前，促性腺激素释放激素植入处理已被用于各种商业和研究操作，目的是在开始产卵时或整个产卵季节，特别是当金枪鱼不能自然产卵或产卵量非常少时，诱导大西洋蓝鳍金枪鱼大量产卵，并延长产卵的持续时间（Van Beijnen，2017）。

2007 年，西班牙海洋学研究所（IEO）使用商业围捕器在巴利阿里海捕获了 38 尾野生大西洋蓝鳍金枪鱼（体重约 60 kg/尾），这些鱼被转移到西班牙东南海岸的一个直径 25 m、深度 20 m 的浮动网箱中进行圈养（Van Beijnen，2017）。以鲭和鲏鱼为主要饵料，每天 1 次，每周 6 天进行饱食，野生的大西洋蓝鳍金枪鱼亲鱼慢慢适应了人工饲养的条件，接受了养殖场所提供的饵料，在后续饲养的四年中死亡率很低（5%左右）。2008—2011 年，对这些鱼的产卵活动和产卵量进行了监测，分别在 2008 年和 2009 年对这批金枪鱼进行了促性腺激素释放激素植入处理。2008 年，未检测到任何产卵行为，也没有收集到卵。2009 年，大规模的产卵行为开始于 6 月 29—30 日，大约是在促性腺激素释放激素植入处理后的 48～72 h，持续了 17 d，每天的最大采卵量为 3 400 万枚，总采卵量为 1.4 亿枚。在此期间，养殖水域的表面温度为 22～28 ℃，网箱底部的温度为 19～27 ℃。2010 年 6 月 17 日，在计划进行促性腺激素释放激素植入处理之前观察到了自然产卵，每天或多或少地收集了部分的受精卵，产卵行为持续了 26 d，鉴于此，2010 年没有进行促性腺激素释放激素植入处理。在 2010 年的繁殖季节，共收集了 4 800 万枚受精卵。2011 年，在安装了受精卵收集器约一周后的 2011 年 6 月 9 日，再次观测到了自然产卵，自然产卵行为持续了 37 d，共收集到受精卵 1.62 亿枚。在 2011 年产卵期间，水温为 21～26 ℃，在整个监测期间，大西洋蓝鳍金枪鱼的产卵大多发生在黎明之前，通常为 02:00～03:00，但也经常会持续到黎明之后，产卵过程中会伴随某种程度的强烈求爱行为。在后续的 2012 年、2013 年和 2014 年的产卵季节，均观测到了这批大西洋蓝鳍金枪鱼亲鱼的自然产卵行为，并且获得了大量的受精卵。此外，在马耳他的商业性大西洋蓝鳍金枪鱼圈养育肥作业中，也发现有自然产卵的现象（Van Beijnen，2017）。然而，已有的经验表明，大西洋蓝鳍金枪鱼在圈养密度较低的条件下更易诱发其自然产卵并获得高质量的卵（Van Beijnen，2017），在大多数情况下，自然产卵的时间很短（3～4 周）。经过近 5 年的商业化圈养育肥，基于人工育苗或试验，已成功培育出高质量的大西洋蓝鳍金枪鱼幼鱼，2014 年 11 月，在经过 3 年的饲养之后，首次孵化场生产的大西洋蓝鳍金枪鱼达到约 20 kg 后上市（Van Beijnen，2017）。

五、大西洋蓝鳍金枪鱼人工育苗主要技术要点

育苗池适宜规格为圆切角水泥池、深度为 1.5～2 m、容积为 10～20 m^3，育苗池颜色以黄色、浅灰或者浅蓝色为宜，且池壁需带有垂直条纹图案；育苗期间，白天光照强度控制在

2 000 lx左右，夜间采用弱光照模式（>150 lx 即可）；育苗水体盐度宜控制在 35～36、温度控制在 23～27 ℃；为了提高育苗成活率，需要对育苗水体进行一定的技术操作，包括采用自下而上的育苗水体上升流系统、点曝气系统以及增加夜间曝气量等（Van Beijnen，2017）。

育苗策略：孵化后 1～5 d 内，苗池中保持一定数量的小型纤毛虫；孵化后 3 d 开始投喂轮虫与桡足类，轮虫一直投喂到孵化后 20 d，桡足类一直投喂到孵化后 23 d；在孵化后 3～20 d，育苗水体中需要保持有一定浓度的藻类；自孵化后 12 d 开始投喂卵黄囊仔鱼，一直投喂到孵化后 27 d；孵化后 10 d 开始投喂卤虫并一直投喂至孵化后 33 d；人工微颗粒饲料可自孵化后 3 d 开始进行驯化投喂；在孵化后的前 9 d 内需特别注意提高夜间的照明强度，孵化后 3～11 d 内需要及时清理水体表面的油污，孵化后 8～20 d 内需增加夜间的曝气量，以最大程度降低苗种的死亡率（Van Beijnen，2017）。

六、育苗过程中存在的主要问题及其应对措施

大西洋蓝鳍金枪鱼人工育苗过程中存在的问题与太平洋蓝鳍金枪鱼育苗过程中所面临的问题虽有诸多相似之处，但由于所处地理区域以及种间的差异，其存在的问题及相应的处理措施略有所不同。综合分析现有的资料报道（Van Beijnen，2017），大西洋蓝鳍金枪鱼人工育苗过程中主要存在以下几个关键的问题：

（一）受精卵采集难度大且供应不稳定

要实现大西洋蓝鳍金枪鱼稳定的苗种市场供应，优质受精卵的高效采集与稳定供应是先决条件，然而，由于人工育苗的出苗率非常低，加之金枪鱼幼鱼阶段同类相食现象明显以及其高度敏感的生物学特性，导致其幼鱼早期阶段的养殖成活率很低，这些因素决定了要满足金枪鱼苗种的市场需求，唯有获得大量的受精卵才能实现。在欧洲，大部分的大西洋蓝鳍金枪鱼亲鱼被饲养在海上浮动的网箱中，基于激素植入处理方法的快速发展，季节性产卵基本上得到了控制。然而，这些网箱内养殖的金枪鱼产卵季节仍然很短，每年大约 2 个月，而且由于季节性的有限卵量供应，很难实现金枪鱼鱼种商业化生产的稳定持续。使用网箱养殖金枪鱼亲鱼的另一个问题是：收集卵通常很困难，常常导致大量卵丢失。此外，在开放的网箱环境中，卵经常受到来自其他物种的卵的污染，这给仔鱼的饲养过程带来了额外的困难。除了受精卵的卵量以及这种季节性产卵的限制之外，还存在一些其他的质量问题，导致孵化率和孵化后最初几天的仔鱼存活率不是很稳定。针对受精卵采集与稳定供应的问题，可采用如下应对措施：

1. 采用陆基亲鱼培育池

通过控制调节性腺发育成熟及产卵的环境因素，例如温度、光照强度和光周期等，可以有效控制金枪鱼产卵的连续性和产卵量（Masuma et al.，2011）。然而，这些操作很难在海上的网箱中实施，但可通过使用陆基亲鱼池来实现对这些环境因素的有效控制。同时，通过使用陆基亲鱼池，也可消除网箱养殖条件下在复杂波浪流环境中进行海上收卵的问题。此外，采用陆基亲鱼池，其收集的卵将不再被其他物种的卵污染。

当然，采用陆基培育池进行金枪鱼亲鱼的培育，也有相对不足之处。第一是陆基培育池的造价成本比较高，需要一次性投入大量资金；第二，在陆基培育池饲养条件下，金枪鱼亲鱼往往会因为周围环境因子突变而引发应激性快速游动行为，常发生与池壁碰撞的现象，从而导致亲鱼损伤。为了避免大多数的这种壁碰撞，可以采取一些预防性改进措施，如池壁上

布设垂直条纹图案，以便于亲鱼更容易识别墙壁。此外，池内环境及周围环境的参数应该是恒定的，禁止参数发生突变，因此，应严格限制现场工作人员，以避免任何干扰。周围光照强度应该逐渐变化，且照明系统应该有一个不间断的电源支持。此外，应始终避免任何设备发出声音，特别是低振动的声音，以确保亲鱼没有突然的应激反应和快速逃避的游动行为。

2. 网箱养殖条件下，合理选择网箱布设海域并改进受精卵采集方法

尽管陆基亲鱼池有很多优点，但是现阶段大多数孵化场不会完全依赖于陆基培育池中的亲鱼，主要是因为这些陆基池的建造需要大量投资。此外，金枪鱼亲鱼在陆基池环境中长期饲养后往往会出现繁殖力降低的现象（Chen et al.，2016)。大型的漂浮网箱似乎提供了一个更自然的环境，这将会提升亲鱼的繁殖活力。因此，建议同时使用几组金枪鱼亲鱼，一组或两组在陆基池中，其余的可以放在大型网箱中。一旦陆基亲鱼池中的一组亲鱼的繁殖力下降了，大型网箱中的一组亲鱼就可以用来作为繁殖群体，而陆基池中疲倦的亲鱼可以放进大型网箱中使其恢复活力。由于人工饲养的大西洋蓝鳍金枪鱼的成熟率依然非常低（Masuma et al.，2008)，应该采取一系列措施来提高产卵亲鱼的比例，从而提高孵化所能获得的卵的数量。其中饲养网箱投放海域的选择尤为重要（Masuma et al.，2011)，所选海域在产卵季节应有稳定的洋流和22～27 ℃的温暖水域，可更好地刺激金枪鱼的性腺发育。此外，所选海域应相对安静，船只和其他潜在干扰活动的交通要少，水质良好且需富含天然饵料。最后，在亲鱼的人工喂养过程中，使用高质量的鲜鱼饵料且其中含有至少50%的鱿鱼，可以提高亲鱼性腺发育质量、受精卵质量，并可改善亲鱼的健康状况（Estess et al.，2014)。

为了改善大型网箱中的受精卵的收集效果，韩国研究人员设计了一种非常有效的拖网采集方法，亲鱼养殖网箱建议放置在浪流方向相对稳定且强度不太大的区域，网箱内表面水体的流速为10 cm/s时效果最佳（Van Beijnen，2017)。由于在海上采集受精卵过程中会受其他物种卵的污染，因此建议仅在大西洋蓝鳍金枪鱼的产卵时间（午夜至凌晨3点）进行受精卵的收集，并在大多数产卵活动停止后就立即开始收集卵。由于卵在开始孵化之前已移至孵化场，因此这种简单的措施将防止受精卵污染并提高卵的质量。收集后的受精卵可使用过氧乙酸溶液或臭氧进行灭菌处理，这样可以杀死可能从亲鱼转移到卵上的外部病原体、寄生虫和肉食性桡足类动物等。

（二）初孵仔鱼“漂浮死亡”

在大西洋蓝鳍金枪鱼人工育苗过程中的早期漂浮死亡（1～4 d）是其人工育苗过程中出苗率低的重要原因之一（Benetti et al.，2016；Matsuura et al.，2010)。根据已有的研究报道，这种早期阶段的漂浮死亡与鱼鳔的第一次充气有关，早期仔鱼鱼鳔的充气使其可以控制浮力及其在水体中的位置（Kurata et al.，2011)。孵化后的第一天，初孵仔鱼聚集在水面，通过吞下空气，可使鱼鳔膨胀。然而，由于水表面较高的表面张力，它们可能会被困在水与空气的界面之间，从而导致较高的死亡率（Buentello et al.，2016)。针对早期漂浮死亡的问题，Van Beijnen（2017）总结了以下几项可行的应对措施：

1. 使用油性乳剂降低水表面张力

在孵化后的第一天可以使用油性乳剂来降低水表面的表面张力，这可解决部分早期漂浮性死亡的问题。此外，通过提高受精卵的质量，进而提高初孵仔鱼的活力，也可在一定程度上使这些初孵仔鱼不被困在水体表面。然而，采用油性乳剂降低水表面张力的措施，也有其不足之处，即在水表面上添加油性乳剂会抑制仔鱼直接与空气接触，因此死亡率仍然不能得到很好的控制，反而还会导致鱼鳔的充气延迟，甚至阻止了鱼鳔的充气（Nakagawa et al.，2011），鱼鳔充气的延迟会导致仔鱼活力降低，进而会导致人工育苗后期苗种的大量死亡（Kurata et al.，2011）。

2. 利用表面撇除器清除育苗水体表面的油膜

采用表面撇除器清除育苗水体的杂物和表面的油膜，也是一种可以降低水表面张力的方法，能够使苗种在特定的时间间隔内畅通无阻地接触空气。然而，使用表面撇除器也有其不足之处，表面撇除器的使用在一定程度上提高了仔鱼的鱼鳔膨胀率，且它也极有可能增加了其他来源的死亡率（Kurata et al.，2011）。已有的研究表明，仔鱼鱼鳔的初始膨胀存在一个依赖于温度的时间窗（Kurata et al.，2011），该时间窗依赖于育苗水体的温度，苗种主要在充气窗口期间的16:00到19:00之间（当光强度降低时）吞食空气，而在这段时间内通过使用表面撇除器清除表面油膜，可使仔鱼获得较高的鱼鳔充气率（>80%）。因此，表面撇除器只需要在这几个小时内使用，而油乳剂可以在这段时间之前和之后添加，从而通过这两种方法的结合使用来提高苗种的成活率。

3. 通过藻类控制育苗水体的颜色

降低水表面张力的另一种方法是使用绿水技术，即在苗种培育池中保持一定的活藻类密度（Partridge et al.，2013）。尽管许多欧洲金枪鱼孵化场都是从清水技术开始的，但绿水技术在亚洲海洋有鳍鱼类养殖中非常流行，在苗种培育池中添加常规剂量的活体藻类具有许多优势。它带来了一个更健康、更稳定的养殖环境，并改善了水质（Tendencia et al.，2015）。这些藻类还可以作为活饵（轮虫、桡足类等）的食物，藻类被投放在育苗池中，从而确保了育苗期间所用活饵的营养价值，提高了苗种的生长速度和整体存活率。通过藻类的使用，较低了育苗水体的透明度，从而使苗种在早期阶段（10～20 d）的同类相食现象明显减少，且可有效改善苗种的摄食率。因此，通过藻类的使用来降低育苗水体的表面张力，是一种低成本且有效的方式（Partridge et al.，2013）。

4. 增加曝气量降低水表面张力

增加育苗水体的曝气量是进一步降低表面张力的一种简便方法。然而，已有的研究表明，由于夜间苗种处于相对安静的状态，在苗种培育过程中增加夜间的曝气量往往会导致苗种的死亡（Kurata et al.，2011）。针对这种情况，可以通过在育苗阶段的前几天增加照明的时间（24 h照明）来降低由于曝气量增加所导致的苗种死亡（Partridge et al.，2011）。此外，增加夜间照明的时间还可以使苗种有更多的摄食时间，从而使苗种在育苗阶段的前几天内体质更强壮，从而降低其死亡率。

总而言之，为了降低孵化后第一天的表面漂浮死亡率，应在16:00～19:00结合绿水培养与中等曝气量，采用24 h光照，合理运用表面撇除器，并相隔使用一些油乳剂，这是提高仔鱼鱼鳔充气率，同时改善苗种生长发育和整体健康的最佳方法。

（三）仔鱼“沉底死亡”

仔鱼的沉底死亡现象主要发生在孵化后5～10 d的夜晚。不同种类的海洋有鳍鱼类仔鱼的下沉死亡率不同，主要是因为在无光照的情况下，仔鱼在夜间活动较少（Takashi et al.，2006）。由于它们的密度高于海水，从而导致了仔鱼的下沉（Masuma et al.，2011）。在野生自然环境中，仔鱼的这种下沉行为不会导致其死亡，主要是因为仔鱼不太可能会沉到海底，但在人工育苗条件下的苗池中，由于水深只有1～2 m，仔鱼会撞到池底，损伤其鳍和骨骼，并与底部污垢接触，由于池底污垢含有较多的细菌与颗粒杂质物，从而最终导致仔鱼的大量死亡（Masuma et al.，2011）。针对仔鱼沉底死亡的现象，Van Beijnen（2017）总结了以下两点应对的措施：

1. 增加夜间曝气量

增加夜间的曝气量是进一步减少下沉死亡数量的最简单方法，曝气量的增加会使育苗水体出现上升流，这可以在一定程度上防止苗种的下沉（Kurata et al.，2011）。

2. 改进育苗设施，采用上升流装置

通过在育苗水体中安装上升流泵系统进一步促进育苗水体中上升流的效果，确保育苗水体保持稳定持续的自底部而上的水流，进而降低苗种的下沉现象。已有的研究表明，上升流系统可以使 10 d 仔鱼的存活率提高五倍（Masuma et al.，2011）。

（四）饵料、盐度等因素所导致的苗种死亡（5～15 d）

研究已证实，营养缺乏会显著降低金枪鱼苗种的成活率，活饵中较低的蛋白质与不饱和脂肪酸（尤其是 DHA 和 EPA）含量是金枪鱼鱼苗成活率低的主要原因之一（Biswas et al.，2006）。已有的研究表明，桡足类作为活饵有利于提高大西洋蓝鳍金枪鱼的育苗成活率，与仅投喂轮虫和卤虫饵料相比，投喂桡足类动物的大西洋蓝鳍金枪鱼的存活率大大提高，生长速度加快，畸形率也大大降低（Zohar et al.，2016）。尽管桡足类在金枪鱼苗种生产过程中具有至关重要的作用，但由于桡足类的养殖与轮虫养殖相比相对困难，且需要更多的人力物力，因此，多数金枪鱼孵化场都不会选择使用大量的桡足类作为活饵料，而是选择使用轮虫。鉴于此，在金枪鱼人工育苗过程中，为防止营养不足并促进苗种的健康发育，建议在育苗池中保持足够量的活饵料（Margulies et al.，2016）。此外，投喂轮虫和桡足类按 1∶1 比例混合的混合饵料，最好保持苗池中桡足类的密度在中等至较高的水平，同时将轮虫数量控制在较低范围内。轮虫应使用商业或自制的浓缩液进行富集，DHA 与 EPA 的优选比例为 3∶1。如果桡足类没有足够的密度，则建议在苗池中保持较高的轮虫密度。

刚孵化金枪鱼仔鱼的口部相对较小，口的相对宽度很小，在孵化后的前 6 d 明显增加，这对投喂所用饵料的规格大小有着严格的要求。对野生金枪鱼苗种肠道内容物的分析表明，小于 5 mm 的苗种一般只以小于 0.3 mm 的桡足类无节幼虫为食，而较大的苗种仅以较大的桡足类为食（Uotani et al.，1990）。轮虫和桡足类的成虫体型都很大，所以在第一次喂食金枪鱼苗种时，一定要使用无节幼虫。此外，研究也表明，活饵料中牛磺酸的含量与大西洋蓝鳍金枪鱼苗种成活率之间存在密切的相关性，建议每升活饵料的富集培养基中富集牛磺酸 400 mg（Van Beijnen，2017）。

育苗阶段盐度实验表明，与以 30 盐度饲养的苗种相比，在 40 的盐度下，大西洋蓝鳍金枪鱼苗种的存活率明显更高，且在低盐度下饲养的苗种最终会死亡，这种死亡极有可能归因于机体渗透调节方面的压力，通过对研究结果的分析，大西洋蓝鳍金枪鱼育苗阶段的盐度范围建议为 35～36（Van Beijnen，2017）。

总而言之，为了进一步提高大西洋蓝鳍金枪鱼在人工育苗阶段前几周的存活率，建议使用桡足类动物作为部分饵料，饵料中需富含 DHA、EPA 和牛磺酸，以及使用 35～36 的盐度（Van Beijnen，2017）。

（五）同类相食现象导致苗种死亡

同类相食是抑制商业化批量生产大西洋蓝鳍金枪鱼苗种的关键因素之一（Chen et al.，

2016)。虽然大多数海洋有鳍鱼类只在其苗种的后期才开始同类相食，但金枪鱼则是在第10天左右就开始了（Sabate et al.，2010)。从第20天左右开始，这个问题会变得非常严重，几天内存活率就会下降50%，这通常是因为在许多情况下，与同类相食行为有关的两条鱼都会死亡（Masuma et al.，2011)。由于金枪鱼幼鱼的生长激素水平非常高（Margulies et al.，2007)，相应地，它们的生长速度也很快，每天高达30%～50%，所以它们需要消耗大量富含蛋白质的饵料来维持生长和健康发育（Partridge et al.，2013)。为了实现有效的蛋白质摄入，金枪鱼苗种会吃掉其他鱼类的幼苗，如果其他蛋白质来源不足时，就会出现同类相食的现象，导致较高的死亡率。降低育苗过程中同类相食现象的方法，通常采用以下几种（Van Beijnen，2017)：

1. 投喂其他鱼类的卵黄囊仔鱼

对野生金枪鱼幼鱼肠道内容物的分析表明，鱼类幼鱼是大西洋蓝鳍金枪鱼和其他金枪鱼天然食物的一部分（Laiz-Carrion et al.，2015)。已有的研究表明，鱼苗的食量在5 d前后开始增加，之后显著增加（Llopiz et al.，2015)，这表明大西洋蓝鳍金枪鱼苗种需要喂养一些鱼苗以减少其同类相食。使用其他鱼种的鱼苗作为活饲料，特别是卵黄囊仔鱼，是目前生产健康的大西洋蓝鳍金枪鱼鱼苗最成功的方法（Van Beijnen，2017)。

2. 投喂足够的桡足类

投喂足够量的桡足类，可在一定程度上减少同类相食现象的发生（Laiz-Carrion et al.，2015)。然而，尽管桡足类的使用会进一步减少同类相食，但如果不使用至少一种有鳍鱼类卵黄囊仔鱼作为饵料，实现金枪鱼苗种顺利发育至幼鱼阶段仍然是非常困难的（Van Beijnen，2017)。

3. 及时分拣

在大多数的海洋鱼类孵化作业中，通过对鱼苗的集中分拣，将大小差异最小化，以进一步减少同类相食。这种操作同样也被证明在减少大西洋蓝鳍金枪鱼苗种的同类相食方面是有效的（Sabate et al.，2010)。但大西洋蓝鳍金枪鱼苗种的特殊性在于它们非常敏感，容易在分选过程中死亡（Masuma et al.，2011)。因此，需要通过对大西洋蓝鳍金枪鱼苗种进行麻醉处理或者使用非常柔软的分选网从20～30 d开始进行分选（Partridge et al.，2013)。在这个早期的日龄阶段进行分拣的好处是，可以在严重的同类相食发生之前（25～35 d）减少大小差异。

综上所述，通过一系列措施，包括投喂足量桡足类和卵黄囊仔鱼来保证饵料的营养价值，通过使用麻醉剂和非常柔软的网定期分拣，同类相食现象可以大大减少。

（六）池壁碰撞导致苗种死亡

苗种碰撞池壁通常发生在30 d之后，会造成相当高的死亡率（Honryo et al.，2013；Chen et al.，2016)。Honryo等（2013）的研究发现，这些碰撞通常会导致椎骨脱位和副蝶骨骨折，从而导致鱼苗立即死亡。金枪鱼苗种池壁碰撞的根本原因尚未得到充分研究（Honryo et al.，2013)。到目前为止，主要是由苗种的神经和视网膜系统发育不完全及环境因子（光照强度、噪声等）突变所引起的。

苗种的神经和视网膜系统发育不完全，导致其缺乏躲避像池壁这样的障碍物的视觉能力（Partridge et al.，2013)。针对这个问题，已有报道称，在饵料中增加牛磺酸的含量，可促进视网膜发育，进而降低池壁碰撞的现象。此外，育苗阶段使用大量的桡足类，由于其中含有大量的DHA和牛磺酸，此也被证明对防止与视网膜发育不完全相关的池壁碰撞有益（Van Beijnen，2017）。环境的突然变化所引起的池壁碰撞现象，主要源于金枪鱼的应激性反应强烈。因此，为了防止这种情况的发生，建议提供一个稳定的育苗环境。

（七）苗种转移导致死亡

由于苗种转移导致大量死亡的问题也是一个限制大西洋蓝鳍金枪鱼商业量产的主要原因。这种类型的死亡发生在苗种从室内孵化场转移到漂浮网箱中的生长环境之后（Higuchi et al.，2014），这也是该行业面临的最大挑战。

与其他海水鱼幼鱼相比，大西洋蓝鳍金枪鱼幼鱼的暗点视觉阈值似乎发育较差，这使得它们很难探测到障碍物（如网衣）的确切位置，尤其是在夜晚、黄昏和黎明的低光照强度时（Ishibashi et al.，2009）。利用红外热像仪进行的研究表明，金枪鱼幼鱼主要在夜间游向网箱，这证实了大西洋蓝鳍金枪鱼的暗视视觉阈值低是造成转移死亡率的主要原因之一（Ishibashi et al.，2009）。因此，适当增加夜间照明不仅可以防止幼鱼饲养池中的池壁碰撞现象，而且还可以防止金枪鱼成鱼的网壁碰撞现象（Ishibashi et al.，2009）。此外，从稳定的室内孵化环境到环境变化很大的浮动网箱中，由于外界环境的巨大变化也会导致额外的转移死亡（Tsuda et al.，2012），因此，选择一个相对安静的养殖海区也是降低苗种转移死亡率的关键措施之一。

七、大西洋蓝鳍金枪鱼养殖技术

根据已有的研究报道，大西洋蓝鳍金枪鱼的网箱养殖技术细节如下（李娟 等，2008；Van Beijnen，2017）：

（一）网箱养殖设施

多采用圆柱形网箱（直径10～120 m，深度25～35 m），如土耳其网箱周长150 m，直径48 m，深20～25 m，水体$(3.6～4.5)\times10^4 m^3$；西班牙网箱周长126～283 m，直径40～90 m，深15～17 m；克罗地亚地区网箱周长157 m，直径50 m，深20 m，水体$3.9\times10^4 m^3$。

网箱材料为聚乙烯管，管径250～300 mm，管壁厚10～25 mm，为高强度聚乙烯管材。网箱形状为椭圆形和圆形，网衣材料为PE和PA，菱形网目，网目尺寸140～200 mm。

（二）苗种来源

地中海区域的大西洋蓝鳍金枪鱼养殖以短期育肥为主，除克罗地亚主要采取捕获8～30 kg野生金枪鱼幼鱼进行为期不少于2年的养殖外，其余国家基本是采捕40～400 kg的野生金枪鱼，进行为期3～7个月的短期育肥。野生金枪鱼，捕捞季节为夏季5月下旬到7月（产卵季节），表层水温24 ℃。将金枪鱼围网捕获的金枪鱼转移到周长90 m的转运网箱中，用拖船慢慢拖到网箱养殖场海域，再由潜水员将其从转运网箱引导到周长150 m的养殖网箱。苗种的另一个来源则是经人工繁育所获得的大西洋蓝鳍金枪鱼子代苗种。

（三）养殖海区条件

大西洋蓝鳍金枪鱼生长适宜水温10～30 ℃，最佳水温条件为13～28 ℃，溶解氧7～8 mg/L，网箱离岸1～2 km，网箱海区深度30～50 m，最好在低流速（0.04～0.23 kn）的海区。

（四）放养密度

大西洋蓝鳍金枪鱼网箱放养密度一般控制在2～5 kg/m^3 水体，通常不高于6 kg/m^3，如西班牙地区，网箱周长 283 m，密度为 2～5 kg/m³ 水体；土耳其地区常规网箱周长 150 m，密度为 2～4 kg/m³ 水体。

（五）饵料来源

养殖所用饵料主要以冰鲜沙丁鱼、鲱鱼、鲭鱼、竹筴鱼以及一些头足类为主，一般饵料系数为 15～30，如在克罗地亚地区饵料系数为 15，蓄养期间体重增加 15%～20%，1 天两次投饵，死亡率为 3%～5%。

第六章 南方蓝鳍金枪鱼

南方蓝鳍金枪鱼（Southern bluefin tuna，SBT，图 6－1）又称马苏金枪鱼（*Thunnus maccoyii*），为金枪鱼类的一种，其肉质鲜美，非常适合制作高品质的生鱼片和寿司，具有很高的经济价值。由于长期的过度开发，20 世纪 80 年代南方蓝鳍金枪鱼资源开始出现严重衰退。之后，南方蓝鳍金枪鱼的养护与管理越来越为国际社会重视，一些养护与管理措施纷纷被提出并实施。1993 年 5 月《南方蓝鳍金枪鱼资源养护公约》的签订及相应的南方蓝鳍金枪鱼养护委员会的建立是南方蓝鳍金枪鱼开发利用与管理方面新的里程碑，使国际社会关于南方蓝鳍金枪鱼渔业的管理机制被初步建立。目前，我国正大力发展金枪鱼渔业。

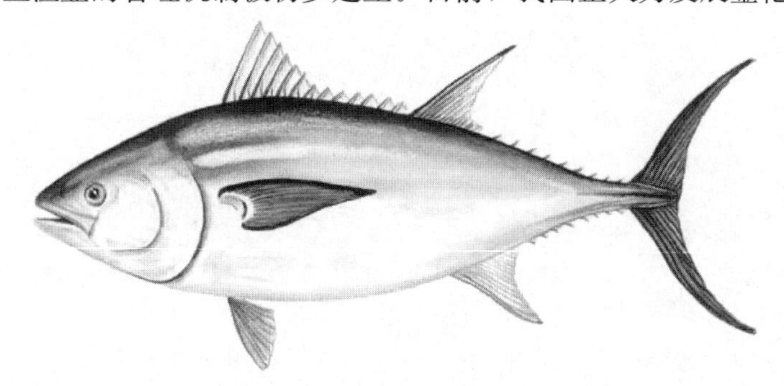

图 6－1 南方蓝鳍金枪鱼（SBT）

第一节 南方蓝鳍金枪鱼的生物学特性

一、年龄和生长

用耳石测定南方蓝鳍金枪鱼的年龄是最直接有效的方法，但 13 龄后常规方法读取的数据不准确，需加入放射性物质标记（Kalish，1996；Tomoyuki，1996；Clear，2000；Anonymous，2002）。南方蓝鳍金枪鱼最高年龄可达 42 龄（Anonymous，2004）。1 龄鱼平均体长为 54～64 cm，2 龄鱼平均体长为 73～85 cm，3 龄鱼平均体长为 85～100 cm，生长随季节、年代不同有所变化（Leigh，2000）。体长和体质量关系式（Caton，1991）为：

$L<130$ cm：$W=3.130\,88\times10^{-5}L^{2.905\,8}$

$L>130$ cm：$W=1.403\,6\times10^{-6}L^{3.539\,9}$

用传统的 Von Bertalanffy 方程拟合，得到的生长参数见表 6－1。

表 6－1 Von Bertalanffy 方程参数值

L_∞（cm）	K	T_0	文献
261.3	0.108	－0.157	Thorogood，1987
207.6	0.128	－0.394	Caton，1991

一些研究认为常规的 Von Bertalanffy 模型与南方蓝鳍金枪鱼生长方式有着明显的偏离（Anonymous，1994；Laslett，2002；Hearn，2003）。Laslett 等认为在从稚鱼向亚成鱼过渡期间，生长过程有着微小的变化。为了研究生长过程的这种变化把个体生长分为两个阶段，并提出 Von Bertalanffy log k 模型：

$$l\ (a)=L_{\infty}\left\{1-\mathrm{e}^{-k_2}\ (a-a_0)\ \left[\frac{1+\mathrm{e}^{\beta(a-a_0)^{-a}}}{1+\mathrm{e}^{\alpha\beta}}\right]^{-(k_2-k_1)\beta}\right\}$$

其中：a 是年龄；l 是体长；a_0 是体长为零时的理论年龄；L_{∞}是极限体长；k_1是第一阶段的生长率；k_2 是第二阶段的生长率；α 是决定过渡年龄的参数；β是控制过渡速率的参数。

此模型比 Von Bertalanffy 模型更准确。VonBertalanffy log k 模型中的 $a-a_0$ 用 $a-a_0+s\ (t)$ 替换，转换成一年内周期变化的季节性生长模型 $s\ (t)$，用正弦函数表示为：

$$s\ (t)=\frac{u}{2\pi}\sin\ [2\pi\ (t-w)]$$

其中：u 是振幅，取值范围 0～1；w 是控制过渡期的参数，取值范围－0.5～0.5；t 是一年内从 1 月开始计算的一段时间。

Von Bertalanffy log k 模型和季节性生长模型的参数值如表 6－2 所示，结果表明 20 世纪 80 年代稚鱼生长显著快于 60 年代，60 年代 2 龄鱼体长与 60 年代 3 龄鱼体长接近；70 年代是生长率转折期；90 年代与 80 年代生长率相近。第一阶段生长率（k_1）不断增加，而第二阶段生长率（k_2）却在下降。季节性生长模型中 u 和 w 的标准偏差较大，主要是因为信息量较少，且与每年的环境条件的变化密切相关。从季节性生长模型可知南方蓝鳍金枪鱼每年的 1 月到 3 月生长速度最快。Polacheck 等认为 40 年内生长率变化与反映稚鱼丰度的种群密度变化一致（Polacheck，1999；Polacheck，2004；Everson，2004；Laslett，2004）。

表 6－2　Von Bertalanffy log *k* 模型和季节模型估计参数值（Laset，2004）

年代	m_{∞}	s_{∞}	k_1	k_2	T_0	α	β	U	w
1960s	187.8	7.0	0.14	0.15	−1.6	5.5	30.0	0.53	−0.07
	(0.4)	(12.4)	(1.2)	(3.8)	(2.6)	(7.4)	(na)	(14.7)	(28.9)
1970s	184.3	7.9	0.15	0.19	−1.3	5.7	30.0	0.92	0.06
	(0.3)	(2.0)	(1.5)	(5.0)	(3.7)	(4.2)	(na)	(11.6)	(29.0)
1980s	184.7	8.1	0.22	0.17	−0.4	2.8	18.3	0.34	0.13
	(0.5)	(4.8)	(1.3)	(2.7)	(5.5)	(3.0)	(na)	(11.2)	(9.2)
1990s	184.9	8.7	0.25	0.16	−0.3	2.5	12.4	0.41	0.26
	(1.7)	(4.3)	(3.1)	(4.4)	(11.0)	(2.8)	(na)	(13.1)	(9.0)

注：m_{∞}是 L_{∞}平均值的标准变量；s_{∞}是 L_{∞}的标准偏差，括号内数据为变异系数（100×标准误差/平均值）；na 代表不能获得标准误差。

二、死亡

死亡率包括自然死亡率和捕捞死亡率。自然死亡率（M）有着很大的不确定性，随水域和年龄变化。一般情况下，幼鱼的自然死亡率较高，而成鱼的自然死亡率较低。普遍认为 M 为 0.2，进一步分析表明 M 在 0.2±0.1 范围内波动（Caton，1991）。1992—1997 年，

3～5龄的平均死亡率是1994年的2倍多，表明这期间捕捞压力在增加（Polacheck，1998）。

三、南方蓝鳍金枪鱼的性腺发育、性成熟和繁殖

（一）性腺发育

金枪鱼主要为雌雄异体，且雌雄发育不同步（Schaefer，2001）。一般是多个或成批地产卵，它们直接将配子释放到海洋中进行受精（Schaefer，2001；Wallace，1981）。相关研究认为，所有金枪鱼产卵活动都发生在海水温度超过24℃时（Schaefer，2001）。南方蓝鳍金枪鱼是洄游鱼类，但在时空上受到限制：成熟的南方蓝鳍金枪鱼一般是在9月至翌年4月间在澳大利亚西北海岸一个相对较小的产卵区（10°S—20°S，100°E—125°E）被捕获（Farley et al.，1998；Jenkins et al.，1991；Nishikawa et al.，1985；Safina，2001；Sund，1981）。雌性南方蓝鳍金枪鱼的性腺发育阶段特征可根据黄鳍金枪鱼（*T. albacares*）的标准划分成9个阶段（Itano，2000），如表6-3所示。

表6-3　雌性南方蓝鳍金枪鱼性腺发育阶段特征

发育阶段	性腺的成熟度分类	开始出现的卵母细胞群和排卵后卵泡（POF）
1	不成熟阶段	无卵黄卵母细胞—双线晚期，无POFs
2	不成熟阶段	无卵黄卵母细胞—核周晚期，无POFs
3	不成熟阶段	早期的卵黄卵母细胞期，无POFs
4	进入成熟阶段（具有繁殖潜力）	卵黄卵母细胞前期，无POFs
5	成熟阶段（产卵活跃）	细胞核迁移或水合卵母细胞期，有或无POFs
6	成熟阶段（产卵活跃）	细胞核迁移或水合卵母细胞期，有或无POFs
7	退化阶段（具有繁殖潜力）	卵黄卵母细胞前期，无POFs
8	成熟阶段（产卵不活跃）	早卵黄期
9	成熟阶段（产卵不活跃）	无卵黄期

同样，根据Seoka（2007）对太平洋蓝鳍金枪鱼（*T. orientalis*）的标准，雄性南方蓝鳍金枪鱼的生殖成熟度按1到5的顺序进行分类。第1阶段和第2阶段被划分为不成熟阶段，而第3到第5阶段被划分为性成熟阶段，如表6-4所示。

表6-4　雄性南方蓝鳍金枪鱼性腺发育阶段特征

阶段	性腺的成熟度分类	生殖细胞的条件
1	不成熟	精原细胞减少，出现少量的精囊和精子细胞
2	不成熟	生殖细胞在精子发生的所有阶段都存在（精原细胞、精母细胞、精子细胞和精子，即早期精子发生）
3	进入成熟阶段	与前期相比，精母细胞和精子细胞数量增加，精子充满小管、传出管和主精子管（即晚期精子发生）
4	成熟阶段（活跃产精子）	与前期相比，精母细胞和精子细胞较少，主精子管充满精子
5	成熟阶段（产精后期）	小管和输出管几乎没有精子，残留的精子存在

研究表明，生产组雌性南方蓝鳍金枪鱼除了体型大的成熟期为 4 期之外，其他的雌性均为不成熟的 1 期或 2 期（图 6－2A～C）（Erin，2011）。在 2 期未成熟南方蓝鳍金枪鱼中，76％表现出轻微的三角形闭锁状态，这可能表明它们已经开始产生卵黄。这些南方蓝鳍金枪鱼没有被归类为 9 期（繁殖不活跃）而是归类于 1 期或 2 期，是因为观察到的低水平三角闭锁表明卵黄产量不足以产卵，在其他未成熟鱼类中观察到低水平闭锁（Hunter et al.，1985b）。线性回归分析表明，最先卵母细胞群的平均卵径与南方蓝鳍金枪鱼体重之间存在显著的正相关关系（图 6－3A、B）。未成熟南方蓝鳍金枪鱼最先卵母细胞群卵径平均值为 40～95 μm，低于成熟样品的最先卵母细胞群卵径（4 期，平均直径为 347 μm）。2 期雌性南方蓝鳍金枪鱼生殖腺大于 1 期（图 6－4A、B）。1 期南方蓝鳍金枪鱼的体重与叉长分别是 24～47 kg 和 99～126 cm，而 2 期的体重和叉长范围分别是 33～64 kg 和 115～137 cm。这表示南方蓝鳍金枪鱼体重小于 64 kg、体长小于 137 cm 时均未达到性成熟。1 期和 2 期南方蓝鳍金枪鱼的性腺指数、脂体和肝体体重指数相似（图 6－5A～E）。未成熟的南方蓝鳍金枪鱼性成熟系数小于 0.31、性腺指数小于 0.74。雌性南方蓝鳍金枪鱼在 1～2 期时其脂体和肝体指数变化范围分别为 0.03～0.32 和 0.65～1.44。4 期南方蓝鳍金枪鱼其最先卵母细胞群卵黄已形成，这意味着它有进一步发展和随后产卵的潜力（潜在的生殖力）（图 6－2 C）。成熟阶段南方蓝鳍金枪鱼性腺成熟系数为 0.71，性腺指数为 1.92，明显高于未成熟组（图 6－3A、B）。成熟阶段南方蓝鳍金枪鱼的条件指数略高于未成熟组，而脂肪指数在各个阶段差异不大（图 6－5 C、D）。

对于蓄养组南方蓝鳍金枪鱼来说，其雌性大部分属于 4 期、7 期或者 8 期、9 期（表 6－4，图 6－2 C～F）。其中 80％的个体均属于无生殖活力的 8 期或 9 期（表 6－5，图 6－2 E、F），

表 6－5　蓄养组和生产组南方蓝鳍金枪鱼每个月达到成熟的雌性个体数量（Erin，2011）

	成熟期																	
	生产组									蓄养组								
	1 期	2 期	3 期	4 期	5 期	6 期	7 期	8 期	9 期	1 期	2 期	3 期	4 期	5 期	6 期	7 期	8 期	9 期
1 月																		
2 月																		1
3 月																		1
4 月	13																	
5 月																		
6 月	6	2														1		2
7 月		1																2
8 月	3	11																
9 月	2	1											1				1	2
10 月	5	2		1									1					
11 月																		1
12 月																	1	1
合计	29	17		1									2				2	10

注：1～3 期为未成熟阶段，4～9 期为成熟阶段。

这与生产组的1期或者2期南方蓝鳍金枪鱼相似，其卵母细胞不具卵黄或者具有早期卵黄。然而，卵黄卵母细胞闭锁的存在表明，它们在最近的一段时间内经历了大量的卵黄生产。处于4期和7期南方蓝鳍金枪鱼的最先卵母细胞群已经处于卵黄状态，这表明它们有进一步发育和随后产卵的潜力（图6-2 C、D)。然而，7期的南方蓝鳍金枪鱼卵巢的闭锁状态远高于4期，这表明它可能处于回归状态。处于4期的生产组南方蓝鳍金枪鱼的具卵黄卵母细胞的数量远多于蓄养组，这表明它的繁殖能力更强，更适合用于亲鱼。在蓄养组中，8期和9期的南方蓝鳍金枪鱼在大多数月份都被观察到，而7期的基本只在6月被发现，4期基本是在10月观察到。

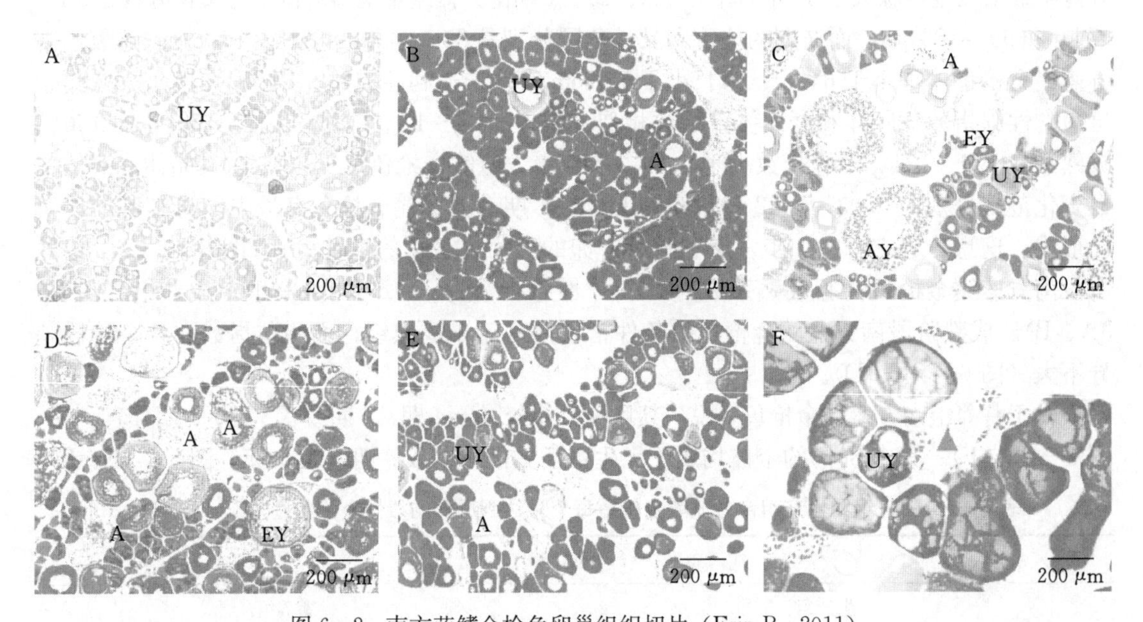

图6-2　南方蓝鳍金枪鱼卵巢组织切片（Erin B，2011）

第1阶段（A)、第2阶段（B)、第4阶段（C)、第7阶段（D)、第8阶段（E）及第9阶段（F）生殖成熟；
（UY＝未卵黄卵母细胞，EY＝早期卵黄卵母细胞，AY＝晚期卵黄卵母细胞，A＝闭锁，箭头提示迟发性闭锁)；
第1至第3阶段为不成熟阶段，第4至第9阶段为成熟阶段

线性回归分析表明，这些鱼的大小与最先卵母细胞群平均直径之间没有关系（图6-3)。蓄养组南方蓝鳍金枪鱼成熟期卵母细胞直径范围是85～375 μm。在生殖成熟的各个阶段，蓄养组南方蓝鳍金枪鱼的重量和叉长都是相似的（图6-4)。蓄养组南方蓝鳍金枪鱼基于体重的性成熟指数最高值为4期的0.97，而基于叉长8期时成熟指数最高值为2.6，略高于4期的2.38。条件指数范围为20～34，脂肪指数范围为0.08～0.85，肝脏指数范围为0.76～1.59。形态指标方面，蓄养组南方蓝鳍金枪鱼普遍高于生产组，但二者的肝脏指标基本一致。

研究表明，92%的生产组雄性南方蓝鳍金枪鱼属于不成熟的1期或2期，在受检的64尾鱼中只有5尾达到成熟的3期（表6-4，图6-5A～E)。精原细胞普遍存在于1期雄鱼睾丸中，但是精母细胞和精子却几乎不存在（图6-5A)。相反，精原细胞、精母细胞和精子等几乎全部存在于2期雄鱼组织中（图6-5 B、C)，精子的数量特别少，表明该阶段的雄鱼还未真正的成熟（图6-5A～C)。与生产组的雌鱼一样，雄鱼的成熟程度与

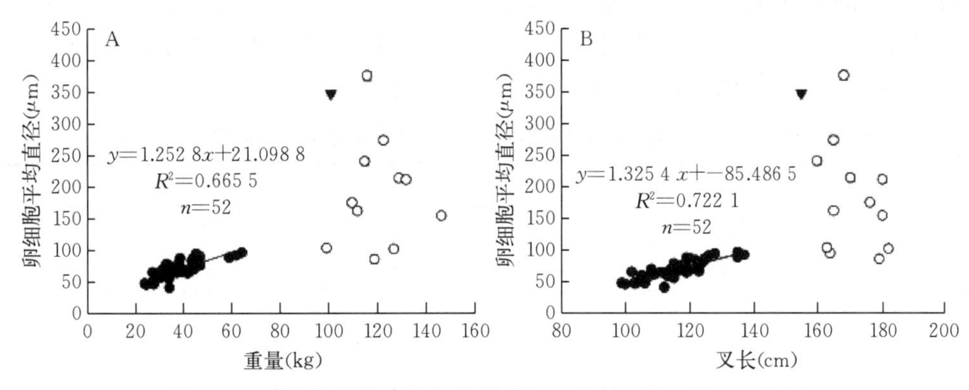

图 6－3　卵细胞平均直径与重量（A）、叉长（B）（Erin，2011）

（●）代表不成熟，（▼）代表成熟生产组，（○）代表成熟蓄养组

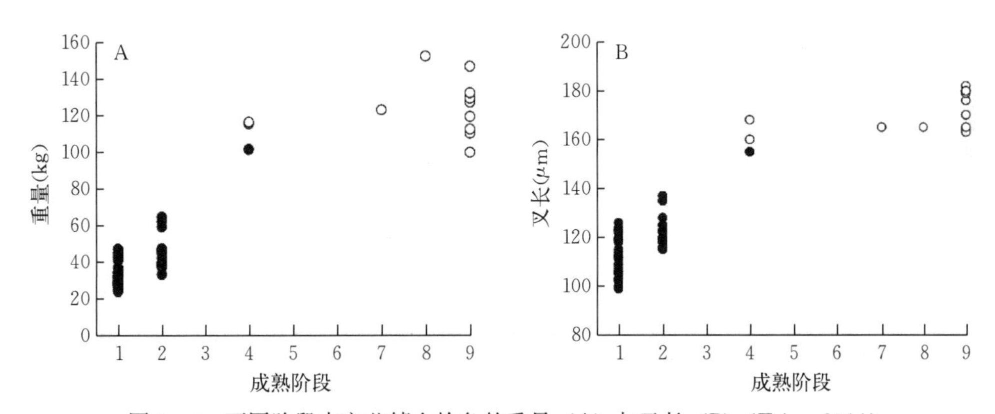

图 6－4　不同阶段南方蓝鳍金枪鱼的重量（A）与叉长（B）（Erin，2011）

（●）生产组，（○）蓄养组，第 1 至第 3 阶段为不成熟阶段，第 4 至第 9 阶段为成熟阶段

鱼的大小有关（图 6－6A、B），如，1 期雄鱼的体重 24～59 kg、叉长 100～137 cm，2 期雄鱼的体重 30～71 kg、叉长109～143 cm。这些结果表明，未成熟的南方蓝鳍金枪鱼雄鱼体重小于 71 kg、叉长小于 143 cm。此外，南方蓝鳍金枪 1 期和 2 期性成熟指数、性腺指数、条件指数、脂肪指数及肝脏指数等几乎相似（图 6－6A～E）。3 期的雄鱼被认为是成熟的，输精管、传出管和主输精管中积累了较多的精子，表明它们正准备产精子（图 6－5 D、E）。3 期雄鱼的体重 51～80 kg、叉长 128～150 cm（图 6－6 A、B）。因此，可以大致推断，体重小于 51 kg、叉长小于 128 cm 的南方蓝鳍金枪鱼雄鱼可能是不成熟的（1 期和 2 期），而体重大于 71 kg、叉长大于 143 cm 的雄鱼可能已经成熟了。3 期雄鱼的形态指标与 1 期、2 期差异不显著（图 6－7A～E）。

组织切片结果显示，蓄养组雄性南方蓝鳍金枪鱼的睾丸成熟期为 3 期或 4 期（成熟期或者是产精旺盛期，图 6－5D～F）。7 尾雄性南方蓝鳍金枪鱼中有 4 尾处于成熟期 3 期，其余处于积极产精子的 4 期（表 6－6）。生殖细胞在南方蓝鳍金枪鱼发育的 3 期和 4 期都存在，但 4 期的精母细胞和精子细胞比 3 期少，其主要的精子导管内充满精子。这表明了从 3 期精子产生到 4 期精子储存的转变。3 期南方蓝鳍金枪鱼出现在 2 月、6 月及 7 月，但 4 期一般出现于 11 月和 12 月。处在 3 期和 4 期的雄鱼大小及叉长差异不大（体重 97～145 kg、叉长

165～175 cm，图 6-6A、B）。3 期雄鱼生殖腺指数为 0.11～0.12，而 4 期为 0.24～0.26；3 期雄鱼条件指数为 0.23～0.31，4 期为 0.56～0.63（图 6-7A、B）。性腺指数方面，3 期和 4 期雄鱼差异不显著，但两者脂肪指数的差异十分显著（图 6-7C、D）。

表 6-6　蓄养组和生产组南方蓝鳍金枪鱼每个月达到成熟的雄性个体数量（Erin，2011）

	成熟期									
	生产组					蓄养组				
	1 期	2 期	3 期	4 期	5 期	1 期	2 期	3 期	4 期	5 期
1 月										
2 月								2		
3 月										
4 月	8	5	1							
5 月										
6 月	16	4						1		
7 月								1		
8 月	7	6	1							
9 月	3	2	2							
10 月	3	5	1							
11 月									1	
12 月									2	

注：1～2 期为未成熟阶段，3～5 期为成熟阶段。

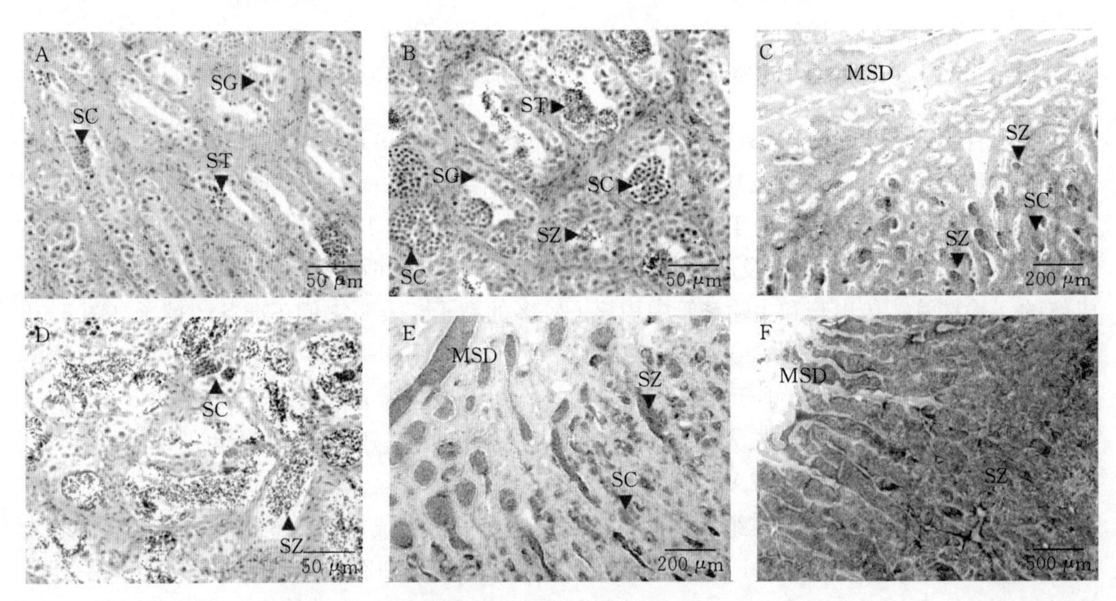

图 6-5　南方蓝鳍金枪鱼睾丸的组织切片（Erin，2011）

睾丸成熟的第 1 阶段（A）、第 2 阶段（B、C）、第 3 阶段（D、E）和第 4 阶段（F）

（SG=精原细胞，SC=精母细胞，ST=精子细胞，SZ=精子，MSD=主输精管）

第 1 和第 2 阶段被划分为不成熟阶段，第 3 到第 4 阶段被划分为成熟阶段

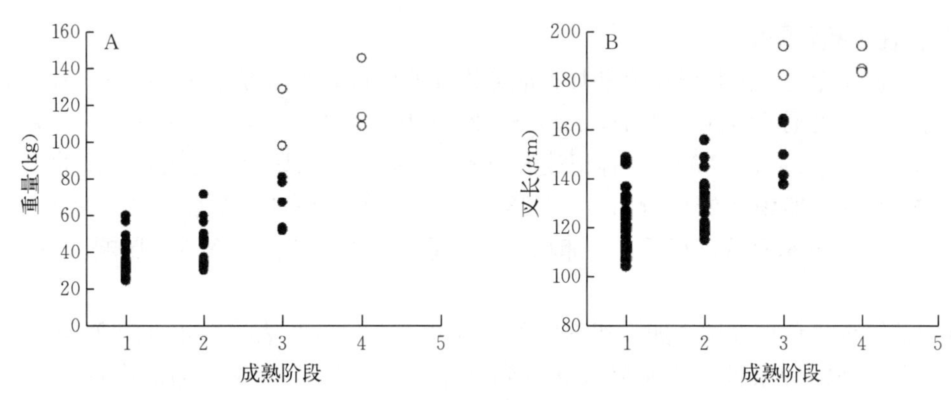

图 6-6　不同阶段南方蓝鳍金枪鱼雄鱼重量和叉长范围（Erin B，2011）

（A）为重量范围，（B）为叉长范围，（●）为生产组，（○）为蓄养组，1～2 期为不成熟，3～5 期为成熟

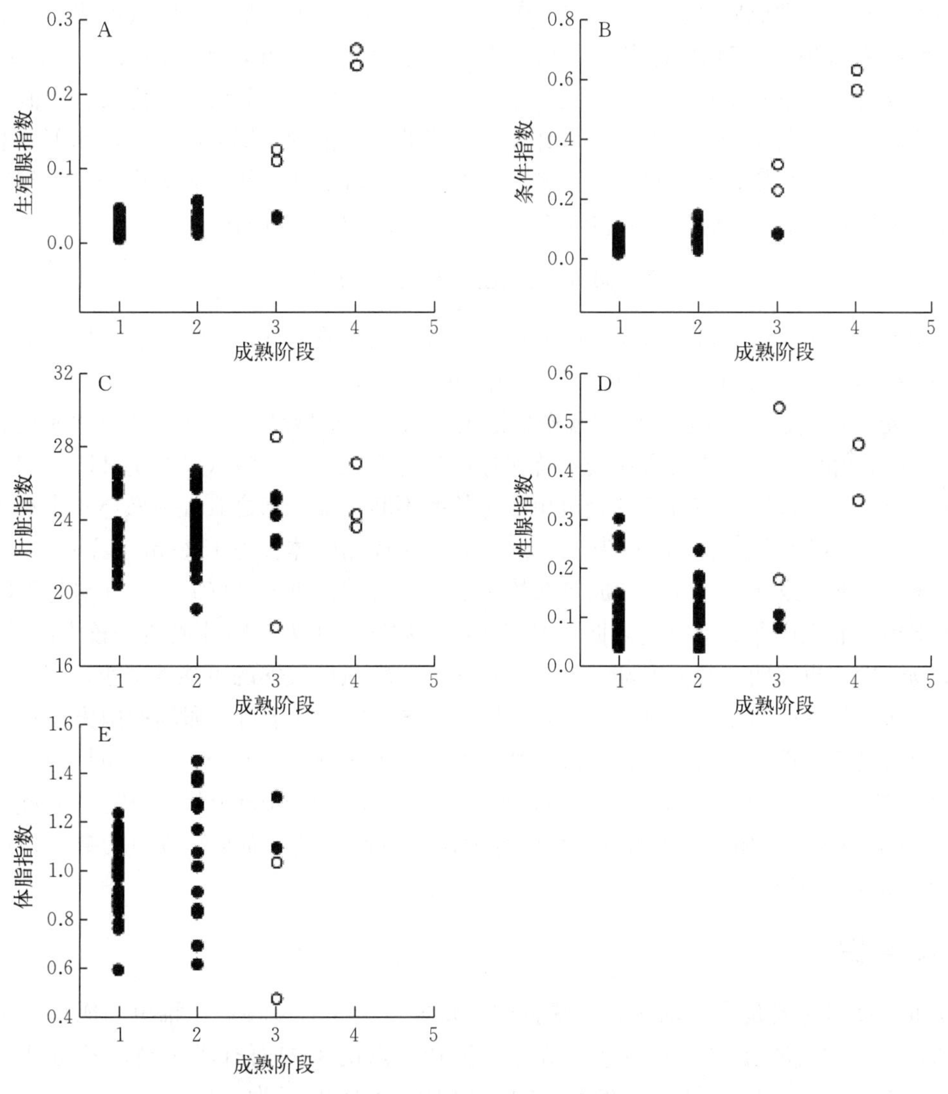

图 6-7　不同阶段南方蓝鳍金枪鱼雄鱼形态指标（Erin B，2011）

（●）为生产组，（○）为蓄养组，1～2 期为不成熟，3～5 期为成熟

（二）性成熟和繁殖

对南方蓝鳍金枪鱼遗传学研究和耳石成分指纹的分析表明南方蓝鳍金枪鱼只有一个产卵场，在印度洋印度尼西亚爪哇南部，约 7°S—20°S 和 102°E—124°E（Grewe，1997；Proctor，1995；Anonymous，2001）。标记放流和形态学研究结果显示，三大洋捕捞的南方蓝鳍金枪鱼均来自此产卵场（Anonymous，2003）。产卵场表层是热带暖水（24～28 ℃），盐度为 35.0～35.6，叶绿素浓度很低，产卵场受南赤道流、李氏潮流等海流的影响（Matsuura，1997）。

南方蓝鳍金枪鱼在表层产卵，成熟卵卵径为 0.4～1 mm，表层暖水（24 ℃以上）是卵和仔鱼生存所必需的条件。产卵期从 9 月到翌年 3 月，1—2 月是产卵的高峰期。叉长为 158 cm，性成熟系数 4.31 的雌鱼怀卵量高达 1 400 万～1 500 万粒。Farley 等（1998）在不同的地点采样，得到不同的性成熟系数：在塔斯马尼亚、新西兰、南非近海的饵料场采样，卵巢均小于 1 kg，性成熟系数小于 3.2；在印度洋东南部采样，卵巢的质量可达 2.8 kg，性成熟系数可达 4.9；产卵场的雌鱼，卵巢较大，质量可达 7.4 kg，卵径均大于 0.4 mm，性成熟系数较高，且不断变化，其变化范围是 1.3～13.1。性成熟系数的变化没有峰值或明显的变化趋势，这说明在产卵期卵巢发育并非是同步的、成批的，属多峰连续产卵型。对产卵后卵泡的研究表明，雌鱼平均每 1.1 天产卵一次，可以近似认为雌鱼每天产卵。产卵后残留的卵母细胞只有 5.6%。批产卵量和体长（L）有关，线形拟合得到：

$$\text{批产卵量} = 4.782\,42 \times 10^{-17} L^{7.530}$$

平均批怀卵量，以卵母细胞是 600 万粒，或每单位体质量（g）含有 57 个卵母细胞计数（Anonymous，2001；Farley，1998；Thorogood，1986）。

20 世纪 60 年代的研究表明南方蓝鳍金枪鱼生物学最小型是 130 cm，50%性成熟的体长为 146 cm。20 世纪 70 年代的研究表明首次性成熟年龄为 5～7 龄（叉长为 110～125 cm）。由于 20 世纪 60 年代以后南方蓝鳍金枪鱼的生长率不断增加，随之其性成熟体长也在不断增加。20 世纪 90 年代生物学最小型为 147 cm，50%性成熟的体长为 152 cm（以卵径大于 0.4 mm 为成熟标准）或162 cm（以性成熟系数大于 2 为成熟标准）。2001 年，日本基于印度尼西亚延绳钓渔业在产卵场渔获量数据和本国渔获量数据，认为 9 龄性成熟有较大的可能性，并且生物学检测也表明 9 龄能产卵。澳大利亚认为 8 龄鱼性成熟的可能性很小，因为印度尼西亚在产卵场的渔获物中未发现 7 龄鱼，8 龄鱼也非常少。基于对产卵场的南方蓝鳍金枪鱼直接的年龄测定数据，澳大利亚认为最低性成熟年龄为 10 龄（152 cm），大量性成熟年龄为 12 龄（162 cm）（Anonymous，2001；Farley，1998；Thorogood，1986；Anonymous，1994）。各个渔场渔获物性比为雌性稚鱼的数量比雄性稚鱼多，而雄性成鱼的数量超过雌性成鱼（Caton，1991）。

四、食性

仔鱼的食饵主要是甲壳动物，有嗜食同类现象（Caton，1991）。稚鱼和成鱼是杂食的机会捕食者，主要的食物种类根据季节、年份和地点的不同而有所区别。各海域食饵不同与月运周期有关，稚鱼和食饵在不同的月相有着不同的行为（Kemps，1998；Kemps，1999）。

南方蓝鳍金枪鱼主要捕食鱼类，也可摄食头足类和甲壳类，还可以在光线微弱的深海觅食，反映了对不同栖息环境的适应（Kemps，1998）。Young 等（1997）在 1992—1994 年在塔斯曼海东部对 1 219 尾南方蓝鳍金枪鱼的研究表明：92 种食饵种类，属广食性鱼类，食饵范围从体长小于 1 cm、体质量 0.1 g 的小型甲壳类［如壳短腿（*Brachyscelus crusculum*）］到体长 50 cm、体质量 4 kg 的鱼类［如乌鲂（*Bramabrama*）］，沿岸食饵多样性（38 种）低于近海（78 种）。沿岸主要食饵是鱼类，包括鲱目、灯笼鱼目、颌针鱼目、海龙目、鲱形和形目，主要物种是斜竹筴鱼（*Trachurus declivis*）和谐鱼；其次是头足类（6 种），主要物种是澳大利亚柔鱼（*Nototodarus gouldi*）稚鱼；甲壳类出现频率高但生物量较少；其他类都是偶尔出现，如澳大利亚夜明磷虾（*Nyctiphanes australis*）及远洋端足目。近海，有更多种的大型浮游动物，出现频率最高的是甲壳纲［如隐巧（*Phronima sedentaria*）］，但生物量较小；食饵主要是头足纲（17 种）；其次是鱼类，除沿岸上述目外还有巨口鱼目、仙女鱼目、金眼鲷目、海鲂目和鼠鳕目的种类，主要食饵是斜竹筴鱼（Young，1997）。Serventy 等（1956）在澳大利亚东部、南部水域的研究表明食饵主要是斜竹筴鱼、澳大利亚拟沙丁鱼（*Sardinops neo - pilchardus*）、澳大利亚柔鱼和澳大利亚夜明磷虾。新西兰北部海域的主要食饵是远洋鱼类以及鱿鱼、章鱼（Robins，1872）。新西兰西南沿岸主要食饵是乌鲂和樽海鞘（Webb，1972）。综上所述，各海域食饵种类虽然有些不同，但食饵范围大体一致，食饵的比例取决于食饵供给的丰度。南方蓝鳍金枪鱼昼夜摄食显著不同，早晨是进食高峰，其他时间呈下降趋势。南方蓝鳍金枪鱼（未成熟鱼叉长小于 155 cm，成熟鱼叉长小于 192 cm）日摄食量是个体质量的 0.97%，瞬时胃排空率（R）为 $-0.32\ h^{-1}$；沿岸鱼日摄食量为 2.69%（$R=-0.42\ h^{-1}$），近海日摄食量为 0.81%（$R=-0.32\ h^{-1}$），沿岸的日摄食量是近海的 3 倍。冷水和暖水中日摄食量相近，但在亚热带交汇处（14 ℃≤T≤16 ℃）较低（Young，1997）。

五、种群及资源动态

从南非、西澳、南澳和塔斯马尼亚岛的近海取样，通过种群遗传学研究，用 3 种限制性酶（Bam HI、BclI 和 EcoRI）分析 6 种多态异型酶的基因座和线粒体 DNA（mt DNA）变体，未发现显著的空间异质性；等位基因没有与性别相关的差异，不同产卵高峰的稚鱼未发现显著的遗传差异，体长小于 70 cm 和大于 70 cm 的鱼等位基因没有显著不同，这些现象均表明南方蓝鳍金枪鱼是单一种群（Grewe，1997）。

1967 年亲鱼资源量开始明显下降，至 1980 年资源量大体保持恒定，其亲鱼资源量水平是初始水平的 21%～30%（Hampton，1984），1980 年资源量被认为是“生物安全资源量”的界限（AFFA，2001）。1998 年评估亲鱼资源量，认为是 1960 年的 7%～15%，1980 年的 25%～53%（Anonymous，1988）。2001 年评估产卵种群资源量是 1988 年的 49%，1980 年的 29%和初始水平的 6%（Anonymous，2001）。2004 年评估种群资源量是初始水平的 3%～14%，是 1980 年水平的 14%～59%（Anonymous，2004）。1950—1976 年补充量稳定，20 世纪 80 年代开始一直下降（Mori，2001）。到 20 世纪 90 年代中期实际种群分析（VPA）补充量是 1960 年水平的 1/3（黄锡昌，2003）。2001 年评估认为补充量比 1980 年的 46%还少，并将处于长期下降趋势（Matsuura，1997）。

南方蓝鳍金枪鱼保护委员会（CCSBT）的目标是到 2020 年使产卵群体数量恢复到 1980 年水平（Mori，2001）。澳大利亚和新西兰科学家认为可能性很低（小于 14%），而日本的科学家认为有较高的可能性（76%～87%），造成分歧的主要原因是评估中采用的性成熟年龄不同以及对补充种群和 CPUE 的理解不同（黄锡昌，2003）。

六、南方蓝鳍金枪鱼渔业资源及洄游分布

南方蓝鳍金枪鱼是南半球中纬度海域的特产金枪鱼类，系高度洄游鱼类，广泛分布在太平洋、印度洋和大西洋受亚南极影响的水域内（图 6-8）。但主要分布在澳大利亚南部、东部和西部的海域中（30°S—50°S），东太平洋地区分布较少（Anonymous，2004）。从渔获物体长组成的情况看，在印度洋渔场渔获的为大型鱼，系产卵群；而在南太平洋渔场渔获的是大、小型鱼，为索饵群（黄锡昌，2003）。

南方蓝鳍金枪鱼大多栖息于小于 300 m 的水层。除非产卵，南方蓝鳍金枪鱼成鱼一般偏爱较冷的水层（John，2003），喜欢栖息于15～20 ℃水域，在 18～20 ℃时形成大群（黄锡昌，2003）。根据印度尼西亚延绳钓渔获量数据（Davis，1995），估算叉长为 140～290 cm 的南方蓝鳍金枪鱼成鱼比其他金枪鱼种更喜欢栖息于深海，稚鱼大多出现在上层。

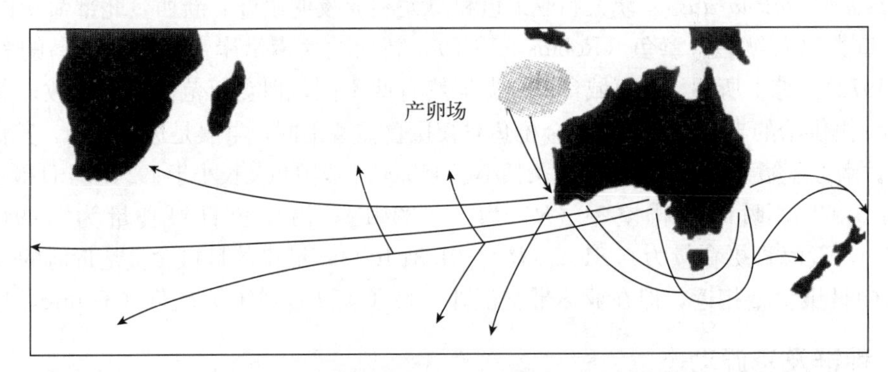

图 6-8　南方蓝鳍金枪鱼的产卵场及洄游路线

（图片来源：http://www.ofdc.org.tw）

第二节　南方蓝鳍金枪鱼的开发利用状况

南方蓝鳍金枪鱼资源主要为围网作业、竿钓和延绳钓所利用。围网作业和竿钓主要是季节性地捕捞中小型鱼，延绳钓主要捕捞大中型鱼。目前，捕捞南方蓝鳍金枪鱼的国家和地区主要有日本、澳大利亚、印度尼西亚、新西兰、韩国，以及我国台湾地区，其中日本和澳大利亚是两个最主要的国家。日本是历年来捕获南方蓝鳍金枪鱼最多的国家。日本从 1952 年开始在爪哇岛南侧南方蓝鳍金枪鱼的产卵场捕捞该种鱼，之后慢慢向南。温带和亚热带南方蓝鳍金枪鱼的资源量水平一直维持在 6.0×10^3 t 左右（台湾对外渔业合作发展协会网站 http://www.ofdc.org.tw）。

澳大利亚对南方蓝鳍金枪鱼的开发利用仅次于日本。其捕捞南方蓝鳍金枪鱼开始于 20 世纪 50 年代初期，主要以围网和竿钓捕捞 2～4 龄、体长 50～100 cm 的中小型鱼。除 1990—1995 年日本和澳大利亚通过合作利用延绳钓的方式捕捞南方蓝鳍金枪鱼外，澳大利亚南方蓝鳍金枪鱼渔业的产量一般都来自表层渔业。作业渔场主要集中于澳大利亚沿岸海域。1952 年其南方蓝鳍金枪鱼的产量为 264 t，1957 年为 1.3×10^3 t，1982 年达到最高，为

2.2×10^4 t；1982—1990 年，澳大利亚南方蓝鳍金枪鱼的产量持续下降。1990 年以后在 5.0×10^3 t 左右徘徊。我国台湾地区目前也是开发利用南方蓝鳍金枪鱼的主要地区之一。台湾捕捞南方蓝鳍金枪鱼开始于 20 世纪 50 年代中期，作业渔场在印度洋东部和北部海域。20 世纪 50 年代以前，南方蓝鳍金枪鱼属于台湾渔船的兼捕渔获物，直到 90 年代以后，台湾才有了南方蓝鳍金枪鱼专业渔船，作业方式主要是延绳钓。目前，台湾捕捞南蓝鳍金枪鱼的渔场 6—9 月通常在印度洋中南部，10 月至翌年 2 月集中在印度洋中西部，但主要渔场仍在 20°S—40°S。1989 年台湾南方蓝鳍金枪鱼的产量超过了 1.0×10^3 t，1996 年达到 1.6×10^3 t。近年韩国和印度尼西亚的南方蓝鳍金枪鱼渔业发展很快。1998 年韩国南方蓝鳍金枪鱼的产量达到 1.6×10^3 t。1997 年印度尼西亚南方蓝鳍金枪鱼的产量达到 2.2×10^3 t。此外，1980 年以后新西兰也开始捕捞南方蓝鳍金枪鱼，但规模一直都很小，1990 年产量最高，为 529 t（台湾对外渔业合作发展协会网站 http:// ww w. ofdc. org. tw）。

第三节　南方蓝鳍金枪鱼的养殖

一、南方蓝鳍金枪鱼的养殖历史

澳大利亚南方蓝鳍金枪鱼养殖起源于南方蓝鳍金枪鱼资源的下降和捕捞配额的减少。1983 年，澳大利亚南方蓝鳍金枪鱼渔获量达到 2.3×10^4 t 的高峰，但自 1984 年起，澳大利亚金枪鱼渔业管理开始导入个人可转让配额（ITQ）制度，即个人配额可通过买卖而持有，同时把捕捞总配额减少到 1.45×10^4 t。配额的分配是根据过去的捕捞实绩和投资状况由公式计算而得出，其中，新南威尔士州分得 14%的配额（2 030 t），西澳大利亚州获得配额的 20%（2 900 t），南澳大利亚州获得 66% 的配额（9 570 t）。不过，拥有配额的南澳大利亚州从业者迅速购入新南威尔士州和西澳大利亚州从业者所拥有的配额，从而使南澳大利亚州从业者的配额达到总配额的近 90%。1988 年澳大利亚的捕捞总配额由 1.45×10^4 t 减至 6 250 t，1989 年再减至 5 265 t。

由于捕捞配额的减少，澳大利亚金枪鱼渔船主协会（ATBOA）决定调整该渔业，金枪鱼鱼工开始将捕捞的野生幼鱼蓄养于海水网箱，生产供应日本生鱼片市场的高品质金枪鱼。1990 年 50 尾野生南方蓝鳍金枪鱼被放养于南澳大利亚州阿德莱德西南约 300 kg 的林肯港斯潘塞湾的海水网箱，养殖获得了成功。在此鼓舞下，企业、澳大利亚联邦政府政府和日本专家合作制定了一个为期三年（1991—1993 年）的南方蓝鳍金枪鱼共同养殖可行性研究计划。日本海外渔业合作基金会（OFCF）、ATBOA 和澳大利亚联邦政府共同投资 250 万美元执行该计划。

1991 年建立了第一座金枪鱼养殖实验场，主要是把刚捕捞到的肥满度不足、体型略小（20 kg 以下）、市场价格不高的野生南方蓝鳍金枪鱼进行短期育肥，以增加其附加值。起初因近500 km航程的活鱼运输操作技术不佳，死亡率很高。1992 年虽然还在使用传统方式捕捞金枪鱼，但是商业性的养殖场已开始在林肯港发展，其中包括与日本的合作经营。1993 年开始改进围网捕捞技术和引进新的接驳拖运方式（即将围网捕获的南方蓝鳍金枪鱼幼鱼转移至网箱内，然后再将网箱拖曳至适宜的海域进行养殖）后，对南方蓝鳍金枪鱼养殖业的发展起了决定性的影响。

经过 12 个月的养殖实验，首批养殖的南方蓝鳍金枪鱼运至日本受到青睐，其销售比传统围网和竿钓产品高出5倍。此外，在林肯港地区还建起6座养殖场，投入19个网箱进行生产，产量从1991年的20 t（产值约80万美元）增至1992年的120 t（产值350万美元）。1995年虽然终止了与日本的合资经营，但南方蓝鳍金枪鱼养殖仍然继续拓展，1996年的放养量增至3 362 t，2000年的产量达到1.3×10^4 t，出口至日本的价格提高了一倍。2002年已有网箱80个，放养量5 255 t。

二、养殖技术

1. 鱼种来源

南方蓝鳍金枪鱼分布广，洄游数千公里，掌握其移动和洄游规律有助于养殖鱼种的捕捞。已知南方蓝鳍金枪鱼产卵区在印度尼西亚爪哇南部，稚鱼聚集在产卵区和西澳大利亚之间海域的近表层，0龄级个体集中在靠近塔斯马尼亚和新西兰分散区。幼鱼从12月至翌年2月出现在南澳大利亚海域，澳大利亚林肯港养殖用的南方蓝鳍金枪鱼就是在此期间洄游时捕获的体重约20 kg、3～4龄的幼鱼。过去网箱养殖的鱼种采用竿钓钓获，钓获后将鱼置于船甲板上的小槽内，经1 min后鱼平静下来才能移到船内暂养槽内，槽内要有强流动的水流。每航次可处理约100尾鱼，每尾体重10～20 kg。鱼在捕获后10～15 d不摄食，体重约减轻20%，因此需花大量资金与饲料以恢复其体重。目前网箱养殖的鱼种都采用较少挤压的方法使围网捕获的鱼游进网道从而进入具有网环的拖航网，据说该拖航网是由澳大利亚航海学院在流动水槽研发而成的，为世界上第一个能进行远程拖航的网箱。每个网箱可装载体重15～25 kg的鱼100～130 t，以1～1.5 km/h的慢速拖航到养殖场。到达目的地后，把鱼引进网道，让其游入锚泊的养殖网箱内。在运输过程中，南方蓝鳍金枪鱼的游动和摄食正常，并以健康轻松的状态进入养殖网箱内。死亡率平均为4%，2004年已降至2%。

2. 养殖场选址

目前澳大利亚南方蓝鳍金枪鱼养殖场有20处，每处有20～30 hm^2，离岸1～10 km，水深约20 m，水温为18～26 ℃。由于该鱼对盐度变化敏感，易受江河下泻导致的盐度降低及水深的影响，因此养殖海域最好选择有外洋水流入、水流2 cm/s以上、溶氧量7～8 mg/L、盐度变化小、离河口较远的海湾为宜；不能设在有径流、水流高于12 cm/s、底部沉积物搅动而引起水体浑浊的水域。

3. 养殖网箱

网箱类型采用浮体框架式，框架直径40～50 m。管架由高密度聚乙烯圆管制成，其外径45～50 cm，管壁厚度24～40 mm。直径40 m的网箱容积为1.5×10^4 m^3，直径50 m的网箱容积为2×10^4 m^3。网箱网衣材料为尼龙、聚乙烯和维尼龙等，网目大小为55～70 mm，按方形网目方式装配。网箱采用500～2 000 kg的平爪锚系泊，一般一个网箱需6～8只锚。由于林肯港常有鲨鱼出没，网箱外须装设防鲨网。

4. 饲料与投饵方式

澳大利亚南方蓝鳍金枪鱼的育肥期短，从3个月到10个月不等。冬季脂肪含量下降，夏季生产的鱼品质较佳。养殖南方蓝鳍金枪鱼每星期投喂6 d，每天2次。投喂的饵料为黍鲱、鲱鱼、鲭和鱿鱼等冷冻鱼块。2000年使用的约4.5×10^4 t、20种饵料鱼来自本地和海外进口，其中约有三分之二主要来自美国和北欧。一个养殖季节，使用的饵料鱼系数冬季为17∶1，夏季为10∶1，一般为10∶1～15∶1，小型鱼的饵料系数比大型鱼低，平均增重

10～20 kg，死亡3%～7%。1997—1999年南澳大利亚州研究和开发研究所（SARDI）研制出了替代鲱科鱼类饲料鱼的饲料。2001年进行了专门投喂配合颗粒饲料（40%蛋白质，20%脂肪）与投喂饲料鱼的养殖对比试验。结果显示，前者养成后销往日本市场的南方蓝鳍金枪鱼具有较长的新鲜货架期，平均价格为3 027日元/kg，饲料转换率为2∶1；后者的饲料转换率约为10∶1。目前该研究所正在着手改进颗粒饲料的适口性及饲料管理技术，以达到最佳饲料转换率。

5. 养殖管理

南方蓝鳍金枪鱼是相当娇弱的鱼种，须在洁净的水域才能很好生存，因此应重视养殖过程各环节的管理。每个养殖场都安装有周长140 m、直径12 m的网箱，每个网箱设有严格的环境监控系统。目前，澳大利亚在管理南方蓝鳍金枪鱼养殖业上有如下规定：①最大放养密度不得超过4 kg/m^3（外国标准为12 kg/m^3）；②30 hm^2 的养殖场只能养殖收成400 t；③养殖场的间距不能小于1 km；④每个网箱的间隔需在200 m以上；⑤网箱与海底的距离必须在5 m以上；⑥南方蓝鳍金枪鱼养殖业者需向地方政府提供资金和开展地区季度监控计划，其中包括水质监控计划、养殖场和非养殖区域的底部抽样监测计划；⑦养殖场每年都要接受政府对其底质和水质的环境评估，所有场址经营后须休养2年，废弃物须运至岸上，对进口饲料严格管制；⑧对于在养殖环境评估、鱼类健康、产品品质等方面的研究，渔民养殖户应与政府及研究机构积极合作。

第四节　南方蓝鳍金枪鱼苗种培育研究

早期南方蓝鳍金枪鱼幼体的高死亡率依然是阻碍其孵化规模发展的主要瓶颈问题。在孵化两周内，南方蓝鳍金枪鱼幼体因饵料和环境不适合而下沉导致大量死亡，其成活率低于1%（Biswas et al.，2006；Margulies，1993；Shiao et al.，2009）。

与大多数其他鱼类相比，金枪鱼通常需要更高水平的DHA和更高的DHA/EPA比例，这可能要求在仔鱼阶段对活饲料的高DHA含量有更大的需求（Mourente et al.，2002；Mourente et al.，2009）。北方蓝鳍金枪鱼（*Thunnus thynnus thynnus* L.）中，DHA是其卵巢中含量最多的脂肪酸，产卵后其DHA水平明显下降（Mourente et al.，2002）。野生捕获的南方蓝鳍金枪鱼的肌肉脂质DHA的含量非常高（44.1%），而EPA的水平明显较低（4.8%），其他长链不饱和脂肪酸的含量也比较低（Nichols et al.，1998）。例如，太平洋蓝鳍金枪鱼肌肉中含25%～36%的DHA、DHA/EPA比值为6，而胃内容物的DHA/EPA比值仅为3（Ishihara et al.，1996）。另外，作为生物膜的主要组成部分之一，尤其在神经组织中缺乏DHA对仔鱼的生长和神经系统及视觉系统的发育有重要影响，对仔鱼捕获猎物的能力也有重要影响（Sargent et al.，1999 a，b）。因此，在南方蓝鳍金枪鱼幼体培育过程中应该提高DHA含量和DHA/EPA比例。

虽然桡足类是大多数海洋鱼类的天然食物，但是轮虫和卤虫无节幼体是海洋鳍类鱼类孵化场中使用最广泛的活饵。桡足类是包括南方蓝鳍金枪鱼在内的大多数海洋鳍类鱼类幼体的天然饵料，其含有大量的EPA、DHA和ARA等不饱和脂肪酸（HUFA），因此具有很高的营养价值。这些不饱和脂肪酸主要以磷脂质的形式存在（Bell et al.，2003）。南方蓝鳍金枪鱼仔鱼的开口饵料是轮虫，之后是卤虫无节幼体，最后是不同规格的饲料。然而，由于一般的孵化场生物饵料营养含量低，脂质组分平衡差，无法满足南方蓝鳍金枪鱼仔、稚鱼早期阶段眼睛、大脑等快速发育的需要。因此，需要对生物饵料进行营养强化后再进行投喂，以满足南方蓝鳍金枪鱼幼体对 DHA 和 DHA/EPA 的需求。

一、早期发育环境的改变和营养强化对南方蓝鳍金枪鱼幼体生存的影响

南方蓝鳍金枪受精卵孵化系统由多个 500 L 的玻璃纤维培养桶组成，每个桶的工作容积是 420 L（图 6－9）。每个培养桶都安装了专门设计的上升管，以保持健康的南方蓝鳍金枪鱼卵和仔鱼在水柱中（图 6－10）。在孵育期间，水温维持在 25.3 ℃，溶解氧为 6.68 mg/L（饱和度 98.5%），pH 为 8.09，盐度为37。孵化后第 2 天开始投喂轮虫的密度为 18 只/L。

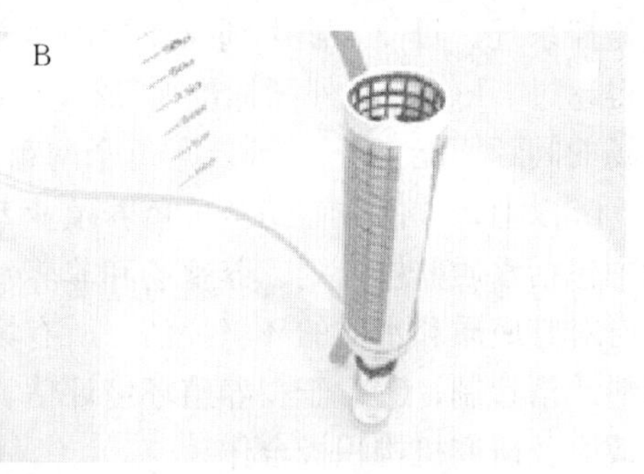

图 6－9　南方蓝鳍金枪鱼受精卵孵化系统

A. 孵化系统包括 1 个头槽和 4 个孵卵器　B. 温箱上升流及排水的位置，改善南方蓝鳍金枪鱼受精孵化率

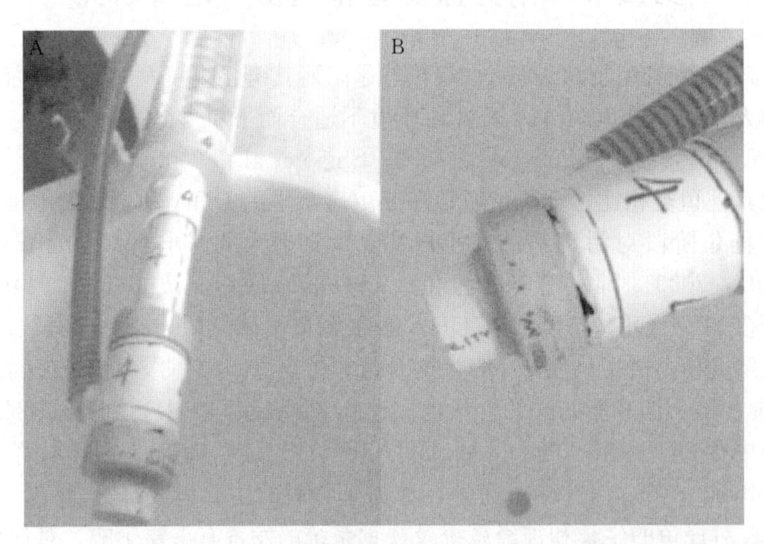

图 6－10　为提高南方蓝鳍金枪鱼受精卵孵化率而新设计的保温箱上提排水系统

A. 集进水和出水于一体的中央排水系统　B. 上端灰色接头处有小孔

（一）南方蓝鳍金枪鱼苗种培育体系和饵料

南方蓝鳍金枪鱼苗种培育系统由进水处理系统（外置）和 3 个室内循环饲养系统（室内）组成（图6－11）。新鲜的海水从室外水处理系统通过 2 个泡沫分馏塔抽上来（分馏塔内注入了臭氧），然后在重力的作用下，通过 4 个 2 000 L 的水池，整个过程需要 30 min。然后，经臭氧处理的海水经活性炭过滤器及 2 个紫外线消毒装置抽出，并以 100%/d 的交换率

（或 9.7 L/min）引入 3 个室内再循环系统。室内循环式生物饵料循环系统由 12 个锥形底玻璃纤维槽组成，每个槽的总工作容积为 3 000 L。这些水槽被布置成一系列的 3 个平行的再循环系统，每个再循环系统向 4 个水池供水。每一循环系统都有它自己的水处理系统硬件，包括 2 000 L 沉淀池、沫分馏器、臭氧发生器、紫外线消毒、热水器或冷却单元。各种过滤项目包括转鼓真空过滤机、泡沫珠过滤器、5 μm 袋式过滤器及活性炭过滤器。

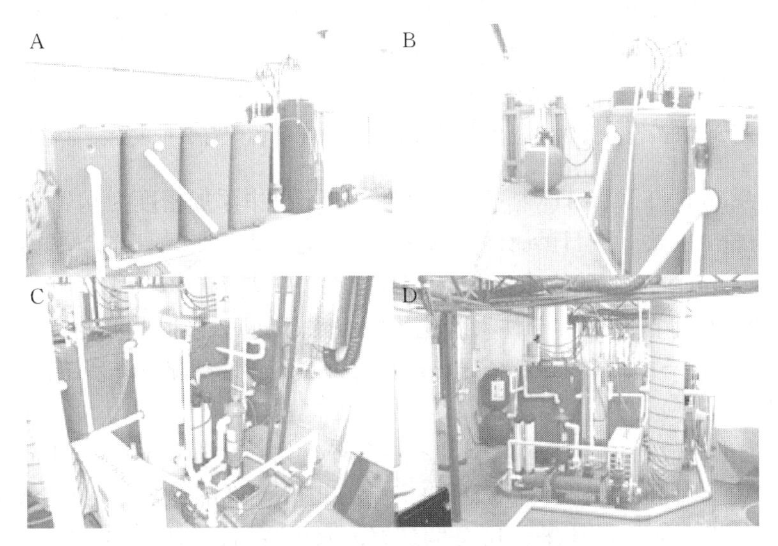

图 6-11 苗种培育系统

A、B. 室外进水海水处理系统 C、D. 循环式生物饵料培养系统

锥形底仔、稚鱼饲养水槽内壁呈绿色，底部贴着直径为 500 mm 的圆形白色胶膜，便于观察仔、稚鱼分布于水柱的状态（图 6-12）。水柱为直径 50 mm 的 PVC 管，底部有 22 个孔，所有孔的角度与罐底锥形部分的斜度相同。出口筛管安装在水箱侧面，每个水箱都有 2 个表面撇油器来清除油膜，还有 3 个荧光灯（每个灯有 2 个灯泡），呈三角形排列，悬挂在水面以上 900 mm 处，提供适当的光强（图 6-13）。

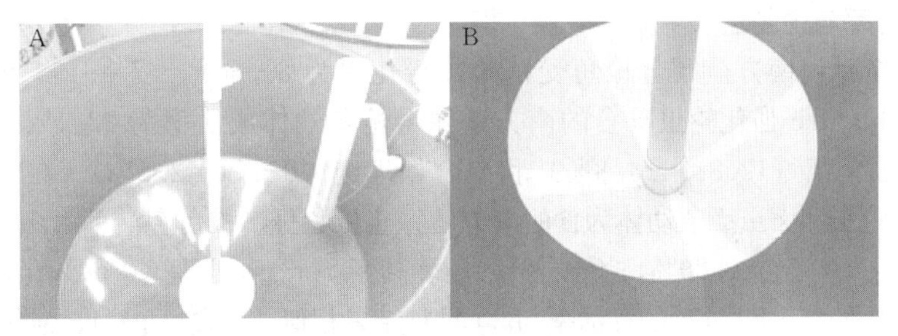

图 6-12 南方蓝鳍金枪鱼育苗水槽出水口

A. 中央出水口、壁挂式出水口 B. 上升流上的孔

南方蓝鳍金枪仔鱼 1 日龄时放养密度为 18 尾/L，3 日龄时开始投喂。水槽中需要添加浓缩小球藻（Nanno 3600 - Reed Mariculture，USA），每个水槽添加 10 mL，如果光照强度增大可以适当增加藻的量。孵化后 3 日龄时开始投喂经过营养强化的轮虫，每天投喂 3 次，投喂时间为 9：00、13：00 和 17：30。3 日龄至 5 日龄的投喂密度为 10 个轮虫/mL，之后密度

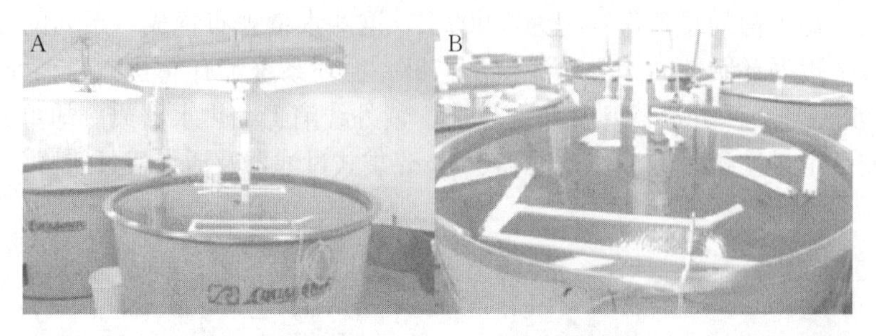

图 6-13 南方蓝鳍金枪鱼育苗水槽（3 000 L，各配有 2 个表面撇油器）

调整为 15 个轮虫/mL 直至 18 日龄。13 日龄时，向水槽中添加密度为 0.05 个/mL 的卤虫幼体，投喂时间与轮虫一致。14 日龄时卤虫的密度调整为 0.2 个/mL，16 日龄时调整为 1 个/mL 并保持。在整个育苗阶段，平均水温为 25.05 ℃、DO 为 7.00 mg/L（103.14%饱和度）、pH 为 8.00、盐度保持在 37（即与注入孵化场的海水相同）。光照时间为 14 h/d，光强控制在 2 200 lx [（35.42±1.93）μmol/(S·m)]，另外 10 h 保持黑暗环境，且黑暗和光照期间需要 30 min 的过渡。

生物饵料强化剂包括以下三种：强化剂 AlgaMac 3050（Aquafauna Bio - Marine Inc，California，USA），强化剂 Spresso（INVE Aquculture，Thailand Ltd），或者两者混用。轮虫强化方法 1：将 Spresso 混合于 10 L 的新鲜海水中备用，然后以 1 000 个/mL 的密度加入轮虫强化水槽中，再以 Spresso 工作浓度为 80×10^{-6} mL/m^3 的量投喂轮虫，投喂时间为 21:30 和 02:30。轮虫强化方法 2：将 AlgaMac 3 050 混合于 10 L 的新鲜海水中备用，以 300 mg/100 万只轮虫的量投喂，投喂时间为 21:30。卤虫无节幼体的强化方法与轮虫强化方法基本相同，但投喂量上有所差异。以 Spresso 强化卤虫无节幼体最终的工作浓度是 100×10^{-6} mL/m^3，AlgaMac 3050 最终的工作浓度是 200 mg/10 万只轮虫，两种强化剂的投喂时间与轮虫一致。07:00 以后开始收集卤虫，冲洗 10～20 min 后以 1 000 mL 的浓度储藏于 4 ℃的水中备用。

（二）孵化率与鱼苗生长

通过收集统计，南方蓝鳍金枪鱼受精卵的孵化率为 81.50%±7.49%。但在培育至 13 日龄时，以 AlgaMac 强化轮虫喂食的南方蓝鳍金枪鱼幼体成活率为 22.4%±3.1%，显著高于 Spresso 强化组（12.8%±4.3%）和混合处理组（8.4%±2.8%）。在 20 日龄时，以 AlgaMac 强化轮虫和卤虫无节幼体为食的南方蓝鳍金枪鱼仔、稚鱼存活率为 1.20%±0.53%，高于混合处理（0.23%±0.28%，不显著），显著高于 Spresso 处理（0.04%±0.04%）。南方蓝鳍金枪鱼幼虫在 13～20 日龄的存活率与 20 日龄结果相似，喂食 AlgaMac 强化轮虫和卤虫无节幼体的南方蓝鳍金枪鱼仔、稚鱼成活率为 5.20%±1.77%，高于混合处理（2.22%±2.35%，不显著），显著高于 Spresso 处理（0.28%±0.23%，$P<0.05$）（图 6-14）。

（三）鱼苗生长及鱼鳔充气率

孵化后 1 h 内南方蓝鳍金枪鱼的初始平均标准体长（SL）(0 日龄）为 2.85 mm。经不同强化处理的活饲料喂养的南方蓝鳍金枪鱼幼体各组生长情况相似，在 18 日龄时未发现明显差异（图 6-15）。南方蓝鳍金枪鱼仔鱼的鱼鳔膨胀率在 4 日龄时首次观察到，但在前 2 周

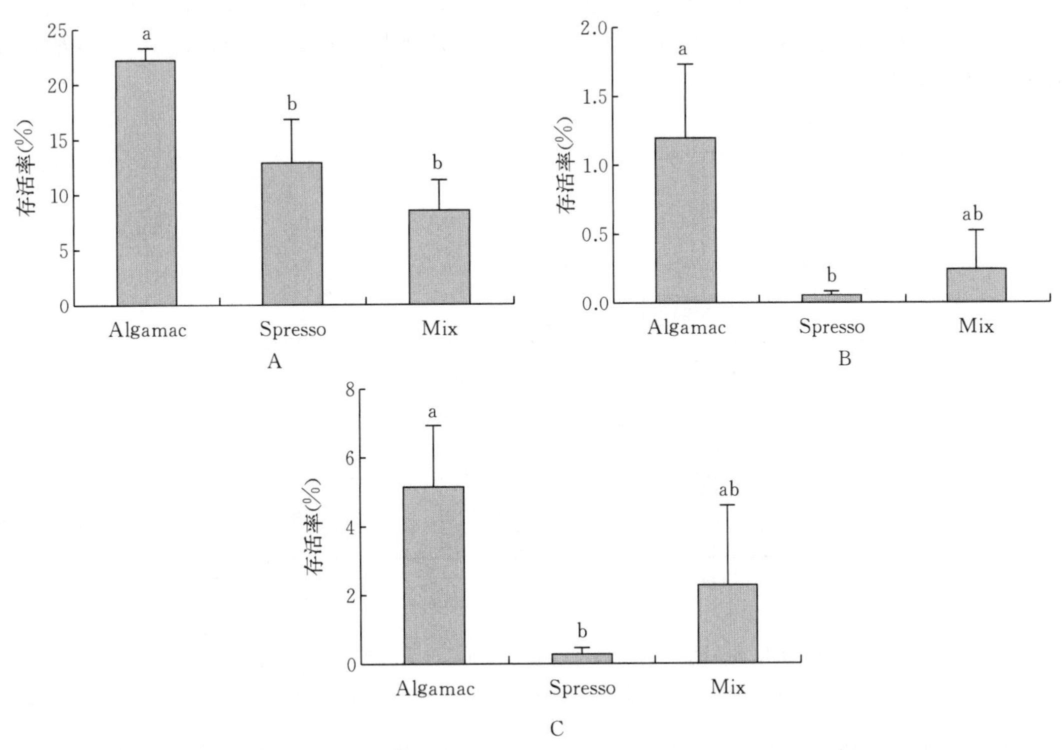

图 6-14　南方蓝鳍金枪鱼仔、稚鱼在三种强化条件（Algamac、Spresso 和 Mix）下的存活率
［平均值±标准差，$n=3$，上标相同的处理差异不显著（$P>0.05$）］
A. 13 日龄　B. 20 日龄　C. 13～20 日龄

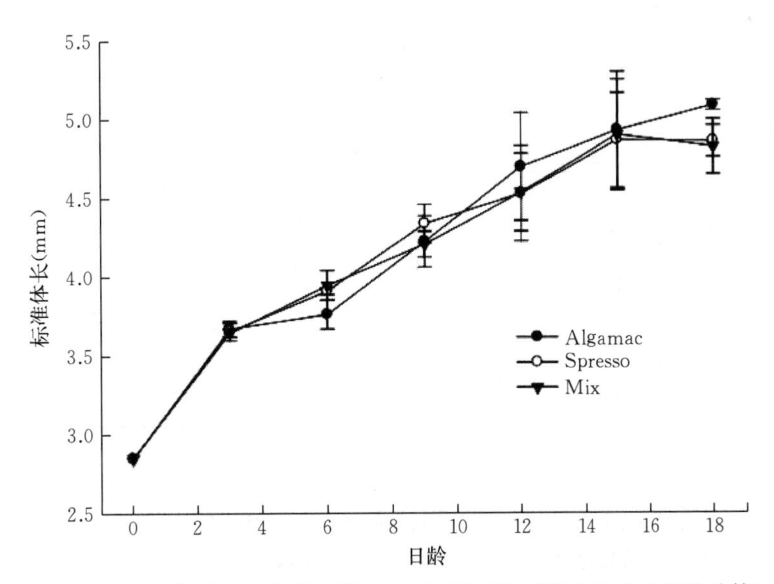

图 6-15　南方蓝鳍金枪鱼仔、稚鱼在不同的饲料（轮虫和卤虫无节幼体）强化组（AlgaMac，Spresso 和 Mix）下的生长情况（平均值±标准差，$n=3$）

内，所有处理组仔、稚鱼的鱼鳔膨胀率都很低。在 12 日龄时，AlgaMac 组的鱼鳔充气率为 15.00%±8.17%，Spresso 组为 13.33%±2.36%，混合组为 7.22%±6.52%，但这些值无显著差异（图 6-16）。

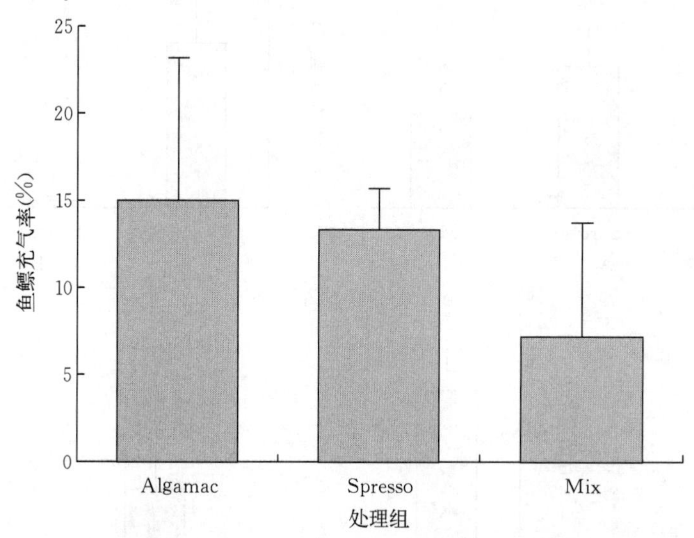

图 6-16　不同轮虫强化组（AlgaMac、Spresso 和 Mix）南方蓝鳍金枪鱼仔、稚鱼在 12 日龄时的充气率（平均值±标准差，$n=3$）

南方蓝鳍金枪鱼仔、稚鱼在 9 日龄及之后的几天内出现“白鱼综合征”，但到 20 日龄以后未被观察到。AlgaMac 处理组“白鱼”在 12 日龄时的比例为 13.33%±2.36%，Spresso 处理组为 11.67%±4.71%，混合处理组最高为 40.40%±18.56%，但差异不显著（图 6-17）。

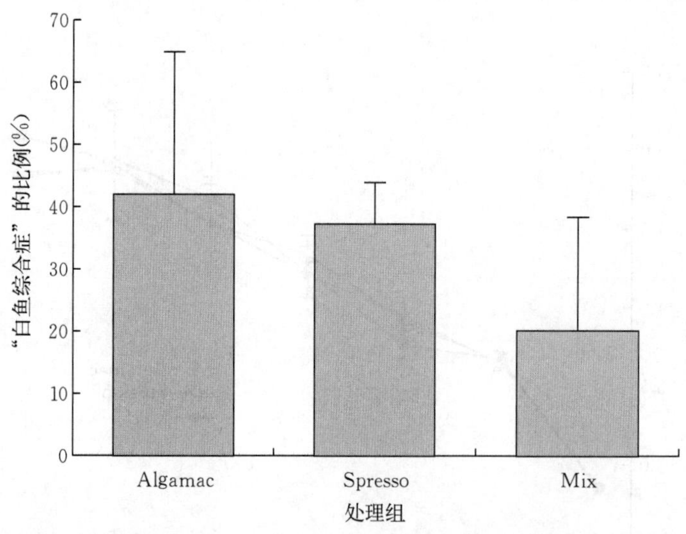

图 6-17　不同轮虫强化组（AlgaMac、Spresso 和 Mix）南方蓝鳍金枪鱼幼体在 12 日龄时表现出“白鱼综合征”的比例（平均值±标准差，$n=3$）

（四）生物饵料脂肪酸含量分析

未强化的轮虫中 EPA 的比例高于 DPA，而所有强化的轮虫中 DHA 的比例都高于 EPA，这说明三种强化方式都具有一定的强化效果（图 6-18）。Spresso 强化组和混合强化组 DHA/EPA 比最高（$P<0.05$）。这些关键的长链脂肪酸平均比例最高的为 DHA（5.5%）、EPA（2%）。同样，所有强化组卤虫无节幼体 DHA 含量均高于 EPA。而 Spresso 或混合强化组卤虫无节幼体 DHA 水平均显著高于其他组。AlgaMac 强化组卤虫无节幼体 DHA 最高水平为 14%，Spresso 强化组的仅为 6%（$P<0.05$）。总体上，卤虫无节幼体的 EPA 含量约占总脂质含量的 4%（图 6-19）。

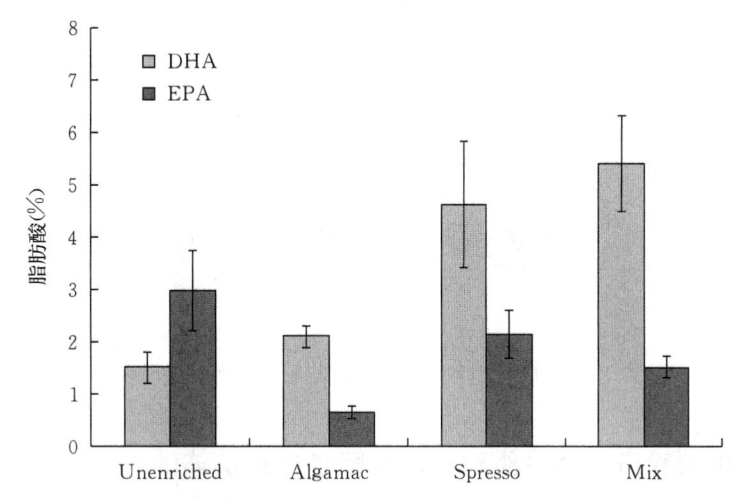

图 6-18　不同强化组（AlgaMac、Spresso、混合组）轮虫体内关键长链不饱和脂肪酸的比例（平均值±标准差，$n=3$）

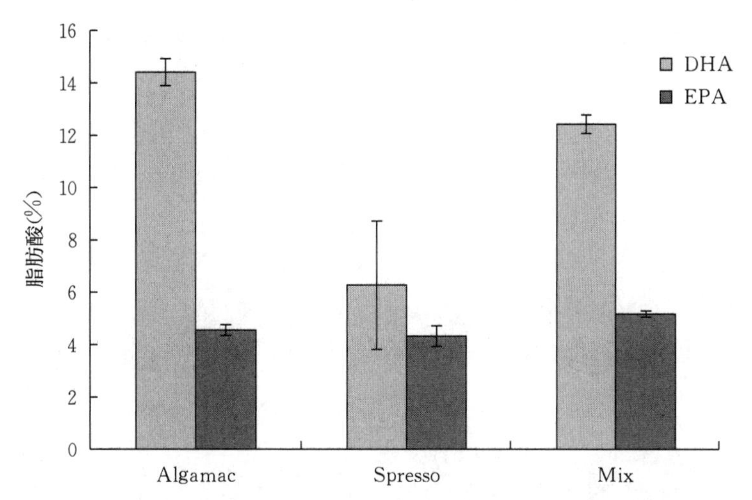

图 6-19　不同强化组（AlgaMac、Spresso、混合组）卤虫无节幼体体内关键长链不饱和脂肪酸的比例（平均值±标准差，$n=3$）

（五）不同强化组轮虫投喂南方蓝鳍金枪鱼仔、稚鱼 13 日龄时脂肪酸含量分析

不同强化组轮虫投喂南方蓝鳍金枪鱼仔、稚鱼 13 日龄时，不饱和脂肪酸所占比例如图 6-20 所示。这表明，这些数值与南方蓝鳍金枪鱼幼体组织中的脂肪酸含量有关，而与它们消化系统中可能存在的其他食物无关。三个强化组南方蓝鳍金枪鱼幼体 DHA 和 EPA 的分布非常相

似，分别为8%～9%和1.5%（$P>0.05$），且每组DPA与EPA的比例为（5～6）：1。

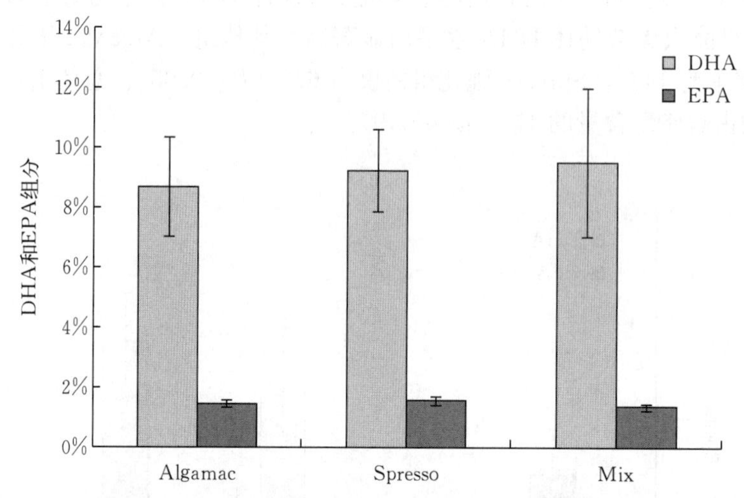

图6-20　不同强化组（AlgaMac、Spresso、混合组）轮虫投喂南方蓝鳍金枪鱼幼体13日龄时不饱和脂肪酸所占的比例（平均值+标准差，$n=3$）

二、早期投喂轮虫或桡足类对南方蓝鳍金枪鱼幼体的影响

（一）室外饵料培养

室外池塘用于南方蓝鳍金枪鱼幼体生物饵料培育（图6-21），池塘注入过滤（500 μm）河口海水，并根据需要施加有机肥和无机化肥，培养过程中保持静水状态，不需要换水。池塘内的水流动由4条间隔均匀的“大气泡”开放式氧气管提供，生物饵料采用虹吸并进行密度检测。

图6-21　室外池塘用于南方蓝鳍金枪鱼仔、稚鱼生物饵料培育

（二）受精卵孵化

将受精卵放入装有消毒海水（溶解氧 0.51 mg/L，消毒 10 min）的 250 L 锥形瓶中。然后转入孵化水槽中在黑暗条件下孵化，pH 8.2、溶解氧（DO）7.2 mg/L，受精卵的密度 500 个/L，水温维持在 23.5 ℃，盐度 31.5。孵化后南方蓝鳍金枪鱼仔、稚鱼就被放入 2 000 L 水池中，每个水池中仔、稚鱼的密度为 7 个/L。这样能够保证水质不被污染并确保仔、稚鱼对生物饵料的利用率。

（三）南方蓝鳍金枪鱼幼体投喂及水质管理

南方蓝鳍金枪鱼仔、稚鱼 2 日龄时开始投喂轮虫或桡足类，投喂之前先根据仔、稚鱼的数量及轮虫或桡足类的密度，估计所需轮虫或桡足类的量。将浓缩好的轮虫或桡足类用消毒海水（臭氧浓度 0.5 mg/L 左右）冲洗，然后均匀地分配到处理池中。用浓缩小球藻在室内高密度循环系统中培养轮虫或桡足类（日本太平洋贸易公司）。从生产池中收获后，使用 Spresso 对轮虫或桡足类进行营养强化（强化方法见说明）。轮虫或桡足类每天至少添加 2 次，以维持 10 个/mL 的密度。每个水槽每天以 100%的速度更换新的消毒海水。每天在每个培养水槽中以 1×10^{5} cells/mL 加入 *Nannochloropsis* sp.（Reed Mariculture，USA），进行减毒。苗种培育期间水质控制见图 6－22 至图 6－25。

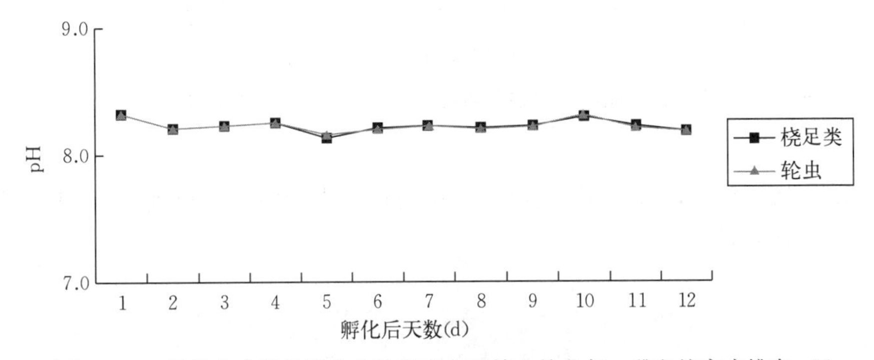

图 6－22　以轮虫或桡足类为食阶段南方蓝鳍金枪鱼仔、稚鱼培育水槽中 pH
（平均值＋标准差，$n=3$，测量时间为每天 09:00）

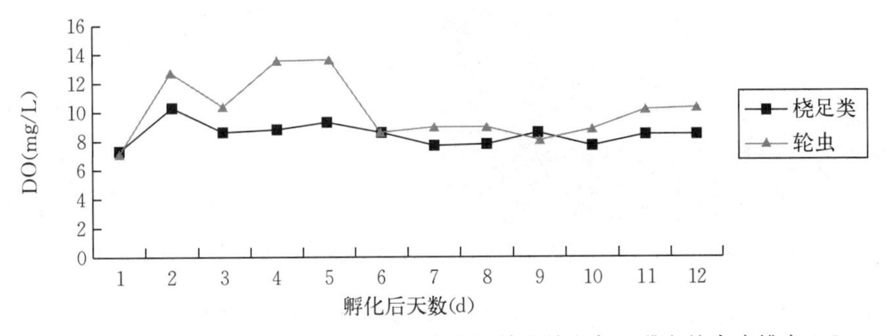

图 6－23　以轮虫或桡足类为食阶段南方蓝鳍金枪鱼仔、稚鱼培育水槽中 DO
（平均值＋标准差，$n=3$，测量时间为每天 09:00）

（四）南方蓝鳍金枪鱼幼体摄食情况

南方蓝鳍金枪鱼仔、稚鱼 2 日龄至 12 日龄阶段，主要以轮虫或桡足类为食（图 6－26）。

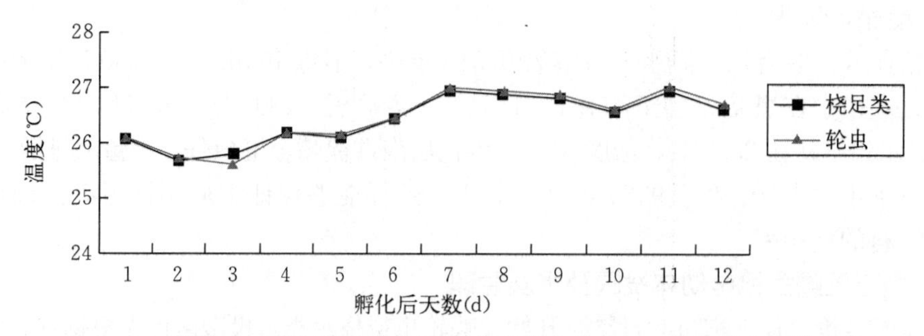

图 6-24　以轮虫或桡足类为食阶段南方蓝鳍金枪鱼仔、稚鱼培育水槽水温
（平均值+标准差，$n=3$，测量时间为每天 09:00）

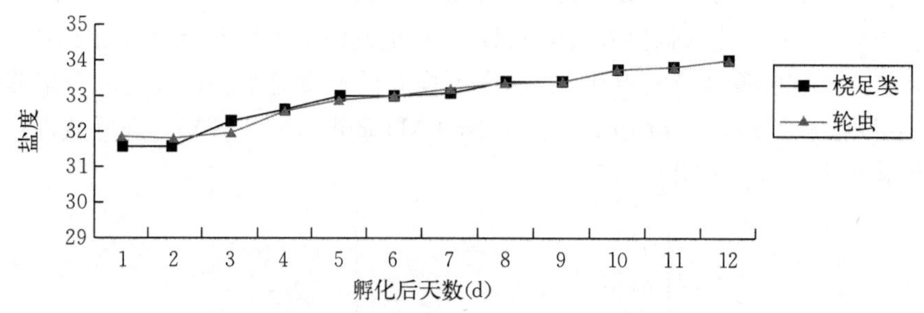

图 6-25　以轮虫或桡足类为食阶段南方蓝鳍金枪鱼仔、稚鱼培育水槽盐度
（平均值+标准差，$n=3$，测量时间为每天 09:00）

每天的混养幼虫实验显示，从 100%轮虫到轮虫与桡足类的组合，再到 100%桡足类，其对活饲料的偏好存在差异。

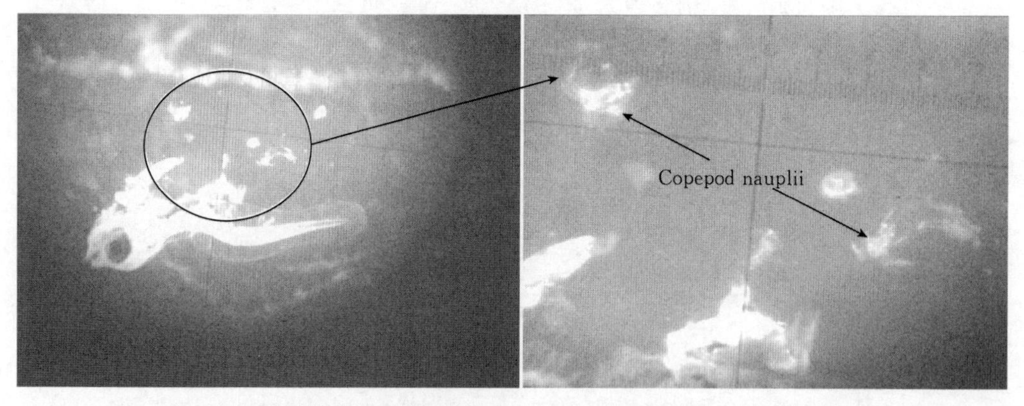

图 6-26　5 日龄南方蓝鳍金枪鱼仔、稚鱼的肠道内含有桡足类和轮虫

轮虫单养组和轮虫或桡足类混合组都出现鱼鳔充气的现象（图 6-27）。仔、稚鱼体长从孵化到 6 日龄几乎没有增加，但此后生长迅速。在 12 日龄时，投喂混合轮虫或桡足类的南方蓝鳍金枪鱼幼体的湿重明显大于单独投喂轮虫的幼体（图 6-28）。单独投喂轮虫和混合投喂轮虫或桡足类的南方蓝鳍金枪鱼仔、稚鱼最终干重之间没有显著差异（图 6-29）。化学成分，特别是活饵脂类成分对南方蓝鳍金枪鱼仔、稚鱼的生长和生存有着重要的影响。

单独投喂轮虫与混合投喂轮虫或桡足类对南方蓝鳍金枪鱼仔、稚鱼存活率没有影响，但其存活率都很低，从0.07%到0.67%不等（图6-30）。两种投喂方法的仔、稚鱼的鱼鳔充气率均比较低，为12.5%～38%。

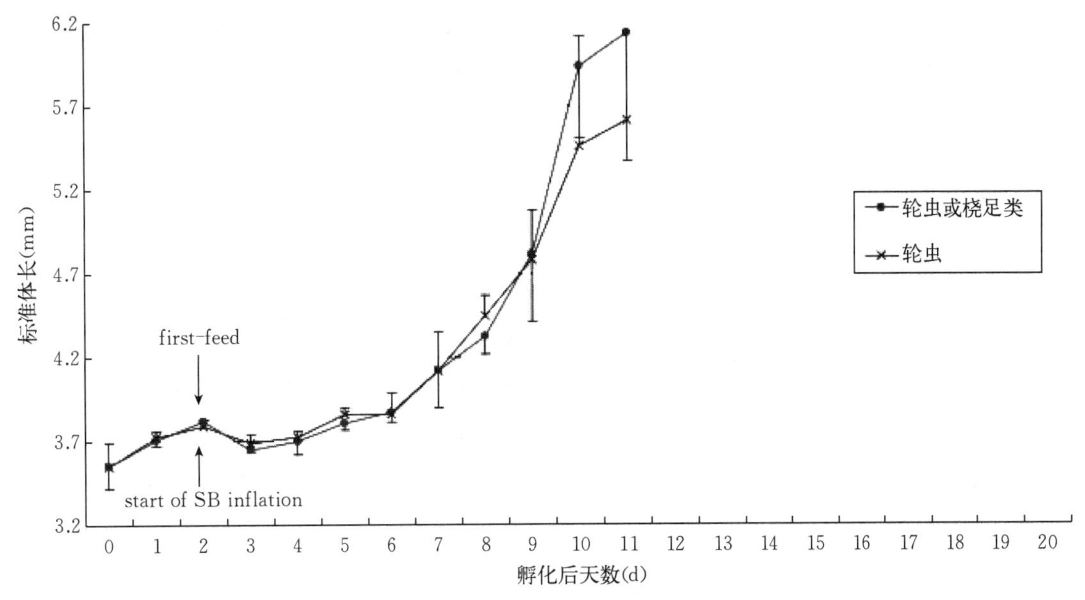

图6-27 单独投喂轮虫与混合投喂轮虫或桡足类南方蓝鳍金枪鱼仔、稚鱼的标准体长（平均值±标准差，n=3）

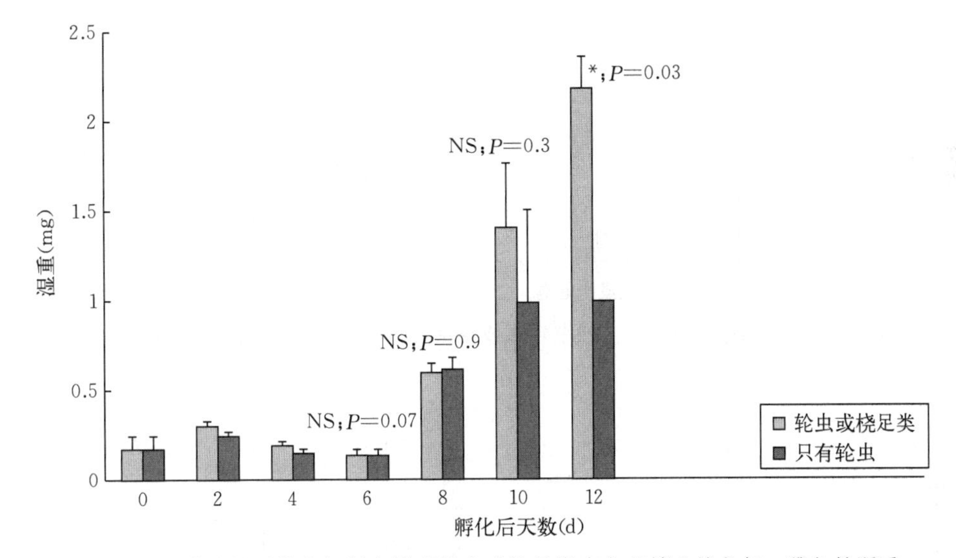

图6-28 单独投喂轮虫与混合投喂轮虫或桡足类南方蓝鳍金枪鱼仔、稚鱼的湿重

三、南方蓝鳍金枪鱼幼体发育与摄食行为研究

（一）光亮度对南方蓝鳍金枪鱼幼体的影响

南方蓝鳍金枪鱼仔、稚鱼几乎不能在黑暗的条件下摄食［0 μmol/(s·m^2)］，如图6-31所示。光照强度对3日龄南方蓝鳍金枪鱼仔、稚鱼的摄食比例没有影响，但随着光照强度的增加，

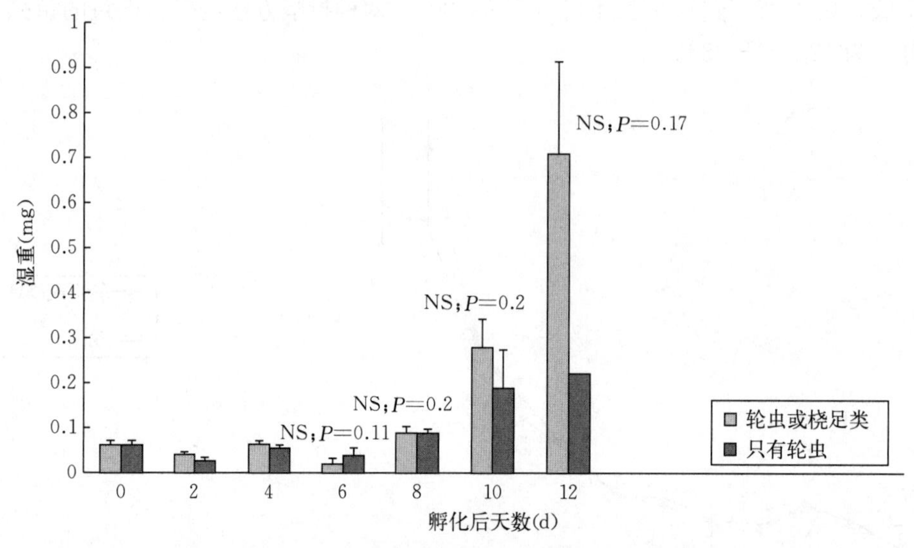

图 6-29　单独投喂轮虫与混合投喂轮虫或桡足类南方蓝鳍金枪鱼仔、稚鱼的干重

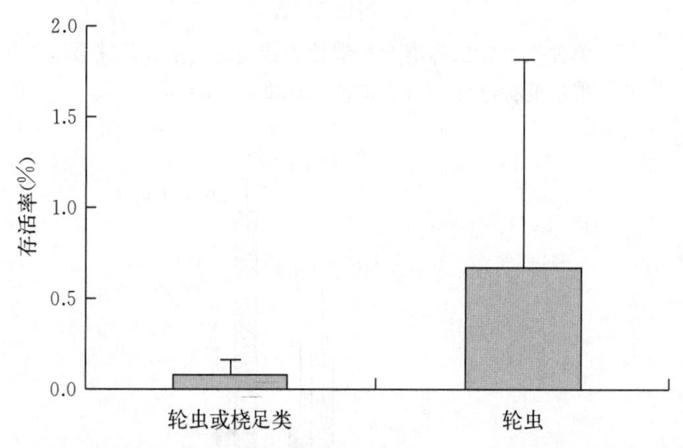

图 6-30　单独投喂轮虫与混合投喂轮虫或桡足类南方蓝鳍金枪鱼仔、稚鱼的存活率

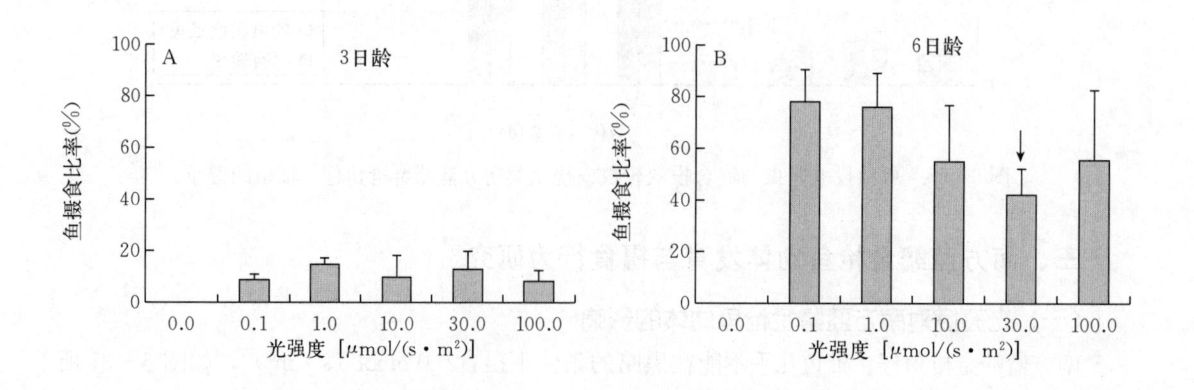

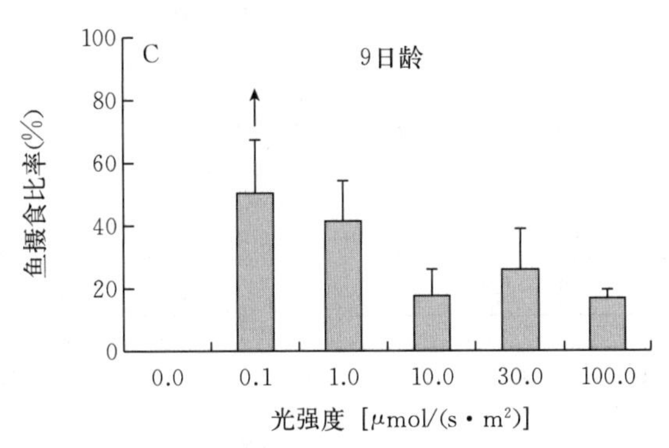

图 6-31　不同光照强度下南方蓝鳍金枪鱼仔、稚鱼的摄食比例

（↑）表示上升，（↓）表示下降

6 日龄和 9 日龄幼体摄食比例明显降低。在 3 日龄和 6 日龄之间，南方蓝鳍金枪鱼仔、稚鱼摄食的总体比例有所增加，但在 9 日龄时有所下降。虽然在 6 日龄时南方蓝鳍金枪鱼仔、稚鱼的摄食强度随光照强度的增加而明显降低，但增加光照强度对 3 日龄和 9 日龄幼体摄食强度没有影响（图 6-32）。

随光照强度的增加 3 日龄、6 日龄南方蓝鳍金枪鱼仔、稚鱼的死亡率也显著增加，且在光照强度最高的处理组死亡率最高。但在 9 日龄时，情况有所差异，最大的光强度下南方蓝鳍金枪鱼仔、稚鱼的死亡率并不是最高的（图 6-33）。

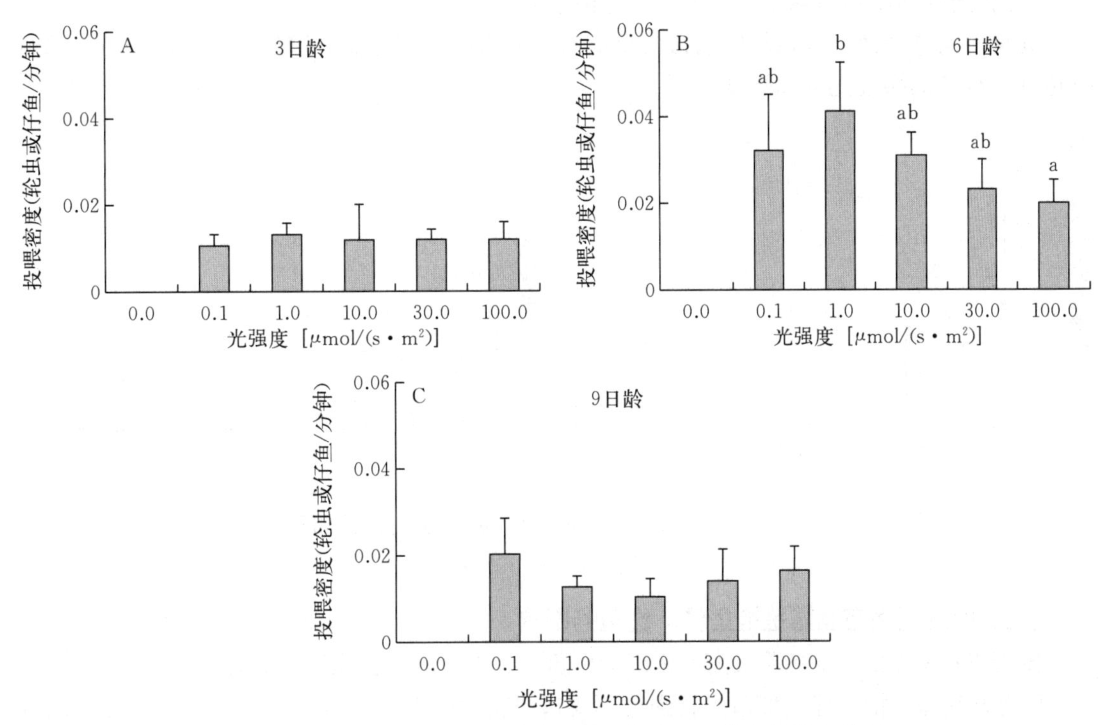

图 6-32　不同光照强度下南方蓝鳍金枪鱼仔、稚鱼的摄食强度

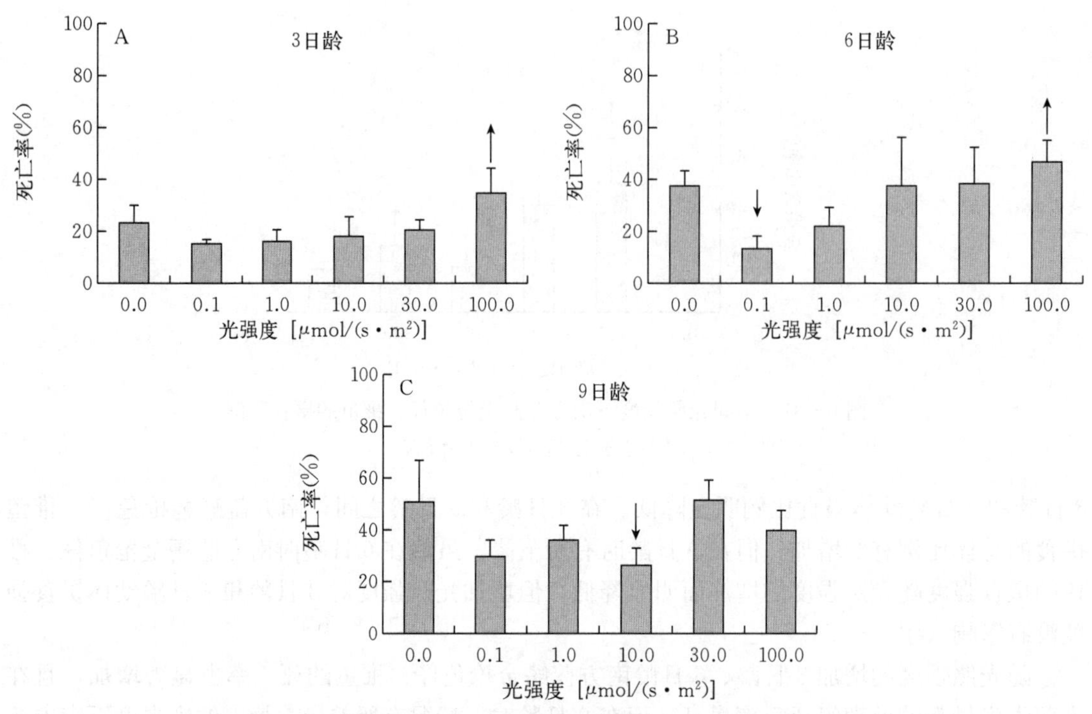

图 6-33　不同光照强度下南方蓝鳍金枪鱼仔、稚鱼的死亡率统计

（↑）表示上升，（↓）表示下降

（二）光谱对南方蓝鳍金枪鱼仔、稚鱼的影响

光谱对南方蓝鳍金枪鱼幼体的摄食反应有显著影响。蓝光显著增加了 4 日龄南方蓝鳍金枪鱼仔、稚鱼的摄食比例和强度（图 6-34）。

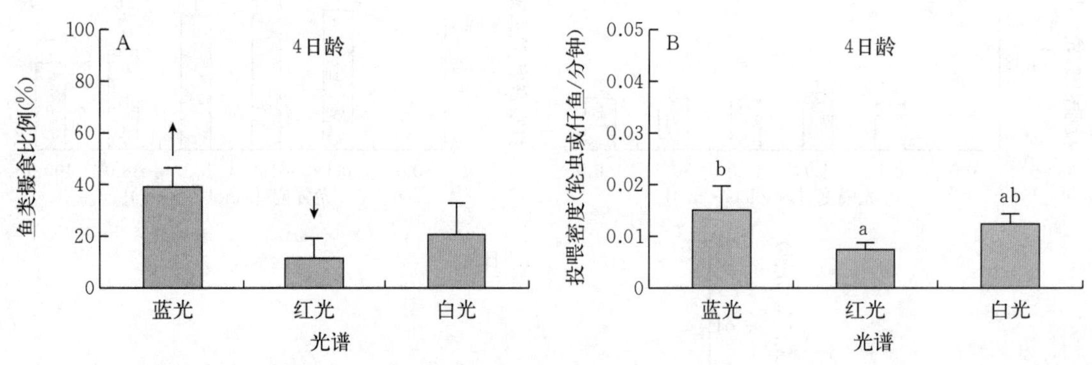

图 6-34　不同光谱对南方蓝鳍金枪鱼仔、稚鱼的摄食比例和强度的影响

（↑）表示上升，（↓）表示下降

（三）密度对南方蓝鳍金枪鱼仔、稚鱼的影响

随着饵料密度的增加各阶段南方蓝鳍金枪鱼仔、稚鱼的摄食比例也显著增加（图 6-35）。4 日龄南方蓝鳍金枪鱼仔、稚鱼摄食强度不受饵料密度的影响（图 6-36），饵料密度对南方蓝鳍金枪鱼仔、稚鱼死亡率无显著影响。

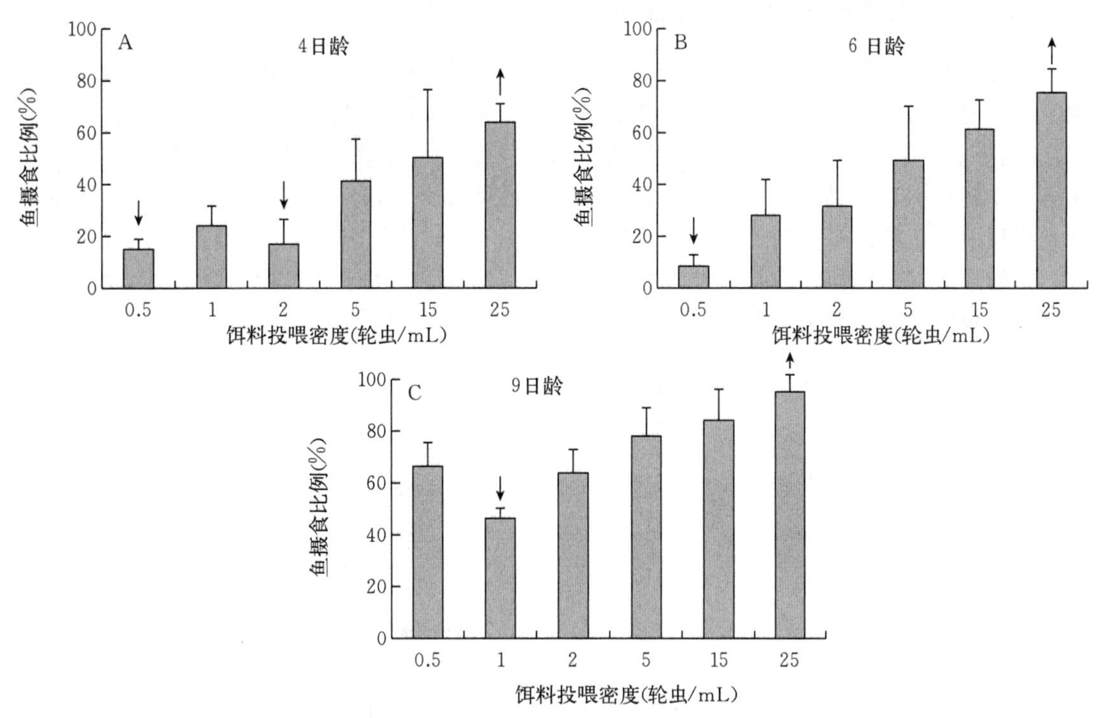

图 6-35　饵料密度对南方蓝鳍金枪鱼仔、稚鱼的摄食比例的影响

(↑) 表示上升，(↓) 表示下降

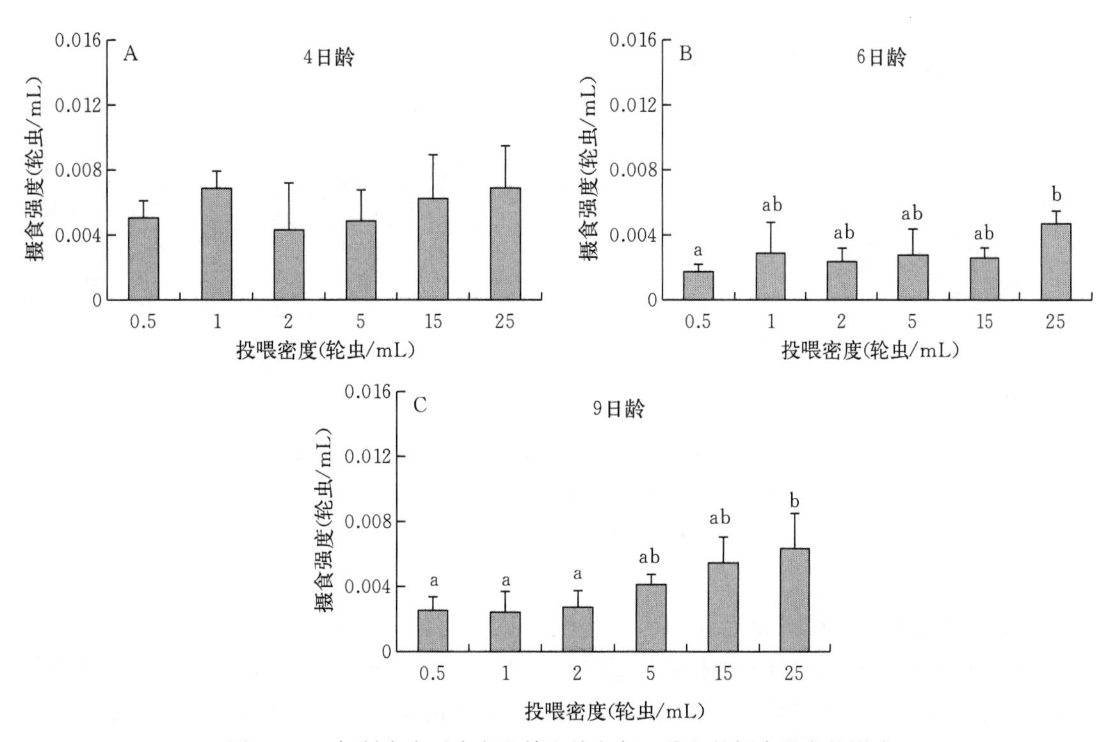

图 6-36　饵料密度对南方蓝鳍金枪鱼仔、稚鱼的摄食强度的影响

四、南方蓝鳍金枪鱼仔、稚鱼鱼鳔充气相关研究

南方蓝鳍金枪鱼仔、稚鱼在2～3日龄开口，3日龄开始摄食，摄食率为（73±16）%。到7日龄时，所有的仔、稚鱼都已经摄食。在4日龄时，首次观察到鱼鳔充气现象（图6-37）。南方蓝鳍金枪鱼仔、稚鱼鱼鳔充气率较低，最高充气率在9日龄，为（27.5±3.5）%。在组织学切片中，鱼鳔位于南方蓝鳍金枪鱼仔、稚鱼脊索下方，充满气的鱼鳔特征是能够进行光线反射。鱼鳔内有排列整齐的鳞状细胞和上皮细胞（图6-38）。鱼鳔壁上有发达的血管，血管形成网络结构，控制鱼鳔内的气体交换。鱼鳔腔的大小随日龄的增加而增大，鱼鳔容积与仔鱼体长呈正相关（图6-39）。

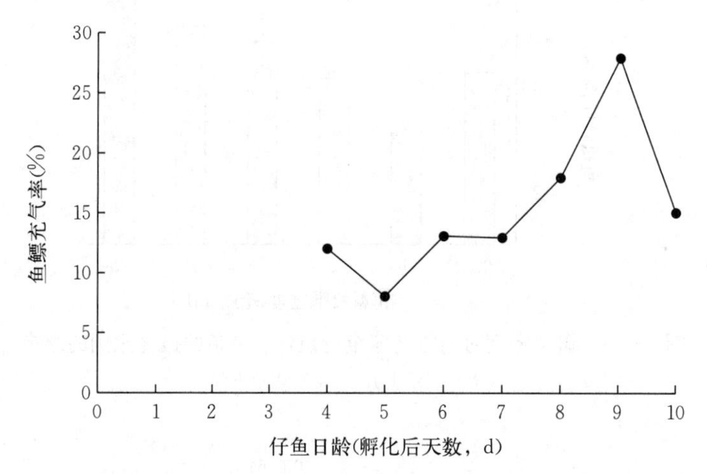

图6-37　0～10日龄南方蓝鳍金枪鱼仔、稚鱼鱼鳔充气率（首次观察到鱼鳔充气为4日龄）

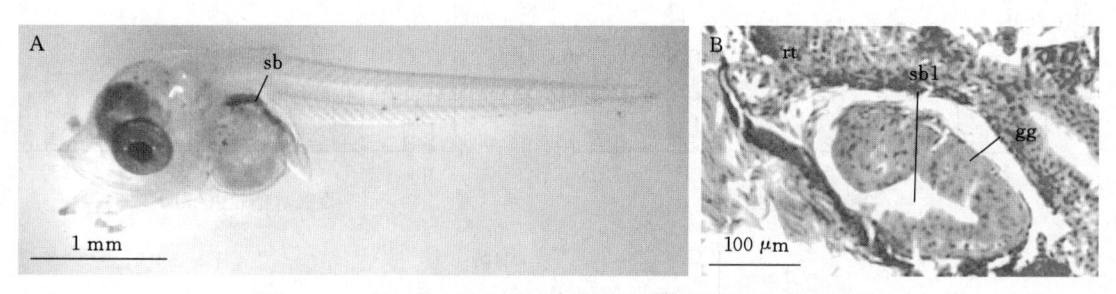

图6-38　仔、稚鱼表面和充气鱼鳔的组织学切片显微照片

A. 麻醉后的南方蓝鳍金枪鱼幼体表面的显微照片

B. 充气鱼鳔的组织学切片的显微照片

gg. 气腺　r. 血管网络　sbl. 鱼鳔腔

南方蓝鳍金枪鱼幼体孵化后立即出现轻微的负浮力。鱼鳔充气对幼体体密度有显著影响，用比重表示。鱼鳔充气的幼体体密度维持在1.026 2 g/cm^{3}左右，而不充气的幼体平均体密度逐渐增加，到10日龄时为1.031 0 g/cm^3。鱼鳔充气和不充气幼体的体密度随着日龄变化而显著变化（图6-40）。

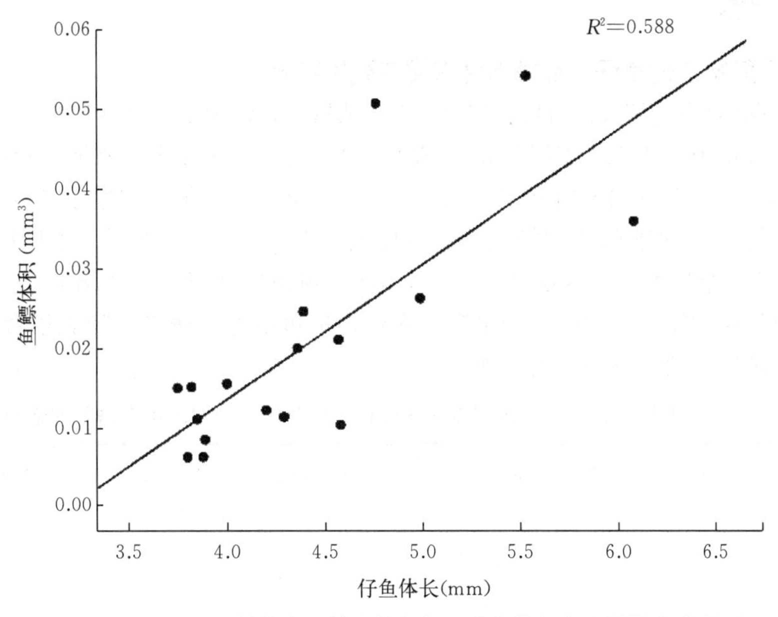

图 6-39　0～10 日龄南方蓝鳍金枪鱼仔、稚鱼体长与鱼鳔体积的关系

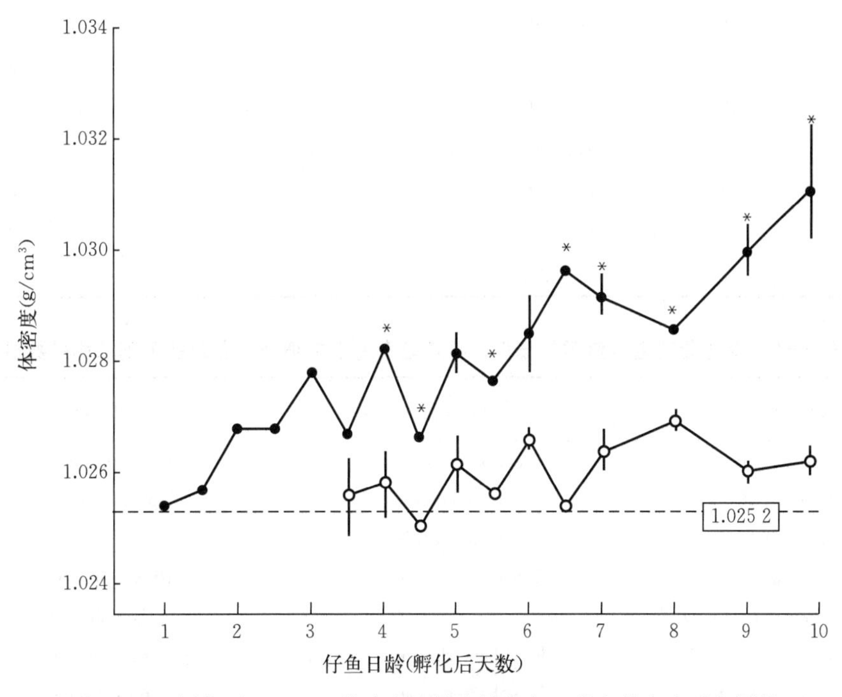

图 6-40　孵化后 0～10 日龄南方蓝鳍金枪鱼仔、稚鱼体密度随鱼鳔的充气（○）或不充气（●）的变化情况

五、南方蓝鳍金枪鱼仔、稚鱼培育水槽中水的微生物分析及其与白色幼体生存和发病的关系

（一）南方蓝鳍金枪鱼仔、稚鱼培育水槽中微生物分析

从不同日龄的南方蓝鳍金枪鱼仔、稚鱼培育水槽取水，弧菌平均含量为 6.0×10^3 CFU/mL，海洋微生物总含量为 1.9×10^5 CFU/mL（表 6－7）。测序结果显示，水槽中存在非常多样的细菌群落（彩图 1）。经过分析处理后，保留了 3 200 个序列，平均覆盖了 79%的细菌种群，也就是说，大约 79%的细菌能够检测到，具体的属名如表 6－8 所示。不同操作分类单元（OTU，类似于一个物种）的数量在所有样本中是相似的。然而，5～18 日龄仔、稚鱼培育水槽水中细菌的属类比干净的海水中更多。在仔、稚鱼培育水槽中，随着培育日龄的增加，诺特拉菌、噬菌体杆菌等菌类有所增加。

表 6－7　南方蓝鳍金枪鱼孵化场干净海水和仔、稚鱼培育水槽水中可培养细菌的数量

水槽序号	日龄	弧菌（CFU/mL）	海洋微生物（CFU/mL）	弧菌比例（%）
干净海水 1		5.2×10^2	1.7×10^3	31
干净海水 2		4.2×10^2	1.2×10^3	36
干净海水 3		3.9×10^2	1.0×10^3	39
1	4	4.95×10^3	1.3×10^5	3.9
2	5	3.6×10^3	1.2×10^5	2.9
3	9	1.5×10^3	2.1×10^5	0.7
4	9	3.4×10^3	2.3×10^5	1.5
4	10	7.7×10^3	2.8×10^5	2.8
5	11	1.2×10^3	1.4×10^5	8.6
6	12	8.9×10^3	2.7×10^5	3.4
7	18	6.8×10^3	1.8×10^5	3.7
8	18	5.1×10^3	1.1×10^5	4.8

表 6－8　南方蓝鳍金枪鱼孵化场仔、稚鱼培育海水中细菌属名及检测到的样品数量

属 Genus	科 Family	纲 Class
Nautella（8）	Rhodobacteraceae	Alphaproteobacteria
Phaeobacter（8）	Rhodobacteraceae	Alphaproteobacteria
Ruegeria（8）	Rhodobacteraceae	Alphaproteobacteria
Roseovarius（8）	Rhodobacteraceae	Alphaproteobacteria
GpIX（*Synechocystis*）（8）		Cyanobacteria
Polaribacter（8）	Flavobacteriaceae	Flavobacteria
Winogradskyella（8）	Flavobacteriaceae	Flavobacteria
Gaetbulibacter（8）	Flavobacteriaceae	Flavobacteria
Donghicola（7）	Rhodobacteraceae	Alphaproteobacteria
Mesoflavibacter（7）	Rhodobacteraceae	Flavobacteria

（续）

属 Genus	科 Family	纲 Class
Thalassobius (6)	Rhodobacteraceae	Alphaproteobacteria
Shimia (6)	Rhodobacteraceae	Alphaproteobacteria
Sulfitobacter (6)	Rhodobacteraceae	Alphaproteobacteria
Alkalibacterium (6)	Carnobacteriaceae	Bacilli
Joostella (6)	Flavobacteriaceae	Flavobacteria
Algibacter (6)	Flavobacteriaceae	Flavobacteria
Carnobacterium (5)	Carnobacteriaceae	Bacilli
Sediminitomix (5)	Flammeovirgaceae	Sphingobacteria
Rhodopirellula (4)	Planctomycetaceae	Planctomycetacia
Microbacterium (4)	Micrococcineae	Actinobacteria
Cucumibacter (4)	Hyphomicrobiaceae	Alphaproteobacteria
Silicibacter (4)	Rhodobacteraceae	Alphaproteobacteria
Jannaschia (4)	Rhodobacteraceae	Alphaproteobacteria
Albidovulum (4)	Rhodobacteraceae	Alphaproteobacteria
Parvibaculum (4)	Rhodobiaceae	Alphaproteobacteria
Zhouia (4)	Flavobacteriaceae	Flavobacteria
Coenonia (4)	Flavobacteriaceae	Flavobacteria
Formosa (4)	Flavobacteriaceae	Flavobacteria
Fulvibacter (4)	Flavobacteriaceae	Flavobacteria
Psychroserpens (4)	Flavobacteriaceae	Flavobacteria
Maritimimonas (4)	Flavobacteriaceae	Flavobacteria
Gilvibacter (4)	Flavobacteriaceae	Flavobacteria
Fabibacter (3)	Flammeovirgaceae	Sphingobacteria
Flexithrix (3)	Flammeovirgaceae	Sphingobacteria
Erythrobacter (3)	Erythrobacteraceae	Alphaproteobacteria
Celeribacter (3)	Rhodobacteraceae	Alphaproteobacteria
Sphingopyxis (3)	Sphingomonadaceae	Alphaproteobacteria
GpX (3)		Cyanobacteria
Meridianimaribacter (3)	Flavobacteriaceae	Flavobacteria
Tenacibaculum (3)	Flavobacteriaceae	Flavobacteria
Galbibacter (3)	Flavobacteriaceae	Flavobacteria
Cellulophaga (3)	Flavobacteriaceae	Flavobacteria
Muricauda (3)	Flavobacteriaceae	Flavobacteria
Marinicella (3)	Marinicella	Gammaproteobacteria
Bermanella (3)	Oceanospirillaceae	Gammaproteobacteria
Phycisphaera (3)	Phycisphaeraceae	Phycisphaerae

（二）南方蓝鳍金枪鱼仔、稚鱼体内细菌

通过基因测序的方法对4个不同培育水槽中6日龄、9日龄、12日龄与15日龄南方蓝鳍金枪鱼仔、稚鱼体内细菌进行分析。仔、稚鱼体内细菌平均覆盖率为80%。细菌的主要属如表6-9所示。图6-41为南方蓝鳍金枪鱼仔、稚鱼体内菌群之间的相似性，如图所示，点离得越近，群落相似度越高。方差分析结果显示，不同培养水槽中幼体的菌群之间差异极显著（$P<0.01$）。

表6-9 南方蓝鳍金枪鱼仔、稚鱼体内细菌群落多样性，括号内的数字表示检测到该属细菌的样品数量

属 Genus	科 Family	纲 Class
Phaeobacter（42）	Rhodobacteraceae	Alphaproteobacteria
Methylobacterium（41）	Rhodobacteraceae	Alphaproteobacteria
Ruegeria（41）	Methylobacteriaceae	Alphaproteobacteria
Nautella（40）	Rhodobacteraceae	Alphaproteobacteria
Microbacterium（40）	Rhodobacteraceae	Actinobacteria
Roseovarius（39）	Micrococcineae	Alphaproteobacteria
Streptococcus（36）	Rhodobacteraceae	Bacilli
Winogradskyella（35）	Streptococcaceae	Flavobacteria
Donghicola（34）	Flavobacteriaceae	Alphaproteobacteria
Sphingomonas（33）	Rhodobacteraceae	Alphaproteobacteria
Polaribacter（32）	Sphingomonadaceae	Flavobacteria
Propionibacterium（31）	Flavobacteriaceae	Actinobacteria
Clostridium（27）	Propionibacterineae	Clostridia
Thalassobius（25）	Clostridiaceae	Alphaproteobacteria
GpIX（*Synechocystis*）（25）	Rhodobacteraceae	Cyanobacteria

注：括号内的数字表示检测到该层细菌的样品数量。

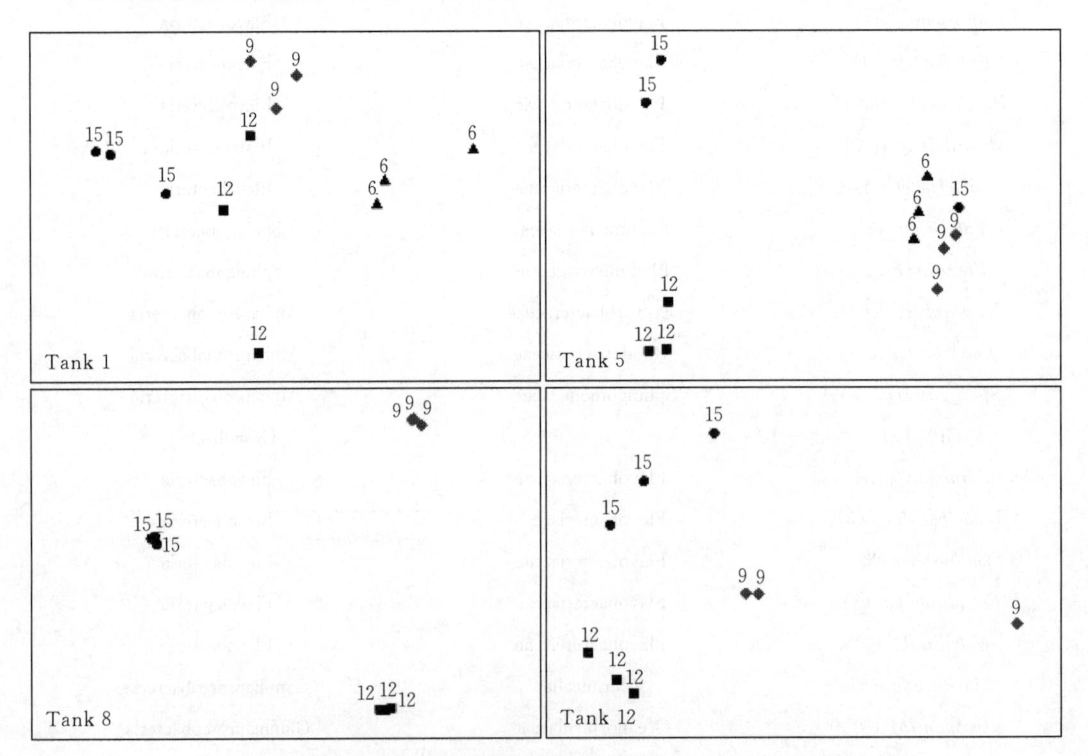

图6-41 4个水槽中南方蓝鳍金枪鱼仔、稚鱼体内细菌群落的相似性

幼虫孵化后6日龄（三角形），9日龄（菱形），12日龄（正方形），15日龄（圆形）

图 6－41 显示了随着南方蓝鳍金枪鱼仔、稚鱼日龄的增加，每个水槽内的细菌群落的渐进变化。从图中可以明显看出，每天的细菌群落都有所不同。对水槽比较的结果表明，每个水槽的变化方式相似。同一水槽内 6 日龄和 9 日龄仔、稚鱼体内细菌群落相似性较大（组在一起），12 日龄样品群落在 9 日龄样品群落的左侧和下方，15 日龄样品群落在 12 日龄样品群落的左侧和上方（图 6－41）。

所有的水槽中南方蓝鳍金枪鱼仔、稚鱼体内细菌组成都是不同的。在 15 日龄时，T12 水槽与其他 3 个水槽之间最明显的区别是蓝藻菌，特别是与 *Synechocystis* 属相关的蓝藻菌（彩图 2）。

第七章　大眼金枪鱼

金枪鱼类是一种高度洄游的大洋性鱼类，广泛分布于太平洋、印度洋和大西洋中低纬度的近海、外海和大洋中。金枪鱼脂肪含量低、蛋白质含量高，由于栖息水层较深，受污染少，被世界公认为高档水产品，因此经济价值极高，其主要用来制作生鱼片高级料理和金枪鱼罐头，主要市场在日本、欧美等较发达国家。金枪鱼资源量丰富，是世界海洋渔业的主要捕捞对象之一，是世界远洋渔业的重要支柱鱼种。金枪鱼类是鲭科（Scombridae）鱼类中具有胸甲（指胸区和侧线前部明显扩大的鳞片）的几个属鱼类之总称，属硬骨鱼纲、鲈形目。许多有关书刊将金枪鱼属的 7 种金枪鱼，即大眼金枪鱼（*Thunnus obesus*）、长鳍金枪鱼（*T. alalunga*）、黄鳍金枪鱼（*T. albacares*）、北方蓝鳍金枪鱼（*T. thynnus*）、马苏金枪鱼（*T. maccoyii*）、大西洋金枪鱼（*T. atlanticus*）、青干金枪鱼（*T. tonggol*）以及鲣属的鲣（*Katsuwonus pelamis*，鲣属只有 1 种）共计 8 种鱼类，统称为主要金枪鱼类。但近几年 FAO 将长鳍金枪鱼、北方蓝鳍金枪鱼、大眼金枪鱼、太平洋蓝鳍金枪鱼（*T. orientalis*）、马苏金枪鱼、黄鳍金枪鱼以及鲣列为 7 种世界主要金枪鱼类。

大眼金枪鱼作为金枪鱼高质代表品种之一，尚未人工繁育成功，其产品主要来自远洋捕捞，是金枪鱼围网捕捞的目标鱼种之一（图 7－1）。中西太平洋渔业委员会（Western and Central Pacific Fisheries Commission，WCPFC）统计了 2016 年中西太平洋 4 种金枪鱼的总产量（Western and Central Pacific Fisheries Commission Tuna Fishery Yearbook，2016），如图 7－2 所示，按种类产量统计，鲣的产量最多，达 178.65 万 t（66.51%）；其次是黄鳍金枪鱼，为 64.94 万 t（24.18%）；长鳍金枪鱼达 9.94 万 t（3.70%），大眼金枪鱼达 15.09 万 t（5.61%）。大眼金枪鱼的年平均产量约 15.45 万 t，2012 年的产量最高，达到了 16.69 万 t。目前其产量比最大持续产量（MSY）的 15.80 万 t 低（Overview of tuna fisheries in the western and central pacific ocean，2016），处于中度开发水平，资源补充量较 2014 年有了提高，今后的产量仍能维持在 15 万 t。2016 年大眼金枪鱼的产量为 15.09 万 t，其中 41.9%来源于延绳钓，41.1%来源于围网（表 7－1）。

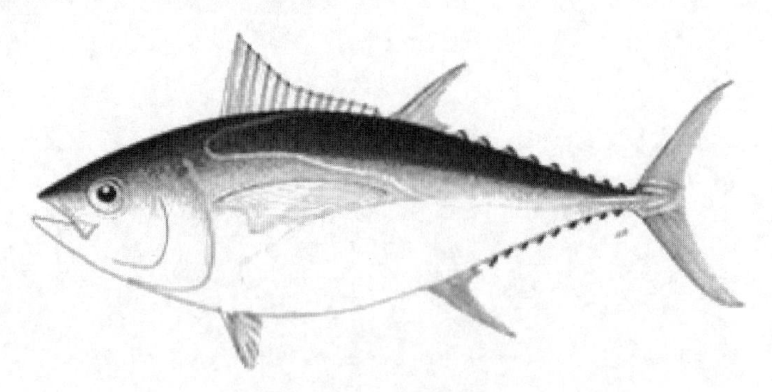

图 7－1　大眼金枪鱼

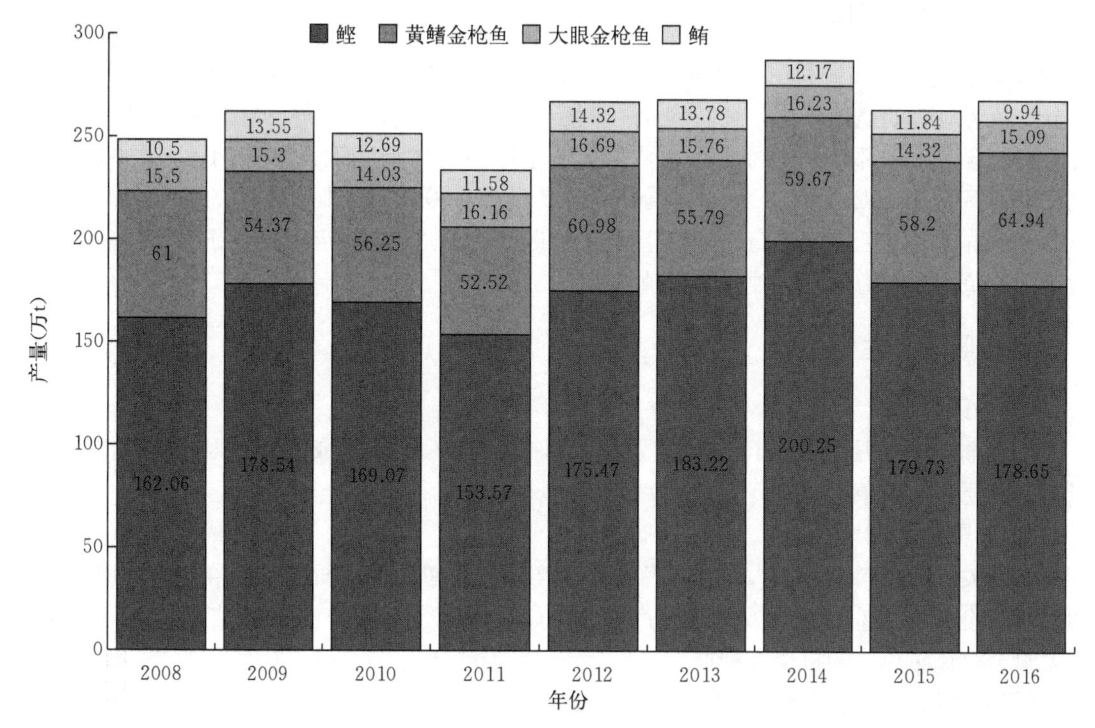

图 7-2　2008—2016 年中西太平洋 4 种金枪鱼产量

表 7-1　2016 年中西太平洋金枪鱼各作业方式产量

	延绳钓 Longline		竿钓 Pole-And-Line		围网 PurseSeine		曳绳钓 Troll		其他 Other		合计（t） TOTAL
	(t)	(%)	(t)	(%)	(t)	(%)	(t)	(%)	(t)	(%)	
鲔	778	78.3	1 512	15.2	351	3.5	231	2.3	651	0.7	99 410
大眼金枪鱼	631	41.9	4 032	2.7	620	41.1	104	6.9	1 115	7.4	15 088
鲣	546	0.3	1 563	8.8	137	76.9	853	4.8	1 663	9.3	17 864
黄鳍金枪鱼	890	13.7	2 355	3.6	394	60.7	428	6.6	9 970	15.	64 944

第一节　大眼金枪鱼的生物学基础

一、分类与分布

大眼金枪鱼，又名肥壮金枪鱼，拉丁名 *Thunnu sobesus*，英文名 Bigeye tuna，分类学上属于鲈形目（Perciformes）、鲭亚目（Scombroidei）、鲭科（Scombridae）、金枪鱼属（*Thunnus*）。其主要分布于大西洋、印度洋和太平洋的热带和亚热带，属于高度迁移种群，我国东海、南海和台湾沿海均有分布。在印度洋海域，大眼金枪鱼主要分布在南赤道海流及其以北海域、非洲东岸和马达加斯加群岛，常见于印度—澳大利亚群岛海域。

二、遗传多样性

Chiang 等（2006）利用线粒体 DNA 分析，发现南海与菲律宾东部海域、西太平洋的大眼金枪鱼无显著的遗传分化，它们构成一个随机交配的群体；Wu 等（2010）的研究也指出台湾近海含南海东部样本在内的西太平洋黄鳍金枪鱼群体与印度洋群体间无显著的遗传差异。王中铎等（2012）用 D－loop 区分析，认为黄鳍金枪鱼和大眼金枪鱼的南海西侧群体均与印度洋群体的基因交流最高、分化指数数值最低，该研究还一定程度上证明大眼金枪鱼和黄鳍金枪鱼在南海海域存在独立的繁殖场。

三、形态与生活习性

（一）环境要求

大眼金枪鱼适温范围为 13～29 ℃，在水温 21～22 ℃时常集成大群，因此成为金枪鱼延绳钓的主要捕捞对象。

（二）繁殖产卵

据相关研究资料显示，大眼金枪鱼在印度洋海域是单一的随机交配种群，其产卵季节从 12 月到翌年 1 月，东印度洋 6 月也为产卵季。Chiang 等（2008）研究报告显示，印度洋海域大眼金枪鱼属单一随机交配种群。

（三）活动、摄食特性

大眼金枪鱼主要栖息于水深约 200～300 m 处，性成熟的个体常栖息于表层，主要以深海性鱼类为食，如小鱼、鱿鱼和大型甲壳类等，其最大游速可达 100 km/h，水温和溶解氧是影响其适宜垂直分布的主要海洋因素。大眼金枪鱼拥有昼伏夜出的运动模式，其视觉系统包含视网膜放光层，即使光线减弱甚至在黑夜也能保持很高的视觉灵敏度，这使得大眼金枪鱼无论昼夜均可高效摄食。

（四）集群性、洄游性

包括大眼金枪鱼在内的所有大型金枪鱼均具有高度的集群性和洄游性，其洄游与海流的季节变化有关，在热带雨季，它远离较淡的沿岸水域，游向高盐度的海区。金枪鱼的集群由几种因素形成：①自然流木随附群（Logschool），即漂浮废物如生物残骸、树桩、生活垃圾等；②人工集鱼装置随附群（Fish Aggregating Deviceschool，FADs），即人类利用金枪鱼好追随漂浮物的集群性，利用破旧的网衣捆绑椰子叶、竹筏、浮球或者油桶，同时安装带有 GPS 定位功能和声呐探测功能的浮标；③鲸豚随附群，即喜欢跟随海豚类、鲸类、鲨类等海洋生物活动的金枪鱼种群。主要以前两者为主。

第二节　大眼金枪鱼的生物学特性

一、大眼金枪鱼的摄食生态

鱼类的摄食生态研究是促进其结构和功能发展的基础，同时也是现代鱼类生态学基础理论之一，通过鱼类的摄食生态研究可以加深对海洋生态系统中的捕食行为、食物选择方式、食物竞争机制以及捕食者与环境中饵料生物的关系等的了解（窦硕增，1996）。作为顶级捕食者，大眼金枪鱼在海洋生态系统中发挥着极其重要的作用（Young et al.，2010）。大眼金枪鱼拥有昼伏夜出的运动模式，其视觉系统包含视网膜放光层，即使光线减弱甚至在黑夜也能保持很高的视觉灵敏度，这使得大眼金枪鱼无论昼夜均可高效摄食，因此大眼金枪鱼的摄食研究对海洋生态食物网有着重要意义（李军 等，2005）。国外学者对大眼金枪鱼摄食生态中捕食者与猎物尺寸的关系、主要饵料生物的垂直分布以及大眼金枪鱼本身垂直运动习性和垂直分布做了相关研究（Ohshimo et al.，2018；Brill et al.，2005）；Allain（2005）和郑晓春（2015）对太平洋中东部海域大眼金枪鱼的食性进行了分析，发现了较大的食物多样性。此外，Bertrand（2002）和 Young（2010）的研究表明，不同研究区域、季节和体长，大眼金枪鱼摄食种类组成也会发生变化。国内学者对大眼金枪鱼摄食习性的时空变化和生态位宽月变化、摄食习性与体长关系以及当前大眼金枪鱼资源的渔业现状等方面做了相关研究（李军 等，2005；朱国平 等，2007a，2011；许柳雄 等，2008）；冯波等（2014）对南海海域大眼金枪鱼的基础生物学特性做了相关研究。

党莹超等（2020）对北太平洋亚热带海域大眼金枪鱼秋季的摄食习性进行了初步研究，利用中国金枪鱼延绳钓渔业观察员于 2018 年 9—12 月在北太平洋亚热带水域（30°N—37°N，150°W—164°W）采集的 146 尾大眼金枪鱼样品，对其胃含物组成进行了研究。结果表明：大眼金枪鱼胃含物中共鉴别出 36 种饵料种类，隶属于 28 科，优势饵料为帆蜥鱼（*Alepisaurus ferox*）、发光柔鱼（*Eucleoteuthis luminosa*）、魣蜥鱼（*Lestidium prolixum*）和眶灯鱼（*Diaphus* sp.），其相对重要性指数（IRI）百分比分别为 25.65%、14.48%、7.56%和 6.77%。大眼金枪鱼在叉长为 100～110 cm 范围内的摄食强度最高，在性腺成熟度Ⅲ期的摄食强度也最高，而Ⅴ期的摄食强度最低，此外，在 150～250 m 水层中的摄食强度较高。

许柳雄等（2008）根据 2005 年 9 月至 2005 年 12 月及 2003 年 12 月至 2004 年 5 月在印度洋中西部水域调查所获得的数据，对大眼金枪鱼食性进行了初步研究。结果表明，印度洋中西部水域大眼金枪鱼食物组成包括鱿、鲐、沙丁鱼、乌贼、蟹、竹鱼、蛇鲭、乌鲂、刺鲷、虾、帆蜥、鳞鲀、水母和杂鱼等饵料，其中主要食物为鱿（IRI＝50.84）、鲐（IRI＝17.70）以及虾类（IRI＝9.49）。空胃率较高，雄性大眼金枪鱼的空胃率高达 52.2%，而雌性大眼金枪鱼的空胃率则为 47.7%。食物组成有明显的月份变化，各月大眼金枪鱼食物中鱿所占比重均较大，其次是鲐、沙丁鱼、虾以及蟹。食物中平均饵料重量及平均饵料个数的月变化较为显著，且趋势较为一致。各体长组大眼金枪鱼食物中鱿重量均占有一定的比例，鲐和沙丁鱼所占比重也较大，蟹类以及虾类在大眼金枪鱼的食物中也占有一定的比重。各体长组大眼金枪鱼食物中平均饵料重量及平均饵料个数的变化显著，且趋势较为一致，110～140 cm 体长范围内的大眼金枪鱼摄食量较大。各月 Shannon - Weiner 多样性指数 H' 基本上都在 1.50～2.00 变化，各月 Pielou 均匀度指数 J' 均在 0.80～1.00。各体长组 Shannon - Weiner 多样性指数 H' 变化较大，各体长组 Pielou 均匀度指数 J' 均在 0.85～1.00。

朱国平等（2007b）对印度洋中西部和大西洋西部水域的大眼金枪鱼食性进行了比较研究，根据 2004 年 8 月至 2005 年 3 月大西洋西部水域及 2003 年 12 月至 2004 年 5 月在印度洋中西部水域金枪鱼延绳钓渔业所获取的大眼金枪鱼数据，对两个调查区域内的大眼金枪鱼食性进行了研究。结果表明，印度洋中西部水域大眼金枪鱼的食物组成包括沙丁鱼、鱿鱼、乌贼等 13 个饵料类群，其中主要摄食鱿鱼和沙丁鱼；大西洋西部水域大眼金枪鱼主要摄食沙丁鱼、鱿鱼、虾类等 13 种饵料类群，主要以沙丁鱼为饵，其次为鱿鱼。印度洋中西部水域大眼金枪鱼空胃率非常高，基本上维持在 60%以上；大西洋西部水域大眼金枪鱼空胃率相对较低，基本上都在 30%以下。印度洋中西部水域大眼金枪鱼平均饱满指数变化不大，基本上维持在 0.40～0.55。大西洋西部水域大眼金枪鱼平均饱满指数变化也不太大。印度洋中西部水域大眼金枪鱼各月平均饱满指数高于大西洋西部水域，且各月空胃率高于后者。印度洋中西部和大西洋西部水域大眼金枪鱼 Shannon - Weiner 多样性指数 H' 基本上都在 1.50～2.00 变化。相同调查月份内，印度洋中西部水域大眼金枪鱼食物 Pielou 均匀度指数 J' 均高于大西洋西部水域。

李波等（2019）研究了南海大眼金枪鱼的摄食生态，根据 2011 年 12 月至 2013 年 2 月于我国南海海域采用金枪鱼延绳钓以及灯光罩网调查捕获的大眼金枪鱼的各项基础生物学以及胃含物的数据，对其摄食生态进行了分析研究（图 7 - 3）。结果表明：①南海海域大眼金枪鱼的食物组成包括鸢乌贼、帆蜥鱼、金色小沙丁鱼、飞鱼、竹筴鱼、鲐鱼、小公鱼属、圆鲹属以及不可辨别的鱼类与虾类，其主要饵料生物为鸢乌贼（IRI＝45.21），其次为金色小沙丁鱼（IRI＝21.36）和帆蜥鱼（IRI＝13.72）；②空胃率与平均饱满指数随季节变化明显，空胃率在春季时会达到顶峰（37.9%），秋季时最低（16.7%），呈先下降后上升趋势，同时平均饱满指数也在春季达到最高值（0.33），随季节下降并稳定于 0.1，空胃率随性腺成熟度的提高有明显上升趋势，平均饱满度指数在性成熟度Ⅰ期与Ⅵ期均呈现高值（1.18、1.04）；③Shannon - Weiner 多样性指数 H' 和 Pielou 均匀度指数 J' 随季节变化呈现出明显的变化，Shannon - Weiner 多样性指数 H' 随叉长组基本在 1.52～1.72 变化，Pielou 均匀度指数 J' 随性腺成熟度的提高有逐步下降的趋势；④营养长度（NR）较高，说明其摄食的饵料成分多、氮来源较复杂，基础食物来源（CR）和生态位总空间（TA）的冬季指标值近乎夏季指标的两倍；通过 δ15 N 稳定同位素法计算大眼金枪鱼的平均营养级为 4.73。总体上，南海海域大眼金枪鱼主要以头足类和鱼类为食，其摄食习性与季节和个体发育相关，在食物链中处于较高的营养位置。

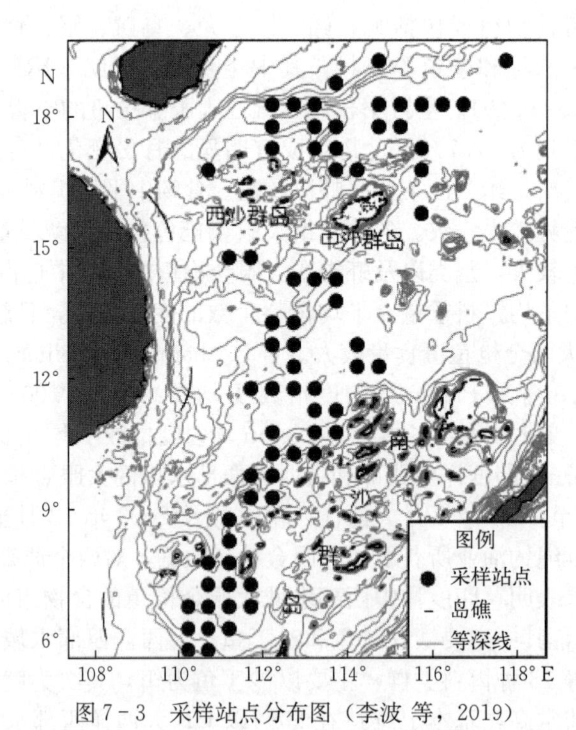

图 7 - 3　采样站点分布图（李波 等，2019）

有关大眼金枪鱼的胃含物分析表明，南海海域大眼金枪鱼摄食种类包括鱼类、头足类、甲壳类等，其中可辨别鱼类有 8 种（表 7 - 2）。该海域大眼金枪鱼主要摄食鱼类（IRI＝48.17）、头足类（IRI＝45.63），优势饵料生物为鸢乌贼（IRI＝45.21），其次为金色小沙丁鱼（*Sardinella aurita*）（IRI＝21.36）和帆蜥鱼（IRI＝13.72）等。从大眼金枪鱼饵料种类所栖息的水层可知，大眼金枪鱼主要摄食中上层游泳动物，同时兼食个别深水鱼类（Post，2012；Potier et al，2007），例如饵料食物中帆蜥鱼栖息在 0～1 000 m 水层。Borodulina（1981）认为，大眼金枪鱼主要摄食上层及中上层的鱼类和头足类，许柳雄等（2008）对印度洋中西部海域大眼金枪鱼的研究得出，大眼金枪鱼的最适合摄食水层约为 100～300 m，即表层与中层之间水层。朱国平等（2011）对太平洋中东部大眼金枪鱼的分析得出，200～350 m 水层中大眼金枪鱼的摄食活动非常活跃，该研究中的大眼金枪鱼捕食的饵料生物所栖息水层与其研究结果相一致，因此在本研究中判断南海海域大眼金枪鱼摄食习性主要为捕食中上层鱼类及头足类。

根据各个海域大眼金枪鱼饵料组成对比可以发现（表 7 - 3），大眼金枪鱼是广食性鱼类，食物来源比较广泛。结合胃含物分析的结果，其食物来源主要为鱼类、头足类和甲壳类。许柳雄等（2008）对印度洋中西部海域大眼金枪鱼的食物组成分析得出大眼金枪鱼的饵料重要性依次为头足类（IRI＝51.76）、鱼类（IRI＝29.52）和甲壳类（IRI＝12.07）。朱国平等（2007a）对大西洋西部大眼金枪鱼的食物饵料分析得出大眼金枪鱼的主要食物为鱼类（IRI＝84.9）、头足类（IRI＝11.6）和甲壳类（IRI＝1.4）。本研究所得结论为头足类（IRI＝48.17）、鱼类（IRI＝45.63）和虾类（IRI＝6.2），造成各类食物重要性指数些许差异的原因可能是各海域之间物种资源量的差异。

表 7 - 2 南海海域大眼金枪鱼的食物组成（李波 等，2019）

单位：%

饵料种类	饵料质量百分比	个数百分比	出现频次	相对重要性指数（IRI）	出现频次百分比组成
未辨认头足类	1.52	1.94	6.56	0.42	4.47
鸢乌贼	48.53	27.59	31.97	45.21	21.79
未辨认虾类	0.36	15.30	21.31	6.20	14.53
未辨认鱼类	10.99	16.16	25.41	12.82	17.32
帆蜥鱼	12.41	15.73	26.23	13.72	17.88
金色小沙丁鱼	21.38	21.12	27.05	21.36	18.44
小公鱼属	0.72	0.43	1.64	0.03	1.12
飞鱼	0.11	0.22	0.82	—	0.56
竹筴鱼	0.25	0.22	0.82	—	0.56
鲐鱼	1.88	1.08	4.10	0.22	2.79
圆鲹属	0.12	0.22	0.82	—	0.56

注："—"表示所占比例<0.01%或无。

表 7-3　各海域大眼金枪鱼食物组成对比（李波 等，2019）

海域	样品尾数/实胃数	叉长范围（cm）	主要摄食种类
大西洋西部海域（朱国平 等，2007a）	780/607	85～206	沙丁鱼，鱿鱼，虾类，乌鲂，帆蜥鱼，鲯鳅，鲐鱼，秋刀鱼，乌贼，飞鱼，海蜘蛛，七星鱼及杂鱼
太平洋中东部海域（郑晓春 等，2015）	1535/1535	—	帆蜥鱼，竹筴鱼，秋刀鱼，蛇鲭，宽尾鳞鲀，虱目鱼，白腹鲭，低褶胸鱼，柔鱼科，乌贼科，刚毛对虾，海蜘蛛
印度洋中南部海域（李攀 等，2010）	435/163	57～182	柔鱼科鱼类，帆蜥鱼，虾类，刺鲅，鲐鱼，秋刀鱼，乌鲂，鲯鳅，沙丁鱼，银鲳和带鱼
印度洋中西部海域（许柳雄 等，2008）	308/154	95.4～179.2	鱿，鲐鱼，沙丁鱼，乌贼，蟹，竹筴鱼，蛇鲭，乌鲂，刺鲷，对虾，帆蜥鱼，鳞鲀，水母和杂鱼

从胃含物研究分析中得出其摄食习性具有明显的月变化（图 7-4），根据饵料种类重量百分比可以看出，鱼类与头足类为大眼金枪鱼的主要饵料种类，2012 年 8 月、11 月、12 月，不可辨别鱼类为大眼金枪鱼的主要摄食对象。2012 年 3 月份大眼金枪鱼食物中，除不可辨别鱼类外，鸢乌贼所占比例最大，达到了 61.96%，平均饵料种类重量百分比为 12.82%，其次是金色小沙丁鱼、帆蜥鱼。

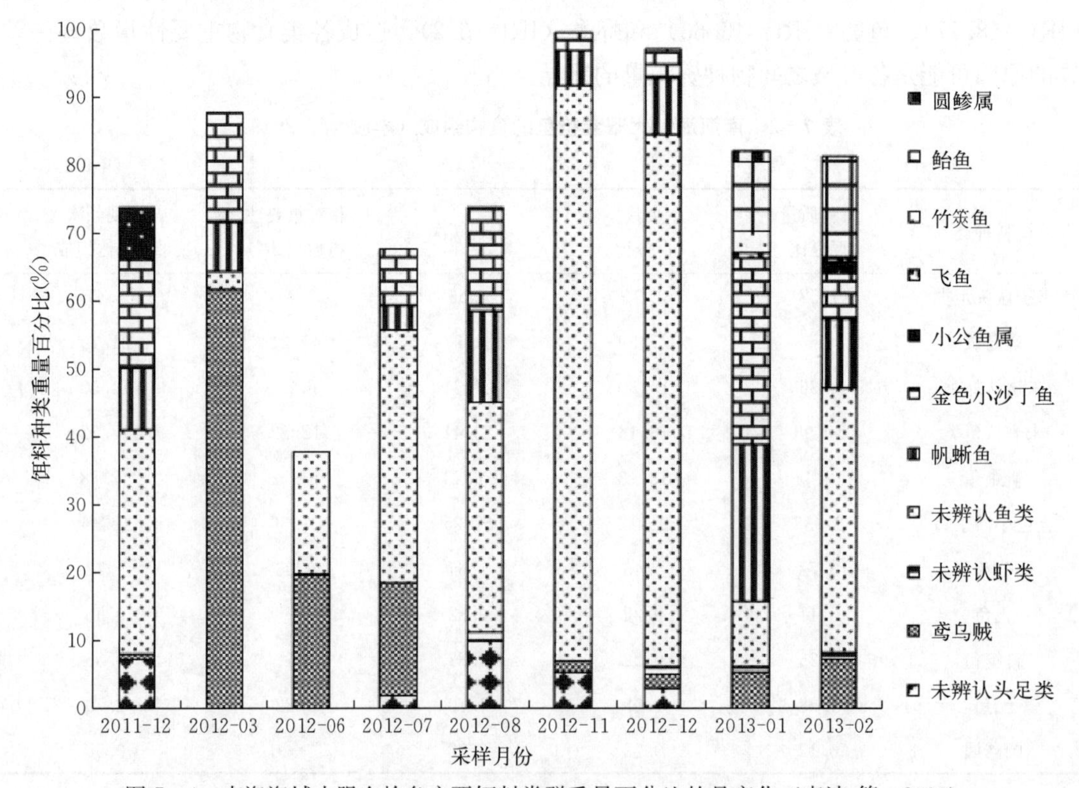

图 7-4　南海海域大眼金枪鱼主要饵料类群重量百分比的月变化（李波 等，2019）

除月变化规律外，大眼金枪鱼的空胃率和平均饱满指数均具有明显的季节变化（图 7-5），空胃率在春季达到了最高值（37.9%），秋季降为最低（16.7%），且随季节变化总体呈先下降后上升的趋势；平均饱满指数在春季达到了峰值（0.326），在夏季达到最低值（0.101），随季节变化总体呈先下降后平稳的趋势。单因素方差分析表明，各叉长组之间空胃率和平均饱满指数均表现为差异性极显著（$P<0.01$）。其中，空胃率的变化规律不明显，平均饱满指数总体呈现出先下降后上升再回落的趋势（图 7-6）。随着性腺成熟度的提升，大眼金枪鱼的空胃率随之提升，Ⅵ期时空胃率最大为 100%，Ⅰ期时空胃率最小为 16%，各性腺成熟度之间空胃率变化极显著（$P<0.01$）。平均饱满指数随性腺成熟度变化极显著（$P<0.01$），呈现出先下降后上升的趋势，平均饱满指数在Ⅰ期时最大为 1.18，平均饱满指数在Ⅲ期时最小为 0.09（图 7-7）。

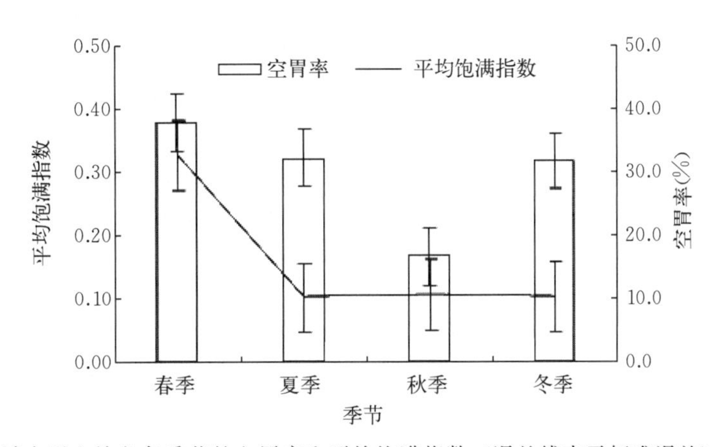

图 7-5　南海海域大眼金枪鱼各季节的空胃率和平均饱满指数（误差线表示标准误差）（李波 等，2019）

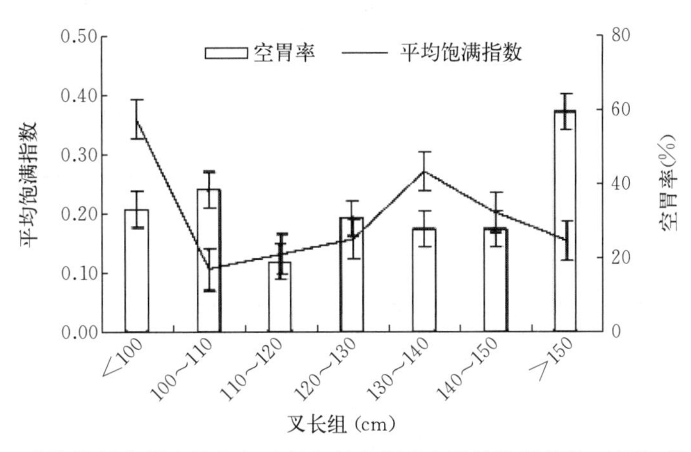

图 7-6　南海海域大眼金枪鱼各叉长组的空胃率和平均饱满指数（李波 等，2019）

随着季节的更替，海洋中的温度、盐度、含氧量、潮汐、潮流等环境因子会发生一定的变化，鱼类摄食强度也会随着季节变化，因此以季节变化反映鱼体代谢强度、摄食行为以及繁殖行为的变化（Battaglia et al.，2013；李军，1994；陶雅晋 等，2017）。在本研究中，对南海海域大眼金枪鱼各季节摄食强度进行分析，得出了春季时摄食强度最大，随季节推移摄食强度先下降后回升的结论，这与朱国平等（2007b）对大眼金枪鱼的季节性摄食月变化做初步研究所得结论基本一致。但与其在秋季时开始回升的结果不同，本研究中秋季时大眼金枪鱼摄食强度仍处于最低值，猜测其原因，本研究海域不同于地处赤道的印度洋中西部海域，南海海域金枪鱼类由于高度洄游的特性，鱼群每年8—10月洄游进入南海（王中铎 等，2012），秋季时人类捕捞作业也正值高峰期，使该海域金枪鱼食物有所减少，因此会造成本研究中秋季摄食强度低的结果。鱼类在自身的生长发育过程中，其个体体长、体重增加，运动能力也随之加强，生殖系统也随之发育成熟，并伴随着性成熟度的提高，需要消耗的能量随之提高，通过加大捕食饵料量来加大能量的摄入，其摄食能力与消化饵料能力也会发生一定的变化（崔奕波 等，2001）。通过研究显示，由于成鱼需要维持生命活动以及繁殖行为，能量消耗量变大，所以更容易出现空胃率高的现象。根据图7-4和图7-5可知，大眼金枪鱼在个体叉长较小时，由于生长需要较大营养供给，所以空胃率会偏高，随着叉长的增长，空胃率呈现出逐步上升的趋势，同时随着性成熟度的提高，空胃率也随之提升；对于研究中出现春季样品空胃率偏高的问题分析其原因，该季节采样的捕捞方式为延绳钓，由于大眼金枪鱼从海中被捕捞到船上，压强变化较大，会导致一部分鱼发生吐胃的现象，其胃含物均无法采集到，所以造成空胃率偏高（郑晓春 等，2015），不能准确做出鉴定，影响到大眼金枪鱼摄食分析的准确性，故建议对钓获时已经死亡的大眼金枪鱼做胃含物分析。

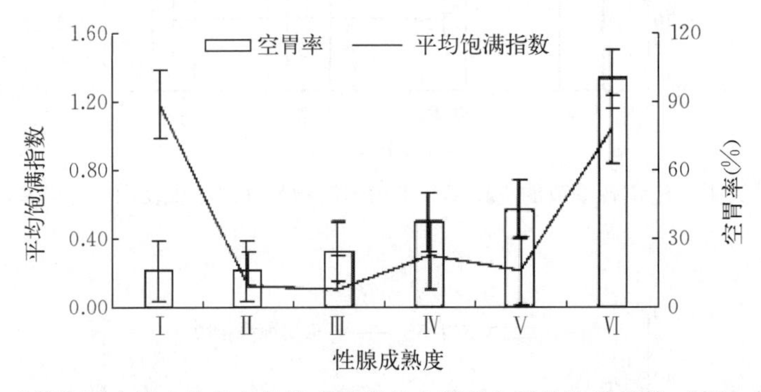

图7-7　南海海域大眼金枪鱼各性腺成熟度的空胃率和平均饱满指数（李波 等，2019）

冯波等（2014）研究得出大眼金枪鱼胃含物中鱼类（日本乌魴、鳞首方头鲳、帆蜥鱼、蛇鲭等）占43.51%、头足类（鸢乌贼、菱鳍乌贼等）占40.51%、游泳虾类占5.15%和不可辨认种类占10.83%。摄食强度范围为0～4级，雌性（1.8）高于雄性（1.4）。金枪鱼的胃含物会因外部压力降低而吐出，导致金枪鱼的空胃率达到26.36%，其中雌性个体空胃率为21.3%，而雄性个体空胃率为31.1%（表7-4）。平均肥满度系数为1.83，雌性个体平均为1.84，雄性个体平均为1.83。

表7-4　大眼金枪鱼摄食等级（冯波 等，2014）

摄食等级	0	1	2	3	4
尾数（尾）	92	101	76	44	51
百分比（%）	26.36	28.94	21.78	12.61	14.61

王少琴等（2014）综合叙述了人工集鱼装置对热带金枪鱼类摄食模式的影响，大规模出现的 FAD（Fish Aggregation Device，人工集鱼装置）会使某些海域海面漂浮物的密度迅速增加，从而在一定程度上人为地改变了金枪鱼的表层栖息环境，可能对金枪鱼种群具有一系列潜在的负面影响，摄食模式的改变就是其中之一。通过归纳总结国内外关于 FAD 对金枪鱼类摄食模式影响的相关研究，发现大多情况下 FAD 的存在会使金枪鱼的摄食模式发生一定的改变，包括摄食行为、日摄食量、饵料种类与组成以及生态位宽度等。

二、叉长和体质量

李鹏飞等（2016）利用 2013 年 12 月至 2014 年 7 月在东太平洋公海延绳钓获得的大眼金枪鱼进行了生物学特性的初步研究，研究结果表明调查的 746 尾鱼的产量组成情况由多到少依次为大目、中目、小目、小小目（图 7－8）；大眼金枪鱼总净重为 28.624 kg，其中大目、中目、小目和小小目的净重分别为 17.408 kg、6.819 kg、3.962 kg 和 0.435 kg，分别占大眼金枪鱼总净重的百分比依次为 60.82%、23.82%、13.84%和 1.52%（图 7－9）；叉长范围是 96～209 cm，优势叉长组是 111～170 cm，平均叉长为 139.4 cm（图 7－10）；体质量范围是11.8～162.2 kg，优势体质量是 21～80 kg，平均体质量为 56 kg，性成熟度Ⅴ期个体最多（图 7－11），叉长与体质量的关系为 $y=36.17x^{0.3405}$ ［$R^2=0.9185$，其中 x 为体质量（单位 kg），y 为叉长（单位 cm）］（图 7－12）；胃含物重量范围为 50～1 600 g，摄食等级雌性和雄性个体均以 0 和 1 为主。

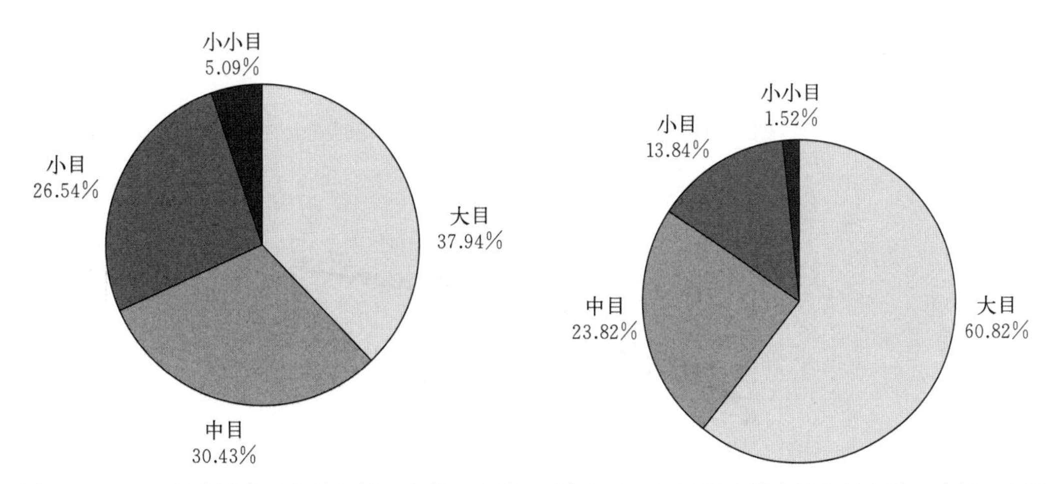

图 7－8　2014 年大眼金枪鱼的大目、中目、小目和小小目尾数统计（李鹏飞 等，2016）

图 7－9　2014 年大眼金枪鱼的大目、中目、小目和小小目净重统计（李鹏飞 等，2016）

雌性个体叉长范围为 0.81～1.98 m，优势叉长组为 101～160 cm，占雌性样本总数的 82.1%，平均叉长为 135.8 cm；加工后重量范围是 9～121 kg，优势净重组是 21～60 kg，占雌性样本总数的 76.4%。雄性个体叉长范围为 0.77～2.09 m，优势叉长组为 101～170 cm，占雄性样本总数的 83.3%，平均叉长为 135 cm；加工后重量范围是 10～135 kg，优势净重组是21～70 kg，占雌性样本总数的 75%；加工后总重量为 11 288 kg，平均加工后重量约为 45 kg。比较雌雄个体发现，雄性个体叉长略小于雌性个体叉长（图 7－13）。

探捕调查海域捕获大眼金枪鱼摄食等级在 0～4 级。雌性和雄性个体均以 0 级和 1 级为

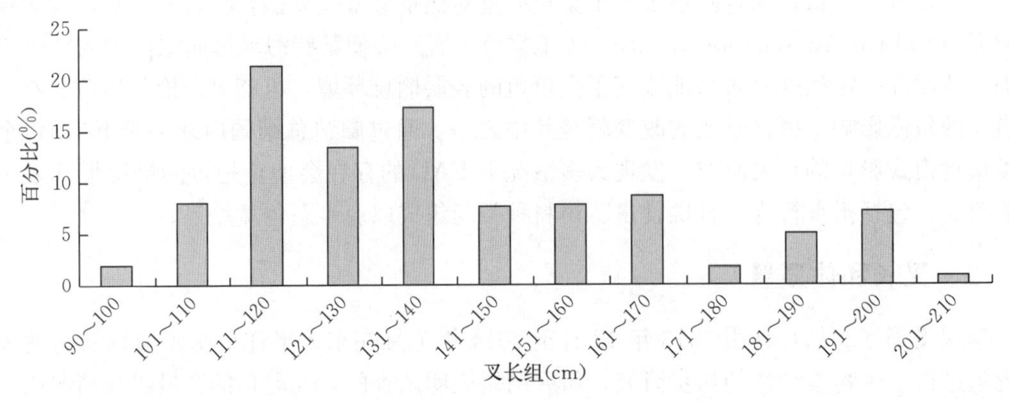

图 7-10 2014 年 3—5 月大眼金枪鱼叉长分布（李鹏飞 等，2016）

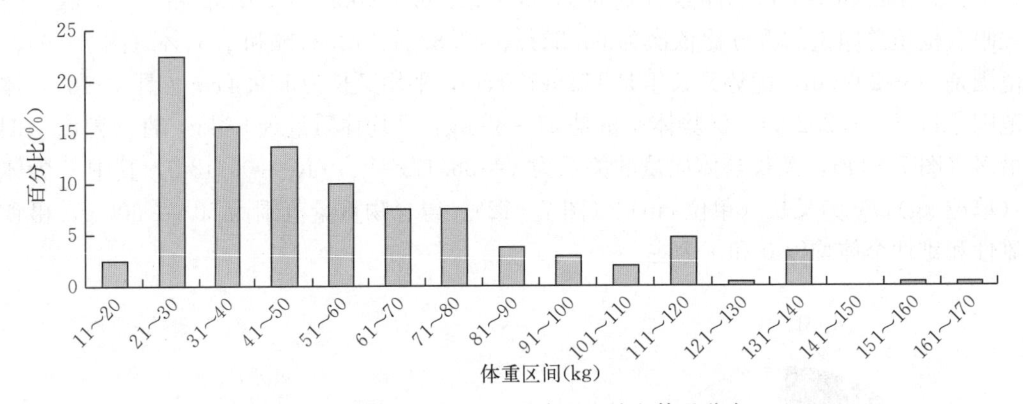

图 7-11 2014 年 3—5 月大眼金枪鱼体重分布

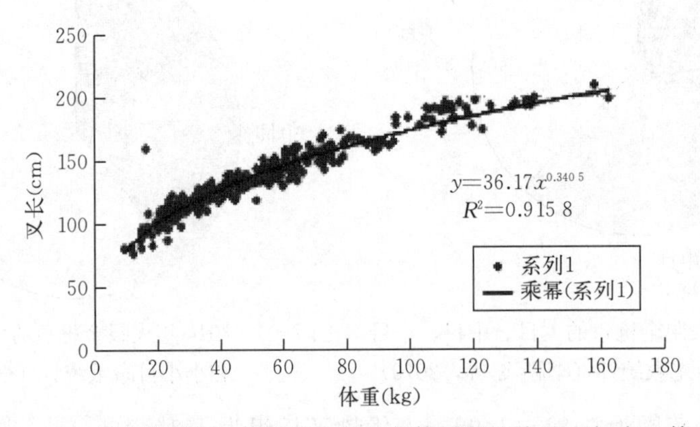

图 7-12 2014 年探补期间大眼金枪鱼叉长与体质量的关系（李鹏飞 等，2016）

主，分别占总渔获尾数的 85.2%和 89.2%。雌性摄食等级排序为 0 级＞1 级＞2 级＞3 级＞4 级。雄性摄食等级排序为 0 级＞1 级＞2 级＞3 级＞4 级（图 7-14）。

包括大眼金枪鱼在内的金枪鱼类，属于中上层的捕食鱼类，在海洋生态系统及海洋食物网中有着重要的作用和地位。摄食强度是反映鱼类摄食生态的一个重要指标，也是研究鱼类食性的基本手段之一（薛莹 等，2004）。本研究结果表明，大目的雄性大眼金枪鱼的摄食强

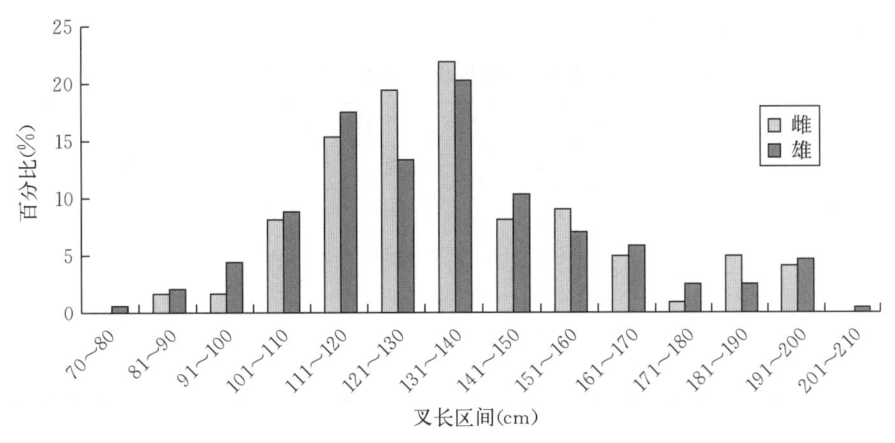

图 7-13　大眼金枪鱼雌、雄个体比较（李鹏飞 等，2016）

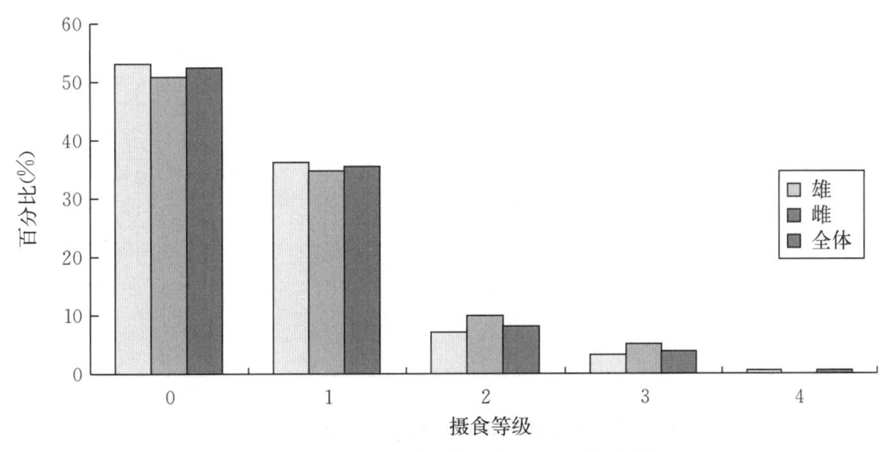

图 7-14　大眼金枪鱼摄食等级分布（李鹏飞 等，2016）

度与雌性个体没有明显的差别，而摄食等级均以 0 级和 1 级为主，这与其他学者的研究结果有所不同，郑晓春（2015）的研究结果表明东太平洋大眼金枪鱼摄食强度为 1 级的雌性鱼大于雄性鱼；摄食强度为 2 级的雄性鱼大于雌性鱼。陈锦淘等（2009）的研究表明，大西洋中部水域大眼金枪鱼的摄食强度主要以 0 级、2 级、3 级为主。探究其原因，可能是由于调查季节和海域的不同造成所调查的大眼金枪鱼摄食强度有所差别。

冯波等（2014）研究了南海大眼金枪鱼生物学特性，研究对象为 2010 年 3 月至 2013 年 2 月南海金枪鱼延绳钓探捕与渔业生产监测所取生物学数据和生产数据，得出叉长、体质量等方面数据。研究得出雌雄个体在叉长、体重上无显著的差别（$P>0.05$）。叉长范围为 50～169 cm，平均为 111.8 cm，优势叉长组为 80～100 cm 和 110～140 cm，分别占总尾数的 32.69%和 42.58%（表 7-5 和表 7-6）。体重范围为 2.45～87 kg，平均为 33.2 kg，优势体重组为 10～20 kg 和 20～50 kg，分别占总尾数的 32.69%和 44.78%（表 7-5，表 7-7）。最大雄性个体体重 86 kg，叉长 162.5 cm；最大雌性个体体重 87 kg，叉长 167 cm。雌雄混合拟合叉长体重关系：$W=1.74\times10-5\ FL\ 3.01$（$W$ 为体重，FL 为叉长，$R^2=0.98$，$n=$

364，$P<0.01$)(图7-15)。渔获样本组成中2龄和4龄鱼所占比例较高，分别占总尾数的32.42%和26.92%（图7-16)。

表7-5 大眼金枪鱼的生物学参数（冯波 等，2014）

项目	雄+雌		雄性个体		雌性个体	
	范围	均值	范围	均值	范围	均值
叉长（cm）	50～169	111.8	50～166	110.0	68～169	112.5
体重（kg）	2.45～87	33.2	8.3～86	33.5	2.45～87	33.0
性腺重（g）	2～3 400	250.5	2～1 350	139.2	2～3 400	375.5
摄食强度（级）	0～4	1.6	0～4	1.4	0～4	1.8
尾数（尾）	364		183		181	

表7-6 大眼金枪鱼叉长组成（冯波 等，2014）

叉长（cm）	平均值（cm）	百分比（%）
<80	72.75	3.57
80～90	87.33	17.86
90～100	93.36	14.84
100～110	104.58	3.3
110～120	116.66	14.84
120～130	124.55	17.03
130～140	135.47	10.71
140～150	145.63	9.34
150～160	154.6	5.49
160～170	165.23	3.02

表7-7 大眼金枪鱼体重组成（冯波 等，2014）

体重组（kg）	<10	10～20	20～30	30～40	40～50	50～60	60～70	70～180	80～90
平均值（kg）	6.83	13.41	26.51	34.25	45.27	55.28	65.12	73.03	83.85
百分比（%）	3.85	32.69	12.09	21.15	11.54	9.34	5.22	1.92	2.20

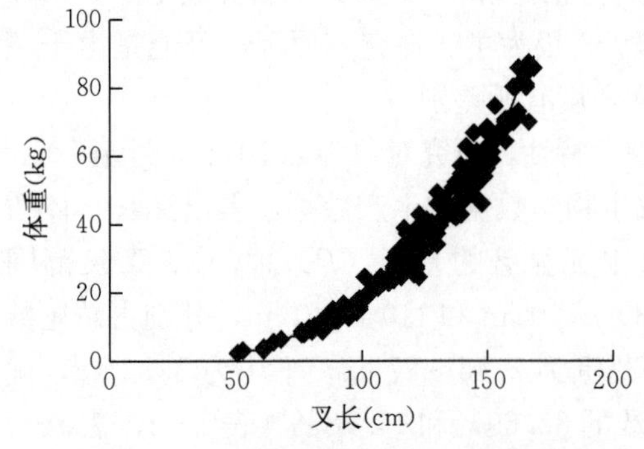

图7-15 大眼金枪鱼叉长体重关系（冯波 等，2014）

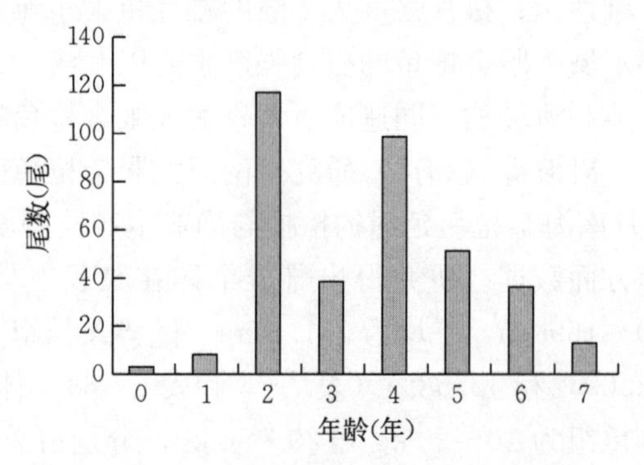

图7-16 大眼金枪鱼渔获年龄组成（冯波 等，2014）

三、性腺

李鹏飞等（2016）对调查海域所测定的大眼金枪鱼进行了性腺成熟度统计，雌性个体性腺成熟度以Ⅲ、Ⅳ、Ⅴ期为主，占总测定尾数的85.4%，Ⅴ期个体占比达31.7%；所测定雄性个体同样以Ⅲ、Ⅳ、Ⅴ、Ⅵ期为主，占总测定尾数的89.6%，Ⅳ期和Ⅴ期差异较大，Ⅳ期和Ⅵ期差异较小，其中Ⅴ期个体最多，占比达到34.3%（图7－17）。

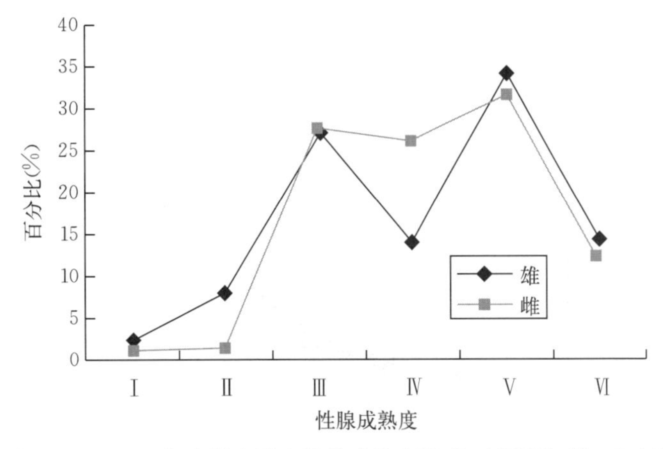

图7－17　2014年大眼金枪鱼性腺成熟度组成（李鹏飞 等，2016）

在冯波（2014）对南海大眼金枪鱼生物学特性的研究中，结果为大眼金枪鱼性腺成熟度从Ⅰ期到Ⅵ期均存在，以Ⅱ期居多，占总尾数的45.27%。受检个体的雌雄比为0.99∶1。各季节都有性腺成熟个体出现，秋季群体以性腺未成熟个体为主，从冬季开始，性腺成熟个体（Ⅳ期和Ⅴ期）增多，经过春季发展，夏季性腺成熟个体最多，占总尾数的22.89%，达到产卵盛期（表7－8）。初次性腺成熟年龄3龄，性腺成熟的卵巢呈橘黄色，卵粒呈半透明、游离状，卵黄和油球清晰可辨。性腺的发育与水温密切相关，秋冬季在西沙海域当表层水温低于26℃时，未检查到性腺成熟个体。繁殖亲体绝对怀卵量为109.46万～456.95万粒，平均绝对怀卵量为226.59万粒。

表7－8　大眼金枪鱼性腺成熟度（冯波 等，2014）

单位：%

季节	性腺成熟度					
	Ⅰ期	Ⅱ期	Ⅲ期	Ⅳ期	Ⅴ期	Ⅵ期
春季	7.83	64.46	13.86	10.24	3.61	0.00
夏季	0.00	4.82	3.01	5.42	17.47	0.00
秋季	0.60	3.61	2.41	1.20	0.00	0.00
冬季	2.41	22.29	32.53	8.43	6.02	0.60

四、耳石

谢凯（2016）总结分析了南海大眼金枪鱼的耳石形态及微量元素，研究对象为2015

年 4 月 11 日至 2015 年 9 月 4 日由浙江丰汇远洋渔业有限公司“丰汇 17 号”在太平洋中部海域（3°S—11°S、155°W—143°W）调查期间采集的大眼金枪鱼，共采集了 202 尾大眼金枪鱼的生物学数据［包括叉长（cm）和体重（kg）］，其中雌性 83 尾，雄性 119 尾，又从中采集了 70 尾大眼金枪鱼的耳石进行研究，其中雌性 30 尾，雄性 40 尾。研究得出叉长与体重之间呈幂指数关系，关系式为 $W=4.8390\times10-5\ FL\ 2.7602$，$R^2=0.9609$，$FL$ 为叉长（cm），W 为体重（kg），通过协方差分析，雌雄个体之间没有显著性差异（图 7－18）。

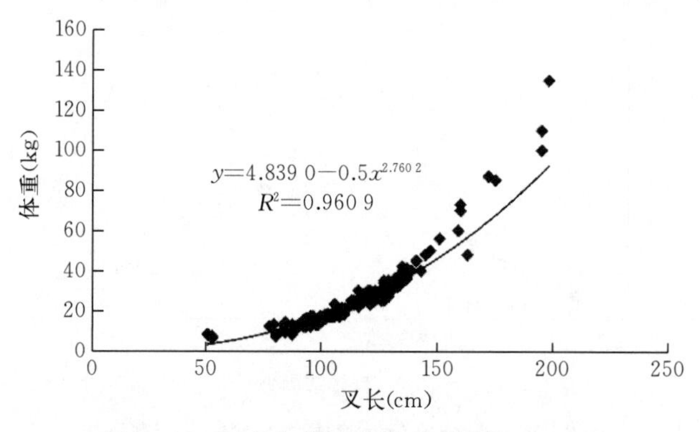

图 7－18　叉长与体重的关系（谢凯，2016）

在收集的 202 尾大眼金枪鱼样本中，雄性为 119 尾，雌性为 83 尾，体重范围为 7～135 kg，叉长范围为 76～198 cm，在体重 11～20 kg 范围内分布最多，在叉长 91～100 cm 和121～130 cm 范围内分布最多（图 7－19 和图 7－20）。

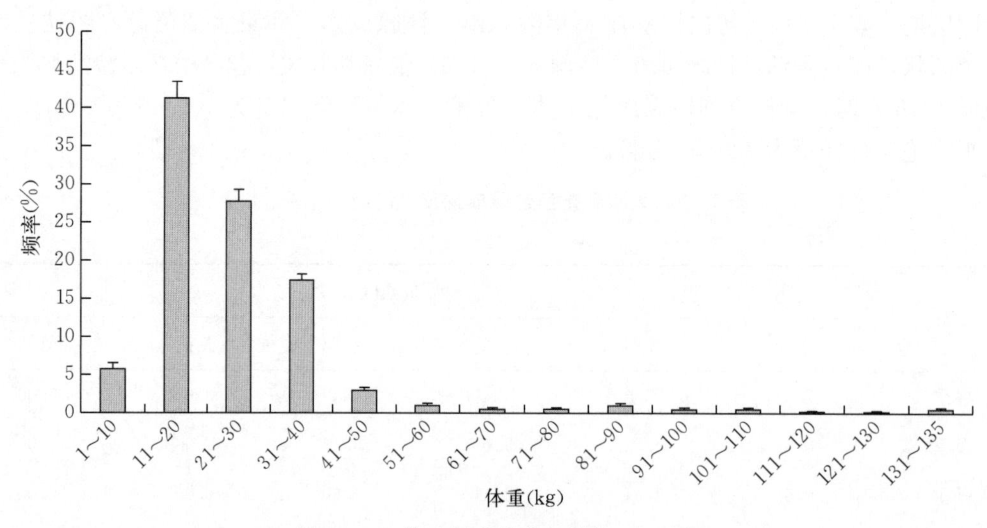

图 7－19　体重频率分布（谢凯，2016）

通过对耳石外形结构分析得出耳石整体呈弯曲状，表面不平整，有许多晶体存在（图 7－21）。大眼金枪鱼耳石可以分成 4 个部分（背区、翼区、吻区、侧区），吻区和侧区的分界线不明显。耳石表面具有 3 条明显的沟壑，这 3 条沟壑相交于一点，这个点被称为核心，

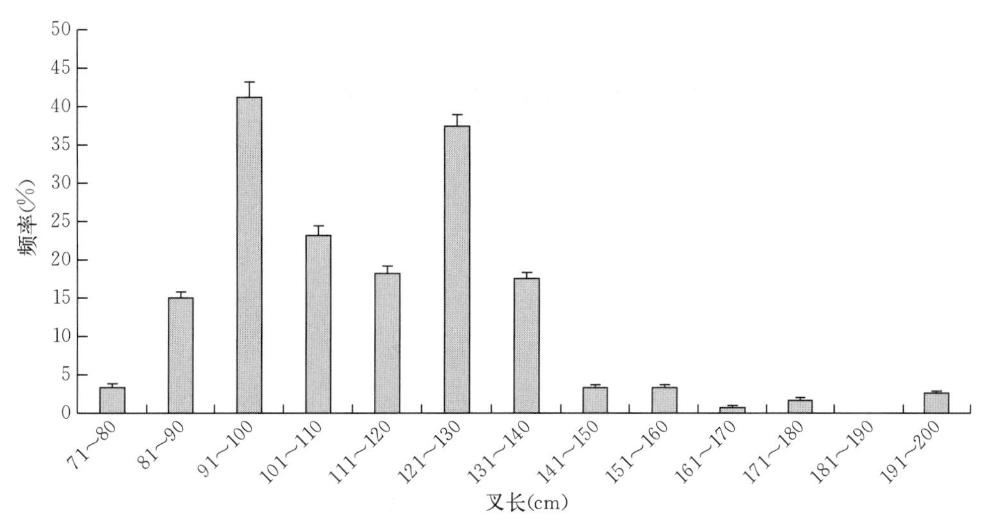

图 7-20 叉长频率分布（谢凯，2016）

核心是研究耳石年龄和微量元素最为重要的区域。对耳石外部形态参数主成分分析时发现，背区长（DL）、翼区夹角（WA）和背区夹角（DA）分别为耳石中 3 个主成分，DL 描述了耳石的长度和宽度以及厚度的变化，WA 和 DA 主要描述了角度的变化。

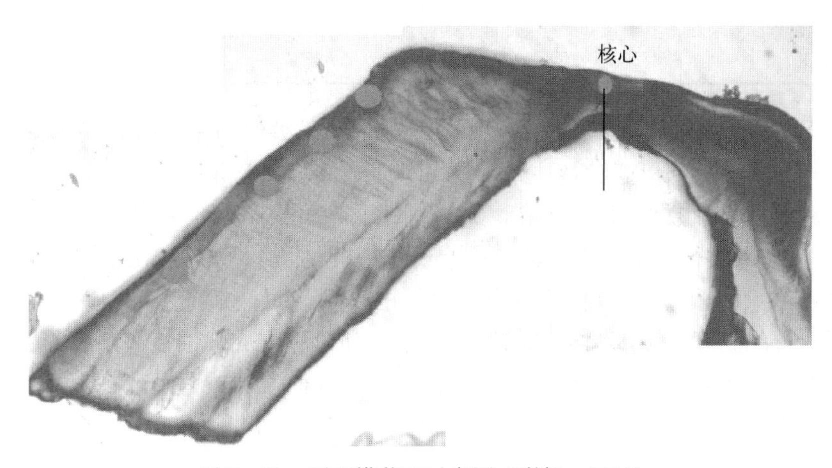

图 7-21 耳石横截面示意图（谢凯，2016）

随着对耳石的研究越来越深入，人们认识到鱼类耳石具有种的特征（Campana and Casselman，1993）。耳石微结构的研究越来越广泛，不仅可以鉴定年龄、研究生长，还可以用于鉴定日龄和产卵场等方面的研究，是其他材料不能比拟的（廖锐 等，2009）。耳石微量元素的研究和同位素的研究逐渐增多，目前已发展成为研究鱼类生活史和洄游的重要方法（Thorrold et al.，2002），在金枪鱼类的耳石研究中逐步得到应用。

对采集的大眼金枪鱼左右耳石各形态参数分别进行配对样品的 t 检验，结果显示只有翼区前长（WFL）和最大厚度（MST）存在显著性差异（$P<0.05$），其他各参数不存在显著

性差异（表 7 - 9）。因此在研究过程中，并不需要将左右耳石分别进行研究，本次研究耳石与生长的关系，所用的耳石都是右耳石。

表 7 - 9 大眼金枪鱼左右耳石各外部形态参数差异的 *t* 检验（谢凯，2016）

外部形态参数	平均值		*t* 检验		是否存在差异
	左耳石	右耳石	*t*	*P*	
背区前长	2.346 4	2.343 6	0.820	0.432	否
背区后长	4.541 8	4.548 1	−1.17	0.269	否
背区长	5.904 5	5.908 1	−0.803	0.441	否
翼区前长	5.895 5	5.906 6	−2.292	0.045	否
翼区后长	3.450 9	3.459 1	−1.936	0.082	否
翼区长	8.74	8.746 4	−1.884	0.089	否
最大宽度	3.617 3	3.620 9	−1.174	0.267	否
背基宽	2.387 7	2.390 0	−1.936	0.082	否
背基长	5.677 3	5.679	−0.69	0.506	否
背区夹角	113.412 7	113.420 9	−1.936	0.082	否
翼区夹角	135.63	135.633 6	−1.789	0.104	否
最大厚度	2.383 6	2.373 6	2.622	0.026	否

利用 SPSS 进行因子分析，研究 12 项耳石外部形态参数的主成分，结果显示测量的大眼金枪鱼右耳石 3 个外部形态参数主成分的累计贡献率为 78.341%（表 7 - 10）。右耳石 3 个主成分中最大权重系数分别为背区长（DL）、翼区夹角（WA）和背区夹角（DA）（表 7 - 11），第一主成分的特征值为 5.552，代表了整体特征的 46.266%，在第一主成分中，除了翼区夹角（WA）值较小外，其他各参数的值都比较大，而且是正值，因此可以说明第一主成分描述了耳石的长度、厚度和宽度的变化。第二和第三主成分描述了角度的变化。所以在大眼金枪鱼右耳石各外部形态参数中，DL 是描述耳石长度的最为适合的参数，DA 是描述耳石角度的最为适合的参数。

表 7 - 10 耳石外部形态参数主成分分析表（谢凯，2016）

主成分	初始值特征			提取载荷平方		
	合计	方差（%）	累计贡献率（%）	合计	方差（%）	累计贡献率（%）
背区前长	5.552	46.266	46.266	5.552	46.266	46.266
背区后长	2.247	18.724	64.990	2.247	18.724	64.990
背区长	1.602	13.352	78.341	1.602	13.352	78.341
翼区前长	0.988	8.230	86.572			
翼区后长	0.654	5.448	92.020			

（续）

主成分	初始值特征			提取载荷平方		
	合计	方差（%）	累计贡献率（%）	合计	方差（%）	累计贡献率（%）
翼区长	0.546	4.554	96.574			
最大宽度	0.250	2.085	98.659			
背基宽	0.117	0.975	99.634			
背基长	0.036	0.300	99.934			
背区夹角	0.008	0.066	100.000			
翼区夹角	0.000	0.000	100.000			
最大厚度	0.000	0.000	100.000			

表 7-11　耳石外部形态参数权重系数表（谢凯，2016）

耳石外部形态	第一主成分	第二主成分	第三主成分
背区前长	0.674	0.339	0.056
背区后长	0.821	0.249	0.256
背区长	0.962	−0.193	0.005
翼区前长	0.914	−0.081	−0.211
翼区后长	0.149	0.677	0.313
翼区长	0.891	0.408	0.019
最大宽度	0.472	0.025	−0.353
背基宽	0.548	−0.291	0.679
背基长	0.957	−0.139	−0.045
背区夹角	0.629	−0.130	−0.760
翼区夹角	0.101	0.730	0.424
最大厚度	0.045	−0.661	0.642

通过计算可以得知，大眼金枪鱼的叉长与耳石全长呈显著的线性关系（图 7-22），回归方程为：OL=0.077 5 FL−0.759 6（$R^2=0.8467$，$P<0.05$，$n=70$），式中 FL 为叉长（cm），OL 为耳石全长（mm）。长臂长与叉长同样也呈显著的线性关系（图 7-23），回归方程为：OtL=0.034 7 FL+1.630 3（$R^2=0.8542$，$P<0.05$，$n=70$），式中 FL 为叉长（cm），OtL 为长臂长（mm）。

大眼金枪鱼的耳石重量与体重同样也呈显著的线性关系（图 7-24），回归方程为：OW=0.001 3 W+0.010 8（$R^2=0.9528$，$P<0.05$，$n=70$），式中 W 为体重（kg），OW 为耳石重量（g）。

由图 7-25 可知，年龄数相同时，大眼金枪鱼的叉长变化不大。叉长与耳石全长，长臂长与叉长，耳石重量与体重都呈显著的线性关系。由这些结果可以得知，本次采集的太平洋中部大眼金枪鱼的耳石可以作为鉴定年龄的样品。

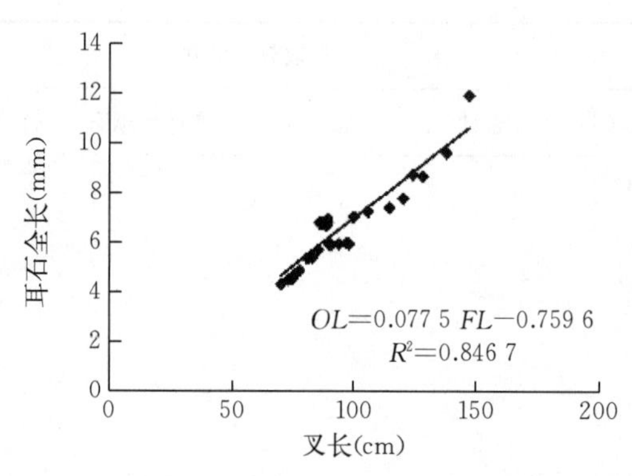

图 7-22　叉长与耳石全长的关系（谢凯，2016）

长臂长(mm)

叉长(cm)

OtL=0.034 7 FL+1.630 3

R²=0.854 2

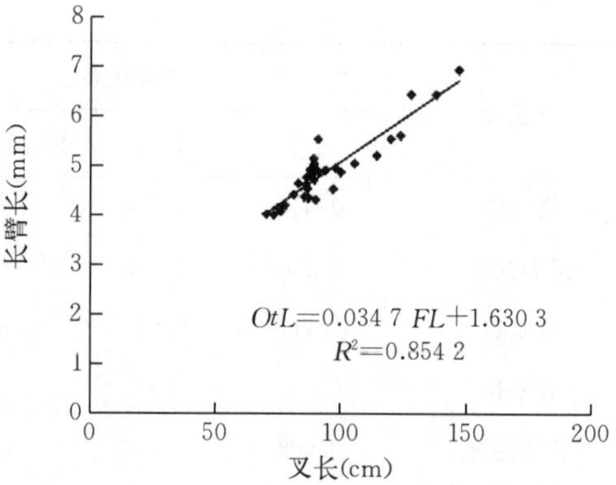

图 7-23　叉长与长臂长的关系（谢凯，2016）

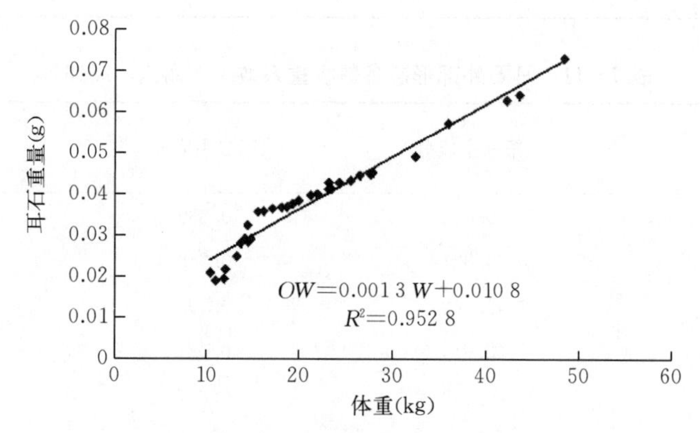

图 7-24　体重与耳石重量的关系（谢凯，2016）

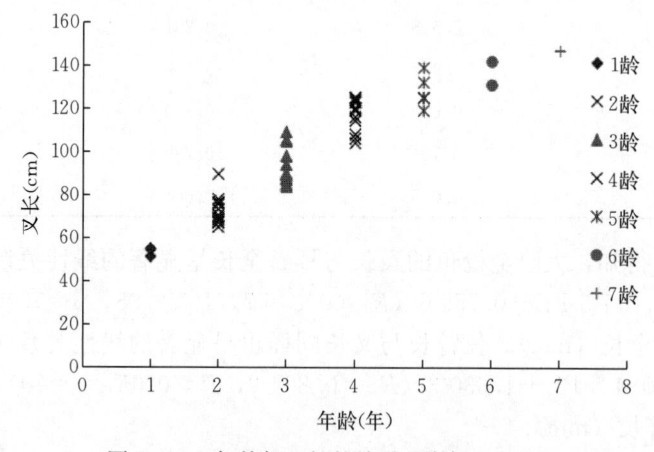

图 7-25　年龄与叉长的关系（谢凯，2016）

由图 7-26 可知，大眼金枪鱼耳石重量与年龄呈幂函数关系，拟合方程为：$OW=0.0178t^{0.7025}$（$R^2=0.9658$），式中 OW 为耳石重量（g），t 为年龄（年）。

根据图 7-26 得出的拟合公式，得出耳石重量推算的年龄，利用 SPSS 中的 K-S 检验实测年龄与利用耳石重量推算的年龄的差异性，结果显示实测年龄与利用耳石重量推算的年龄并不存在显著性的差异（$P>0.05$）。实测年龄与利用耳石重量推算的年龄分布都显示，

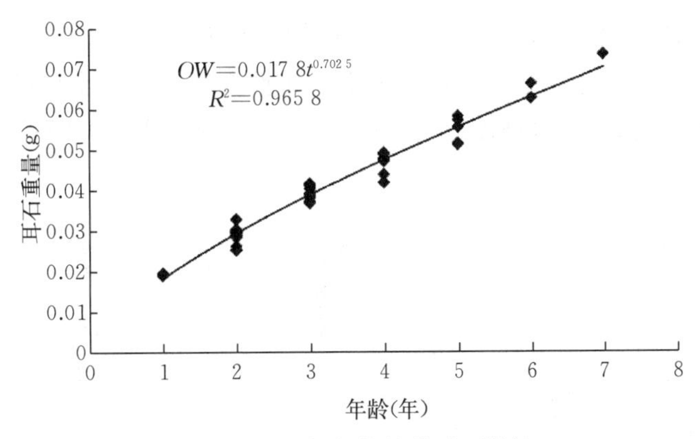

图 7-26 耳石重量与年龄的关系（谢凯，2016）

在本次研究的大眼金枪鱼中 2 龄、3 龄和 4 龄鱼占的比重最大（图 7-27）。

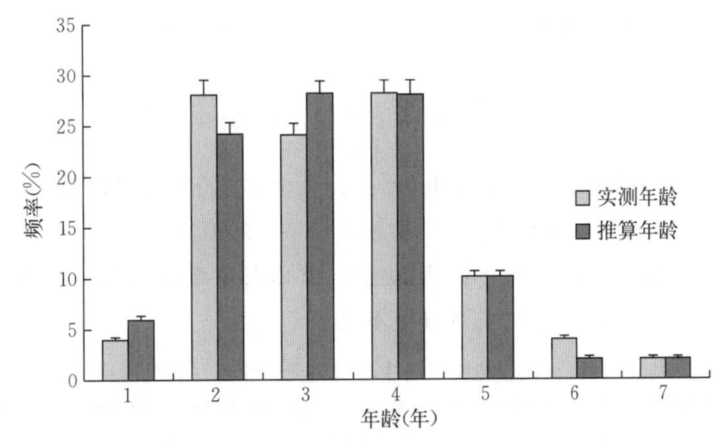

图 7-27 实测年龄与利用耳石重量推算的年龄分布（谢凯，2016）

图 7-28 为叉长、年龄和耳石重量的关系图，可以得出，当叉长在相同的范围内，年龄越大，耳石的重量越重。可以说明本次研究过程中对于大眼金枪鱼年龄读取的准确性较高。

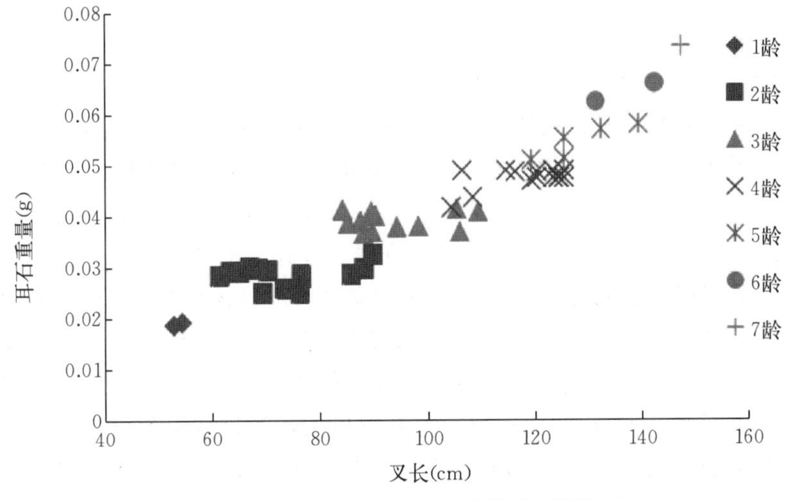

图 7-28 叉长、年龄与耳石重量的关系（谢凯，2016）

根据读取的耳石年龄和叉长得出大眼金枪鱼的生长方程（图 7-29）。方程式为：$L_t=165.24\left[1-e^{-0.29(t+0.31)}\right]$，利用 SPSS 检验得出，雌性个体、雄性个体的理论叉长与两种性别综合在一起的理论叉长无显著性差异（$P_M=0.13>0.05$，$P_F=0.071>0.05$）。

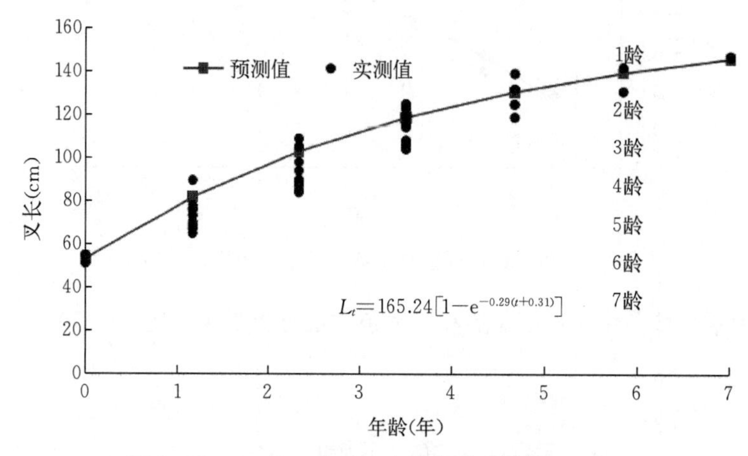

图 7-29　vonBertalanffy 生长方程（谢凯，2016）

大眼金枪鱼耳石中微量元素共检测出 54 种，其中 Ca 的含量是最高的，Ca 含量的浓度范围为 410 299.9～416 874.5（平均值为 413 452.5±1 309.1）$\times10^{-6}$，Ca 含量占整体微量元素的 41.2%±1%。本次实验结果得出大眼金枪鱼耳石主要的微量元素有 8 种，Ca、Sr、Na、Ba、Li、Zn、Mg、Mn，它们的浓度范围见表 7-12。

表 7-12　大眼金枪鱼耳石主要微量元素含量（谢凯，2016）

	Ca（$\times10^{-6}$）	Sr（$\times10^{-6}$）	Na（$\times10^{-6}$）	Ba（$\times10^{-6}$）
含量范围	410 299.9～416 874.5	1 366.3～2 110.4	2 069.9～5 207.9	0.452～2.062
平均含量	413 452.5±1 309.1	1 702.4±177.7	3 356.9±900.7	1.189±0.454
	Li（$\times10^{-6}$）	Zn（$\times10^{-6}$）	Mg（$\times10^{-6}$）	Mn（$\times10^{-6}$）
含量范围	0.049～0.589	0～11.721	4.707～72.649	0～6.028
平均含量	0.231±0.137	1.871±2.696	16.479±16.026	0.834±1.066

通过研究大眼金枪鱼耳石的外部形态，发现太平洋中部大眼金枪鱼耳石（左耳石和右耳石）不存在显著性差异，这与许多学者之前的研究基本一致（郭弘异 等，2007，2009；张晓霞 等，2009）。矢耳石有 12 项外部形态参数，DL 是描述耳石长度的最为适合的参数，DA 是描述耳石角度的最为适合的参数，这与贾涛（2010）的研究基本一致，贾涛通过研究发现茎柔鱼的耳石外部形态参数中侧区和吻区的夹角可以描述耳石外部形态特征。宋利明等（2012）在对马绍尔海域大眼金枪鱼耳石外部形态研究时指出，由于叉长逐渐增大，背区长也随之增大，核心的位置也发生变化，逐渐向侧区移动。通过研究大眼金枪鱼的叉长与耳石各外部形态参数的关系，发现 12 项外部形态参数与叉长的最佳函数方程不尽相同，呈多项式、指数、对数和幂函数关系。Campana 等（1989）和史方等（2008）在之前的研究也表明在研究叉长与耳石的关系时，结果可能是指数、对数或者其他的函数关系。

第三节　人工养殖及产业

一、养殖现状

在日本，金枪鱼的主要消费种类有蓝鳍金枪鱼、南方蓝鳍金枪鱼、大眼金枪鱼、黄鳍金枪鱼、长鳍金枪鱼等。其中，蓝鳍金枪鱼和南方蓝鳍金枪鱼为高级种类，也是其养殖的主要种类。养殖方式主要有短期蓄养和完全养殖。日本以外的其他国家则主要采取6～7个月的短期蓄养方式养殖。最近大眼金枪鱼、黄鳍金枪鱼的蓄养也不断增多。日本主要进口冰鲜和冷冻黄鳍金枪鱼、大眼金枪鱼和鲣，金枪鱼的进口量于2002年达最高值（37.1万t），占世界总进口量的15%，日本成为世界第二大金枪鱼进口国。2003年后，由于日本经济不景气，金枪鱼的进口量显著减少，2009年仅22.6万t，占世界总进口量的7.2%，与西班牙并列第二。

日本是金枪鱼消费、生产兼进口大国。金枪鱼的传统养殖方法是在陆地上的孵化舱将鱼卵孵化到一定大小后，再放到沿海的浮动网箱中养殖。但这种网箱水产养殖无法阻隔野生鱼类和养殖鱼类的生存水域，因此传染病和寄生虫极易暴发，导致抗生素和杀虫剂的使用较为普遍。Namgis项目位于温哥华岛上的北美首个商业规模的陆地金枪鱼养殖场，养殖的大西洋金枪鱼于2014年3月首次供应市场，这种封闭的陆地金枪鱼养殖系统是加拿大水产养殖技术项目的实施成果，使得金枪鱼的陆地养殖商业化成为可能。这种封闭的陆地金枪鱼养殖系统造价虽然较网箱养殖高，但由于节省了抗生素、杀虫剂和疫苗的使用，其综合养殖成本与网箱养殖相近。由于它是一套独立的离海养殖系统，所以可以建立在任何水源充足的地区，且它的养殖周期较网箱养殖短6～9个月。更重要的是这项技术可以脱离抗生素、杀虫剂的使用，因此对环境和人类最为有利，它的售价虽然较市场的金枪鱼高30%，还是被预订一空。这项技术的成功，有望实现金枪鱼陆地养殖的大范围商业化。

日本东京海洋大学吉崎悟朗教授的研究小组历时4年，于2014年成功开发出一种可以促进诱发鱼排卵激素在小肠吸收的肽（蛋白质），为完全控制金枪鱼排卵并开展完全养殖做出了贡献。日本大分县津久见市的兵殖水产养殖与加工公司宣布，该公司成功实现仅靠人工饲料喂养蓝鳍金枪鱼，为全球首例。目前未见大眼金枪鱼人工养殖成功报道和研究。

二、捕捞产业

东太平洋（East Pacific Ocean，EPO）是世界最重要的金枪鱼渔场之一。金枪鱼围网和延绳钓渔业是东太平洋的主要渔业。美洲间热带金枪鱼委员会（Inter - American Tropical Tuna Commission，IATTC）是东太平洋制定金枪鱼资源的养护和管理措施的区域性金枪鱼渔业管理组织。1994年我国金枪鱼围网渔船曾进入东太平洋作业。1998年我国延绳钓船队开始在东太平洋作业。2009年10月30日我国确认加入IATTC。目前，我国东太平洋金枪鱼渔业已具规模，但发展面临着诸如大眼金枪鱼捕捞限额、北方长鳍金枪鱼限制在2005年的渔获努力量水平等困难。

20世纪50年代后期，东太平洋美洲沿岸海域金枪鱼围网渔业兴起。到60年代前期，金枪鱼围网作业逐渐取代原有的竿钓作业，成为东太平洋最重要的金枪鱼渔业。90年代初，东太平洋的围网渔民发现，金枪鱼类有喜欢聚集在海面漂浮物下方的习性，从而最先发展出

“流木作业”(Log)。这一作业方式又促成人工集鱼装置（Fish Aggregating Devices，FADs）的发展（李艾梵，2016）。以后，全球金枪鱼围网渔船普遍使用 FADs 作业，导致金枪鱼围网渔获量大幅增长，同时也加剧了对大眼金枪鱼、黄鳍金枪鱼幼鱼资源的损害。东太平洋围网金枪鱼渔获量自 2003 年达到 714 079 t 的历史高峰后开始下降（INTER - AMERICAN TROPICAL TUNA COMMISSION，IATTC）。2014 年东太平洋实际作业的金枪鱼围网渔船有 226 艘，鱼舱舱容 230 379 m^3。金枪鱼围网渔获量 568 354 t，占洋区金枪鱼渔获总量 670 973 t 的 84.71%。渔获种类中：鲣 261 578 t，黄鳍金枪鱼 233 973 t，大眼金枪鱼60 453 t（IATTC）。

20 世纪 50 年代中期，日本远洋延绳钓渔船开始进入东太平洋海域作业（张水锴，1996）。随后，我国台湾地区、韩国远洋延绳钓船队也进入东太平洋。美国和法属玻利尼西亚也有一定规模的延绳钓船队在东太平洋作业。我国大陆延绳钓船从 1998 年开始进入东太平洋作业。1991 年东太平洋金枪鱼延绳钓渔获量达到 143 057 t 的历史高峰。此后，延绳钓渔获量开始下降，2014 年延绳钓渔获量为 73 011 t，占金枪鱼总渔获量的 10.88%。渔获种类中：大眼金枪鱼 35 096 t，黄鳍金枪鱼 8 522 t，长鳍金枪鱼 28 874 t（IATTC）。

早在 1994 年，广东省南洋渔业公司就建造了 2 艘中型金枪鱼围网渔船赴哥伦比亚海域开展渔业合作，开创了我国远洋渔船在东太平洋海域作业的先河。同时，这也是我国企业首次尝试金枪鱼围网渔业。1998 下半年辽宁远洋渔业有限公司购置的日本二手大型金枪鱼延绳钓船开始进入东太平洋作业（戴芳群 等，2006）。

2001 年中国水产总公司以及辽宁、山东、浙江和福建等地的 10 多家远洋渔业企业的 30 多艘超低温金枪鱼延绳钓船季节性地进入东太平洋作业。同年，在中国远洋渔业分会金枪鱼工作组及技术组的指导下，我国向 IATTC 报送金枪鱼渔获 5 162 t，其中，大眼金枪鱼 2 639 t，黄鳍金枪鱼 942 t，这为我国东太平洋金枪鱼渔业的发展奠定了基础。2002 年我国季节性进入东太平洋作业的超低温延绳钓渔船超过 60 艘。2003 年金枪鱼渔获量达 14 548 t，其中，大眼金枪鱼 10 066 t（IATTC）。2003 年 6 月 IATTC 大会通过了决议（C - 03 - 12），该决议规定在 2004—2006 年的 3 年期内，我国延绳钓船队在东太平洋的大眼金枪鱼年渔获量不能超过 2001 年的渔获水平（IATTC - Resolution，2006），即 2 639 t 的渔获量限额。2004—2010 年，我国在东太平洋的金枪鱼渔获量徘徊在 969 t～4 033 t。2011 年经谈判协商，日本政府向我国转让了 3×10^3 t 东太平洋大眼金枪鱼渔获量限额，我国在东太平洋的大眼金枪鱼渔获量限额达 5 507 t。同年，我国在东太平洋的金枪鱼渔获量、大眼金枪鱼渔获量分别上升到 9 983 t、5 450 t（IATTC）。2012 年以来，在东太平洋，我国以主捕长鳍金枪鱼为主的低温延绳钓渔船迅速增加。东太平洋的长鳍金枪鱼渔获量也随之增加。2014 年我国在东太平洋的金枪鱼渔获量为 24 282 t，其中，大眼金枪鱼 5 253 t，黄鳍金枪鱼 2 120 t，长鳍金枪鱼近 1.7×10^4 t（图 7 - 30，IATTC）。

中西太平洋是最重要的金枪鱼产区，产量逐年上升，21 世纪初，其主要渔获物捕捞年均产量超过 240×10^4 t，远超世界其他金枪鱼场（张水锴，1996）。中西太平洋的主要捕捞鱼种为大眼金枪鱼、长鳍金枪鱼、黄鳍金枪鱼和鲣，主要捕捞方式为围网、延绳钓和竿钓（IATTC - documents，2016）。竿钓作业方式仅日本和印度尼西亚等较少数国家使用，使用其他作业方式的主要捕捞国有中国、日本、韩国、美国和菲律宾等。

2000—2015 年大眼金枪鱼年平均渔获量为 15.2×10^4 t，略高于 20 世纪 90 年代年平均

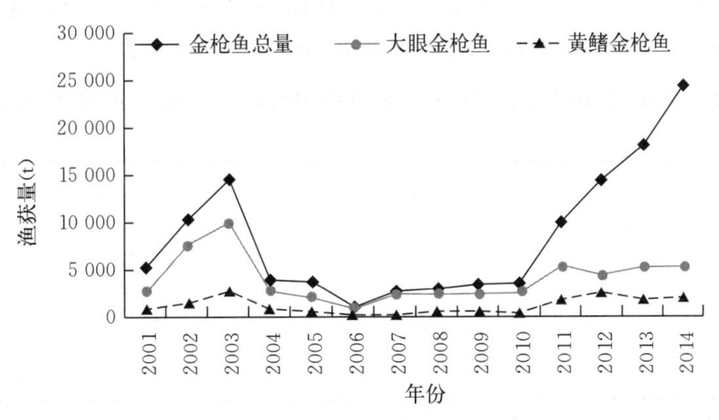

图 7-30 2001—2014 年东太平洋中国金枪鱼渔获量及大眼金枪鱼和黄鳍金枪鱼渔获量变动
（资料来源：IATTC C-03-12，C-09-01，C-11-01，C-13-01 决议）

渔获量 14.3×10^4 t。2004 年出现产量峰值，为 19.2×10^4 t；最低产量则为 2015 年，其产量仅有 13.4×10^4 t，相较于 2014 年捕捞产量下降 16%。WCPFC 认为中西太平洋中大眼金枪鱼资源已出现严重衰退，在 2012 年提出了对于大眼金枪鱼资源的养护管理措施，在 2013—2017 年逐年减少各捕捞国的捕捞限额，近年来捕捞量未出现明显下滑。WCPFC 在科学委员会第十二次例会（SC12）中指出，在使用了 2013—2015 年的数据分析后假设该区域大眼金枪鱼群体补充量是高于平均水平的，因而中西太平洋大眼金枪鱼的开发利用与未开发产卵群体的比值（Median Spawning Biomass Depletion，SB/SBF＝0）在 2012 年管理措施实施后处于相对稳定的水平（刘一淳 等，2005）。同时 SC12 还指出 2016 年中西太平洋地区大眼金枪鱼产卵群体生物比值预测值约为 17%，即在进行大眼金枪鱼开发利用时其产卵群体开发数量占总体产卵群体的 17%。

2015 年，中西太平洋延绳钓产量为 24.3×10^4 t，低于 2000 年以来延绳钓平均产量。在 2015 年延绳钓渔获产量中长鳍金枪鱼为 8.1×10^4 t，占 33%；大眼金枪鱼为 6.3×10^4 t，占 26%；黄鳍金枪鱼为 9.7×10^4 t，占 40%。2015 年所捕获的大眼金枪鱼数量是 1996 年以来的最低值。

三、我国金枪鱼渔业发展瓶颈及建议

（一）发展瓶颈

我国东太平洋金枪鱼渔业发展面临的瓶颈在于大眼金枪鱼的限额（王晓晴，2017）。我国东太平洋金枪鱼延绳钓渔业起步迟，2001 年才开始向 IATTC 报送金枪鱼渔获量。而 2003 年 6 月 IATTC 大会通过的决议（C-03-12）规定：在 2004—2006 年的 3 年期内，中国、日本和韩国的延绳钓船队在东太平洋的大眼金枪鱼年渔获量不能超过 2001 年的水平（IATTC-Resolution，2006）。基于我国 2001 年上报 IATTC 的金枪鱼延绳钓船队渔获量，从 2004 年开始，我国在东太平洋的大眼金枪鱼年渔获量限制在 2 639 t 以下的水平（IATTC-Resolution，2006）。2009 年 6 月 IATTC 大会通过的决议（C-09-01）规定，中国、日本和韩国 2009 年的大眼金枪鱼捕捞限额下调 4%。我国的大眼金枪鱼捕捞限额从 2 639 t 下调到 2 533 t。该决议还规定，从 2010 年开始，上述船队的大眼金枪鱼捕捞限额再下调 1%

(IATTC - Resolution，2009)。我国大眼金枪鱼捕捞限额下调到2 507 t，这一渔获量限额一直保持到2016年（表7-13）(IATTC - Resolution，2011，2013)。

表7-13　2004—2016年东太平洋主要延绳钓船队大眼金枪鱼年渔获量限额变化情况

单位：t

船队	2004—2008年	2009年	2010—2016年
中国	2 639	2 533	2 507
日本	34 076	32 713	32 372
韩国	12 576	12 073	11 947
中国台湾地区	7 953	7 635	7 555

（资料来源：IATTC C-03-12，C-09-01，C-11-01，C-13-01决议）

大眼金枪鱼是东太平洋超低温金枪鱼延绳钓船的主捕鱼种，占总渔获量的70%左右，占产值的90%左右。超低温金枪鱼延绳钓船主捕的大眼金枪鱼种渔获量受限，也就限制了总渔获量，直接制约了渔船数量、发展空间及作业的效益。

东太平洋大眼金枪鱼渔获量限额造成我国大量的捕捞渔船与较少的配额之间的矛盾（刘一淳 等，2005）。2015年我国在东太平洋常年作业的超低温金枪鱼延绳钓船平均每船仅分配到134 t大眼金枪鱼原条限额，季节性作业的渔船每船只能分配到46 t原条限额，远低于超低温金枪鱼延绳钓船年作业经营保本所需要的产量水平。

（二）建议

未来我国金枪鱼渔业在东太平洋发展方向可以从以下几方面着手。

1. 超低温金枪鱼延绳钓船队方面

2010年以来，IATTC规定我国的大眼金枪鱼渔获量限额2 507 t，极大地限制了我国超低温金枪鱼延绳钓船在东太平洋的发展。虽然，近期日本向我国转让了部分大眼金枪鱼限额，缓解了我国超低温金枪鱼延绳钓船队的部分限额压力。但这一限额转让是暂时性措施，是否能持续取决于日本以及IATTC有关成员的意愿。我国超低温金枪鱼延绳钓船队可从以下几方面着手，考虑在东太平洋继续生存或发展：①日本是东太平洋金枪鱼延绳钓渔业的先行者，一直是规模最大的延绳钓船队，但其金枪鱼延绳钓船队的规模不断缩减，从东太平洋日本大眼金枪鱼历史渔获量来看，1986年最高达到91 981 t，2001年下降到38 048 t，2015年仅为13 415 t（图7-31）。但日本目前仍持有32 372 t大眼金枪鱼限额。向日本争取大眼金枪鱼限额仍是我国超低温金枪鱼延绳钓船队在东太平洋发展的重要措施。在IATTC会议或其他相关国际场合，我国还是应积极向日本方面争取其转让更多的限额。②探讨中国企业租赁日本金枪鱼延绳钓渔船的可行性。日本金枪鱼延绳钓船队的规模缩减的主要原因是人力、经营成本高。我国企业在这方面有优势。我国企业租赁日本金枪鱼延绳钓渔船作业，近期看，能利用租赁日本金枪鱼延绳钓渔船的限额，从长远看，我国向日本争取转让大眼金枪鱼限额有了主动权。③传统意义上的超低温金枪鱼延绳钓渔船以大眼金枪鱼为主捕对象。但多年来，东太平洋的大眼金枪鱼资源承受的金枪鱼围网FADs作业的捕捞压力相对高于中西太平洋，大眼金枪鱼资源不容乐观。再加上限额紧缺，我国的超低温金枪鱼延绳钓渔船可以考虑尝试在钓捕大眼金枪鱼钓具基础上，增加钓捕长鳍金枪鱼的钓具，在大眼金枪鱼汛期转差时，转为以钓捕长鳍金枪鱼为主。配置二套延绳钓具对渔船来说，会增加作业成本以及占据船舱空间，但当大眼金枪鱼渔场渔汛发生变化时或者受大眼金枪鱼限额制约时，海上作业的超低温金枪鱼延绳钓渔船有回转的余地。

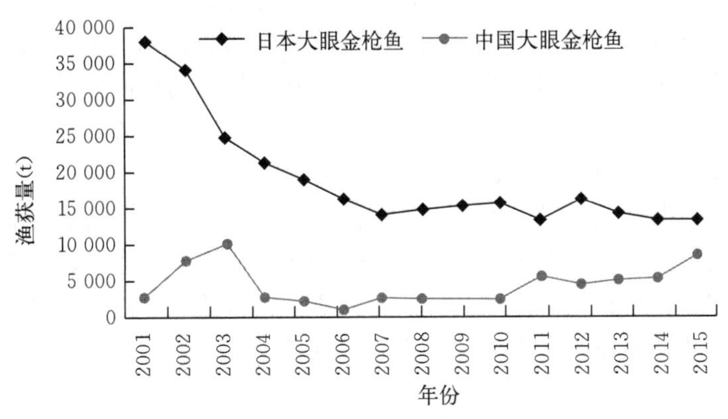

图 7-31　2001—2015 年东太平洋中国、日本大眼金枪鱼渔获量变动情况

（资料来源：IATTC C-03-12，C-09-01，C-11-01，C-13-01 决议）

2. 低温金枪鱼延绳钓船队方面

2005 年之前，我国主捕长鳍金枪鱼为主的低温金枪鱼延绳钓渔船数量不多，其主要渔场在中西太平洋南部海域作业。部分超低温延绳钓渔船季节性地进入东太平洋作业，兼钓捕到一定数量的长鳍金枪鱼，但一般不会将长鳍金枪鱼进行专项统计上报。2012 年以后，我国新建低温金枪鱼延绳钓渔船数量迅速增加，而且渔船的吨位、主机功率也随之加大。这些渔船在中西太平洋作业面临以下困难：①在中西太平洋，新西兰等国的领地专属区占有大片海域。其中，有些国家对我国金枪鱼延绳钓渔船在中西太平洋的发展存有戒心，在不同场合制造舆论，压制我国金枪鱼延绳钓渔船队的发展，或对我国金枪鱼延绳钓渔船入渔其专属区采取苛刻条件。②WCPFC2005 年通过的决议（CMM-2005-03）规定，各成员（CCMs）在中西太平洋 20°S 以南海域捕捞南方长鳍金枪鱼的渔船数不应超过 2005 年或平均历史（2000—2004 年）水平（WCPFC，2010）。我国不少新建金枪鱼低温延绳钓渔船的作业渔场不得不逐渐从中西太平洋转向东太平洋。根据 IATTC 的 C-05-02 决议和 WCPFC 的 CMM-2005-03 规定，我国金枪鱼延绳钓渔船已失去扩大利用太平洋北方长鳍金枪鱼资源的机会。

我国低温金枪鱼延绳钓船队要在东太平洋有进一步作为，应做好以下几方面工作：①东太平洋没有岛国海域，拉美沿岸国主要关注金枪鱼围网渔业。IATTC 对各远洋金枪鱼延绳钓船队的关注度不像 WCPFC 那样高。至目前为止，IATTC 还没有通过限制利用南方长鳍金枪鱼资源（赤道以南）的管理决议。我国低温延绳钓船队应利用这一时机，引导新建低温延绳钓渔船进入东太平洋利用南方长鳍金枪鱼资源。同时，完善渔获量统计体系，一方面对主捕、兼捕长鳍金枪鱼渔获量进行详细统计，创造较多的渔获量历史纪录，为今后在东太平洋争取更多的南方长鳍金枪鱼限额打下基础；另一方面，参照国际惯例，对上报渔获量统计的企业及渔船分类存档，为国内合理分配长鳍金枪鱼渔获量限额做准备。②2001—2014 年东太平洋南、北方长鳍金枪鱼渔获量及长鳍金枪鱼总渔获量相对稳定（图 7-32），而且，近几年都呈增长的趋势。南方长鳍金枪鱼渔获量增长与我国低温金枪鱼延绳钓渔船的增长不无关系。2014 年东太平洋北方长鳍金枪鱼渔获量为 22 588 t，其中，美国、加拿大等国的曳绳钓、竿钓渔船渔获量为 18 194 t，占比 80.55%。应尝试通过政府层面，以双边贸易，尤其是水产品贸易出发，与这些国家探讨利用、转让北方长鳍金枪鱼渔获量限额的可能性。③在东太平洋作业的低温金枪鱼延绳钓渔船现可利用的港口极少，渔船的转载、补给较为困难。以前，只有位于东太平洋西界线附近的法属波利尼西亚的帕皮提港是主要的转载、补给港。随着近几年的发展，一些低温金枪鱼延绳钓渔船开始进入秘鲁的卡亚俄港从事转载、补给。但卡亚俄港也是我国数百艘鱿钓渔船转载、补给和修船基地，港口业务不堪重负，金枪鱼转载的时效性不能保证。而且，港口当局对国际金枪鱼管理缺乏认识，无法出具港口转载证明等，这都制约了我国低温金枪鱼延绳钓渔船的转载、补给工作。建议有关部门和企业积极探索在厄瓜多尔、哥伦比亚、巴拿马等国开辟适合我国低温金枪鱼延绳钓渔船转载、补给的港口，以促使这些渔船在东太平洋从事常年作业。

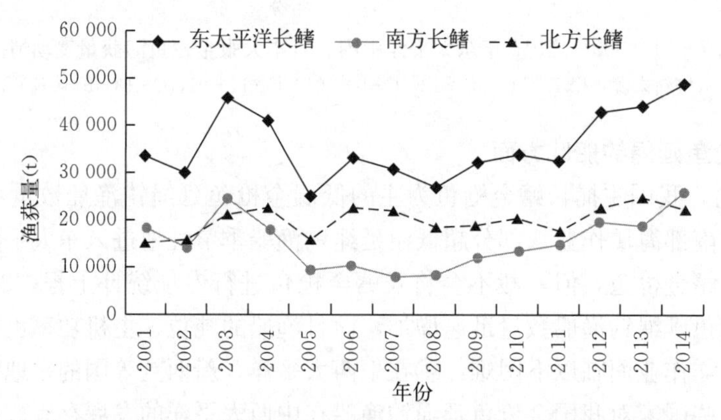

图 7-32　2001—2014 年东太平洋长鳍金枪鱼总渔获量及南、北方长鳍金枪鱼渔获量变动
（资料来源：IATTC C-03-12，C-09-01，C-11-01，C-13-01 决议）

第四节　大眼金枪鱼的资源及分布

一、大眼金枪鱼的渔场分布研究

曾梓（2018）以上海开创远洋渔业有限公司为例，研究了中西太平洋金枪鱼围网渔获物时空分布及其与环境因素的关系，基于 2008 年 1 月 1 日至 2017 年 8 月 31 日上海开创远洋渔业有限公司（以下简称“开创公司”）金枪鱼围网船队的渔捞日志数据，结合海表面温度（Sea Surface Temperature，SST）、叶绿素 a 浓度（Sea Surface Chlorophyll-a，Chl-a）、尼诺指数（Oceanic Nino Index，ONI）三个环境因子数据，对中西太平洋金枪鱼围网渔场的时空分布及其与环境因子间的关系做了研究。

樊伟等（2003）使用 SeaWIFS 卫星遥感反演海水叶绿素信息，结果表明，大眼金枪鱼渔场分布或渔获产量与海水叶绿素 a 含量无明显的相关关系。因为排除其他无关因素影响，可能成年鱼不以与水中叶绿素 a 浓度联系紧密的细微浮游生物为食，渔场分布就不再适合以叶绿素浓度作为因子去判断。

冯波等（2009）用分位数回归方法，找出了大眼金枪鱼渔获率和温度、盐度等海洋环境因子的最佳拟合公式。宋利明等（2007）利用分位数回归方法得出分水层、温度、盐度范围等环境因素与总渔获率的关系，并分别赋予权重建立了数值模型。Li 等（2012）将自然水体划分为六个水层对帕劳附近海域大眼金枪鱼的空间分布和环境因子的关系进行了研究，结合 CPUE 与环境变量用分位数回归方法建模，结果得到 IHI 模型在预测大眼金枪鱼中有较好的效果，并且指出温度、溶解氧含量这两个因子是影响大眼金枪鱼垂直分布的主要因子。

李灵智等（2013）使用统计方法研究了大西洋金枪鱼延绳钓渔场空间变异特征及时空分布，分析数据为 1982—2010 年日本大西洋大眼金枪鱼延绳钓渔捞数据。研究结果得出，大眼金枪鱼渔场分布具有较强的空间相关性，6 月、10 月和 11 月空间相关性显著（$P<0.05$），其他月份空间相关性极显著（$P<0.01$）；指数模型能够较好地表达渔场的空间变异特征，其相关系数介于 0.6～0.9，模型拟合较好；预测图表明大眼金枪鱼渔场变化呈现出两种轨迹，一种是大西洋中部与美洲近岸之间的循环变化，另一种是大西洋中部与非洲近岸之间的循环变化；预测结果验证表明，地统计能较好地对渔场空间分布进行预测，但是单位捕捞努力量渔获量（CPUE）预测值显著高于 2009—2010 年实测值，资源状况差异可能是引起本次研究预测值偏高的主要原因。

延绳钓是大西洋大眼金枪鱼渔业的主要作业方式（Chien et al.，2005；Keisuke et al.，2003；陈文河，2008；黄锡昌 等，2002）。近年来国内外关于大眼金枪鱼渔场分布的研究较多，许多学者通过探索环境因子与资源分布相关关系进行研究（冯波 等，2009；郑波 等，2008；朱国平 等，2008），大多数研究采用传统的统计方法，即通过样本属性的频率分布、均值、方差关系等，确定渔场空间分布格局与相关性（冯波等，2009；郑波 等，2008；朱国平 等，2008；樊伟 等，2006）。传统的统计学方法忽略空间位置和距离对样本空间分布的影响，使得样本空间自相关关系难以呈现，而生物种群空间的自相关性是普遍存在的（周国法 等，1997）。地统计在传统统计学方法的基础上，综合样本空间位置及样本间的距离，对样本空间分布格局与相关性进行分析，弥补了经典统计学的缺陷。

近年来地统计分析在渔业研究方面获得了较广泛的应用，涉及渔业资源评估（Mello et al.，2005；张寒野 等，2005；苏奋振 等，2004；Roa - Ureta and Niklitschek，2007；Axenrot et al.，2004）、时空分布（Luis et al.，2008）以及栖息地面积估算（Charles et al.，2010）等，但是对其的争议不断，渔捞数据的偏态分布以及数据样本的缺乏是引起争议的重要原因（Chilès et al.，1999；Webster et al.，2001）。Marta 等（2006）对地统计方法在渔业上的应用进行了评价，认为地统计分析应用于渔业在理论上是可以接受的，且如果方法选择适当可以大大提高研究结论的准确性。

日本大眼金枪鱼延绳钓渔业自 20 世纪 50 年代起已经发展了 70 多年，其渔捞数据是目前所有成员中记录最全面的国家之一。本研究使用日本金枪鱼延绳钓渔捞数据，应用地统计方法对大西洋大眼金枪鱼渔场分布进行分析，以借鉴其渔场探索经验，为中国金枪鱼延绳钓渔业发展提供参考。

（一）材料与方法

数据来源于大西洋金枪鱼委员会 1982—2010 年按年度、月份统计的日本大眼金枪鱼渔获量和捕捞努力量数据（包括捕捞努力量、渔获量和尾数），分辨率为 5°×5°。数据分为两个部分：1982—2008 年的数据用于分析建模，2009—2010 年的数据用于对分析结果进行验证。

1. 渔场量化

以单位捕捞努力渔获量（以下简称“CPUE”）作为渔场量化指标，定义为每千枚钓钩所捕获的大眼金枪鱼尾数，由下式求得：

$$CPUE=\frac{N}{H}\times 1\,000$$

式中，N 为捕获的大眼金枪鱼尾数；H 为钓钩数。

2. 统计分析

（1）数据分析和处理方法。使用 Excel 对原始数据进行探索性分析，分析原始数据分布特征；利用 Arcgis10.0 中的半方差函数云对数据异常值进行去除和修正。

（2）分析方法和预测。使用 Arcgis10.0 地统计分析中的普通克里格插值法进行建模，普通克里格插值法是基于变异函数和结构分析，在有限区域内对区域化变量进行无偏最优估计，其实质是利用采样点的实际观测值和变异函数的结构特点，对未知样点进行线性无偏估计（周国法 等，1997）。变异函数分为半方差函数和协方差函数，两者在表达空间变异特征时没有区别，本节选用半方差函数如下：将 *CPUE*（简写为“C”）设为区域化变量，区域化变量为空间点的函数：

$$C(i)=f(i_x,\ i_y,\ i_z)$$

则距离为 h 的点对 *CPUE* 半方差函数如下：

$$r(i,\ h)=\frac{1}{2}\mathrm{Var}\left[C(i)-C(i+h)\right]$$

上式中，i 表示空间点，i_x、i_y 为空间坐标，$C(i)$ 为点 i 的 *CPUE* 值。

由于原始的数据以经纬度作为空间坐标，且研究的区域主要集中在中低纬度海区，因此计算空间点对距离以度为单位。基于模型结果和设定的中心点，对目标区域的 *CPUE* 进行预测。

（二）结果与分析

1. 探索性数据分析

样本数据基本特征参数如表 7-14 所示，各月份样本变异系数介于 0.4～0.7，均表现为中等变异（0.1<CV<1），表明均值对样本总体具有较好的代表性；*CPUE* 月均值变化总体呈下降趋势，1—6 月较高，随后逐渐下降，2 月 *CPUE* 最高，为 6.65 尾/千钩，8 月 *CPUE* 最小，为 4.81 尾/千钩，表明 1—6 月为渔汛期；各月 *CPUE* 最大值和最小值变化规律不明显，最大值介于 12.6～18.98 尾/千钩之间。

研究认为大西洋大眼金枪鱼繁殖场分布在 15°S—15°N，北纬主要繁殖区域为 3°N—10°N，30°W—40°W，产卵盛期 5—8 月；南纬主要繁殖区域为 3°S—10°S，5°W—15°W，产卵盛期 1—3 月（Rudomotkina，1983；Alain et al.，2005）。结合本研究的样本数据，繁殖盛期南北纬主要繁殖区域的平均 *CPUE* 分别为 7.8 尾/千钩和 9.92 尾/千钩；同期 15°S—15°N 海域平均 *CPUE* 分别为 8.16 尾/千钩和 10.23 尾/千钩，略高于主要繁殖区域。

由表 7-14 可见，样本数据的偏度值介于 0～1，峰度值介于 2.2～3.5，符合近似正态分布特征，但是数据分布比标准正态分布高且狭窄；同时经非参数 $K-S$ 检验，在 0.01 显著水平条件下，各月 *CPUE* 数据均服从近似正态分布，表明样本数据符合地统计分析的前提条件，可以不进行转换，直接进行地统计分析。

表 7-14　1982—2008 年日本大西洋大眼金枪鱼延绳钓 *CPUE* 描述统计特征（李灵智 等，2013）

月份	最小值 尾/千钩	最大值 尾/千钩	平均值 尾/千钩	偏态	峰度	变异系数	标准差
1月	0.041	16.96	6.53	0.51	2.81	0.55	3.60
2月	0.357	17.80	6.65	0.58	2.64	0.63	4.19
3月	0.05	18.98	5.79	0.83	3.34	0.7	4.05
4月	<0.01	14.41	6.30	0.2 1	2.09	0.59	3.72
5月	<0.01	17.29	5.84	0.50	2.82	0.66	3.87
6月	<0.01	18.46	6.09	0.47	2.95	0.63	3.87
7月	<0.01	15.19	5.29	0.40	2.74	0.43	3.06
8月	<0.01	12.16	4.81	0.36	2.21	0.67	3.18
9月	<0.01	13.73	5.41	0.16	2.27	0.59	3.49
10月	0.05	14.64	5.41	0.37	2.70	0.59	3.17
11月	0.03	15.04	5.23	0.37	2.43	0.64	3.35
12月	<0.01	15.44	5.38	0.56	2.87	0.62	3.33

2. 模型拟合优化

利用指数模型对半方差函数值进行拟合，获得半方差函数的各项参数如表 7-15 所示，模型拟合相关系数 R 介于 0.66～0.9，表明模型拟合较好，理论模型能较好地表达 *CPUE* 空间相关性特征，对相关系数进行 t 检验，其 t 值均大于 0.01，表明相关系数极显著。

表 7-15　大西洋大眼金枪鱼延绳钓渔场空间变异半方差函数特征（李灵智 等，2013）

月份	块金值	基台值	块金值/基台值	变程	R	t 检验
1月	0	8.75	0	21.76°	0.77	14.279 2
2月	1.86	12.87	0.14	32.54°	0.82	17.072 0
3月	0.87	12.47	0.07	22.56°	0.77	15.024 7
4月	1.49	7.57	0.2	12.90°	0.78	15.568
5月	0	12.71	0	19.87°	0.90	25.203 3
6月	4.82	11.90	0.41	21.9°	0.66	11.077 6
7月	0.12	6.69	0.02	11.93°	0.68	11.470 6
8月	0.19	6.32	0.03	18.84°	0.79	15.622 4
9月	1.81	14.16	0.13	88.90°	0.73	12.817 3
10月	3.55	13.22	0.27	88.92°	0.69	11.239 1
11月	2.13	8.69	0.25	25.27°	0.72	12.493 1
12月	0.54	8.16	0.06	25.57°	0.77	14.976 1

半方差函数块金值介于0～4.82，除6月、10月和11月块金值较大外，其他月份块金值均小于2，表明6月、10月和11月存在较强的随机因素影响；各月份半方差函数基台值明显，介于6.32～13.22，其变化趋势与块金值不一致。基台值是系统误差和空间异质性的共同体现，因此需要结合块金值进行空间异质性的判断，通常采用块金值与基台值的比值作为衡量指标，其值越小，表明空间相关性越强。各月份块金值与基台值的比值介于0～0.41，6月、10月和11月其比值大于0.2，表现为中等的空间相关性，其他月份表现为强烈的空间相关性。

变程即空间相关范围，各月份变程值介于11.93°～88.92°，月间变程值差异较大，变程差异与鱼群集群范围和密度相关，在一定程度上反映集群密度大小，高密度集群往往变程较小，因此变程月差异较大在一定程度上反映了大眼金枪鱼集群的季节变化；另外，比较变程和相关系数变化趋势，表明相关性强弱与变程没有相关关系。

3. 时空分布预测与验证

对大西洋大眼金枪鱼渔场进行预测，如图7-33中的灰度图所示，高CPUE渔场主要分布在低纬度海区，呈现出两种变化轨迹，即大西洋中部与美洲近岸和大西洋中部与非洲近岸之间的循环变化。1月和2月分布集中，集中于15°W—35°W，15°S—20°N海域；3月集中范围稍有减小；4月、5月逐渐分成南北纬两块，北纬高CPUE海区为30°W—45°W，0°—10°N，并向西移动，南纬为0°—30°W，0°—10°S，呈向几内亚湾移动趋势；6月集群范围扩大，覆盖整个几内亚湾和巴西外海；7月、8月、9月在几内亚湾形成高产区；9月北纬海域未形成高CPUE海域；10月集中在非洲、南美洲近岸；11月和12月中心渔场开始向大西洋中心赤道附近转移，形成一个循环。

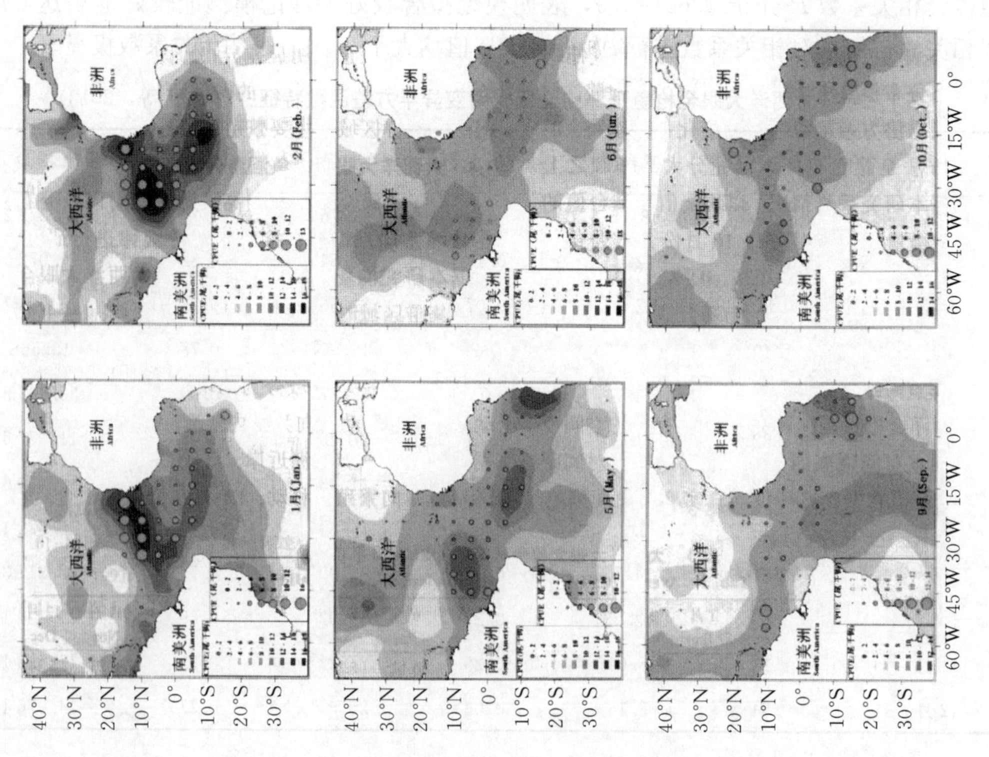

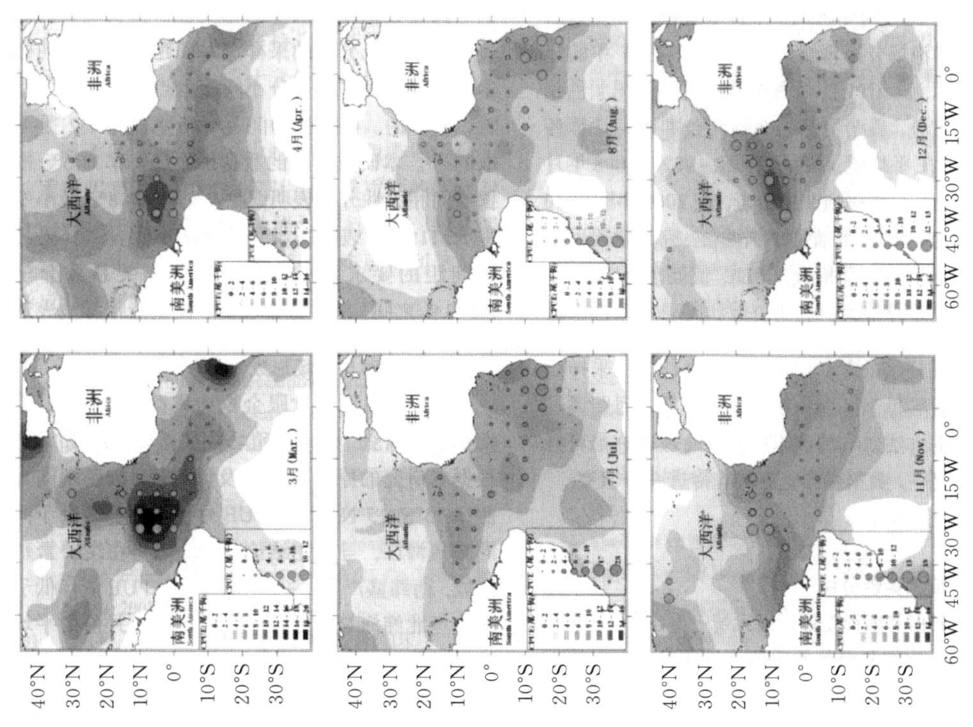

图 7-33　大西洋大眼金枪鱼延绳钓渔场时空分布预测（灰度图）和检验图（气泡图）（李灵智 等，2013）

使用2009年和2010年日本金枪鱼延绳钓渔捞数据对渔场分布预测进行检验，如图7-34中的气泡图所示，高*CPUE*的海域基本与预测图颜色较深区域重叠，表明渔场分布预测较准确。计算各月份*CPUE*平均值，如表7-16所示，2009年和2010年月平均*CPUE*显著低于预测值，究其原因可能在于近年来大眼金枪鱼*CPUE*处于下降趋势，资源状况差异较大。利用资源状况稳定条件下最新的渔捞数据，将更有利于*CPUE*的准确预测；但是如果只用最新的年份数据，势必引起采样点的减少，不利于渔场分布的全面预测，因此通过标准化的方法对实测数据进行预处理也许是可行的方法之一，数据标准化方法有待进一步研究。

表7-16　大西洋大眼金枪鱼延绳钓2009—2010年*CPUE*月平均值（李灵智 等，2013）

CPUE	1月	2月	3月	4月	5月	6月	7月	8月	9月	10月	11月	12月
预测值	6.51	6.6	5.8	6.29	5.85	6.12	5.31	4.8	5.41	5.4	5.23	5.34
实测值	4.95	4.73	3.63	3.37	3.26	3.54	3.44	3.2	3.2	3.73	3.5	4.37

（三）讨论

1. 空间相关性分析

空间相关性程度衡量尚无统一标准，使用块金值与基台值的比值作为衡量指标，认为比值小于0.25表明空间相关性极显著，比值介于0.25～0.75表明空间相关性显著（张继光等，2008）。周国法等（1997）使用标准正态分布检验方法对相关系数进行检验，相关系数根据协方差函数乘以标准化系数求得，但是这种方法是建立在样本量充分大的基础之上的。根据本研究采样情况，以块金值与基台值的比值作为衡量指标，6 月、10 月、11 月块金值与基台值的比值较大（分别为 0.25、0.27、0.41)，空间相关性显著；其他月份块金值与基台值的比值均小于 0.25，空间相关性极显著。

2. 采样点间距选择

大西洋金枪鱼延绳钓 CPUE 所存在的空间变异是空间点对间距离的函数，相邻采样点对间距过大，会使得数据变异特征与真实变异出现偏差，甚至掩盖数据存在的空间相关性。真实变异的完美呈现需要充分小的采样点对间距和足够多的样本（Western et al.，1999；朱国平，2007)，然而基于充分小间距的点对数据采集是难以实现的。研究认为间距小于变程的 1/2 是可取的（张继光 等，2008)。本研究使用的数据最小分辨率为 5°，根据空间相关性分析表明，最大变程为 88°，最小变程为 11.93°，表明样本数据分辨率满足采样点最小间距的要求，另外模型拟合相关系数介于 0.6～0.9，模型拟合较好，模型能很好地表达空间异质性对渔场分布的影响。

3. 繁殖集群与渔场形成

由于繁殖期间大眼金枪鱼集群密度最大，通常更容易捕获，所以繁殖场往往是优良渔场（Alain et al.，2005；朱国平，2007)。根据本研究的原始数据以及预测值，繁殖期间大西洋 15°S—15°N 海域 CPUE 月平均值显著高于同期其他海区，与上述结论一致。但是在主要繁殖区域，南纬盛产期 1—3 月平均 CPUE 值却低于繁殖场北纬海域，北纬盛产期 5—8 月份的平均 CPUE 值却低于南纬海域，与早期的研究存在差异；同时相关研究统计表明一季度南北纬海域大眼金枪鱼渔获量无明显差异（Pilar et al.，2006)。因此推测大眼金枪鱼繁殖集群具有更大的时间跨度和空间范围，盛产期集群区域比主要繁殖区域范围更大。

4. 大西洋大眼金枪鱼洄游分析

由于大眼金枪鱼具有高速游泳能力以及分布在较深水层，所以难以直接对其洄游规律进行研究。根据本研究渔场时空分布预测图，大西洋大眼金枪鱼集群区域时空分布呈现出一定规律：1—4 月在产卵场形成一个高密度的聚集区；5—8 月，逐步从集中的一块区域分为两块，一块保持往西移动，另一块移动方向为几内亚湾；9 月和 10 月分别集群于美洲和非洲近岸；11 月鱼群聚集区域逐渐从近岸向繁殖场移动；12 月在繁殖场汇合，形成一个循环。鱼群聚集区域的空间变化是否为大眼金枪鱼洄游路线，还有待进一步研究。对于鱼类洄游规律研究，地统计学分析结果可以作为一种参考。

海洋环境以及饵料生物是影响鱼类资源分布的重要因素（张寒野 等，2005)。本研究仅从空间异质性的角度对大西洋大眼金枪鱼延绳钓渔场进行研究，综合海洋环境、饵料生物分布等因子，将更有利于渔场形成和分布规律的探索。

周劲望等（2014）对世界主要金枪鱼捕捞产量进行了分析，根据 FAO 1950—2011 年世界主要金枪鱼类渔业生产数据统计，将 8 种世界主要金枪鱼类（大眼金枪鱼、长鳍金枪鱼、黄鳍金枪鱼、大西洋金枪鱼、马苏金枪鱼、青干金枪鱼、北方蓝鳍金枪鱼和鲣）每 10 年的产量总和按不同鱼种和海域进行了总结。结果显示，鲣的累计总产量最高，其平均年产量涨幅最快；除马苏金枪鱼年平均产量有所下降、北方蓝鳍金枪鱼保持稳定外，其他主要金枪鱼类均有增长。

世界主要金枪鱼类的产量自 20 世纪 50 年代初起呈不断增长的趋势，特别是第二次世界大战后，随着远洋渔业的日益发展，产量最初为 50×10^4 t 左右，到 2011 年已达 477×10^4 t 左右。根据 FAO 统计数据显示，1950—2011 年主要 8 个金枪鱼种类的产量占金枪鱼总产量的 71.6%（即包括金枪鱼、狐鲣、马鲛、舵鲣、鲣、鲔、刺鲅、旗鱼、枪鱼和箭鱼的总渔获量）。在 8 种主要金枪鱼类中，从平均年产量来看（图 7-34），大眼金枪鱼的产量涨幅仅次于鲣和黄鳍金枪鱼，位居第三。从每 10 年产量的平均增长率来看（图 7-35），增长最多的是青干金枪鱼，平均增长率为 138%；最少的是北方蓝鳍金枪鱼，平均增长率为 1.2%。8 种主要金枪鱼类各个年代的平均增长率大小可排列为青干金枪鱼>大眼金枪鱼>鲣>黄鳍金枪鱼>马苏金枪鱼>长鳍金枪鱼>大西洋金枪鱼>北方蓝鳍金枪鱼，其增长率分别为 138%、65.4%、63.5%、52.8%、21.3%、16.4%、11.3%和 1.2%。

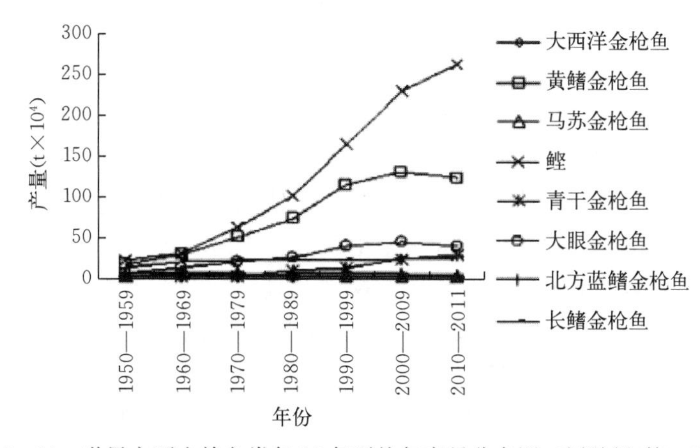

图 7-34　世界主要金枪鱼类每 10 年平均年产量分布图（周劲望 等，2014）

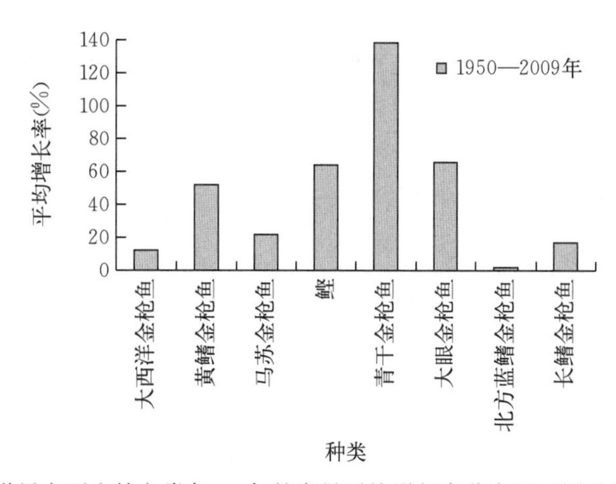

图 7-35　世界主要金枪鱼类每 10 年的产量平均增长率分布图（周劲望 等，2014）

1950—2011 年，我国大陆捕获的主要金枪鱼类累计总产量为 104×10^4 t，占世界主要金枪鱼类总产量的 0.7%。8 种世界主要金枪鱼类我国均有捕获，各个种类中产量最高的是鲣，截至 2011 年已捕获 43×10^4 t 左右；其次是大眼金枪鱼，产量为 30×10^4 t 左右；产量最少的是马苏金枪鱼和青干金枪鱼，几乎为 0。我国大陆捕获的主要金枪鱼类产量占世界主要金枪鱼类总产量的比例见图 7-36，以大眼金枪鱼比例最高，占世界大眼金枪鱼总产量的 2%，占我国主要金枪鱼类总产量的 14.9%。

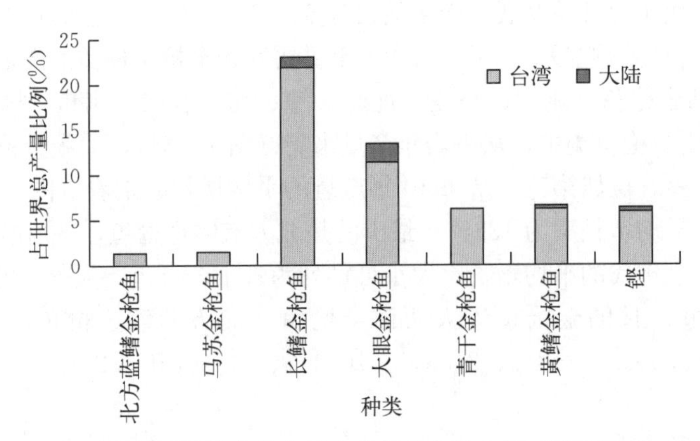

图 7-36　我国主要金枪鱼类产量占世界总产量比例（周劲望 等，2014）

众多学者开展了基于渔获量的金枪鱼资源研究，然而渔获量的不确定性对物种资源评估存在一定影响。由于多种渔业作业、捕捞船队构成复杂，印度洋大眼金枪鱼的历史渔获量统计存在一定的偏差，但国际上近些年开展资源评估时都忽略了这一偏差。在李亚楠等（2018）基于渔获量不确定性对印度洋大眼金枪鱼资源评估的研究中，详细阐述了影响所在。研究根据 1979—2015 年的年渔获量、年龄结构渔获量及相对丰度指数数据，运用年龄结构资源评估模型（ASAP）对印度洋大眼金枪鱼资源进行评估，重点考查渔获量的不确定性（观测误差和统计偏差）对资源评估结果的影响。结果显示，印度洋大眼金枪鱼当前资源总体没有过度捕捞，但 2015 年初显示轻微的过度捕捞。通过对比基础模型与 8 个灵敏度分析模型的评估结果发现，渔获量观测误差（CV）的预设对资源开发状态的判断有一定的影响。当渔获量统计偏差调整量为 15%时，评估结果与基础模型基本一致；统计偏差调整量为 20%时，评估结果有过度捕捞的趋势。结果表明，资源评估模型中渔获量观测误差的设定和历史渔获量统计偏差均会对评估结果产生影响，后者更为明显，因此，二者均不能忽略。

印度洋金枪鱼类资源评估与管理由印度洋金枪鱼委员会（Indian Ocean Tuna Commission，IOTC）组织实施，根据 IOTC 最近研究，2015 年该鱼种的年渔获量为 9.27×10^4 t，最大可持续产量为 8.26×10^4～10.97×10^4 t（Zhu，2016）。2012 年，IOTC 热带金枪鱼工作组（Working Party on Tropical Tunas，WPTT）提出将大眼金枪鱼资源评估列为今后的优先评估对象（IOTC，2012）。近年来，国际上对其评估采用的模型包括 SS 模型（Stock SynthesisⅢ）（Shono et al.，2009；Kolody et al.，2010；Langley et al.，2013）、ASPM 模型（Age Structured Production Model）（Nishida et al.，2011）及 ASAP 模型（Age Structured Assessment Program）（Zhu et al.，2013；Zhu，2016），其中，ASAP 模型是目前应用的主要模型之一。对于印度洋大眼金枪鱼渔业，虽然 IOTC 秘书处已制定了较为系统的渔业数据统计框架，掌握了资源的基础生物学数据，并已开展了大量资源评估方面的工作，而且早在 2000 年前后就有研究者对印度洋大眼金枪鱼进行了资源评估（Nakatani et al.，2001；Motomura et al.，2003），但以往的评估都忽略了渔获量的不确定性对资源评估的影响。

通过对近年 ASAP 模型的评估结果进行比较分析发现，由于多种渔业作业、捕捞船队构成复杂，印度洋大眼金枪鱼的历史渔获量统计存在一定的偏差，特别是印度洋沿海发展中国家的渔获量统计质量较差，相当一部分历史渔获量是由IOTC秘书处估计的，其统计偏差（指高估或低估）可能达15%（IOTC，2012）。但国际上近些年对其的资源评估都忽略这一偏差。此外，目前主流的综合性评估方法参数估算过程中，均需对渔获量观测误差（指随机误差）的大小进行假设，而这一假设的影响研究，也并未引起WPTT的重视。李亚楠等（2018）运用年龄结构资源评估ASAP模型对印度洋大眼金枪鱼资源进行评估，重点考查渔获量的不确定性（观测误差和统计偏差）对资源评估结果的影响。

（四）材料与方法

1. 渔业类型和数据

资源评估时首先需要划分渔业类型，划分应以选择性和可捕性不随时间变化（或变化很小）、可获得的渔业数据为依据。根据IOTC对大眼金枪鱼的渔业数据分类，本次评估划分为7种渔业，即超低温延绳钓渔业（渔业1，LL）、自由鱼群围网渔业（渔业2，PSFS）、人工集鱼围网渔业（渔业3，PSLS）、小型围网渔业（渔业4，BB）、常温延绳钓渔业（渔业5，FL）、手钓渔业（渔业6，LINE）和其他渔业（渔业7，OTHER）。

年龄结构模型所需的基本渔业数据主要包括年渔获量数据（Annual catch）、年龄结构渔获量数据（Catch - at - age，CAA）和相对资源丰度指数数据，以上数据来源于IOTC秘书处，时间跨度为1979年1月至2015年12月。丰度指数数据采用主要延绳钓船队的联合标准化CPUE（Joint CPUE，尾/1 000钩）（Hoyle et al.，2016），包含印度洋西北海域和东北海域2个时间序列（图7-37）。

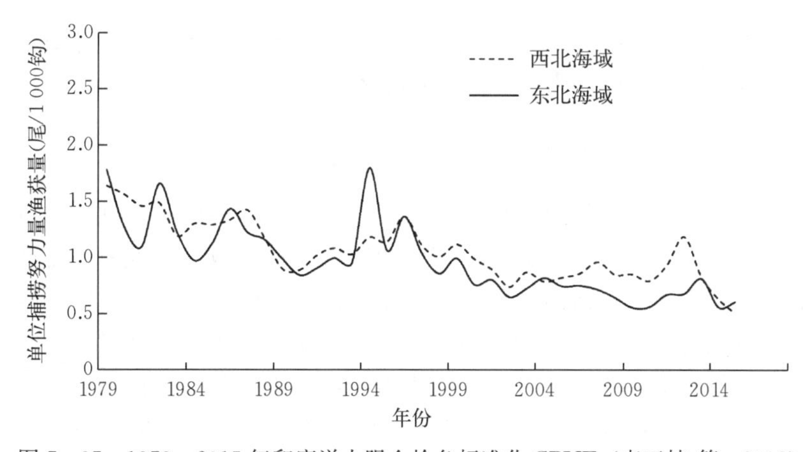

图7-37 1979—2015年印度洋大眼金枪鱼标准化CPUE（李亚楠 等，2018）

2. 生物学参数与假设

三大洋大眼金枪鱼种群结构清晰，在印度洋存在单一的种群（Appleyard et al.，2002；Chiang et al.，2008），本研究也假设大眼金枪鱼为单一资源种群。生长采用传统的VonBertalanfy生长方程（Laslett et al.，2008），体重W与叉长L的关系为：$W=L3.661\times 10^{-5}L2.901$，不考虑生长误差。自然死亡系M假设0.4/年（Zhu，2016），不考虑性别、年龄和时间上的变化。B-H亲体补充量关系模型陡度参数$h=0.8$。

3. 评估模型及参数估计

ASAP是基于统计误差分布的渔获量年龄结构模型（Statisticalage - structured catch -

at-ageanalysis）（NOAA Fisheries Toolbox 2014）（NOAA Fisheries Tool boxat. http://nft.nefsc.noaa.gov）。目前，ASAP模型已在多个渔业资源评估中广泛使用，如关于太平洋沙丁鱼（*Sardinops sagsx*）、缅因湾鳕鱼、大西洋鲱（*Clupea harengus*）、佛罗里达龙虾等资源的评估，ASAP模型也是目前美国对其东部近海渔业资源进行评估所用的主要模型之一。同时，该模型引入时间段（Timeblock）概念和随机漫步模型（Randomwalk model）以允许部分参数如捕捞系数、渔具选择系数等具有时变特性。ASAP模型通过预设初始年份资源量、补充量等参数，采用顺推方式演绎种群动态过程，将渔获量、资源量指数等数据作为具有观测误差的观测变量，并通过模型预测值建立目标函数，利用最大似然法估计模型参数。似然函数的误差分布有2种：多项式分布和对数正态分布。多项式分布用于渔获年龄组成误差，其主要影响因子是年龄组成的有效样本量（Effective sample size，ESS）。渔获量、资源量指数为对数正态分布，其主要影响因子是对数转换后的标准差，在ASAP模型里，采用CV代替标准差。CV需要预设，并根据模型拟合情况逐步调整，因此，CV为本研究中观测误差的主要影响因子。多项式分布的似然函数为：

$$-\ln L = \ln \mathrm{ESS}! + \sum \ln C_i! - \mathrm{ESS} \sum p_i \ln pre\, dp_i \tag{1}$$

式中，$\ln L$为似然函数取对数，C_i为i龄的渔获量，p_i为i龄的渔获量比例。对数正态分布的似然函数为：

$$-\ln L = 0.5\ln 2\pi + \sum \ln obs_i + \ln\sigma + 0.5\sum \frac{[\ln(obs_i) - \ln(pred_i)]^2}{\sigma^2} \tag{2}$$

式中，obs_i和$pred_i$为第i个数据的观测值和模型估算值，为标准差。大眼金枪鱼ASAP模型的目标函数主要成分为以上似然函数之和：

$$\text{objective function} = \lambda_j \sum [-\ln(L)]_j \tag{3}$$

式中，λ_j为第j个似然函数的权重系数（$j=1\sim4$）。在ASAP模型中需要估计的参数有：各年补充量及其误差、丰度指数对应“渔业”的可捕系数（不随时间变化）、7种渔业的选择性参数和有效样本量、初始种群结构和资源量、初始年份的完全选择捕捞死亡率及其他各年份的误差（相对于初始年）。无需估算的已知或假设参数有生长参数、成熟度、自然死亡系数、丰度指数误差（设CV=0.1）。最终估算的参考点有最大持续产量（MSY）、MSY相应的捕捞死亡系数（F_{MSY}）、当前捕捞死亡系数与F_{MSY}的比值、当前渔获量与MSY的比值、MSY相应的SSB（产卵群体生物量）、当前SSB与SSB_{MSY}的比值及当前SSB与未开发时SSB的比值。

4. 渔获量的不确定性量化及情景假设

如前所述，渔获量观测误差的主要影响因子为CV，模型拟合前需要预设CV并根据拟合诊断逐步调整。本研究设定基础模型的渔获量CV=0.1，将CV=0.05和0.15作为灵敏度分析。同时，根据IOTC对大眼金枪鱼渔获量统计的质量分析，IOTC估计的部分历史渔获量及名义渔获量的数据统计结果，假设10%、15%、20%等3个水平的渔获量统计偏差调整量（负数表明IOTC高估了历史渔获量），分不同年份对渔获量进行修正。综上所述，共组成13个模型，其中，模型2为基础模型（表7-17）。

表 7-17 印度洋大眼金枪鱼基础模型及灵敏度分析模型（李亚楠 等，2018）

模型 Model	变异系数	渔获量时间跨度（年）	渔获量统计偏差（%）	是否收敛
模型 1	0.05	1979—2015	—	是
模型 2（基础模型 Base case）	0.1	1979—2015	—	是
模型 3	0.15	1979—2015	—	是
模型 4	0.1	1979—2015	10	是
模型 5	0.1	1979—2015	15	是
模型 6	0.1	1979—2015	20	是
模型 7	0.1	1979—2015	−15	是
模型 8	0.1	1979—1983	−10	是
		1984—1995	15	
		1996—2012	20	
		2013—2015	−10	
模型 9	0.1	1979—1983	10	是
		1984—1995	15	
		1996—2012	20	
		2013—2015	−10	
模型 10	0.2	1979—2015	—	否
模型 11	0.25	1979—2015	—	否
模型 12	0.1	1979—2015	−10	否
模型 13	0.1	1979—2015	−20	否

（五）结果

1. 渔获量误差对拟合诊断的影响

13个模型中，收敛的模型共9个（表7-18），下面仅分析收敛的模型。模型不收敛表明模型的假设或数据相互矛盾，模型未能获得有效参数。9个模型的丰度指数估算值与观测值的残差如图7-38、图7-39所示，除了早期的1979—1984年，模型整体拟合的预测值与观测值很相近，9个模型变化趋势与基础模型（模型2）一致，且其残差未见有明显的变动趋势，但西北海域的丰度指数较东北海域的拟合更好（图7-40），其丰度指数残差也相对较小。渔获量估算值与观测值的残差如图7-41所示，残差未见有明显的变动趋势，表明评估模型对丰度指数和渔获量的拟合均可靠。

表 7-18 模型拟合结果（李亚楠 等，2018）

项目	目标函数	渔获量成分	丰度指数成分	渔获年龄组成成分	补充量变化成分	惩罚项
变异系数	—	7	2	—	1	1 000
模型 1	5 765.3	1 703.7	54.1	3 552.9	454.6	0
模型 2	5 725.7	1 887.7	31.5	3 352.7	453.8	0

（续）

项目	目标函数	渔获量成分	丰度指数成分	渔获年龄组成成分	补充量变化成分	惩罚项
变异系数	—	7	2	—	1	1 000
模型 3	6 024.9	1 995.8	37.3	3 537.2	454.7	0
模型 4	5 961.2	1 912.6	44.6	3 545.4	458.6	0
模型 5	5 972.8	1 924.1	44.7	3 543.9	460.2	0
模型 6	5 774.3	1 937.9	38.2	3 338.2	460.1	0
模型 7	5 883.4	1 845.9	44.8	3 543.7	448.9	0
模型 8	6 731.7	1 920.2	59.4	4 300.4	451.7	0
模型 9	5 979.4	1 923.5	46.7	3 547.8	461.4	0

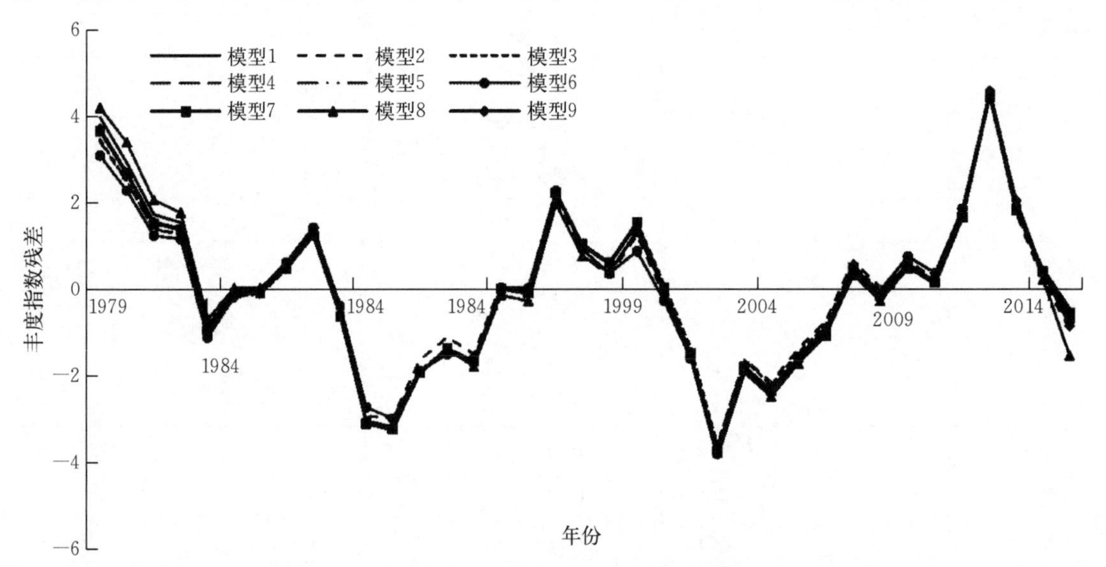

图 7-38　印度洋大眼金枪鱼丰度指数残差（西北海域指数）（李亚楠 等，2018）

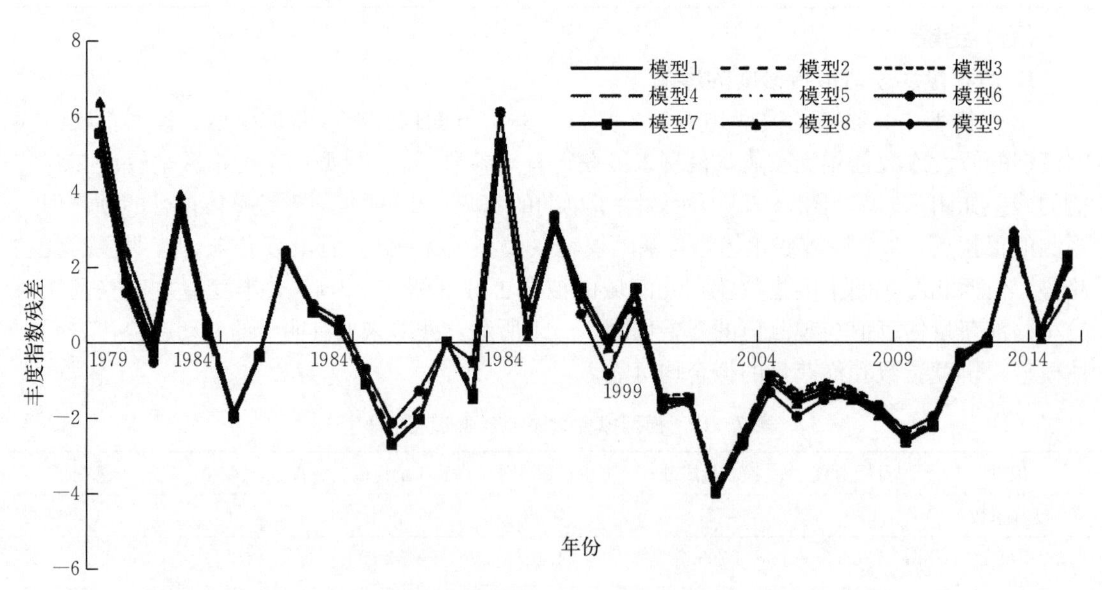

图 7-39　印度洋大眼金枪鱼丰度指数残差（东北海域指数）（李亚楠 等，2018）

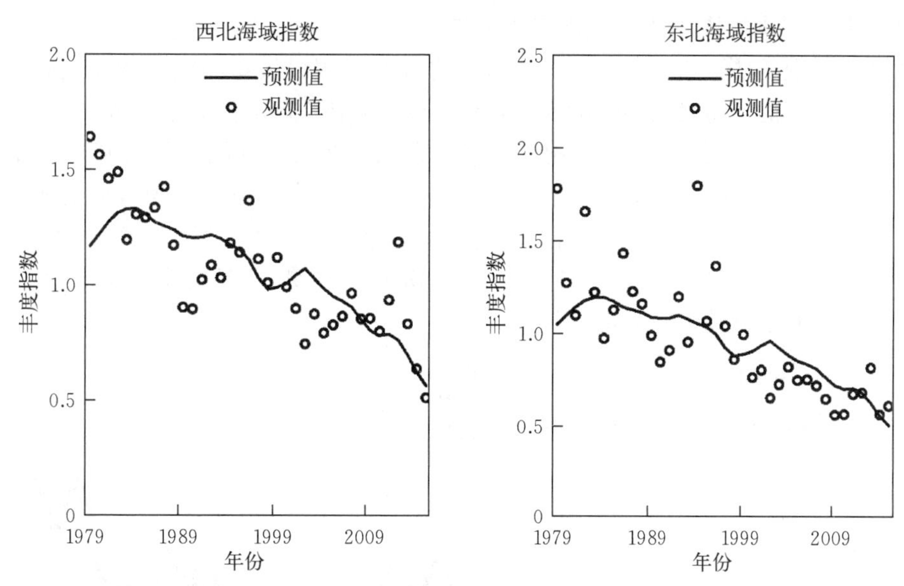

图 7-40　印度洋大眼金枪鱼丰度指数观测值与预测值（基础模型）（李亚楠 等，2018）

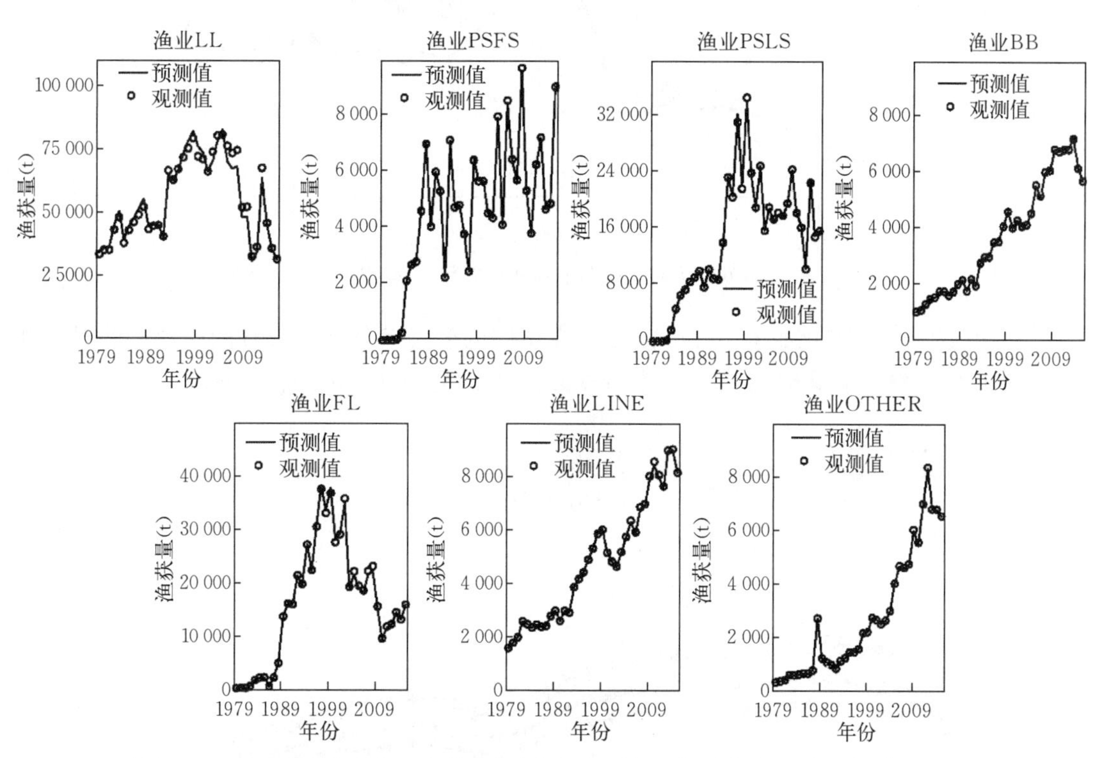

图 7-41　印度洋大眼金枪鱼渔获量估算值与观测值（基础模型）（李亚楠 等，2018）

年龄结构模型的输出结果包括拟合结果和 ASAP 模型结果，9 个模型的拟合结果如表 7-18 所示。通过对拟合结果的各个目标函数进行对比分析，以基础模型（模型 2）为参照，发现当 CV 增加或减少时，其相应的目标函数没有发生明显的增减变化。而针对名义渔获量统计偏差估计的 6 个模型（模型 4～模型 9）也没有明显的增减规律，但模型 8 的拟合结果相对其他 5 个模型的结果有较大的差异。

2. 渔获量误差对 *F* 与 SSB 变动趋势的影响

捕捞死亡系数的估算值见图 7 - 42。通过比较 8 个假设模型与基础模型的捕捞死亡系数，发现所有模型的捕捞死亡系数的变化趋势一致，但在不同的假设条件下，其捕捞死亡系数不同。在 CV 为 0.05 和 0.15 的情况下，捕捞死亡系数的估算值与基础模型的值很接近，变化趋势基本一致。同时，根据渔获量假设的 5 个模型（除模型 8），其变化趋势也与基础模型一致。模型 8 的捕捞死亡系数的估算值自 1983 年始明显低于其他 8 个模型。但无论在何种假设下，自 1984 年以来，7 种渔业的捕捞死亡系数一直处于上升趋势，尤其是 1984—1999年，其上升趋势明显加快。

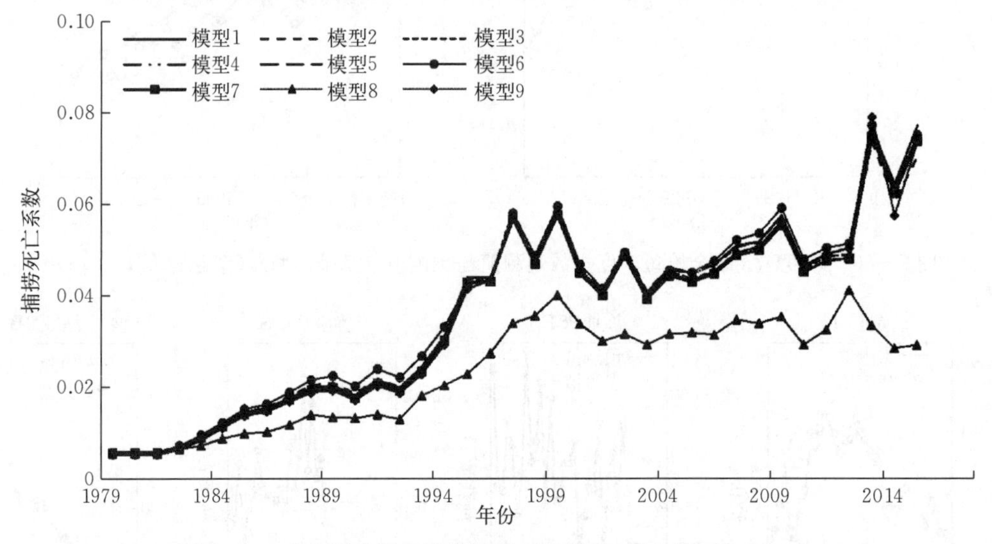

图 7 - 42 印度洋大眼金枪鱼捕捞死亡系数（李亚楠 等，2018）

9 个模型的 SSB 变化如图 7 - 43 所示。在不同的假设条件下，SSB 的变化趋势基本相同。在 1979—1985 年呈增加趋势，然后逐渐减少，至 2000 年后略有回升，但接下来至

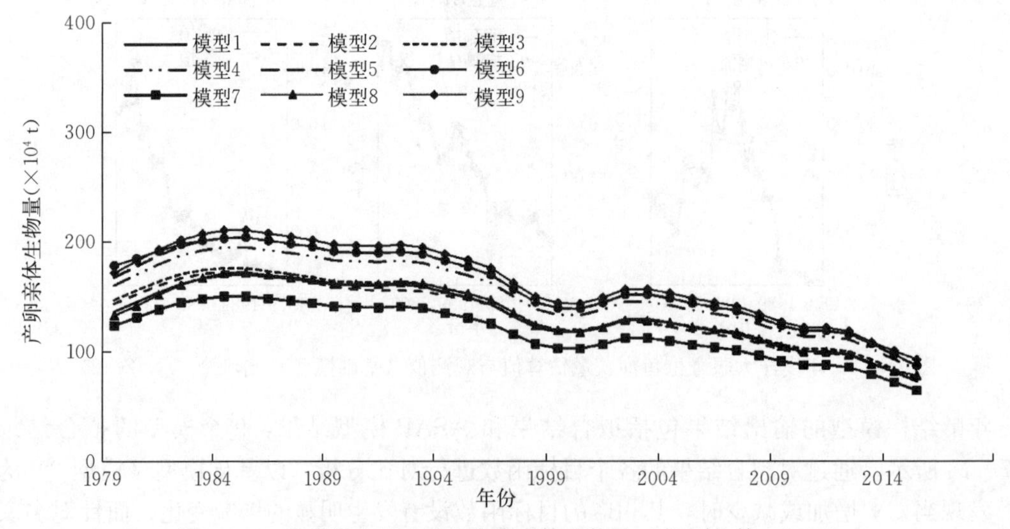

图 7 - 43 印度洋大眼金枪鱼产卵亲体生物量（李亚楠 等，2018）

2015 年，总体呈下降趋势，除了模型 9，2015 年的 SSB 均低于 MSY 相应的水平。在假设 CV 为 0.05 和 0.15 的情况下，SSB 与基础模型没有明显的差异，而假设的渔获量偏差越高，SSB 估计值越大（模型 2、模型 4～模型 6）。当假设渔获量偏差减少 15%时，SSB 最低。根据大眼金枪鱼实际的历史产量分年代设立的模型 9，其 SSB 估计值最高，且高于 MSY 相应的水平。

3. 渔获量误差对生物学参考点和资源状态判断的影响

在不同的假设条件下，各个模型的渔业管理生物学参考点及相关参数的估算值见表 7-22。基础模型（模型 2）下，F_{2015}/F_{MSY}等于 1，当前渔获量为 MSY 的 1.02 倍，当前 SSB 为 SSB_{MSY}的 1.18 倍，可以确定 2015 年初的资源状况没有过度捕捞，这与 2016 年 IOTC 对印度洋大眼金枪鱼的资源评估结果一致（Adam，2016）。对比模型 1、模型 2 和模型 3 发现，CV 增加或减小对 MSY 及相关的参考点具有一定的影响，即当 CV 增加或减小时其对应的参考点 MSY、F_{MSY}、SSB_{MSY}均减小，相应的 C_{curr}/MSY、F_{curr}/F_{MSY}均增大，SSB_0 随 CV 增加而增大。对比模型 2、模型 4、模型 5 和模型 6 发现，当 1979—2015 年渔获量呈不同水平增加，其参考点 C_{curr}/MSY 减小，F_{curr}/F_{MSY}增大，而 SSB_{curr}/SSB_{MSY}和 SSB_{curr}/SSB_0 没有明显的变化趋势。但当 1979—2015 年渔获量减少 15%时，其对应的关键参考点 F_{curr}/F_{MSY}、SSB_{curr}/SSB_{MSY}、SSB_{curr}/SSB_0 均没有明显的变化。通过对比模型 8 和模型 9 发现，对 1979—2015 年分阶段的渔获量假设不同水平的偏差，其评估结果具有明显的差异，F_{curr}/F_{MSY}远小于其他模型，SSB_{curr}/SSB_{MSY}和 SSB_{curr}/SSB_0 高于其他模型。

对于渔获量观测误差而言，对比模型 1（CV＝0.05）、模型 2（CV＝0.1）与模型 3（CV＝0.15）的 F_{curr}/F_{MSY}与 SSB_{curr}/SSB_{MSY}估计值变化，当 CV 增大或减小时，当前的资源状况相对基础模型均有过度捕捞的趋势。对于渔获量统计偏差而言，假设渔获量增加百分比越高，则 MSY 估算值越大。结合表 7-19 的 F_{curr}/F_{MSY}与 SSB_{curr}/SSB_{MSY}的结果可以发现，只有假设渔获量偏差为 20%时，其评估结果相对基础模型有过度捕捞趋势，而其他假设（10%、15%和－15%）下，资源评估的结果相对基础模型没有明显的变化。同时，为验证该结果，对渔获量增加 16%、17%、18%、19%并比较评估结果发现，均没有出现过度捕捞。因此，在应用 ASAP 模型对大眼金枪鱼资源进行评估时应确保渔获量统计偏差保持在 20%以内，这样对资源开发状态的判断是一致的。历史产量统计偏差分年代考察发现，1979—1983 年渔获量偏差对资源评估结果没有较大的影响，而 2013—2015 年的渔获量偏差对资源评估结果具有很大的影响。

表 7-19　各个模型的参考点及相关参数（李亚楠 等，2018）

模型	MSY（t）	C_{curr}/MSY	F_{MSY}	F_{curr}/F_{MSY}	SSB_{MSY}（t）	SSB_{curr}/SSB_{MSY}	SSB_0（t）	SSB_{curr}/SSB_0
模型 1	88 506	1.05	0.145	1.08	621 982	1.16	1 967 740	0.37
模型 2	91 208	1.02	0.146	1.00	629 187	1.18	1 974 170	0.38
模型 3	89 439	1.04	0.145	1.04	628 136	1.20	1 983 010	0.38
模型 4	98 871	0.94	0.145	1.04	695 959	1.20	2 200 580	0.38
模型 5	103 442	0.90	0.145	1.04	727 117	1.20	2 298 140	0.38
模型 6	106 374	0.87	0.146	1.06	735 084	1.18	2 311 650	0.38

（续）

模型	MSY（t）	C_{curr}/MSY	F_{MSY}	F_{curr}/F_{MSY}	SSB_{MSY}（t）	SSB_{curr}/SSB_{MSY}	SSB_0（t）	SSB_{curr}/SSB_0
模型 7	76 441	1.21	0.145	1.04	537 153	1.19	1 697 510	0.38
模型 8	126 710	0.73	0.178	0.56	633 599	1.23	1 902 070	0.4 1
模型 9	105 637	0.88	0.144	0.75	744 251	1.24	2 355 170	0.39

（六）讨论

印度洋大眼金枪鱼的资源评估，在 1998 年以前，是由印太金枪鱼类开发管理计划（IPTP）进行的，1999 年以后由印度洋金枪鱼委员会进行。依据最新分析结果，由于渔业统计中没有包括“未报告的渔获”部分，所以可能低估了最大可持续产量（MSY）水平。IOTC 当前的评估表明，印度洋大眼金枪鱼资源目前没有过度捕捞，但 2015 年初有轻微的过度捕捞趋势，即 $SSB_{2015}/SSB_{MSY}>1$，F_{2015}/F_{MSY} 可能大于 1。而本研究中基础模型的结果与其一致，即 $SSB_{2015}/SSB_{MSY}>1$（=1.18）、$F_{2015}/F_{MSY}=1$。对比其他 8 个假设模型的评估结果，发现即使是最冒险的假设（模型 6），当前资源也没有出现过度捕捞现象，但仍然有过度捕捞的趋势［$SSB_{2015}/SSB_{MSY}>1$（=1.18）、$F_{2015}/F_{MSY}=1.06$］。同时，资源状态评价也可采用产卵群体生物量的比率（SBR）来判断，即当前 SSB 与原始状态（SSB_0）的比率。SBR 越接近于 0，表明资源衰减越严重；SBR 越接近于 1，表明资源的 SSB 可能没有明显减少。本研究中基础模型及 8 个灵敏度分析模型的 SBR 均表明，印度洋大眼金枪鱼资源目前处于资源衰减状态（$SSB_{curr}/SSB_0\approx0.4$），这表明，在经过了 60 多年的商业性捕捞后，资源生物量已远低于原始水平。

研究表明，渔获量观测误差对资源评估的结果具有一定程度的影响，在 CV 假设偏小的情况下，得到的资源状态相对于基础模型更为悲观（模型 1、模型 2 和模型 3）。历史渔获量统计偏差方面，如果认为历史渔获量统计偏低，从得到的 C_{curr}/MSY 比值来看，评估结果更为乐观（模型 4、模型 5 和模型 6）；而认为历史渔获量统计偏高，评估结果略为悲观（模型 7）。如果对历史渔获量偏差进行更具体的分段修正，则上述差别不明显，即评估结果均更为乐观（模型 8 和模型 9）。由于分段渔获量修正更能体现各捕捞船队在历史上不同时期的渔获数据质量，其评估结果可能更能反映大眼金枪鱼的真实资源状况。通过对比观测误差和统计偏差的影响，认为渔获量统计偏差对资源评估的影响更加明显。因此，建议在今后的印度洋金枪鱼类资源评估中，应该注重分析历史渔获量统计偏差的大小，并进行适当修正。而对于渔获量观测误差的影响，建议仍对不同误差水平做灵敏度分析，以确保评估结果的可靠性。

除了渔获量及相关模型模拟分析，鱼类体长数据亦是渔业资源评估和管理的基础信息之一，来自渔业非独立调查（Fishery dependent survey）的体长频率数据可以用来反映目标鱼种亲体和补充量的分布情况，并为基于体长结构的渔业资源评估模型输入重要信息。多元回归树是一种用来分析生物数据与环境特征数据间关系的挖掘技术。汪文婷等（2013）根据 2007 年 12 月至 2009 年 12 月中国远洋金枪鱼渔船渔捞日志所记录的大眼金枪鱼生物学数据，利用多元回归树方法并结合地理信息系统分析了大西洋大眼金枪鱼的空间分布及季度变化情况。结果表明：空间分布上大型大眼金枪鱼主要集中在 7.5°N—15°N，17.5°W—45°W；

中型大眼金枪鱼主要集中在12.5°S—5°N，17.5°W—45°W；小型个体主要分布在7.5°S—5°N，5°W—17.5°W；经K－S检验，各空间尺度内体长分布差异显著。2009年一、二季度体长分布相对同质；三、四季度体长分布相对同质。

鱼类的体长信息对渔业资源评估至关重要，体长数据的优点在于容易获得，且克服了大多数热带海域鱼类鳞片或耳石辨别年龄时存在误差的问题（Pauly and Morgan，1987；Gull and and Rosenbergr，1992）。此外，从鱼类的体长数据中可以获得很多信息，如鱼类生长参数的估算、自然死亡率的估算、鱼类年龄结构组成和摄食等（BAELD，1994；ICCAT，2010；刘群 等，2003）。尽管渔业非独立调查数据（Fisheries dependent data，通常指商业性渔业数据）在资源评估时存在一定的偏差，但体长频率数据可以用来反映目标鱼种亲体和补充量的分布情况，还可以作为基于体长结构的渔业资源评估模型的重要输入信息（Pauly et al.，1987）。大西洋大眼金枪鱼广泛分布于50°N—45°S的海域，是金枪鱼延绳钓渔业中最主要的捕捞对象（刘群 等，2003；沈海学 等，2000）。养护大西洋金枪鱼国际委员会（The International Commission for the Conservation of Atlantic Tunas，ICCAT）每年的资源评估报告中根据大眼金枪鱼体长频率划分大西洋捕捞方式（ICCAT，2010）。国内对大眼金枪鱼的研究主要集中在生长与年龄（陈新军 等，2006）、渔场分布与海洋环境关系（宋利明 等，2004；戴小杰 等，2011；曹晓怡 等，2009）等方面，基于体长数据的相关时空分布尚无报道。国外学者对大西洋大眼金枪鱼体长空间分布进行了研究（ICCAT，2010），发现大西洋大眼金枪鱼作为一个鱼类种群，其小型幼鱼多与其他金枪鱼如黄鳍金枪鱼、鲣等混合成群，几内亚湾是大西洋大眼金枪鱼主要的繁育场所；随着大眼金枪鱼生长，幼鱼有由热带海域向温带海域扩散的趋势。本书根据中国渔船的渔捞日志数据，利用多元回归树（Multivariate regression tree，MRT）结合地理信息系统方法对大西洋大眼金枪鱼体长频率空间分布及季度变化进行研究，了解大西洋中不同体型大眼金枪鱼分布状况。

二、金枪鱼生产管理和政策

金枪鱼延绳钓渔业在我国已经发展了20余年，作业船队遍布太平洋、大西洋、印度洋的公海及渔业资源国的专属经济区，加之我国的远洋渔业政策的扶持，其规模不断扩大，产量也在不断增长。然而，由于发展时间短、资源过度开发和国际管理措施的加强，我国的金枪鱼延绳钓渔业也面临诸多困难，如何提高渔船产量并有效控制成本成为渔业公司面临的重要课题。

我国的金枪鱼延绳钓渔业面临严峻的挑战和较好的发展机遇。作为我国最大的远洋渔业公司，中国水产有限公司虽然最早投入到金枪鱼渔业开发中，不过经过十几年的经营和努力，生产管理还很粗放，问题突出。如何直面挑战，抓住机遇，考验着我国的金枪鱼渔业企业。通过生产现场管理将有效解决以上问题。

中国水产有限公司太平洋海域金枪鱼延绳钓船队通过对船队作业时空分布和渔获率（CPUE）情况的研究，分析船队在寻找渔场和利用现有技术和研究成果等方面的不足。另外对生产现场管理中的成本收益管理进行介绍，分析过去十年国际油价和金枪鱼鱼价变动情况，发现成本控制还有很多调整空间。通过计算金盛2号单船一个航次的收入支出情况，可以发现，在没有燃油补贴的情况下，单船仍然出现赤字，生产效益还有待提高。

人员管理方面，需优化船队船员的组成结构（年龄结构、学历层次、国内外船员比例等)，了解公司船队人力资源的资质、储备和引入情况。经分析发现船队船员引入和组成结构中存在的问题与船员薪酬管理的不足有一定的关系，通过对比国内职工与普通船员在过去20年主要年份的工资得出出海优势递减和国内船员难招的结论。通过分析外籍船员引入的优劣，为管理控制外籍船员的比例和相应政策的确定提供参考。

生产现场管理方面，深冷延绳钓捕捞金枪鱼主要用于加工生鱼片，为保证加工生鱼片的品质，必须在船上处理和冷冻的过程中严格遵守操作规范。

安全问题方面，包括生产事故、航行事故和违法捕捞事故等，应提高船员的安全意识和业务能力，高度重视船员能力和责任建设。

第五节　大眼金枪鱼的感官

徐坤华等（2014）对蓝鳍金枪鱼、大眼金枪鱼和黄鳍金枪鱼3种金枪鱼质构感观进行了比较研究，以3种金枪鱼3个部位的鱼肉为研究对象，采用质地剖面检验法进行感官评定，用质构仪（TPA模式）进行仪器分析。结果显示：9个样品的感官评价和TPA分析结果都具有显著性差异（$P<0.05$）。对金枪鱼TPA测定数据进行因子和主成分分析，得到2个主成分，累计方差贡献率为86.68%。对感官评定和仪器分析结果进行相关性分析，结果表明TPA测定结果与感官评定结果之间存在显著的相关性（$r=-0.962\sim0.834$，$P<0.01$）。以TPA分析指标为自变量、感官评定指标为因变量进行逐步回归分析，得到具有统计意义的感官硬度、感官黏聚性、感官咀嚼性和感官多脂性的预测模型。

参照食品模拟评价不同金枪鱼品种及不同部位鱼肉的质构特性，邀请6名经过一定感官评定培训的人员对鱼肉进行质构的感官评价。具体感官分析方法参照GB/T 16860—1997的要求以及相关文献的方法进行（Sanchze - Brambila et al.，2002；Ruiz de Huidovro et al.，2004）。测定样品规格同仪器测定规格大小相同，使用的描述词汇、定义及参照物见表7-20。

表7-20　金枪鱼质构感官评价定义及评定标准（徐坤华 等，2014）

指标	评价定义	分数范围
硬度	将样品放在臼齿间（口腔后方两侧的牙齿）并均匀咀嚼，评价压迫食品所需的力量	0<鸡蛋白≤1；鸡蛋白=2；鸡蛋白-胡萝卜=3～6；胡萝卜=7；胡萝卜≥8
黏聚性	将样品放在臼齿间压迫它并评价在样品断裂前的变形量	三明治面包=3；葡萄干=5
弹性	将样品放在臼齿间并进行局部压迫，取消压迫并评价样品恢复变形的速度和程度	0<法兰克香肠<5；法兰克香肠=5；果冻=15
胶黏性	将样品放在口腔中并在舌头与上颚间摆弄，评价分散食品所需的力量	很容易分散=1；容易分散=3；一般分散=5；难分散=7；很难分散=9
咀嚼性	将样品放在口腔中每秒钟咀嚼一次，所用力量与用0.5 s内咬穿1块口香糖所需力量相同，评价将样品吞咽所需的咀嚼次数	记录吞咽前咀嚼的平均数
多脂性	将样品用臼齿咀嚼5次之后，食物团上的脂质情况	没有=1；一点=3；明显=5；比较明显=7；很明显=9

金枪鱼的TPA测定结果见表7－21。结果表明：9种金枪鱼之间质构特性差异显著（$P<0.05$）；比较同种金枪鱼不同部位鱼肉的质构指标后发现，蓝鳍金枪鱼的弹性，大眼金枪鱼的硬度和弹性，黄鳍金枪鱼的黏聚性和弹性无显著性差异，其他质构指标均差异显著。由表7－24可知，不同鱼种的相同部位之间，大腹肉的TPA指标均呈显著性差异（$P<0.05$），但中腹肉与赤身肉质构指标之间显著性不明显，这与大腹肉的基本成分和中腹肉、赤身部位的成分差异显著一致，表明鱼肉质构差异与鱼肉的基本组成有关。

表7－21　金枪鱼鱼肉质构仪器分析（TPA）测定结果（徐坤华 等，2014）

样品		硬度（N）	黏聚性（mJ）	内聚性（ratio）	弹性（mm）	胶黏性（N）	咀嚼性（mJ）
TPA缩写		Ha	Ad	Co	Sp	Cu	Ch
篮鳍金枪鱼	大腹肉－1	1.89 ± 0.38^{a}	0.28 ± 0.02^{a}	0.22 ± 0.02^{a}	3.16 ± 0.02^{a}	0.41 ± 0.02^{a}	1.32 ± 0.03a
	中腹肉－1	1.38 ± 0.05^{be}	0.09 ± 0.01^{b}	0.40 ± 0.02^{b}	2.19 ± 1.68^{b}	0.55 ± 0.03^{b}	1.75 ± 0.04^{b}
	赤身肉－1	3.01 ± 0.15^{ce}	0.14 ± 0.03^{c}	0.28 ± 0.02^{c}	3.26 ± 0.04^{c}	0.83 ± 0.01^{c}	2.70 ± 0.13^{c}
大眼金枪鱼	大腹肉－2	3.46 ± 0.35^{dg}	0.08 ± 0.01^{db}	0.26 ± 0.01^{c}	3.53 ± 0.06^{acd}	0.89 ± 0.01^{d}	3.14 ± 0.04^{d}
	中腹肉－2	1.65 ± 0.13^{ab}	$0.12 + 0.03^{hbc}$	$0.40 + 0.02^{hb}$	3.52 ± 0.05^{acdh}	0.66 ± 0.01^{h}	2.33 ± 0.11^{h}
	赤身肉－2	3.27 ± 0.11^{ecdg}	0.22 ± 0.03^{e}	0.35 ± 0.02^{e}	4.08 ± 0.11^{ecdh}	1.14 ± 0.02^{e}	4.77 ± 0.06^{e}
黄鳍金枪鱼	大腹肉－3	2.63 ± 0.30^{f}	0.10 ± 0.03^{bdh}	0.41 ± 0.03^{fbh}	3.62 ± 0.10^{acdhe}	0.87 ± 0.02^{fd}	3.12 ± 0.08^{fd}
	中腹肉－3	1.67 ± 0.10^{ab}	0.06 ± 0.01^{ibd}	0.29 ± 0.01^{icd}	3.04 ± 0.06^{abcdhf}	0.49 ± 0.01^{i}	1.49 ± 0.05^{i}
	赤身肉－3	3.54 ± 0.22^{dge}	0.25 ± 0.02^{ae}	0.34 ± 0.03^{ge}	3.9 ± 0.11^{acdhefi}	1.19 ± 0.05^{g}	4.65 ± 0.06^{ge}

注：表中数据为平均值±标准差。同一列结果上标不同字母者表示差异显著（$P<0.05$）。下同。

有相关研究报道样品质构特性与其基本成分有着较高的相关性（谭汝成 等，2006）。如刘小玲等（2009）对不同干酪质构特性及其基本成分进行分析，结果表明干酪的硬度、咀嚼性与干酪的水分、蛋白质、脂肪和干物质比相关性显著。胡芬等（2011）对5种淡水鱼肉的质构特性及基本营养成分的关系进行分析，发现鱼肉硬度、弹性、胶着度和咀嚼性与水分含量呈负相关，而与脂肪含量呈正相关。本研究团队前期对不同品种及部位的金枪鱼样品进行基本成分分析（刘书臣 等，2013），其中蓝鳍金枪鱼的脂肪和蛋白质含量差异显著，同时多种金枪鱼的大腹肉的水分、蛋白质、脂肪的组成与其他部位组成差异显著，与本节3种鱼肉及各自部位的质构特性比较一致，一定程度上证实了金枪鱼质构特性与鱼肉基本成分组成的相关性。

金枪鱼鱼肉质构感官评定结果见表7－25，结果显示各个样品的感官评定指标具有显著性差异（$P<0.05$）。对同一鱼种不同部位来分析，蓝鳍金枪鱼的感官评定差异显著，大眼金枪鱼除硬度外其他感官质构差异显著，黄鳍金枪鱼的弹性、黏聚性、咀嚼性无显著差异。对不同鱼种同一部位的比较表明各感官指标差异显著，这与仪器测定分析结果基本相同。此外，黄鳍金枪鱼3个部位的硬度、弹性、咀嚼性、胶黏性的数值较大，其次是大眼金枪鱼，最后是蓝鳍金枪鱼，而黏聚性和多脂性则相反，且差异显著（$P<0.05$），这与仪器分析部分的结果一致。结合仪器测试结果分析（表7－21）可以得出金枪鱼质构特性存在明显差异性。多脂性是表示鱼肉含脂是否明显的指标，依据徐坤华等（2014）前期试验结果显示，蓝鳍金枪鱼的大腹肉脂肪含量最高，是其他样品脂肪含量的1～40倍，而表7－22中显示蓝鳍

金枪鱼大腹肉多脂性是其他样品多脂性大小的1～4倍，说明感官多脂性与样品脂肪含量呈正相关。

表7-22　金枪鱼鱼肉质构感官评定结果（徐坤华 等，2014）

蓝鳍金枪鱼样品		硬度	黏聚性	弹性	咀嚼性	胶黏性	多脂性
感官指标缩写		SHa	Sad	SSp	SCh	Sgu	SGr
篮鳍金枪鱼	大腹肉－1	3.1±0.17[a]	4.3±0.26[a]	3.2±0.26[g]	7.0±1.56[a]	2.6±0.17[a]	6.3±0.10[a]
	中腹肉－1	2.5±0.26[f]	4.1±0.23[ab]	3.8±0.10[a]	9.8±0.26[b]	3.2±0.20[b]	4.1±0.23[b]
	赤身肉－1	3.4±0.18[ab]	3.8±0.35[bc]	1.0±0.15[ab]	11.3±0.46[c]	3.5±0.26[bc]	3.6±0.14[c]
大眼金枪鱼	大腹肉－2	3.7±0.23[bc]	4.0±0.17[abcd]	3.8±0.17[abc]	11.4±0.35[cd]	3.4±0.17[bcd]	4.8±0.11[d]
	中腹肉－2	3.1±0.12[abd]	3.8±0.20[bcde]	4.4±0.26[d]	12.8±0.35[e]	3.6±0.43[cde]	3.2±0.13[e]
	赤身肉－2	3.5±0.11[ace]	3.5±0.22[cef]	4.6±0.13[de]	16.0±0.91[f]	3.9±0.10[ef]	2.1±0.26[f]
黄鳍金枪鱼	大腹肉－3	3.2±0.36[abde]	3.7±0.24[cdef]	4.3±0.14[bdef]	15.4±0.79[fg]	3.8±0.26[cefg]	2.7±0.17[d]
	中腹肉－3	2.8±0.21[ad]	3.3±0.26[fg]	4.0±0.26[abcf]	14.8±0.17[fg]	3.6±0.20[cdefg]	2.0±0.13[fh]
	赤身肉－3	3.6±0.35[bce]	3.2±0.10[fg]	4.5±0.10[def]	17.2±0.44[f]	4.0±0.10[fg]	1.8±0.25[fh]

为进一步讨论TPA指标对金枪鱼质构特性的贡献程度，采用主成分分析和因子分析法确定影响鱼片质构的主要因素，为评价金枪鱼品质提供依据。金枪鱼TPA质构测定的主成分分析所得相关矩阵的特征值及方差贡献率结果见表7-23，共得到6个主成分，其中前2个主成分的特征值均大于1，且二者累积方差贡献率为86.68%。由此，提取前2个主要成分可代替原6个TPA指标对金枪鱼质构特性进行评定，从而反映金枪鱼质构特性的整体信息。主成分载荷反映了各指标对主成分的贡献率的大小，其前2个主成分载荷矩阵及特征向量见表7-24和表7-25，2个主成分的载荷图见图7-44。载荷图表明指标距离原点越远，其变量被2个主成分介绍的程度越高，且指标空间上距离越近，则变量间正相关程度越高（Hädle et al.，2007）。从表7-24和图7-44可知，第一主成分F_1主要反映了硬度（X_1）、弹性（X_4）、胶黏性（X_5）与咀嚼性（X_6）；而第二主成分F_2反映了内聚性（X_3）。

表7-23　3种金枪鱼及其各不同部位肌肉TPA分析的各成分特征值及方差贡献率（徐坤华 等，2014）

主成分	特征值	方差贡献率（%）	累计方差贡献率（%）
1	3.827	63.779	63.779
2	1.374	22.906	86.685
3	0.708	11.797	98.483
4	0.069	1.145	99.628
5	0.022	0.360	99.988
6	0.001	0.0120	100.000

为了更直观地反映不同金枪鱼品种的质构特性，采用正交旋转法（林海明 等，2005）对TPA数据的主成分因子进行旋转，计算各指标的特征向量系数见表7-25。并根据表7-25中的数据，建立主成分与金枪鱼TPA质构指标之间的表达式：

$$F_1 = 0.446X_1 + 0.218X_2 + 0.094X_3 + 0.486X_4 + 0.501X_5 + 0.507X_6$$

$$F_2 = -0.232X_1 - 0.538X_2 + 0.790X_3 + 0.142X_4 + 0.081X_5 + 0.073X_6$$

其中上述公式中 X_i 为标准化数据。

表 7-24　主成分载荷矩阵（徐坤华 等，2014）

成分	F_1	F_2
X_1	0.872	−0.272
X_2	0.427	−0.631
X_3	0.184	0.926
X_4	0.950	0.166
X_5	0.981	0.095
X_6	0.992	0.086

表 7-25　主成分特征向量（徐坤华 等，2014）

成分	F_1	F_2
X_1	0.446	−0.232
X_2	0.218	−0.538
X_3	0.094	0.790
X_4	0.486	0.142
X_5	0.501	0.081
X_6	0.507	0.073

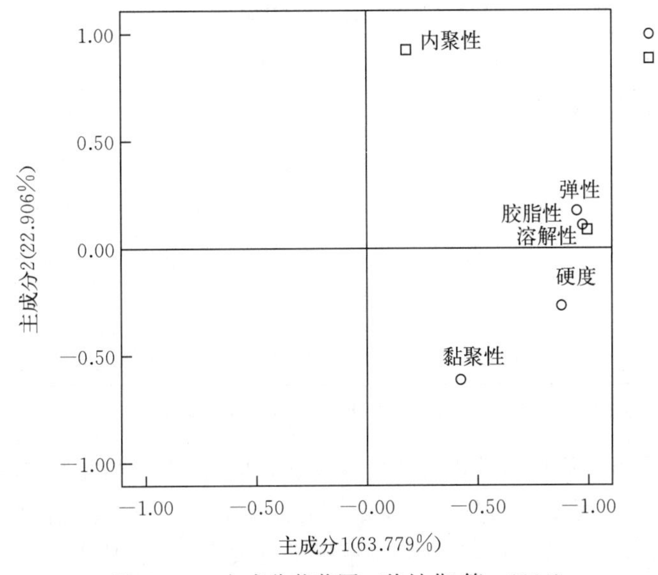

图 7-44　主成分载荷图（徐坤华 等，2014）

一、TPA 测定与感官评定结果的相关性分析

TPA 和感官评定结果的相关系数见表 7-26，可看出 TPA 测定的弹性、胶黏性和咀嚼性与感官评定指标之间存在显著或极显著相关性。其中，质构仪测定的弹性与感官评定的硬度（$r=0.807$，4<0.01）、黏聚性（$r=-0.693$，$P<0.05$）、弹性（$r=0.962$，$P<0.01$）、咀嚼性（$r=0.889$，$P<0.05$）、胶黏性（$r=0.800$，$P<0.01$）和多脂性（$r=-0.834$，$P<0.01$）之间有不同程度的相关性。鱼肉弹性是表示样品恢复形状的能力，仪器弹性是第二次压缩所测得样品恢复高度和第一次压缩变形量之比，这与鱼体的柔软性和组织状态密切相关（王灵昭 等，2003）。咀嚼性、胶黏性与感官分析中黏聚性、多脂性呈显著相关（$P<0.05$）。咀嚼性表现为鱼肉吞咽所需能量，鱼肉弹性越好，则抗拒形变的力量越大，所需咀嚼性越高（Mithchell，2003）。感官评定中硬度与 TPA 分析中的弹性、胶黏性和咀嚼性呈极显著正相关（$P<0.01$），但与硬度指标呈负相关（$P<0.05$）。此外，弹性、咀嚼性和胶黏性在感官分析中与 TPA3 个指标相关性显著，而黏聚性和多脂性仅与 TPA 指标的弹性呈负相关。硬度是反映鱼肉在咀嚼时所需能量，但当超出消费者所接受的范围时将影响鱼肉的感官评定，而仪器硬度则表现第一次压缩所需的力，且硬度越大，鱼肉的质构越好，从而导致感官硬度和仪器硬度的差异，一定程度上反映了仪器硬度与感官质构相关性不高。

总之，TPA 分析和感官评定之间存在一定的相关性，且弹性、胶黏性和咀嚼性在金枪鱼质构分析中是很重要的角色，可作为金枪鱼质构特性评价的重要综合性指标。本研究与以往类似报道结果相符合（Meullenet，1998；Rahman et al.，2007），如 Di Monaco 等（2008）研究得出咀嚼性在感官评定和质构测定中具有显著相关性。因此，综合 TPA 测定结果和感官测定结果的相关性分析，对金枪鱼质构特性起到决定性作用的指标是硬度、弹性、咀嚼性和胶黏性。

表 7-26 TPA 分析和感官指标之间的皮尔逊相关系数（徐坤华 等，2014）

感官分析	TPA 分析					
	Ha	Ad	Co	Sp	Gu	Ch
Sha	−0.765*	−0.020	0.265	0.807**	0.872**	0.829**
Sad	−0.361	0.006	−0.245	−0.693*	−0.558	−0.560
SSp	0.398	−0.044	0.657	0.962**	0.739*	0.753*
SCh	0.463	−0.050	0.462	0.800**	0.714*	0.721*
Sgu	0.512	−0.150	0.539	0.889*	0.775*	0.760*
SGr	−0.248	0.158	−0.532	−0.834**	−0.554	−0.559

注：* 在 0.05 水平（双侧）上显著相关；**在 0.01 水平（双侧）上显著相关。

为了进一步对金枪鱼质构特性进行评价及预测，以 TPA 分析指标作为自变量、感官分析指标作为因变量进行逐步回归分析，变量如悬念和剔除的 F 值显著水平分别为 0.05 和 0.01。对感官分析指标的回归方程和回归预测模型见表 7-27。从表可知：感官硬度、黏聚性、多脂性和咀嚼性经过筛选后得到最优回归模型，经显著性检验具有显著性（$P<0.05$），

硬度、多脂性和咀嚼性的方程决定系数 R^2 均大于 0.5，黏聚性略低，为 0.480。弹性和胶黏性的回归模型不显著而被剔除。因此，由分析预测模型可知，金枪鱼感官硬度、黏聚性、多脂性和咀嚼性的变化会受到 TPA 中的咀嚼性和弹性的影响。由此综合 TPA 分析的相关性和 TPA 指标主成分分析，确定对金枪鱼质构特性起决定性作用的指标是硬度、内聚性、弹性、咀嚼性和胶黏性。

表 7－27　感官指标对 TPA 仪器分析指标的逐步回归分析预测模型（徐坤华 等，2014）

感官指标	复相关系数 R	决定系数 R^2	校正决定系数	Sig	预测模型
硬度	0.872	0.760	0.726	0.020	SHa＝2.003＋1.416Gu
黏聚性	0.693	0.480	0.406	0.038	SAd＝6.680－0.707Sp
多脂性	0.834	0.695	0.651	0.005	SGr＝17.791－3.463Sp
咀嚼性	0.800	0.640	0.589	0.010	SCh＝－7.388Sp－ 17.846

二、结论

1. 不同种类金枪鱼及不同部位肌肉的感官指标和 TPA 指标均具有显著性差异（$P<0.05$），这表明了质构特性与产品本身的特性存在密切关系，如鱼肉的基本成分、鱼肉脂肪含量及存在形式、蛋白质组成及结构等均会对质构产生影响。

2. 采用因子分析法和主成分分析法对 9 种金枪鱼样品的质构特性进行分析，并从 TPA 分析中的 6 个指标中提取 2 个主成分，其方差贡献率分别达到了 63.78%和 22.91%，可完全解释金枪鱼肌肉的硬度、内聚性、弹性、咀嚼性和胶黏性。建立 2 个主成分与金枪鱼 TPA 质构指标之间的表达式：$F_1=0.446X_1+0.218X_2+0.094X_3+0.486X_4+0.501X_5+0.507X_6$；$F_2=-0.232X_1-0.538X_2+0.790X_3+0.142X_4+0.081X_5+0.073X_6$。

3. 感官评定指标与 TPA 指标具有良好的相关性，其中 TPA 指标中弹性与感官评定指标均具有显著（$P<0.05$）或极显著（$P<0.01$）相关性，相关性系数为 0.800～0.962；胶黏性、咀嚼性与感官指标之间也呈现出较显著的相关性，但与感官多脂性相关性不显著。而硬度只与感官硬度呈显著负相关性（$R=-0.765$，$P<0.05$）。综合 TPA 结果和感官评价，对金枪鱼质构特性起决定性作用的指标是硬度、弹性、咀嚼性和胶黏性。感官指标经过筛选后得到最优回归模型，经分析模型可知金枪鱼感官硬度、多脂性、黏聚性和咀嚼性的变化会受到 TPA 中的咀嚼性和弹性的影响。

第六节　大眼金枪鱼的营养及加工

一、大眼金枪鱼的营养

金枪鱼中以蓝鳍金枪鱼、黄鳍金枪鱼、马苏金枪鱼、长鳍金枪鱼和大眼金枪鱼最为著名，其中，蓝鳍金枪鱼和黄鳍金枪鱼的价值最高，接着是大眼金枪鱼，均可以用来制作生鱼片（罗殷 等，2008）。金枪鱼肉质柔嫩、鲜美，蛋白质含量很高，生物价高达 90，氨基酸配合优越；富含 DHA、EPA 等具有生物活性的高度多不饱和脂肪酸，可促进大脑发育、有效预防心脑血管疾病；同时，甲硫氨酸、牛磺酸、矿物质和维生素含量丰富，是国际营养协会推荐的绿色无污染健康美食。目前，日本、欧美是金枪鱼的主要消费市场。

不少学者对金枪鱼的营养进行了分析研究，如郑振霄 等（2015）对低值金枪鱼（青干金枪鱼和鲔）的营养成分进行了分析与评价；贾建萍 等（2013）分析了金枪鱼骨营养成分；杨金生等（2013）对黄鳍金枪鱼、蓝鳍金枪鱼、鲣肌肉的营养成分进行了比较研究；苏阳等（2015）对3种南海产金枪鱼普通肉、暗色肉营养成分进行了分析与评价。而针对大眼金枪鱼，杨彩莉等（2019）比较研究了包括大眼金枪鱼在内的3种金枪鱼头不同部位成分及营养，也有不少学者对不同处理方法后的大眼金枪鱼品质进行了品质变化研究。

杨彩莉等（2019）的研究结果表明，黄鳍金枪鱼、大眼金枪鱼和马苏金枪鱼鱼头头均含有丰富的粗蛋白、粗脂肪和灰分（表7-28）；3种金枪鱼鱼头的鱼肉中必需氨基酸种类齐全，必需氨基酸与总氨基酸含量的比值接近40%，氨基酸评分较高，必需氨基酸指数大于86，属于优质蛋白（表7-29）；而鱼皮和鱼骨中蛋白质的营养价值相对较低（表7-30）；3种金枪鱼鱼头的脂质中饱和脂肪酸、单不饱和脂肪酸、多不饱和脂肪酸的比例接近于1∶1∶1，富含二十二碳六烯酸（docosa hexaenoic acid，DHA）和二十碳五烯酸（eicosa pentaenoic acid，EPA），其含量分别为15.69%～23.29%和4.02%～5.15%，DHA与EPA的比值为3.23～5.27，n—6与n—3多不饱和脂肪酸的比值为0.13～0.29，具有较高的营养价值（表7-31）；3种金枪鱼鱼头中还富含对人体健康有益的Ca、Fe、Zn等矿物质元素（表7-32）。

表7-28　3种金枪鱼鱼头的基本营养成分（湿基）（杨彩莉 等，2019）

单位：%

基本营养成分	黄鳍金枪鱼鱼头			大眼金枪鱼鱼头			马苏金枪鱼鱼头		
	鱼皮	鱼肉	鱼骨	鱼皮	鱼肉	鱼骨	鱼皮	鱼肉	鱼骨
水分含量	67.87 ± 0.33^{b}	74.99 ± 0.68^{a}	43.51 ± 2.81^{c}	62.68 ± 1.95^{c}	73.67 ± 0.54^{a}	47.27 ± 1.40^{c}	66.89 ± 0.97^{b}	69.33 ± 0.72^{b}	52.51 ± 0.50^{d}
粗蛋白含量	21.45 ± 2.14^{b}	18.86 ± 0.70^{bc}	15.07 ± 0.40^{d}	27.37 ± 2.13^{a}	16.85 ± 0.95^{c}	14.40 ± 0.70^{d}	24.86 ± 0.60^{b}	20.28 ± 0.60^{b}	16.67 ± 0.34^{d}
粗脂肪含量	7.89 ± 0.72^{d}	5.04 ± 0.88^{c}	5.78 ± 0.89^{c}	9.30 ± 0.32^{bc}	6.04 ± 0.09^{a}	10.83 ± 0.78^{b}	6.83 ± 0.27^{a}	9.74 ± 0.47^{bc}	14.83 ± 0.83^{a}
灰分含量	2.05 ± 0.17^{d}	1.58 ± 0.07^{d}	22.50 ± 1.52^{b}	2.45 ± 0.38^{d}	1.97 ± 0.26^{d}	26.08 ± 1.45^{a}	$1.51+0.17^{d}$	1.47 ± 0.19^{d}	14.98 ± 0.14^{c}

注：同列小写字母不同，表示差异显著（$P<0.05$）。表7-29同。

表7-29　3种金枪鱼鱼头的氨基酸组成及含量（湿基）（杨彩莉 等，2019）

单位：g/100 g

氨基酸	黄鳍金枪鱼鱼头			大眼金枪鱼鱼头			马苏金枪鱼鱼头		
	鱼皮	鱼肉	鱼骨	鱼皮	鱼肉	鱼骨	鱼皮	鱼肉	鱼骨
苏氨酸	1.08 ± 0.01^{a}	0.82 ± 0.01^{c}	0.51 ± 0.01^{f}	1.07 ± 0.03^{a}	0.73 ± 0.00^{d}	0.62 ± 0.00^{c}	0.99 ± 0.00^{b}	0.78 ± 001^{cd}	0.52 ± 0.01^{f}
缬氨酸	0.84 ± 0.00^{b}	0.87 ± 0.02^{b}	0.41 ± 0.00^{c}	0.96 ± 0.01^{a}	0.78 ± 0.01^{c}	0.53 ± 0.01^{d}	0.83 ± 0.01^{b}	0.77 ± 0.01^{c}	0.43 ± 0.01^{c}
甲硫氨酸	0.65 ± 0.00^{a}	0.51 ± 0.01^{c}	0.30 ± 0.00^{f}	0.67 ± 0.03^{a}	0.43 ± 0.01^{dc}	0.39 ± 0.01^{c}	0.59 ± 0.01^{b}	0.45 ± 0.01^{d}	0.32 ± 0.01^{f}
异亮氨酸	0.49 ± 0.01^{c}	0.81 ± 0.02^{a}	0.25 ± 0.00^{c}	0.57 ± 0.01^{d}	0.70 ± 0.01^{c}	0.33 ± 0.01^{f}	0.52 ± 0.00^{c}	0.74 ± 0.01^{b}	0.25 ± 0.00^{d}
亮氨酸	1.01 ± 0.01^{d}	1.36 ± 0.02^{a}	0.50 ± 0.00^{f}	1.15 ± 0.02^{c}	1.18 ± 0.01^{c}	0.62 ± 0.00^{c}	1.01 ± 0.01^{c}	1.26 ± 0.02^{b}	0.51 ± 0.01^{f}
苯丙氨酸	0.78 ± 0.01^{a}	0.69 ± 0.00^{bc}	0.36 ± 0.00^{f}	0.80 ± 0.01^{a}	0.62 ± 0.01^{d}	0.43 ± 0.01^{c}	0.73 ± 0.01^{b}	0.68 ± 0.01^{c}	0.38 ± 0.01^{f}
赖氨酸	1.23 ± 0.01^{d}	1.61 ± 0.02^{a}	0.63 ± 0.01^{f}	1.35 ± 0.06^{c}	1.40 ± 0.00^{bc}	0.78 ± 0.00^{c}	1.20 ± 0.01^{d}	1.49 ± 0.03^{b}	0.64 ± 0.01^{f}
天冬氨酸	1.86 ± 0.01^{a}	1.69 ± 0.03^{b}	0.88 ± 0.01^{c}	1.93 ± 0.02^{a}	1.48 ± 0.00^{c}	1.11 ± 0.01^{d}	1.77 ± 0.01^{b}	1.54 ± 0.04^{c}	0.91 ± 0.04^{c}
丝氨酸	1.22 ± 0.00^{b}	0.73 ± 0.01^{cd}	0.58 ± 0.01^{c}	1.30 ± 0.04^{a}	0.63 ± 0.01^{c}	0.77 ± 0.00^{f}	1.19 ± 0.01^{b}	0.70 ± 0.01^{d}	0.59 ± 0.00^{f}

（续）

氨基酸	黄鳍金枪鱼鱼头			大眼金枪鱼鱼头			马苏金枪鱼鱼头		
	鱼皮	鱼肉	鱼骨	鱼皮	鱼肉	鱼骨	鱼皮	鱼肉	鱼骨
谷氨酸	3.38±0.02[a]	2.73±0.04[c]	1.61±0.02[f]	3.27±0.06[a]	2.11±0.06[a]	1.93±0.01[c]	3.10±0.02[b]	2.59±0.05[c]	1.64±0.01[f]
甘氨酸	6.39±0.06[a]	0.92±0.01[c]	2.99±0.08[d]	6.90±0.42[a]	0.86±0.01[c]	4.09±0.01[c]	5.75±0.05[b]	0.95±0.03[c]	3.14±0.13[d]
丙氨酸	2.91±0.05[a]	1.03±0.01[c]	1.32±0.03[d]	3.08±0.18[a]	0.92±0.01[c]	1.78±0.00[c]	2.59±0.01[b]	0.98±0.01[c]	1.36±0.01[d]
酪氨酸	0.28±0.00[c]	0.61±0.01[a]	0.17±0.01[f]	0.29±0.01[c]	0.47±0.01[c]	0.16±0.01[f]	0.33±0.01[d]	0.56±0.01[b]	0.16±0.00[f]
组氨酸	0.36±0.01[c]	0.71±0.01[a]	0.19±0.00[c]	0.32±0.00[d]	0.70±0.01[a]	0.21±0.00[c]	0.32±0.01[d]	0.55±0.01[b]	0.19±0.00[c]
精氨酸	2.62±0.03[a]	1.11±0.01[dc]	1.16±0.01[dc]	2.67±0.15[a]	0.95±0.01[c]	1.46±0.01[c]	2.36±0.01[b]	1.09±0.01[dc]	1.21±0.05[d]
脯氨酸	3.59±0.03[b]	0.61±0.01[c]	1.51±0.04[d]	4.11±0.25[a]	0.56±0.00[c]	2.11±0.00[c]	3.48±0.04[b]	0.61±0.01[c]	1.58±0.05[d]
TAA	28.69	16.81	13.37	30.41	14.48	17.28	26.71	15.71	13.81
EAA	6.08	6.67	2.96	6.57	5.82	3.69	5.85	6.17	3.05
UAA	14.54	6.37	6.80	15.17	5.36	8.90	13.20	6.05	7.04
EAA/TAA	21.19	39.68	22.14	21.60	40.19	21.35	21.90	39.27	22.09
UAA/TAA	50.68	37.89	50.86	49.88	36.95	51.50	49.42	38.51	50.98

表 7-30　3 种金枪鱼鱼头蛋白质的营养评价（杨彩莉 等，2019）

单位：%

必需氨基酸	黄鳍金枪鱼鱼头			大眼金枪鱼鱼头			马苏金枪鱼鱼头		
	鱼皮	鱼肉	鱼骨	鱼皮	鱼肉	鱼骨	鱼皮	鱼肉	鱼骨
苏氨酸	126	109	85	98	108	108	100	96	78
缬氨酸	78	92	54	70	92	74	66	76	52
甲硫氨酸	87	77	57	70	73	76	67	63	55
异亮氨酸	57	107	41	52	103	56	52	91	37
亮氨酸	67	103	47	60	100	62	58	88	44
苯丙氨酸+酪氨酸	82	115	59	66	108	68	71	102	38
赖氨酸	104	155	76	90	151	108	87	134	70
EAAI	70.53	89.82	49.30	59.81	86.92	63.92	59.28	76.74	60.40

表 7-31　3 种金枪鱼鱼头的脂肪酸组成及相对含量（杨彩莉 等，2019）

单位：%

脂肪酸	黄鳍金枪鱼鱼头			大眼金枪鱼鱼头			马苏金枪鱼鱼头		
	鱼肉	鱼皮	鱼骨	鱼肉	鱼皮	鱼骨	鱼肉	鱼皮	鱼骨
C12:0	—	0.02	0.07	0.05	0.05	0.04	—	0.05	0.04
C14:0	2.09	2.66	3.49	3.99	2.96	3.21	3.21	2.40	2.96
C15:0	0.72	0.82	0.80	0.91	0.73	0.73	0.75	0.72	0.68
C16:0	19.35	21.23	19.83	21.02	19.03	22.10	19.03	19.42	21.78
C17:0	1.10	0.28	0.00	0.27	0.32	0.25	0.23	0.34	0.31
C18:0	4.55	5.46	5.17	3.76	4.49	4.98	5.13	5.35	5.36

（续）

脂肪酸	黄鳍金枪鱼鱼头			大眼金枪鱼鱼头			马苏金枪鱼鱼头		
	鱼肉	鱼皮	鱼骨	鱼肉	鱼皮	鱼骨	鱼肉	鱼皮	鱼骨
C20:0	0.24	0.43	0.16	0.13	0.16	—	0.14	0.20	0.43
C14:1	0.08	0.11	0.00	0.18	0.17	0.14	0.13	0.13	0.16
C16:1 n-7	4.04	4.25	3.76	4.13	3.97	3.23	3.28	3.32	3.46
C18:1 n-9	24.67	25.80	24.33	23.25	26.23	26.21	24.25	26.42	26.67
C20:1 n-9	3.11	4.43	3.93	4.56	5.78	4.86	6.07	4.72	3.23
C22:1 n-9	0.78	1.23	1.18	1.34	1.67	1.55	1.84	1.07	1.42
C18:2 n-6	0.00	0.04	0.00	0.00	0.17	0.00	0.04	0.01	0.00
C18:3 n-3	0.75	0.78	0.80	6.86	0.78	0.64	0.92	0.79	0.78
C18:3 n-6	0.30	0.34	0.14	0.00	0.27	0.27	0.35	0.06	0.24
C20:2 n-6	0.29	0.25	0.27	0.20	0.27	0.22	0.07	0.24	0.27
C20:3 n-6	2.48	2.25	0.79	0.73	0.89	0.72	0.91	1.30	0.80
C20:4 n-6	0.65	0.63	0.70	0.92	0.95	0.84	0.82	0.72	0.71
C20:5 n-3 (EPA)	4.02	4.09	4.86	4.15	4.62	4.53	4.64	4.02	5.15
C22:2 n-6	0.30	0.00	0.26	0.21	0.23	0.24	0.24	0.25	0.23
C22:3 n-6	0.54	0.61	0.22	0.16	0.30	0.22	0.16	0.41	0.23
C22:4 n-6	1.44	1.01	0.31	0.25	0.43	0.29	0.35	0.64	0.32
C22:5 n-6	1.49	1.43	1.30	1.36	1.83	1.51	1.44	2.46	1.46
C22:6 n-3 (DHA)	23.29	17.60	15.69	17.69	20.16	19.80	22.68	20.95	19.66
饱和脂肪酸	28.05	30.90	29.52	30.13	27.74	31.31	28.49	28.48	31.56
单不饱和脂肪酸	32.68	35.82	33.20	33.46	37.82	35.99	35.57	35.66	34.94
多不饱和脂肪酸	35.95	29.03	25.34	32.53	30.90	29.28	32.62	31.85	29.85
EPA+DHA	27.71	21.69	20.55	21.84	24.78	24.33	27.32	24.97	24.81
DHA/EPA	5.27	4.30	3.23	4.26	4.36	4.37	4.89	5.21	3.82
n-6/n-3	0.26	0.29	0.19	0.13	0.21	0.17	0.16	0.24	0.17

注：—表示未检出。

表 7-32　3 种金枪鱼鱼头的矿物质元素含量（湿基）（杨彩莉 等，2019）

单位：mg/100 g

元素	黄鳍金枪鱼鱼头			大眼金枪鱼鱼头			马苏金枪鱼鱼头		
	鱼皮	鱼肉	鱼骨	鱼皮	鱼肉	鱼骨	鱼皮	鱼肉	鱼骨
钠（Na）	325.01	145.26	274.22	542.27	135.89	281.95	474.53	170.94	294.44
钾（K）	125.09	271.82	108.59	160.91	303.13	137.73	150.58	270.87	157.02
钙（Ca）	576.70	34.18	4 228.94	1 667.30	62.55	6 353.15	661.27	453.01	5 355.96
镁（Mg）	31.41	27.77	60.25	52.07	27.67	86.58	65.21	29.01	67.88

（续）

元素	黄鳍金枪鱼鱼头			大眼金枪鱼鱼头			马苏金枪鱼鱼头		
	鱼皮	鱼肉	鱼骨	鱼皮	鱼肉	鱼骨	鱼皮	鱼肉	鱼骨
锌（Za）	7.06	1.40	10.06	2.42	1.08	2.53	8.52	2.28	3.76
铁（Fe）	3.08	2.63	10.64	6.19	2.38	13.66	13.28	3.78	12.02
硒（Se）	0.29	0.23	0.27	0.40	0.29	0.18	0.43	0.30	0.25
锰（Ma）	0.05	0.02	0.07	0.09	0.01	0.16	0.08	0.03	0.12
铝（Al）	0.35	0.38	0.43	0.51	0.17	0.43	0.69	0.26	0.34
铬（Cr）	0.67	0.89	0.41	0.45	0.41	0.40	0.24	0.41	0.41
铜（Cu）	0.04	0.05	0.02	0.08	0.04	0.02	0.20	0.05	0.02
铅（Pb）	0.01	0.01	0.01	0.02	0.01	0.00	0.05	0.01	0.01
砷（As）	0.17	0.18	0.24	0.21	0.18	0.32	0.20	0.20	0.36
汞（Hg）	0.01	0.00	0.00	0.08	0.00	0.01	0.02	0.01	0.01
Na:K	2.60	0.53	2.53	3.37	0.45	2.05	3.15	0.63	1.88
Zn:Cu	176.50	28.00	503.00	30.25	27.00	126.50	42.60	45.60	188.00
Zn:Fe	2.29	0.53	0.95	0.39	0.45	0.19	0.64	0.60	0.31

金枪鱼骨是一种良好的钙补充剂，能维持去卵巢大鼠骨代谢平衡（Fernandez et al.，2006）。金枪鱼骨肽具有很好的口服降压作用（Kanda et al.，1996）。金枪鱼头含有高质蛋白质和丰富不饱和脂肪酸（杨彩莉 等，2019）。金枪鱼肉质柔嫩、鲜美，蛋白质含量很高，生物价高达 90，氨基酸配合优越；富含 DHA、EPA 等具有生物活性的高度多不饱和脂肪酸，可促进大脑发育、有效预防心脑血管疾病（罗殷 等，2008）。金枪鱼鱼骨、鱼皮和内脏等富含胶原蛋白、大量的氨基酸、牛磺酸和核苷酸，广泛运用于食品、药品、化妆品及人工饵料等领域。目前，我国产品市场开拓较晚，缺乏相应的约束管理机制，有关金枪鱼的开发利用水平较低。借鉴国外经验，开展金枪鱼尤其是其下脚料的储存、开发及加工等相关研究势在必行，具有显著产业意义（Jea et al.，2007；Woo et al.，2007；Guerard et al.，2001；Li et al.，2006）。

二、大眼金枪鱼的加工储存

尽管我国金枪鱼人工养殖未能实现产业化，但是基于成熟捕捞技术和营养成分等产研结果，金枪鱼加工处理研究亦较为丰富。徐慧文等（2014）总结了金枪鱼的保存、加工工艺技术，并得出以下结论：①金枪鱼的保鲜方法有冷藏保鲜、冰鲜、微冻保鲜、冻结保鲜、气调保鲜和保鲜剂保鲜等，工艺优化冻结保鲜又分为盐水冻结保鲜、冰被膜冻结保鲜；②对于加工前后肉质的评价，优选指标包括理化参数，如组胺含量、肉色（色差）、高铁肌红蛋白、挥发性盐基氮、三甲胺、巴比妥酸值、pH 和 K 值，感官指标包括质地、色泽和风味，以及微生物指标等。

而有关大眼金枪鱼加工储存的研究，钱雪丽等（2019）采用两种不同方式熬煮金枪鱼头分别得到金枪鱼头清汤和白汤。在分析两种熬煮条件下鱼头汤的脂肪酸组成及维生素 E 含量变化的基础上，探究鱼头汤熬煮过程中微观形貌的变化。结果表明：金枪鱼头熬煮的清汤和白汤中脂肪酸种类一致，都为22种。在鱼水比1∶8（m/m），熬煮时间为150 min时，鱼头汤中饱和脂肪酸、单不饱和脂肪酸、多不饱和脂肪酸及维生素E的含量达到最大，且白汤大于清汤（表7-33至表7-36，图7-45）。利用马尔文激光粒度分析仪测定微滤和超滤处理后的清汤和白汤中颗粒的平均粒径，发现两种汤中颗粒的平均粒径显著变小（$P<0.05$），但颗粒之间会发生重聚形成较大的颗粒。采用倒置光学显微镜观察可见，鱼头汤中存在大量大小不一、形状为球形、分散性良好的微纳米颗粒（表7-37，图7-46至图7-47）。

表7-33　不同熬煮时间清汤中脂肪酸的组成（钱雪丽 等，2019）

脂肪酸种类	时间					
	30 min	60 min	90 min	120 min	150 min	180 min
C14:0	2.14±0.03^{a}	3.23±0.31^{a}	4.69±0.73^{b}	7.69±0.12^{e}	11.85±0.90^{e}	9.26±0.26^{d}
C15:0	0.56±0.03^{a}	0.84±0.10^{a}	1.11±0.04^{a}	1.85±0.03^{b}	3.30±0.42^{e}	1.72±0.37^{b}
C16:0	25.01±1.26^{a}	35.74±1.72^{b}	57.58±0.75^{e}	78.14±0.56^{d}	87.33±0.82^{e}	84.92±0.71^{e}
C17:0	0.41±0.20^{a}	0.89±0.19^{ab}	0.95±0.74^{ab}	1.69±0.06^{be}	2.51±0.26^{e}	1.66±0.34^{be}
C18:0	0.20±0.20^{a}	3.26±0.25^{b}	6.20±0.54^{e}	10.14±1.03^{d}	13.11±0.37^{e}	12.27±0.09^{e}
C20:0	0.19±0.07^{a}	0.38±0.04^{a}	0.84±0.03^{a}	0.90±0.60^{a}	1.28±0.25^{a}	0.66±0.22^{a}
C22:0	0.27±0.03^{a}	0.41±0.04^{a}	0.53±0.20^{ab}	0.88±0.00^{be}	1.24±0.13^{e}	0.80±0.18^{e}
C23:0	2.43±0.25^{a}	3.85±0.58^{ab}	5.31±2.42^{ab}	9.62±0.75^{ce}	12.31±0.66^{e}	6.65±1.50^{be}
C24:0	0.19±0.01^{a}	0.31±0.02^{a}	0.53±0.03^{b}	0.67±0.02^{b}	0.69±0.11^{b}	0.58±0.13^{b}
C16:1	5.01±0.60^{a}	7.96±0.83^{ab}	10.79±2.17^{b}	15.13±0.90^{e}	17.77±0.52^{e}	14.74±2.87^{e}
C17:1	0.78±0.09^{a}	1.18±0.11^{ab}	1.79±0.29^{ab}	2.49±0.08^{b}	4.74±1.39^{e}	2.76±0.76^{b}
C18:1	35.55±1.41^{a}	51.63±0.86^{b}	68.26±0.23^{e}	82.67±0.68^{e}	91.22±0.39^{f}	75.99±2.44^{d}
C20:1	1.58±0.12^{a}	2.35±0.12^{a}	3.27±1.12^{ab}	5.45±0.02^{e}	8.93±0.91^{d}	5.15±1.23^{be}
C22:1	0.15±0.06^{a}	0.30±0.09^{a}	0.61±0.53^{a}	0.57±0.05^{a}	1.78±1.72^{a}	0.73±0.02^{a}
C24:1	0.80±0.05^{a}	1.30±0.17^{a}	1.54±0.56^{a}	1.54±0.56^{a}	2.80±0.34^{b}	2.67±0.29^{b}
C18:2	12.23±0.78^{a}	18.42±1.59^{b}	23.72±0.12^{e}	26.23±0.44^{d}	30.98±0.21^{f}	28.68±0.15^{e}
C18:3	1.37±0.11^{a}	2.11±0.23^{ab}	2.68±0.48^{be}	3.57±0.02^{cd}	5.59±0.45^{e}	3.82±0.68^{d}
C20:2	0.49±0.04^{a}	0.76±0.19^{a}	0.83±0.28^{a}	1.58±0.01^{b}	2.07±0.42^{b}	1.68±0.15^{b}
C20:3	0.48±0.01^{a}	0.52±0.10^{a}	0.70±0.65^{a}	1.13±0.49^{a}	1.48±0.03^{a}	0.79±0.16^{a}
C22:2	0.37±0.01^{a}	0.62±0.06^{b}	0.86±0.06^{e}	1.19±0.06^{d}	1.68±0.02^{e}	1.21±0.09^{d}
C20:5（EPA）	6.44±0.64^{a}	9.34±1.02^{a}	13.39±5.7^{ab}	21.27±0.15^{ed}	25.56±3.52^{d}	17.65±3.64^{be}
C22:6（DHA）	34.03±4.43^{a}	50.11±3.27^{ab}	70.77±0.78^{b}	105.05±1.24^{e}	123.81±16.35e	100.23±17.58^{e}
TFA	130.69±6.85^{a}	195.49±8.53^{b}	276.93±13.75^{e}	379.45±3.10^{d}	452.02±19.42^{e}	374.63±26.81^{d}

注：同一行字母不同表示差异显著（$P<0.05$），TFA表示总脂肪酸。

表 7-34　不同熬煮时间白汤中脂肪酸的组成（钱雪丽 等，2019）

脂肪酸种类	时间					
	30 min	60 min	90 min	120 min	150 min	180 min
C14:0	6.19 ± 0.13^{a}	9.46 ± 1.46^{ab}	11.32 ± 0.20^{bc}	13.14 ± 1.37^{e}	18.96 ± 0.03^{d}	16.83 ± 2.76^{d}
C15:0	1.78 ± 0.01^{a}	2.92 ± 0.25^{ab}	3.34 ± 0.06^{b}	4.95 ± 0.78^{e}	6.92 ± 0.96^{d}	6.61 ± 0.73^{d}
C16:0	32.15 ± 1.24^{a}	49.93 ± 0.06^{b}	71.75 ± 1.23^{e}	97.92 ± 1.12^{e}	105.91 ± 2.28^{f}	92.63 ± 0.97^{d}
C17:0	1.48 ± 0.21^{a}	2.44 ± 0.58^{b}	2.60 ± 0.09^{b}	3.86 ± 0.52^{e}	6.25 ± 0.11^{e}	5.34 ± 0.23^{d}
C18:0	8.59 ± 0.15^{a}	13.41 ± 1.83^{b}	15.62 ± 0.64^{b}	23.81 ± 1.94^{e}	33.63 ± 0.27^{d}	31.04 ± 3.92^{d}
C20:0	0.35 ± 0.02^{a}	0.60 ± 0.02^{b}	0.95 ± 0.07^{e}	1.52 ± 0.01^{d}	2.45 ± 0.20^{d}	0.90 ± 0.08^{e}
C22:0	0.31 ± 0.01^{a}	0.44 ± 0.05^{a}	0.74 ± 0.03^{a}	0.78 ± 0.10^{a}	1.61 ± 0.31^{b}	1.37 ± 0.11^{b}
C23:0	9.46 ± 0.29^{a}	13.36 ± 1.56^{b}	15.80 ± 0.13^{c}	17.42 ± 1.53^{d}	18.57 ± 0.64^{d}	16.26 ± 0.58^{d}
C24:0	0.22 ± 0.01^{a}	0.37 ± 0.02^{a}	0.49 ± 0.27^{a}	0.54 ± 0.20^{a}	1.15 ± 0.11^{b}	0.94 ± 0.00^{b}
C16:1	14.66 ± 0.75^{a}	21.39 ± 1.78^{b}	30.84 ± 0.45^{e}	40.13 ± 3.88^{d}	54.42 ± 2.44^{f}	47.29 ± 1.06^{e}
C17:1	1.73 ± 1.03^{a}	3.75 ± 0.18^{b}	3.76 ± 0.44^{b}	4.35 ± 0.21^{b}	7.54 ± 0.21^{e}	6.66 ± 0.93^{e}
C18:1	49.23 ± 0.58^{a}	78.96 ± 1.24^{b}	106.73 ± 0.51^{b}	112.08 ± 0.60^{e}	129.29 ± 0.77e	116.59 ± 1.03^{e}
C20:1	3.48 ± 0.03^{a}	6.77 ± 0.96^{a}	7.31 ± 0.68^{b}	12.88 ± 1.15^{b}	15.14 ± 0.28^{a}	13.66 ± 1.71^{e}
C22:1	0.22 ± 0.02^{a}	0.35 ± 0.07^{b}	1.06 ± 0.08^{e}	0.78 ± 0.21^{d}	1.11 ± 0.08^{f}	0.72 ± 0.11^{e}
C24:1	1.00 ± 0.03^{a}	1.56 ± 0.06^{b}	3.02 ± 0.33^{e}	3.02 ± 0.33^{d}	4.83 ± 0.61^{e}	4.26 ± 0.21^{d}
C18:2	16.62 ± 1.54^{a}	22.79 ± 0.81^{b}	25.42 ± 0.04^{e}	36.12 ± 0.41^{d}	47.43 ± 0.51^{e}	36.3 ± 0.05^{d}
C18:3	0.47 ± 0.01^{a}	0.78 ± 0.08^{a}	1.06 ± 0.59^{a}	1.47 ± 0.24^{a}	1.71 ± 0.17^{a}	1.20 ± 0.26^{a}
C20:2	1.03 ± 0.02^{a}	1.73 ± 0.02^{b}	1.90 ± 0.08^{b}	3.21 ± 0.10^{e}	4.46 ± 0.48^{d}	3.20 ± 0.28^{e}
C20:3	0.78 ± 0.01^{a}	1.08 ± 0.03^{a}	1.36 ± 0.04^{a}	2.27 ± 0.18^{b}	5.55 ± 0.86^{d}	4.53 ± 0.15^{e}
C22:2	0.89 ± 0.12^{a}	1.45 ± 0.17^{a}	1.47 ± 0.10^{a}	2.59 ± 0.64^{b}	5.01 ± 0.30^{e}	2.54 ± 0.24^{b}
C20:5（EPA）	15.67 ± 2.75^{a}	23.52 ± 0.90^{b}	25.41 ± 0.30^{b}	26.99 ± 2.28^{b}	31.49 ± 1.12e	25.1 ± 1.55^{b}
C22:6（DHA）	43.63 ± 1.80^{a}	67.96 ± 1.12^{b}	114.71 ± 3.97^{e}	128.56 ± 7.24^{d}	135.30 ± 0.27^{d}	126.53 ± 4.56^{d}
TFA	259.78 ± 5.80^{a}	395.34 ± 21.78^{b}	519.00 ± 3.58^{e}	601.19 ± 11.38^{d}	694.87 ± 5.62^{e}	625.52 ± 2.33^{d}

注：同一行字母不同表示差异显著（$P<0.05$），TFA 表示总脂肪酸。

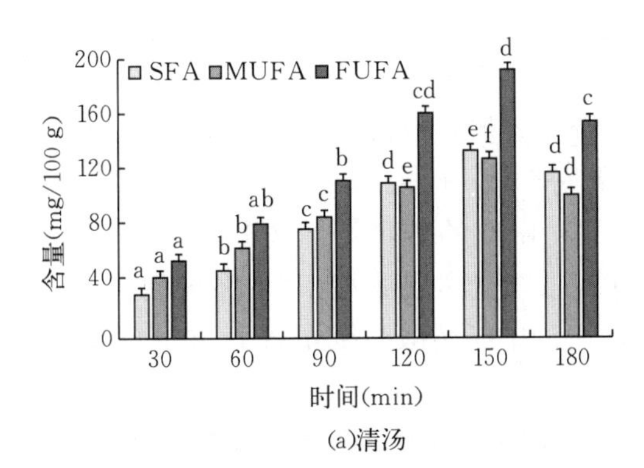

(a)清汤

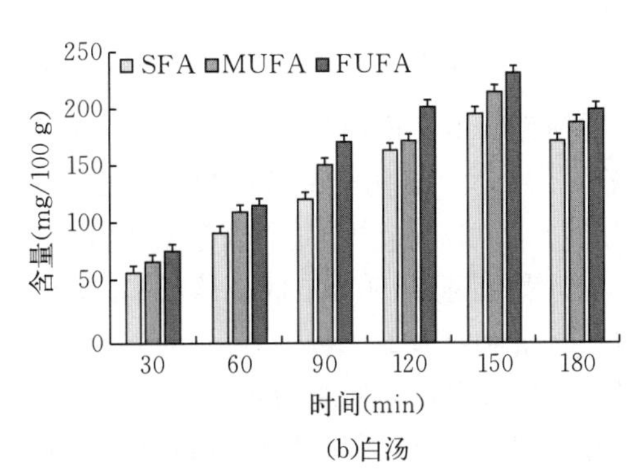

(b)白汤

图 7-45　金枪鱼头汤熬煮过程中 SFA、MUFA 和 PUFA 含量变化（钱雪丽 等，2019）

相同图形不同字母表示差异显著（$P<0.05$）

表 7-35　熬煮时间对清汤中维生素 E 异构体组成的影响（钱雪丽 等，2019）

单位：μg/g

维生素 E 异构体	时间					
	30 min	60 min	90 min	120 min	150 min	180 min
α-生育酚	0.62±0.01[d]	0.80±0.02[d]	1.34±0.36[b]	1.44±0.12[b]	2.37±0.260[a]	1.29±0.00[be]
β-生育酚	0.03±0.00[a]	0.03±0.00[a]	0.04±0.00[a]	0.04±0.00[a]	0.05±0.00[a]	0.04±0.00[a]
γ-生育酚	0.02±0.00[d]	0.02±0.00[e]	0.04±0.01[b]	0.04±0.01[be]	0.07±0.00[a]	0.03±0.00[e]
δ-生育酚	N.D.	N.D.	N.D.	N.D.	N.D.	N.D.
总量	0.68±0.02[e]	0.84±0.02[e]	1.42±0.37[b]	1.51±0.13[b]	2.49±0.27[a]	1.36±0.00[b]

注：同一行不同字母表示差异显著（$P<0.05$）；N.D. 表示未检测出。

表 7-36　熬煮时间对白汤中维生素 E 异构体组成的影响（钱雪丽 等，2019）

单位：μg/g

维生素 E 异构体	时间					
	30 min	60 min	90 min	120 min	150 min	180 min
α-生育酚	0.95±0.01[a]	0.92±0.31[e]	1.18±0.02[d]	1.63±0.01[a]	2.57±0.00[a]	2.09±0.01[b]
β-生育酚	0.11±0.01[d]	0.11±0.02[d]	0.03±0.03[e]	0.43±0.02[e]	0.83±0.00[a]	0.54±0.01[b]
γ-生育酚	0.03±0.00[e]	0.02±0.01[d]	0.02±0.00[d]	0.04±0.00[e]	0.09±0.00[a]	0.07±0.00[b]
σ-生育酚	0.06±0.01[d]	0.15±0.07[e]	0.12±0.03[e]	0.51±0.01[b]	0.78±0.00[a]	0.53±0.00[b]
总量	1.15±0.03[d]	1.20±0.39[d]	1.35±0.08[d]	2.61±0.04[e]	4.27±0.01[a]	3.23±0.01[b]

注：同一行不同字母表示差异显著（$P<0.05$）。

表 7-37　金枪鱼头汤不同处理方式的粒径大小（钱雪丽 等，2019）

粒径参数	原汤		0.45 μm 微滤		100 ku 超滤	
	清汤/Broth	白汤/PFS	清汤/Broth	白汤/PFS	清汤/Broth	白汤/PFS
$D_{3,2}$/μm	8.64±0.70[C]	34.84±3.18[b]	6.55±0.72[B]	4.25±0.30[a]	3.81±0.57[A]	2.71±0.29[a]
$D_{4,3}$/μm	134.72±1.39[C]	136.53±3.92[b]	76.26±0.77[B]	72.58±4.53[a]	39.44±0.84[A]	29.79±0.91[a]
D_{50}/μm	68.77±0.67[C]	113.6±1.35[e]	20.22±0.60[B]	36.33±0.37[b]	4.60±0.45[A]	6.28±0.16[a]
比表面积（m^2/g）	0.70±0.02[C]	0.17±0.00[e]	0.92±0.02[B]	1.41±0.10[b]	1.57±0.12[A]	2.22±0.11[a]

注：同一行字母不同表示差异显著（$P<0.05$）；清汤为大写字母，白汤为小写字母。

本研究所得金枪鱼头汤的脂肪酸含量丰富，优于大鲩汤（倪冬冬 等，2017）和鲫鱼汤（蒋静，2016）。清汤和白汤中脂肪酸总量最大分别为（452.02±19.42）mg/100 g 和（694.87±5.62）mg/100 g，高于唐学燕等（2008）研究的鲫鱼汤清汤和白汤的脂肪酸总量。当熬煮时间为 150 min 时，清汤和白汤中维生素 E 含量达到最大，其含量分别为（2.49±0.27）μg/g 和（4.27±0.01）μg/g。由此可见，白汤中脂肪酸和维生素 E 含量较高，这可能是白汤比较受欢迎的原因之一。

孔玉婷（2016）研究发现骨汤及其不同粒径大小颗粒组分的抗氧化活性在胞内存在差异。经微滤和超滤处理后可得到不同粒径大小的金枪鱼头汤，这为后续研究不同粒径大小的金枪鱼头汤的生物活性提供参考。煮汤过程中，汤中溶出的各成分（脂质、蛋白质、糖等）

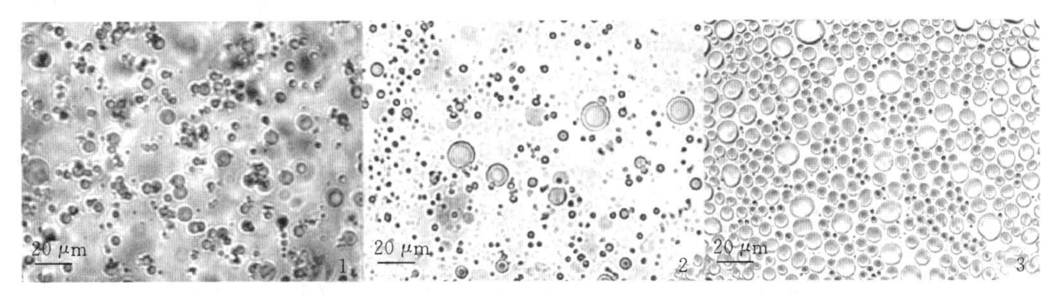

图 7-46 金枪鱼头汤清汤中颗粒的光学显微镜形貌图（钱雪丽 等，2019）
1. 30 min 2. 90 min 3. 150 min

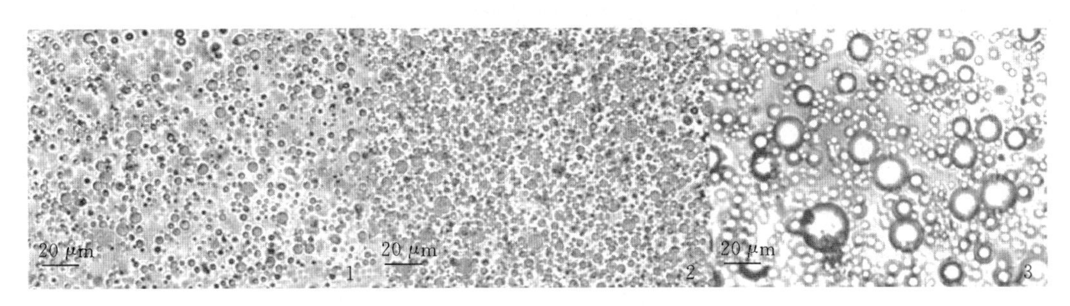

图 7-47 金枪鱼头汤白汤中颗粒的光学显微镜形貌图（钱雪丽 等，2019）
1. 30 min 2. 90 min 3. 150 min

之间通过分子间次级键的相互作用，组装形成新的超分子结构，形成微纳米尺度的聚集物。该研究首次利用倒置光学显微镜观察了不同熬煮时间鱼头汤中微纳米颗粒的形成和变化过程，随着熬煮时间的延长，清汤和白汤中不断形成大小不一且尺寸分布范围广的球形颗粒。KE 等报道，中药麻杏石甘汤中也存在大小不一的微纳米颗粒，这些微纳米颗粒的形成和汤的加热过程密切相关，在金枪鱼头汤熬煮过程中，随着各物质的不断迁移溶出，在汤中会形成复杂的胶体体系。

徐慧文等（2014）研究了渔船中金枪鱼经盐水冻结到冻结点后不及时取出对鱼体口感和品质的影响，将金枪鱼块分别进行 $CaCl_2$ 盐水、NaCl 盐水及空气冻结，绘制 5～−18 ℃的冻结曲线，测定达到冻结点后鱼块继续浸渍在盐水中其渗盐量和品质指标（感官评价、菌落总数、持水力、TBA、TVB-N、高铁肌红蛋白、组胺）随浸渍时间的变化。结果表明：$CaCl_2$ 盐水冻结速度比 NaCl 盐水快 28 min；随浸渍时间的延长 NaCl 组渗盐量的增长量较 $CaCl_2$ 明显，0～20 h 内 NaCl 组渗盐量的变化为 4.88%～9.66%；$CaCl_2$、NaCl 组的感官值分别在 12 h、8 h 低于空气组，理化指标变化最小的 $CaCl_2$ 组 0～20 hTBA、TVB-N、高铁肌红蛋白的变化量分别为 0.330、1.175 mg/100 g 和 3.58%，20 h 处 $CaCl_2$ 组的菌落总数、持水力、组胺含量分别为 3.389 lgCFU/g、49.88%、7.334 mg/kg。鱼块在盐水中长时间浸渍不仅降低鱼肉的品质，而且影响鱼肉口感；$CaCl_2$ 盐水不仅提高冻结速度，而且渗盐量低，对鱼肉口感影响小。

蓝蔚青等（2019）研究了不同冷藏处理方式对大眼金枪鱼贮藏品质及内源酶活性影响，分别研究了 4 ℃冷藏、碎冰与流化冰贮藏对大眼金枪鱼的理化指标（质构特性、电导率与总挥发性盐基氮）、微生物指标（菌落总数）、ATP关联产物与酶（腺苷脱氨酶、酸性磷酸酶），并结合低场核磁共振技术共同表征不同冷藏条件对大眼金枪鱼综合品质的影响。结果表明：随着贮藏时间的延长，流化冰处理可显著抑制大眼金枪鱼肉电导率值、TVB-N值、菌落总数、次黄嘌呤（Hx）含量的升高，其质构值（硬度、弹性、咀嚼性）、三磷酸腺苷及肌苷酸含量降幅较其余两组缓慢。此外，流化冰处理金枪鱼样品的K值、H值、Ki值明显低于另外两组，Fr值呈较为平缓地降低趋势。3组样品贮藏后期的酸性磷酸酶和腺苷脱氨酶活性显著增长，其中酸性磷酸酶活性与菌落总数显著相关，流化冰对其有一定抑制作用。通过低场核磁共振分析得出，大眼金枪鱼鱼肉中的不可流动水（T22）逐渐向自由水（T23）转化，肌原纤维内水分含量降低，肌肉品质劣化。由此得出，与4℃冷藏组、碎冰处理组样品相比，流化冰处理可通过控制内源酶活性和微生物生长，减缓ATP关联产物的降解与品质劣变，从而达到延缓大眼金枪鱼食用品质劣变的目的。

第八章　长鲭金枪鱼

第一节　长鲭金枪鱼的形态特征与分类

长鲭金枪鱼（*Thunnus alalunga*），英文名 albacore，隶属脊索动物门（Chordata）、脊椎动物亚门（Vertebrata）、硬骨鱼纲（Osteichthyes）、辐鲭鱼亚纲目（Actinopterygii）、鲈形目（Perciformes）、鲭科（Acantho - cybium solandri）、金枪鱼属（*Thunnus*），是快速游泳的温带大洋性中上层鱼类，有高度洄游性、集群性，是金枪鱼属中体型较小的一种。长鲭金枪鱼形态特征主要表现为：体纺锤形，肥壮，横切面近圆形，稍侧扁，体被细小圆鳞覆盖，头部无鳞，胸部鳞片特大，形成胸甲，体侧有一蓝色纵带，腹部银白色；头较长，口中大，眼小；上下颌各具细小尖齿一列，上额骨不被眶前骨所遮盖；鳃耙正常，第一鳃弓上鳃耙数为 25～31；每个侧边具有一隆起嵴，尾基上下方有两个小型隆起嵴；胸鲭很长，约占叉长的 30%，为镰刀状，长度大于臀鲭，几乎到达第二背小鲭下方，背鲭和臀鲭中等长，但幼鱼鲭较短（戴小杰，2007；王宇，2000）。

第二节　长鲭金枪鱼的地理分布

长鲭金枪鱼（图 8 - 1）分布范围较大，在各大洋的热带、亚热带和温带水域均有分布，常见海域温度范围为 17～21 ℃（最低 9.5 ℃）。位于 45°N—45°S 范围内均有分布，赤道附近（10°N—10°S）的浅层水域较少。长鲭金枪鱼通常集群于上层水域，通常在 50～150 m 的水层中活动，有时可达 150～250 m，活动水深受垂直热结构和水团含氧量的支配，有垂直移动现象，白天下沉，傍晚分布在近表层水域。

图 8 - 1　长鲭金枪鱼

（图片来源：http://fishdb.sinica.edu.tw）

长鲭金枪鱼主要分布国家和地区（海域）：阿尔及利亚、美属萨摩亚、安哥拉、安圭拉岛、安提瓜和巴布达、阿鲁巴岛、澳大利亚、巴哈马、巴巴多斯、伯利兹、贝宁、百慕大群岛、巴西、加拿大、佛得角、开曼群岛、智利、中国、圣诞岛、可可岛、哥伦比亚、科摩罗、刚果、库克群岛、哥斯达黎加、科特迪瓦、古巴、塞浦路斯、多米尼加、厄瓜多尔、埃及、萨尔瓦多、赤道几内亚、斐济、法国、法属圭亚那、法属波利尼西亚、加蓬、冈比亚、加纳、希腊、格林纳达、瓜德罗普岛、关岛、危地马拉、几内亚、几内亚比绍、圭亚那、海地、洪都拉斯、印度、印度尼西亚、爱尔兰、以色列、意大利、牙买加、日本、约旦、肯尼亚、基里巴斯、朝鲜、韩国、黎巴嫩、利比亚、马达加斯加、马来西亚、马尔代夫、马耳他、马绍尔群岛、马提尼克岛、毛里塔尼亚、毛里求斯、马约特岛、墨西哥、密克罗尼西亚、蒙特塞拉特岛、摩洛哥、莫桑比克、瑙鲁、荷属安的列斯群岛、巴布亚新几内亚、新西兰、尼加拉瓜、尼日利亚、纽埃岛、诺福克岛、北马里亚纳群岛、帕劳、巴拿马、巴布亚新几内亚、秘鲁、菲律宾、皮特克恩岛、葡萄牙、波多黎各、留尼汪、圣巴泰勒米岛、圣赫勒拿、阿森松、特里斯坦—达库尼亚群岛、圣基茨和尼维斯、圣卢西亚岛、法属圣马丁、圣文森特和格林纳丁斯、萨摩亚、圣多美和普林西比、塞内加尔、塞舌尔、塞拉利昂、新加坡、所罗门群岛、索马里、南非、西班牙、斯里兰卡、苏里南、阿拉伯、叙利亚、坦桑尼亚、东帝汶、多哥、托克劳、汤加、特立尼达和多巴哥、突尼斯、土耳其、特克斯和凯科斯群岛、图瓦卢、英国、美国、瓦努阿图、委内瑞拉、越南、英属维尔京群岛、美属维尔京群岛、瓦利斯群岛、富图纳群岛、西撒哈拉。

第三节　长鳍金枪鱼的渔业概况及种群结构

长鳍金枪鱼分布范围较大，在各大洋的热带、亚热带和温带水域均有分布，因此长鳍金枪鱼的种群结构可分为印度洋长鳍金枪鱼、太平洋长鳍金枪鱼和大西洋长鳍金枪鱼等。

一、印度洋长鳍金枪鱼种群结构及渔业概况

（一）印度洋长鳍金枪鱼种群结构

在太平洋与大西洋，长鳍金枪鱼一般分为南北两个种群，分别对应南北两个海洋环流(oceangyre)。但印度洋北部面积相对较小，仅存在一个海洋环流。因此，当前仍假设印度洋长鳍金枪鱼为单种群（Hsu C C，1994）。但基于形态学及DNA水平的研究，印度洋长鳍金枪鱼可能以90°E为界，分为两个种群（Yeh S Y，1995）。其他基因数据表明印度洋长鳍金枪鱼、太平洋长鳍金枪鱼有紧密关系（Albaina A，2013），而血组频率（blood - group frequencies）与微卫星结果则表明印度洋长鳍金枪鱼、大西洋长鳍金枪鱼有联系（Arrizabalaga H，2004；Montes I，2012；Nikolic N，2014）。南非大陆不足以完全分割南印度洋与南大西洋温带水团系统，形成环境障碍。因此，在东南大西洋与西南印度洋间的长鳍金枪鱼可能存在跨洋洄游（Nikolic N，2014；Beardsley G L，1969），而两海域长鳍金枪鱼基因的同质性（Montes I，2012）及体长分布特点（Nikolic N，2014）等进一步支持了跨洋洄游假设。同样，Koto（1969）认为南太平洋与印度洋长鳍金枪鱼之间也存在洄游联系。据此，单种群假设值得商榷（Nikolic N，2014）。

印度洋长鳍金枪鱼的体长分布存在明显的纬向变化（Hsu C C，1994；Nikolic N，2014），即10°S以北地区常年出现体长较大的性成熟个体，产卵个体主要分布于10°S—30°S地区，而性未成熟个体则主要分布于30°S以南地区，且不同群体具有季节性南、北洄游特

点（Chen I C，2005；Hsu C C，1994）。南太平洋长鳍金枪鱼的体长分布存在明显的经向变化（Farley J H，2012），但在印度洋是否存在该变化目前仍缺少数据支持。

在资源评估中，Nishida 等（2016）没有考虑种群空间结构的影响，而 Langley 等（2016）在进行资源评估时，按 75°E 及 25°S 将印度洋划分为 4 个海域，以定义长鳍金枪鱼的空间结构、组织评估数据。空间结构划分对资源评估结果具有重要影响（Punt A E，2015），当前评估模型空间划分的科学性值得商榷，忽略种群的空间结构（Matsumoto T，2016；Guan W，2016；Li B，2016；Nishida T，2016）或将捕捞长鳍金枪鱼的核心区域（15°S—25°S 的海域）划归至北部非核心区域的做法均存在问题（Fornteneau A，2016）。此外，由于缺少标志放流数据，印度洋长鳍金枪鱼的洄游估计存在困难（Langley A），而使用区域作为渔业（areas - as - fleets）的方法或更灵活的选择模型也无法消除由洄游产生的影响（Punt A E，2015）。

（二）印度洋长鳍金枪鱼渔业概况

印度洋长鳍金枪鱼在印度洋 25°N—40°S 均有分布，是印度洋金枪鱼渔业的主要目标鱼种之一（Chen I C，2005）。印度洋长鳍金枪鱼的开发始于 20 世纪 50 年代，被延绳钓、围网、流刺网及其他沿岸小型渔业所利用（IOTC，2016），主要捕捞国家或地区有印度尼西亚、日本、韩国和中国台湾等（朱江峰，2014）。

印度洋长鳍金枪鱼的商业捕捞始于 20 世纪 50 年代早期，日本、中国台湾及韩国分别于该年代的早期（1952 年）、中期（1954 年）、晚期（1957 年）进入印度洋捕捞长鳍金枪鱼（Langley A，2016）。直到 1986 年前，印度洋长鳍金枪鱼主要被中国台湾、日本及韩国超低温延绳钓渔业所利用。1986—1991 年，中国台湾流刺网渔业的渔获量与超低温延绳钓渔业的渔获量相当，但在 1992 年，流刺网被联合国禁止使用。随后，超低温延绳钓渔业（主要为中国台湾超低温延绳钓渔业）的长鳍金枪鱼产量波动上升，并于 2001 年达到高峰（约4×10^4 t，占总产量的 88%左右），随后，其产量逐年减少，近年维持在 1.3×10^4 t 左右。冰鲜延绳钓渔业始于 1974 年，其长鳍金枪鱼产量逐年增加，在 2007 年以后，冰鲜延绳钓渔业（主要为中国台湾与印度尼西亚的冰鲜延绳钓渔业）的产量超过超低温延绳钓渔业。2007—2014 年，延绳钓渔业的长鳍金枪鱼产量约占长鳍金枪鱼总产量的 95%，而冰鲜延绳钓渔业与超低温延绳钓渔业的长鳍金枪鱼产量之比约为 61∶39。此外，印度洋长鳍金枪鱼也被欧盟、塞舌尔、毛里求斯等的围网渔业、印度洋沿岸国家的流刺网等渔业所捕捞，但其产量所占比重较低（IOTC，2016）。

二、太平洋长鳍金枪鱼种群结构及渔业概况

有学者对太平洋海域的长鳍金枪鱼种群进行研究，认为分为北太平洋长鳍金枪鱼和南太平洋长鳍金枪鱼两个种群（戴小杰，2007）。北太平洋长鳍金枪鱼种群区域的最南端为亚热带辐合区；南太平洋长鳍金枪鱼种群区域的最北端为赤道。长鳍金枪鱼通常集群于上层水域，通常在 50～150 m 的水层中活动，有时可达 150～250 m，活动水深受垂直热结构和水团含氧量的支配，有垂直移动现象，白天下沉，傍晚分布在近表层水域（戴小杰，2007；王宇，2000；黄锡昌，2003）。

北太平洋长鳍金枪鱼渔获量在 20 世纪五六十年代相对较低，在 20 世纪 70 年代达到顶峰（12.61 万 t），随后开始下降，在 20 世纪 90 年代达到第二个高峰，在 21 世纪早期产生

第二次下降，近年（2006—2012 年）渔获量恢复至 6.9 万～9.2 万 t，有轻微波动，平均年捕捞量为 7.8 万 t（图 8-2）。20 世纪 50 年代初，表层渔具的渔获量（曳绳钓、竿钓）大约是延绳钓的 2 倍（图 8-3）。

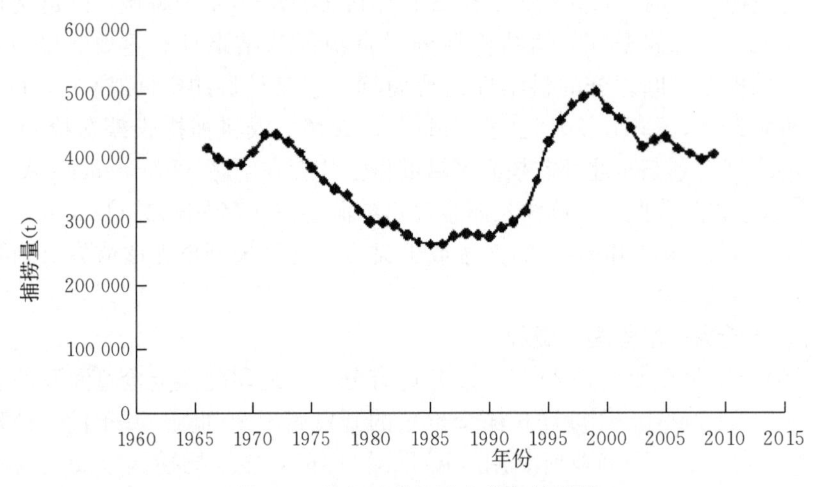

图 8-2 北太平洋长鳍金枪鱼捕捞量

（数据来源：Stock assement of albacore tuna in the north pacific ocean in 2014）

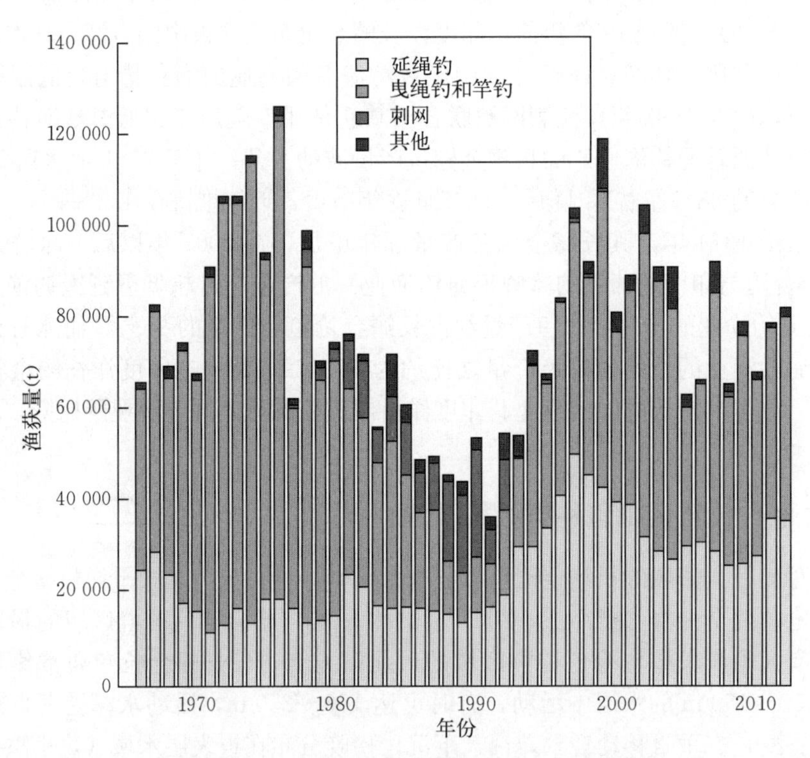

图 8-3 北太平洋长鳍金枪鱼主要渔具渔获量

（数据来源：Stock assement of albacore tuna in the north pacific ocean in 2014）

日本、美国、加拿大、中国大陆、中国台湾地区、韩国、墨西哥等是从事北太平洋长鳍金枪鱼渔业行为的主要国家地区（图 8-4）。日本长鳍金枪鱼渔业主要渔具种类为刺网、竿钓、延绳钓、围网、曳绳钓等，其中以延绳钓和竿钓所占比例较高。美国长鳍金枪鱼渔业以曳绳钓和竿钓为主。中国台湾地区从 1967 年开始发展北太平洋长鳍金枪鱼渔业，主要作业方式为延绳钓。加拿大从 1951 年开始发展北太平洋长鳍金枪鱼渔业，曳绳钓为该国唯一作业方式。2003—2012 年，日本年平均渔获量占到总渔获量的 63.5%，美国仅次于日本，占总量的 17.7%，加拿大占 7.3%，中国台湾地区占 4.9%，中国大陆占 1.6%，韩国及墨西哥合占 0.27%。其他非 ISC 成员国约占 4.6%，这些国家包括汤加、伯利兹、库克群岛、瓦努阿图和厄瓜多尔（Tunas and Billfishes in the Eastern Pacific Ocean in 2013；Stock assement of albacore tuna in the north pacific ocean in 2014；刘维，2007）。我国 1999 年开始在北太平洋公海海域捕捞长鳍金枪鱼。当年投入 8 艘大型金枪鱼延绳钓渔船，年产量为 1 185 t。近年来，我国投入较少，仅有 2～3 艘渔船在北太平洋海域进行作业，年产量较少（刘维，2007）。

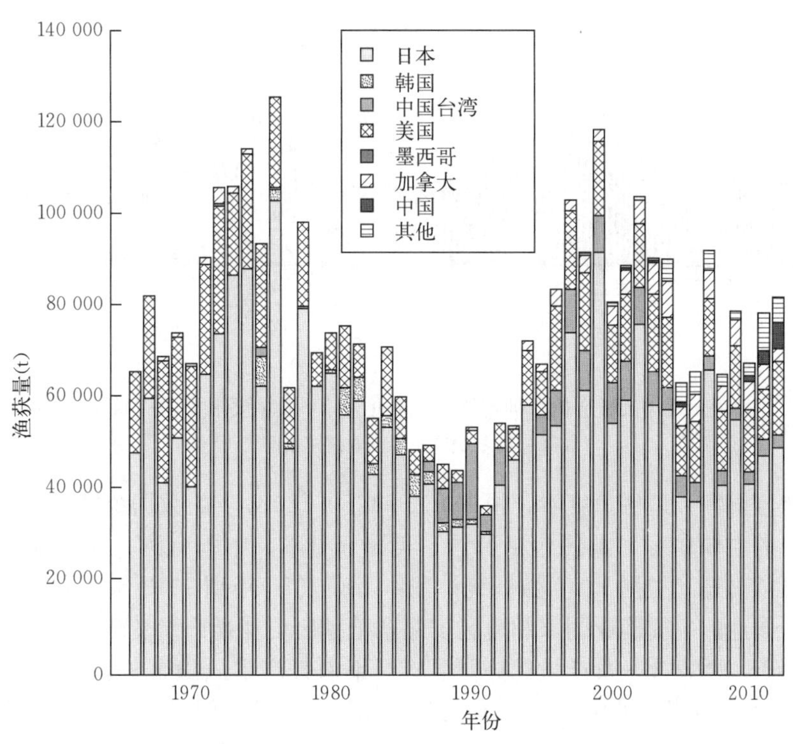

图 8-4　部分国家和地区北太平洋长鳍金枪鱼年渔获量

（数据来源：Stock assement of albacore tuna in the north pacific ocean in 2014）

三、大西洋长鳍金枪鱼种群结构及渔业概况

长鳍金枪鱼是广泛分布在大西洋（55°N—45°S）和地中海中的广温性金枪鱼。根据有关生物学资料和资源评估需要，国际大西洋金枪鱼保护委员会（ICCAT）将其分为 3 个群体，即北大西洋、南大西洋（以 5°N 线划分）和地中海群体。从 1950 年到 20 世纪 60 年代中期，大西洋长鳍金枪鱼产量变化不大，基本上维持在 3 万～4 万 t，随后产量开始迅速增加，并在 1965 年达到历史最高产量 9.06 万 t。在之后十年产量有所下降，直到 20 世纪 70 年代中

期，在1975年产量达到5.97万t（图8-5）。随后产量进入一漫长的波动期，其中，在20世纪80年代末和90年代初，大西洋长鳍金枪鱼产量有较大幅度的波动，从1989年产量8.7万t回落到1991年5.68万t，在较短时间内产量下降34.71%。从2006年开始，大西洋长鳍金枪鱼产量又再一次有较大幅度回落，并在2010年达到历史低位水平4.19万t。从历史产量变化趋势看，从20世纪80年代末开始，大西洋长鳍金枪鱼产量一直呈下降趋势，但在近几年产量变化中可以看出长鳍金枪鱼产量仍有回升可能性。2009—2013年大西洋长鳍金枪鱼产量分别为4.3万t、4.19万t、4.98万t、5.37万t、4.65万t。从捕捞分布看，北大西洋长鳍金枪鱼渔获量近年来维持在2.26万～3.48万t；南大西洋渔获量与北大西洋相差不多，也维持在2.75万～3.45万t（戴小杰，2007）。从捕捞渔具类型角度，大西洋长鳍金枪鱼传统渔具包括延绳钓、曳绳钓和饵钓，其中，延绳钓产量约占总产量的50%。此外，随着中层拖网及流刺网作业的增加，东北大西洋水域内的长鳍金枪鱼产量有所增加（朱国平，2007）。

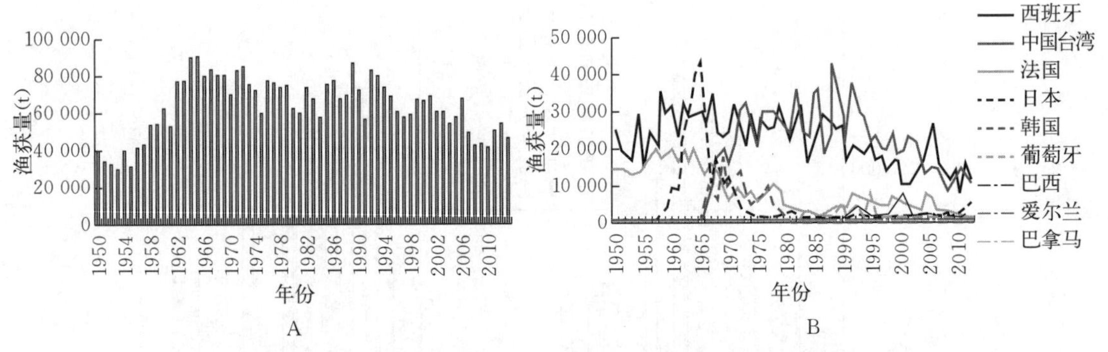

图8-5 大西洋长鳍金枪鱼捕捞历史渔获量（A）及主要捕捞国捕捞渔获量（B）
（数据来源：FAO世界渔业捕捞数据统计）

从主要捕捞国家和地区角度看，根据FAO 1950—2013年的数据统计，在大西洋进行长鳍金枪鱼捕捞的主要国家和地区包括韩国、美国、日本、中国台湾、西班牙、法国、葡萄牙、巴西和巴拿马等。根据FAO数据统计制作了从1950年到2013年在大西洋海域进行长鳍金枪鱼捕捞作业的主要渔业国家和地区长鳍金枪鱼历史捕捞产量变化趋势图，见图8-5。从图中可以看出，西班牙一直产量优势明显，近年来其产量虽随金枪鱼捕捞总趋势下降而下降但仍然保持较为明显的优势。日本从20世纪50年代中期开始，长鳍金枪鱼产量增长迅速，快速的增长趋势一直持续到60年代中期。随后产量迅速回落，并在此后较长时间一直维持着较低的产量，直到近几年来产量略有上升。如2009年日本在大西洋的长鳍金枪鱼产量为0.14万t，在2010—2013年产量连续有所增长，2013年产量为0.49万t。中国台湾在大西洋占有了较大部分的历史捕捞总产量，在近几年来，中国台湾在大西洋除2004—2010年产量有被西班牙超过外，持续维持最高产量，并与其他地区相比优势明显。

大西洋长鳍金枪鱼南北半球捕捞产量差异不大，如图8-6所示，2003—2013年，北大西洋长鳍金枪鱼累计产量为26.79万t，占大西洋10余年累计总产量的48.08%；南大西洋长鳍金枪鱼累计产量为24.28万t，占大西洋10余年累计产量的43.60%；地中海产量较少，累计产量为4.64万t，只占大西洋10余年累计总产量的8.32%。大西洋长鳍金枪鱼作业方式有饵钓、围网、延绳钓、拖网、曳绳钓和其他表层渔具，见图 8－7、图 8－8。其中，不同海域作业方式比重有所差异。2003—2013 年，北大西洋作业方式累计产量占有较大比重的是饵钓、延绳钓、拖网和曳绳钓。其中，饵钓船长鳍金枪鱼累计产量为 8.73 万 t，占北大西洋累计总产量的 32.61％；延绳钓长鳍金枪鱼累计产量为 5.29 万 t，占北大西洋累计总产量的 19.76％。围网和其他表层渔具长鳍金枪鱼累计产量较小，分别为 0.15 万 t 和 0.52 万 t，分别占北大西洋累计总产量的 0.54％和 1.93％。可见，北大西洋长鳍金枪鱼主要作业方式为饵钓、延绳钓、拖网和曳绳钓（图 8－7）。2003—2013 年，南大西洋饵钓船累计产量为 6.27 万 t，占累计总产量的 25.81％；延绳钓累计产量为 16.81 万 t，占累计总产量的 69.22％；其他表层渔具累计产量为 0.94 万 t，占累计总产量的 3.86％；围网船累计产量为 0.27 万 t，占累计总产量的 1.10％；拖网船累计产量 0.03 万 t，占累计总产量的 0.01％。由此南大西洋主要作业方式是饵钓和延绳钓，且延绳钓占有明显优势（图 8－8）。地中海作业方式有延绳钓、围网和其他表层渔具，其中延绳钓占产量比重为 59.65％，其他表层渔具占产量比重为 34.63％，围网船较小为 5.71％（图 8－9）。

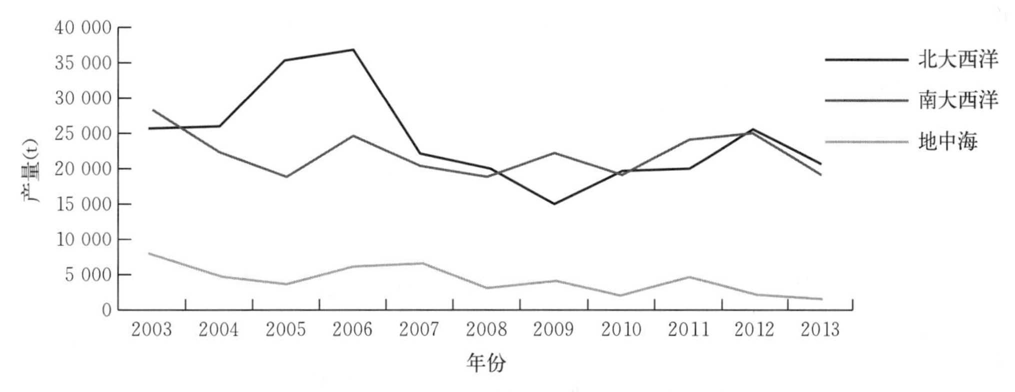

图 8－6　2003—2013 年不同区域长鳍金枪鱼历史渔获量

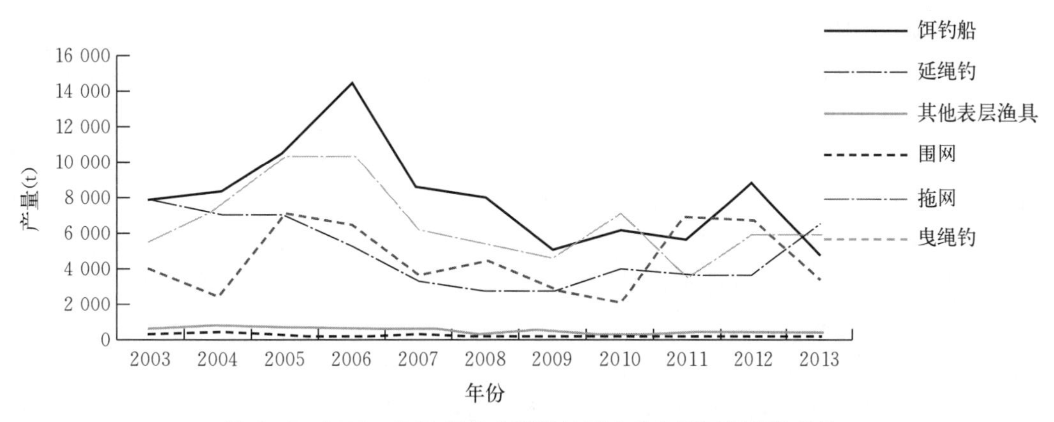

图 8－7　2003—2013 年北大西洋长鳍金枪鱼不同网具渔获量

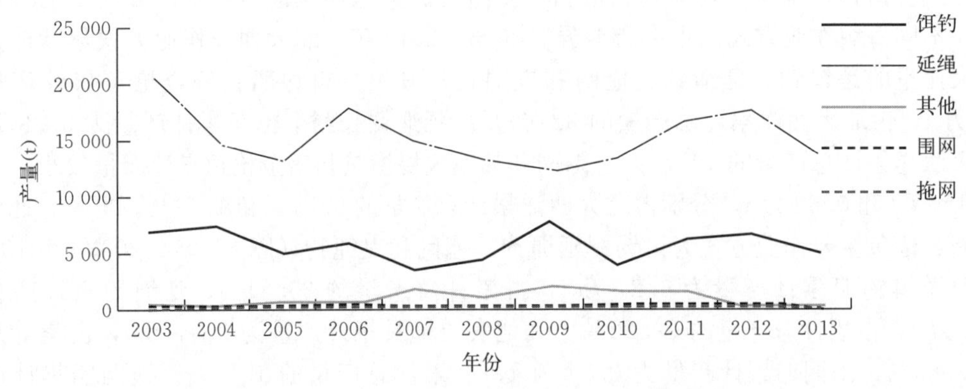

图 8-8　2003—2013 年南大西洋长鳍金枪鱼不同网具渔获量

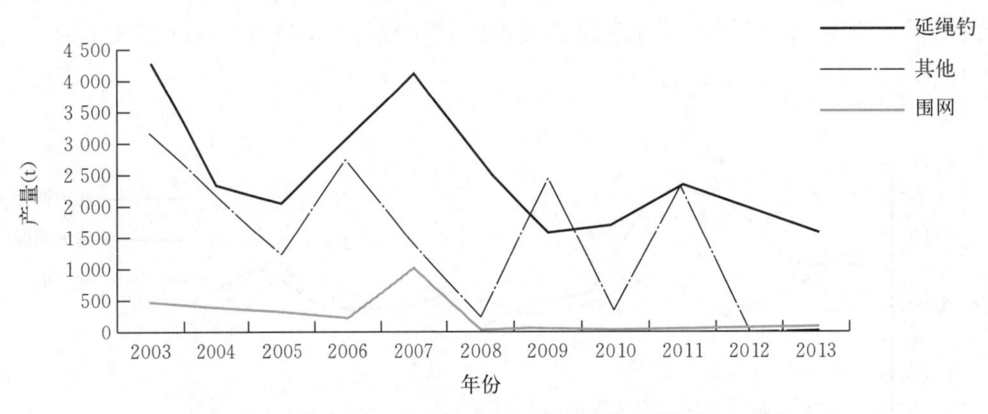

图 8-9　2003—2013 年地中海长鳍金枪鱼不同网具渔获量

第四节　长鳍金枪鱼渔业生物学

一、长鳍金枪鱼的生长

(一) 年龄与体长关系

常采用硬组织鉴定法（鳍条、鳞片、脊椎骨及耳石）、长度分析法及标志放流法估计长鳍金枪鱼的年龄与生长（Nikolic N，2017），但一般认为利用耳石估计的年龄与生长更准确（Farley J H，2013）。长鳍金枪鱼最大年龄的估计在不同海区存在差异，如北太平洋为 15 龄（耳石法）（Wells R J D，2013），南太平洋为 14 龄（耳石法）（Farley J H，2013），北大西洋为 13 龄（鳞片法）（Nikolic N，2017），南大西洋为 12 龄（鳍条法）（Lee L K，2007），地中海为 11 龄（鳍条法）（Quelle P，2011），而印度洋为 9～10 龄［鳍条法（Zhou C，2012），脊椎骨法（Lee Y C，1992）］。

生长方程通常包括 von Bertalanffy、Gomperz、Logistic、Richard 及一般生长方程（Williams A J，2012），同时非参数模型也用于表达年龄与体长关系（Fonteneau A，2008）。对于长鳍金枪鱼，主要采用 von Bertalanffy 生长方程。通常认为长鳍金枪鱼的生长存在性别差异，当超过某一年龄（Williams A J，2012）时，如超过 4 龄时，雄鱼体长明显大于雌鱼。因此，雌鱼与雄鱼应采用不同生长方程（Williams A J，2012）。此外，长鳍金枪鱼的生长存在区域差异，如在南太平洋，东、中部长鳍金枪鱼的渐进体长（L_{∞}）与生长参数（K）均比西部大（Williams A J，2012）。但这种差异有可能是选择的渔具不同或与体长相关的洄游造成的（Langley A，2016；Williams A J，2012）。

印度洋长鳍金枪鱼生长方程的估计主要基于鳍条（Zhou C，2012）、鳞片（Huang C S，1990）、脊椎骨（Lee Y C，1992）或长度分析法（Hsu C C，1991；Chang S K，1993）（表8-1）。基于鳍条、鳞片、脊椎骨的年龄鉴定在某种程度上缺少验证，不如基于耳石的年龄鉴定可靠（Langley A，2016；Farley J H，2013），而基于长度分析法估计生长参数也存在相当大的不确定性（Farley J H，2012）。同时，印度洋长鳍金枪鱼的生长研究较少考虑性别差异。因此，在印度洋长鳍金枪鱼的资源评估中，没有采用本海域的生长方程，而是采用了 Chen 等（2012）的研究结果，以区分性别差异对生长的影响（Langley A，2016）。但 Chen 等（2012）的研究结果与印度洋已有生长方程存在差异（表8-1），使用 Chen 等的研究结果是否合适及其对评估结果可能造成的影响需进一步分析。

表 8-1　长鳍金枪鱼的生长方程

洋区	生长方程	估计方法	参考文献
印度洋	$L=113.70\times[1-e^{-0.194\times(t+8.3900)}]$	P	Zhou C，2012
印度洋	$L=163.70\times[1-e^{-0.1019\times(t+2.0688)}]$	V	Lee Y C，1992
印度洋	$L=128.13\times[1-e^{-0.1620\times(t+0.8970)}]$	S	Huang C S，1990
印度洋	$L=136.20\times[1-e^{-0.1590\times(t+1.6849)}]$	E	Hsu C C，1991
印度洋	$L=147.20\times[1-e^{-0.1330\times(t+1.4985)}]$	E	Chang S K，1993
印度洋	$L=171.40\times[1-e^{-0.1180\times(t+1.5015)}]$	E	Chen K S，2012
北大西洋	$L=124.74\times[1-e^{-0.2300\times(t+0.9892)}]$ $L_M=115.66\times[1-e^{-0.4850\times(t+0.8350)}]$ $L_F=104.70\times[1-e^{-0.7350\times(t+1.3040)}]$	P+S+E	Bard F X，1981
北大西洋	$L=122.20\times[1-e^{-0.2090\times(t+1.3380)}]$ $L_M=131.65\times[1-e^{-0.1600\times(t+1.1400)}]$ $L_F=121.37\times[1-e^{-0.1900\times(t+1.1300)}]$	P+T	Santiago J，2005
南大西洋	$L=147.50\times[1-e^{-0.1260\times(t+1.8900)}]$	P	Lee L K，2007
地中海	$L=94.7\times[1-e^{-0.2580\times(t+1.3540)}]$	P	Megalofonou P，2000
北太平洋	$L=124.10\times[1-e^{-0.1640\times(t+2.2390)}]$	O	Wells R J D，2013
北太平洋	$L=108.50\times[1-e^{-0.2922\times(t+0.7683)}]$ $L_M=114.00\times[1-e^{-0.2350\times(t+1.010)}]$ $L_F=103.50\times[1-e^{-0.3400\times(t+0.5300)}]$	O	Chen K S，2012；Xu Y，2014 Chen K S，2012
北太平洋	$L=112.38\times[1-e^{-0.2483\times(t+1.0979)}]$ $L_M=119.15\times[1-e^{-0.2077\times(t+1.4530)}]$ $L_F=106.57\times[1-e^{-0.2076\times(t+0.7627)}]$	O	Xu Y，2014

（续）

洋区	生长方程	估计方法	参考文献
南太平洋	$L=\frac{102.09}{1+e^{-0.6100\times(t-1.1200)}}$ $L=\frac{105.34}{1+e^{-0.5900\times(t-1.2500)}}$ $L=\frac{96.97}{1+e^{-0.6900\times(t+1.0490)}}$	O	Williams A J，2012
南太平洋	$L=104.52\times\left[1-e^{-0.4000\times(t+1.04900)}\right]$	O	Williams A J，2012

注：除印度洋的生长方程外，其他生长方程为最近结果或在最近资源评估中被使用。1.489 5 与 1.501 5 由 Chang 等（Chang S K，2001）的数据估算。S代表鳞片；V代表脊椎骨；P代表鳍条；E代表长度分析法；T代表标志回捕估计；O代表耳石；下标 F 与 M 分别表示雌性与雄性。

（二）年龄与生长

鱼类年龄与生长受到越来越多学者的重视，成为渔业资源研究的重要组成部分之一。精确的年龄数据是鱼类资源研究中生长、种群补充量和死亡率计算的重要前提条件（张学健，2009）。Wells R J 等（2013）研究得到了相关于北太平洋长鳍金枪鱼年龄的相关信息。样本中长鳍金枪鱼年龄范围是 1～15 龄，优势区间是 2～4 龄。通过对实验结果的处理，还得出北太平洋长鳍金枪鱼生长模型，该生长模型适用于基于耳石鉴定鱼类年龄情况。除了运用耳石来鉴定金枪鱼类年龄之外，也可使用第一背鳍鳍条进行鉴定。周成（2012）等规范了鳍条样本鉴定年龄的具体方法，对印度洋大眼金枪鱼进行研究，运用第一背鳍鳍条样本进行年龄鉴定，通过鉴定结果估算大眼金枪鱼的生长方程。此外，利用脊椎骨鉴定年龄已被用于大眼金枪鱼上（张衡，2012）。虽然国内外关于金枪鱼类年龄与生长相关的研究并不少，但是对象大多集中于大眼金枪鱼与黄鳍金枪鱼，对于长鳍金枪鱼及鲣年龄与生长的研究仍然存在不足。为了更好地评估长鳍金枪鱼资源状况，以便更积极、更合理地对长鳍金枪鱼渔业资源进行可持续利用，该领域值得进行更深入的研究。现今，金枪鱼类较为主流的年龄鉴定方法大致为基于长度鉴别年龄、耳石年龄鉴定法、脊椎骨年龄鉴定法、鳍条年龄鉴定法。其中在长度鉴别法的基础上，Fridriksona 在 1934 年已经提出了利用样本体长频率数据来获得年龄频率，后人在其基础上进行完善，目前已较为成熟。此方法需要应用相对准确的方法鉴定其年龄，随后经过统计学方法可得到年龄频率分布（Ogledh，2008），但这种方法无法对每一尾具体样本赋予年龄，难以开展进一步的分析，因此在今后的相关研究中应加强与其他鉴定方法的结合，从而可以更完善地分析年龄，为进一步研究打好基础。

（三）体重与体长关系

长鳍金枪鱼的捕获作业方式一般包括延绳钓、围网、刺网等，不同方式的渔获物大小存在差异（Nikolic N，2017），来自不同作业方式的样本将影响体重与体长关系（Nishida T，2014）。如刺网作业的渔获物主要为性未成熟的幼鱼，个体通常较小，而延绳钓作业则主要捕捞性成熟的成鱼，个体通常较大，这使得基于刺网作业数据的模型预测的体重偏小，而基于延绳钓作业数据的模型预测的体重偏大（Hsu C C，1999）。不同洋区长鳍金枪鱼的体重与体长关系存在性别及区域差异（表 8－2）。一般而言，当体长小于 80 cm 时，预测的体重差异较小，但随体长的增加，预测的体重差异逐渐增大（Nishida T，2014）。此外，同一洋区的体重与体长关系有可能存在性别差异（Lee Y C，1988；Dhurmeea Z，2016）、区域差异（Lee Y C，1988）及季节变化（Watanabe K，2006）。造成这种差异或变化的原因可能与种群组成、索饵或产卵洄游等生态过程或生命史过程有关（Dhurmeea Z，2016）。

Nishida 等（2014）根据各体重与体长曲线的位置、体长数据覆盖范围及与印度洋长鳍金枪鱼的种群关系，推荐使用 Penney 模型（Penney A J，1994）（表 8-2），该模型的数据来自南大西洋长鳍金枪鱼。当前研究结果表明印度洋长鳍金枪鱼的体重与体长关系存在性别及区域差异（Lee Y C，1988；Dhurmeea Z，2016），尽管这些研究的采样样本覆盖范围仍有限，但 Penney 模型是否适合印度洋长鳍金枪鱼目前仍值得怀疑。在三大洋长鳍金枪鱼的资源评估中，均没有考虑体重与体长关系的性别与区域差异，仅北太平洋考虑了体重与体长关系的季节变化（ISC，2014）。由于体重与体长关系直接影响渔获物重量、产卵生物量及生物参考点（如最大可持续产量）等量的计算，因此，使用不同体重与体长关系将会影响评估模型的参数估计及评估结果。但评估模型对体重与体长关系的敏感程度，当前仍缺少研究。

表 8-2　长鳍金枪鱼体重-体长关系

洋区	作业方式	性别	体重-体长关系	文献
印度洋	LL+GG	C	$W=0.032\,411\times L^{2.875\,8}$	Lee Y C，1992
印度洋	LL+GG	C	$W=0.035\,050\times L^{2.877\,0}$	Huang C S，1990
印度洋	GG	C	$W=0.056\,907\times L^{2.751\,4}$	Hsu C C，1999
印度洋	GG	C	$W=0.033\,783\times L^{2.844\,9}$	Lee Y C，1988
		M	$W=0.033\,830\times L^{2.867\,6}$	
		F	$W=0.041\,830\times L^{2.822\,2}$	
印度洋	ALL	M	$W=0.004\,337\,8\times L^{3.355\,1}$	Dhurmeea Z，2016
		F	$W=0.001\,755\,1\times L^{3.562\,5}$	
		C	$W=0.003\,253\,7\times L^{3.424\,0}$	
印度洋	LL	C	$W=0.434\,00\times L^{2.343\,0}$	Zhu G，2008
印度洋	LL	C	$W=1.000\,00\times L^{2.055\,0}$	Xu L，2011
东印度洋	LL	C	$W=0.080\,00\times L^{2.727\,1}$	Setyadji B，2012
北太平洋	ALL	C	$W_1=0.087\,00\times L^{2.670\,0}$	Watanabe K，2006
			$W_2=0.039\,00\times L^{2.840\,0}$	
			$W_3=0.021\,00\times L^{2.990\,0}$	
			$W_4=0.028\,00\times L^{2.920\,0}$	
南太平洋	ALL	C	$W=0.006\,958\,7\times L^{3.235\,1}$	Hampton J，2002
北大西洋	ALL	C	$W=0.013\,390\times L^{3.106\,6}$	Santiago J，1993
南大西洋	ALL	C	$W=0.013\,718\times L^{3.097\,3}$	Penney A J，1994
地中海	TL+SL	C	$W=0.031\,190\times L^{2.880\,0}$	Megalofonou P，1990

注：除印度洋的体重-体长外，其他体重-体长关系在最近资源评估中被使用，W_1、W_2、W_3、W_4 分别代表第一、第二、第三、第四季体重。GG 为刺网，LL 为延绳钓，TL 为曳绳钓；SL 为表层延绳钓；ALL 为三种及以上渔具混合。F 与 M 表示雌性与雄性，C 表示两性混合。

(四) 叉长、体重

长鳍金枪鱼为金枪鱼属中体型较小的一种，陈峰等（2012）研究表明南太平洋长鳍金枪鱼平均叉长为97.6 cm，优势叉长为93～103 cm（占67.2%），叉长范围为77.5～112.9 cm，雌雄个体大小存在显著差异（$P<0.05$）。Farley 等（2008）研究表明延绳钓渔业中渔获物较大而曳绳钓渔业中渔获物较小。Griggs（2004）与 Farley 等（2008）研究结论相似，即延绳钓渔业中渔获物个体明显大于曳绳钓渔业中的渔获物。研究表明新西兰海域曳绳钓渔业中长鳍金枪鱼平均叉长为63.3 cm，叉长范围为47～81 cm；而延绳钓渔业中所捕获的长鳍金枪鱼个体叉长范围为56～104 cm，平均叉长为80 cm。

朱伟俊对北太平洋长鳍金枪鱼开展了一系列的研究，表明雌性叉长范围为74～111 cm，平均叉长为85.22 cm，优势叉长为81～90 cm；雄性叉长范围为63～99 cm，平均叉长为84.73 cm，优势叉长为81～90 cm。雌性体重范围为7～25 kg，平均体重为11.15 kg，优势体重组为9～12 kg；雄性体重范围为5～16 kg，平均体重为11.01 kg，优势体重组为9～12 kg。北太平洋长鳍金枪鱼叉长-体重的关系为：总体上，$W=0.0004\ FL\ 2.3154$（$R^2=0.7014$，$n=787$）；雌性，$W=0.0005\ FL\ 2.2365$（$R^2=0.6783$，$n=364$）；雄性，$W=0.0003\ FL\ 2.3776$（$R^2=0.7186$，$n=423$），其中W为体重，单位kg，FL为叉长，单位cm（朱伟俊，2016）。

二、长鳍金枪鱼生活习性及食性

长鳍金枪鱼为大洋中上层洄游性鱼类，主要活跃于温层下方水域，栖息深度可达600米。常出现水域温度约在17～21 ℃（最低9.5 ℃），常因水体温度改变而有垂直分布现象。以洄游性小型鱼类（如鲭等）为食，亦捕食甲壳类及头足类等。食物包括秋刀鱼、凤尾鱼、浮游甲壳类、鱿鱼、日本鳀，食性随地区不同而季节性改变。在任何时候，凤尾鱼都构成它们饮食来源的96%。有些研究发现，长鳍金枪鱼会对分散的凤尾鱼群发起进攻，并昼夜在水中垂直迁移，追赶猎物。天敌为鲨、鳐、蝠鲼、大号的金枪鱼、长喙鱼。

Williams A J 等（2015）将来自卫星标记长鳍金枪鱼的数据与来自同一地点的个体的胃样本进行了耦合，描述了长鳍金枪鱼在热带（新喀里多尼亚和汤加）和温带（新西兰）纬度地区的垂直行为、热量和饮食习惯。结果表明，长鳍金枪鱼在热带和温带地区的垂直行为和饮食习惯存在差异。在热带纬度，长鳍金枪鱼在垂直栖息地利用上表现出明显的昼夜差异，夜间占据混合层深度（MLD）以上较浅、较暖的水域，白天占据混合层深度以下较深、较凉的水域。相比之下，几乎没有证据表明温带地区长鳍金枪鱼的垂直行为存在昼夜差异，几乎所有时间鱼类都局限于 MLD 上方的浅水区域。热带水域的长鳍金枪鱼也比温带水域消耗了更多的猎物，主要以鱼类为食，而温带水域的长鳍金枪鱼主要以甲壳类为食。因此，有学者认为长鳍金枪鱼的垂直分布受到一些因素的制约，一种是食物的热量偏好，另一种是海洋热量结构，还有一种是两者的混合。长鳍金枪鱼垂直分布的空间差异表明，长鳍金枪鱼对海洋渔业的脆弱性随纬度而变化。与气候变化有关的温带地区海洋水域热结构的变化可能会影响垂向分布，从而影响今后长鳍金枪鱼对海洋渔业的脆弱性。

鱼类的食性研究是探索鱼类种群、了解整体生态系统与结构的重要基础，为渔业管理、渔业捕捞提供直接研究参考。目前对于长鳍金枪鱼食性的研究一般较为基础，方法主要以胃含物法为主。

Koga 等（1958）对印度洋长鳍金枪鱼胃含物组成进行研究，结果显示，胃含物中含有鱼类、甲壳动物、头足类，其中印度洋西部海域长鳍金枪鱼摄食对象主要以三刺鲀、帆蜥鱼科种类、烛光鱼、鲯鳅及蛇鲭科种类等为主。Bernard 等（1985）对加州南部海域长鳍金枪鱼胃含物组成进行研究，结果表明胃含物中有大量针鱼、鳗鱼、浮游动物和鱿鱼等，其中鳗鱼所占比例大于 96%。Bailey 等（1986）对新西兰海域附近长鳍金枪鱼进行研究，结果显示在不同海域渔获样本主要摄食对象不同。新西兰海域的长鳍金枪鱼主捕对象是针鱼及灯笼鱼科，但在亚热带辐合区中部的长鳍金枪鱼却以智利竹筴鱼为主。Saito（1973）研究表明，长鳍金枪鱼胃含物中组成复杂，是一种随机摄食的鱼类。

延绳钓渔获的长鳍金枪鱼胃含物中通常有甲壳动物（如虾类）、鱿鱼及小型鱼类，渔获深度不同其胃内食物也有所差异。综上所述，长鳍金枪鱼捕食对象种类复杂，并随着渔获海域、时间、深度的不同，捕食对象有所差异。李攀（2010）对印度洋中南部海域长鳍金枪鱼进行研究后发现，空胃率达 53.5%，其中叉长为 100～120 cm 区域内的长鳍金枪鱼空胃率随叉长增加而上升。作者认为此种群正处于繁殖期，因此摄食强度减弱；同时可能由于从深水处被拉上水面的压力差造成吐胃，而叉长越大栖息深度越深，因此个体叉长越大空胃率越高。

近年来，随着稳定同位素技术的发展受到关注与重视，更多学者将该方法应用于对鱼类食性的研究中。郭旭鹏等（2007）采用传统胃含物法与稳定同位素技术相结合的方法对鳗鱼食性进行研究，结果显示传统胃含物法反映的是近期内摄食状况，而稳定同位素技术则是综合反映一段时间内所摄食食物的同位素组成，此外传统胃含物法难以鉴别浮游动物中易消化生物是否存在。也有学者认为（Nathanaelco A，2001）稳定同位素技术正有效地用于分析生态系统的营养流动和生物之间的营养关系。周德勇等（2011）研究表明：稳定同位素技术与传统胃含物分析法相比，优势在于稳定性同位素技术结果是对生物长时间营养来源的反映。但是稳定同位素分析的方法也有一些不足：应用条件相对苛刻，无法反映生物短期内摄食情况。近年来，诸多学者同时运用两种方法进行鱼类食性的研究，两种方法相互弥补，相较于单一方法有很大提升。例如 Renone S 等（2002）综合使用两种方法对大西洋石斑鱼食性进行了研究；Rybczynski 等（2008）综合使用两种方法对美国东南部的一条溪流中的鱼类营养级位置进行了研究。结果表明，稳定同位素技术和传统胃含物法鉴定鱼类摄食状况在结果上有许多方面相似程度较高。

Pusineri C 等（2005）对比斯开湾长鳍金枪鱼幼鱼的食性进行了研究，结果发现长鳍金枪鱼幼鱼的食物中以鱼类占主导地位，占 86%N（60%M）。其中缪氏暗光鱼（Maurolicus muelleri）为该海域长鳍金枪鱼幼鱼的主要饵料，占 79%N（23%M），大西洋竹刀鱼（Scomberesox saurus）占 2%N（30%M），长吻北极魣鳕（Arctozenus rissoi）占 4%N（4%M）。甲壳类也是长鳍金枪鱼幼鱼的重要饵料之一，占 12%N（2%M），但是否为其主要饵料可能要根据它的大小来确定。头足类动物对于觅食的长鳍金枪鱼幼鱼似乎只是偶尔发生，仅占 2%N（39%M）（图 8－10）。

三、长鳍金枪鱼的自然死亡系数

自然死亡系数直接影响种群生产率的估计，若自然死亡系数设置偏大，估计的种群生产力则偏高，估计的生物量则偏大，而捕捞死亡系数的估计则偏低（Kinney M J，2016）。因

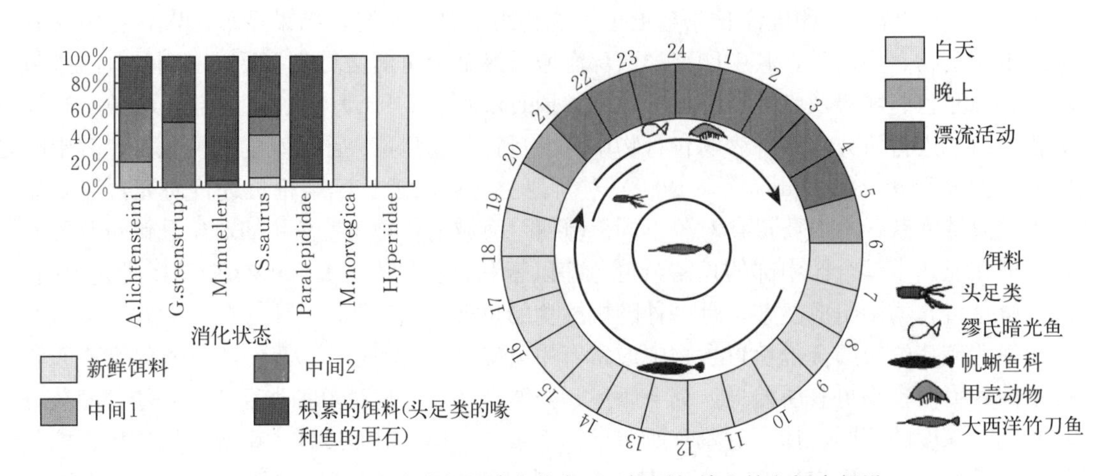

图 8-10　从胃中猎物的消化状态可以推测长鳍金枪鱼摄食假设

柱状图显示了猎物的消化状态，圆形图假设了每种食物的每日摄入模式

此，在渔业资源评估中，自然死亡系数是关键参数（Fornteneau A，2016；Hamel O S，2015）。通常，自然死亡系数随时间、年龄、性别、世代、环境、摄食、种内竞争等的变化而变化，而自然死亡系数的单点估计仅能作为某一条件下的平均值，使用单点估计具有较大不确定性（Hamel O S，2015）。一般认为，年幼及年老的个体、性成熟的雌性个体可能具有较大的自然死亡率（Fornteneau A，2016）。关于自然死亡系数的设置，当前讨论较多的是：自然死亡系数随年龄（或体长）及时间有何变化，自然死亡系数是否存在性别差异，以及这些变化或差异对资源评估可能的影响。

有关印度洋长鳍金枪鱼自然死亡系数的信息非常有限，根据长鳍金枪鱼的寿命（12～15龄或更长）推断其自然死亡系数为0.2～0.5（Fornteneau A，2016）。Liu 等（1992）利用延绳钓渔业数据与捕捞曲线方法估计印度洋长鳍金枪鱼的自然死亡系数为0.220 7，Lee 等（1991）利用 Pauly 经验公式计算的结果为0.206，而 Chang 等（1993）利用 MULTIFAN 软件（Fournier D A，1990）估计的自然死亡系数为0.22～0.25。Nishida 等（2014）认为幼鱼的自然死亡系数应该比成鱼高，其假设0龄鱼的自然死亡系数为0.4，5龄及以上鱼的自然死亡系数采用 Liu 等（1992）的结果（即0.220 7），1～4龄鱼的自然死亡系数则通过上述两个值进行线性内插，从而得到所有年龄的自然死亡系数。由于年龄鉴定、渔业或调查时的选择性、捕捞水平、捕捞死亡系数估计等均存在问题，上述自然死亡系数的合理性无法确定（Langley A，2016；Hamel O S，2015）。目前，三大洋及地中海长鳍金枪鱼的自然死亡系数均假设为0.3（Fornteneau A，2016；Kinney M J，2016）。如何合理设置印度洋长鳍金枪鱼的自然死亡系数仍缺少可靠的科学依据，这是印度洋长鳍金枪鱼资源评估结果不确定的重要因素之一（Langley A，2016；Fornteneau A，2016）。

四、长鳍金枪鱼洄游及分布

通过对渔业现状和生物学进展进行分析与研究可有助于进一步了解各海域的资源状况，确保资源的合理利用，为资源评估、渔情预报、捕捞管理规则制定等提供科学理论依据。长鳍金枪鱼渔业生物学的研究一般包括洄游与分布（张衡，2012；樊伟，2007；Graham J B，

1982；LUHJ，1998；IATTC，2001；Laurs，1991）、叉长与体重（陈峰，2012；FARLEY J，2008；GRIGGS L，2004）、年龄与生长（张学健，2009；Wells R J，2013；周成，2012；OGLEDH，2008;）、摄食行为（Bernard H，1985；Saito S，1973；郭旭鹏，2007；NATHANAELCO，2001；周德勇，2011；Renones O，2002；Rybczynski SM，2008；Hampton J，2000；Matsumoto T，2002）等。

在北太平洋海域（30°N—40°N），渔获样本中幼龄鱼及未产卵成年鱼所占比例较高，而繁殖群体及幼龄鱼群大多位于20°N附近的区域。夏威夷群岛周围常见产卵个体出现，北太平洋西部海域常见幼龄鱼出现（黄锡昌，2003）。在12月至翌年3月期间，在北太平洋流系海域中的大型鱼群逐渐集中在北赤道流系海域，6月时密度达到最大。研究表明长鳍金枪鱼的渔场分布与海水表面温度、盐度、溶解氧等多种环境要素相关，张衡等（2012）认为北太平洋长鳍金枪鱼的主要渔场是25°N—40°N的海域。该渔场平均海水表面温度为23.6℃，海水表面温度范围是16～28℃，平均渔获量高峰值出现在SST范围为18～20℃的海域。研究表明，太平洋年际振荡指数对北太平洋长鳍金枪鱼CPUE有一定影响。

樊伟等（2007）认为南太平洋长鳍金枪鱼渔场随纬度变化而变化显著，10°S附近和25°S—30°S是主要渔场的位置。南太平洋长鳍金枪鱼渔场平均SST是25.8℃，中位数是27.0℃。其中SST范围在17～18℃的海域，平均CPUE和平均产量最大。研究结果显示，南方涛动指数对长鳍金枪鱼CPUE有一定影响。此外，部分学者认为（Graham J B，1982；LUHJ，1998；IATTC，2001；Laurs，1991）海水表层水温并非影响长鳍金枪鱼渔场分布及其洄游路线的唯一原因，大尺度海洋事件、溶解氧等其他环境因素也会对此造成一定影响。太平洋东部的信风对形成渔场影响显著，在信风影响下产生上升补偿流，导致浮游生物聚集，为长鳍金枪鱼提供了适宜的栖息地（Graham J B，1982）。研究显示，加利福尼亚流、黑潮及转换区等流系会对北太平洋长鳍金枪鱼渔场产生一定影响（Luhj，1998）。有学者进行声学跟踪实验，结果显示，温跃层的改变对于长鳍金枪鱼渔获深度影响显著。研究表明（Graham J B，1982），长鳍金枪鱼因受溶解氧影响，其主要的活动范围在60%以上的溶解氧范围内，更偏好在清晰度高的海域活动，原因可能是因为这样可以有利于逃避鲨鱼、鲸豚类等捕食者。研究表明，海洋洋流对长鳍金枪鱼洄游有着重要影响（黄锡昌，2003），其洄游一般在温度高于14℃及盐度大于35.5的海域中进行。最佳适宜温度为18.5～22℃，在日本近海为16～22℃。美国夏威夷水产研究所对长鳍金枪鱼进行标志流放实验，结果显示，长鳍金枪鱼洄游横跨整个太平洋，达1 000海里（黄锡昌，2003）。

储宇航等（2016）采用钓具上浮率修正长鳍金枪鱼钓获深度，表明其在各个水层均有渔获，但各水层CPUE差别较大，其中，190～230 m水层$CPUE_{Dj}$最高，为142.43 ind/1 000钩，其次为150～190 m和230～270 m。结果表明，其主要栖息于150～270 m水层，最适栖息水层为190～230 m（图8-11）。

针对南太平洋热带海域长鳍金枪鱼栖息深度的季节变化，储宇航等（2016）进行了分析，发现热带海域不同季节长鳍金枪鱼栖息水层深度均值存在极显著差异（$P<0.01$）。结果如表8-3所示，平均栖息深度最大的为第二季度，最小的为第一季度。第一季度、第二季度和第四季度的最适栖息深度相近，为170～260 m；第三季度的最适栖息深度较浅，为156～229 m。

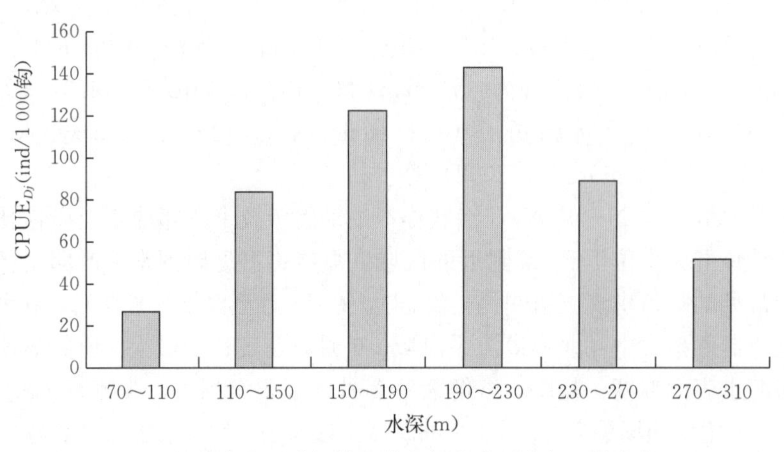

图 8-11 延绳钓南太平洋长鳍金枪鱼栖息水层分析（储宇航，2016）

表 8-3 南太平长鳍金枪鱼栖息深度的季节变化（储宇航，2016）

深度（m）	第一季度	第二季度	第三季度	第四季度
最大	278	304	312	295
最小	72	82	75	74
平均	197	218	216	207
深度分布标准差	68.93	74.95	78.36	74.17
主要栖息深度范围	172～247	177～255	156～229	179～260

第五节 长鳍金枪鱼繁殖生物学

繁殖是鱼类生命中的重要环节之一。掌握鱼类繁殖习性和性腺发育规律，是研究保护鱼类种群及合理利用渔业资源的重要基础之一。尤其重要的是，繁殖生物学研究为预测鱼类种群发育状况和评估资源量提供了直观的科学依据。国内学者对于金枪鱼类繁殖生物学研究大多停留在初级阶段，一般研究样本性别比、性腺成熟度，并与叉长、体重、时间、空间相结合进行统计分析，从而得出对于某海域某时间段群体繁殖行为的初步判断。长鳍金枪鱼繁殖生物学的研究一般包括性别比（陈峰，2012；周成，2012；Hampton J，2000；Matsumoto T，2002；Foreman T，1980；GRIGGS L，2000）、性腺发育特征（陈峰，2012；周成，2012；郭旭鹏，2007；陈大刚，1997）、繁殖期及繁殖海域（Foreman T，1980；GRIGGS L，2000；陈锦淘，2009；陈大刚，1997）等。性成熟特性作为生物繁殖生物学的重要组成之一，由此拓展进一步对产卵类型、繁殖期、繁殖海域、繁殖力等进行研究，并与个体基础生物学数据相结合研究首次性成熟叉长、50%性成熟叉长、性成熟年龄等繁殖生物学参数。

一、长鳍金枪鱼性别比

在印度洋，研究结果表明，当长鳍金枪鱼体长小于 100 cm 时，雌鱼数量占优势，而当体长大于 105 cm 时，则雄鱼数量占优势（Dhurmeea Z，2016）。对缺少大个体雌鱼的现象，存在如下3种解释：①雌、雄鱼的差异生长，即雄鱼生长率大于雌鱼，雌鱼个体体长较小（Dhurmeea Z，2016）；②雌、雄鱼具有不同的自然死亡系数，即雌鱼的繁殖增大了其自然死亡系数，造成大个体雌鱼较少（Dhurmeea Z，2016）；③雌、雄鱼具有不同的捕捞系数，即雌鱼捕捞系数较小，因此渔获物中出现比例较少（Fornteneau A，2016）。性别比随体长的变化在不同海域也存在差异（Fornteneau A，2016）。如在有些海域，性别比接近50%，甚至出现最大体长以雌鱼为主的现象（Fornteneau A，2016；Dhurmeea Z，2016）。因此，性别比是否存在显著差异，仍存在争议。当前资源评估通常假设补充时的性别比为1∶1，性别比差异主要通过生长差异体现（Langley A，2016）。由于渔业数据缺少性别信息，因而在自然死亡系数、选择性模型及捕捞系数设置上均没有考虑性别差异的影响。若渔业数据性别比随体长变化差异明显，且其成因与生长无关，则其对当前资源评估结果可能产生重要影响。

陈峰等（2012）研究表明，南太平洋长鳍金枪鱼雌、雄性别比为1∶1.94，叉长范围94～98 cm内样本雌性有一定优势，而雄性比例随叉长增加而增大。而朱伟俊等对北太平洋长鳍金枪鱼性别比例进行统计，发现雌性和雄性长鳍金枪鱼分别为364尾、423尾，总体雌雄比为1∶1.16，远低于南太平洋长鳍金枪鱼的雌雄比（1∶1.94）。研究表明（Foreman T，1980；Griggs L，2000），通过延绳钓渔业渔获的长鳍金枪鱼中成熟或接近成熟个体数量较多，由于雌雄个体生长率和死亡率存在差异，所以性成熟之后，雌鱼所占比例随着叉长增加而下降，雄鱼比例随着叉长增加而上升。长鳍金枪鱼幼年个体雌、雄性别比约为1∶1。该结论与李攀（2010）研究结果相似，印度洋长鳍金枪鱼雄、雌鱼的性别比为4.09∶1，性成熟之后雌雄性别比变化特性相似。陈锦涛等（2009）也有相似研究结论。综上所述，雌雄个体间可能在生长率及死亡率有所差异，导致雌雄性别比随着叉长变化而变化。

二、长鳍金枪鱼性成熟比

据Dhurmeea等（2016）的研究结果，印度洋长鳍金枪鱼的50%性成熟体长为85.3 cm（雌性），该值比南太平洋的87 cm（Farley J H，2014）、大西洋的90 cm略低（Bard F X，1981），但比地中海的66 cm高（Farley J H，2014）。印度洋长鳍金枪鱼的100%性成熟体长约为94 cm，各大洋大体一致（Chen K S，2010；Dhurmeea Z，2016；Farley J H，2014）。同时，在南太平洋，长鳍金枪鱼的50%性成熟体长随纬度、经度及时间的变化而变化（Farley J H，2014），如随纬度向南增加，该长度逐渐变大。在10°S，该值为75 cm，而在25°S—45°S，该值为88 cm（Farley J H，2012）。南太平洋长鳍金枪鱼的50%性成熟体长与其特定个体的时空分布有关。因此，观测样本的时空覆盖范围将影响该参数的估计。由于Dhurmeea等（2016）的观测样本时空分布相对有限，其结果仍有待进一步确认（IOTC，2016）。长鳍金枪鱼的50%性成熟年龄，在大西洋、北太平洋均为5龄（Bard F X；Ueyanagi S，1969），在南太平洋为4.5龄（Farley J H，2014），而长鳍金枪鱼的100%性成熟年龄，通常为6龄或7龄（Farley J H，2014；Ueyanagi S，1969）。同样，南太平洋长鳍金枪鱼的50%性成熟年龄随纬度具有明显的变化，即随纬度向南增加，该年龄变大。如在10°S，该值为2龄，而在25°S—45°S，该值为5龄（Farley J H，2012）。体长与性成熟关系比年龄更密切，长鳍金枪鱼性成熟受体长驱动（Farley J H，2014）。性成熟比例是计算产卵生物量（spawning stock biomass，SSB）的关键参数，而产卵生物量不仅是重要的管理参数，也是利用亲体补充关系计算补充量的重要参数。由于 Dhurmeea 等（2016）的结果仍有待进一步确认（IOTC，2010），同时该结果仍缺少性成熟比例与年龄的关系，因此在印度洋长鳍金枪鱼的资源评估中，性成熟比例与年龄的关系一般采用南太平洋的研究结果（Farley J H，2014；Nishida T，2014）。性成熟比例随纬度等变化通常被忽略（Langley A，2016）。性成熟比例设置差异是否对印度洋长鳍金枪鱼资源评估结果有严重影响，目前仍不清楚。

三、长鳍金枪鱼的性腺发育特征

性腺成熟度受限于现场调查条件限制，因此通常运用目测观察法，使用陈大刚（1997）标准进行肉眼观察分级。Saito 等（1973）研究表明，长鳍金枪鱼雌鱼叉长超过87 cm、性腺重量超过 200 mg 都已性成熟，长鳍金枪鱼雄鱼叉长超过 97 cm、性腺重量超过 150 mg 都已性成熟。雌雄个体性腺重量变化存在一定差异，随着叉长的增加雌鱼性腺重量变大，雄鱼无明显规律。

李攀等（2010）研究表明，在调查时间和调查海域，印度洋中南部长鳍金枪鱼不分性别的性腺成熟度Ⅳ期个体占总数的 43.1%，其次为Ⅴ期，为 28.7%。其认为Ⅳ期～Ⅵ期为性成熟个体，占总体的 82.2%。陈峰等（2012）研究表明，南太平洋长鳍金枪鱼在调查海域及调查期间成熟期雌鱼以Ⅴ期、Ⅵ期为主（94.4%），雄鱼以Ⅲ期、Ⅳ期为主（65.7%）。整体结果显示所调查长鳍金枪鱼雌鱼中性成熟比例大于 72%，雄性中性成熟比例大于 58%，研究认为长鳍金枪鱼在该时间区域内有产卵行为。

根据组织学观察，太平洋长鳍金枪鱼的卵细胞发育过程可分为 6 个时相，各个时相的特征如下（朱伟俊，2016）。Ⅰ时相（增殖期）：卵径范围为 30.25～181.82 μm；卵径平均值为 92.27 μm。卵细胞正处于增殖期，为了增加将来卵母细胞数量而高频率地进行有丝分裂，此时卵细胞个体体积较小，形状不规则，细胞质很少，细胞核几乎布满整个细胞，没有观察到有卵黄出现，细胞经染色后，切片颜色较深。Ⅱ时相（生长期）：卵径范围为 68.18～295.45 μm；卵径平均值为 183.53 μm。细胞停止有丝分裂，细胞质和细胞核增长，在细胞膜与细胞核之间出现卵黄核，卵黄核呈现嗜碱性且致密的团聚物往往位于卵核附近。细胞核为圆形，一般在细胞中央，核仁大多紧贴核膜内缘，部分位于核质内，细胞核内核质所占比例较大。细胞外出现一层滤泡细胞。相较于Ⅰ时相，细胞个体增大，而细胞核所占细胞整体比例明显减小。Ⅲ时相（成熟期）：卵径范围为 295.45～615.36 μm；卵径平均值为 466.25 μm。细胞逐渐成熟，形状呈圆形。滤泡细胞发生变化，细胞层数由原本的单层发展为两层，放射膜在该时相出现。细胞质中出现脂肪空泡，呈小空泡状，在卵周出现卵黄粒，细胞核为圆形，核质充满整个细胞核。Ⅳ时相（卵黄期）：卵径范围为 584.59～1 015.34 μm；卵径平均值为 784.85 μm。出现卵黄，一般位于细胞膜与细胞核之间，染色后呈较深环带，卵黄颗粒由外向核方向逐渐充满细胞质，染色为深红色。细胞核呈不规则圆形，核仁经染色呈深红，脂肪空泡逐渐扩张，层数增加，随着卵母细胞继续生长，脂肪空泡密集于围核区，逐渐形成几个大的脂肪空泡，大空泡直径大小不等。放射膜增厚，更加明显清楚。Ⅴ时相（排卵期）：卵径范围为 1 022.71～2 272.72 μm；卵径平均值为 1 582.27 μm。卵细胞即将排出，此时体积增长显著。卵黄粒互溶，脂肪空泡进行互溶，最终溶成一个脂肪空泡，位置靠近细胞核，形状体积和细胞核相似。细胞核极化并逐渐靠近动物极，核膜消融，核仁清晰容易识别。排卵后，部分成熟卵细胞未被排出，部分形成空腔。Ⅵ时相（退化期）：细胞已破损或无法观察到具体形状，无法测量卵径。部分成熟卵细胞并未全部排出，被重新吸收。细胞内卵黄颗粒液化变成块状而且暗淡，卵黄和脂肪空泡被重新吸收呈现消融状，核仁消失。放射膜显著增厚。最终，细胞完全退化（图 8-12）。

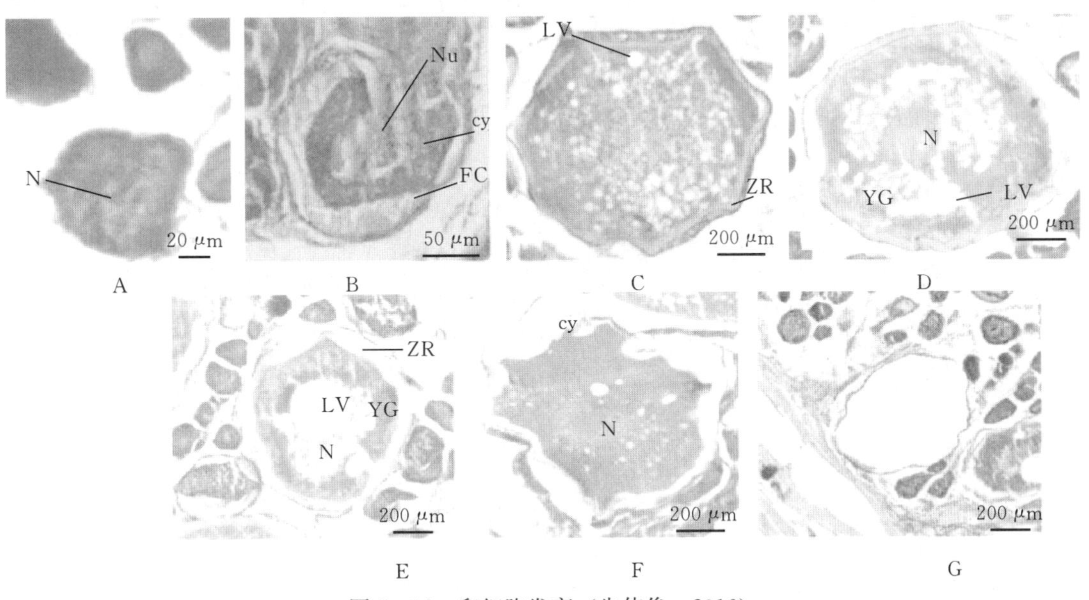

图 8-12　卵细胞发育（朱伟俊，2016）

A. Ⅰ时相卵母细胞，细胞质少，细胞核占整体细胞很大比例　B. Ⅱ时相卵母细胞，细胞质和细胞核增长，细胞外出现一层滤泡细胞，出现卵黄核　C. Ⅲ时相卵母细胞，滤泡细胞由一层增长为二层，出现放射膜、脂肪空泡和卵黄粒　D. Ⅳ时相卵母细胞，脂肪空泡溶汇成几个大的脂肪空泡，放射膜增厚，卵黄颗粒由外向核方向逐渐充满细胞质　E. Ⅴ时相卵母细胞，融合为一个脂肪空泡，细胞核向动物极靠近，核膜消融　F. Ⅵ时相卵母细胞，卵黄和脂肪空泡呈现消融状，核仁消失，放射膜显著增厚　G. 产卵后的空滤泡

N. 细胞核　Nu. 核仁　cy. 细胞质　FC. 滤泡细胞　LV. 脂肪空泡　YG. 卵黄颗粒　ZR. 放射膜

太平洋长鳍金枪鱼的卵巢发育过程分为 6 个时期，各个时期的特征如下（朱伟俊，2016）。Ⅰ期卵巢（增殖期）：经目测观察，卵巢位于身体腹部两侧，颜色透明，呈线状，看不到颗粒状的卵细胞，仅凭目测难以分辨雌雄。经组织学实验观测，有大量单层卵原细胞，细胞核活跃，可观察到大量细胞在进行有丝分裂，染色体呈各种分裂图像，卵细胞数量不断增加，呈聚集型结构。Ⅰ期卵巢中，Ⅰ时相细胞数量优势显著，此外还有部分早期的Ⅱ时相卵细胞，但数量不多。Ⅱ期卵巢（生长期）：卵巢在重量和大小上较Ⅰ期卵巢并没有明显变化，颜色为肉红色，用肉眼观察看不清卵粒，经固定样本呈现花瓣型分叶状，为蓄卵板。在Ⅱ期卵巢中，Ⅱ时相卵母细胞数量优势明显，此外还有部分Ⅰ时相、Ⅲ时相卵母细胞。北太平洋长鳍金枪鱼属于多次产卵类型的鱼，故Ⅱ期卵巢终身只有在第一次性周期内出现。Ⅲ期卵巢（成熟期）：经目测观察卵巢体积增大，血管密集且有明显的大血管，颜色为暗红色。用肉眼观察卵细胞明显，呈颗粒状，互相黏成团状，放置固定液中，无游离卵细胞。经组织学实验观测，Ⅲ期卵巢内细胞质逐渐开始积累。Ⅲ期卵巢中，Ⅲ时相卵母细胞数量优势显著，也存在部分Ⅰ时相、Ⅱ时相卵细胞，Ⅳ时相卵细胞少量存在。Ⅳ期卵巢（排卵前期）：经目测观察，相较于Ⅲ期卵巢大血管数量增加显著，体积增加显著，放置固定液中，出现大量游离卵细胞。经组织学实验观测，Ⅳ期卵巢中，Ⅳ时相卵母细胞数量优势显著，存在少量

Ⅰ时相、Ⅱ时相、Ⅲ时相、Ⅴ时相卵母细胞。Ⅴ期卵巢（排卵期）：经目测观察，长鳍金枪鱼腹部明显增大，卵巢皱褶剧烈变大变厚，卵巢内大量卵母细胞液化，挤压有卵液流出，放置固定液中出现大量游离卵细胞。经组织学实验观测，Ⅴ期卵巢中，Ⅴ时相卵细胞数量优势显著，存在少量Ⅵ时相卵细胞。卵巢内可见皱缩的空滤泡。Ⅵ期卵巢（退化期）：经目测观察，明显看到Ⅵ期卵巢有自然退化的现象，卵巢呈紫红色，体积缩小，与Ⅱ期卵巢体积相近，表面萎缩松弛。经组织学观察，Ⅳ期卵巢中，Ⅵ时相卵母细胞数量优势显著，形状不规则，卵细胞内卵黄和脂肪空泡呈现消融状，核仁消失（图8-13）。

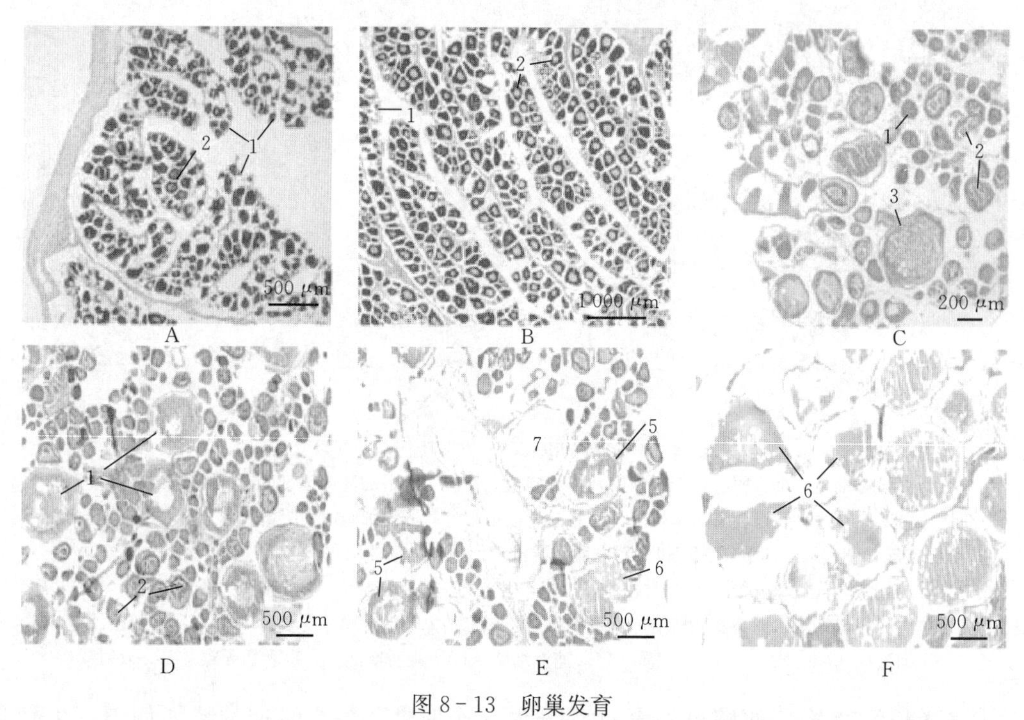

图8-13　卵巢发育

A. Ⅰ期卵巢（增殖期）；B. Ⅱ期卵巢（生长期）　C. Ⅲ期卵巢（成熟期）　D. Ⅳ期卵巢（排卵前期）　E. Ⅴ期卵巢（排卵期）　F. Ⅵ期卵巢（退化期）

1. Ⅰ时相（增殖期）卵细胞　2. Ⅱ时相（生长期）卵细胞　3. Ⅲ时相（成熟期）卵细胞　4. Ⅳ时相（卵黄期）卵细胞　5. Ⅴ时相（排卵期）卵细胞　6. Ⅵ时相（退化期）卵细胞　7. 空滤泡

太平洋长鳍金枪鱼雄鱼精巢从结构上属于管状（又称辐射型），在其精巢的一侧具有纵裂状的凹穴，在其底部存在输出管，管状构造排列有规则，为辐射型。太平洋长鳍金枪鱼的精巢发育过程分为6个时相，各个时相的特征如下。Ⅰ期精巢：精巢呈细线状结构，成对的位于鳔腹部两侧，仅凭肉眼较难分辨雌雄。Ⅰ期精巢终身只出现一次。Ⅱ 期精巢：精巢形状扁平，呈细带状，颜色为浅灰色或棕灰色，呈半透明或不透明。在表面难以发现明显的血管，仅凭肉眼可以分辨雌雄。Ⅱ 期精巢相较于Ⅰ期精巢：前者稍扁，颜色较淡；后者稍厚圆，颜色更深；Ⅱ期精巢由Ⅰ期精巢发展而来，终身只出现一次。Ⅲ期精巢：精巢呈圆柱体形状，表面存在一些血管分布，外表颜色为弱红色或浅黄色。Ⅲ期精巢可能由Ⅱ期精巢发展而来，也可能由更高成熟期的精巢自然退化而成或是Ⅴ期精巢排精后恢复。Ⅳ期精巢：精巢体积显著增大，呈浅灰色，表层多褶皱且有明显的血管分布。挤压可能流出少量精液，精巢横截面边缘形状不规则，近似于圆形。Ⅴ期精巢：精巢完全成熟，颜色为乳白色，在其表面血管分布越发显著，即将或正在排精，对鱼腹进行挤压或稍加压力，会有许多较稠的乳白色精液流出。Ⅵ期精巢：此时精巢一般为自然退化或排过精后状态，体积相比于Ⅴ期精巢明显缩小，形状为带状，颜色为淡红色，精巢内部常残留少量精液，Ⅵ期精巢一般退化到Ⅲ期重新发育。

四、长鳍金枪鱼性腺成熟度

长鳍金枪鱼性腺发育具有不对称性，其右页一般大于左页，如表 8－4 所示（Chen，2010）。

表 8－4　长鳍金枪鱼性腺发育不对称性

MG（g）	Males
R>L	90.9%
R=L	5.3%
R<L	3.8%
n	132
Mean±S. E.（R）	42.3±4.1
Mean±S. E.（L）	17.8±1.8
Difference range（R－L）	－43～128

注：R 为左页；L 为右页；n 为数量。

精原细胞（图 8－14，A、D）体积较大，每个精原细胞有一个圆形细胞核，核膜清晰，

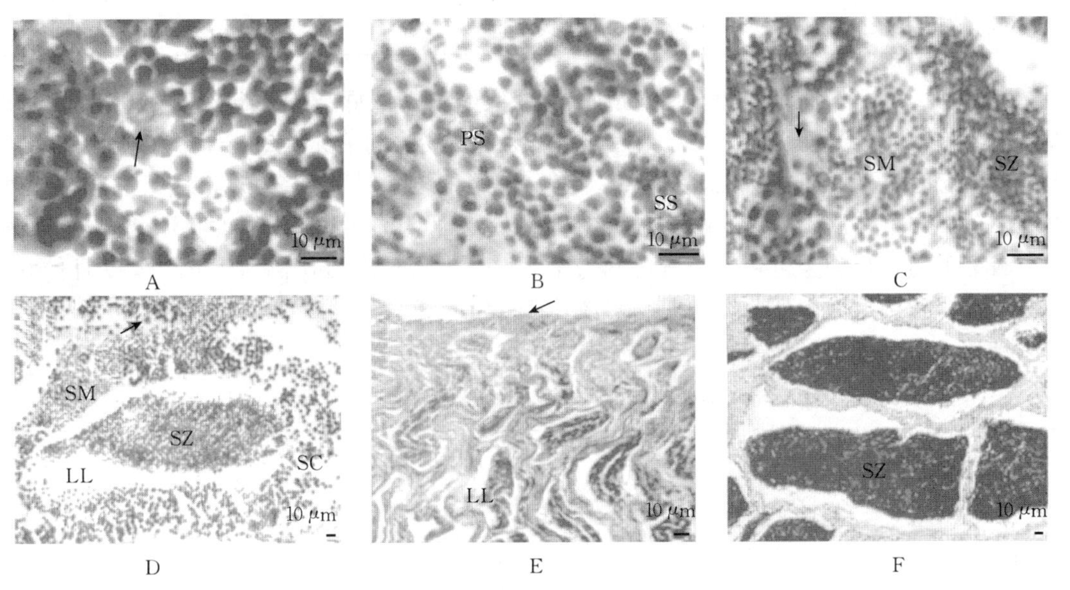

图 8－14　长鳍金枪鱼睾丸及精原细胞的观察

A. 精原细胞（→）　B. 初级精母细胞（PS）和次级精母细胞（SS）　C. 精子细胞（SM）和精子（SZ），小叶壁（→）　D. 不同时期的生精细胞（LL）；小叶壁上精原细胞（→）；SC. 精母细胞　E. 未成熟睾丸切片（79 cm 叉长，LF）睾丸壁（→）　F. 成熟睾丸切片（90 cm LF）

有一个核仁。细胞质对苏木精伊红染色的亲和力较弱。初级精母细胞（图 8-14，B）为嗜碱性，无可见核仁，其特征是大量的染色质占据了细胞的大部分。次级精母细胞（图 8-14，B）是球形的、嗜碱性的，一般比原代精母细胞小，细胞内未见核膜及核仁。精子（图 8-14，C、D）由次级精母细胞第二次减数分裂产生。它们是嗜碱性的，与精母细胞相比，它们的大小相对较小。在精子发生过程中，成熟精子的外观变化很大，每个精子单体成熟形成一个精子，每个精子都有一个嗜碱头和一个嗜酸鞭毛。在某些情况下，精子的鞭毛在组织学上看不清楚。精子通常积聚在小叶腔的中心（图 8-14，C、D）。

根据组织学检查将睾丸分为五个阶段（表 8-5）。在 Chen 等（2010）的研究中，雄性睾丸发育不成熟（1 期）(图 8-14)。发育中的睾丸（2 期）被归类为未成熟的鱼，因为它们的性腺较小，并且在小叶中存在精子形成缓慢的阶段（图 8-14E）。一般而言，在 3 期（成熟期）、4 期（产精前期或产精期）和 5 期（消耗期或退化期）有睾丸的长鳍金枪鱼雄鱼均为成熟鱼。

表 8-5　北太平洋长鳍金枪鱼雄性生殖腺发育情况（Chen，2010）

性腺发育阶段	n	小叶的发育区域	发达的小叶区	小叶腔的空间
1 期（不成熟期）	24	无精子	无精子	小
2 期（发展期）	15	部分精细胞囊肿，部分产精子	少量或无精子	小
3 期（成熟期）	9	产精子	部分产精子	大
4 期（产精前期或产精期）	76	产精子	产精子	大
5 期（消耗期或退化期）	8	部分精细胞囊肿，部分产精子	部分产精子（剩余）	大

孙诗等（2019）随机选取 500 尾长鳍金枪鱼，对其性腺成熟度进行了测定，结果见表 8-6。在没有区分性别的情况下，性成熟度随月份变化的情况见图 8-15，从图中可以看出长鳍金枪鱼以Ⅱ期为主，占总数的 88.4%。长鳍金枪鱼性腺成熟度在 4—5 月份以Ⅱ期为主，分别占整体的 44.44%和 50.36%；6 月份以Ⅲ期为主，占整体的 41.38%；7 月份分布较为平均。长鳍金枪鱼的雌雄比例为 1.2∶1，4 月份雌雄比例为 1.6∶1，5 月份和 6 月份雌雄比例接近为 1.1∶1，7 月份雌雄比例为 1.6∶1，4—7 月份长鳍金枪鱼皆为雌性多于雄性。

表 8-6　长鳍金枪鱼各月份的性腺成熟度（孙诗，2019）

月份	尾数	雌性	雄性	雌雄未分	性成熟度比例				
					Ⅰ	Ⅱ	Ⅲ	Ⅳ	Ⅴ
4 月	27	10	15	2	7.41%	44.44%	33.33%	14.81%	0.00%
5 月	137	67	61	13	9.49%	50.36%	6.28%	8.03%	5.84%
6 月	145	76	67	2	1.38%	35.17%	41.38%	11.72%	10.34%
7 月	191	92	85	14	7.33%	25.13%	23.04%	20.42%	24.08%

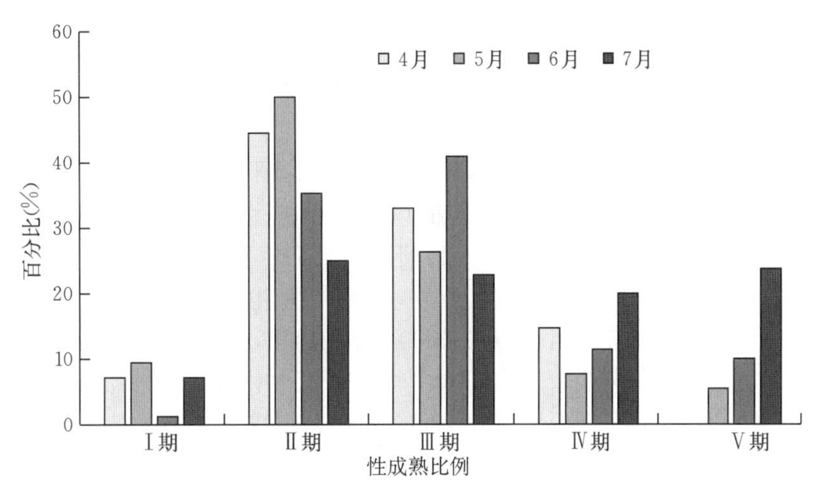

图 8-15　长鳍金枪鱼性腺成熟度组成图（孙诗，2019）

五、繁殖期及繁殖海域

长鳍金枪鱼产卵场目前仍不十分清楚，一般认为其产卵场在 10°S—30°S（Hsu C C，1994），主要产卵场可能位于马达加斯加东海岸外海，产卵时间为 10 月至翌年 1 月，主要产卵月份为 11—12 月（Dhurmeea Z，2016）。此外，莫桑比克海峡、西印度洋赤道附近、好望角、圣诞岛周边及澳大利亚西北部均有可能是产卵场，其产卵位置的海表水温一般超过 24 ℃（Fornteneau A，2014；Nikolic N，2014；Ueyanagi S，1969）。长鳍金枪鱼可分批产卵，其分批繁殖力（batch fecundity）与卵巢大小有关，而性腺生长与体长相关，因此分批繁殖力随体长或年龄增加而增大，并随产卵时间增加而减少，即产卵初期分批繁殖力大，产卵后期分批繁殖力低，且个体大的产卵时间长（Dhurmeea Z，2016；Farley J H，2013）。由于分批繁殖力随产卵时间而变化，同时又受个体状况影响。因此，不同状况的个体及不同时间捕捞的个体的分批繁殖力存在较大差异，这影响了分批繁殖力与体长的关系，使其与体长的关系存在变化（Dhurmeea Z，2016）。同时，Dhurmeea 等（2016）的研究结果表明，印度洋长鳍金枪鱼的分批繁殖力与体重关系不明显。在亲体-补充量关系中，常使用产卵生物量 SSB 计算补充量，这隐含了种群繁殖潜力（reproduce potential）与 SSB 成正比关系（Trippel EA，1997），仔幼鱼的存活率与亲体年龄、体长或个体状况无关（Cardinale M，2000），且单位体重产卵量不随时间改变等假设（Marshall C T，2003；Morgan M J，2009）。若分批繁殖力与体重无关，这将影响该假设的成立。同时，利用体长数据计算种群繁殖潜力可能更为合理，但在长鳍金枪鱼的资源评估中，较少采用这种方法计算繁殖潜力。在印度洋长鳍金枪鱼的资源评估中，空间划分仅用于组织渔业数据，每个空间区域没有独立的种群动态，因此无须设置补充位置，补充时间则设为第四季度，即产卵高峰期。而在南太平洋长鳍金枪鱼的资源评估中，补充量则按比例在 8 个区域、4 个季节中进行分配，分配比例由模型估计（Harley S J，2015）。补充位置或时间设置对评估的影响，目前缺少相关讨论。

Otsu 等（1959）对太平洋长鳍金枪鱼进行研究，结果表明南太平洋种群在九月至翌年三月位于 20°S 至赤道海域进行产卵，北方种群与其相反。Koto（1969）研究表明，产卵海域表层水温超过 25 ℃，每年 12 月到翌年 2 月在 10°S—25°S 水域产卵，主要产卵海域位于马达加斯加东部水域。朱国平（2012）等基于反映鱼类繁殖能力的重要指标——性腺指数（GSI）及其影响因素［表温（SST）］、100 m 水层的水（TEMP）及 200 m 水层的溶解氧浓度（DO），对长鳍金枪鱼繁殖栖息地适应性进行深入研究。结果显示调查区域长鳍金枪鱼繁殖栖息地指数在 0.52～0.97 区间内。自北向南，繁殖栖息地指数有逐渐增加的趋势，25°S 以南水域，繁殖栖息地指数基本上维持在 0.65 以下。该研究指出 HSI 模型为研究长鳍金枪鱼产卵场分布及其适应能力提供了一条较好的思路。此外，对于繁殖生物学的深入研究，大多以组织学石蜡切片方法对性腺进行研究。宫领芳（2011）利用组织学石蜡切片法研究中西太平洋鲣性腺，结合其他相关数据进行拓展，对中西太平洋鲣繁殖生物特性深入研究。管卫兵（2012）等通过组织学石蜡切片法对东太平洋雄性大眼金枪鱼精巢进行深入研究，为了解该种群发育状况及评估资源量提供了直观的科研根据。Chi - Lu Sun 等（2006）运用组织学观察的方法得出大眼金枪鱼在该海域产卵高峰季为 2—9 月，运用对排卵后滤泡观察鉴定的方法来预测产卵频次，结果显示雌性大眼金枪鱼产卵间隔为 1.10 天，表明大眼金枪鱼几乎每日都产卵。

六、繁殖力

目前评估鱼类繁殖力常使用直接计数法和卵径频率推算法。直接计数法是运用组织学观察的方法，对一定质量的卵巢样本内的成熟卵细胞进行计数，再根据其卵巢重量估算出批次繁殖力。卵径频率推算法一般先设置卵细胞卵径标准，再运用频率计算其符合条件的卵细胞数量，估算出批次繁殖力。

Bartoo 等（1994）对 Otsu（1959）和 Ueyanagi（1955）的研究结果进行比对分析，认为北太平洋长鳍金枪鱼约为 80 万～260 万 pcs。Chen（2010）研究表明，北太平洋长鳍金枪鱼批次繁殖力为 17 万～166 万 pcs，相对繁殖力为 9.2～92.3 pcs/g，批次繁殖力、相对繁殖力随着叉长或体重增加而明显增加。实验结果显示，北太平洋长鳍金枪鱼批次繁殖力、相对繁殖力并未随叉长、体重改变而有明显变化。批次繁殖力范围为 149 126.2～429 965.6 pcs，平均批次繁殖力为 285 692.87 pcs±77 912.88，相对繁殖力范围为 12.43～33.07 pcs/g，平均相对繁殖力为 21.22±5.06 pcs/g。

对于不同批次的长鳍金枪鱼其繁殖力与相对繁殖力范围有所差异，导致繁殖力的差别可能有以下原因：①繁殖力可能由于个体叉长、体重、海域环境因子等因素的不同而存在差异，样本群体差异也可能是导致繁殖力存在差异的主要原因。②样本在固定液中浸泡的时间、固定液浓度、保存温度等因素会对样本质量和卵径产生影响。③各学者对卵细胞标准的差异导致实验结果的差异。④繁殖力与样品渔获时间关系显著，繁殖期内长鳍金枪鱼的繁殖力会远大于非繁殖高峰期，宫领芳（2011）认为鲣也有此现象。

第九章 青干金枪鱼

第一节 青干金枪鱼的形态特征与分类

青干金枪鱼（*Thunnus tonggol*）（Bleeker 1851），英文名（Long tail tuna），俗名为青干、长鳍（广东）、海里、黑鳍串、串仔、长实、长翼、小黄鳍鲔，隶属动物界、脊索动物门（Chordata）、脊椎动物亚门（Vertebrata）、硬骨鱼纲（Osteichthyes）、辐鳍鱼亚纲目（Actinopterygii）、鲈形目（Perciformes）、鲭亚目（Scombroidei）、鲭科（Acantho-cybium solandri）、金枪鱼属（*Thunnus*），是快速游泳的温带大洋性中上层鱼类，有高度洄游性、集群性，是金枪鱼属中体型较小的一种。一般体长 30～40 cm，体重 1.5～2 kg；大的 1.4 m，重 15 kg 以上。青干金枪鱼形态特征主要表现为（图 9-1）：体纺锤形；头中大；吻尖；眼中大，上侧位；鼻孔每侧 2 个；口中大，前位，斜裂；上下颌约等长；犁骨、腭骨均具细小牙带；鳃孔大骨及鳃盖骨后缘圆形；体被细小圆鳞，头部无鳞，胸部鳞片特大，形成胸甲，背部鳞片坚硬，形成背甲；侧线完全，呈波状；背鳍 2 个，第一背鳍可收回至肌肉夹缝中；胸鳍较长，大于头长，镰状；腹鳍胸位，位于胸鳍基底的稍后下方；尾鳍新月形；体背侧蓝色，腹部色较淡；在胸、腹区具若干淡色椭圆形斑块。腹鳍浅色，其余各鳍黑色。胸鳍较长，为镰刀状，长度大于臀鳍，可到达第二背鳍鳍基下方，略短于长鳍金枪鱼，背鳍和臀鳍中等长，无鳔（戴小杰 等，2007；王宇，2000）。

图 9-1 青干金枪鱼

第二节 青干金枪鱼的地理分布

青干金枪鱼分布于印度洋和太平洋西部温暖水域，我国南海、东海南部和台湾海峡均有产出（李明德，2012）。青干金枪鱼为缓水性中上层鱼类，常见海域温度范围为 17～21 ℃。平时栖息于水色澄清、底质砂石或珊瑚礁的海区，喜逆流游动，对温度、盐度、水色的变化很敏感。天气暖和、微吹东南风或西南风、潮流缓慢、海面平静时，鱼群常起浮或跳跃于水面，风浪大时则下沉到深处。

青干金枪鱼主要分布国家和地区（海域）：澳大利亚、文莱达鲁萨兰国、吉布提、厄立特里亚、印度、印度尼西亚、伊朗伊斯兰共和国、日本、马来西亚、马尔代夫、莫桑比克、缅甸、阿曼、巴基斯坦、巴布亚新几内亚、菲律宾、新加坡、索马里、斯里兰卡、中国、泰国、阿拉伯联合酋长国、越南、也门、马六甲海峡（郑振霄 等，2015；Chamchang et al.，1988；Boonragsa，1987；Chen et al.，1981）。

在 1978 年 5—7 月期间，几乎在整个南海中部调查海域内都出现有金枪鱼类仔稚鱼，其中有两个主要的海区。①南海中部西南面海区。这个海区范围比较广，为 111°E—113°E，12°N—14°N。从水文特征来看，这个海区表层有一股由南向东北的海流，而在 100 米层呈现出高盐低温的特点。同时，0～100 米层浮游动物最高生物量（63～68 $\mu g/m^3$）也出现在这个海区。仔稚鱼出现的总数量，也以这个海区最多。②黄岩岛附近海区。这个海区与上述海区为不同的水团所控制。在 1977 年 9—10 月，这里也是出现金枪鱼类仔鱼数量较多的海区。可见，出现金枪鱼类仔稚鱼较多的海区，同海洋环境条件有着密切的关系（陈真然 等，1981）。

第三节　青干金枪鱼的渔业概况及种群结构

青干金枪鱼主要分布在热带及亚热带海域，因此青干金枪鱼的种群结构可以分为太平洋种群（南海种群）和印度洋种群等。由于青干金枪鱼的体型外貌与长鳍金枪鱼和蓝鳍金枪鱼类似，所以捕捞的青干金枪鱼幼鱼通常被认为是其他种类，故关于青干金枪鱼种群、分布及数量的研究较为模糊。近年来关于鱼类分类学的研究加深，青干金枪鱼逐渐被清晰地区分开来。年渔获量 10 万 t 左右，约占 2.5%，产量在金枪鱼种排第五。主要作业渔区：51 区，71 区。资源处于中度开发状态，尚未实施限额捕捞的措施。

一、南海青干金枪鱼种群结构

1977 年 9—11 月和 1978 年 5—7 月，南海海洋研究所科学调查船“实验号”，在南海中部海域进行了两个航次的海洋综合调查。调查范围为 110°E—118°E，12°N—16°N30′（图 9-2）。两个航次共采集金枪鱼类仔鱼 252 尾，经鉴定有黄鳍金枪鱼 95 尾、长鳍金枪鱼 7 尾、强壮金枪鱼 69 尾、金枪鱼 3 尾、新金枪鱼 2 尾、金枪鱼属 8 尾、鲣 65 尾、鲔 7 尾、白卜鲔 11 尾、扁舵鲣 3 尾和舵鲣属 9 尾。文中新金枪鱼的学名（*Thunnus tonggol*）与青干金枪鱼相同，推测应属于同一种类（陈真然 等，1981）（表 9-1）。

在海南省陵水县新村镇附近海域，曾采集到青干金枪鱼，是中国水产科学研究院南海水产研究所热带水产研究开发中心与三亚热带水产研究院完成科研项目过程中采取的样品，用于肌肉成分测定。青干金枪鱼幼鱼体长为 21.0～22.6 cm，体质量为 132～199 g。

二、青干金枪鱼渔业概况

2012 年的浅海金枪鱼渔业有五个较好的物种，分别是小头鲔（*Euthynnus affinis*）、扁舵鲣（*Auxis thazardi*）、子弹金枪鱼（*Auxis rochei*）、青干金枪鱼（*Thunnus tonggol*）和鲣（*Sarda Orientalist*）。它们的捕捞量为 57 078 t，占印度金枪鱼总捕捞量的 70.3%。2008—2012 年的年平均捕获量为 48 172 t，在 2010 年的 37 785 t 和 2012 年的 57 078 t 之间。

浅海金枪鱼形成的主要原因是其不是该区域大多数渔具的捕获目标。尽管金枪鱼在整个沿海地区分布丰富，但渔业主要集中在南部和西北部沿海地区，那里传统捕鱼活动盛行。捕捞金枪鱼的程度因当地流行的捕捞方式和当地对金枪鱼的需求而异。对时空分布格局、丰度和渔业的评估表明，印度大陆沿海和岛屿领土的大片地区资源未被充分利用。渔业生物学观察和组成物种的种群评估还表明，种群总体上是健康的，有足够的产卵种群生物量来维持种群和产量。

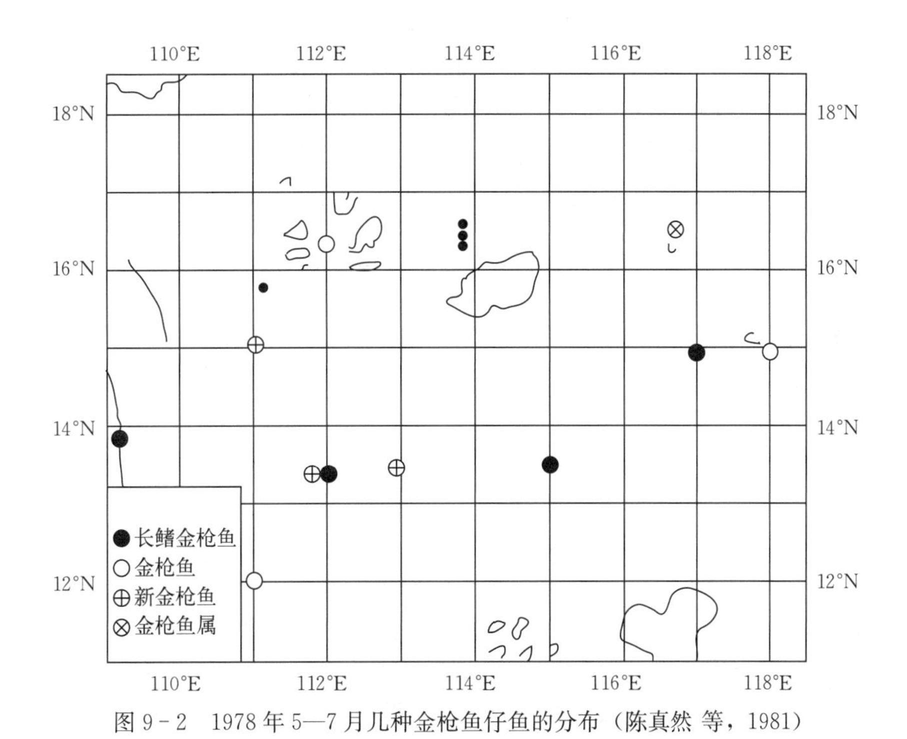

图 9-2 1978 年 5—7 月几种金枪鱼仔鱼的分布（陈真然 等，1981）

表 9-1 两个航次采集的金枪鱼类仔鱼的种类、数量和体长范围（部分）（陈真然 等，1981）

种类	1977 年 10 月		1978 年 6—7 月	
	数量（尾）	体长范围（mm）	数量（尾）	体长范围（mm）
新金枪鱼 *Thunnus tonggol*（bleeker）	—	—	2	3.78～4.47
鲔 *Euthynnus affinis*（canter）	1	2.80	6	3.26～6.40

多年来，印度沿岸的沿海渔业发生了巨大变化。但是，在其他以锯鱼和类似鱼类为目标的渔业中，浅海金枪鱼仍然作为附带捕获物。自 1985 年以来，它们的捕获量一直保持上升趋势（图 9-3），每年的波动幅度很大，占该国海水鱼总产量的 1.5%～2.0%（Abdussamad et al.，2012）。

浅海金枪鱼被传统的、机动的和机械化的船队所捕捞。这些船只通常使用多个渔具，如：刺网、鱼钩和钓索（手绳、延绳钓、钓竿和钓索等）、普式围网、环形围网和海底拖网。2012 年的年产量为 57 078 t，占印度金枪鱼总产量（81 751 t）的 69.6%（Abdussamad et al.，2012）。

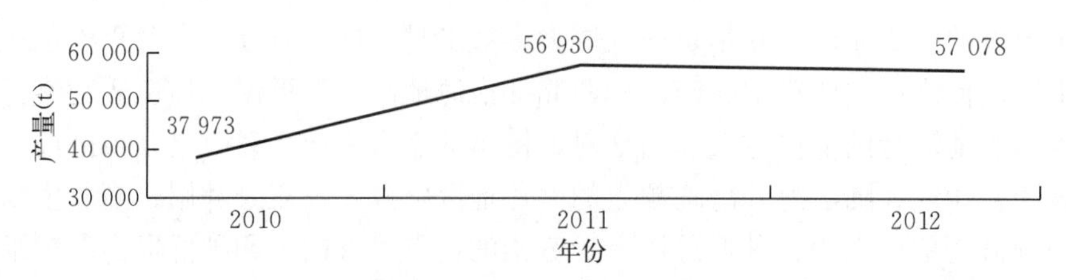

图 9-3 印度海域浅海金枪鱼产量变化（Abdussamad E M，2013）

2012 年，在金枪鱼的捕捞中，小头鲔产量最高（57.6%），其次是青干金枪鱼（25.1%）和扁舵鲣（15.0%）（表 9-2）。它们全年均有捕获，在每年 2 月和 7—9 月达到高峰。刺网占据了 49%的捕获量，其次是普式围网和环形围网，为 22.8%，鱼钩和鱼线钩掉占 11.2%，其余的则是拖网和其他渔具（Abdussamad et al.，2012）。

表 9-2 印度浅海金枪鱼捕获种类及捕获量（Abdussamad E M，2013）

单位：t

品种	2008 年	2009 年	2010 年	2011 年	2012 年	平均
小头鲔	32 406	28 563	21 271	32 937	32 772	29 590
扁舵鲣	8 341	7 661	6 688	10 173	8 534	8 279
子弹金枪鱼	613	1 119	4 502	2 321	1 213	1 954
青干金枪鱼	5 939	3 808	5 323	11 116	14 285	8 094
鲣	70	361	189	383	274	255
合计	47 369	41 512	37 973	56 930	57 078	48 172

鱼类捕捞主要在印度洋西北海岸（36.9%），其次是西南海岸（33.6%）和东南海岸（20.4%）。西海岸对金枪鱼产量的贡献为 70.5%，该地区渔获量较高，捕鱼船只往来频繁。东北海岸、安达曼和拉克沙迪普水域的渔获量非常低。

三、青干金枪鱼产量

在印度洋海域，青干金枪鱼是捕获量仅次于小头鲔的第二大优势物种。青干金枪鱼捕获范围较小，仅限于西海岸和安达曼水域、西北沿海，渔业资源丰富（96%）。捕获产量保持稳定的上升趋势，年产量为 14 285 t。在 9 月至翌年 2 月为全年捕鱼高峰期，全年均可捕获。青干金枪鱼在印度洋的主要捕获方法是刺网（77.7%），其次是钩和钓（13.2%），拖网和围网也可以捕获少量（Abdussamad et al.，2012）。

四、青干金枪鱼捕获方法

我国主要的金枪鱼捕捞方式为延绳钓捕。金枪鱼延绳钓是悬浮于大洋表层，随风漂移，钓捕个体较大的金枪鱼的一种有效渔具。捕鱼原理是：从船上放出一根干线于海水中，有一定数量的支线和浮子以一定间距系在干线上，借助浮子的浮力使支线（一端带有鱼饵）悬浮在一定深度的海水中，用鱼饵（或假饵）诱引金枪鱼上钩，从而达到捕捞的目的。结构主要由干线、支线、浮子、浮子绳、钓钩、无线电浮标等组成。

青干金枪鱼在印度洋的主要捕获方法是刺网（77.7%），其次是钩和钓（13.2%），拖网和围网也可以捕获少量。而在中国南海金枪鱼的主要捕获方式为钩和钓。

中国水产科学研究院南海水产研究所热带水产研究开发中心曾在海南省陵水县新村镇附近采集到青干金枪鱼幼鱼。采集方法为人工假饵渔船拖钩，这样的方法获取的幼鱼损伤较小，更利于样品测定和后续的人工驯养。

第四节 青干金枪鱼的渔业生物学

一、青干金枪鱼生态

（一）长度描述

在印度洋，捕捞的青干金枪鱼全长范围为28～106 cm，平均全长为68.7 cm（Abdussamad et al.，2012）。大部分青干金枪鱼（74.5%）全长为50～86 cm，主要渔获全长为48～72 cm。

（二）长度-体重关系

测定了印度洋海域野生青干金枪鱼的长度-体重关系（Abdussamad et al.，2012），关系式为：$W=0.0148\times L^{3.0}$。式中，W 表示青干金枪鱼体重，L 表示青干金枪鱼全长，3.0表明该物种在生长过程中遵循完美的等速生长模式。

（三）年龄、成长和寿命

生长参数（Abdussamad et al.，2012）：通过时间的变化模拟长度变化，建立模型，估计渐进长度（L_∞）、生长常数（K）和零长度年龄（t_0）分别为120.5 cm，0.513和−0.0319年。von Bertalanffy 模型描述物种相对于全长的生长速度。在0.5、1、2、3和4年龄时，青干金枪鱼全长分别达到29.4 cm、50.6 cm、79.7 cm、97.2 cm和107.7 cm。但是，与金枪鱼其他属相比，体重增长较缓慢。据估算，青干金枪鱼在印度水域的寿命（t_{max}）为4.5年。

年龄长度数据显示，捕获的青干金枪鱼中最小年龄为5.7个月，最大为76.5个月（6.4年）。渔获量的主要部分的平均年龄为1.6～2.4岁。

二、养殖生长

（一）青干金枪鱼的饵料驯化方式研究

口径是决定鱼类摄食的一个主要因素，口径的大小直接限制鱼类饵料的吞咽（Qin J G et al.，1997）（图9-4）。在鱼类发育早期，下颌长度、颌高度与鱼体增长呈正比例关系，但当鱼类进入变态期，这种成比例的增长速率会逐渐降低（Ma Z et al.，2015）。因此在鱼类每个生长发育阶段及时掌握鱼类口径与体长的变化将会为人工饵料大小的选择及投喂管理提供参考。实验中所获得的最大口径在幼鱼体长为35.42 cm时，

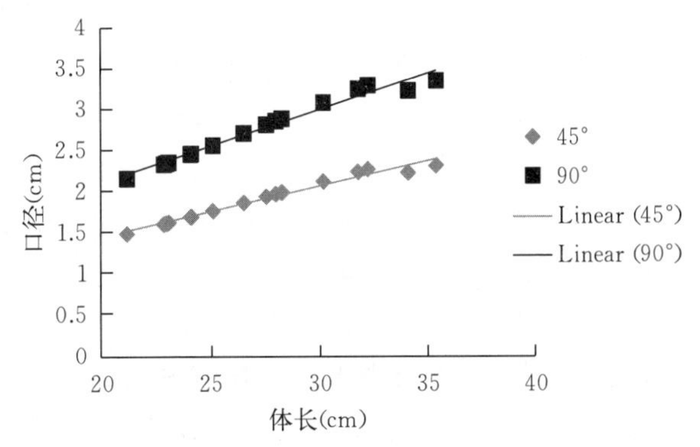

图9-4 青干金枪鱼体长与开口45°和90°口径关系

其 45°开口口径为2.32 cm，90°开口口径为3.36 cm；最小口径在体长 21.2 cm 时，其 45°开口口径为 1.50 cm，90°开口口径为 2.17 cm。研究结果表明，体长与口径正相关。因此，为保证所有的实验用鱼均能正常摄食，实验采用的饵料粒径为 1.8 cm×3 cm，在适宜的饵料粒径范围内（1.5～3.36 cm）。根据鱼群中个体大小的比例关系调整不同粒径饵料在总体饵料中所占最适比例。该研究结果可以为青干金枪鱼的驯化及投喂进行指导，为驯化养殖过程中青干金枪鱼的饵料粒径的选择提供数据支持。

（二）青干金枪鱼的室内循环水养殖研究

肥满度（relative fatness），又称为丰满系数，是生物学相关研究中应用较为广泛的研究内容，主要用于动物身体状况的衡量（孙波 等，2009），广泛应用于生态学及农业生产中（Lloret J et al.，2003；Murray D L，2002），能够直接反映出鱼类个体的营养状况及生理特征（支兵杰 等，2009；戴强 等，2006）。有研究表明，同种鱼类在体长数据相同时，体质量的大小能够说明其营养状况的好坏（Jones R E et al.，1999；戴强 等，2006）。因此肥满度常被用来衡量鱼类的饵料保障的丰欠及生长状况（姜巨峰 等，2010）。也有研究表明，鱼类丰满度受到环境条件（温度、pH、氨氮、亚盐、饵料、光照等）的影响，甚至鱼类的性腺发育也与肥满度有关（曹希全 等，2019；姜巨峰 等，2010）。本研究中，经过 60 天的养殖青干金枪鱼肥满度相比于捕获时均有显著增长，说明提供的养殖环境比自然环境更利于其生长。同时在解剖时发现，青干金枪鱼没有鱼鳔，说明无论在自然界中还是在养殖环境中，青干金枪鱼为维持自身所处水中的位置所消耗的能量都很大。这也是在自然界和养殖环境中青干金枪鱼肥满度略小的重要原因之一。

（三）青干金枪鱼养殖前后的肥满度对比

研究结果表明，青干金枪鱼在捕获时的肥满度为 0.930±0.035，养殖 2 个月后肥满度为 1.044±0.075，显著（$P<0.05$）高于捕获时的肥满度。

（四）青干金枪鱼特定生长率和饲料转化率研究

经过 30 天的驯养后，青干金枪鱼幼鱼平均体长达到 34.18±3.12 cm，其特定生长率 SGR 为（0.19±0.03）%/d，饲料转化率 FCR 为 10.3。

体长-体质量关系被广泛应用于鱼类生物学研究中，常采用幂函数关系式$W=aL^b$表述体长与体质量之间的关系，并且其意义与合理性已被充分论证，是研究鱼类生活史的重要内容（Wootton R J，1993；Andersen K H et al.，2015；支兵杰 等，2009；黄真理 等，1999）。式中，a 为环境因子，反映研究鱼类所处生境的优劣（李忠炉 等，2011；黄真理 等，1999；支兵杰 等，2009）；b 为幂指数系数，反映研究鱼类生长类型，当 $b<3$ 时，说明生长速度较慢，当 $b=3$ 时，说明为等速生长，当$b>3$时，说明生长速度较快（林学群，1999；李忠炉等，2011；黄真理 等，1999）。参数 a 和 b 的大小在一定程度上可以反映鱼类的生长状态（曹希全 等，2019）。在本研究中，两种驯化养殖小型金枪鱼的系数不同，青干金枪鱼 $b=3.0663$，约等于 3，说明青干金枪鱼在养殖状态下是等速生长。研究结果表明，青干金枪鱼能够适应本研究提供的养殖环境，从而正常生长。

（五）青干金枪鱼全长与体质量的关系

图 9-5 是陆基室内养殖青干金枪鱼的生长曲线，由图可知在养殖过程中随着长度的增加，体质量的增加速度越来越快。体质量与全长之间的关系方程为 $y=0.0128\times x^{3.0663}$，$R^2$

为 0.966，说明拟合曲线可靠性较高。最小的青干金枪鱼全长为 24.49 cm，体质量为 130 g；最大的全长为 44.54 cm，体质量为 950 g。

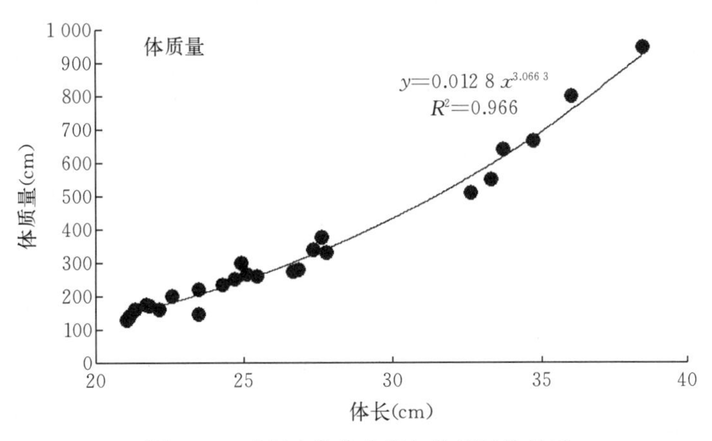

图 9－5　青干金枪鱼全长与体质量的关系

（六）青干金枪鱼的生长性能研究

青干金枪鱼在每年的 1 月、2 月、4 月、5 月和 6 月均可以在泰国西海岸捕获（Chamchang et al.，1988；Boonragsa，1987）。马六甲海峡（Wilson，1981）和南中国海（Chen et al.，1981），也有青干金枪鱼的报道。相比与其他金枪鱼，捕获青干金枪鱼的相关报道相对较少，这可能是由于青干金枪鱼被误认为是其他种类的金枪鱼。在 1980 年 3 月和 1981 年 2 月的泰国西海岸采用灯光围网诱捕捕捞的青干金枪鱼叉长为 20～30 cm（Yesaki，1982）。很多情况下，捕获的青干金枪鱼尺寸太小，仅作为样本保存。IPTP（1985）在泰国湾捕获了叉长为 22 cm 的成年青干金枪鱼，在马来西亚半岛东海岸捕获了叉长为 26 cm 的青干金枪鱼。在野生状态下的、基于长度数据的青干金枪鱼生长研究已经完成。这些研究包括叉长与年龄之间的关系研究（Serventy，1956；Chiampreecha，1978；Klinmuang，1978），通过耳石计算年龄与叉长之间的关系（Wilson，1981）；通过鳍条计算年龄与叉长之间的关系（江建军 等，2018）。而在陆基养殖状态下青干金枪鱼和小头鲔全长与体质量之间的关系及各游泳器官之间随全长生长之间的关系有待进一步丰富。本研究探索了金枪鱼各游泳器官与全长之间的关系，研究表明：青干金枪鱼全长与体高、吻长、胸鳍长、腹鳍长、第一背鳍长、第二背鳍长、臀鳍长、尾鳍长、尾柄高之间的线性关系较好，与吻长、第二背鳍长、尾柄长之间的线性关系较弱；小头鲔全长与体高、吻长、胸鳍长、腹鳍长、第二背鳍长、臀鳍长、尾鳍长、尾柄高之间的线性关系较好，与吻长、第一背鳍长、第二背鳍长、尾柄长之间的线性关系较弱。

（七）青干金枪鱼体测数据与全长之间的关系

图 9－6 分析了青干金枪鱼在室内养殖环境条件下全长与体高、眼径、吻长、胸鳍长、腹鳍长、第一背鳍长、第二背鳍长、臀鳍长、尾柄长、尾鳍长、尾柄高等体测数据之间的关系。研究发现，青干金枪鱼全长与体高、吻长、胸鳍长、腹鳍长、第一背鳍长、第二背鳍长、臀鳍长、尾鳍长、尾柄高之间的线性关系较好，与吻长、第二背鳍长、尾柄长之间的线性关系较弱。

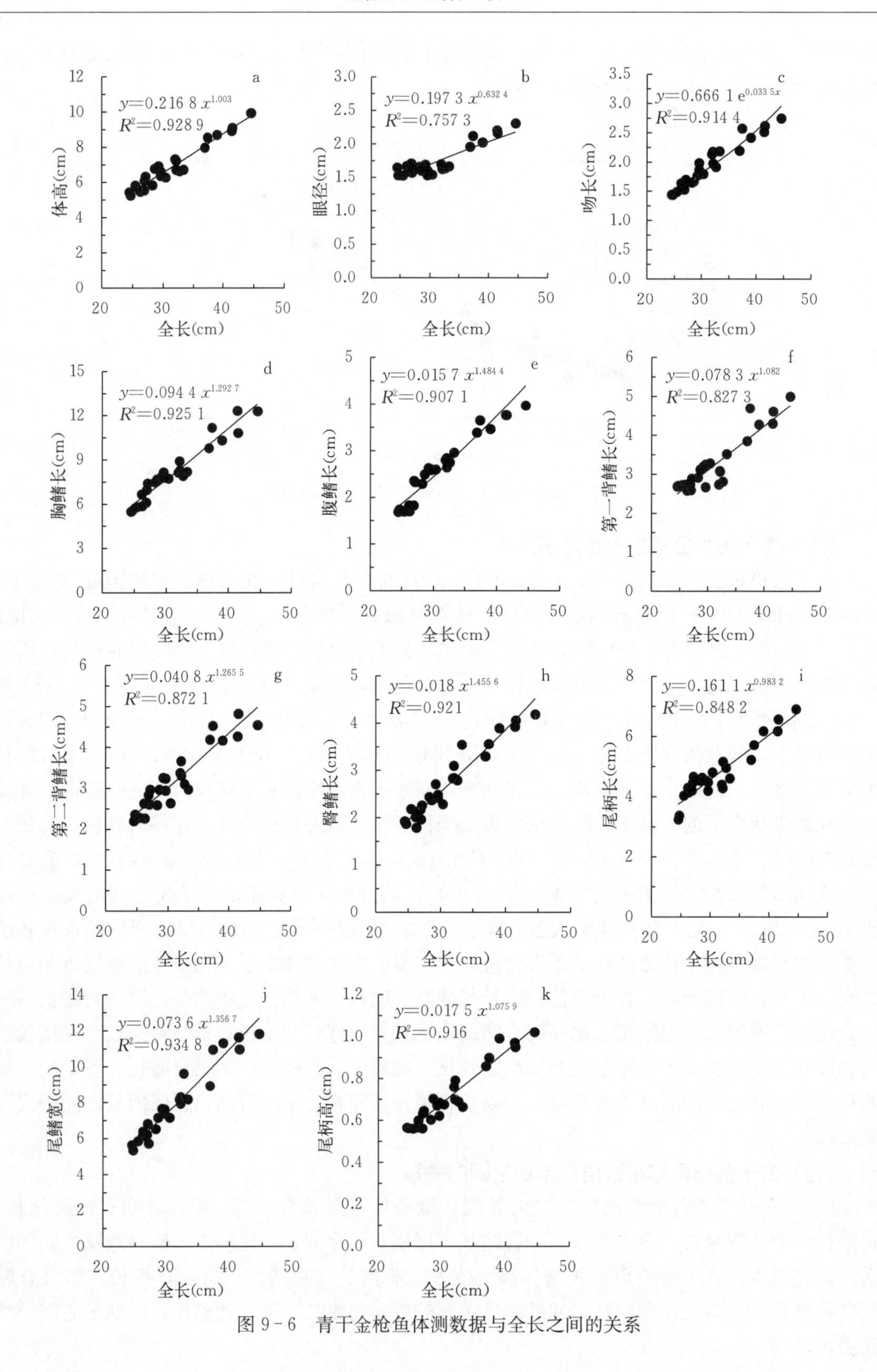

图 9-6　青干金枪鱼体测数据与全长之间的关系

三、青干金枪鱼的骨骼

（一）青干金枪鱼骨骼 X－ray 透视系统成像及附肢骨骼

X－ray 透视系统成像结果显示，同其他鱼类骨骼系统一致，青干金枪鱼骨骼主要分为附肢骨骼和主轴骨骼两个部分。通过 X－ray 透视成像系统，获得青干金枪鱼完整骨架结构，主要包括头部、脊柱、尾部以及附肢骨骼（图 9－7）。青干金枪鱼附肢骨骼包括带骨和支鳍骨。其中带骨包括支持胸鳍（Pcf）的肩带（Ptg）和支持腹鳍（Pif）的腰带（Plg）。肩带左右成对，主要由上匙骨（Sc）、肩胛骨（Sl）、匙骨（Cl）和乌喙骨（Cd）组成。上匙骨为略长形片状骨，上窄下宽，下端与匙骨和肩胛骨愈合相接。匙骨，弯曲似弓形，为肩带中最大的 1 块骨骼，上端与上匙骨及肩胛骨愈合连接，中部与乌喙骨紧密连接。肩胛骨中央有一个圆形小孔，略呈方形片状骨，右上角有关节状突起，直接连接鳍条，前缘与匙骨愈合连接，后缘与胸鳍支鳍骨连接，下缘与乌喙骨愈合相接。乌喙骨为薄片状骨，似鸟嘴，上部略呈扇形，上接肩胛骨，中部两端突起中间凹陷，下部细长呈三角形，与匙骨中部相连。腰带由两块不规则的无名骨组成，左右对称，前端有较长突起，后端通过结缔组织与腹鳍鳍条相连。

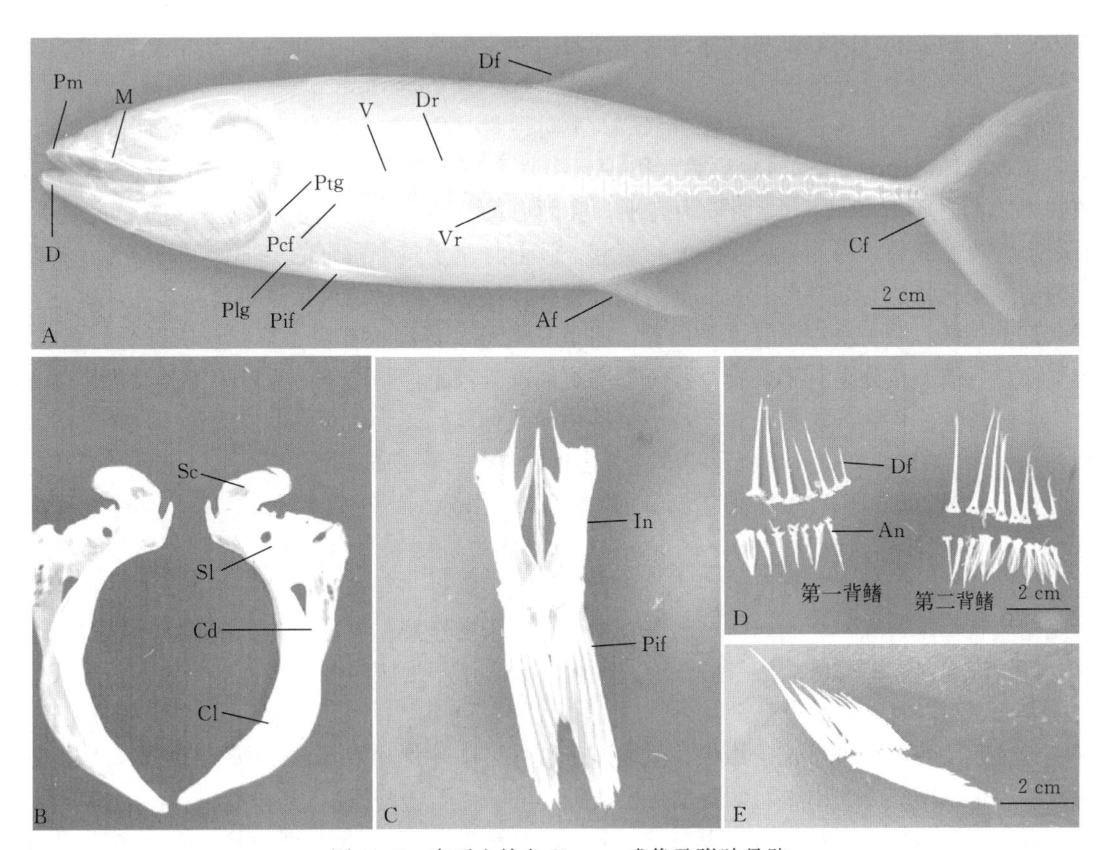

图 9－7　青干金枪鱼 X－ray 成像及附肢骨骼

Af. 臀鳍　Cf. 尾鳍　Df. 背鳍　Pcf. 胸鳍　Pif. 腹鳍　Ptg. 肩带　Plg. 腰带　D. 齿骨　M. 上颌骨　Pm. 前颌骨　V. 脊柱　Dr. 背肋　Vr. 腹肋　Sc. 上匙骨　Sl. 肩胛骨　Cl. 匙骨　Cd. 乌喙骨　In. 无名骨　An. 支鳍骨　Mp. 间鳍骨

青干金枪鱼附肢骨骼还包括背鳍（Df）和臀鳍（Af）支鳍骨等。背鳍支鳍骨分为第一背鳍支鳍骨和第二背鳍支鳍骨，位于第 7 节椎体至第 22 节椎体上方，共有 18 枚。其中第一背鳍第 1 枚支鳍骨呈粗壮似匕首，第 2 枚至第 7 枚支鳍骨较细小。第二背鳍第 1 枚至第 3 枚和第 11 枚支鳍骨较细，而中间第 4 枚至第 10 枚支鳍骨粗壮。青干金枪鱼臀鳍支鳍骨共有 9 枚，其中第 1 枚最长且薄膜状骨片较粗，第 2 枚稍短、粗壮，第 3 枚至第 9 枚依次缩短且薄膜骨片不明显。青干金枪鱼的支鳍骨和鳍棘之间通过间鳍骨相关联。

（二）青干金枪鱼头骨

青干金枪鱼头部骨骼结构较为复杂，包括脑颅骨骼和咽颅骨骼两大部分。脑颅骨骼主要包括嗅区骨骼、额眼区骨骼、蝶骨区骨骼、枕骨区骨骼。咽颅骨骼包围在消化管前端的骨骼，包括颌弓、舌弓、鳃弓和鳃盖骨系。

1. 青干金枪鱼脑颅骨骼

青干金枪鱼嗅区骨骼主要包括 1 块前筛骨（Pe）、1 对鼻骨（N）、1 块中筛骨（Me）、1 块犁骨（Vo）和 1 对侧筛骨（Le）。前筛骨的背面和腹面均有凹陷，背面与前颌骨（Pm）突起处通过嵌套连接，其腹面紧贴中筛骨和犁骨。犁骨位于整个脑颅腹面的最前端中央位置，呈前端膨大后端尖锐的三角形。紧贴犁骨之后为中筛骨，其前端稍有突起，两侧呈弧状向外延伸，后端尖细呈三角形。贴连前筛骨和中筛骨两侧为侧筛骨，内有不规则状凹陷。鼻骨为管状，较细长，前端游离，通过软组织与上颌骨前端连接，后端连接于侧筛骨和额骨接合处。

青干金枪鱼额眼区骨由 1 对额骨（F）、1 对顶骨（P）和 6 对围眶骨组成，而围眶骨包括 2 对眶前骨（Pro）和 4 对眶后骨（Poo）。额骨为脑颅骨中最大的骨骼，面积约占整个脑颅的 1/2，位于脑颅背面，背面较为扁平，腹面有棱状脊。顶骨为类似三角形的片状薄骨，前端部分覆盖额骨，内侧有较小的嵴状突起。眶前骨位于整个眼眶的前部偏下的位置，为略长的扁平膜状骨片，前端具有关节窝与侧筛骨相连接。眶前骨之后是眶后骨，每一块眶后骨形状都不一样。第一块围眶骨也称泪骨，略呈三角形，具细小锯齿。第二块围眶骨长条状，与眶前骨后端交接处附有不规则骨膜。第三块围眶骨较小，是中空的管状。第四块围眶骨稍大，半圆形骨片。第五块围眶骨连接于第三块围眶骨之后，为较短管状骨。第六块围眶骨较细，呈管状（图 9－8A）。眶前骨和眶后骨连接，与额骨等组成眼眶。

青干金枪鱼蝶耳骨区骨骼包括 1 对蝶耳骨（Sp）、1 对翼耳骨（Pt）、1 对上耳骨（Epo）、1 对前耳骨（Prm）、1 对后耳骨（Opo）和 1 块副蝶骨（Pas）。蝶耳骨紧接于额骨之后偏向外侧，内侧被额骨所覆盖，与额骨等构成眼眶骨。翼耳骨前端附于蝶耳骨表面，为不规则块状骨，边缘不规则向内，与额骨、顶骨等紧密连接。上耳骨向内凹陷，与顶骨、翼耳骨等镶嵌连接。前耳骨位于颅腔侧面，面积较大，呈不规则形状，内面多呈突起，构成颅腔内表面。后耳骨，略呈圆形薄片骨，腹面有较小棘突，与前耳骨、翼耳骨及侧枕骨相连。副蝶骨位于颅腔的中央，长条棒状，前端连于犁骨、中筛骨和侧筛骨，中后部稍宽，侧翼稍向上突起，以副蝶骨为中轴两侧骨骼对称。

青干金枪鱼枕骨区骨骼包括基枕骨（Bo）、上枕骨（So）、侧枕骨（Exo）。基枕骨侧面狭长，呈倒三角形，中央有一突起，嵴前腹面有一浅沟，端形成凹臼关节面与第一节椎体相连。上枕骨位于顶骨后方中央，为脑颅中最高的一块骨骼，中央向上隆起形成薄骨片，为上枕骨嵴。侧枕骨位于基枕骨侧上方，左右侧枕骨相连接，与基枕骨共同围成椎骨大孔，骨体后端通过关节与第一节椎体连接。

2. 青干金枪鱼咽颅骨骼

青干金枪鱼颌弓区骨骼主要作用是组成口缘和支撑口腔。包括1对前颌骨（Pm）、1对上颌骨（M）、1对齿骨（D）、1对关节骨（Ar）、1对方骨（Q）、1对前翼骨和1对后翼骨。左右前颌骨在吻端汇合成弧形，汇合处向上突起与前筛骨相连，基部的不规则片状突起和上颌骨前端突起相连，下部有排列不规则锐齿。前颌骨上方附有长条形上颌骨，前端不规则膨大，内侧紧贴于前筛骨外侧，中部凹陷与前颌骨相连，后端稍膨大成片状。齿骨位于下颌最前端，左右两齿骨汇合成弧形，与前颌骨相对应，其前端较窄，后端稍大，后端与前颌骨、上颌骨通过关节骨相连，上部附锐齿。关节骨前端呈三叉戟状，由韧带与齿骨上肢后端相连接，内侧中间凹陷附有透明丝状麦克尔氏软骨。方骨为三角形片状骨，前上缘紧贴前翼骨，后缘紧贴后翼骨。前下部两侧突起，形成膨大的关节突，与关节骨后端相连，底部向上凹陷，扣于前鳃盖骨上。前翼骨细长，呈120°弯曲，弯曲处下缘有片状突起，后缘紧连于方骨前上缘内侧。后翼骨为扁平薄片状，外侧表面向内凹陷，上部为三角形膜质骨片，内侧向前上方伸展呈条形片状骨，前下缘紧贴方骨。

青干金枪鱼舌弓区骨骼位于颌弓区的后下方，包括口咽腔的腹面及两侧鳃弓的下部，构成口咽腔的底部（图9－8 C、E）。舌弓区骨骼主要包括1块基舌骨（Bhy）、1对下舌骨（Hy）、1对角舌骨（Chy）、1对上舌骨（Ehy）、1块尾舌骨（Uhy）、1对间舌骨（Ihy）、3块基鳃骨（Bsc）、3对鳃条骨（RB）和5对鳃弓（Ba）。基舌骨位于口腔底部，为倒三角形，前端宽后端稍窄，腹面具有一隆起的嵴，前端游离、被结缔组织覆盖，后端连接于两块下舌骨之间，末端与基鳃骨通过关节紧密连接。下舌骨形状不规则，上下两块通过关节愈合紧贴，外侧与角舌骨前端紧密相连，内侧向内有一个突起，与基舌骨相连。角舌骨前端紧连于下舌骨之后，扁平略呈长方形，腹部外侧附着有3块鳃条骨。上舌骨位于角舌骨后方，为1对扁平的三角形骨，后端背面与间舌骨关节。尾舌骨位于舌弓的腹面底部，侧面呈三角状，前部上端通过韧带与基鳃骨相连接，末端通过韧带与肩带和腰带相连。间舌骨（茎舌骨）位于上舌骨上方，短棒状，前端有明显突起，后端下部有小突起，腹面与舌上骨的凹关节面相连接，舌弓通过该关节与上颌各骨骼相连。基鳃骨短棒状，位于鳃弓中央，一次排列于基舌骨之后，共有3块，第三块最长，末端与尾舌骨相连。鳃条骨细长条状，位于鳃盖骨内侧，附着于角舌骨腹面外侧，第一、第二对略长，第三对稍短。青干金枪鱼共有5对鳃弓，通过结缔组织连接于基鳃骨，第一至第四鳃弓均由下鳃骨、角鳃骨和上鳃骨3部分构成，第五对鳃弓特化呈下咽骨。

3. 青干金枪鱼鳃盖骨系

青干金枪鱼鳃盖骨系包括1对前鳃盖骨（Pop）、1对鳃盖骨（Op）、1对间鳃盖骨（Iop）和1对下鳃盖骨（Sop）。前鳃盖骨扁平似镰刀，中部骨质厚实，两端为较薄片骨，中间宽，末端尖细，其后缘附于其他鳃盖骨前端的上方。鳃盖骨是所有鳃盖骨系中面积最大的一块，为近似扇形的膜状骨，内侧突起有关节，末端边缘薄，背面有细致棱状突起，腹面光滑。间鳃盖骨为近似三角形的片状骨，上边缘厚，下缘弧形、逐渐变薄且末端光滑无锯齿，后缘覆盖于下鳃盖骨前端。下鳃盖骨为长条片状膜骨，前上边缘向上突起呈钩状，上缘紧贴鳃盖骨，前端背突起位于前鳃盖骨与鳃盖骨之间。

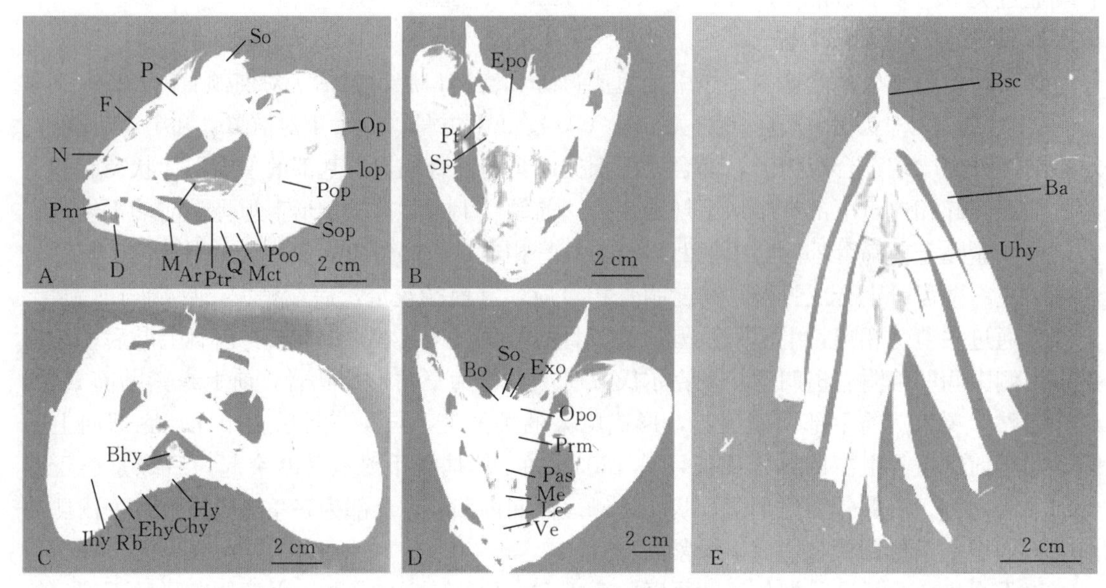

图 9-8　青干金枪鱼头部骨骼

D. 齿骨　M. 上颌骨　Pm. 前颌骨　Op. 鳃盖骨　Iop. 间鳃盖骨　Pop. 前鳃盖骨　Sop. 下鳃盖骨　Pro. 眶前骨　Poo. 眶后骨　Pas. 副蝶骨　F. 额骨　P. 顶骨　Pt. 翼耳骨　Epo. 上耳骨　prm. 前耳骨　Opo. 后耳骨　So. 上枕骨　Bo. 基枕骨　Exo. 侧枕骨　Vo. 犁骨　Pe. 前筛骨　N. 鼻骨　Me. 中筛骨　Le. 侧筛骨　Sp. 蝶耳骨　Bhy. 基舌骨　Chy. 角舌骨　Hy. 下舌骨　Ehy. 上舌骨　Uhy. 尾舌骨　Ihy. 间舌骨　Bsc. 基鳃骨　RB. 鳃条骨　Ba. 鳃弓

（三）青干金枪鱼脊柱和尾骨

青干金枪鱼脊柱由 39 枚脊椎骨前后衔接构成，包括躯椎和尾椎两个部分。所有椎体（Ce）均为双凹形，椎体间通过韧带连接。

第 1～7 节椎体无腹肋。其中第 1 节椎体最短，通过关节面与基枕骨相连，其背部有 2 个特化的突起，与侧枕骨通过关节连接，髓棘粗短与椎体通过关节相连。第 2～4 椎体较短且髓棘粗壮，呈中间宽扁末端圆滑状。第 5～7 节椎体较前 4 节椎体有所增长，髓棘粗壮、较长且末端不尖锐。前端斜上方有两圆形关节窝与两侧枕骨相连，椎体正前方与基枕骨关节面相连，髓棘较短与椎体有关节窝相连，可与椎体分开并可以沿纵向分为对称的两部分，每侧基部连有一根背肋。第 8～10 节椎体髓棘逐渐变细长，向后倾斜，开始出现腹肋，且越往后腹肋越长。第 10 节椎体开始各出现 2 个明显前关节突（paa）和后关节突（pap），且呈现先增长后变短的趋势。第 11 节椎体开始侧腹面出现短的椎体横突，椎体横突向腹面突出左右汇合成脉弓（Ha）。中间的空腔为脉管（CH），是尾动脉和尾静脉的通道。脉弓继续向腹面延伸为脉棘（HS），且越往后脉棘越长。第 21 节椎体 2 个后关节突分别向前伸出突起连接于本节椎体脉弓基部，越往后突起越粗壮，整个脉棘也随之逐渐向椎体后端迁移，并呈现逐渐粗短的趋势。第 33 节椎体腹肋直接连于后关节突上，且脉棘十分短并竖直向后连于下一节椎体上，髓棘也呈现相同的规律。

青干金枪鱼尾骨包括 4 枚尾上骨（Ep）、4 枚尾下骨（Hy）和 1 枚尾杆骨（Ur）。其中尾上骨和尾下骨由第 35～38 节椎的髓棘和脉棘向后延伸变形而形成，而尾杆骨由第 39 节椎体演变而成。尾杆骨前端较窄、通过半圆形关节凹陷与前一椎体相连接，呈扇形骨片，整个骨片中轴位置稍微突起。紧贴尾杆骨的为 1 块尾上骨和 1 块尾下骨，2 块骨骼均为较细的棒状骨骼，紧接着为2块稍粗壮的棒状尾上骨和尾下骨，另外1块尾上骨和1块尾下骨为末端较为尖锐的尖刺状骨骼。青干金枪鱼尾骨为支撑整个尾鳍的支鳍骨，有效地为鱼体提供前进推动力（图9-9）。

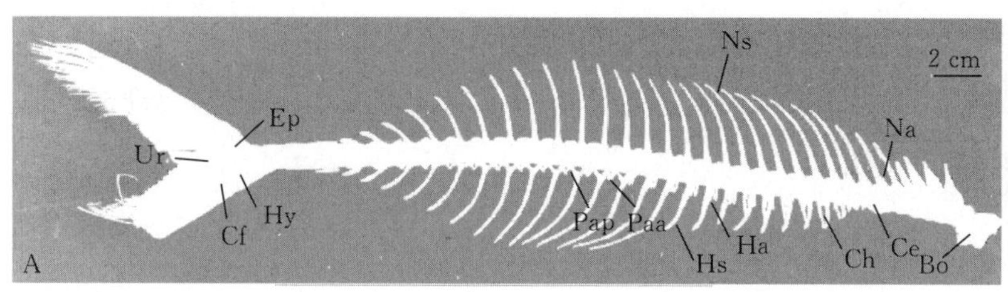

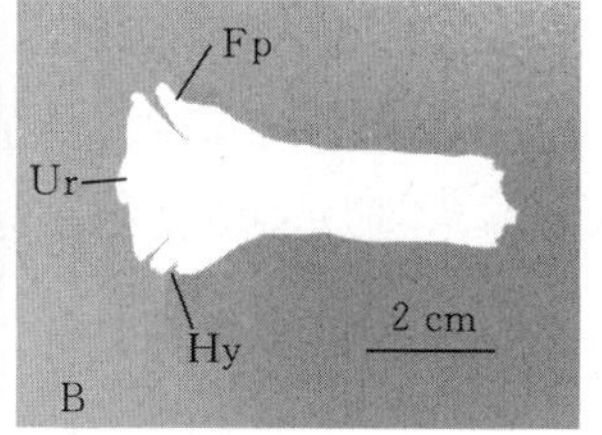

图9-9　青干金枪鱼脊柱与尾骨

Na. 髓弓　Ns. 髓棘　Ha. 脉弓　Hs. 脉棘　Ch. 脉管　Tp. 椎体横突　Ce. 椎体　paa. 前关节突
pap. 后关节突　Bo. 基枕骨　Ep. 尾上骨　Hy. 尾下骨　Ur. 尾杆骨　Cf. 尾鳍

四、青干金枪鱼的食性

青干金枪鱼是非选择性机会捕食者，以硬骨鱼类（82%）、甲壳类（4.6%）和软体动物（13.4%）为食。沙丁鱼（*Sardinella* sp.）、凤尾鱼（*Thryssa* sp.）、鲹科（Decapterus sp.和Selar sp.）、带鱼（*Trichiurus* sp.）、飞鱼、鳜鱼、小型金枪鱼（Auxis rochei）、金线鱼和小鲈鱼（*Lethrinus* sp.）在饮食中占主导地位。食物中的甲壳类动物包括对虾、毛虾、浮游蟹和口足类。软体动物包括鱿鱼、章鱼和腹足类（Abdussamad et al.，2012）。

五、青干金枪鱼死亡率和捕捞率

Abdussamad等（2012）估算的自然死亡率为0.97y^{-1}，捕捞死亡率为2.37。由于捕获物中存在较大比例的小青干金枪鱼，所以捕捞死亡率很高。可捕率（0.707）与最大捕捞率（0.485）相比，青干金枪鱼可提供很大的产量。

第五节　青干金枪鱼繁殖生物学

野生雄性和雌性青干金枪鱼在种群中所占的比例几乎相等，并且在成长和成熟方面没有表现出两性分化。全年的调查可以采集到处于各个发展阶段的性腺。捕获的青干金枪鱼中发现有成熟和成熟后退化的性腺，证明了青干金枪鱼可全年产卵并且一年中有两个产卵高峰期。在8—12月和4—5月，在渔获物中很少能发现性腺成熟的青干金枪鱼，这表明随着性腺成熟，鱼可能迁移至别处产卵。

捕获的完全性成熟和产卵的青干金枪鱼最小全长为48 cm。通过逻辑曲线估算的成熟时尺寸为51.8 cm。这种大小的鱼的年龄为12.8个月。在成熟的卵巢中可以观察到两到三批不同发育时期的卵，表明青干金枪鱼是分批产卵的物种（Abdussamad et al.，2012）。

一、繁殖力

青干金枪鱼全长为79.4～133.9 cm，每次产卵量估计为227 364～109 289枚卵。发现其相对繁殖力随鱼体的增大而增加。研究中，最小和最大的青干金枪鱼，其相对繁殖力分别为10 334 和147 688 枚卵，平均值为 132 840 枚卵。

二、最佳的捕捞尺寸和开发力度

根据成熟时的大小，估计的最佳开采长度大小和年龄分别为 56.2 cm 和 1.2 年。这种规模使近 80%的新生青干金枪鱼有机会在被捕获之前成熟并产卵。据估计，50%的种群被刺网捕获时的长度为 51.24 cm 和 1.05 年。

三、增长模式

增长是双峰的，全年中新增加的青干金枪鱼，5—6 月是主要的季节，而 8—9 月则略少。在此期间，青干金枪鱼的全长大小在 5—6 月为 28 cm，在 8—9 月为 23 cm。该物种的增长率表明，5—6 月的幼鱼来自季风后所产的卵，8 月的幼鱼来自季风前的几个月所产的卵。

第六节　青干金枪鱼的加工与利用

一、青干金枪鱼的肌肉营养价值研究

金枪鱼具有高蛋白、低脂肪，富含丰富的二十碳五烯酸（eicosapentaenoic acid，EPA）、二十二碳六烯酸（docosahexaenoic acid，DHA）等不饱和脂肪酸的特点，是被国际营养协会推荐食用的食品（全晶晶 等，2013）。一般来说，高价值金枪鱼通常做成生鱼片等食品，低价值金枪鱼则加工成罐头制品，产生了巨大的经济效益（林莉莉 等，2018；李桂芬 等，2003）。目前，对于黄鳍金枪鱼（杨胜龙 等，2019）、蓝鳍金枪鱼、大眼金枪鱼（李波 等，2019）、长鳍金枪鱼（艾杨洋 等，2018）等高价值鱼类的研究较多。对金枪鱼的捕获方式（李杰 等，2018；冯波 等，2018；何珊 等，2018；刘莉莉 等，2018；何珊 等，2017）、金枪鱼鱼肉保存、运输、加工等（余文晖 等，2019；罗江钊，2018；余文晖 等；冯程程，2018；钟林青，2018；王馨云 等，2020；许丹 等，2018；蓝蔚青 等，2019）、金枪鱼的资源评估（原作辉 等，2018；马璐璐 等，2018；周为峰 等，2018）、金枪鱼的提取物（韩姣姣 等，2018；李晓艺 等，2018）等的研究较多且较完善，而对于低价值鱼类的研究较少。国内外对低价值金枪鱼的研究主要集中于扁舵鲣、正鲣、东方狐鲣等品种，对青干金枪鱼和小头鲔也有所研究，但主要集中在生物学属性等方面（Abdussamad et al.，2012），对青干金枪鱼幼鱼肌肉营养价值的研究尚未见报道。

本书作者以青干金枪鱼新鲜幼鱼为研究对象，对其营养成分进行分析，并与其他金枪鱼类进行营养价值对比评价，旨在为其食用价值与驯化养殖价值提供数据参考。

（一）青干金枪鱼幼鱼肌肉成分

脏体比（viscerosomatic index，VSI,%）$=100\times mH/m$

肝体比（hepatosomatic index，HSI,%）$=100\times mV/m$

式中，m 为鱼体质量（g）；mH 为肝脏质量（g）；mV 为内脏质量（g）。数据用平均数±标准差（x±s）表示。采用 SPSS 19.0 统计分析软件对不同实验组之间数据进行单因素方差分析，采用 Duncan 法和 Dunnett T3 进行多重比较分析，当 $P<0.05$ 时差异显著。

由表 9-3 可知，这两种鱼含量最高的是水分，与其他鱼种相同。青干金枪鱼全鱼和肌肉的水分均显著高于小头鲔（$P<0.05$），说明青干金枪鱼水分含量更高。青干金枪鱼全鱼的灰分显著低于小头鲔，而肌肉的灰分则显著高于小头鲔，说明小头鲔的骨骼占比更大。将全鱼脂肪含量进行对比发现，小头鲔幼鱼的全鱼脂肪含量远高于青干金枪鱼幼鱼（$P<0.05$）；对比肌肉中的脂肪含量发现，青干金枪鱼幼鱼的肌肉脂肪含量略小于小头鲔幼鱼（$P<0.05$），说明小头鲔具有更高的腹脂率，在解剖时也发现相同的现象，可以相互印证。小头鲔的脏体比是青干金枪鱼的 1.6 倍多，显著高于青干金枪鱼（$P<0.05$），这可能是由于腹脂率高导致的。同时在驯养的过程中发现同等体重的情况下，小头鲔的摄食量远高于青干金枪鱼，这可能跟脏体比较大有关。青干金枪鱼与小头鲔的肝体比没有显著差异，小头鲔的肝体比略高于青干金枪鱼，是表中唯一一个两种鱼没有显著差异的指标。

表 9-3 野生青干金枪鱼幼鱼与小头鲔幼鱼体成分对比

单位：%

成分	青干金枪鱼幼鱼		小头鲔幼鱼	
	全鱼	肌肉	全鱼	肌肉
水分	72.24±4.95*	75.38±1.08*	67.99±3.64**	72.83±0.68*
灰分	2.69±0.07*	1.67±0.08*	2.91±0.03*	1.47±0.01*
脂肪	1.51±0.01*	0.33±0.01*	11.31±0.93**	0.36±0.02*
总蛋白	24.70±0.89*		22.60±0.75*	
脏体比	4.4±0.58*		7.14±0.52*	
肝体比	1.22+0.35		1.58±0.76	

注：*表示差异显著（$P<0.05$），**表示差异极显著（$P<0.01$）。

有研究表明，青干金枪鱼的肌肉含水量为 71.13%（郑振霄 等，2015），在本研究中青干金枪鱼幼鱼的肌肉含水量为 72.2%，结果相似，本研究中水分含量略高可能是因为本研究中肌肉样品来自青干金枪鱼幼鱼，或者是由于自行近海捕捞，现捕现采，没有其他环节。全鱼测定时，小头鲔幼鱼的水分含量显著（$P<0.05$）小于青干金枪鱼幼鱼，同时脂肪含量显著（$P<0.05$）大于青干金枪鱼幼鱼，这可能是由于小头鲔幼鱼全鱼脂肪含量较高，而脂肪的含水量相对较低导致的。小头鲔幼鱼的肌肉脂肪含量略高于青干金枪鱼幼鱼，而体脂率远高于青干金枪鱼幼鱼，由此推测出小头鲔幼鱼的腹脂率较高，在进行解剖时也印证了这一现象。本研究中青干金枪鱼幼鱼肌肉脂肪含量为 0.33%，低于苏阳测定的 1.87%（苏阳 等，2015），与郑振霄测定的 0.63%接近（郑振霄 等，2015）。有研究表明，黄鳍金枪鱼肌肉中的脂肪含量为 0.2%（王峰 等，2013），低于本研究中青干金枪鱼幼鱼肌肉中脂肪含量，差异较小，且均远低于人们日常使用的猪肉脂肪含量（5.8%）（李鹏飞 等，2006），是非常健康的食品。

蛋白含量是判定食品营养价值的重要指标，本研究中青干金枪鱼幼鱼肌肉蛋白质含量（24.7%）高于小头鲔幼鱼（22.6%），高于大眼金枪鱼（16.2%）(邹盈 等，2018)，高于黄鳍金枪鱼（24.3%）和蓝鳍金枪鱼（21.89%）(邹盈 等，2018)，低于长鳍金枪鱼（27.4%）和黄鳍金枪鱼（19.3%）(平宏和，2001)，低于蓝鳍金枪鱼（24.7%）和鲣（23.8%）(杨金

生 等，2013)，与青干金枪鱼相近（24.6%)(郑振霄 等，2015)。由以上数据可知，青干金枪鱼幼鱼的蛋白含量较高，且高于部分高价值金枪鱼的蛋白含量，是非常优秀的高蛋白食品。

青干金枪鱼的脏体比是4.4，显著低于（$P<0.05$）小头鲔的脏体比（7.14)，同时肝体比是1.22，也显著低于（$P<0.05$）小头鲔的肝体比（1.58)。说明青干金枪鱼的内脏团更小，从侧面反映出青干金枪鱼的出肉率更高。内脏和肝脏是鱼类的重要能量物质储存器官、消化器官和免疫器官（刘永士 等，2018；刘奇奇 等，2017)，内脏和肝脏更小也会导致对于饥饿的耐受能力下降，为保证能够在竞争激烈的海洋中生存必须保持高强度、高密度的捕捉食物的动作，因此造就了青干金枪鱼游泳速度快、耐力好等特点，以及内脏和肝占比小的独特身体构造。同时通过解剖发现青干金枪鱼没有鱼鳔，这也导致其身体平均密度略高于海水，无法悬浮在水中，必须保持连续游动的动作，否则将沉入水底。高强度的运动要求在驯化金枪鱼类时必须保证养殖池或者网箱足够大，以便保证其正常游泳及转身。具体规格及性状数据有待进一步研究。

（二）青干金枪鱼成鱼肌肉成分

郑振霄（2015）测定了青干金枪鱼成鱼的肌肉成分（表9-4)。

表9-4　青干金枪鱼赤身肉营养成分

单位：%

种类	水分含量	灰分含量	粗蛋白含量	粗脂肪含量
青干金枪鱼	71.13±1.67[a]	1.56±0.04[a]	24.56 ± 0.38[a]	0.63±0.01[a]
鲔	72.27±1.70[a]	1.38±0.05[b]	23.44±0.46[b]	1.47±0.02[b]

注：同一行不同上标字母表示差异显著（$P<0.05$）。

由表9-4可知，2种金枪鱼赤身肉的4种基本营养成分中水分含量最高，分别为71.13%和72.27%；其次是粗蛋白含量，分别为24.56%和23.44%，蛋白质含量明显高于鸡蛋（12.84%）（葛庆联 等，2013)。2种鱼的灰分和粗脂肪含量差异显著（$P<0.05$），灰分含量分别为1.56%和1.38%，粗脂肪含量分别为0.63%和1.47%，均高于黄鳍赤身肉中的脂肪含量（0.2%）（王峰 等，2013)，但低于猪肌肉脂肪含量（5.8%）（李鹏飞 等，2006)。因此，青干金枪鱼和鲔均是高蛋白低脂肪的健康食品，符合现代人们的健康饮食理念。

二、脂肪酸成分及含量

（一）青干金枪鱼幼鱼肌肉脂肪酸成分及含量

由表9-5可知，青干金枪鱼与小头鲔幼鱼均检出8种脂肪酸，且青干金枪鱼每种脂肪酸含量均小于小头鲔，其中C16:0、C16:ln7、C20:5n3含量显著小于小头鲔（$P<0.05$），其余差异不显著。其中饱和脂肪酸（saturated fatty acid，SFA）2种，单不饱和脂肪酸（monounsaturated fatty acid，MUFA）2种，多不饱和脂肪酸（polyunsaturated fatty acid，PUFA）4种。对比多不饱和脂肪酸与饱和脂肪酸的比值，发现青干金枪鱼幼鱼高于小头鲔幼鱼。

表 9-5　野生青干金枪鱼幼鱼与小头鲔幼鱼肌肉脂肪酸成分及含量对比

单位：%

脂肪酸	中文名称	青干金枪鱼幼鱼		小头鲔幼鱼	
		绝对含量	相对含量	绝对含量	相对含量
C16:0	棕榈酸	0.052	18.310	0.069	19.141
C16:ln7	棕榈油酸	0.004	1.363	0.005	1.440
C18:0	硬脂酸	0.032	11.127	0.044	12.078
C18:ln9c	油酸	0.018	6.197	0.020	5.623
C18:2n6c	亚油酸	0.005	1.739	0.005	1.335
C20:4n6	花生四烯酸	0.011	3.803	0.016	4.349
C20:5n3（EPA）	二十碳五烯酸	0.013	4.577	0.020	5.429
C22:6n3（DHA）	二十二碳六烯酸	0.150	52.817	0.182	50.416
SFA	饱和脂肪酸	0.084	29.437	0.113	31.302
USFA	不饱和脂肪酸	0.200	70.423	0.248	68.698
MUFA	单不饱和脂肪酸	0.022	7.570	0.026	7.064
PUFA	多不饱和脂肪酸	0.179	63.028	0.222	61.496
PUFA/SFA		2.141		1.965	

注：绝对含量表示每 100 g 鱼肉的含量；相对含量是指该成分占总脂肪酸的百分比。

有研究表明脂肪酸具有抗癌、抗炎症，促进大脑发育的功效，特别是不饱和脂肪酸 EPA 和 DHA（邱雅 等，2018；刘艳，2004；夏瑜等 2008；孙雪丽 等，2000；李雅婷 等，2016）。由表 9-5 可知，野生青干金枪鱼幼鱼和小头鲔幼鱼均有多种脂肪酸检出。此外还有 11 种脂肪酸含量的检测结果低于限定值 0.33%，故没有体现在表中，另有 18 种脂肪酸未检出，共检测了 37 种脂肪酸。通过对比所有的脂肪酸检测结果可知，青干金枪鱼幼鱼的所有种类脂肪酸含量均小于小头鲔。在本试验中，青干金枪鱼幼鱼多不饱和脂肪酸与饱和脂肪酸的比值高于小头鲔幼鱼，联合国健康部门推荐的比例值为大于 0.4（郑振霄 等，2015），青干金枪鱼幼鱼的比例值为 2.141，远大于推荐值，表明食用青干金枪鱼幼鱼有利于身体健康。

（二）青干金枪鱼成鱼肌肉脂肪酸成分及含量

由表 9-6 可知，青干金枪鱼的赤身肉中检测出 22 种脂肪酸，检测出 9 种饱和脂肪酸，5 种单不饱和脂肪酸和 8 种多不饱和脂肪酸。青干金枪鱼赤身肉中脂肪酸含量的变化为 PUFA（52.07%）>SFA（40.08%）>MUFA（7.11%）。2 种鱼都含有大量的 PUFA，青干金枪鱼中的 PUFA 含量（52.07%）小于鲔中的 PUFA 含量（58.09%），其中 EPA 和 DHA 的含量在 2 种鱼中都是最高，分别为 32.59%和 28.53%。

表 9-6 青干金枪鱼成鱼肌肉脂肪酸成分

单位：%

脂肪酸	中文名称	青干金枪鱼	鲔
$C_{14:0}$	肉豆蔻酸	2.25 ± 0.32^{b}	4.07 ± 0.29^{a}
$C_{15:0}$	十五碳酸	0.62 ± 0.01^{b}	1.36 ± 0.12^{a}
$C_{16:0}$	棕榈酸	23.02 ± 1.22^{a}	ND^{b}
$C_{17:0}$	十七碳酸	1.41 ± 0.01^{a}	1.84 ± 0.03^{a}
$C_{18:0}$	硬脂酸	9.81 ± 1.21^{a}	ND^{b}
$C_{20:0}$	花生酸	0.52 ± 0.09^{b}	$0.92\pm+0.01^{a}$
$C_{21:0}$	二十一碳酸	1.71 ± 0.06^{b}	2.56 ± 0.11^{a}
$C_{22:0}$	二十二碳酸	1.02 ± 0.03^{b}	0.04 ± 0.01^{b}
$C_{23:0}$	二十三碳酸	0.47 ± 0.01^{b}	1.01 ± 0.12^{a}
$\sum$SFA	饱和脂肪酸	40.83	11.88
$C_{16:1}$	棕榈油酸	2.21 ± 0.22^{b}	11.16 ± 1.78^{a}
$C_{17:1}$	十七碳一烯酸	0.26 ± 0.02^{b}	0.80 ± 0.03^{a}
$C_{18:1}$	油酸	2.15 ± 0.11^{b}	17.15 ± 0.87^{a}
$C_{20:1}$	二十碳一烯酸	1.14 ± 0.02^{a}	0.28 ± 0.01^{b}
$C_{22:1}$	二十二碳一烯酸	ND^{b}	0.52 ± 0.05^{a}
$C_{24:1}$	二十四碳一烯酸	1.35 ± 0.12^{a}	$0.12+0.02^{b}$
$\sum$MUFA	单不饱和脂肪酸	7.11	30.03
$C_{11:2}$	亚油酸	1.50 ± 0.03^{a}	1.65 ± 0.02^{a}
$C_{11:3}$	γ-亚油酸	0.41 ± 0.05^{b}	0.89 ± 0.07^{a}
$C_{11:3}$	α-亚麻酸	0.58 ± 0.03^{b}	0.82 ± 0.05^{a}
$C_{20:2}$	二十碳二烯酸	0.36 ± 0.02^{a}	0.43 ± 0.06^{a}
$C_{20:3}$	二十碳三烯酸	ND^{b}	0.16 ± 0.01^{a}
$C_{20:4}$	花生四烯酸	0.17 ± 0.04^{b}	0.43 ± 0.06^{a}
$C_{20:5}$	EPA	4.06 ± 0.34^{b}	6.97 ± 0.85^{a}
$C_{20:6}$	二十二碳二烯酸	16.46 ± 0.89^{b}	25.18 ± 1.22^{a}
$C_{20:6}$	DHA	28.53 ± 3.25^{a}	21.56 ± 2.11^{b}
$\sum\omega-3$ PUFA		33.17	29.35
$\sum\omega-6$ PUFA		18.54	28.31
$\sum\omega-6$ PUFA/$\sum\omega-3$PUFA		0.56	0.96
EPA+DHA		32.59	28.53
$\sum$ PUFA	多不饱和脂肪酸	52.07	58.09
$\sum$ PUFA/$\sum$ SFA		1.27	4.89

注：同一行不同上标字母表示差异显著（$P<0.05$）。

PUFA 在防止心血管疾病、抗癌、抗炎症，促进大脑发育（邱雅 等，2018；刘艳，2004；夏瑜 等，2008；孙雪丽 等，2000）等方面具有显著功效，特别是 EPA 和 DHA。理想脂肪酸还要有适宜的比例（PUFA/SFA），联合国健康部门的推荐值为 0.4，青干金枪鱼的比例为 1.27，比推荐值高，表明青干金枪鱼符合理想脂肪酸的标准。青干金枪鱼赤身肉中的 ω－6 PUFA 含量与 ω－3 PUFA 的比值分别为 0.56 和 0.96，都要远低于我国和英国卫生部推荐的人类食品中 $\sum$ω－6 PUFA 与 $\sum$ω－3 PUFA 比值最大安全上限 4.0（谢宗墉，1991）。

三、氨基酸成分及含量

（一）青干金枪鱼幼鱼肌肉氨基酸成分及含量

本书作者研究测定了青干金枪鱼幼鱼和小头鲔幼鱼肌肉中鲜味氨基酸的含量。由表 9－7 可知，青干金枪鱼幼鱼肌肉中 4 种鲜味氨基酸（谷氨酸、甘氨酸、天冬氨酸、丙氨酸）的含量均高于小头鲔幼鱼［差异不显著（$P>0.05$）］。说明青干金枪鱼幼鱼有更好的口感，更能引起人的食欲。

表 9－7　野生青干金枪鱼幼鱼和小头鲔幼鱼肌肉鲜味氨基酸含量对比

单位：%

鲜味氨基酸	青干金枪鱼幼鱼		小头鲔幼鱼	
	原肉	干基	原肉	干基
谷氨酸（Glu）	3.41	13.85	3.06	11.26
甘氨酸（Gly）	1.10	4.47	0.99	3.64
天冬氨酸（Asp）	2.29	9.30	2.10	7.73
丙氨酸（Ala）	1.44	5.85	1.29	4.75

鲜味氨基酸能够促进人的食欲，其含量决定了鱼肉的鲜味程度，因此测定鲜味氨基酸的含量有助于体现其食用口感。在本研究中，分别检测了青干金枪鱼幼鱼和小头鲔幼鱼的 4 种鲜味氨基酸的含量。研究表明，青干金枪鱼幼鱼的 4 种鲜味氨基酸的含量均大于小头鲔幼鱼，说明青干金枪鱼幼鱼的肉质口感更好，更能促进人的食欲。本研究中青干金枪鱼幼鱼和小头鲔幼鱼的谷氨酸、天冬氨酸、丙氨酸含量均大于邹盈研究中大眼金枪鱼、黄鳍金枪鱼和蓝鳍金枪鱼的含量，而甘氨酸的含量对比为：黄鳍金枪鱼＞大眼金枪鱼＞青干金枪鱼＞蓝鳍金枪鱼＞小头鲔（邹盈 等，2018）。因此，总体来说鲜味氨基酸的总含量是青干金枪鱼最高，小头鲔次之，均大于蓝鳍金枪鱼、黄鳍金枪鱼和大眼金枪鱼，鲜味较浓郁。

（二）青干金枪鱼成鱼肌肉氨基酸成分及含量

如表 9－8 所示，17 种常见氨基酸在青干金枪鱼的赤身肉中均有检出，其中色氨酸由于检测方法的原因，未能检出，故不做分析。从氨基酸总量上分析，青干金枪鱼赤身肉的氨基酸含量（24.36%）要高于鲔赤身肉中氨基酸的含量（20.84%），并且青干金枪鱼的必需氨基酸含量、半必需氨基酸含量和非必需氨基酸含量都大于鲔；青干金枪鱼鲜味氨基酸（天冬氨酸、谷氨酸、甘氨酸和丙氨酸）的总含量为每 100 g 中含 8.56 g，占氨基酸总量的 35.13%，低于天然鲑点石斑鱼（48.15%）和军曹鱼（44.92%）（张本 等，1996）。2 种金枪鱼赤身肉的必需氨基酸与总氨基酸的比值为 39.86%和 39.97%，均超过 WHO 和 FAO 的标准（35.38%）；必需氨基酸与非必需氨基酸的比值分别为 84.29%，高于 WHO 和 FAO 提出的参考蛋白模式标准（60%）。

表 9-8　青干金枪鱼赤身肉氨基酸成分分析

单位：g/100 g

氨基酸	青干金枪鱼	鲔
苏氨酸（Thr）*	1.15±0.14[a]	0.98±0.17[a]
缬氨酸（Val）*	1.24±0.12[a]	1.04±0.19[b]
甲硫氨酸（Mct）*	0.75±0.01[a]	0.65±0.02[a]
异亮氨酸（llc）*	1.21±0.11[a]	1.03±0.21[a]
亮氨酸（Lcu）*	2.18±0.24[a]	1.90±0.14[b]
苯丙氨酸（Phe）*	0.92±0.02[a]	0.80±0.05[a]
赖氨酸（Lys）*	2.26±0.33[a]	1.93±0.16[b]
天冬氨酸（Asp）*	2.36±0.22[a]	2.01±0.13[b]
丝氨酸（Scr）	0.89±0.02[a]	0.73±0.02[b]
谷氨酸（Glu）*	3.41±0.45[a]	2.86±0.32[b]
甘氨酸（Gly）*	1.23±0.03[a]	1.00±0.03[b]
丙氨酸（Ala）*	1.56±0.33[a]	1.31±0.12[b]
半胱氨酸（Cys）	0.19±0.01[a]	0.13±0.01[a]
酪氨酸（Tyr）	0.88±0.03[a]	0.76±0.07[a]
组氨酸（His）**	1.59+0.11[a]	1.50±0.12[a]
精氨酸（Arg）**	1.53±0.33[a]	1.34±0.12[a]
脯氨酸（Pro）	1.00±0.01[a]	0.87±0.02[b]
必需氨基酸（%）	9.71	8.33
半必需氨基酸（%）	3.12	2.84
非必需氨基酸（%）	11.52	9.67
鲜味氨基酸（%）	8.56	7.18
氨基酸总含量（%）	24.36	20.84
必需氨基酸/总氨基酸（%）	39.86	39.97
必需氨基酸/非必需氨基酸（%）	84.29	86.14
鲜味氨基酸/总氨基酸（%）	35.13	34.45

注：同一行不同上标字母表示差异显著（$P<0.05$）；*为第一限制氨基酸，**为第二限制氨基酸。

（三）青干金枪鱼赤身肉氨基酸营养品质评价

研究表明，食物中蛋白质的营养价值主要取决于以下 2 个因素：氨基酸的种类和必需氨基酸的含量；氨基酸的比例。根据 FAO 与 WHO 提供的理想蛋白质中必需氨基酸含量的模式及评分标准和中国预防医学科学院营养与食品卫生研究所提出的鸡蛋蛋白质模式，对青干金枪鱼赤身肉的氨基酸进行营养评价。由表 9－9 可知，青干金枪鱼的必需氨基酸含量高于 FAO 与 WHO 标准。

表 9-9　青干金枪鱼和鲔赤身肉的必需氨基酸含量与 FAO 和 WHO 标准模式及鸡蛋蛋白比较

单位：mg/g

氨基酸	青干金枪鱼	鲔	FAO 和 WHO 模式	鸡蛋蛋白模式
苏氨酸（Thr）	49.76	49.92	40	47
缬氨酸（Val）	53.66	53.08	50	66
甲硫氨酸＋半胱氨酸（Mcl＋Cys）	40.68	39.94	35	57
异亮氨酸（llc）	52.36	52.48	40	54
亮氨酸（Lcu）	94.33	96.81	70	86
苏丙氨酸＋酪氨酸（Phc＋Tyr）	77.89	79.55	60	93
赖氨酸（Lys）	97.79	98.50	55	70

青干金枪鱼的必需氨基酸组成评价如表 9-10 所示，以 CS 评价为标准时，青干金枪鱼的第一限制氨基酸为 Met＋Cys，第二限制氨基酸为 Val；若以 AAS 评价为标准时，青干金枪鱼的第一限制氨基酸为 Val，第二限制氨基酸为 Met＋Cys。由表 9-10 可以看出，青干金枪鱼的必需氨基酸的评分大于 1，根据食物蛋白质中最低氨基酸评分为该蛋白质氨基酸评分原则，青干金枪鱼的氨基酸评分为 1.07，这说明青干金枪鱼的赤身肉的蛋白质能为人体提供大量必需氨基酸，且其必需氨基酸组成接近人体氨基酸理想需要模式。

表 9-10　青干金枪鱼必需氨基酸评价

氨基酸		苏氨酸	缬氨酸	异亮氨酸	亮氨酸	甲硫氨酸＋半胱氨酸	苏丙氨酸＋酪氨酸	赖氨酸	总量	EAAI
青干金枪鱼	AAS	1.24	1.07*	1.31	1.35	1.16**	1.30	1.78	9.21	96.23
	CS	1.06	0.81**	0.97	1.10	0.71*	0.84	1.40	6.89	
鲔	AAS	1.25	1.06*	1.31	1.38	1.14**	1.33	1.80	9.27	96.66
	CS	1.06	0.80**	0.97	1.13	0.70*	0.86	1.41	6.93	

注：*为第一限制氨基酸；**为第二限制氨基酸。

青干金枪鱼赤身肉必需氨基酸中的赖氨酸的含量明显高于 FAO 和 WHO 模式，赖氨酸可改善神经系统、预防骨质疏松、增强免疫力、辅助治疗支气管炎和肝炎等（黄元新 等，2008），膳食结构中以谷物为主的人群容易缺乏赖氨酸，因此，对于以谷物为主食的人群来讲，青干金枪鱼是补充赖氨酸的良好来源。EAAI 能反映必需氨基酸含量与标准蛋白质相比接近的程度。EAAI＞95 时，为优质蛋白源；86＜EAAI＜95 时，为良好蛋白源；75＜EAAI＜86 时，为可用蛋白源；EAAI＜75 时为不适蛋白源（冯东勋 等，1997）。青干金枪鱼和鲔的 EAAI 分别是 96.23 和 96.66，说明青干金枪鱼和鲔的赤身肉均为优质蛋白源。

（四）矿物质含量

从表 9-11 可以看出，青干金枪鱼赤身肉中富含人体所需的钾、钠、钙、镁、磷等微量元素。钾的含量最高，达到 3 600.01 mg/kg，钾元素是维持神经、细胞膜通透性以及细胞正常功能的重要条件（李杰 等，2008；DUNN A S et al.，2007）。磷是人体结构的重要组成成分，对于人体体液渗透压和酸碱平衡起到重要作用（洪鹏志 等，2006）。锌的缺乏会导致人体的多种疾病，如皮炎、免疫力降低、伤口愈合减慢、食欲不振等症状，根据《无公害食

品 水产品中有毒有害物质限量》（NY 5073—2006）规定，甲基汞、铅和铜在鱼类中限量指标分别为1.0 mg/kg、0.5 mg/kg和50 mg/kg。青干金枪鱼的甲基汞、铅和铜的含量均未超出许可范围。

表9-11 青干金枪鱼矿物质含量

单位：mg/kg

矿物质元素	青干金枪鱼	鲔
钾（K）	3 600.01±2.44[b]	4 725.41±3.78[a]
钠（Na）	462.71±1.67[b]	570.08±2.56[a]
钙（Ca）	461.09±1.43[a]	66.12±2.23[b]
镁（Mg）	657.42±3.78[a]	525.63±4.13[b]
磷（P）	2 686.91±2.11[a]	1 874.96±3.21[b]
铁（Fe）	22.75±0.03[a]	16.23±0.02[b]
锌（Zn）	20.22±0.04[b]	35.01±0.03[a]
铜（Cu）	1.71±0.01[a]	2.19±0.01[a]
铅（Pb）	0.220±0.001[b]	0.250±0.002[a]
汞（Hg）	0.070±0.001[a]	0.020±0.001[b]
总砷（As）	0.49±0.02[b]	0.84±001[a]

注：同一行不同上标字母表示差异显著（$P<0.05$）。

（五）结论

综上所述，青干金枪鱼幼鱼脏体比显著小于小头鲔幼鱼，出肉率更高，脂肪含量更低，总蛋白含量更高。与其他金枪鱼类相比，青干金枪鱼幼鱼和小头鲔幼鱼具有脂肪含量低、总蛋白含量更高、含有脂肪酸种类较多、鲜味氨基酸含量更高、食用更健康、口感好等特点。青干金枪鱼幼鱼是优良的海洋营养来源。将青干金枪鱼驯化养殖并推广食用将是利国利民的一大好事。驯化养殖及食用等研究有待进一步探索。

四、青干金枪鱼的加工及利用方式

随着我国经济的发展，人民生活水平和消费能力的提高，消费者们对于生鱼片新鲜度的要求越来越高。为了满足人们的需求，国家把金枪鱼资源保护和可持续发展作为我国远洋渔业发展的重点（于刚 等，2013），并且金枪鱼生鱼片的营养容易被人体消化吸收，有很好的市场发展前景。

（一）金枪鱼的贮藏方法

冻结法是保存食品延长货架期的有效方法之一，是水产品常用的保鲜方法之一。通过冻结使水产品机体内的水分冻结成冰，抑制微生物的生长与繁殖，在一定程度上减缓了水产品的腐败变质现象。如长时间冻结还需要在冻存物表面包裹一层冰层，保证冻存物不会发生冻干现象。而贮藏温度越低，水产品的保鲜效果越好，因此金枪鱼在贮藏、销售和运输过程中常进行低温或超低温冻结处理以保持新鲜度。在国内外，金枪鱼在－20 ℃的温度下贮藏保质期为2～3个月；在－35 ℃的温度下贮藏保质期为5～6个月；在－50 ℃的温度下贮藏保质期为一年左右（Li et al.，2008）。为了保持金枪鱼的品质及新鲜度，一般以低于－50 ℃

的温度贮藏为宜。但是在冻结过程中食品内部形成冰晶，这些冰晶会对细胞的结构造成穿刺破坏。冰晶的形成和增长同样会造成蛋白质内部结构的改变，导致蛋白质变性（邸静，2014）。冰晶的大小和分布与随后解冻过程中水分和营养物质流失的多少有直接的关系，严重影响食品的品质（Hansen et al.，2004）。因此，冻结水产品的质量、冻结技术和解冻技术都是直接的影响因素。

（二）金枪鱼加工过程中存在的问题

由于金枪鱼不同于其他海水鱼，其肉质鲜红，富含丰富的肌红蛋白，所以空气中的氧气很容易与金枪鱼体内的肌红蛋白结合生成高铁肌红蛋白，造成金枪鱼肉质颜色发生褐变，新鲜度看起来快速下降，而金枪鱼的颜色鲜艳度是影响消费者购买的决定性因素（李双双 等，2012）。超市售卖的金枪鱼一般在远洋捕捞时直接在渔船上速冻，再通过冷链物流进行贮藏、运输和销售，在此过程中为了保持金枪鱼的高品质，冷链物流的温度最好保持在−55 ℃及以下。在我国，主要仍采用公路运输的冷链运输方式。超低温车辆较少、超低温运输成本较高等问题使金枪鱼在运输过程中温度产生波动，造成金枪鱼品质下降等（吴稼乐 等，2007）。有研究表明，冷链物流中温度的波动，会造成大眼金枪鱼品质迅速发生劣变（李念文 等，2013）。

王璋等（2003）指出金枪鱼在解冻过程中品质会明显下降，因为解冻过程中鱼肉通过呼吸作用或者三磷酸腺苷（ATP）的降解会产生酸性物质，从而造成金枪鱼品质下降。此外，解冻过程中金枪鱼水分下降仍然是最主要的问题。

（三）金枪鱼解冻及其研究进展

1. 解冻对食品品质变化的影响

解冻是使食品中形成的冰晶溶化成水被食品重新吸收而达到冻结前的状态。冻结食品在解冻过程中经常会出现汁液流出现象和血水流出现象，这是因为冻结过程中冰晶的形成破坏了细胞和组织结构，水分流出。解冻过程温度升高同样会导致微生物生长繁殖和一些不良生化反应的发生（冯晚平 等，2011）。为了保持水产品的高品质，除了要重视冻结过程之外，更重要的是要研究出一种新型的解冻方法，而合适的解冻方法是保证金枪鱼新鲜度的关键之一，有学者表示解冻过程甚至要比冻结过程重要（Llave Y et al.，2014）。传统的解冻方式如静水解冻、流动水解冻和空气解冻等，具有解冻时间较长、容易造成微生物滋生、大量水资源浪费等缺点，因此传统的解冻方式已经无法满足市场的需求。

2. 新型的解冻方法

（1）高压静电场解冻。近年来比较热门的新型解冻方法有高压静电场解冻、欧姆解冻、微波解冻和低频超声波解冻等（Cai L et al.，2018；Phinney D M et al.，2017；Jia G et al.，2018）。其中，高压静电场是一种非热加工技术，通过高压电源及不同形状的电极形成均匀或者不均匀的电场，从而改变热和质的传递（Murr L E，1965）。Mousakhani - Ganjeh 等的研究结果表明，在电压 10.5 kV 和电极间隙 3 cm 的高压静电场解冻能显著提高冻结金枪鱼的解冻速率，同时可以保持解冻后金枪鱼的新鲜度（Mousakhani - Ganjeh et al.，2015）。Uemura 等在研究利用静电场对冷冻猪肉解冻时发现利用静电场解冻后的生鱼片在色泽和持水性方面均优于传统的解冻方式（Uemura J et al.，2005）。但是，由于高压静电场解冻需要在高电压下进行，安全性方面还存在着一定的问题，且电场促进解冻作用存在一定的限制，不能无限制地促进解冻（何向丽，2016）。

（2）欧姆解冻。欧姆解冻又称为电阻解冻或者电加热解冻，它是利用物料的导电性质将电能转化成热能从而使食品内部的温度升高（Wang et al.，2002；Icier et al.，2004）。刘蕾等（2016）在研究欧姆解冻对金枪鱼加热过程温度分布的影响时发现欧姆解冻可以解冻冻结的金枪鱼，而电导率是解冻过程中的重要参数，易受金枪鱼体内水分和脂肪的影响，且解冻后失水较多，对整条鱼的解冻效果较差。Eastridge 等（2011）发现欧姆解冻的电压梯度为 10～30 kV/cm 范围时，欧姆解冻可以使汁液损失降低，提高肉的保水性，且对质构没有影响。除此之外，戴妍等（2014）的研究表明，欧姆加热能显著改变蛋白质的溶解度，在一定程度上使氧化程度增加造成肉质变硬。欧姆加热虽然能显著提高解冻效率但是其加热速度不易控制，而且当电流过于集中时，会造成局部过热的现象。其次，当物料不导电、水分含量极低或者是干料物料的时候不适合用欧姆解冻（周亚军 等，2004）。

（3）微波解冻。微波是一种极高频的电磁振荡波，频率范围为 1～300 GHz，波长为 1 mm～1 m（赵宝亮 等，2007）。最初微波主要应用于军事方面，随着科技的发展，微波加热技术在食品加工过程中得到了广泛的应用。微波炉已经在我们日常生活中普遍存在，同时被广泛使用。微波解冻主要利用电磁波作用于冷冻水产品中的分子极性基团，引起分子间互相旋转、振动、碰撞，产生剧烈摩擦而发热（Watanabe S et al.，2010）。宦海珍等（2018）的研究结果表明，微波功率在 500 W 时秘鲁鱿鱼能够保持较好的持水性、蛋白质的氧化程度最低，但是一定程度上破坏了鱿鱼的质构特性。董庆利等（2011）的结果表明，微波解冻比其他解冻方式能更好地保持猪肉的持水性，且在 25 ℃下，微波每间隔 10 min 解冻效果最好。崔瑾（2012）研究了冷冻鱼的微波解冻方法，研究表明，与传统的解冻方式（水解冻和空气解冻）相比，微波解冻能有效保持鱼的新鲜度，且能较好保持鱼肉的质构特性。然而，微波解冻在解冻过程中会优先吸收液态的水使食品的水分挥发，水分损失增加，引起局部过热现象。

（4）超声波解冻。超声波解冻食品已经研究了多年，比微波解冻具有更加快速稳定的优势，但是其穿透力差，易造成局部过热现象，限制了超声波解冻在食品工业上的应用。因此，探索超声波解冻合适的条件，如功率、频率等，将有可能使超声波解冻成为一种能替代传统解冻方式的新型解冻方法。

3. 解冻面临的问题

冷冻食品在加工前必须解冻，解冻状态可分为半解冻和完全解冻。解冻后组织细胞的恢复程度直接影响解冻产品的质量。恢复程度高、更接近新鲜食品的传统解冻方法简单易行，但解冻所需时间长，解冻后的质量大大降低，仅适合冷冻数量少的食物。如今，水产品和畜产品等食品原料的冷冻存储量越来越大，其体积也越来越大，传统方法已不能满足企业和部分工厂的需求，因此必须找到合适的解冻方法。随着时代的发展，人们对冷冻食品中新的解冻方法的应用产生了广泛的关注。好的解冻方法应具有较高的能量利用率、强大的能量渗透能力、节能、高解冻效率和均匀解冻、微生物污染少、生物安全性高，解冻后食品品质尽量接近于新鲜值、应用范围广等优点（郭洁玉，2015）。其中，超声波解冻具有上述优点，有利于冷冻食品的快速解冻。在此基础上，研究了超声波解冻对水产品的影响，以提高融化水产品的质量，突出超声波技术在水产品解冻中的优势。

（四）金枪鱼加工现状

金枪鱼以其美味可口和营养丰富而广受欢迎。世界三大金枪鱼消费市场是日本、西欧和美国。仅日本每年就可以消费 80 万～90 万 t 金枪鱼。现阶段，金枪鱼肉主要用于生鱼片、寿司、罐头食品等（李桂芬 等，2003），并且对其生产过程中的生产工艺有了更深入的研究。尚艳丽等（2012）对金枪鱼生鱼片在运输过程中的鲜度变化进行模拟，以 K 值、pH 及组胺含量的测定结果，结合电子鼻技术综合评定，得出金枪鱼生鱼片最佳的运输温度为低于 4 ℃，时间少于 3 h。奚春蕊（2013）采用 pH、K 值、高铁肌红蛋白相对含量、质构、色差等指标对金枪鱼生鱼片的品质进行评价，对不同温度下生食金枪鱼肉冷藏品质变化规律及剩余货架期进行了预测，并通过选择参考色和渐变色，建立了金枪鱼肉色品质色卡，供普通消费者评价金枪鱼品质。

李钰金等（2012）研究了富含营养的金枪鱼鱼松的加工工艺，其确定的工艺流程为：原料→解冻→漂洗去腥→蒸煮→去鱼刺→压榨→搓松→调味炒松→冷却→称量→包装→成品，并确定了最适宜的调味配方和最佳的处理工艺。王素华等（2014）以金枪鱼为原料，以蘑菇、醋、糖、盐等为辅料，开发了罐装金枪鱼。基于单因素试验，采用正交试验确定金枪鱼罐头酱的最佳配方为：醋 8.5%、豆瓣酱 2.5%、糖 13.5%、盐 3%、香菇 10%。采用此调味配方生产的香菇金枪鱼复合罐头带有香菇味，并具有独特的金枪鱼肉风味。国外经过研发已推出许多种类的金枪鱼罐头，如蔬菜汁、茄汁、玉米、油浸、果冻金枪鱼等罐头（叶清如，1990），国内也对茄汁、五香、豆豉、油浸、红烧等口味的金枪鱼罐头进行了研究（陈仪男，2003；王锭安，1997；王锭安，1998）。

（五）金枪鱼的综合利用技术

金枪鱼肌肉具有丰富的营养价值。其产品主要是生鱼片和金枪鱼罐头，主要加工部分是鱼肉。其余的鱼头、鱼皮、鱼骨、内脏和肉末通常被当作废料处理，但这些废料约占总重量的 50%～70%（Vizcarra - Magafia et al.，1999），其中也含有大量蛋白质、油脂等。没有有效处理，随意处置或掩埋不仅会造成环境污染，还会浪费大量宝贵的营养。随着世界对金枪鱼产业的关注将不可避免地导致金枪鱼产量的增加，如何充分利用金枪鱼资源并增加其附加值变得越来越重要。酶解法通常用于恢复和利用其蛋白质和脂肪，引起了许多学者的关注。

1. 蛋白质综合利用

金枪鱼是一种高度活跃的洄游性鱼类。它比不喜欢运动的白肉和红肉鱼含有更多的暗色肉。暗色肉是金枪鱼加工和生产中的主要废料，其中含有大量蛋白质，可通过酶促水解来加以利用。Hsu 等用木瓜蛋白酶和蛋白酶 XXⅢ 酶解金枪鱼暗色肉，得到两种肽，氨基酸序列分别为：Leu - Pro - His - Val - Leu - Thr - Pro - Glu - Ala - Gly - Ala - Thr（1 206 Da）和 Pro - Thr - Ala - Glu - Gly - Gly - Val - Tyr - Met - Val - Thr（1 124 Da），分别研究其对人乳腺癌 MCF - 7 细胞的抑制作用，其 IC 50 值分别为 8.1 m M 和 8.8 m M，并呈剂量依赖性，表明其对人乳腺癌 MCF - 7 细胞有很好的抑制作用。Jae - Young 等（2008）将暗色肉经过酶解、纯化得到相对分子质量为 1 222 Da 的短肽，此肽可有效清除四种自由基，IC50 值小于维生素 C，对 PUFA 过氧化体系的抑制作用与维生素 E 相似。他们还进一步研究了该肽在细胞中的抗氧化作用，表明它可以有效去除细胞内自由基，并对叔丁基诱导的细胞凋亡具有一定的抑制作用。Qian 等（2007）报道了用胃蛋白酶酶解金枪鱼的暗色肉，可得到氨基酸序列为 Trp - Pro - Glu - Ala - Ala - Glu - Leu - Met - Met - Glu - Val - Asp 的 ACE 抑制肽，降血压效果显著。对金枪鱼暗色肉的研究，国内还处于起步阶段。刘建华等

(2014) 以金枪鱼暗色肉为研究对象，对其酶解工艺进行优化，确定最佳工艺条件为胰蛋白酶加酶量为2 400 U/g 的原料，酶解 pH 和温度分别为 8.0 和 55 ℃，酶解时间为 6 h，酶解液水解度为 19.89%，氮回收率为 64.88%，其酶解液氨基酸价值较高，可做营养补充剂，为之后暗色肉功能性研究做了铺垫。

洪鹏志等 (2007) 使用双酶法酶解金枪鱼鱼头，酶解液经喷雾干燥得到金枪鱼头酶解蛋白粉。蛋白粉中含有许多与鲜味、甘味有关的氨基酸，如：谷氨酸、甘氨酸、天冬氨酸等，适用于开发高档风味调料、调味品等。最后，以蛋白粉为主要原料，添加一些辅料制成了营养片剂。柯虹乔等 (2011) 用木瓜蛋白酶、中性蛋白酶、胰蛋白酶、胃蛋白酶以及碱性蛋白酶分别酶解金枪鱼头，以羟基自由基清除率为指标，筛选出羟基自由基清除力最强的是碱性蛋白酶的酶解液，通过响应面优化使羟基自由基清除率高达 63.67%。

金枪鱼的加工过程中会产生很多碎肉。通常，可用于生产工业中的产品，例如鱼松、鱼饼或饲料。金枪鱼的肌肉比其他部位含有更多的蛋白质。为了增加其蛋白质资源的价值，王芳等 (2013) 以两步酶解法回收金枪鱼碎肉中的蛋白质，以备下一步研究。杜帅等 (2014) 对金枪鱼碎肉通过双酶分步水解法制备高 F 值寡肽，用不同浓度的高 F 值寡肽液灌胃小鼠，并对此高 F 值寡肽液的抗醉酒、醒酒作用进行研究。结果显示，金枪鱼碎肉制得的高 F 值寡肽能明显缩短小鼠醒酒时间，延缓小鼠翻正反射消失。张朋等 (2014) 研究表明，酶解金枪鱼碎肉得到蛋白肽对 ACE 抑制的效果良好，具有降低血压的作用，可作为保健食品或添加剂开发。

由于金枪鱼的体型较大，金枪鱼还具有较大的内脏器官，其中也富含蛋白质。回收利用它可以增加金枪鱼的价值并减少环境污染。Ovissipour 等 (2011) 使用碱性蛋白酶酶解黄鳍金枪鱼内脏，并以蛋白回收率为考察指标，采用响应面分析优化了各酶解参数，确定最佳条件为酶活 79.9 AU/kg，酶解温度和时间分别为 59.9 ℃和 105 min，可达到的最高蛋白质回收率为 85%，酶促水解溶液富含必需氨基酸，可在食品工业中用作增味剂。金枪鱼内脏可通过酶解消化，冷冻干燥后可添加到微生物培养基中，作为微生物的氮源使用 (Guerard D L et al.，2001)。

作为金枪鱼下脚料中的重要组成部分，鱼骨中含有鱼体总蛋白质含量 30%的蛋白质，谭洪亮 (2014) 通过酶解法制备了金枪鱼骨胶原肽，经实验证明具有良好的抗氧化活性，可用作抗氧化剂相关功能性食品和药物的佐剂，或用作抗氧化剂的食品添加剂。Jae - Young 等 (2007) 比较了凝乳蛋白酶、中性蛋白酶、碱性蛋白酶、木瓜蛋白酶、胰蛋白酶、胃蛋白酶对金枪鱼鱼骨的酶解效果，发现中性蛋白酶的水解度最高，但胃蛋白酶的水解产物的自由基清除能力最高，进一步分离提取出的抗氧化活性肽对脂肪氧化有很明显的抑制作用，而且可以很好地清除自由基。鱼皮中含有许多胶原蛋白，Jin - Wook 等 (2008) 对从黄鳍金枪鱼背部皮肤中提取胶原蛋白的工艺进行了响应面优化，得到了浓度为 27.1%的胶原蛋白。

2. 脂肪综合利用

张军 (2010) 采用酶解法提取金枪鱼下脚料的鱼油，当料液比为 1∶1，酶解温度为 45 ℃，酶解时间为 4 h，酶解 pH 为 8，酶添加量为 1.5%时，粗鱼油的提取率最高，为 4.32%。刘书成等 (2007) 通过使用蛋白酶对黄鳍金枪鱼眼窝进行酶解提取出了鱼油，此鱼油中 DHA、EPA 的含量分别为 23.63%和 4.84%，总多不饱和脂肪酸的含量高达 38.47%。何建东等 (2012) 用酶解法提取金枪鱼蒸煮液中的鱼油，并用响应面进行酶解工艺的优化，鱼油提取率高达90.23%，其中DHA含量为27.71%、EPA含量为5.94%，符合精制鱼油一级标准。

3. 水产动物及其蛋白质酶解产物的抗疲劳活性研究

疲劳是指身体在生理过程中无法维持一定的功能，或器官无法维持预定的运动强度。据WHO调查，全球有35%以上的人已经处于疲劳状态，其中中年男性达到60%（Maclaren D P et al.，1989）。疲劳不仅会导致运动能力、工作效率等下降，疲劳驾驶还会导致交通事故。如果一个人处于疲劳状态并继续消耗体力，则会增加疲劳的积累，引起过度疲劳，甚至引起慢性疲劳综合征，从而导致内分泌失调、免疫力下降，甚至引起某些疾病，这将对人类健康构成威胁。近年来，疲劳现象越来越普遍，抗疲劳的研究引起了许多学者的关注。近年来已研究了许多来自水生动物的抗疲劳材料，包括组织中不含肌肽和鹅肌肽，以及酶促产物和通过酶促水解水生蛋白获得的高F值寡肽。

青干金枪鱼在太平洋西部和印度洋均有分布，年渔获量仅占金枪鱼总量的2.5%左右，其资源总量在主要金枪鱼种中居第五位。从渔获量来分析，资源尚处于中度开发状态，目前没有出台相关的限制捕捞措施（王雅敏，1987）。金枪鱼肌肉富含蛋白质。酶解可以将蛋白质变成小分子肽。所述肽具有高吸收和利用率，并且通常具有一些功能特性。为了提高金枪鱼肌肉的利用率，对价值相对较低的普通肉和暗色肉进行了酶解，并评估了酶解产物的营养价值和抗疲劳活性，以减轻目前的严重疲劳。这种现象有助于为金枪鱼的高价值利用提供基础，为提高金枪鱼的经济价值铺平道路，并为使用其残渣提供了新的途径。

第十章　小头鲔

第一节　小头鲔的形态特征与分类

小头鲔（*Euthynnus affinis*），英文名为 Kawakawa，又名鲔，俗名炮弹鱼，澳大利亚称之为“东方蓝鳍金枪鱼”（图 10-1），隶属动物界、脊索动物门（Chordata）、脊椎动物亚门（Vertebrata）、硬骨鱼纲（Osteichthyes）、辐鳍鱼亚纲目（Actinopterygii）、鲈形目（Perciformes）、鲭亚目（Scombroidei）、鲭科（Acantho-cybium solandri）、鲔属（*Euthynnus*），是快速游泳的温带大洋性近海中上层鱼类，有高度洄游性、集群性，是金枪鱼属中体型较小的一种。一般体长 40～60 cm，体重 2～4 kg，大的可达 1.5 m，重 30 kg。小头鲔形态特征主要表现为：体纺锤形；较粗壮；头中大；吻尖；眼中大，上侧位；鼻孔每侧 2 个；口中大，前位，斜裂；上下颌约等长；犁骨、腭骨均具细小牙带；鳃孔大骨及鳃盖骨后缘圆形；体被细小圆鳞，头部无鳞，胸部鳞片坚硬，形成胸甲，胸甲后裸露，胸腹鳍间有几个黑斑，背部鳞片坚硬，形成背甲；背鳍 2 个，第一背鳍可收回至肌肉夹缝中；胸鳍较短；位于胸鳍基底的稍后下方；尾鳍新月形；体背侧蓝色，有水波状花纹，腹部色较淡；胸鳍黑色，其余各鳍浅色；背鳍和臀鳍中等长。

图 10-1　小头鲔

第二节　小头鲔的地理分布

小头鲔分布于印度洋和太平洋西部温暖水浅海区域，我国南海、东海南部和台湾海峡均有产出（编写组，1993）。小头鲔为缓水性中上层鱼类，常见海域温度范围为 17～21 ℃。平时栖息于水色澄清、底质砂石或珊瑚礁的海区，喜逆流游动。对温度、盐度、水色的变化很敏感。天气暖和、微吹东南风或西南风、潮流缓慢、海面平静时，鱼群常起浮或跳跃于水面，风浪大时则下沉到深处。主要分布国家和地区（海域）（集美水产学校，1993）：中国、澳大利亚、马来西亚、日本、文莱达鲁萨兰国、吉布提、厄立特里亚、印度、印度尼西亚、伊朗伊斯兰共和国、马尔代夫、莫桑比克、缅甸、泰国、越南、巴基斯坦、阿拉伯联合酋长国、阿曼、巴布亚新几内亚、菲律宾、新加坡、索马里、斯里兰卡、也门等地（戴小杰 等，2007；Chamchang et al.，1988；Boonragsa，1987；Chen et al.，1981）。

第三节　小头鲔的渔业概况及种群结构

小头鲔主要分布在热带及亚热带海域，因此小头鲔的种群结构可以分为太平洋种群（南海种群）和印度洋种群等。由于小头鲔的体型外貌与蓝鳍金枪鱼类似，所以澳大利亚也叫它“东方蓝鳍金枪鱼”。近年来关于鱼类分类学的研究进一步深入，小头鲔逐渐被清晰地区分开来。

一、南海小头鲔种群结构

（一）南海中部海域

1977 年 9—11 月和 1978 年 5—7 月，南海海洋研究所科学调查船“实验号”在南海中部海域进行了两个航次的海洋综合调查。调查范围为 110°E—118°E，12°N—16°30 ″N。两个航次共采集金枪鱼类仔鱼 252 尾，经鉴定有黄鳍金枪鱼 95 尾、长鳍金枪鱼 7 尾、强壮金枪鱼 69 尾、金枪鱼 3 尾、新金枪鱼 2 尾、金枪鱼属 8 尾、鲣 65 尾、鲔 7 尾、白卜鲔 11 尾、扁舵鲣 3 尾和舵鲣属 9 尾（表 9-1）。文中鲔的学名（*Euthynnus affinis*，二名法）与小头鲔相同，推测应属于同一种类（陈真然 等，1981）。

（二）北部湾海域

北部湾位于我国南海西北部，为中越两国共用的重要渔场，鲔为北部湾渔业中主要的中上层渔获种类，在北部湾渔业生态系统中占有非常重要的地位（宿鑫 等，2015）。

二、印度小头鲔渔业概况

2012 年的浅海金枪鱼渔业有五个较好的物种，分别是小头鲔（*Euthynnus affinis*）、扁舵鲣（*Auxis thazardi*）、子弹金枪鱼（*Auxis rochei*）、青干金枪鱼（*Thunnus tonggol*）和鲣（*Sarda orientalist*）。他们的捕捞量为 57 078 t，占印度金枪鱼总捕捞量的 70.3%。2008—2012 年的年平均捕获量为 48 172 t，在 2010 年的 37 785 t 和 2012 年的 57 078 t 之间。浅海金枪鱼形成的主要原因为其不是该区域大多数渔具的捕获目标。尽管金枪鱼在整个沿海地区分布丰富，但渔业主要集中在南部和西北部沿海地区，那里传统捕鱼活动盛行。捕捞金枪鱼的程度因当地流行的捕捞方式和当地对金枪鱼的需求而异。对时空分布格局、丰度和渔业的评估表明，印度大陆沿海和岛屿领土的大片地区资源未被充分利用。渔业生物学观察和组成物种的种群评估还表明，种群总体上是健康的，有足够的产卵种群生物量来维持种群和产量。

多年来，印度沿岸的沿海渔业发生了巨大变化（图 9-3）。自 1985 年以来，它们的捕获量一直保持上升趋势，每年的波动幅度很大，占该国海水鱼总产量的 1.5%～2.0%（Abdussamad et al.，2012)。

三、小头鲔产量

在印度洋金枪鱼的捕捞中，小头鲔产量最高（57.6%），见表 9-2。

第四节　小头鲔的渔业生物学

一、小头鲔生态

海南近海捕捞的小头鲔全长范围为 23～46 cm，平均全长为 33 cm。成年小头鲔全长 45 cm 以上。

二、养殖生长

（一）小头鲔养殖前后的肥满度对比

肥满度（relative fatness）又称为丰满系数，是生物学相关研究中应用较为广泛的研究方法，主要用于动物身体状况的衡量（孙波 等，2009），广泛应用于生态学及农业生产中（Lloret J et al.，2003；Murray D L，2002），能够直接反映出鱼类个体的营养状况及生理特征（支兵杰 等，2009；戴强 等，2006）。有研究表明，同种鱼类在体长数据相同时，体质量的大小能够说明其营养状况的好坏（Jones R E et al.，1999；戴强 等，2006）。因此肥满度常被用来衡量鱼类的饵料保障的丰欠及生长状况（姜巨峰 等，2010）。有研究表明，鱼类丰满度受到环境条件（温度、pH、氨氮、亚盐、饵料、光照等）的影响，甚至鱼类的性腺发育也与肥满度有关（曹希全 等，2019；姜巨峰 等，2010）。研究结果表明，小头鲔在捕获时的肥满度为 1.285±0.026，经过 2 个月的室内环境养殖后肥满度为 1.929±0.087，显著（$P<0.05$）高于捕获时的肥满度，说明研究所提供的养殖环境比自然环境更利于其生长。与青干金枪鱼相比，养殖前后小头鲔的肥满度均远高于青干金枪鱼，说明两种鱼体型存在较大差异，同等体长小头鲔更加“粗壮”。同时在解剖时发现，同为小型金枪鱼，青干金枪鱼没有鱼鳔，小头鲔有鱼鳔，说明无论在自然界中还是在养殖环境中青干金枪鱼为维持自身所处水中的位置所消耗的能量均大于小头鲔。这也是在自然界和养殖环境中青干金枪鱼肥满度均小于小头鲔的重要原因之一。

（二）小头鲔全长与体质量的关系

如前文所述，体长-体质量关系被广泛应用在鱼类生物学研究中，常采用幂函数关系式 $W=aL^b$ 表述体长与体质量之间的关系，并且其意义与合理性已被充分论证，是研究鱼类生活史的重要内容。参数 a 和 b 的大小在一定程度上可以反映鱼类的生长状态（曹希全 等，2019）。在本研究中，小头鲔 $b=4.029\,8$，b 值大于 3，说明小头鲔在养殖状态下生长速度较快。研究结果表明，小头鲔能够适应在研究中提供的养殖环境，从而正常生长；相比而言在研究中提供的生长环境下小头鲔的生长速度更快。

图 10-2 是陆基室内养殖小头鲔的生长曲线，由图可知在养殖过程中随着长度的增加，体质量的增加速度越来越快。体质量与全长之间的关系方程为 $y=0.000\,5x^{4.029\,8}$，其中 R^2 为 0.932 2，拟合曲线可靠性较高。最小的小头鲔全长为 32.86 cm，质量为 310 g；最大的全长为 44.07 cm，体质量为 1 400 g。

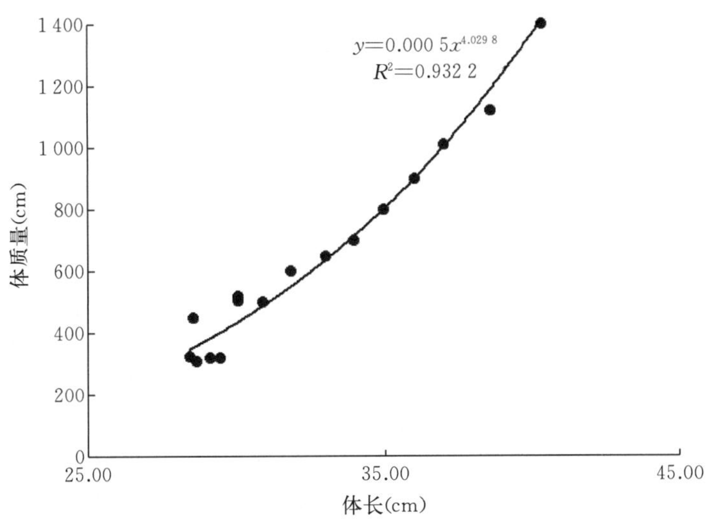

图 10-2　小头鲔全长与体质量的关系

（三）小头鲔的生长性能研究

相比与其他金枪鱼，关于小头鲔的捕获的报道较少，这可能是由于小头鲔被误认为是其他种类的金枪鱼。在野生状态下的、基于长度数据的青干金枪鱼生长研究已经完成。这些研究包括叉长鱼年龄之间的关系研究（Serventy，1956；Chiampreecha，1978；Klinmuang，1978），通过耳石计算年龄与叉长之间的关系（Wilson，1981）；通过鳍条计算年龄与叉长之间的关系（江建军 等，2018）。而在陆基养殖状态下青干金枪鱼和小头鲔全长与体质量之间的关系及各游泳器官之间随全长生长之间的关系有待进一步丰富。研究探索了金枪鱼各游泳器官与全长之间的关系，研究表明小头鲔全长与体高、吻长、胸鳍长、腹鳍长、第二背鳍长、臀鳍长、尾鳍长、尾柄高之间的线性关系较好，与吻长、第一背鳍长、第二背鳍长、尾柄长之间的线性关系较弱。

（四）小头鲔体测数据与全长之间的关系

小头鲔体测数据与全长之间的关系见图 10-3。

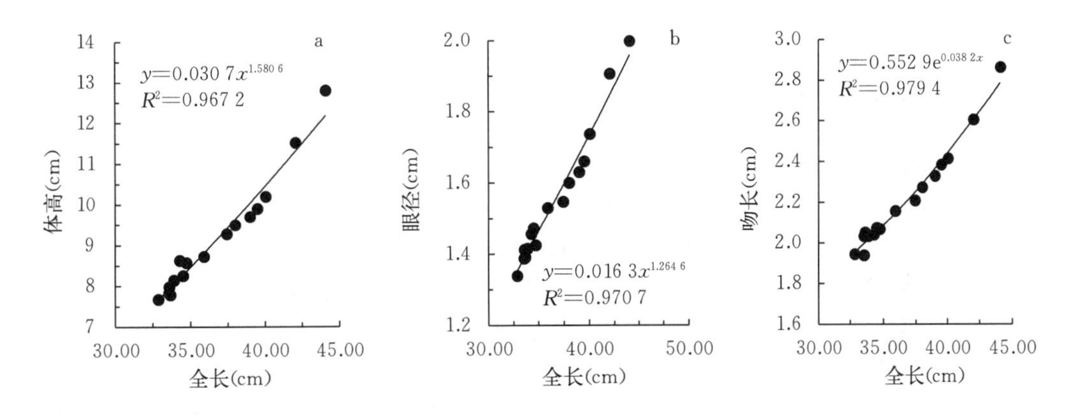

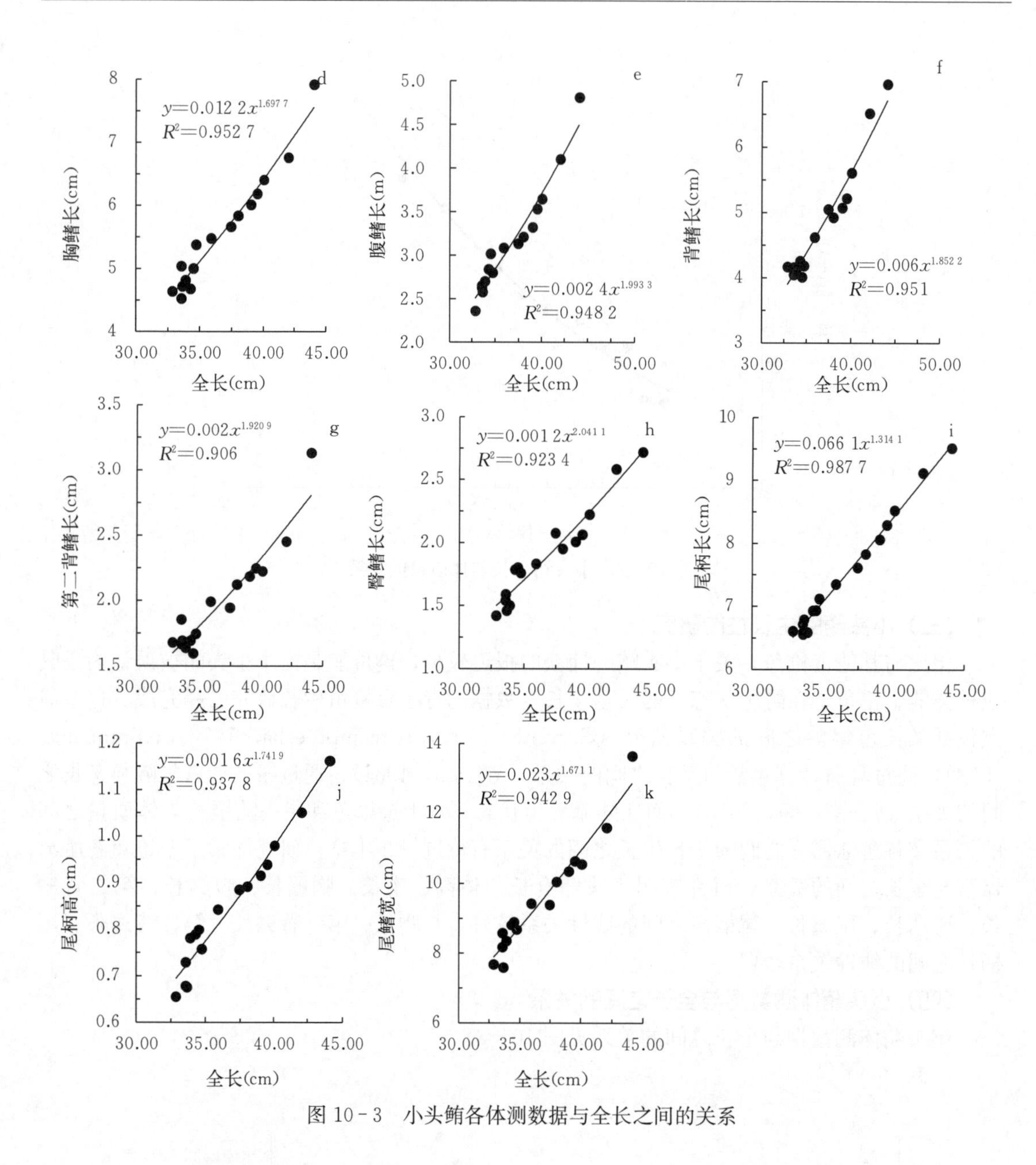

图 10-3 小头鲔各体测数据与全长之间的关系

三、小头鲔的食性

（一）不同海域小头鲔的食性

有学者对中国南海北部湾海域鲔的食性进行了研究，研究中鲔（Euthynnus affinis）的学名与小头鲔（Euthynnus affinis）一致，应属同一物种。研究基于 2008 年 9 月至 2009 年 9 月逐月采集的北部湾鲔样品的生物学数据，研究了其摄食习性及其随生长发育的变化，旨在为北部湾鲔资源的可持续性开发提供理论依据，也为北部湾鱼类的生态学提供基础资料（宿鑫 等，2015）。

北部湾鲔的摄食对象包括中上层小型鱼类、底栖鱼类、甲壳类和头足类，主要以鱼类为主（IRI%为 98.57%），甲壳类（IRI%为 1.18%）和头足类（IRI%为 0.25%）比例较低，其优势饵料生物为少鳞犀鳕（IRI%为 45.50）、青带小公鱼（IRI%为 11.81）和长颌棱鳀（IRI%为 5.89%）（宿鑫 等，2015）。在不同的海域环境中，由于饵料生物种类及丰度的差异，所以鲔的摄食对象及其优势饵料生物种类也有所差异：在所罗门群岛海域，鲔的饵料生物中 90%以上是鱼类，其优势饵料生物为小公鱼属（Blaber et al.，1990）；台湾岛附近海域鲔摄食对象包括鱼类和软体动物类，主要以鳀科和灯笼鱼科幼鱼为主（Chiou et al.，2004）；澳大利亚东部近岸海域鲔的优势饵料生物是中上层鲱科鱼类，而小公鱼属仅占 8.7%（Shane et al.，2009）。小头鲔属于其分布区域中上层的捕食者，其摄食对象包括底栖鱼类、甲壳类和头足类，可能与小头鲔属于杂食性鱼类有关。当中上层饵料生物减少时，是选择性的以底栖类为食的生物。

有研究表明，北部湾鲔的饵料生物种类随采样时间不同具有明显差异，其中少鳞犀鳕、金色小沙丁鱼、青带小公鱼等在全年各月份出现频率均较高，蟹类、口虾蛄、大管鞭虾、多齿蛇鲻、银腰犀鳕等饵料生物仅在个别月份出现（宿鑫 等，2015）。这种变化可能与饵料生物种类和丰度的季节变化直接相关，也可能与不同月份鲔优势个体体长大小的差异有关（Chen et al.，1986）。

（二）鲔群体结构及摄食随个体生长的变化

鱼类摄食习性随体长变化是一个普遍现象（Takahashi S，1974），北部湾鲔也不例外。体长小于 340 mm 的鲔个体随体长的增加其平均摄食饵料生物的种类、数量及总重量呈上升趋势；而体长为 341～520 mm 的鲔个体，随着体长的增加其平均摄食饵料生物的数量与总重量总体上呈现下降趋势（宿鑫 等，2015）。Yesaki（1994）研究发现，在印度洋—大西洋海域，未达到性成熟的 1 龄鲔个体体长为 250～350 mm。因此，北部湾体长在 340 mm 以下的鲔个体应该属于未达到性成熟的 1 龄个体，这种个体的快速发育需要大量的生物饵料供给营养，因此捕食饵料生物的数量和体重随体长的增加而增加。研究中体长较大的鲔个体（体长大于 341 mm）主要采集于 2009 年 4 月、6 月、7 月和 8 月（表 10－1），性成熟比例较高，性腺的发育大大压缩胃和各内脏的空间，促使个体捕食的饵料生物总体质量减小，同时减少单次进食饵料生物的数量。

共采集 435 尾（表 10－1）鲔（实胃数 338 尾），体长范围为 165～520 mm。除 2009 年 6 月由于胃含物中的鱼类未能鉴定而导致营养多样性指数（Hz）为 0 外，其余各月的 Hz 变化较小［方差 $D(X)=0.14$］，且各月样品 Hz 落在 $Hz\pm0.05\,Hz$ 范围内的个数均超过两个（宿鑫 等，2015）。

表 10－1 北部湾鲔胃含物样品（宿鑫，2015）

采样时间（年-月）	体长范围（mm）	平均体长（mm）	总胃数	空胃数	营养多样性指数	$Hz\pm0.05Hz$ 数据个数
2008－09	165～285	229±6	35	7	0.47	22
2008－10	224～325	282±6	32	8	0.18	27
2008－11	304～355	330±3	21	0	0.44	18
2008－12	269～390	324±4	45	14	0.26	38
2009－01	283～355	330±2	51	34	0.37	19
2009－02	232～304	258±3	50	3	0.53	28
2009－03	274～444	374±11	15	2	0.59	8
2009－04	408～435	421±2	12	4	0.47	4

（续）

采样时间（年-月）	体长范围（mm）	平均体长（mm）	总胃数	空胃数	营养多样性指数	$Hz\pm0.05Hz$ 数据个数
2009 - 05	216～425	279±7	50	11	0.47	19
2009 - 06	343～441	417±11	8	0	—	—
2009 - 07	345～520	460±7	30	4	0.45	11
2009 - 08	205～466	295±7	47	9	0.52	31
2009 - 09	290～333	303±4	39	1	0.60	25

北部湾鲔群体最小体长为 165 mm，最大体长为 520 mm；优势体长为 220～370 mm，占总体样本的 66.67%（图 10 - 4）。最大体重为 2 580 g，最小体重为 24.7 g；优势体重为 171～920 g，占总体样本的 63.91%（图 10 - 5）。其体长与体重的关系式为 $W_1=8.002\times10^{-6}L^{3.16}$，$R^{12}=0.9709$（宿鑫 等，2015）。

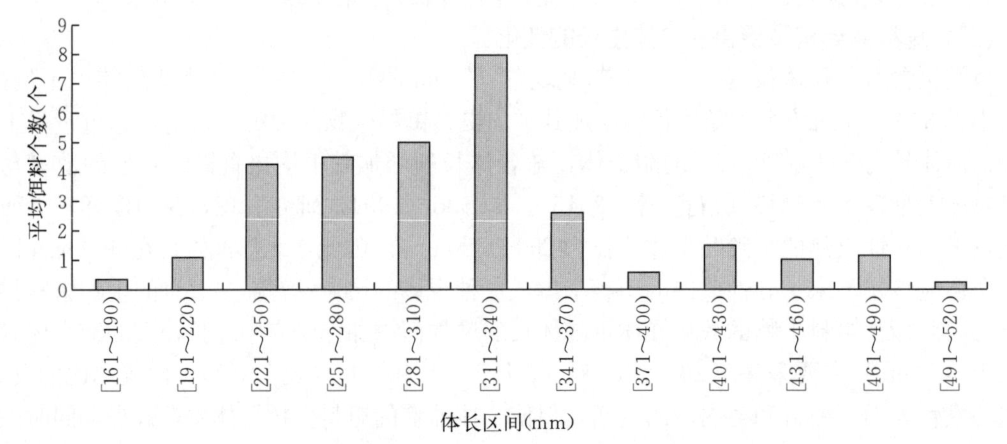

图 10 - 4　鲔体长组成（宿鑫，2015）

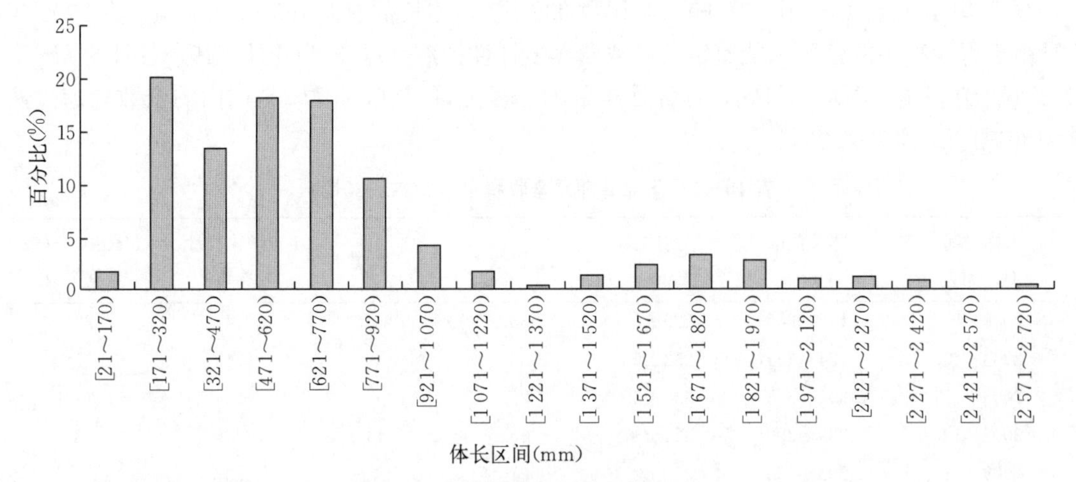

图 10 - 5　鲔体重组成（宿鑫，2015）

北部湾鲔在 311～340 mm 体长组中平均饵料生物个数最多，达 6.58 个；在 491～520 mm 体长组中，平均饵料生物个数最少，只有 0.7 个。平均饵料生物重量最大值为

11.14 g，最小值为 1.0 g（宿鑫 等，2015）（图 10－6）。

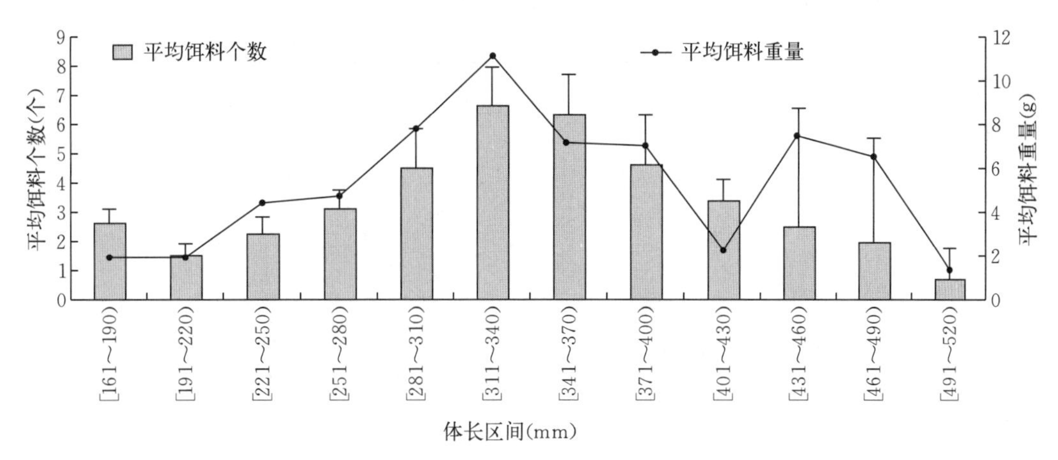

图 10－6 北部湾鲔摄食饵料生物个数及体重随体长的变化（宿鑫，2015）

（三）食物组成及其月变化

1. 食物组成

北部湾鲔的摄食对象包括鱼类（少鳞犀鳕 *Bregmaceros rarisquamosus*，青带小公鱼 *Stolephorus zollingeri*，长颌棱鳀 *Theyssa setirostris* 和金色小沙丁鱼 *Sardinella aurita* 等），甲壳类（对虾类、蟹类和毛虾类）和头足类，共 21 种，属于广食性鱼类（宿鑫 等，2015）。

在饵料生物组成中，以 IRI%（相对重要性指数百分比）为指标，鲔的主要摄食对象为鱼类（98.57%），其次为甲壳类（1.18%）和头足类（0.25%）。优势饵料生物为少鳞犀鳕（45.50%）、青带小公鱼（11.81%）和长颌棱鳀（5.89%）（宿鑫 等，2015）。

2. 食物组成的月变化

鱼类是北部湾鲔的主要摄食对象，IRI%达 98.57%（表 10－2）。在不同的月份，其主要摄食对象的生物种类也有差别：2008 年 9 月以条蝠（*Leignathus riviulatus*）为主，10 月以青带小公鱼为主，11 月、12 月及 2009 年 2 月以少鳞犀鳕、黄斑蝠和青带小公鱼为主，2009 年 1 月以金色小沙丁鱼为主，3 月以少鳞犀鳕、青带小公鱼和蓝圆鲹为主，4—7 月以未能鉴定的鱼类为主，8 月以长颌棱鳀为主。在饵料生物中，少鳞犀鳕的相对重要性指数百分比（IRI%）最高，为 17.64%，其次为青带小公鱼和长颌棱鳀，分别为 12.27% 和 7.19%。在不同月份饵料生物出现的频率有显著差异，如少鳞犀鳕、青带小公鱼、长颌棱鳀、金色小沙丁鱼等分别在不同月份出现频率差异，而蟹类、口虾蛄、大管鞭虾、多齿蛇鲻、银腰犀鳕和裘氏小沙丁鱼仅在个别月份出现（宿鑫 等，2015）。

表 10－2 北部湾鲔食物组成月变化（宿鑫，2015）

饵料种类	2008－09	2008－10	2008－11	2008－12	2009－01	2009－02	2009－03	2009－04	2009－05	2009－06	2009－07	2009－08	2009－09
蟹类								12.45					
口虾蛄								0.56					
大管鞭虾												1.34	

（续）

饵料种类	2008-09	2008-10	2008-11	2008-12	2009-01	2009-02	2009-03	2009-04	2009-05	2009-06	2009-07	2009-08	2009-09
中国毛虾							0.12						0.38
滑脊			8.63										0.74
不可辨认虾类								31.82	1.87		1.67		
多齿蛇鲻			0.25										
少鳞犀鳕	3.43		55.67	54.45	3.73	79.47	30.31		2.34				
银腰犀鳕												0.38	
金色小沙丁鱼		15.40			51.84	8.23	10.28						
裘氏小沙丁鱼													17.67
青常小公鱼		84.24		45.30			30.02						
尖吻小公鱼											4.05		10.76
康氏小公鱼												8.34	
小公鱼属	18.77		4.33		7.67	0.38							
长颌棱鳀	2.44	0.36										57.45	33.22
蓝圆鲹							29.12		0.76		1.35		
大甲鲹			0.03						6.16				
竹筴鱼	1.39										12.23		
条鲤	73.97				2.78	1.42							
粗纹鲤									0.10			16.00	
黄斑鲤			31.09	0.25									
带鱼						0.04						2.04	3.47
不可辨认鱼类					29.62	6.17		47.88	88.77	100.00	80.70	14.46	33.73
不可辨认头足类						0.04							
中国枪乌贼						4.24							0.04
枪乌贼属					4.35		0.16	7.28					

3. 摄食随性腺发育的变化

有研究表明，水温变化是影响鱼类性成熟的一个重要因素（Takahashi，1974）。北部湾鲔产卵主要集中在4—8月，此时该海域水温较高（表层水温高达29.7 ℃），表明鲔的繁殖与水温的变化有着密切关系。雌性个体的GSI值在一年中出现两个峰值，与其平均性成熟指数的峰值吻合，反映北部湾鲔有一个主要产卵高峰期（6月）和一个次要产卵高峰期（8月）（宿鑫 等，2015）。在其他研究中也有类似发现，如在坦桑尼亚沿岸海域，鲔具有两个产卵期，分别为6—7月和11月至翌年2月（Buñag，1956），芒格洛尔近岸海域鲔的产卵高峰期出现在9—10月（Muthiah，1985），西印度洋鲔的产卵期从11月、12月一直延伸到翌年4月、5月（Ommanne，1953）。

北部湾鲔在产卵高峰期，其摄食率仍保持在一个较高水平（80%以上），表明鲔的摄食强度会随产卵高峰期的出现而稍微下降，但差异不显著，这与澳大利亚东部近岸海域鲔的摄食习性有所差异（Shane et al.，2009），但与北部湾鱼类如宝刀鱼（颜云榕 等，2011）、带鱼（颜云榕 等，2010a、2010b）和多齿蛇鲻（颜云榕 等，2010a、2010b）等摄食情况相似。这可能与北部湾鲔的洄游习性有关，鲔具有明显的生殖洄游和索饵洄游（Chiou et al.，2004），广东省沿岸海域的鲔在每年6—8月洄游到香港东部海域进行产卵（Williamson，1970），因此，为了补充洄游过程中的能量消耗，这一时期北部湾内的鲔仍需大量索饵。同时，6月鲔的采集受到南海禁渔期的影响，样品采集数量相对偏少，且样品均采集于单片表层刺网，这可能也会对其摄食强度调查结果造成影响。

鲔在产卵前（3—4月）会大量摄食，为产卵期积累营养。产卵后，也会通过增加食物量来补充在产卵期消耗的能量。但是，食物组成并没有伴随其性腺的发育而显著变化，都是以鱼类为主要摄食对象。

（1）性腺发育的月变化。北部湾鲔在4月开始性成熟，其中，性腺为Ⅳ期的个体占39.56%，Ⅴ期的个体占17.6%；5月性腺为Ⅴ期的个体比例明显增加，达到37.89%；6月性腺全部为Ⅴ期，进入产卵高峰期。从2008年10月至2009年3月，性腺为Ⅰ期的个体均占当月总样本含量的30%以上，其中2008年10月最高，为93.56%（宿鑫 等，2015）。

（2）摄食与性腺发育及水温变化的关系。鲔的摄食强度在不同月份具有明显差异，受温度影响较大，月摄食率与平均饱满指数（RI）曲线的波动趋势基本一致（图10-7）。鲔的平均性成熟指数在6月最高（6.44），此时摄食率为100%，饱满指数较低；8月平均性成熟指数又出现一次小高峰（2.08）。摄食率在1月最低，为33%，此时水温也较低；在3月、6月和11月最大，为100%，此时水温回升。饱满指数在10月最大为3.79；在4月最低，为0.000 3。单因素方差检验表明，各月摄食强度差异显著（$P<0.05$）（宿鑫 等，2015）。

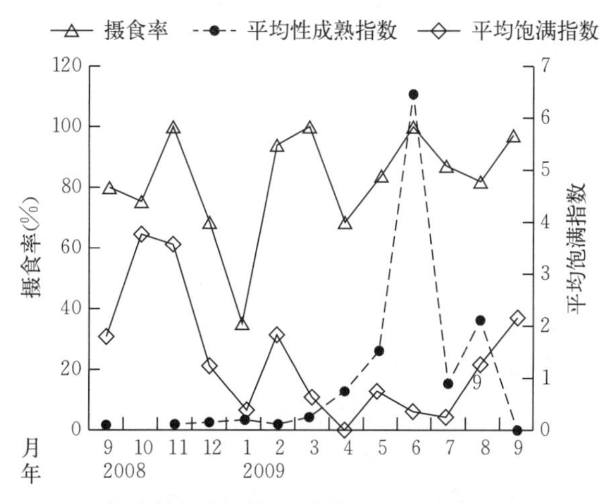

图10-7 北部湾鲔摄食强度及成熟系数的月变化（宿鑫，2015）

北部湾表层（SST）20 m和30 m水深水温变化趋势大致相同，每年6—9月水温相对较高，同时鲔的GSI值在每年6—9月也较高，这两种变化相吻合，相关性分析显示二者显著相关（$P>0.05$），表明鲔产卵高峰期的出现与中上层水温的变化有密切关系。北部湾鲔雌性个体的GSI值在1—5月增长，6月达到最高值，进入产卵高峰期，此时雌雄个体的GSI值最高，分别为6.44和4.15；从7月开始下降，至8月出现较高值（2.08）；9月则开始下降至最低值（图10-8）（宿鑫 等，2015）。

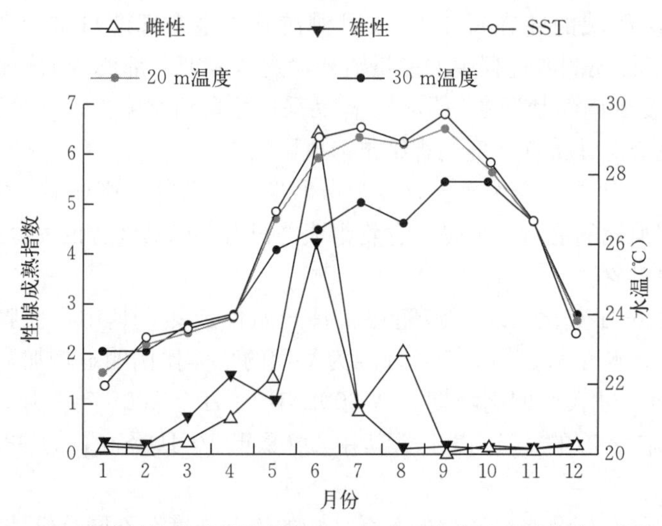

图10-8　北部湾鲔的性腺成熟指数与中上层水温变化的关系曲线（宿鑫，2015）

（四）小头鲔的捕获方法

我国主要的金枪鱼捕捞方式为延绳钓捕。金枪鱼延绳钓是悬浮于大洋表层，随风漂移，钓捕个体较大的金枪鱼的一种有效渔具。捕鱼原理是：从船上放出一根干线于海水中，有一定数量的支线和浮子以一定间距系在干线上，借助浮子的浮力使支线（一端带有鱼饵）悬浮在一定深度的海水中，用鱼饵（或假饵）诱引金枪鱼上钩，从而达到捕捞的目的。结构主要由干线、支线、浮子、浮子绳、钓钩、无线电浮标等组成。

中国水产科学研究院南海水产研究所热带水产研究开发中心曾在海南省陵水县新村镇附近采集到青干金枪鱼幼鱼。采集方法为人工假饵渔船拖钩的方法，这样的方法获取的幼鱼损伤较小，更利于样品测定和后续的人工驯养。

四、小头鲔的养殖与疾病

小头鲔的陆基室内养殖在国内首先是由中国水产科学研究院南海水产研究所热带水产研究开发中心开始的，在国际上也未见报道，因此养殖过程中寄生虫爆发没有先例可以借鉴。通过查询资料发现同为海水鱼的豹纹鳃棘鲈养殖过程中经常会爆发鱼蛭，其体貌与该寄生虫有几分相似，区别在于：豹纹鳃棘鲈鱼蛭体型细长较小（成体体长9～15 mm，体宽0.7～1.2 mm），没有头部膨胀夸张的附着器官（鳃冠），但身体前后均有吸盘，同一环境体色较单一，喜附着于鳍基，尤其是腹鳍鳍基。研究中寄生虫体型较大（成体体长20～90 mm），头部有夸张的附着器官（鳃冠），同一环境具有三种体色，喜附着于胸鳍基部至末端2/3处和胸鳍基部向上靠近鳃盖骨的位置。研究表明海南地区常见的鱼蛭与Silva（1963、1965）、

Cruz－Lacierda 等（2000）、Nagasawa（2009）、Bengchu 等（2010）等在东南亚国家（如菲律宾、马来西亚等）的海水鱼身体上所采集到的 Zeylanicobdella arugamensis 的形态特征一致（王永波，2018）。我国学者宋大祥、谭恩光、杨潼等对我国蛭类的形态特征、生态分布、种系分类等开展了大量的基础研究工作（杨潼，1996；谭恩光，2008；宋大祥，1978），而有关鱼蛭科种类的报道却较少，目前仅发现 6 个属 11 个种，其中，目前发现的寄生在海水鱼体上的种类仅有在山东烟台鱼市场上采集到的铠海蛭（*Pontobdella loricata*）、在中国近海采集的巨疣扁海蛭（*Pontobdellina macrothela*）、在广东湛江弹涂鱼（*Periophthalmus modestus*）身上采集到的盲热蛭（*Aestabdella caeca*）、在山东黄海地区采集到的寄生在大菱鲆（*Scophthal musmaximus*）鱼体上的大鱼蛭（*Pisciola magna*）（雷霁霖 等，2003）、在福建厦门和广东珠海发现的寄生在赤点石斑鱼（*Epinephelus akaara*）鱼体上的福建湖蛭（*Limnotrachelobdella fuiianensis*）以及在福建福清市大弹涂鱼（*Boleophthalmus pectinirostris*）上采集到的福清热蛭（*Aestabdella fuqingensis*）（杨潼，2002）。一般海水养殖鱼类寄生虫大部分是鱼蛭类，通过外形的对比发现，研究中发现的寄生虫与以上查阅的文章中描述的鱼蛭类均存在不同，相同之处仅在于营寄生生活，长条状，附着于鱼体表面（图 10－9）。

图 10－9 小头鲔寄生虫寄生部位（马振华，2020）

（一）寄生部位与现象

该寄生虫主要寄生在小头鲔胸鳍基部至末端 2/3 处和胸鳍基部向上靠近鳃盖骨的位置。寄生时附着器官像倒扣的雨伞紧贴着鱼体，口中尖刺刺破皮肤吸收营养，身体可随水流摆动。同时具有很强的传染能力，在从鱼体脱落后可附着在养殖池壁上，普通水流无法将其冲下，需要用高压水枪或者刷子才能使其脱落。脱落后的寄生虫生命力顽强，且可再次附着在新的寄主身上。小头鲔在室内养殖，寄生虫爆发后摄食量减少，游泳速度加快，易受惊吓，始终躲在远离养殖人员出现的区域，不利于观察。基本不会出现蹭壁现象，与其他养殖鱼类不同。

（二）外观描述

寄生虫可分为两部分：鳃冠（具有附着作用）和身体部分。身体具有伸缩性，缩短后附着器官与身体的比例约为 1∶2，完全伸展后可达 1∶3。成体体长可达 20～90 mm，直径可达 2 mm（图 10-10）。身体颜色可为墨绿色、棕黄色或红棕色。头部附着器官在水中会舒展开来，像完全打开的百褶扇，分为左右两片，每一片有附着丝 16 根，附着丝基本等长，左右两片对称，每一根附着丝上有黄棕相间的花纹，特殊情况下头部附着丝可与身体脱落。在附着器官中间的口中有两根尖刺，可刺破寄主的皮肤获取营养物质。一口一肛，有体节，尾部体节不明显，每一个体节两侧均有刚毛，成体有 50 余个体节（图 10-11）。

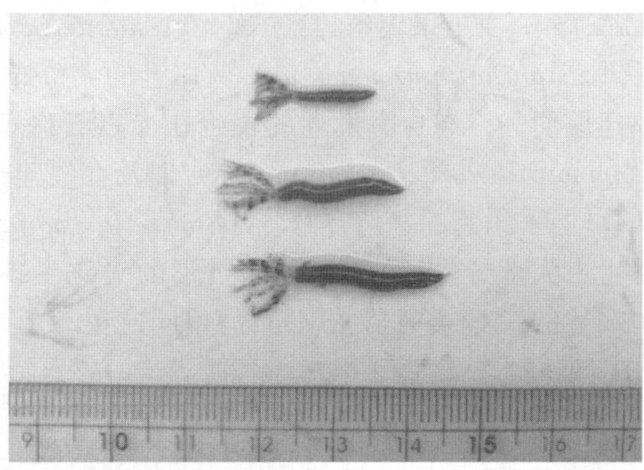

图 10-10　小头鲔寄生虫外观（马振华，2020）

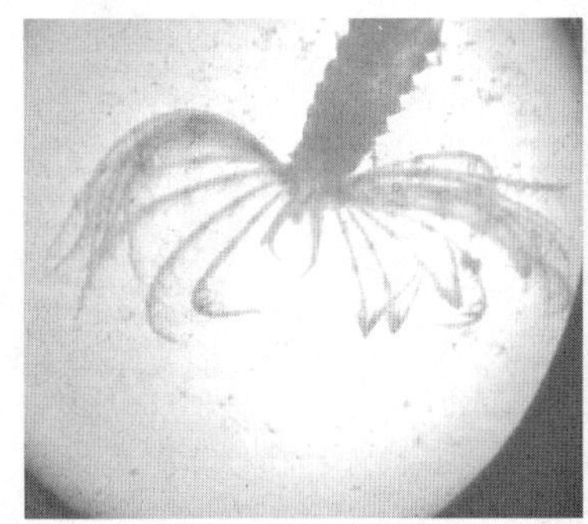

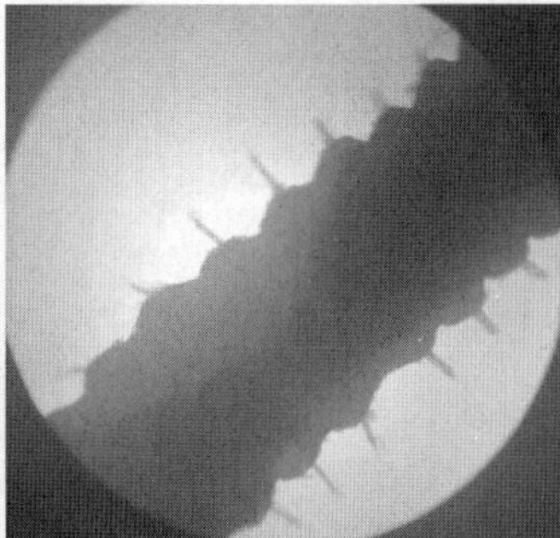

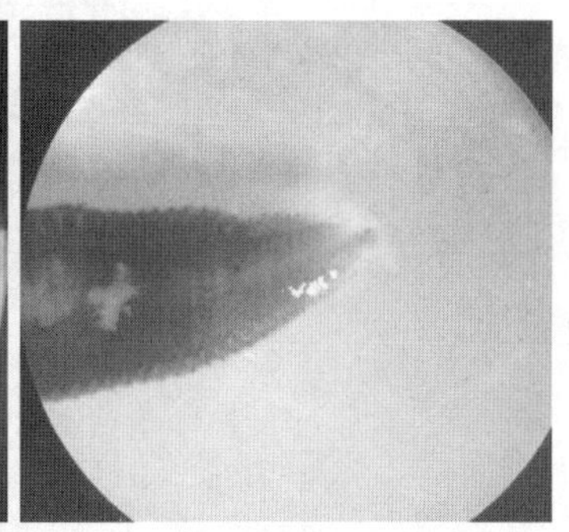

图 10-11　小头鲔寄生虫显微镜观察（马振华，2020）

（三）切片观察

如图 10-12 所示，该寄生虫头部中央有一纵向裂口消化道，具有一定的伸缩性；头部左右两边组织紧密，可为鳃冠提供支撑；寄生虫有且只有一个从头至尾连续的消化道，没有弯折，呈现连续性的膨胀与缩小（呈念珠状）。肠壁内部有促进消化的绒毛。消化道与体节呈现出良好的对应关系——体节中段变粗则消化道膨胀，体节结合处变细则消化道变细。每两个体节之间均有隔膜将身体隔开，这样的构造有利于其受伤时及时阻断伤口，防止体液流失及伤口恶化，同时有利于受伤后的愈合。

（四）分子鉴定

采用 18S rRNA 基因鉴定法，经基因测序、相似性分析并构建最大似然法系统进化树（图 10-13），发现该寄生虫属于鳍缨虫属（*Branchiomma* sp.）。

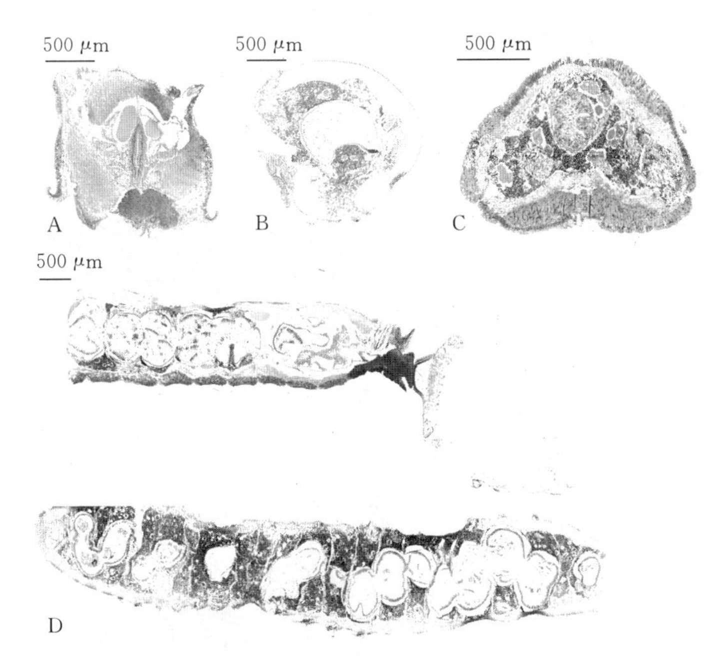

图 10－12　小头鲔寄生虫切片（马振华，2020）

A、B、C. 分别为该寄生虫头部、中部、尾部的横切图片　D. 整体的纵切图片

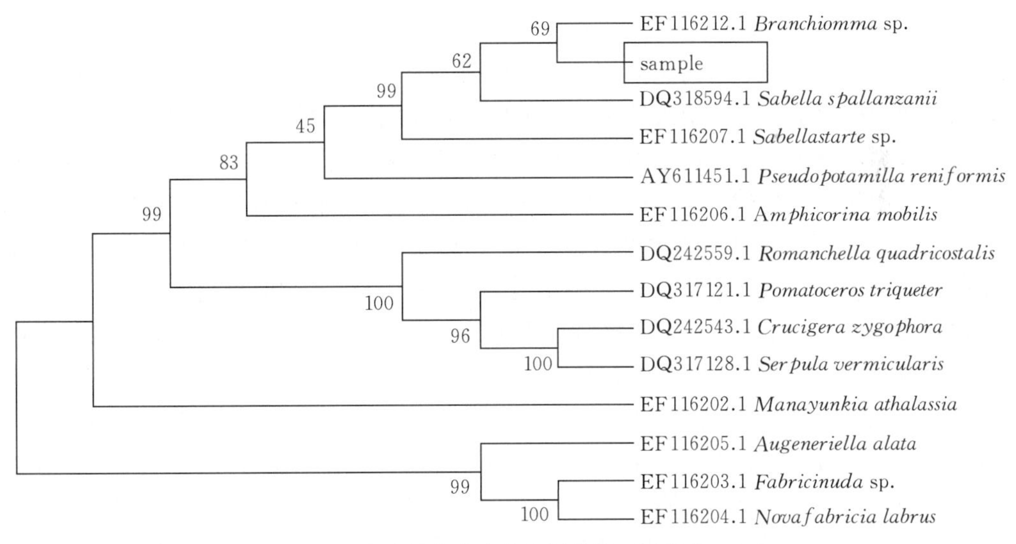

图 10－13　小头鲔寄生虫发育树分析（马振华，2020）

（五）治疗方法

养殖池内共养殖小头鲔 29 尾，寄生虫爆发后严重影响其健康，使用甲醛浸泡的方式进行脱离治疗。具体方法如下：将养殖池内水排放至水深 50 cm，加入 2 500 mL 浓度为 40% 的甲醛溶液（51 μL/L），密切观察小头鲔的反应，每隔 30 min 添加一次，每次 150 mL，添加两次后寄生虫开始脱落，最终甲醛浓度为 57 μL/L。浸泡 90 min 后开始排换水，同时打开进水口和排水口，在保证小头鲔能够正常游泳的情况下以求尽快将甲醛和脱落的寄生虫排

出。浸泡结束 1 h 后有 7 尾寄生虫影响较重的小头鲔死亡，其余恢复正常。总体死亡率为 24.1%。后经多次复查，没有发现此寄生虫。

五、小头鲔的骨骼

（一）鲔头部骨骼特征

鲔头部 X 光照片可清楚地看到头部各主要器官，通过观察图片可知，脑颅骨、上颌骨、下颌骨骨骼轮廓明显，鳃盖骨骨片下方形成鳃腔，呈现轮廓明显的虚影，鳃盖骨骨片后缘位于第 4 枚脊椎骨中央。脊椎骨密度大，结构明显。口咽腔形成空腔，结构明显，连通腹部。鲔眼球形态在 X 光照片中明显（图 10 - 14）。

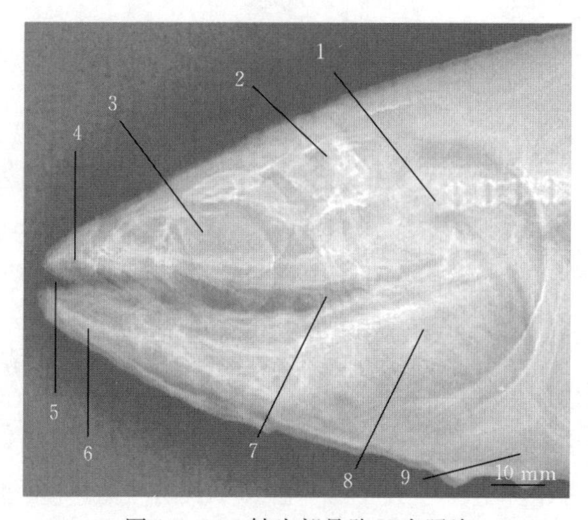

图 10 - 14　鲔头部骨骼 X 光照片

1. 脊椎骨　2. 脑颅骨　3. 眼球　4. 上颌骨
5. 口腔　6. 下颌骨　7. 咽腔　8. 鳃盖　9. 胸腔

（二）鲔脊柱及附肢骨的特征

鲔脊椎骨 38 枚，由 20 枚躯椎和 18 枚尾椎构成，密度较大，结构明显。肩带位于第 5～6 枚脊椎处；腹鳍支鳍骨位于第 6 枚脊椎骨下方。第一背鳍起点位于第 6 枚脊椎骨上方，结束点位于第 16 枚脊椎骨上方，第一背鳍有 13 枚支鳍骨，支鳍骨顶端深埋于背部肌肉中，由前至后前 7 枚支鳍骨顶点深度均匀，深度约为体高的 1/16～1/15，后 6 枚深度逐渐变浅，至最后一枚支鳍骨（第 13 枚）仅固定于表皮以下，这种结构可以使第一背鳍完全收回至背部肌肉夹缝中。第二背鳍共 12 枚支鳍骨，开始于第 21 枚脊椎骨上方，结束于第 24 枚脊椎骨上方。第二背鳍形态固定，不能左右摆动或收回。臀鳍鳍棘 14 枚，支鳍骨较小且密，开始于第 23 枚脊椎骨，结束于第 26 枚脊椎骨下方。臀鳍形态固定，不能左右摆动或收回。背鳍后有 7～8 枚小鳍，每一枚小鳍对应一枚支鳍骨，支鳍骨位于两枚髓棘之间，第一小鳍对应的支鳍骨位于第 23～24 枚脊椎骨上髓棘之间，第二小鳍对应的支鳍骨位于第 24～25 或 25～26 枚脊椎骨对应的髓棘之间，第三小鳍及以后对应的支鳍骨均紧密的存在于两枚髓棘之间没有位置变化。臀鳍后有 6～7 枚小鳍，小鳍支鳍骨与脊椎骨连接点呈现一一对应的关系。第 4～30 枚脊椎骨向上凸起形成髓棘，共 27 根。第 3 枚椎骨开始有腹肋，3～6 枚脊椎骨直接连接 4 对腹肋，7～15 枚椎骨前端凸起形成脉弓，脉弓向腹部延伸一段距离后连接 1 对腹肋，肋骨细长斜向后方延伸，所有肋骨形态相近。16～20 枚脊椎骨前后两端各有一凸起形成脉弓，同一脊椎骨上两脉棘向腹部延伸后相互融合连接 1 对腹肋，21～28 枚脊椎骨前后两端各有一凸形成脉弓，向腹部延伸后相互融合后形成脉棘向下延伸，且越靠近尾端，向腹部延伸的脉棘越短。29～30 枚脊椎骨该结构不明显。31～34 枚脊椎骨上的髓棘和脉棘向尾端弯曲包裹住关节，特化后起到加固尾柄的作用，且此处脊椎骨及关节明显增粗。鱼鳔在体内形成空腔，鱼鳔的形态及大小非常清晰；腹腔内脏与肌肉的密度存在差异，内脏团范围非常清晰（图 10 - 15）。

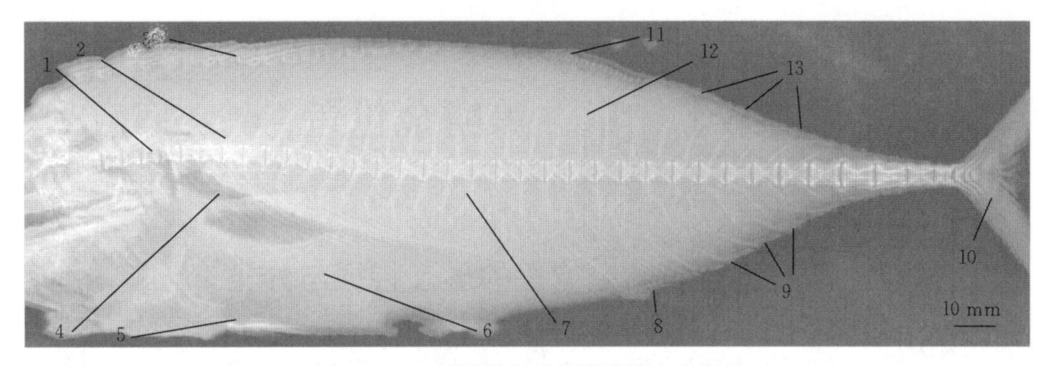

图 10-15 鲔脊椎骨及其附肢骨 X 光照片

1. 脊椎骨 2. 胸鳍 3. 第一背鳍 4. 鳔 5. 腹鳍 6. 腹腔 7. 脉弓 8. 臀鳍
9. 臀鳍后小鳍 10. 尾鳍 11. 第二背鳍 12. 背肋 13. 背鳍后小鳍

(三) 鲔尾部骨骼特征

鲔尾鳍上下对称，为正尾型（homo-cercal），第 35～37 脊椎骨上下两侧（原髓棘和脉棘）向斜后方延伸构成 3 块尾上骨和 3 块尾下骨，尾杆骨末端特化为一整块尾骨，尾鳍鳍条固定在尾骨（尾上骨、尾下骨和尾骨）上，上下对称（图 10-16）。

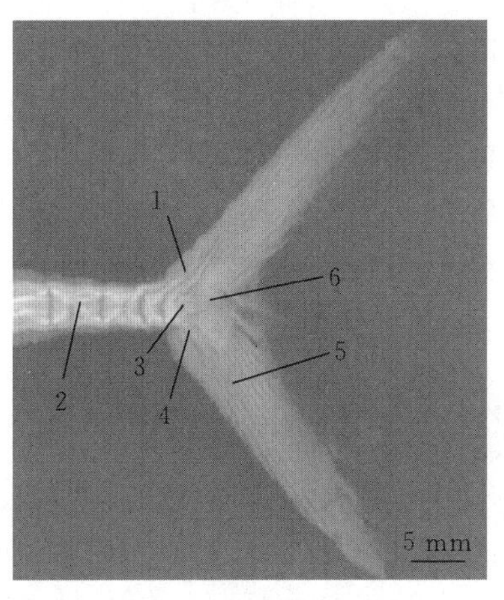

图 10-16 鲔尾骨 X 光照片

1. 尾上骨 2. 脊椎骨 3. 尾杆骨 4. 尾下骨 5. 尾鳍鳍条 6. 尾骨

第十一章　黑鳍金枪鱼

第一节　黑鳍金枪鱼的形态特征与分类

黑鳍金枪鱼（*Thunnus atlanticus*），又称大西洋金枪鱼和足球鱼，隶属脊索动物门（Chordata）、脊椎动物亚门（Vertebrata）、硬骨鱼纲（Osteichthyes）、辐鳍鱼亚纲目（Actinopterygii）、鲈形目（Perciformes）、鲭科（Acantho - cybium solandri）、金枪鱼属（*Thunnus*），该鱼主要分布在开放海域的海湾地区，它比其他金枪鱼更接近陆地。黑鳍金枪鱼具有典型的梭形金枪鱼身体形状，其背面为深金属蓝色，侧面为银灰色，腹部为白色，在每侧下方都有青铜色的痕迹。该鱼最可靠的识别特征是位于背鳍和肛门鳍后面的小鳍的颜色。在其他四种金枪鱼中，它们是黄色或黄色，带有黑色边缘，但黑鳍金枪鱼此处小鳍的颜色明显是暗淡的（图 11 - 1）。

黑鳍金枪鱼似乎比其他金枪鱼吃的鱼类更少，常摄食微小的足幼虫（国王虾或螳螂虾）、虾、蟹以及鱼卵。当然，它也吃幼鱼、成鱼和鱿鱼。黑鳍金枪鱼是生命较短、快速生长的物种，一般 5 龄的鱼被认为是老鱼。黑鳍金枪鱼在 2 龄时达到性成熟，体重达到2～3 kg，并于夏季在公海产卵。黑鳍金枪鱼是一种温水鱼类，喜欢水温超过 25.6 ℃。成年黑鳍金枪鱼体重较小，一般为 5～10 kg，最大可达 20 kg。

图 11 - 1　黑鳍金枪鱼

（图片来源：https://www.seagrantfish.lsu.edu/biological/mackerels/blackfintuna.htm）

第二节　黑鳍金枪鱼的地理分布

黑鳍金枪鱼主要分布在大西洋西部海域的海湾地区，包括马萨诸塞州玛莎葡萄园岛南部海域、特立尼达岛海域和巴西南部海域，该鱼比其他金枪鱼更接近陆地（Collette，1983）。

黑鳍金枪鱼主要分布国家和地区（海域）：安圭拉岛、安提瓜和巴布达、阿鲁巴岛、巴哈马、巴巴多斯、伯利兹、百慕大群岛、巴西、开曼群岛、哥伦比亚、哥斯达黎加、古巴、库拉索、多米尼加、法属圭亚那、格林纳达、瓜德罗普岛、危地马拉、圭亚那合作共和国、海地、洪都拉斯共和国、牙买加、马提尼克岛、墨西哥、蒙特塞拉特岛、安得列斯群岛、尼加拉瓜共和国、巴拉马、波多黎各、圣基茨和尼维斯联邦、圣卢西亚、圣文森特格伦、苏里南共和国、特立尼达和多巴哥、特克斯凯科斯群岛、美国、委内瑞拉、维珍群岛（Collette，1983；Cervigón，1994）。

第三节　黑鳍金枪鱼繁殖生物学

繁殖是鱼类生命过程中的重要环节之一。开展物种繁殖生物学的研究工作，对其种群资源评估具有十分重要的作用（Schaefer，1998），包括繁殖特征对种群动态的理解以及种群对渔业活动的恢复力等（Murua，2006）。为了取代传统的产卵种群生物量（spawning stock biomass，SSB），有学者提出了基本的繁殖参数（Morgan，2009），包括性别比、雌性的年龄与大小、成熟曲线、繁殖力、鱼种个体健康状况和生育史。对这些生物学参数波动的研究有利于资源的评估和管理，以及产卵种群生物量的估计（Murua，2009）。充分了解黑鳍金枪鱼繁殖生物学特性，能为资源评估提供基础参数，对其资源状况作出更加全面的评估，最终制定合理的、可持续的资源开发方案以及相关的资源保护措施。因此，对黑鳍金枪鱼繁殖生物学特性的研究是十分重要的。国内外学者对黑鳍金枪鱼的研究相对较少，内容大体可以分为性别比、叉长、性腺指数、性腺发育特征、最小和50%性成熟体长、绝对怀卵量等。

一、黑鳍金枪鱼性别比

性别比能够直观地反应种群雌雄组成，是种群繁殖研究和资源评估最基本的参数之一。Natalia等对圣保罗群岛的361个黑鳍金枪鱼样本进行了测量和性别分析。如表11-1所示，

表11-1　圣保罗群岛黑鳍金枪鱼每个月的性别比

月份	雌性数量	雄性数量	雌性占比（%）	雄性占比（%）	X^2
1月	4	5	44.4	55.6	1.2
2月	2	4	33.3	66.7	11.1*
3月	7	6	53.8	46.2	0.6
4月	10	20	33.3	66.7	11.1*
5月	18	74	19.6	80.4	37.1*
6月	7	35	16.7	83.3	44.4*
7月	3	8	27.3	72.7	20.7*
8月	9	12	42.9	57.1	2
9月	23	20	53.5	46.5	0.5
10月	6	27	18.2	81.8	40.5*
11月	5	10	33.3	66.7	11.1*
12月	20	26	43.5	56.5	1.7
合计	114	247	31.6	68.4	13.6*

注：*表示差异显著。

仅在 3 月和 9 月，雌性个体均多于雄性个体，在其他月份中雄性个体均多于雌性个体，其中 2 月、4 月、5 月、6 月和 7 月的差异显著。361 个样本中有 247 个雄性个体和 114 个雌性个体，雌、雄比为 1∶2.2。相似的，Vieira 等（2005a）报道，北里奥格兰德州的黑鳍金枪鱼雌、雄比为 0.5∶2.1；Freire 等（2005）研究发现巴西东北部的黑鳍金枪鱼雌、雄比 1∶1.9；北大西洋的黑鳍金枪鱼的雄性个体多于雌性个体（Coll，1987）。而朱伟俊等对北太平洋长鳍金枪鱼性别比例进行统计，结果发现雌性和雄性长鳍金枪鱼分别为 364 尾与 423 尾，总体雌雄比为 1∶1.16，远低于黑鳍金枪鱼的雌雄比（1∶2.2）。巴西东北部地区大眼金枪鱼的雌雄比为 1.4∶1.0，其比例接近 1∶1（Figueiredo，2007）。这说明不同种的金枪鱼的雌雄比差异很大。对黑鳍金枪鱼中雄性个体多于雌性个体的现象，存在如下 2 种可能的原因：①黑鳍金枪鱼雌性个体生殖过程会耗费很多体力，造成其免疫力降低，从而使得雌性的死亡率高于雄性（Garcia Coll et al.，1984）；②黑鳍金枪鱼雌性个体对渔具有较高的敏感性（Schaeffer，2001；Zhu et al.，2010）。

二、黑鳍金枪鱼叉长组成

黑鳍金枪鱼为金枪鱼属中体型较小的一种。Natalia 对圣保罗群岛黑鳍金枪鱼开展了一系列的研究，如图 11-2 所示，所有样本的叉长范围为 38～98 cm；雌性叉长范围为 46～98 cm，优势叉长为 58～62 cm 和 62～66 cm；雄性叉长范围为 38～78 cm，优势叉长为 66～70 cm。雄性个体和雌性个体的叉长差异显著（$P<0.05$）。巴西东北沿海和北大西洋黑鳍金枪鱼的叉长范围分别为 36～89 cm（Freire，2009）和 32～91 cm（Headley et al.，2009）。Vieira（2005b）发现北里约格兰德州黑鳍金枪鱼雌性个体在小规格群体中占优势，而雄性个体在大规格群体中占优势。如图 11-3 所示，黑鳍金枪鱼雌性和雄性首次性成熟的叉长（L50）分别为 48 cm 和 55 cm。

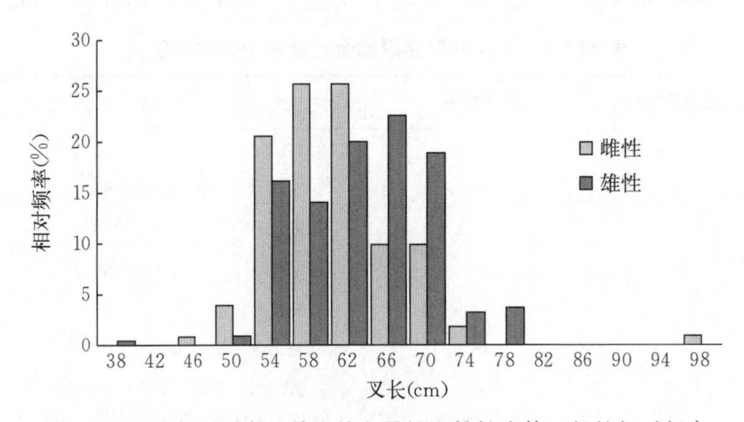

图 11-2　圣保罗群岛黑鳍金枪鱼雌性和雄性个体叉长的相对频率

三、黑鳍金枪鱼性腺指数

性腺指数是反映鱼类繁殖能力的重要指标。如图 11-4 所示，雌性和雄性黑鳍金枪鱼性腺指数（GI）每月平均值分别为 6.6～58.4 和 2.6～66.2。雌性个体性腺指数在 8 月最低，在 3 月最高。雄性个体性腺指数在 7 月最低，在 2 月最高。结果表明，黑鳍金枪鱼的繁殖能

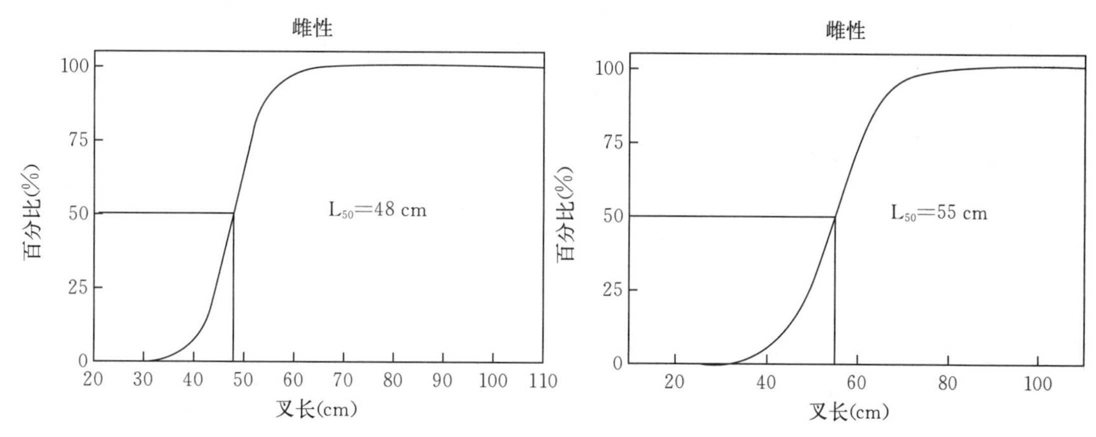

图 11-3　圣保罗群岛黑鳍金枪鱼雌性和雄性首次性成熟的叉长

力在每年的 11 月至翌年 3 月期间较强。

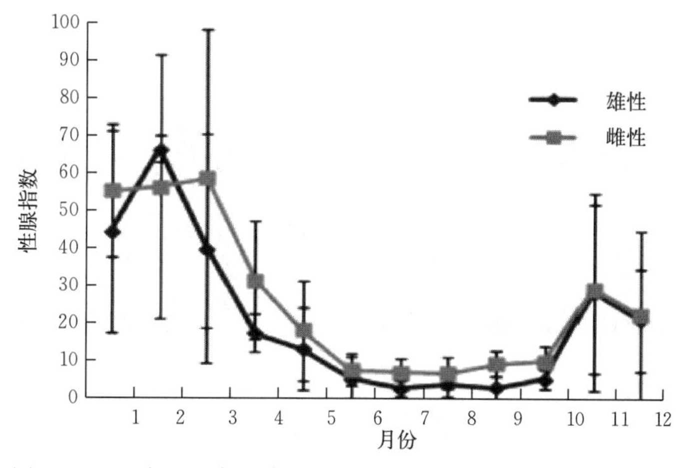

图 11-4　圣保罗群岛黑鳍金枪鱼雌性和雄性性腺指数的月份分布

四、黑鳍金枪鱼性腺成熟度及月份分布

圣保罗群岛黑鳍金枪鱼雌性和雄性个体各发育阶段每月的分布如图 11-5 所示，雌性的成熟期主要集中在每年的第一季度。每个月成熟期的雄性个体比例比雌性更高，但是也主要集中在第一季度。进一步说明黑鳍金枪鱼的繁殖能力在每年的第一季度较强。金枪鱼一般巡游到水温高于 24 ℃的水域产卵。水温是影响金枪鱼鱼卵和鱼苗存活最重要的环境因子（Stéquert et al.，2001；Medina et al.，2002；Mariani et al.，2010）。圣保罗群岛水域第一季度的平均水温在 27.5 ℃以上，这可以解释此水域中黑鳍金枪鱼的繁殖能力在每年的第一季度较强。

五、黑鳍金枪鱼的性腺发育特征

根据组织学观察，黑鳍金枪鱼的卵巢发育过程可分为 6 个时相，分别为不成熟期（n=4；3%）、生长期（n=6；5%），成熟期（n=11；10%）、产卵活跃期（n=60；53%）、退

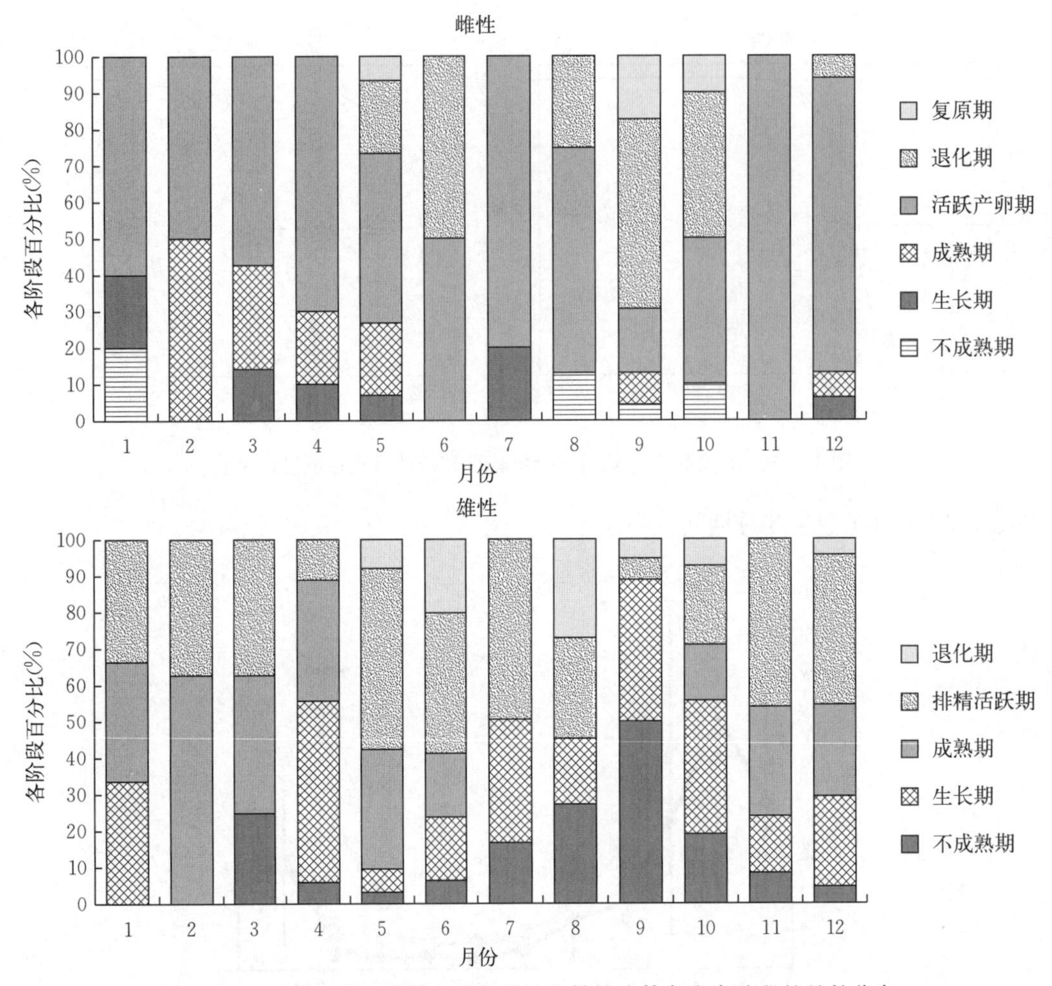

图 11-5 圣保罗群岛黑鳍金枪鱼雌性和雄性个体各发育阶段的月份分布

化期（n=27；24%）和复原期（n=6；5%）(Natalia，2012)。如图 11-6 所示，各个时相的特征如下。Ⅰ时相（不成熟期）：卵径平均值为 0.9 cm；卵细胞均重 10.2 g。卵细胞正处于增殖期，为了增加将来卵母细胞数量而高频率地进行有丝分裂，此时卵细胞个体体积较小，形状不规则，细胞质很少，细胞核几乎布满整个细胞，没有观察到有卵黄出现，细胞经染色后，切片颜色较深。Ⅱ时相（生长期）：卵径平均值为 1.7 cm；卵细胞均重 22.9 g；性腺指数为 10.7。细胞停止有丝分裂，细胞质和细胞核增长，在细胞膜与细胞核之间出现卵黄核，卵黄核呈现嗜碱性且致密的团聚物往往位于卵核附近。细胞核为圆形，一般在细胞中央，核仁大多紧贴核膜内缘，部分位于核质内，细胞核内核质所占比例较大。细胞外出现一层滤泡细胞。相较于Ⅰ时相，细胞个体增大，而细胞核所占细胞整体比例明显减小。Ⅲ时相（成熟期）：卵径平均值为 3.1 cm；卵细胞均重 73.9 g；性腺指数为 28.7。细胞逐渐成熟，形状呈圆形。滤泡细胞发生变化，细胞层数由原本的单层发展为两层，放射膜在该时相出现。细胞质中出现脂肪空泡，呈小空泡状，在卵周出现卵黄粒，细胞核为圆形，核质充满整个细胞核。Ⅳ时相（产卵活跃期）：卵径平均值为 2.6 cm；卵细胞均重 77.2 g；性腺指数为 36.4。卵细胞即将排出，此时体积增长显著。卵黄粒互溶，脂肪空泡进行互溶，最终脂肪空泡溶成一个，位置靠近细胞核，形状体积和细胞核相似。细胞核极化并逐渐靠近动物极，核膜消融，核仁清晰容易识别。排卵后，部分成熟卵细胞未被出，部分形成空腔。Ⅴ时相（退化期）：卵径平均值为 1 cm；卵细胞均重 17.7 g；性腺指数为 8.7。部分成熟卵细胞并未全部排出，被重新吸收。细胞内卵黄颗粒液化变成块状而且暗淡，卵黄和脂肪空泡被重新吸收并呈现消融状，核仁消失。放射膜显著增厚。最终，细胞完全退化。Ⅵ时相（复原期）：卵径平均值为 1.2 cm；卵细胞均重 18 g；性腺指数为 8.6。

根据组织学观察，黑鳍金枪鱼的精巢发育过程可分为 5 个时相，分别为不成熟期（n=27；11%）、生长期（n=51；21%）、成熟期（n=60；24%）、排精活跃期（n=89；36%）和复原期（n=20；8%）（Natalia，2012）。如图 11-6 所示，各个时相的特征如下。Ⅰ时相（不成熟期）：精巢径平均值为 0.7 cm；精巢均重 4.2 g。精巢呈细线状结构，成对地位于鳔腹部两侧，有较小尺寸的输精管，仅凭肉眼较难分辨雌雄。Ⅰ期精巢终身只出现一次。Ⅱ时相（生长期）：精巢径平均值为 1.9 cm；精巢均重 18.6 g；性腺指数为 5.5。精巢形状扁平，颜色为浅灰色或棕灰色，呈半透明或不透明。在表面难以发现明显的血管，仅凭肉眼可以分辨雌雄。Ⅱ 期卵巢相较于Ⅰ期卵巢：前者稍扁，颜色较淡；后者稍厚圆，颜色更深。Ⅱ期精巢由Ⅰ期精巢发展而来，终身只出现一次。Ⅲ时相（成熟期）：精巢径平均值为 3 cm；精巢均重 73.8 g；性腺指数为 12.3。精巢呈圆柱体形状，表面存在一些血管分布，外表颜色为弱红色或浅黄色。Ⅲ 期精巢可能由 Ⅱ 期精巢发展而来，也可能由更高成熟期的精巢自然

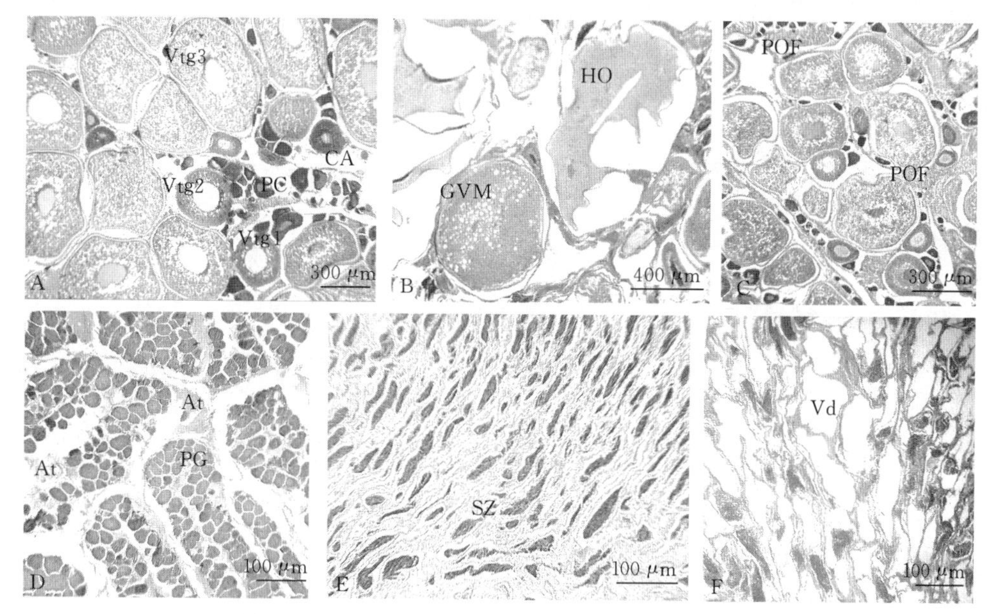

图 11-6　黑鳍金枪鱼卵巢和精巢发育的组织学切片

A. 产卵的雌性卵母细胞，具有：初级生长卵母细胞（PG），皮质肺泡（CA），初级卵黄形成卵母细胞（Vtg1），次级卵黄形成卵母细胞（Vtg2）和卵黄母卵母细胞（Vtg3）

B. Ⅳ时相的卵母细胞，具有：水合卵母细胞（Ho），生小泡迁移（GVM）

C. 产卵活跃期的卵母细胞，具有：排卵后卵泡（POF）

D. 复原期的卵母细胞，具有：原代生长卵母细胞（PG）和闭锁（At）

E. 主动排精（即将排精）的精巢，充满精子的输精管（SZ）

F. 已经排精的精巢，较空的输精管（Vd）和一些未排出的精子（Sz）

退化而成。Ⅳ时相（排精活跃期）：精巢径平均值为 2.5 cm；精巢均重 42.3 g；性腺指数为 18.5。精巢体积增大显著，呈浅灰色，表层多褶皱且有明显的血管分布。挤压可能流出少量精液，精巢横截面边缘形状不规则，近似于圆形。Ⅴ时相（复原期）：精巢径平均值为 1.6 cm；精巢均重 17.7 g；性腺指数为 7.6。

六、黑鳍金枪鱼绝对怀卵量

在圣保罗群岛的 361 个黑鳍金枪鱼样本中，叉长为 56 cm、卵巢重量为 120.90 g 的个体有 272 025 个卵母细胞（最少），叉长为 68 cm、卵巢重量为 387.69 g 的个体有 1 140 584 个卵母细胞（最多）。圣保罗群岛黑鳍金枪鱼的平均绝对怀卵量为 554 512 个卵母细胞，而北里奥格兰德州海岸附近的黑鳍金枪鱼平均绝对怀卵量为 1 451 841 个卵母细胞（Vieira，2005）。这说明不同海域黑鳍金枪鱼的绝对怀卵量存在较大差距，可能的原因有：一是样本的差异性，包括长度频率的分布不同，和绝对怀卵量数据获得的中小数据数量居多；二是获取怀卵量数据的方式不同，计数成熟卵细胞的基准克数不一致；三是种群资源的衰退。如图 11-7 所示，随着卵巢重量的增加，其卵的数量也在增加。尽管如此，绝对怀卵量与叉长并不是线性关系，这是因为有些较大个体的绝对怀卵量较少（叉长 98 cm，卵数量为 392 796），有些较小个体的绝对怀卵量较多（叉长 62 cm，卵数量为 509 030）。

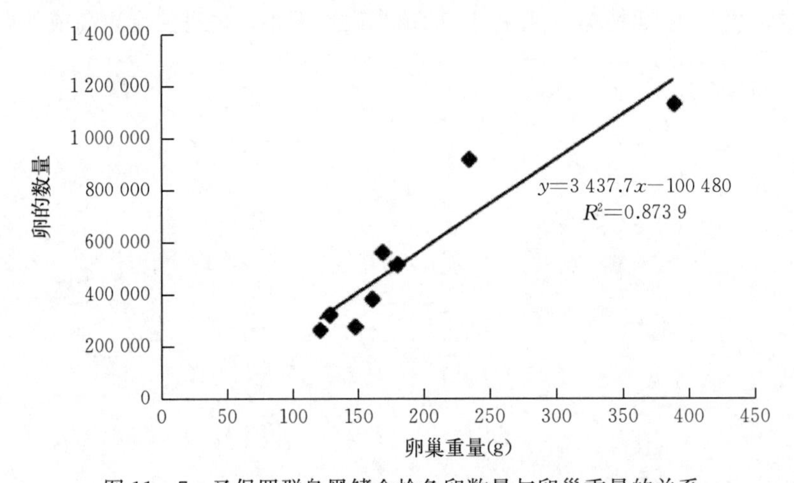

图 11-7　圣保罗群岛黑鳍金枪鱼卵数量与卵巢重量的关系

第十二章　金枪鱼病害

第一节　金枪鱼病害与诊断概述

一、养殖金枪鱼病害概况

成功的养殖鱼类健康管理对可持续水产养殖至关重要。病原菌的潜在控制水平与水产养殖系统的类型有关。网箱养殖几乎不能控制水传播的病原体，并可能导致自由生物变成寄生性的生物。此外，在网箱养殖中，应激水平更难控制，特别是由于空间限制或捕捞过程的存在、极端或不利的天气条件造成的应激等。金枪鱼属都是非常有经济价值的品种，但基本靠野生捕捞。然而，由于不受控制地捕捞导致种群急剧减少，导致对某些物种实施了严格的配额，并建立了其中一些物种的人工养殖。关于这些鱼的疾病的信息很少，因此收集金枪鱼疾病方面的资料非常有意义。疾病暴发是宿主、病原体和环境相互作用的结果。除了对病原体的存在进行有限控制外，网箱养殖还可能导致宿主的应激反应，从而导致免疫抑制。可以根据网箱养殖环境中是否存在病原微生物和寄生虫来评估疾病暴发的风险。大西洋蓝鳍金枪鱼、太平洋蓝鳍金枪鱼和南方蓝鳍金枪鱼都可在网箱养殖，不同的寄生虫成为人工海洋牧场养殖的健康风险，其中一些致病性寄生虫感染与死亡率和减产有关。

金枪鱼善于游动，许多物种通过相对较高的代谢率和使用热交换机制来维持稳定的体温。在实际工作中对金枪鱼的研究存在一定的难度，但有一些物种已经在生理水平上进行了广泛的研究。这为了解这些金枪鱼的病理生理状况提供了良好的基础，但还需要做更多的工作，特别是对南方蓝鳍金枪鱼，这是澳大利亚金枪鱼水产养殖业的基础。在病理学方面，除了主要进行寄生虫学研究或鉴定南方蓝鳍金枪鱼种群的寄生虫学研究外，几乎没有公开的资料。值得注意的是，即使在受到创伤和其他可能易受此类感染的病因的影响，大眼金枪鱼似乎对细菌感染具有相对较强的抵抗力。

二、病害的诊断依据

现难于做到通过检测患病机体的各项生理指标而对金枪鱼疾病进行诊断，大多只能通过发病的鱼体临床症状和显微镜检查的结果作出确诊，大致可以根据以下几条原则进行病害的诊断。

（一）判断是否由病原体引起的疾病

有些金枪鱼出现发病，并非是由于传染性或者寄生性病原体引起的，可能是由于水体中溶氧量低导致的机体缺氧、各种有毒物质导致的机体中毒等。这些非病原体导致的金枪鱼不正常或者死亡现象，通常都具有明显不同的症状。首先，因为在同一水体的金枪鱼受到来自环境的应激性刺激是大致相同的，机体对相同应激性因子的反应也是相同的，因此，机体表现出的症状比较相似，病理发展进程也比较一致；其次，除某些有毒物质引起金枪鱼的慢性中毒外，非病原体引起的疾病往往会在短时间内出现大批金枪鱼失常甚至死亡，查明患病原因后，立即采取适当措施，症状可能很快消除，通常都不需要进行长时间治疗。

（二）依据疾病发生的季节

各种病原体的繁殖和生长均需要适宜的温度，而水温的变化与季节有关，金枪鱼疾病的发生大多具有明显的季节性。适宜于低温条件下繁殖与生长的病原体引起的疾病大多发生在冬季，而适宜于较高水温的病原体引起的疾病大多发生在夏季。

（三）依据患病金枪鱼的外部症状和游动状况

虽然多种传染性疾病均可以导致金枪鱼出现相似的外部症状，但是，不同疾病的症状也具有不同之处，而且患有不同疾病的金枪鱼也可能表现出特有的游泳状态。如鳃部患病的鱼类一般均会出现浮头的现象，而当鱼体上有寄生虫寄生时，就会出现鱼体挤擦和时而狂游的现象。

（四）依据水产动物的种类和发育阶段

各种病原体对所寄生的对象具有选择性，而处于不同发育阶段的各种金枪鱼由于其生长环境、形态特征和体内化学物质的组成等均有所不同，对不同病原体的感受性也不一样。有些疾病在年幼金枪鱼中容易发生，在成年阶段则不会出现。

（五）依据疾病发生的水域特征

由于不同水域的水源、地理环境、气候条件以及微生态环境均有所不同，导致不同地区的病原区系也有所不同对于某一地区特定的生活条件而言，经常流行的疾病种类并不多，甚至只有 1～2 种，如果是当地从未发现过的疾病，患病金枪鱼也不是从外地引进的话，一般都可以不加考虑。

三、病害的检查与确诊方法

（一）检查水产养殖动物疾病的工具

对患病的金枪鱼进行检查时，需要用到一些器具，可根据具体情况购置。一般而言，养殖规模较大的天然海洋牧场或养殖场和专门从事养殖技术研究与服务的机构和人员，均应配置解剖镜和显微镜等，有条件的还应该配置部分常规的分离、培养病原菌的设备，以便解决准确判断疑难病症的问题。即使个体从业者，也应该准备一些常用的解剖器具，如放大镜、解剖剪刀、解剖镊子、解剖盘和温度计等。

（二）肉眼检查

对金枪鱼肉眼检查的主要内容：① 观察其体型，注意体型是瘦弱还是肥硕。体型瘦弱往往与慢性型疾病有关，而体型肥硕的金枪鱼大多是患的急性型疾病；金枪鱼腹部是否臌胀，如出现臌胀的现象应查明臌胀的原因。此外，还要观察金枪鱼是否有畸形。② 观察金枪鱼的体色，注意体表的黏液是否过多，鳞片是否完整，机体有无充血、发炎、脓肿和溃疡的现象出现，眼球是否突出，鳍条是否出现蛀蚀，肛门是否红肿外突，体表是否有水霉、水泡或者大型寄生物等。③ 观察鳃部，注意观察鳃部的颜色是否正常，黏液是否增多，鳃丝是否出现缺损或者腐烂等。④ 解剖后观察内脏，若是患病金枪鱼比较多，仅凭对动物外部的检查结果尚不能确诊，应解剖 1～2 尾疑似患病鱼检查内脏。解剖金枪鱼的方法是：剪去鱼体一侧的腹壁，从腹腔中取出全部内脏，将肝脏、脾脏、肾脏、胆囊、肠等脏器逐个分离开，逐一检查。注意肝脏有无淤血，消化道内有无饵料，肾脏的颜色是否正常，腹腔内有无腹水等。

（三）显微镜检查

在肉眼观察的基础上，从体表和体内出现病症的部位，用解剖刀和镊子取少量组织或黏液，置于载玻片上，加 1～2 滴清水（从内部脏器上采取的样品应该添加生理盐水），盖上盖玻片，稍稍压平，然后放在显微镜下观察，特别应注意对肉眼观察时有明显病变症状的部位作重点检查。显微镜检查特别有助于对原生动物等微小的寄生虫引起疾病的确诊。

（四）确诊

根据对金枪鱼检查的结果，结合各种疾病发生的基本规律，就基本上可以明确疾病发生原因而作出准确诊断。需要注意的是，当从金枪鱼体上同时检查出两种或者两种以上的病原体时，如果两种病原体是同时感染的，即称为并发症；若是先后感染的两种病原体，则将先感染的称为原发性疾病，后感染的称为继发性疾病。对于并发症的治疗应该同时进行，或者选用对两种病原体都有效的药物进行治疗。由于继发性疾病大多是原发性疾病造成金枪鱼损伤后发生的，所以对于这种状况，应该在找到主次矛盾后，依次进行治疗。对于症状明显、病情单纯的疾病，凭肉眼观察即可作出准确的诊断。但是，对于症状不明显、病情复杂的疾病，就需要做更详细的检查方可作出准确的诊断。当由于症状不明显、无法作出准确诊断时，也可以根据经验采用药物边治疗、边观察，进行所谓试验性治疗，积累经验。

第二节　金枪鱼病毒性病害

一、病毒性病原概述

鱼类病毒性疾病是约从 20 世纪 50 年代才开始研究的，在初始阶段主要是用电子显微镜观察病变组织内的病毒，对鱼类还用活细胞进行病毒分离、培养和感染试验，研究发展的很快。随着养殖品种的不断增多以及水环境的恶化，已有的病毒病不断扩大宿主和地域传播范围，新生病毒病不断出现，给水产养殖业乃至野生水生动物资源带来了巨大损失和影响，严重制约了水产养殖业的健康发展。病毒病常常具有爆发性、流行性、季节性和致死性强的特点，其病毒病原对宿主细胞的专一寄生使得病毒病防治异常困难。因此，鱼类病毒病的防治要依赖于早期检测和早期预防、降低养殖密度和改善养殖环境等来减少病毒病带来的损失。

（一）病毒的形态与结构

病毒的形态是指在电子显微镜下观察到的病毒的形态、大小和结构。病毒颗粒很小，大多数比细菌小得多，能通过细菌滤器。用以测量病毒大小的单位为纳米（nm）。不同病毒的粒子大小差别很大，小型病毒直径只有 20 nm 左右，而大型病毒可达 300～450 nm。鱼类的病毒形态大致可以分为球形、杆状、弹状、二十面体等。病毒粒子由核酸和蛋白衣壳构成，有些病毒的核衣壳外有包膜。一种病毒的粒子只含有一种核酸：DNA 或 RNA。病毒的核酸主要有 4 种类型，即单链 DNA、双链 DNA、单链 RNA 和双链 RNA。病毒的衣壳通常呈螺旋对称或二十面体。螺旋对称即蛋白质亚基有规律地以螺旋方式排列在病毒核酸周围，而二十面体是一种有规则的立体结构，它由许多蛋白亚基的重复聚集组成，从而形成一种类似于球形的结构。还有的病毒衣壳呈复合对称，这类病毒体的结构较为复杂，其壳粒排列既有螺旋对称，又有立体对称，如痘病毒和噬菌体。有的病毒在衣壳蛋白外有一层包膜。包膜由脂类、蛋白质和糖蛋白组成。大多数的有包膜病毒呈球形或多形态，但也有呈弹状。

（二）病毒的复制

病毒是最简单的生命形式，严格来说，细胞内寄生物必须依赖于宿主才能完成整个生命周期并复制出子代病毒。复制周期的长短与病毒的种类有关，多数动物病毒的复制周期至少在 24 h 以上。病毒复制周期大致可分为吸附、穿入、脱壳、生物合成、装配和释放几个过程。吸附是病毒表面蛋白与细胞质膜上的受体特异性的结合，导致病毒附着于细胞表面。穿入是指病毒吸附后，立即引发细胞的内化作用而使病毒进入细胞。不同的宿主病毒穿入机制不同，有的病毒通过细胞内吞作用或通过细胞膜的移位侵入细胞，有的通过病毒膜与细胞质膜融合，将病毒的内部组分释放到细胞质中。脱壳是病毒穿人后，病毒除去包膜或壳体而释放出病毒核酸的过程。不同病毒的脱壳方式不同，多数病毒进入细胞后与内质体或溶酶体相互作用而脱去衣壳，释放病毒核酸。

（三）病毒的致病机理

病毒感染的传播途径与病毒的增殖部位、进入靶组织的途径、病毒排出途径以及病毒对环境的抵抗力有关。无包膜病毒对干燥、酸和去污染的抵抗力较强，故以粪-口途径为主要传播方式。有包膜病毒对于燥、酸和去污染的抵抗力较弱，必须维持在较为湿润的环境，故主要通过飞沫、血液、黏液等传播，注射和器官移植亦为重要的传播途径。病毒的传播方式包括水平传播和垂直传播：水平传播指病毒在群体的个体之间的传播方式，通常是通过口腔、消化道或皮肤黏膜等途径进入机体；垂直传播指通过繁殖，直接由亲代传给子代的方式。

病毒对细胞的致病作用主要包括病毒感染细胞直接引起细胞的损伤和免疫病理反应。细胞被病毒感染后，可以表现为顿挫感染、溶细胞感染和非溶细胞感染。顿挫感染亦称流产型感染，病毒进入非容纳细胞，由于该类细胞缺乏病毒复制所需酶或能量等必要条件，致使病毒不能合成自身成分；或虽合成病毒核酸和蛋白质，但不能装配成完整的病毒颗粒，这种情况下对某种病毒为非容纳细胞，但对另一些病毒则表现为容纳细胞，能导致病毒增殖造成感染。溶细胞感染指病毒感染容纳细胞后，细胞提供病毒生物合成的酶、能量等必要条件，支持病毒复制，并损伤细胞功能。非溶细胞感染的细胞多为半容纳细胞，该类细胞缺乏足够的物质支持病毒完成复制周期，仅能选择性表达某些病毒基因，不能产生完整的病毒颗粒，出现细胞转化或潜伏感染；有些病毒虽能引起持续性、生产性感染，产生完整的子代病毒，但由于通过出芽或胞吐方式释放病毒，不引起细胞的溶解，表现为慢性病毒感染。抗病毒免疫所致的变态反应和炎症反应是主要的免疫病理反应。

二、病毒性神经坏死病毒病

（一）病原

病毒性神经坏死病毒病资料显示最早于 1985 年暴发，1990 年日本学者在患病鱼脑部发现病毒粒子，并首次命名为病毒性神经坏死病。病毒性神经坏死病毒（viral nervous nercrosis virus，VNNV）属于野田村病毒科（*Nodaviridae*）、乙型野田村病毒属（*Betanodavirus*），国内又译为诺达病毒科、*Beta* 诺达病毒属，主要侵害宿主的脑部和视网膜等组织，因此神经坏死病毒导致的疾病也称为空泡性脑视网膜炎（vacuolating encephalopathy and retinopathy，VER）。该病毒为无囊膜、二十面体的 RNA 病毒，直径为 25～30 nm（图 12-1）。

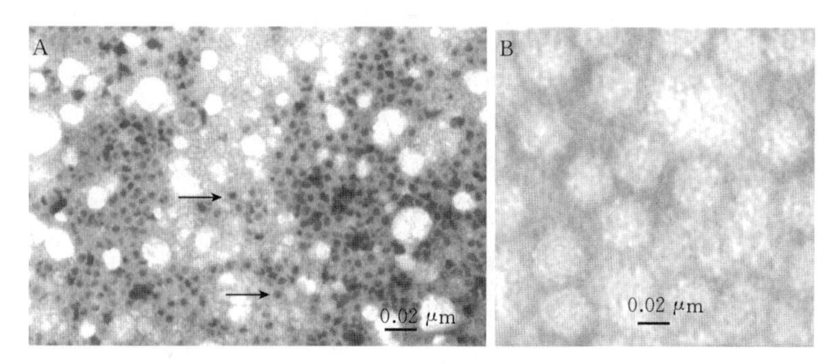

图 12-1　病毒性神经坏死病毒在电镜下的照片（朱志煌 等，2017）

A. 透射电镜下病毒形态　B. 病毒颗粒负染色（箭头表示病毒粒子）

（二）流行情况

该病在海水鱼中最常见，也是危害最大的传染病之一，对大西洋蓝鳍金枪鱼和太平洋蓝鳍金枪鱼的仔、稚鱼危害较大，部分成鱼也会被感染，但死亡率较低，该病流行水温为25～32 ℃。可通过水平和垂直传播，病毒可以附着在鱼卵表面或在水中游离而感染仔鱼，PCR检测病毒阳性亲鱼的后代全部患病毒性神经坏死病。

（三）症状

仔鱼期病鱼厌食，活力差，身体瘦弱，体色发黑，游动异常，或随水流无力游动，或腹部朝上（涨鳔导致），浮于水面做盘旋游动，或在水中打转。部分病鱼脑、眼、口部充血发红，眼球脱落。所有种类的病鱼最后浮上水面或狂奔而死亡，病理切片可见中枢神经组织和视网膜中心出现空泡化（图 12-2）。

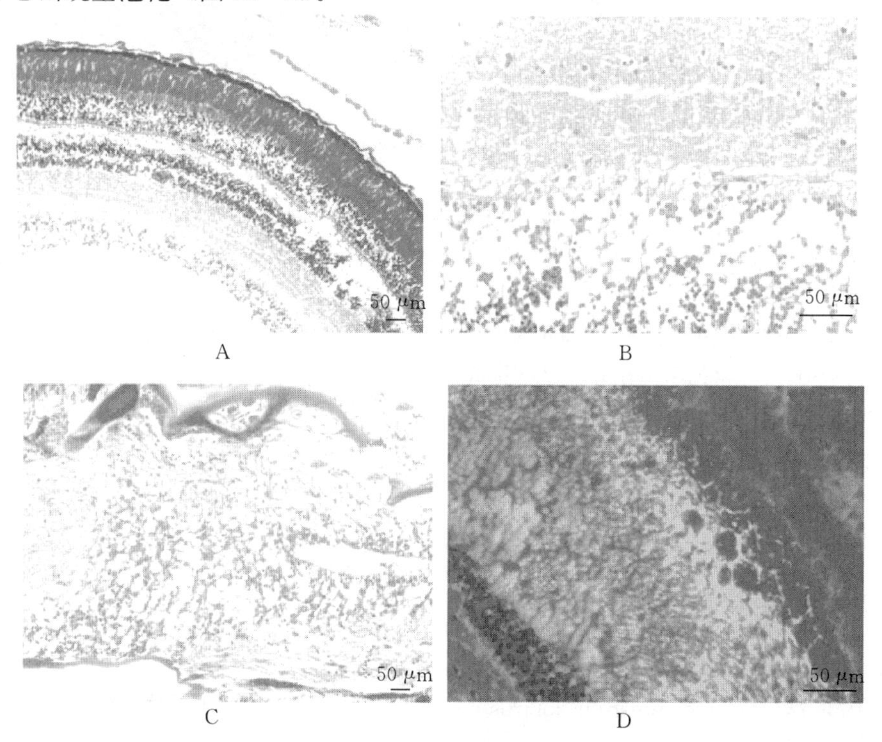

图 12-2　太平洋蓝鳍金枪鱼幼鱼（33 dph）感染后的组织空泡化病变（Nishioka et al.，2010）

A. 视网膜　B. 神经索　C. 脑　D. 视网膜的特异性荧光染色

（四）诊断方法

（1）根据病症特点及流行情况作出初步诊断。

（2）细胞培养分离病毒和病毒鉴定。

（3）取可疑病鱼的脑网膜组织细胞或视网膜做组织切片，HE染色，观察有无神经组织坏死、大型空泡；或用电子显微镜观察有无病毒包涵体。

（4）用荧光抗体测试、ELISA检测法诊断。

（5）RT-PCR检测法，如采用《鱼类病毒性神经坏死病》（SCT 7216—2012）检测诊断。

（五）防控方法

（1）受精卵卵膜携带许多病毒，日本提倡受精卵在研磨发泡期（16～18 h）用20 mg/L的有效碘浸浴受精卵15 min，或在水温20 ℃时，用50 mg/L浓度的次氯酸钠浸泡受精卵10 min，还可用臭氧处理过的海水洗卵3～5 min。虽然多数病毒被携带于胚胎和受精卵核内很难清洗，但消毒处理后，养殖过程发病情况会改善许多，有条件的育苗场或者养殖朋友可以借鉴（图12-3）。

图12-3　太平洋蓝鳍金枪鱼鱼卵消毒的设备（Higuchi et al.，2011）

A. 洗卵　B. 卵消毒

（2）对鱼苗和鱼卵使用神经坏死病毒检测试剂条或其他现场检试剂；如果时间充足，采样送检至科研单位检测病毒，此外用10%聚维酮碘溶液浸浴鱼苗，30 min/次，连用2～3次。

（3）严格消毒对该病毒有效的消毒剂主要有卤素类、乙醇类、碳酸及pH 12的强碱溶液，如用次氯酸钠50 mg/L处理10 min；用臭氧或用每平方厘米410 μW强度的紫外线照射224 s以上，可减少因水源携带病原的传染。

（4）对发病的养殖区域，捞出病鱼并销毁，及时捞出死鱼深埋。由于病毒对干燥和直射光有很强的耐受力，所以推荐使用消毒剂进行消毒处理。对该病毒有效的消毒剂主要有卤素类、乙醇类、碳酸及pH 12的强碱溶液，如用次氯酸钠50 μg/L处理10 min。

三、真鲷虹彩病毒病

（一）病原

真鲷虹彩病毒（red sea bream iridobirus virus，RSIV）属于虹彩病毒科（*Iridoviridae*）、细胞肿大病毒属（*Megalocytivirus*），已知该属虹彩病毒有20余种。真鲷虹彩病毒为双链线状DNA病毒，有囊膜，核衣壳为二十面体，直径120～200 nm（图12-4）。

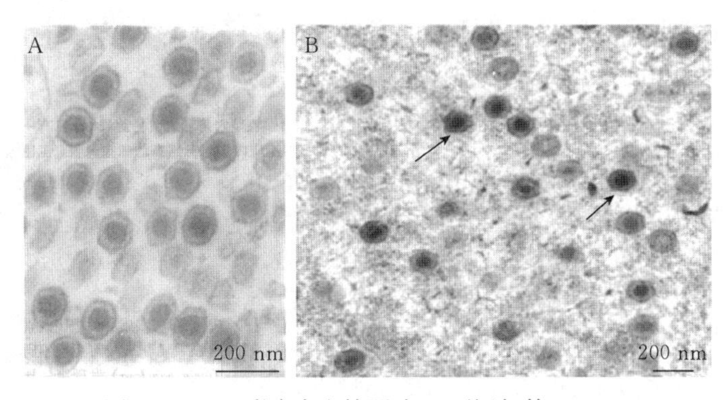

图 12－4　虹彩病毒电镜照片（王海波 等，2019）
A. 透射电镜下病毒形态　B. 组织内的病毒颗粒（箭头表示病毒颗粒）

（二）流行情况

仅报道太平洋蓝鳍金枪鱼感染该病毒，野生金枪鱼对病毒的抵抗力较强，但捕捞的野生金枪鱼与其他的海水鱼混养会易被感染。该病毒宿主几乎涵盖了我国主要的海水养殖鱼类，既可以垂直传播也可以水平传播。可感染的硬骨鱼类包括鲈形目、鲽形目、鳕形目、鲀形目等 4 目近百种海水，患病鱼的死亡率从 30%（成鱼）到 100%（幼苗），给水产养殖业造成重大经济损失。该病有明显的季节性，流行季节为 5—10 月，7—10 月为发病高峰期，水温在 25 ℃左右开始出现流行，28～30 ℃最易流行，20 ℃以下则一般不发病。太平洋蓝鳍金枪鱼的幼鱼经常受到感染，但在大于 1 龄的鱼上尚未分离到该病毒。

（三）症状

细胞肿大虹彩病毒感染后外观临床症状一般包括：体表无明显损伤，嗜睡，黑身，部分鱼鳍基出血，游泳异常，漂浮于水面；贫血症状明显，血液稀薄、色淡，凝固性差，鳃丝完整但颜色偏淡；肝脏肿大且失血般苍白，胆囊充盈，胆汁溢出；严重时肝脏有点状出血，腹腔内有血水。该病毒对鱼体上皮组织和内皮组织亲嗜性较强，对脾脏、肾脏等鱼类造血器官和组织的破坏尤为严重，从而导致病鱼贫血、多器官衰竭而死亡。在组织病理学变化方面，细胞肿大虹彩病毒通常会导致病鱼的脾、肾等病毒靶器官内出现大量嗜碱性的、细胞质匀质化的、直径约 15～20 μm 的肿大细胞，这是该类病毒重要的感染特征之一，也是该类病毒被命名为“细胞肿大虹彩病毒”的原因（图 12－5）。

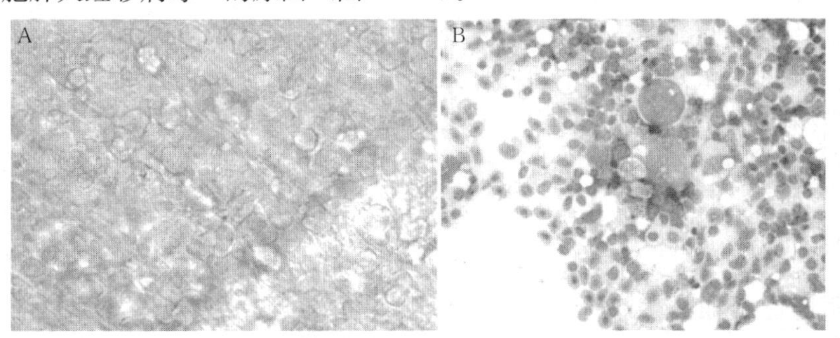

图 12－5　感染虹彩病毒后组织中的肥大细胞（徐力文）
A. 鳃血管中的肥大细胞　B. 脾脏中的肥大细胞

(四) 诊断方法

(1) 根据病症特点及流行情况作出初步诊断。

(2) 从病鱼体表、鳃的外观症状和脾脏肥大，可作出初步诊断（图 12-6）。

(3) 取病鱼脾脏、肝脏、心脏、肾脏或鳃组织，切片，Giemsa 染色，在光镜下观察到异常肥大的细胞。

(4) 做肾脏超薄切片，通过电镜观察到病毒粒子。

(5) 用 BF-2、LBF-1 等细胞株分离培养病毒，用直接免疫荧光抗体技术检测。

(6) 用 PCR 技术鉴定，如检疫中采用《真鲷虹彩病毒检疫规范》(SN/T 1675—2011) 检测，或用《真鲷虹彩病毒病诊断规程》(GB/T 36191—2018) 进行检测诊断。

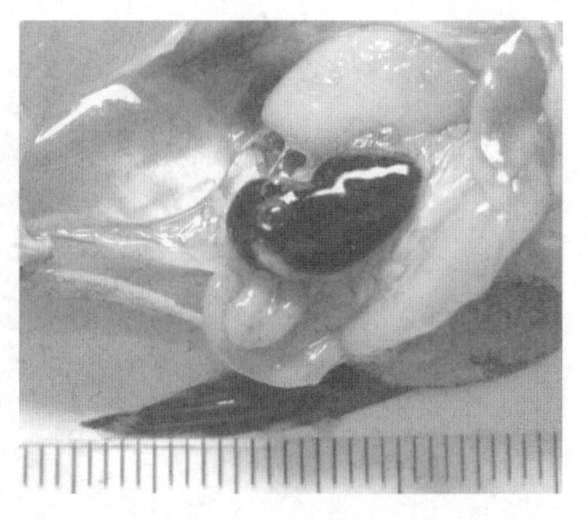

图 12-6 患病的鱼脾脏肿大（徐力文）

(五) 防控方法

(1) 除了一般的防御措施外，养殖金枪鱼的网箱应远离其他的海水鱼养殖品种，如真鲷等。海水网箱养殖密度不宜过高。

(2) 培育抗病力强的苗种。有的鱼虽然体内存在病毒，但由于抵抗力强并不发病。有条件的孵化场应从自然水体中引入亲本或开展良种选育，以提高鱼对疾病的抵抗力。

(3) 免疫接种。免疫接种可能是控制虹彩病毒病的最有效方法。可通过注射疫苗来提高鱼体对该病的特异性免疫力。

(4) 内服保健。在饲料中添加有益菌或免疫调节剂，补充营养，提高机体抗应激能力。内服三黄粉，一次量，每 1 kg 体重，三黄粉为 0.2～0.3 mg，拌饲投喂，每天 1 次，连用 6 d。或内服维生素 C 钠粉，或维生素 C 和抗病毒免疫促长素，一次量，每 1 kg 体重，4 g 或 12 g 维生素 C 纳粉，或4 g 和 3 g 维生素 C 和抗病毒免疫促长素，或各 2 g，拌饲投喂，每天 1 次，连用 3～5 d。

(5) 使用无污染水源。有条件的养殖场可建立蓄水池，将养殖用水引入蓄水池自行净化一段时间或消毒处理后再引入养殖塘。最好采用半封闭方式养殖，管理好水质，不轻易排换水。

(6) 加强消毒工作。虹彩病毒传染性很强，应采用严格的隔离措施，以免相互传染。除水源、苗种外，还应注意饲料、工具的消毒。养殖用的各种工具应做到各个塘分开使用，或经清洗消毒后再用于其他养殖塘。

(7) 减少饲料投喂量。发病后减少饲料投喂可减少患病鱼对溶解氧的需求，减轻池塘中的环境压力，减少病鱼死亡，利于病鱼的恢复。

(8) 药物刺激会增加发病鱼死亡，水体消毒用温和性药物为好。大黄、黄檗、穿心莲按 1∶1∶1的比例混合，加水煮沸 20 min，连汁带渣全池泼洒。一次量，每立方米 3～5 g，每天 1 次，连续两天。

(9) 目前尚无有效的治疗办法。

四、病毒性出血性败血症

(一) 病原

引起该病的病原是病毒性出血性败血症病毒（viral hemorrhagic septicemia virus,

VHSV)，VHSV 是弹状病毒科（*Rhabdoviridae*）的成员，弹状病毒的病毒粒子呈子弹形状，含有单链 RNA 基因组（图 12－7）。VHSV 感染的细胞表现为细胞逐渐变圆而出现细胞病变，并从细胞培养瓶底部脱落。该病毒对乙醚、氯仿、酸、碱敏感，对热不稳定，在－20 ℃可保存数年。

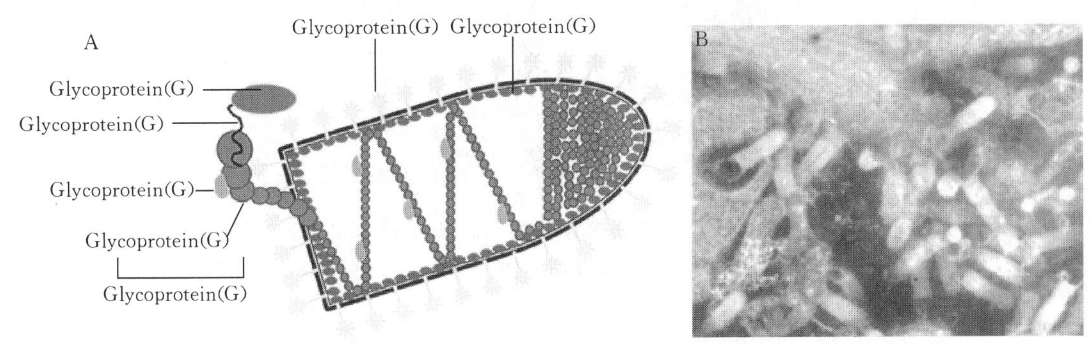

图 12－7　病毒性出血性败血症病毒形态特征（Isshiki et al.，2001）
A. 病毒示意图　B. 病毒的电镜照片

（二）症状

大西洋蓝鳍金枪鱼主要是隐性感染该病毒，大多数症状不明显。少部分鱼的主要特征是出血，自然条件下本病潜伏期为 7～25 d。因症状缓急及表现差异，分急性型、慢性型和神经型三种类型。急性型见于流行初期，表现为体色发黑，眼球突出，眼和眼眶四周以及口腔上腭充血，鳃苍白或呈花斑状充血，肌肉和内脏有明显出血点，肝、肾水肿、变性和坏死。发病快，死亡率高。慢性型病程长，见于流行中期。除体黑、眼突出外，腮肿胀、苍白贫血，很少出血。神经型多见于流行末期，表现为运动异常，或静止不动，或沉入水底，或旋转运动，或狂游甚至跳出水面。

（三）流行及危害

通过病鱼或带毒鱼的排泄物、卵子、精液等排出病毒，在水体中扩散传播。病毒经鱼鳃侵入鱼体而感染，将一些未经消毒处理的“杂鱼”饲喂给金枪鱼被认为是引起金枪鱼感染 VHSV 的重要原因。这些杂鱼一般是海洋捕捞过程中的副产品。不同年龄鱼均可感染，鱼苗则较少发病，水温上升到 15 ℃以上，发病率降低。

（四）诊断方法

对于 VHSV 的诊断方法通常是将样品接种鱼细胞（RTG－2、FHM、EPC 等），在 15 ℃环境下进行病毒分离。病毒分离时可以采集病鱼的内脏、血液或腹水等样品，培养 24～48 h 可出现细胞病变，细胞呈葡萄串样聚集及崩解（图 12－8）。进一步诊断包括荧光抗体法、免疫扩散试验及中和试验等免疫学方法以及 PCR 等分子生物学方法。中国的鱼类检疫国标（GB/T 15805.3—2008）对于 VHSV 的诊断采用的是中和实验的方法。

（五）防治方法

目前尚无有效的治疗方法。该病在其他鱼类的防治方法取决于官方卫生检测计划结合防治措施，并已经在一些地区清除了该病，选择抗病品种、种间杂交以及疫苗等均处于实验阶段。

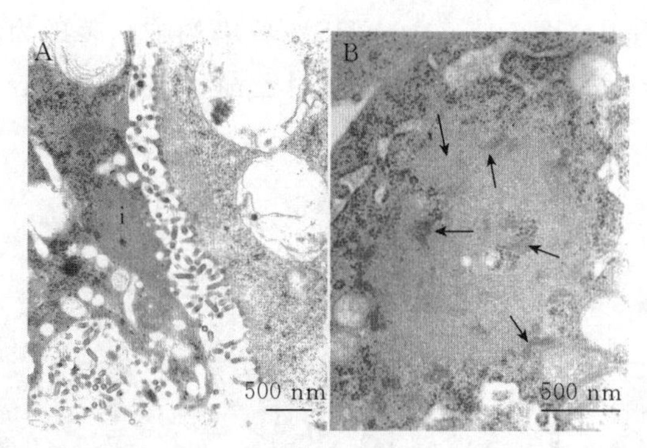

图 12-8　VHSV 感染细胞的电镜照片（Isshiki et al.，2001）
A. 一些弹状病毒粒子在细胞内　B. 细胞质内的病毒包涵体（箭头表示病毒粒子）

第三节　金枪鱼细菌性病害

一、细菌性病原概述

鱼类细菌性疾病的发生具有季节性，其中以水温偏高时发病率最高。水温较低时病程相应延长，也会造成鱼类持续性死亡。细菌病可通过病鱼、病菌污染饵料以及水源等途径传播，鸟类捕食病鱼也可造成疾病在不同区域间传播；一般认为水体有害菌数量、水温变化、水质恶化、气候突变、鱼体免疫力均是疾病暴发的重要诱因。

（一）细菌的形态与结构

细菌按其外形主要有三类：球菌、杆菌和螺形菌。球菌呈圆球形或近似圆球形，有的呈矛头状或肾状，单个球菌的直径约为 0.8～1.2 μm。杆菌的大小、长短、弯度、粗细差异较大，大多数杆菌中等大小长 2～5 μm，宽 0.3～1 μm。螺形菌菌体弯曲，有的菌体只有一个弯曲，呈弧状或逗点状，有的菌体有数个弯曲。细菌的结构包括基本结构和特殊结构，基本结构指细胞壁、细胞膜、细胞质、核质、核糖体、质粒等各种细菌都具有的细胞结构；无成形细胞核，即细胞核没有核膜和核仁，没有固定的形态，仅是含有 DNA 的核物质。特殊结构包括荚膜、鞭毛、菌毛、芽孢等仅某些细菌才有的细胞结构。和其他生物分类一样，细菌的分类单元也分为七个基本的分类等级或分类价元，由上而下依次是：界、门、纲、目、科、属、种。细菌检验常用的分类单位是科、属、种，种是细菌分类的基本单位。形态学和生理学性状相同的细菌群体构成一个菌种；性状相近、关系密切的若干菌种组成属；相近的属归为科，依次类推。在两个相邻等级之间可添加次要的分类单位，如亚门、亚纲、亚属、亚种等。同一菌种不同来源的细菌称该菌的不同菌株。国际上一个细菌种的科学命名采用拉丁文双命名法，由两个拉丁字组成，前一字为属名，用名词，首字母大写；后一字为种名，用形容词，首字母小写，印刷时用斜体字。中文译名则是以种名放在前面，属名放在后面。

（二）细菌的感染与致病机理

侵入生物机体并引起疾病的细菌称为病原菌或病原体，感染是指病原微生物在宿主体内持续存在或增殖，也反映机体与病原体在一定条件下相互作用而引起的病理过程。一方面，病原体侵入机体，损害宿主的细胞和组织；另一方面，机体运用各种免疫防御功能，杀灭、中和、排除病原体及其毒性产物。两者力量的强弱和增减，决定着整个感染过程的发展和结局，环境因素对这一过程也产生很大影响。因此，通常认为病原体、宿主和环境是决定传染结局的三个因素。病原菌突破宿主防线，并能在宿主体内定居、繁殖、扩散的能力，称为侵袭力。细菌通过具有黏附能力的结构如菌毛黏附于宿主的消化道等黏膜上皮细胞的相应受体，于局部繁殖，积聚毒力或继续侵入机体内部。细菌的荚膜和微荚膜具有抗吞噬和体液杀菌物质能力，有助于病原菌在体内存活。

细菌的感染途径来源于宿主体外的感染称为外源性感染，主要来自患病及健康带菌金枪鱼。而当滥用抗生素导致菌群失调或某些因素致使机体免疫功能下降时，宿主体内的正常菌群可引起感染，称为内源性感染。病原体一般通过以下几种途径感染：接触感染，某些病原体通过与宿主接触，侵入宿主完整的皮肤或正常黏膜引起感染；创伤感染，某些病原体可通过损伤的皮肤黏膜进入体内引起感染；消化道感染，宿主摄入被病菌污染的食物而感染。细菌的致病性是对特定宿主而言，能使宿主致病的病原菌与不使宿主致病的非致病菌之间并无绝对界限。有些细菌在一般情况下不致病，但在某些条件改变的特殊情况下亦可致病，称为条件致病菌或机会致病菌。

二、弧菌病

（一）病原

弧菌属细菌主要有鳗弧菌（*Vibrio anguillarum*）、溶藻弧菌（*V. alginolyticus*）、哈维弧菌（*V. harveyi*）、副溶血弧菌（*V. parahaemolyticus*）、创伤弧菌（*V. vulnificus*）等，某些种类也会导致人或其他动物发病。形态为直或弯杆菌，0.5～0.8 μm，革兰氏染色阴性，以一根或几根极生鞭毛运动，鞭毛由细胞壁外膜延伸的鞘所包被；兼性厌氧，化能异养，具有呼吸和发酵两种代谢类型；适宜生长的温度范围较大，所有的种均能在 20 ℃生长，大多数的种在 30 ℃生长。在 TCBS 培养基上易生长，生长温度为10～35 ℃，最适温度为 25 ℃左右，生长盐度（NaCl）为 0.5%～6.0%，甚至 7.0%，最适盐度为 1.0%左右，生长 pH 为 6～9，最适 pH 为 8。大多数的种发酵麦芽糖、D-甘露糖和海藻糖，对弧菌抑制剂 O/129 敏感；钠离子能刺激所有种的生长，并且是大多数种所必需的。

（二）症状

鳗弧菌感染的主要症状是以全身性出血为特征的败血症。症状早期体色发黑，平衡失调，随着病情的发展，鳍条充血发红，肛门红肿，有的病鱼体表出现出血性溃疡，病鱼肠道通常充血，肝脏肿大呈土黄色或出现血斑。溶藻弧菌感染的鱼发病初期体色变深，行动迟缓，经常浮出水面，体表病灶充血发炎，胸鳍腹鳍基部出血，眼球突出，混浊，肛门红肿；随着疾病的发展，发病部位开始溃烂，形成不同程度的溃疡斑，重者肌肉烂穿或吻部断裂，尾部烂掉。哈维弧菌感染主要表现为体表皮肤溃疡，感染初期，体色多呈斑块状褪色，食欲不振，缓慢地浮游于水面，有时回旋状游泳。重度感染鱼的患部组织浸润呈出血性溃疡，肌肉烂穿，肝脏肿大，出现黄色浊斑，肾脏充血，有时肠壁充血，肛门红肿扩张，常有黄绿色黏液样物从肛门溢出。

（三）流行情况

弧菌属细菌中有一半左右随着其环境条件或宿主体质和营养状况的变化而成为养殖鱼类等动物的病原菌。流行季节，各种鱼虽有差别，但在水温为 15～25 ℃时是发病高峰期。

（四）诊断方法

从有关症状可进行初步诊断，确诊应从可疑病灶组织上进行细菌分离培养，用TCBS弧菌选择性培养基。目前已有血清学技术、单克隆抗体技术、荧光抗体技术、免疫酶技术、PCR技术以及核算杂交技术等用于弧菌病早期快速诊断和检测。已有鳗弧菌、溶藻胶弧菌、创伤弧菌等的单克隆抗体等，采用间接荧光抗体（IFAT）技术和ELISA免疫检测，对引起的弧菌病进行早期快速诊断，分子生物学PCR技术在某些情况下也可应用于对弧菌病的检测。

（五）防控方法

（1）改善和优化养殖环境，放养经检疫过的健康苗种，及时清理病死鱼。

（2）投喂优质饲料，或新鲜消毒的鱼虾。

（3）消毒水体。发病期，每1 m^3 水体泼洒二氯异氰脲酸钠1～1.5 g，或10%聚维酮碘溶液1.5 mL，7～10 d 1次。或在网箱四角悬挂盛有强氯精等消毒剂的有孔矿泉水瓶。

（4）药饵。每1 kg鱼体加入氟苯尼考10～20 mg拌饲投喂，每天1次，连用3～5 d。

（5）浸浴。每1 m^3 水体用高锰酸钾15～25 g，每天一次，每次浸泡10～15 min，隔天一次。

三、美人鱼发光杆菌病

（一）病原

主要病原为美人鱼发光杆菌（*Photobacterium damselae*），以前称为美人鱼弧菌，分为美人鱼亚种（*P. damselae* subsp. *damselae*）（即原来的美人鱼弧菌）和杀鱼亚种（*P. damselae* subsp. *piscicida*）［即以前报道的杀鱼巴斯德氏菌（*Pasteurella piscida*）］两个亚种，为革兰氏阴性菌，细胞内寄生，菌体大小随培养条件不同有明显的多样性，呈球形、椭圆形、卵圆形或杆状，常单个存在，偶尔成对或短链状排列。菌体大小为0.5 μm×1.5 μm，1～2根鞭毛侧极生，运动，为α溶血，对O/129不敏感，不形成芽孢。在无盐胨水、1% NaCl胨水、6% NaCl胨水、8%NaCl胨水、10% NaCl胨水中均不生长。在普通琼脂培养基上发育不好，在SS琼脂培养基和BTB琼脂培养基上不生长。在营养琼脂培养基上菌落为圆形，表面光滑湿润，边缘光滑，菌落直径1～2 mm。在脑心浸液琼脂培养基或血液琼脂培养基上（氯化钠1.5%～2.0%）发育良好，生成的菌落正圆形、无色、半透明、露滴状，有显著的黏稠性。为兼性厌氧菌、有机化能营养菌，具有呼吸和发酵两种代谢类型，发育的温度范围为17～32 ℃，最适温度为20～30 ℃。发育的pH范围为6.8～8.8，最适pH为7.5～8.0。发育的盐度范围为5～30，最适盐度为20～30。刚从病鱼上分离出来的菌有致病性，但重复地继代培养后，致病性迅速下降以致消失，该菌在富营养化的水体或底泥中能长期存活（图12－9）。

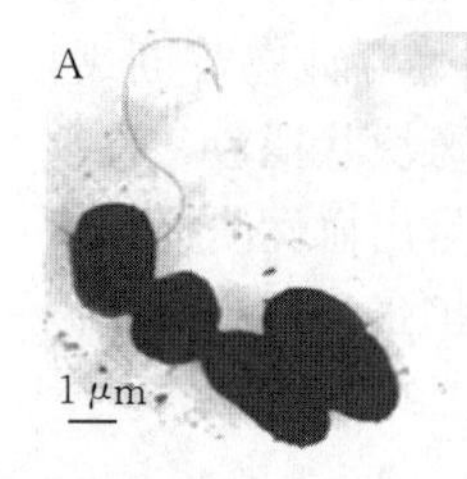

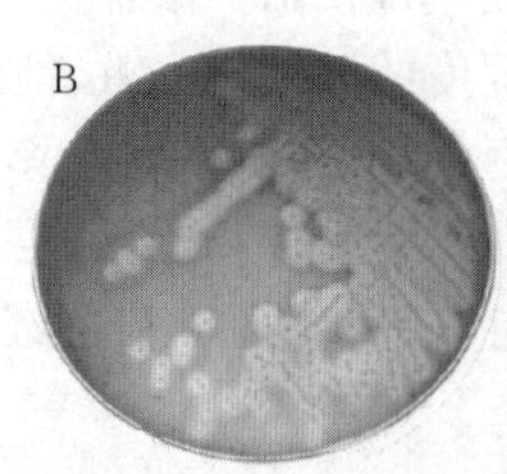

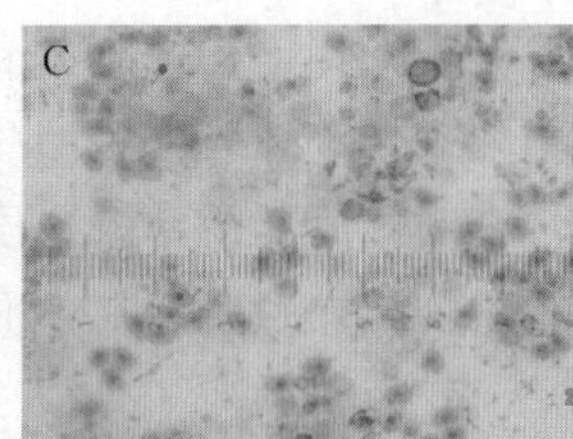

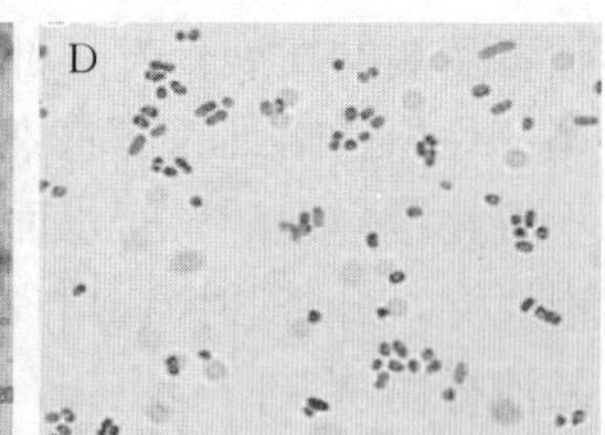

图12－9 美人鱼发光杆菌形态特征（Simat et al.，2009）
A. 美人鱼发光杆菌杀鱼亚种菌株透射电镜 B. 血琼脂培养菌落形态
C. 吉姆萨染色 D. 革兰氏染色阴性

（二）症状

病鱼通常外观症状不明显，反应迟钝，体色发黑，食欲减退，离群独游或静止于网箱或池塘底部，继而不摄食，不久即死亡。部分病鱼体表、鳍基、尾柄等处有不同程度的充血，严重者全身肌肉充血。解剖病鱼，可见肾、脾、肝、心、鳔和肠系膜等组织器官上有许多小白点，白点多数为 1 mm 左右，有的很微小，有的直径大致数毫米，形状不规则，多数近于球形。白点是由病原的菌落外包一层纤维组织形成的。在完全封闭的白点中，细菌都已死亡；在尚未包围完全的白点中则为活菌。病鱼内脏中的白点类似于结节，因此在日本的鰤鱼养殖中也叫类结节症。病鱼血液中有许多细菌，在血液中形成菌落数量多时，在微血管内可形成栓塞；肾脏中白点数量很多时，肾脏呈贫血状态；脾脏中白点数量多时，脾脏肿胀而带暗红色（图 12－10 至图 12－12）。

图 12－10 美人鱼发光杆菌杀鱼亚种感染所致的脾脏白点（Simat et al.，2009）。

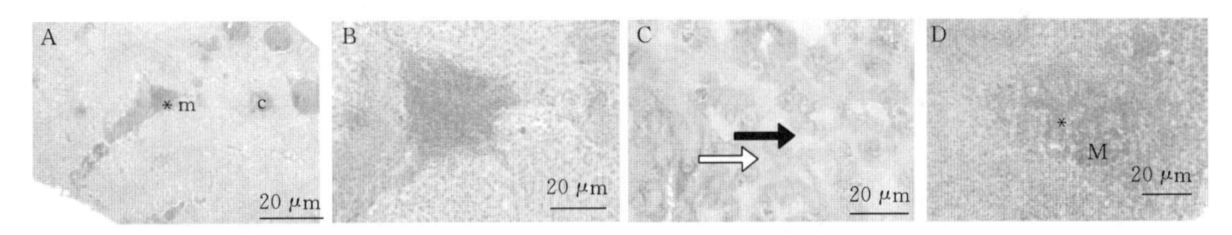

图 12－11 美人鱼发光杆菌杀鱼亚种感染所致的组织病理学（Simat et al.，2009）

A. 患病金枪鱼的肝脏切片显示血管充血（c）和黑素巨噬细胞中心（m）周围强淋巴细胞（*）浸润，H&E 染色 B. 黑素巨噬细胞中心周围淋巴细胞浸润地放大，左下角肝组织有大量出血，H&E 染色 C. 患病金枪鱼脾脏切片显示弥漫性出血，空心箭头为红髓，实心箭头为白髓，H&E 染色 D. 脾脏切片细节显示黑素巨噬细胞中心（M）周围有淋巴细胞（*）浸润，H&E 染色

（三）流行情况

主要危害太平洋蓝鳍金枪鱼，各年龄段的鱼均可被感染发病，但以幼鱼最为严重。雨后海水盐度下降时多发，发病最适水温是 20～25 ℃，一般在温度 25 ℃以上时很少发病，温度 20 ℃以下不生病。

（四）诊断方法

（1）从肾、脾等内脏组织中观察到小白点，结合镜检可初步诊断。注意与诺卡氏菌病和鱼醉菌病的区别，主要从病原菌形态特征区别；从症状上区别，美人鱼发光杆菌病在肌肉中

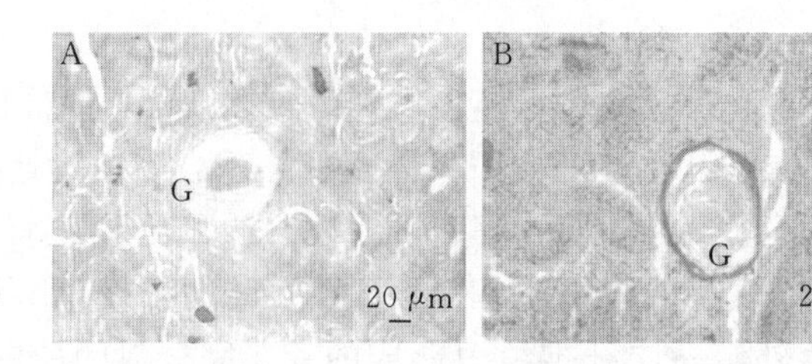

图 12-12　美人鱼发光杆菌杀鱼亚种感染所致的肉芽肿病变（Simat et al.，2009）
A. 患病金枪鱼的肾脏切片，位于中心的多层肉芽肿（G），H&E 染色
B. 患病金枪鱼的肾脏切片，显示包膜结缔组织发达的多层肉芽肿（G），H&E 染色

没有病原菌寄生，因此没有白点；在肝、肾等的寄生，也不会出现肥大或肿胀；制备病灶处压印片，如发现有大量杆菌可做出进一步诊断。

（2）实验室检测。荧光抗体法可做出早期诊断；PCR 方法（DNA 自由扩增，RAPD）已被用来检测美人鱼发光杆菌特异性基因片段并克隆，可对美人鱼发光杆菌病进行早期快速诊断。

（五）防控方法

（1）避免养殖水体富营养化，投喂新鲜、消毒好的鱼虾。

（2）药饵。每 1 kg 体重的鱼用磺胺嘧啶粉 100 mg（首次用量加倍）拌饲投喂，每天 1 次，连用 5～7 d。

（3）浸浴。用高锰酸钾，每 1 m^3 水体用量 15～20 g，浸浴 10～30 min。

（4）消毒水体。全池泼洒二氧化氯或 8%溴氯海因，一次量达到每 1 m^3 水体二氧化氯 0.1～0.3 g或 8%溴氯海因 0.2～0.3 g，7～10 d 一次。

（5）报告的美人鱼发光杆菌病在北部蓝鳍金枪鱼中的流行率较低，但这不足以证明没有必要尝试治疗或具体预防。

四、气单胞菌病

（一）病原

气单胞菌属于变形菌门，γ 单变形菌纲，气单胞菌目，气单胞菌科，气单胞菌属。属于革兰氏阴性兼性厌氧短杆菌，化能有机营养型，呈呼吸和发酵两种代谢类型。目前共有 27 个种，根据有无运动力可分为 2 大类：一类是嗜冷性、非运动性气单胞菌，最适生长温度为 22～25 ℃，如杀鲑气单胞菌（*Aeromonas salmonicida*）；另一大类是嗜温性、运动性气单胞菌，最适生长温度为 28～37 ℃，如嗜水气单胞菌（*A. hydrophila*）、维氏气单胞菌（*A. veronii*）、豚鼠气单胞菌（*A. caviae*）和舒伯特气单胞菌（*A. schubertii*）等。研究发现，嗜水气单胞菌、维氏气单胞菌、豚鼠气单胞菌是致病性最强的 3 种气单胞菌，目前临床上分离到的气单胞菌中，这 3 种菌占 85%以上，对鱼种造成了极其严重的危害。维氏气单胞菌包括 2 个生物型，即温和生物型和维罗纳生物型，前者的致病性和传染性较强，危害较大。具有极生鞭毛，无芽孢和荚膜。气单胞菌通常以单个个体形式存在，偶尔成对排列活动形成短链，直径为（0.3～1.0）μm×（1.0～3.5）μm，单极鞭毛，运动性强。能利用葡萄糖和其他糖类产酸，常产气。硝酸盐还原阳性，氧化酶阳性，触酶阳性。该类菌适宜 pH 为 5.5～9.0，最适生长温度为 22～28 ℃，大多数种在 37 ℃生长良好。在普通营养琼脂培养基上生长良好，形成边缘整齐、表面湿润、隆起、光滑、半透明、灰白色至淡黄色的圆形菌落。大多数菌株有溶血性，在血琼脂平板上生长好并形成长良溶血环。运动性气单胞菌是淡水池塘及鱼类肠道中正常菌群，是典型的条件致病菌，也是人类潜在病原，可引起败血症和肠道疾病。

（二）症状

南方蓝鳍金枪鱼的气单胞菌属感染与寄生性创伤有关，特别是与锥体虫有关，后者对眼睛造成损害，使金枪鱼更容易受到机械碰撞和进一步损害的影响，并导致继发感染和感官丧失。气单胞菌能导致鱼的败血症及局部感染，会与多种细菌同时感染。表现出共同的出血病症状，病鱼感染早期其口腔、颌部、鳃盖、眼眶、鳍及鱼体两侧轻度充血，肠道内尚可发现少量食物。随着病情的加重，充血症状加剧，鳃丝肿胀呈浅紫色，肌肉出血；眼眶周围充血，眼球突出，甚至晶状体溶解，眼球脱落；腹部膨大，腹腔充满腹水；肝、脾、肾肿大，肠壁充血、充气；有的病鱼肛门红肿并伴有肠液外溢；鱼周身病变，在水中行动迟缓或发生阵发性狂游，鱼体大面积创伤不能痊愈，最后衰竭死亡。

（三）流行情况

气单胞菌为条件致病菌，当环境因子突然改变或机械性、寄生虫性创伤后会导致感染。主要发病水温为 20～30 ℃，水温持续 28 ℃以上或高温过后的降温初期易暴发。水体养殖密度高、有机质高、氨氮亚盐长期超标、虫害多、溶氧低及高温期有拉网或创伤等更容易发病，各龄鱼都可感染。

（四）诊断方法

1. 传统鉴定方法

从患病金枪鱼的眼球或肾脏分离细菌，使用选择性培养基筛选氨苄西林-糊精琼脂培养基，利用大多数气单胞菌耐氨苄西林和发酵糊精的特点，使气单胞菌在该培养基上呈黄色菌落，直径 1～2 mm，确认率通常大于 90%，无假阴性。或根据生理生化特征进行鉴定，不同种类的气单胞菌对底物的分解利用能力、代谢产物等各有差别。因此，可以根据一系列生化指标将不同种类的气单胞菌区分开来。

2. 分子生物学检测

对细菌基因组进行分子水平的分析，包括聚合酶链式反应（PCR）技术、环介导等温扩增、基因测序和分子标记等方法。可根据生理生化特征对病原菌进行初步鉴定后，应用 16S rRNA 和*gyrB*、*rpoD* 等基因序列共同分析，为气单胞菌的准确鉴定提供有效方法；或使用双重或多重 PCR 方法，同时使用两个或两个以上的基因进行 PCR 扩增，根据其扩增结果进行病原菌的鉴定；或使用分子标记技术进行鉴定，在气单胞菌基因分型上应用前景较好的有 16S rDNA -限制性片段长度多态性、单链构象多态性分析、脉冲场凝胶电泳、多位点序列分型等；或使用环介导等温扩增技术。

3. 免疫学检测

以抗体与抗原反应为基础，常利用制备的抗体对嗜水气单胞菌原体进行检测。检测技术主要包括免疫标记技术与免疫印迹技术，在嗜水气单胞菌检测方面，最常用的为酶联免疫吸附试验（ELISA）、间接免疫荧光试验（IFAT）、SPA 协同凝集试验（SPA - COA）、免疫印迹技术与免疫组化（IHC）等。目前常用单克隆抗体-胶体金检测技术，根据抗原抗体特异性结合的原理，借助胶体金技术发生肉眼可见的显色反应，应用于某种特定病原菌的快速检测。

（五）防控方法

（1）定期交替使用生石灰、氯制剂或碘制剂对水体消毒，使用微生物制剂控制氨氮和亚硝酸盐超标，保持水质清爽。

（2）及时控制虫害，高温期谨慎拉网操作，可选择早晨水温低时作业，并及时做好消毒工作。

（3）发病后，使用季铵盐络合碘泼洒2次。内服氟苯尼考，剂量为每1 kg体重鱼30～50 mg，每天1次，连用5～7 d。

五、分枝杆菌病

（一）病原

目前认为感染金枪鱼的分枝杆菌病（mycobacteriosis）的病原菌为海分枝杆菌（*Mycobacterium marinum*）。该菌于1926年首次从海洋鱼类中分离得到，分类地位属于放线菌目（Actinomycetales）、分枝杆菌科（Mycobacteriaceae）、分枝杆菌属（*Mycobacterium*）。该菌为需氧、不运动的革兰氏阳性细菌，具有抗酸特点。由于在遗传上该菌是人结核病病原 *Mycobacterium tuberculosis* 的近亲，所以该菌引起的疾病被称为鱼的结核病（fish tuberculosis）。一般来说，分枝杆菌大小为1～2 μm或2～3 μm，具有双层细胞壁。有时有分支，呈丝状，不产生鞭毛、芽孢和荚膜。革兰氏染色阳性，为专性需氧菌。因能抵抗质量分数为3%的盐酸酒精的脱色作用，称为抗酸菌；抗酸菌染色时呈红色，非抗酸菌则呈蓝色。而其对营养要求较高，一般培养基上不生长。菌落形成较慢，特别是初代培养，培养温度为15～30 ℃时，一般需10～30 d才能看到菌落（图12-13）。

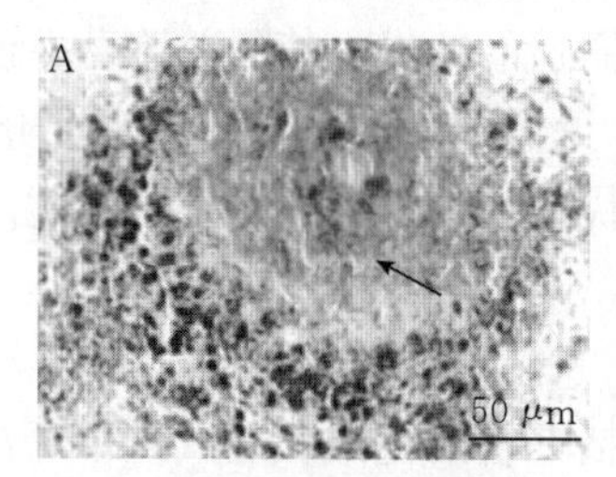

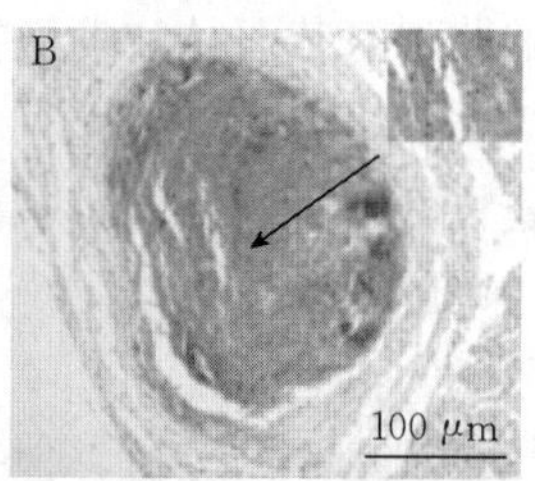

图12-13　患病鱼肝脏典型的肉芽肿（抗酸染色）（张德峰 等，2017）
箭头指向的是抗酸杆状细菌

（二）症状

由于分枝杆菌生长缓慢，潜伏期通常长达2～3周，所以分枝杆菌病属于一种慢性的全身性感染疾病，多数情况下死亡率低，但有些情况下也可能发生严重的急性死亡。该菌是原发性致病菌还是条件致病菌目前尚无定论。该菌致病后临床症状和肉眼可见的症状不一致，要看其感染的部位、程度以及急慢性，主要表现为活动无生气，萎靡不振，无食欲和消瘦，呼吸急促，眼睛上有雾状物或者眼球突出。头部和体表均可见到充血、出血、边缘清晰的溃疡等类似败血症的症状，有些出现腹部肿胀、体表或鳃苍白、竖鳞、鳍条破损，最典型的特征是在不同的内部器官上都可以见到多个白色结节（肉芽肿），而且结节中心可能有坏死，并且需要与寄生虫包囊区分开来，这些都需要借助解剖镜的观察（图12-14）。

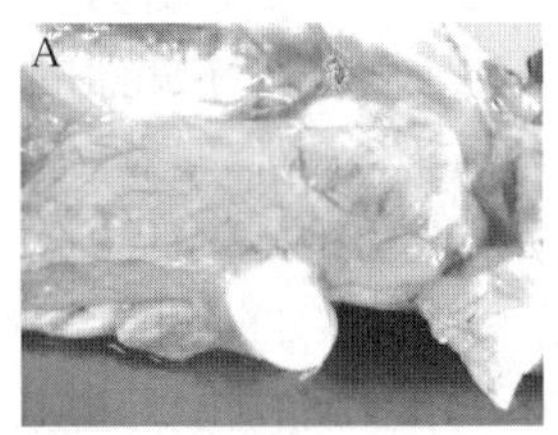

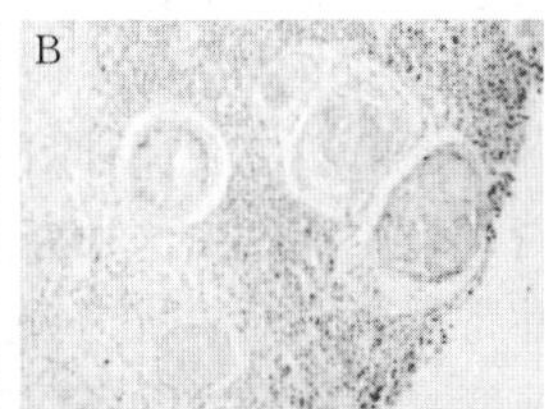

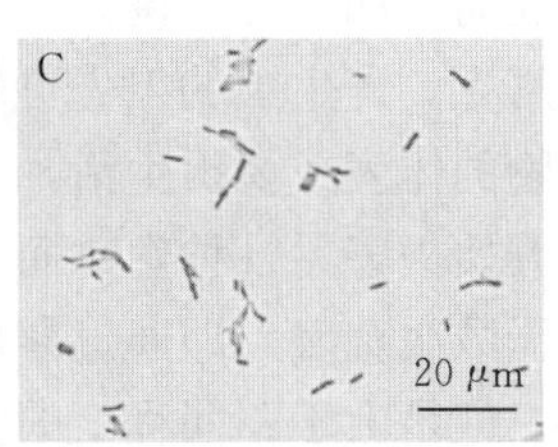

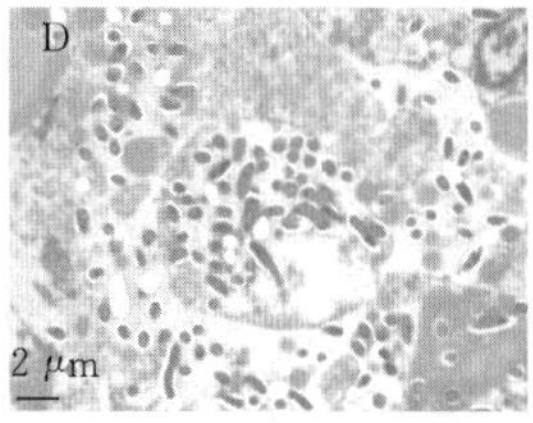

图 12-14　患病鱼的肝脏病理特征和病原菌的显微观察（张德峰 等，2014）

A. 表明肝脏为灰黄色，肝脏中有肉芽肿样病变　B. 肝脏的组织切片（Ziehl-Neelsen 染色），明显的肉芽肿病变，含有抗酸染色阳性的杆状细菌　C. 菌株的抗酸染色　D. 患病鱼肝脏电镜观察

（三）流行情况

金枪鱼的分枝杆菌病的感染率不高，由于其生存的环境中含有该病原体，推测极有可能是经消化道感染的，如金枪鱼因捕食患有分枝杆菌病的鱼而感染。幸运的是，分枝杆菌的传染性并不高，因此一旦发现有症状的病鱼，及时采取隔离措施可以很大程度地防止其他鱼被感染。

（四）诊断方法

根据症状特征，特别是内部器官上的肉芽肿（组织切片或者涂片），将肉芽肿坏死区涂片，进行抗酸染色，可以看到抗酸的杆菌，这是最好的诊断方法，但也需要与某些部分抗酸染色的细菌相区别，如 Nocardia 等，而免疫组织化学技术有助于观察细菌的存在。

（五）防控方法

该病的治疗非常困难，隔离和避免交叉感染是控制感染的最有效方法。一旦发生分枝杆菌病，最好进行扑杀，以防扩散或传染给下一代。目前大多数养殖的金枪鱼都需饲喂冰鲜鱼，因此要避免用感染该菌的鱼作为饵料。应加强检疫，保持好的水质，加强饲养管理，减少应激，从而减少发病的可能。更有效的预防和控制技术需要进一步的研究解决。

第四节　金枪鱼寄生虫性病害

一、寄生虫性病原的概述

生存于自然界的有机体，对环境条件的需求取决于有机体的不同种类、不同生活方式和不同的发育阶段。有机体种类繁多，它们的生活方式极为复杂。有的营自由生活；有的必须与特定的生物营共生生活；有的在某一部分或全部生活过程中，必须生活于另一生物的体表或体内，夺取该生物的营养而生存，或以该生物的体液及组织为食物来维持其本身的生存并对该生物发生危害作用，此种生活方式称为寄生生活，或谓之寄生。凡营寄生生活的生物都称为寄生物，动物性寄生物依生物进化的程度而言，皆属于低等动物，故一般称为寄生虫。寄主不但是寄生虫食物的来源，同时又成为寄生虫暂时的或永久的栖息场所。金枪鱼的寄生虫性病害相对来说较多。

（一）寄生生活的起源

寄生生活的形成是同寄主与寄生虫在其种族进化过程中的长期互相影响分不开的。共生是两种生物长期或暂时结合在一起生活，双方都从这种共同生活中获得利益（互利共生），或其中一方从这样的共生生活中获得利益（片利共生）的生活方式。但是，营共生生活的双方在其进化过程中，相互间的那种互不侵犯的关系可能发生变化，其中的一方开始损害另一方，此时共生就转变为寄生。寄生虫的祖先可能是营自由生活的，在进化过程中由于偶然的机会，它们在另一种生物的体表或体内生活，并且逐渐适应了那种新的环境，从那里取得它生活所需的各种条件，开始损害另一种生物而营寄生生活。由这种方式形成的寄生生活，大体上都是通过偶然性的无数次重复，即通过兼性寄生而逐渐演化为真正的寄生。自由生活方式是动物界生活的特征，但是由于不同程度的演变，在动物界的各门中，不少动物由于适应环境的结果，不断以寄生姿态出现，因此寄生现象散见于各门，其中以原生动物、扁形动物、线形动物及节肢动物门为多数。寄生虫的祖先在其长期适应新的生活环境的过程中，在形态结构上和生理特性上也大都发生了变化。一部分在寄生生活环境中不需要的器官逐渐退化，乃至消失，如感觉器官和运动器官多半退化与消失；而另一部分由于保持其种族生存和寄生生活得以继续的器官，如生殖器官和附着器官则相应地发达起来。这些由于客观环境改变所形成的新的特性，被固定下来，而且遗传给了后代。

（二）寄生方式和寄主种类

按寄生虫寄生的性质分为兼性寄生和真性寄生。兼性寄生亦称假寄生，营兼性寄生的寄生虫，在通常条件下过着自由生活，只有在特殊条件下（遇有机会）才能转变为寄生生活。真性寄生亦称真寄生，寄生虫部分或全部生活过程从寄主取得营养，或更以寄主为自己的生活环境。专性寄生从时间的因素来看，又可分为暂时性寄生和经常性寄生。暂时性寄生亦称一时性寄生，寄生虫寄生于寄主的时间甚短，仅在获取食物时才寄生。经常性寄生方式又可分为阶段寄生和终身寄生。阶段寄生指寄生虫仅在发育的一定阶段营寄生生活，它的全部生活过程由营自由生活和寄生生活的不同阶段组成。终身寄生为寄生虫的一生全部在寄主体内度过，它没有自由生活的阶段，所以一旦离开寄主，就不能生存。按寄生虫寄生的部位分为体外寄生、体内寄生和超寄生。体外寄生，寄生虫暂时地或永久地寄生于寄主的体表者；体内寄生，寄生虫寄生于寄主的脏器、组织和腔道中者，如真鲷格留虫寄生在真鲷腹腔内。超寄生，即寄生虫还有一种特异的现象，寄生虫本身又成为其他寄生虫的寄主。

（三）感染方式

经口感染，具有感染性的虫卵、幼虫或胞囊，随污染的食物等经口吞入所造成的感染称为经口感染。如艾美虫、毛细线虫均借此方式侵入鱼体。经皮感染，感染阶段的寄生虫通过寄主的皮肤或黏膜进入体内所造成的感染称为经皮感染。主动经皮感染，感染性幼虫主动地由皮肤或黏膜侵入寄主体内。被动经皮感染，感染阶段的寄生虫并非主动地侵入寄主体内，而是通过其他媒介物之助，经皮肤将其送入体内所造成的感染，称为被动经皮感染。

（四）寄生虫、寄主和外界环境三者间的相互关系

寄生虫和寄主相互间的影响，是人们经常可以见到的，它们相互间的作用往往取决于寄生虫的种类、发育阶段、寄生的数量和部位，同时也取决于寄主有机体的状况；而寄主的外界环境条件，也直接或间接地影响着寄主、寄生虫及它们间的相互关系。

寄生虫对寄主的影响有时很显著，可引起生长缓慢、不育、抵抗力降低，甚至造成寄主大量死亡；有时则不显著。寄生虫对寄主的作用，可归纳为机械性刺激和损伤、夺取营养、压迫和阻塞、毒素作用以及其他疾病的媒介。寄主机体对寄生虫的影响问题，比较广泛而复杂，目前关于这方面的研究还不多，其影响程度如何尚难以估计，主要包括组织反应、体液反应、寄主年龄对寄生虫的影响、寄主食性对寄生虫的影响以及寄主的健康状况对寄生虫的

影响等。在同一寄主体内，可以同时寄生许多同种或不同种的寄生虫，它们处在同一环境中，彼此间可能会发生直接影响，它们之间的关系表现有对抗性和协助性两种。

寄生虫以寄主为自己的生活环境和食物来源，而寄主又有自己的生活环境，这样对寄生虫来说，它具有第一生活环境（寄主有机体）及第二生活环境（寄主本身所处的环境）。因此，外界环境的各种因子，无不直接地或通过寄主间接地作用于寄生虫，从而影响寄主的疾病发生及其发病程度。水生动物生活的环境因子的作用主要有以下几方面：水化学因子的影响、季节变化的影响、人为因子的影响、密度因子的影响及散布因子的影响等。

二、球孢虫所致的疾病

（一）病原

球孢虫属（*Sphaerospora*）是黏孢子虫纲（Myxosporidia）、双壳目（Bivalvulida）、球孢虫科（Sphaerosporidae）的一属。孢子常为球形，缝线较平直。具极囊 2 个。壳上有条纹或在壳片的后端具膜状突（图 12 - 15），在金枪鱼中目前报道的只有 *Goussia auxidis*。

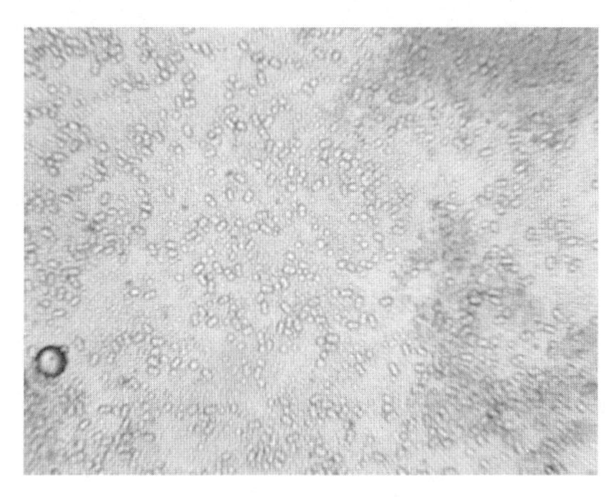

图 12 - 15　显微镜下的球孢虫（徐力文）

（二）症状与检测诊断方法

病鱼一般体表完好，不消瘦，解剖病鱼肠道发白，肿胀，肠壁变薄，肠壁解剖后会流出泥浆或豆腐渣状的液体，肠道寄生球孢虫后会腐烂，继发细菌感染，细菌进入内脏或其他器官后被包裹，形成白色结节。卵囊发生在肝脏和脾脏的对宿主的损伤较小。通过解剖鱼体观察外观症状，以及流行病学作出初步诊断，然后再镜检肠道组织观察到球孢子虫确诊。可以看鱼的后肾，球孢子虫病后肾基本上都有肿大，球孢子虫病肠道病变更明显，还有少量腹水，病鱼肝上有白色结节。成熟期的孢子，镜检肠道内容物很容易辨认，1 个孢子有 2 个明显圆形包囊（图 12 - 16 和图 12 - 17）。

（三）流行与危害

感染的传播方式尚不清楚。在南太平洋的长鳍金枪鱼易感，一次调查中发现其感染率为 98%（在 143 尾鱼中有 140 尾感染），黄鳍金枪鱼也偶尔感染。虽然报道说南方蓝鳍金枪鱼中有球虫感染肝脏的案例，但在一次调查中，在 11 尾鱼中都未检测到。

（四）防控方法

目前尚无有效的治疗方法。但如发现感染的病鱼应销毁或实施隔离养殖；可用 1～

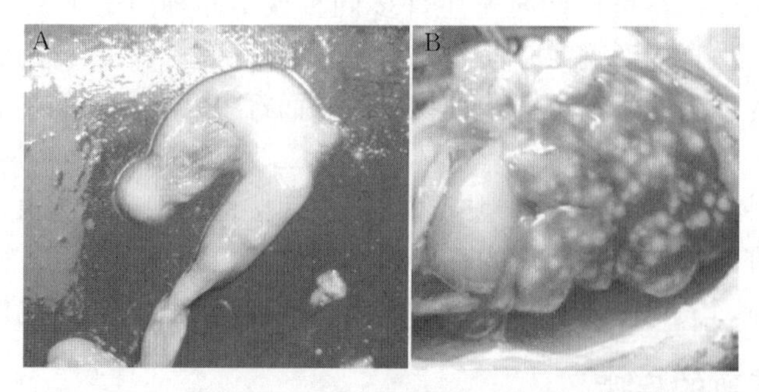

图 12-16　鱼类球孢子虫感染鱼的解剖病变（徐力文）
A. 剪开肠壁流出豆腐渣状的液体　B. 弧菌继发感染后形成白色结节

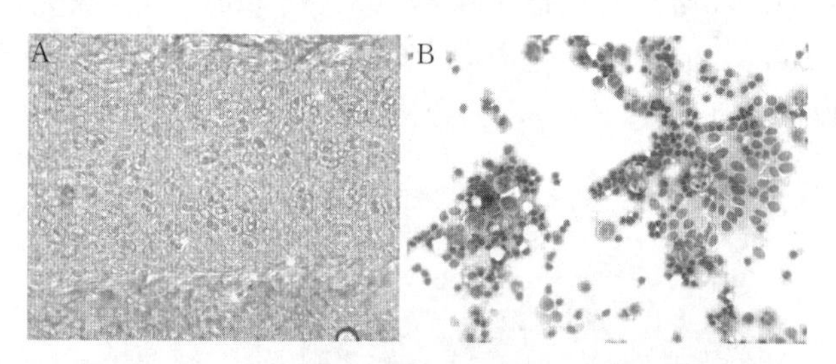

图 12-17　球孢子虫感染鱼组织的病变（徐力文）
A. 青斑肾腔中的球孢虫　B. 球孢虫早期发育阶段

1.2 mg/L 浓度晶体敌百虫全池泼洒，然后投喂盐酸氯苯胍药饵，第一天用药 80～100 mg/kg 鱼体重，第二天以后，每天用药 30～50 mg/kg 体重，连续投喂 7 d，休药期 7 d。

三、暗尾丝虫所致的疾病

（一）病原

病原为暗尾丝虫（*Uronema nigricans*），属于纤毛纲（Ciliata）、管口目（Cyrtophorida）、尾丝科、尾丝虫属。该虫是污水中常见的纤毛虫种类，在自然水体中常因体内含大量食物颗粒而呈暗灰色，故此得名。在培养中虫体透明无色，体长×宽约（25～40）μm×（15～20）μm，外形可因营养状况及不同生理时期而有变化：从细长纺锤形到粗短的水滴状。左右对称，腹面较平坦，背部稍隆起。前端稍尖，有明显的截形顶区，体后部钝圆。虫体表膜薄，活体时不见分泌泡，但染色后偶可见排出体外的部分突出于虫体表面（图 12-18 和图 12-19）。

（二）临床症状与病理

南方蓝鳍金枪鱼成鱼表现出“游泳综合征”的脑炎典型症状，表现为浮出水面、变成浅蓝色，在笼子里奋力游来游去，最终它们停止强迫游泳，并倾向于交替下沉和浮出水面，直到它们最终下沉和死亡。发病率和死亡率具有可比性，已从 1993 年饲养的金枪鱼约 5%下降到 1995 年的 1.34%和 2001 年的 1%。孵化第 14 天的太平洋蓝鳍金枪鱼幼体在感染后，大约 3 d 内可死亡一半。体型较小的幼鱼死亡率最高，在孵化后的第 18 天感染症状消失。南方蓝鳍金枪鱼成鱼的病理变化仅限于嗅觉系统和大脑，虽然在大脑中可以发现含有食物空泡的寄生虫（图 12-20），但除了涉及脑膜的地方外，没有宿主的反应。然而，淋巴细胞反应

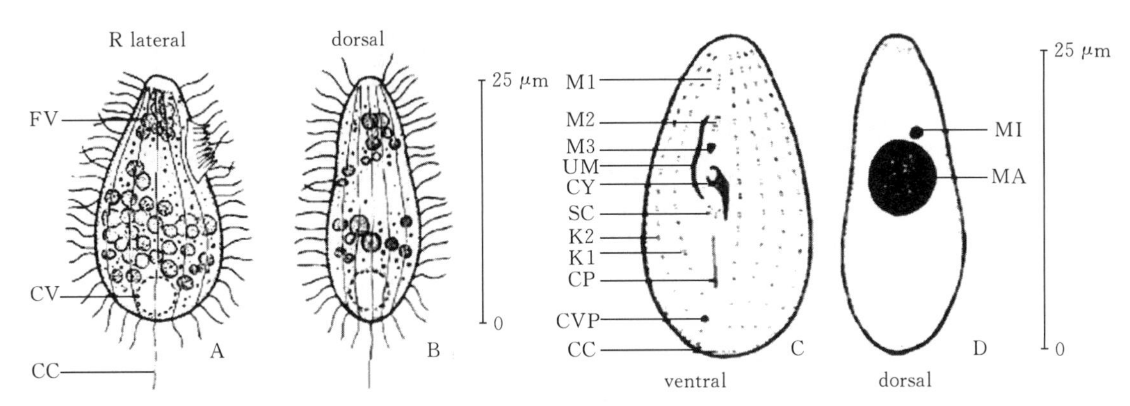

图 12－18　南方蓝鳍金枪鱼的暗尾丝虫形态绘制（Munday et al.，1997）
A. 从前脑恢复的粗壮纤毛虫的右侧视图　B. 体外培养后纤毛虫的背面观
C. 纤毛虫的腹面视图，显示口腔和躯体纤毛　D. 银染纤毛虫的背面图，显示细胞核
CC. 尾纤毛　CP. 细胞直肠　CV. 收缩空泡　CVP. 收缩空泡孔　CY. 细胞柱体
Fv. 食物液泡　K1. 第一核　K2. 第二核　L. 左侧　MA. 大核　MI. 微核
M1、M2、M3. 第一、第二和第三膜　R. 右侧　UM. 波状膜　SC. 盾片

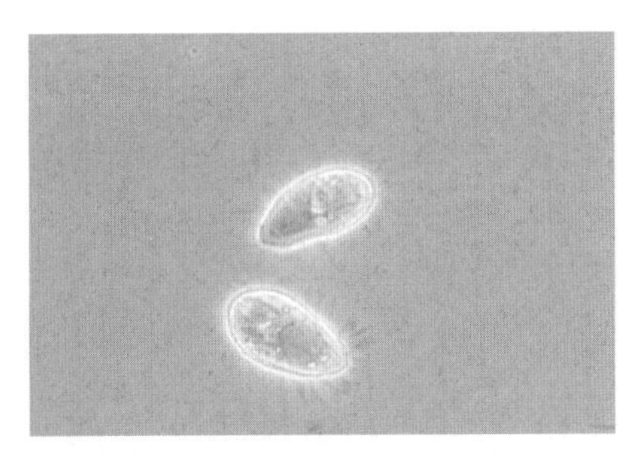

图 12－19　暗尾丝虫 Uronema mgricans 的形态（Munday et al.，1997）

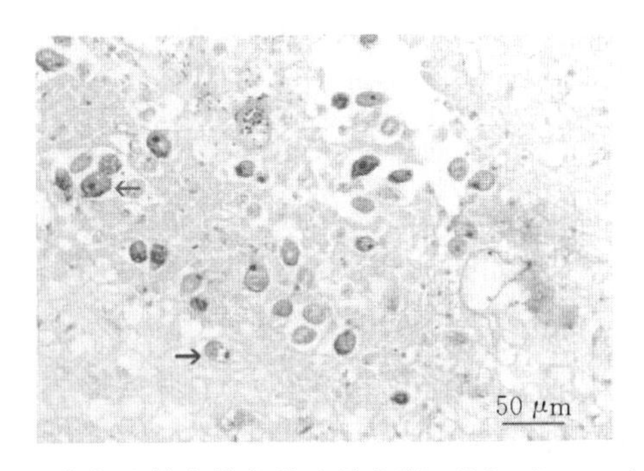

图 12－20　南方蓝鳍金枪鱼的大脑组织（Munday et al.，2003）
显示暗尾丝虫（箭头）期内含有食物液泡；宿主的炎症反应不明显（PAS 染色）

在嗅神经中很常见。该寄生虫首先侵入金枪鱼幼体的表皮和肌肉，引起金枪鱼前脑脑膜炎、嗅神经炎和明显的嗅周炎，通常在炎症反应附近的神经组织内可发现有少量暗尾丝虫（图 12－21 和图 12－22）。

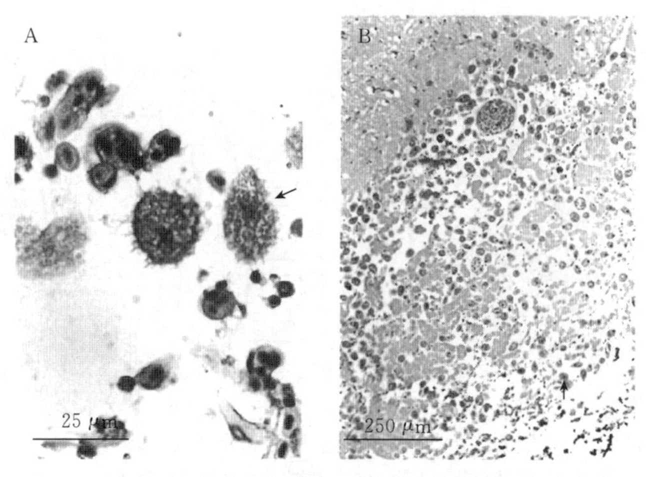

图 12-21 暗尾丝虫感染蓝鳍金枪鱼（Munday et al.，1997）

A. 南方蓝鳍金枪鱼的脑部感染暗尾丝虫

B. 蓝鳍金枪鱼前脑组织液化性坏死（箭头）

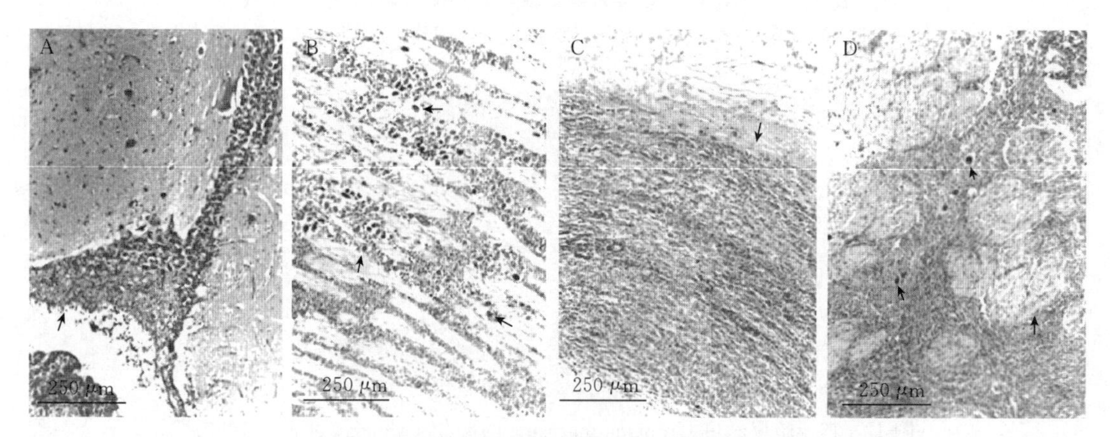

图 12-22 南方蓝鳍金枪鱼感染暗尾丝虫（Munday et al.，1997）

A. 暗尾丝虫感染所致的金枪鱼前脑脑膜炎（箭头） B. 暗尾丝虫感染所致的金枪鱼嗅神经炎（箭头） C. 蓝鳍金枪鱼有明显的嗅周炎，炎症反应附近的神经组织内有少量暗尾丝虫（箭头） D. 蓝鳍金枪鱼嗅觉神经的炎症反应（箭头）

（三）流行病学

1996 年报道了太平洋北部蓝鳍金枪鱼感染暗尾丝虫，之后该病原引起南方蓝鳍金枪鱼幼鱼脑炎的病例相继出现。在日本的孵化场中，也造成太平洋蓝鳍金枪鱼孵化后 14～18 d 幼体的显著死亡。通常认为，寄生虫在网箱底部的沉积物里繁殖，由水通过鱼的鼻孔时侵入鱼的嗅觉花环组织，导致典型的“游泳综合征”。近年来这种疾病患病率的下降似乎与网箱下环境条件的改善有关。目前尚不清楚暗尾丝虫易于在金枪鱼嗅觉花环组织繁殖的原因，但水温似乎是一个重要的变量，因为当水温高于 18 ℃时，该病很少发生。孵化场中有机质的积聚有助于暗尾丝虫的生长和该疾病的暴发。

（四）诊断

取患“游泳综合征”的病鱼的脑组织，进行组织涂片，可以观察到虫体进行诊断。利用荧光抗体染色法可特异性鉴定暗尾丝虫进行确诊。

（五）治疗

对于在外海网箱饲养的金枪鱼成鱼来说，治疗难度比较大。铜制剂已被发现对许多在日本水族箱中饲养的鱼的鳞毛虫感染有效。在日本水箱饲养的金枪鱼多用铜制剂来处理暗尾丝虫的感染，且被证明有效。通常，铜离子浓度在 50～80 ppb 范围内是有效的。在日本，这种铜离子的浓缩是通过使用一种简单的电解设备来实现的，该设备由安装在输送进水的管道中的铜电极组成。然而，仔鱼和幼鱼对铜离子的耐受性低于成鱼，金枪鱼幼鱼和仔鱼对铜的耐受性尚不清楚。提高育苗水箱的水交换率比较有利于防虫，当然，清除死鱼也十分必要。在水温高于 28 ℃时，可降低该虫对太平洋蓝鳍金枪鱼仔鱼的危害，但目前尚不清楚更高的温度是否阻止了寄生虫的增殖，或者是否更高的温度加速了鱼的发育，因为在这一阶段，金枪鱼对暗尾丝虫产生了更高的耐受性。

（六）预防

通过必要的预防措施可有效降低发病率。

四、库道虫属所致的疾病

（一）病原

库道虫隶属于黏孢子虫纲（Myxospora）、多壳目（Multivalvulida）、库道虫科（kudoidae）、库道虫属（*Kudoa*），据报道，全世界至少有 63 种库道虫感染海洋鱼类。认识该属寄生虫对水产养殖和野生捕捞渔业具有重要的经济意义，由于肌肉中的孢子难以辨认且导致鱼片肌肉液化会对产品质量产生潜在的负面影响。目前，发现多种金枪鱼感染库道虫，感染金枪鱼的主要库道虫有 *Kudoa prunusi*、*K. clupeidae*、*K. thunni*、*K. nova* 和 *K. crumena* 等。

1. *K. prunusi*

成熟孢子顶端呈五射状，通常有五个相等的孢子裂片，每个孢子裂片包含一个极囊，类似于一朵五瓣樱花。孢子瓣和极囊的数量很少，有 6 枚（图 12－23）。一个原生质体内存在多种形态类型。孢子瓣的周缘是圆形的，缺少突起或延伸。极囊收敛，梨形，顶面约占孢子瓣总长度的 62%。极丝缠绕两次，几乎平行于极囊的纵轴。侧观，孢子呈圆锥形或袋状，底部圆形。平均孢子宽度 9.63 μm、孢子长度 7.50 μm、极囊长度 3.68 μm、极囊宽度 1.95 μm（图 12－24 和图 12－25）。

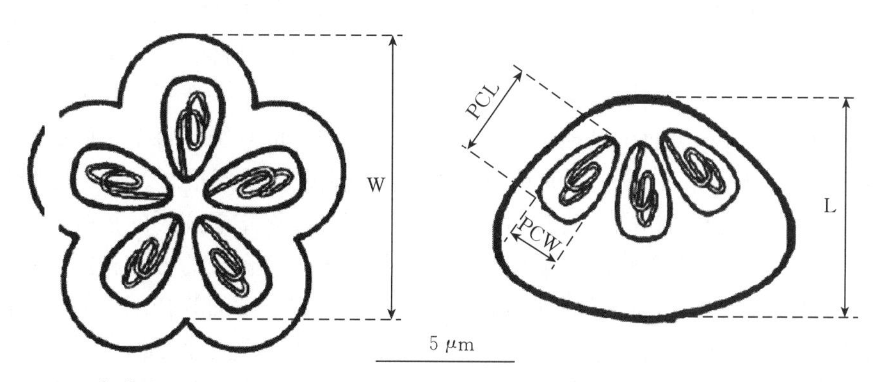

图 12－23　库道虫 *Kudoa prunusi* 的顶视图（左侧）和 侧视图（右侧）（Meng et al.，2011）
W. 宽度　L. 长度　PCL. 极囊长度　PCW. 极囊宽度

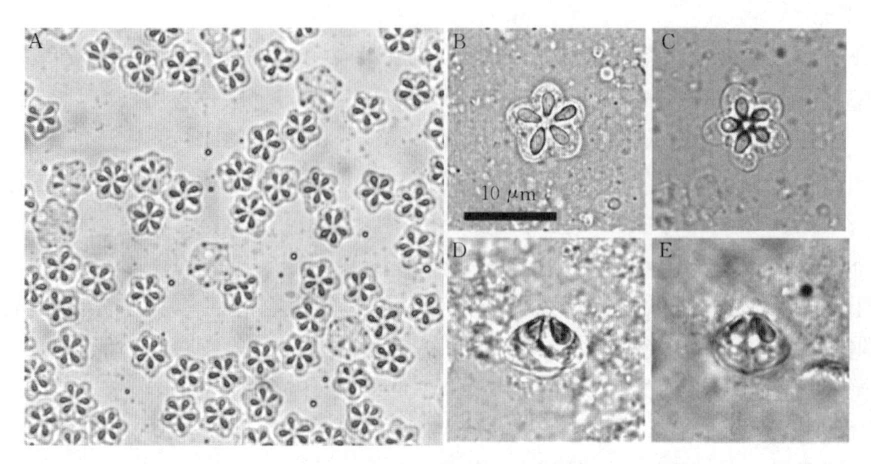

图 12-24 库道虫 *Kudoa prunusi* 新鲜孢子的顶视图（A-C）和侧视图（D 和 E）（Meng et al.，2011）
箭头显示孢子有六个极囊

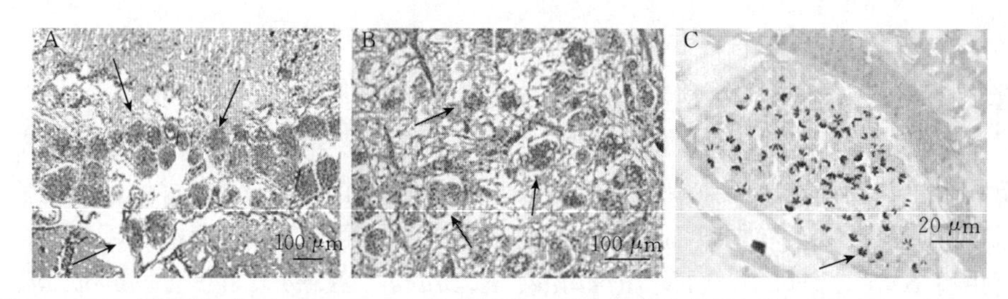

图 12-25 感染库道虫 *Kudoa prunusi* 的太平洋蓝鳍金枪鱼脑组织切片（Meng et al.，2011）
在视顶盖腔（A）和小脑组织（B）中可见大量的虫体（箭头），在同一原质团（C）中观察到不同的孢子形态类型，具有六极囊（箭头）

2. *Kudoa clupeidae*

在破损皮肤和外轴肌的涂片可见虫孢子，孢子顶面呈圆形方形，具 4 个大小相等的梨形极性囊。侧面观，孢子为扁平的卵圆形，顶端狭窄为锥形突起，孢子瓣的前外侧尖端略有隆起，但短于中央锥形突起。涂片中 10 个孢子平均长 5.25 μm、宽 6.5 μm、厚 6 μm，极囊大小为 1.4 μm×1.0 μm。扫描电镜显示，孢子由 4 个大小相等的瓣片组成，它们之间有轻微的收缩。瓣膜由直线型、朴实无华的缝合线勾勒出来。在孢子基部，4 个裂片中只有 2 个相接。侧观，孢子从顶端向顶侧逐渐倾斜，然后轻轻弯曲，基部变平变圆。从下面看，孢子像一个饱满的垫子。顶面和侧面可见孢子表面有 2 种不同类型的纹饰。每个瓣膜的根尖投影长 0.6 μm，4 个根尖投影的贴合产生了光镜下看见的中心衰减的锥形投影。每个瓣膜的前外侧突起的顶端大小和形状各不相同，通常向孢子顶面变宽，并终止于圆形的顶端。在一些孢子中，当从侧面观察时，每个瓣膜的尖端呈鳍状，鳍的长轴与缝合线的方向相同。在其他孢子中，每个瓣膜的尖端隆起。从孢子表面突起的纹饰似乎与孢子瓣的其余部分由相同的材料制成，孢子的整个表面都很光滑。透射电子显微镜（TEM）显示孢子的顶端突起由微管支撑；然而，这种支撑在其余的瓣膜中看不到，包括隆起的前外侧尖端。孢子顶端含有 4 个成囊细胞，每个细胞由一个极性荚膜构成，外壁由 0.05～0.08 μm 厚的外层电子致密层和 0.14～0.24 μm 厚的内层电子透光层组成（图 12-26 和图 12-27）。

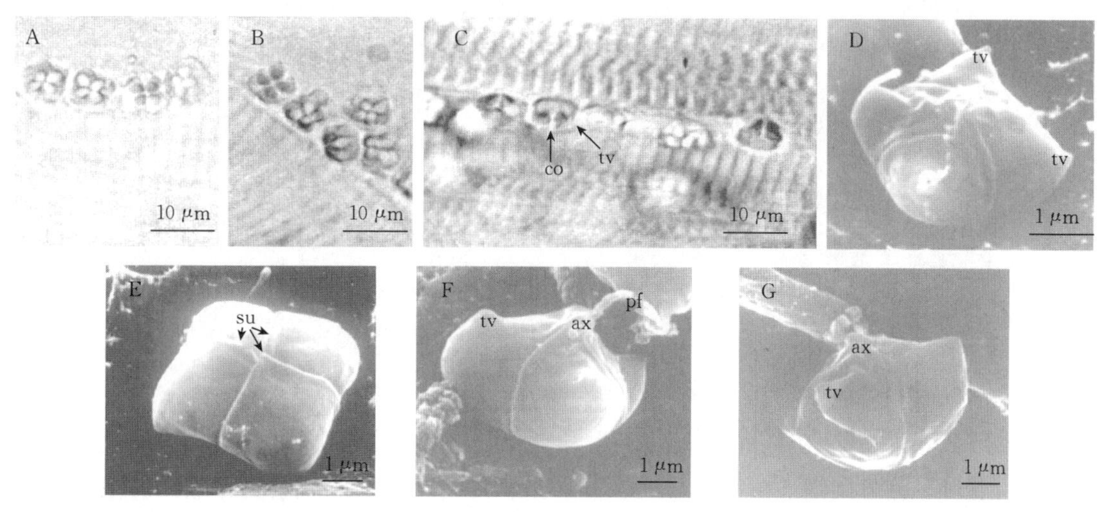

图 12-26　来自幼鱼躯体肌肉的 *Kudoa clupeidae* 孢子涂片（Reimschuessel et al.，2003）

A，B. 顶面观：圆形方体，具 4 个大小相等的极囊　C. 侧视观：顶端圆锥形突起（CO），孢子前外侧端部稍隆起（TV）。D-G. 扫描电镜　D. 顶侧切面　E. 基面图；孢子底部瓣膜之间的缝合（su），只有 2 个瓣膜相接　F. 具有挤出极丝（PF）的侧视图　G. 侧基底面；每个瓣膜所承受的两种伸展类型，即心尖乳头状突起（AX）和前外侧突起（TV）

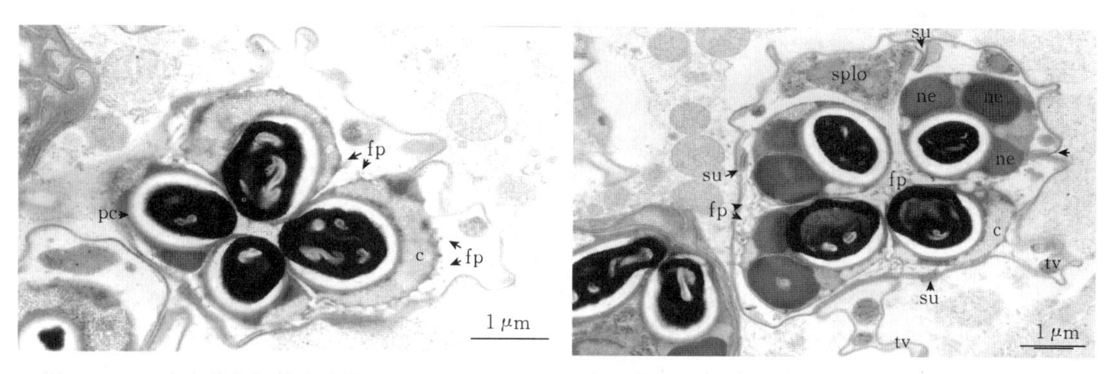

图 12-27　来自幼鱼躯体肌肉的 *Kudoa clupeidae* 孢子涂片的透射电镜观察（Reimschuessel et al.，2003）

A. 孢子顶端附近的横斜切面　B. 横切面稍深于孢子；盘绕的极丝（PF）包含在极囊（PC）内，极囊由月牙形的斑驳核质（C）区域形成杯状；根据切面的不同，核质中存在多达 3 叶的浓缩裂解染色质（ne）；丝状突起（fp）从成囊细胞的表面延伸；在深部，可识别出孢子瓣之间的 4 条缝合线（su），其中有 2 条向孢子瓣（tv）隆起的尖端；外层孢质细胞（splo）也在切面内

3. *Kudoa thunni*

在乙醇固定囊孢的湿片中观察到的孢子立方体形态（图 12-28）。孢子宽约 8.8 μm，厚 7.3 μm，长 6.2 μm。每个孢子含有 4 个水滴状极囊，长 2.7 μm，宽 2.0 μm，缝合半径 3.6 μm。

（二）临床症状与病理

1. *K. prunusi*

在被检查的鱼中，用肉眼可观察到 44%的鱼体上有大量小的（直径可达 0.5 mm）、圆

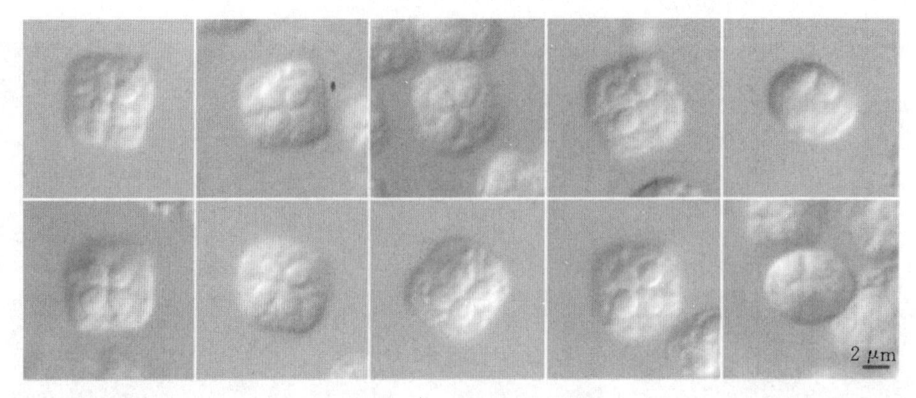

图 12-28　相差显微镜观察显示乙醇固定的大西洋金枪鱼 *Kudoa thunni* 孢子（Griffin et al.，2014）

形的假性囊肿，而显微镜下在所有 Diff-Quik 染色的切片中都能观察到库道虫的孢子，大量的虫体原质团不仅分布在视顶盖的腔内，而且分布在小脑组织中（图 12-29）。寄生虫一般不会产生临床症状，在严重感染的情况下，肌肉中可能可以看到囊孢，比较显著的病理变化是由寄生虫释放的蛋白酶引起的肌肉死后液化，聚集的库道虫孢子通常只产生较轻微的寄主反应。

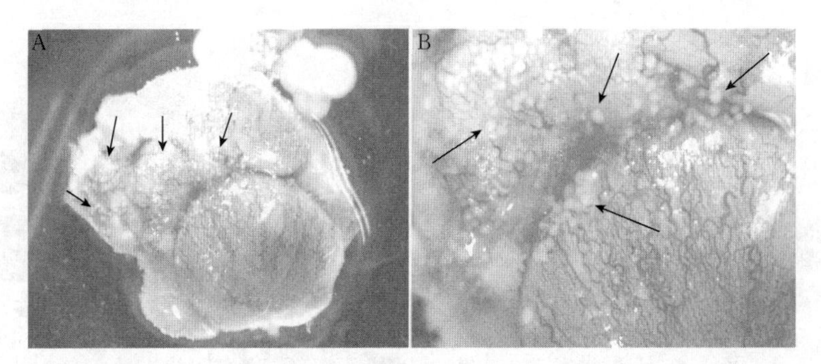

图 12-29　库道虫 *Kudoa prunusi* 感染太平洋蓝鳍金枪鱼（A，B）在大脑表面形成假性囊肿（Meng et al.，2001）

2. *Kudoa clupeidae*

在很小的鱼体就观察到皮肤受损，病变通常是每条鱼 1 个，导致幼鱼头部、盖部、体壁和尾柄产生直径为 3～5 mm 的隆起或溃烂。在某些情况下，病变位于肌肉内更深的位置，但通过肌肉和上皮仍可见。许多成熟的 *K. clupeidae* 孢子存在于鳃、眼间和身体外侧的肌肉中。通常在肌节内发现孢子，几乎不引起宿主反应或组织病理损伤。有些肌肉被孢子胀大，使周围的肌节变得膨大和挤压。最初，成熟的孢子在膨大的肌节中被发现，但偶尔，排列在孢子原质边缘的细胞处于较早的发育阶段。一些孢子位于肌节之间，推测是从破裂的肌节中释放出来的。革兰氏染色可清晰观察到极囊，但不能用抗酸染色显示（图 12-30）。PAS 染色也可呈现出极囊，每个极囊底部的球状物质染色很深。Protargol 染色显示，成囊细胞的月牙形细胞核位于极囊基部周围，与松子的杯状结构相似。核质延伸到约三分之一的包膜上方，可用 Protargol 染色呈深色。

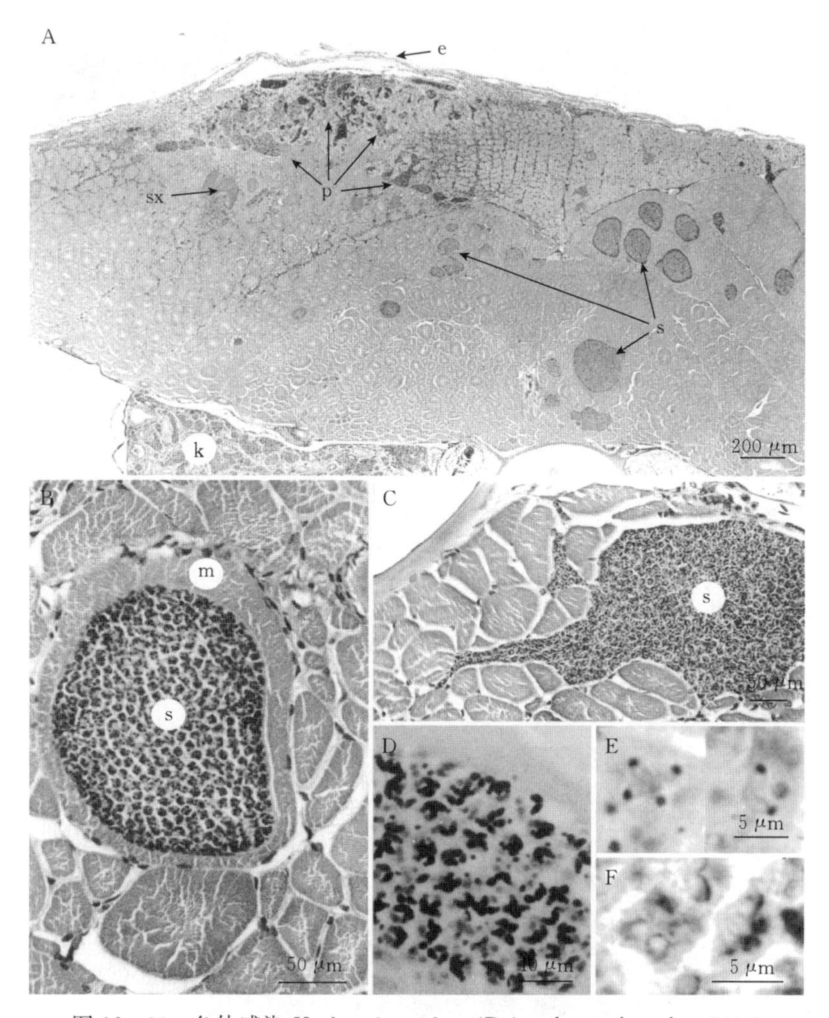

图 12－30　鱼体感染 *Kudoa clupeidae*（Reimschuessel et al.，2003）

A. 孢子感染鱼引起的肌肉病变（P）；完整的表皮位于病变上方（e）；大多数孢子包含在肌节内，但注意到一些孢子从肌节出来（sx）；这种鱼的肾脏中存在孢子虫（K）　B. 成熟孢子，位于中度增大的肌节（M）内　C. 成熟孢子存在于肌节之间，在几个方向上延伸至整个肌肉系统　D. 革兰氏染色显示孢子和极囊呈方形结构　E. PAS染色显示极囊的壁，并在囊底部显示凝聚的核物质　F. 银染色显示核质占据极囊三分之一的空间

3. *Kudoa thunni*

大体上，病变由数百个坚固的、白色的、结节状的、椭圆形的、多孔的囊肿组成，大小约为 1～2 mm，散布在骨骼肌各处（图 12－31）。在组织学上，这些结节是大的椭圆形囊孢，大小约为 2 mm×1.2 mm。囊孢有较厚的细胞壁，内含大量嗜酸性的圆形至梨形粘孢子，大小约为 6 μm×8 μm。有时，囊壁内含有少量的异嗜酸性粒细胞和嗜酸性粒细胞并产生轻微的炎症反应。这些囊孢将邻近的肌纤维和小神经分离并压迫。肌肉组织有轻度的细胞，大小不均，弥漫性地分布，有少量散在的角状肌纤维，提示轻度肌肉变性，没有观察到死后肌肉组织的肌肉液化。

4. 其他的 *Kudoa* sp.

受感染南部蓝鳍金枪鱼肌肉内出现直径 1～10 mm 的白色囊孢，研究表明，南部蓝鳍金

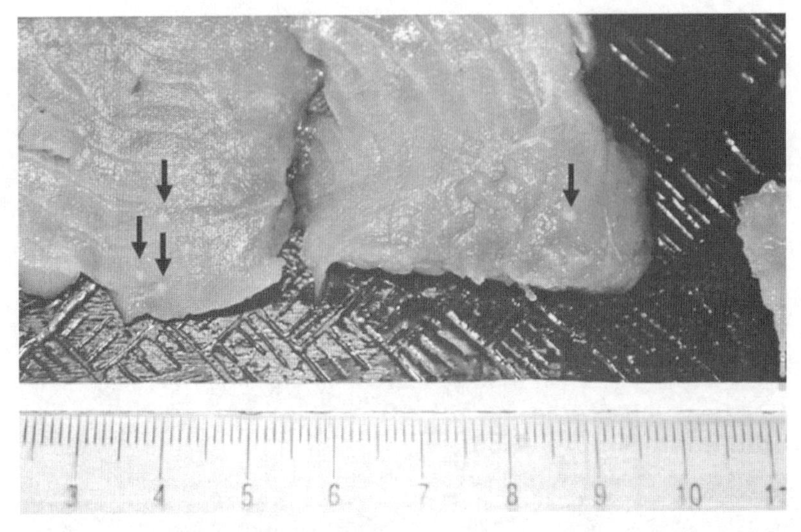

图 12-31 黑鳍金枪鱼肌肉系统的大体病变（Griffin et al.，2014）

箭头表示 *Kudoa thunni* 囊孢

枪鱼的囊孢大部分位于周围神经，特别是肋间神经。组织学上显示囊孢由大量的库道虫孢子组成，周围有纤维状的包膜（图 12-32）。

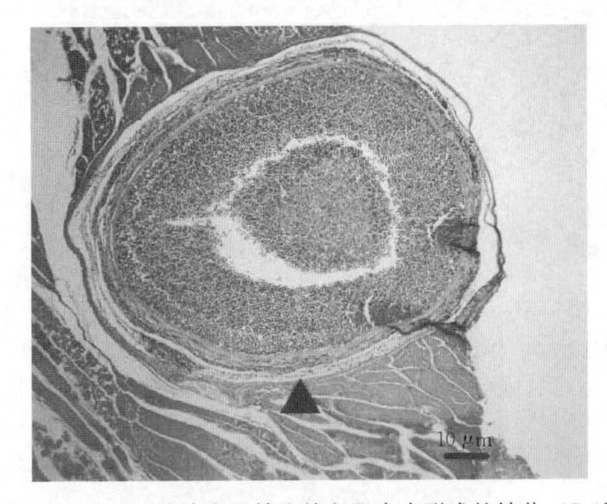

图 12-32 库道虫 *Kudoa* sp. 在南方蓝鳍金枪鱼肌肉中形成的结节（Griffin et al.，2014）

大量孢子的囊孢嵌入在小神经节里（箭头）

（三）流行病学

在西澳大利亚以头足类、甲壳类等为食的南部蓝鳍金枪鱼通常在 1～3 龄被感染。南澳大利亚州南部的蓝鳍金枪鱼和在新南威尔士州海岸捕获的野生鱼类也有感染报告，受影响的鱼类流行率为 1%，造成了一定的经济损失。据报道，长鳍金枪鱼库道虫 *K. crumena* 的流行率为 5%。

（四）诊断

典型的库道虫孢子大小分别约为 9.6 μm×7.5 μm（*K. prunusi*）、5.2 μm×6.5 μm（*K. clupeidae*）、7.5 μm×9.9 μm（*K. crumena*）和（4.4～5.6）μm×（7.8～10.0）μm

(*Kudoa* sp.)。可用显微镜在湿片中或组织切片中观察到。

(五) 预防

(1) 放养的苗种需经检疫，发现病鱼应销毁或实施隔离养殖，防止传染。

(2) 尽量不投喂鲜活小杂鱼、虾，投喂配合饲料。

(六) 治疗

(1) 外用。90%晶体敌百虫，每1 m^3 水体，每次约外用100～500 g，浸泡5～10 min。

(2) 内服。以每1 kg体重鱼添加含量为5%的地克珠利预混剂（水产用）2～2.5 mg拌饲投喂，每天1次，连用5～7 d。

五、角形虫所致的疾病

(一) 病原

角形虫属（*Ceratomyxa*）是黏孢子虫纲、双壳目、角形虫科的一属。孢子肾形、新月形或弓形，孢子的宽大于孢子长的2倍。2个极囊球形或梨形，极囊位于缝线的两侧。腔寄生海洋或淡水胆囊、肾脏及输尿管系统。本属为一常见属，种类较多，海洋鱼类中目前已知者150余种。滋养体小，球形，散状，周围有颗粒内质，含有大量的折射小体和颗粒（图12-33)，在胆汁中自由漂浮。内质透明，滋养体中央有瓣膜和荚膜形成细胞。随着滋养体的发育，变成卵形或椭圆形，具有长而透明的伪足。阿米巴样滋养体表现为成熟的极囊和外围不等长的分枝伪足。滋养体外膜薄，致密；内滋养体膜厚，半透明。外周较暗的外质进入伪足，内质较浅，富含空泡、颗粒状包裹体和线粒体，明显的瓣膜细胞核，极囊比成熟孢子小，被独特的环状稀疏层包围。极丝自卷，直径厚0.06 μm（图12-34)。

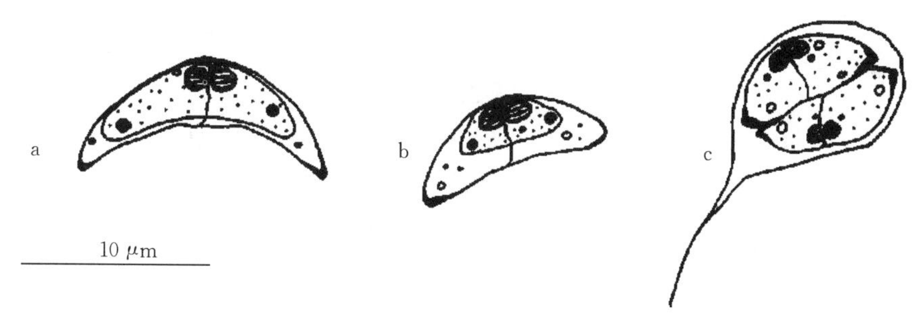

图12-33　角形虫 *Ceratomyxa thunni* 模式图（Mladineo et al.，2006)

a. 成熟孢子　b. 幼孢子　c. 散生滋养体

滋养体为（11.04±1.55）μm×(8.53±0.54）μm，分离前早期孢子大小为（11.31±1.20）μm×(4.50±2.00）μm，孢子小，略呈半月形或拉长，边缘呈弧形。早期孢子形短、棒状、厚、圆锥形，具稍凸或钝的边缘。成熟孢子纤细、拉长、后缘凹陷，边缘稍锐利，外观呈半月形（图12-35)。孢子厚度为（13.42±1.84）μm，长度为（3.86±0.42）μm。瓣膜相对薄，平滑并且大部分不对称，有一双层致密的膜。孢子质为双核，在极囊和成囊核中间有不规则核。通常从极囊腹侧和前侧观察到成囊细胞的固缩核。极囊球形至椭圆形、对称，大小为（1.27±0.23）μm×(1.61±0.42）μm，以重叠缝合线划分。缝合线倾斜，用光学显微镜无法区分，重叠封闭的2个接触面之间有交错。极丝厚，5～6个线圈中的每一个自缠绕，厚0.06 μm。

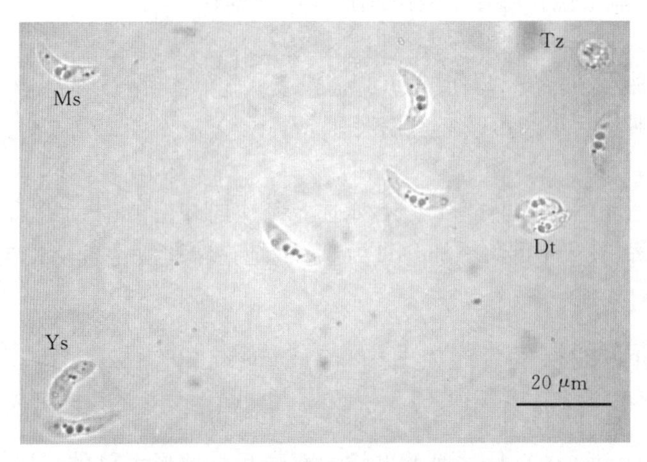

图 12-34　大西洋蓝鳍金枪鱼胆汁中的角形虫 *Ceratomyxa thunni*（Mladineo et al.，2006）
新鲜成熟孢子（Ms）、幼孢子（Ys）、脱落前的散体滋养体（Dt）和滋养体（Tz）

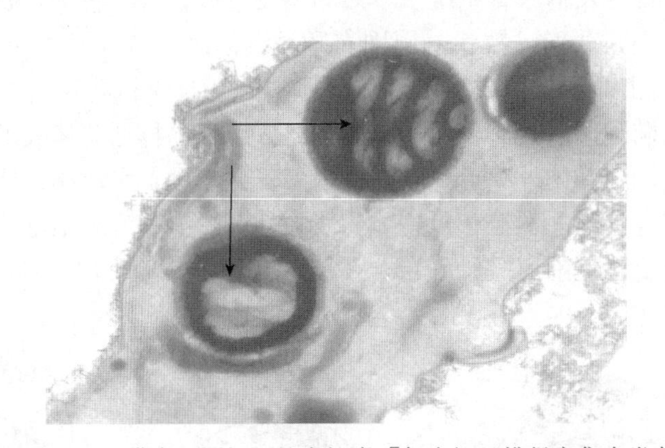

图 12-35　带有 5 圈极丝的大极囊［每个极丝排得密集自卷曲外观（箭头）（50 000×）（Mladineo et al.，2006）］

（二）临床症状与病理

通常在胆汁里，400 倍的显微镜视野下大约 1～5 个孢子。当致病性比较弱的孢子附着在细胞表面时，滋养体阶段对宿主的胆囊上皮造成有限的损害。

（三）流行病学

对蓝鳍金枪鱼的感染率大约在 20%。在感染蓝鳍金枪鱼的胆囊中，通常从地中海网箱养殖鱼中分离出来，发病率较高，但对胆囊上皮的损害很小。

（四）诊断

取胆汁做涂片，进行吉姆萨染色，在显微镜下可观察到角形虫的成熟孢子、幼孢子（Ys）、营养体。

（五）预防

暂未找到有效预防方法。

（六）治疗

暂时没有有效治疗方法。

六、囊双科吸虫所致的疾病

(一) 病原

感染金枪鱼的囊双科吸虫主要为韦氏泡双吸虫（*Didymocystis wedli*）。该虫属于扁形动物门（Platyhelminthes）、吸虫纲（Trematoda）、复殖目（Digenea）、囊双科（Didymozoidae）。韦氏泡双吸虫 *D. wedli* 寄生于金枪鱼的鳃小片上皮下结缔组织内，包囊呈黄白色、薄壁、椭圆形，大小为 3～12 mm。里含有一雄一雌虫，两虫并排、彼此抱在一起，虫体长 2.5 mm，虫前体细长，口部略显锋利。口腔吸盘呈梨状，坚固，开口于肌肉发达的球形咽部。食道较长，进入较宽的粗壮盲肠分叉，充满微红色的咽。子宫末段与食道平行缠绕，靠近口腔吸盘前部开口。后体巨大，呈心形，尾部弯曲且凸起。在后体的前部有两个紧凑的管状睾丸。卵巢呈管状分枝，位于睾丸附近。后体的其余部分由充满卵子的子宫组成，卵在室温下在海水中保存一夜后形成胚胎（图 12 - 36 和图 12 - 37）。虫卵呈肾豆形，约 20 μm×12.5 μm。韦氏泡双吸虫 *D. wedli* 的生活史目前还未知。

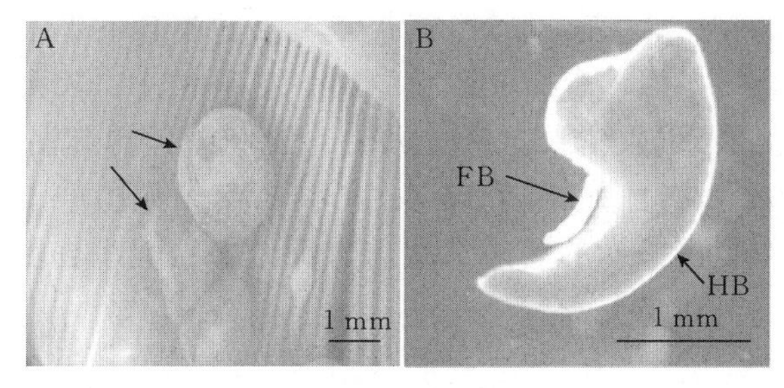

图 12 - 36　太平洋金枪鱼鳃弓上的包囊（A 中箭头处）和取出的韦氏泡双吸虫 *Didymocystis wedli*（Takebe et al.，2013）

FB. 虫体前部　HB. 虫体后部

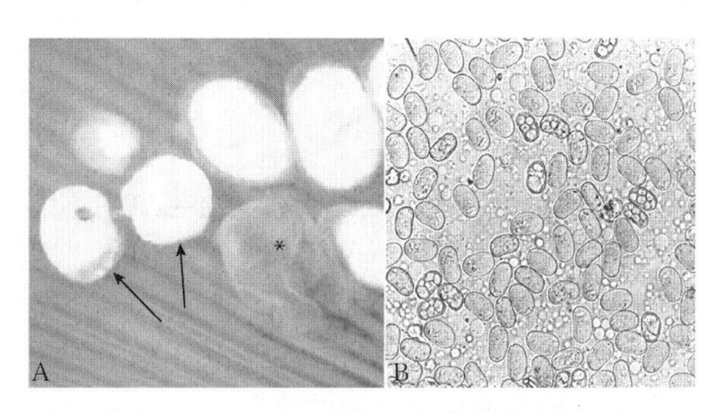

图 12 - 37　韦氏泡双吸虫 *Didymocystis wedli* 及其卵形态（Momoyama et al.，2004）

A. 从包囊的透明膜（*）中释放出来的一对韦氏泡双吸虫（箭头）　B. 虫卵

(二) 临床症状与组织病理

韦氏泡双吸虫 *D. wedli* 感染后，可在金枪鱼的鳃丝上发现大量明显的淡黄色包囊，感染强度与鱼的生长和体重指数不相关，表明该寄生虫的致病性较低，大规模感染不会导致金枪鱼鳃部的炎症、出血、坏死或鳃小片缺失（图 12 - 38）。

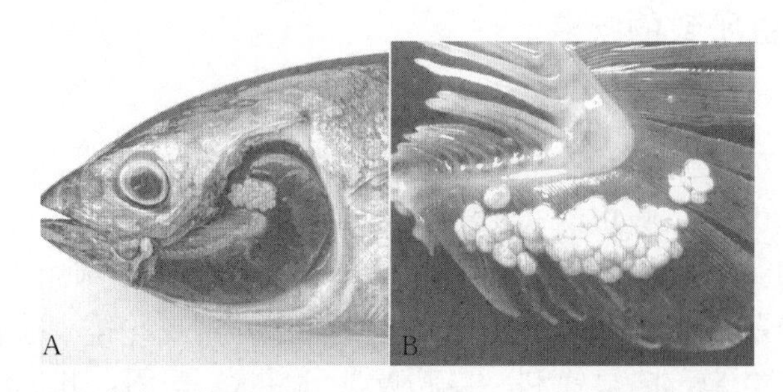

图 12-38　金枪鱼鳃丝上的韦氏泡双吸虫 *Didymocystis wedli* 的包囊（Momoyama et al.，2004）

通过组织病理学观察发现，双吸虫的包囊被鳃上皮层包裹，两个虫个体聚集在一条大的入鳃动脉的正上方。它的外膜主要由胶原纤维组成，与包裹双吸虫的结缔组织包膜合并，而内膜表面有颗粒状细胞。在包囊附近可见入鳃小片的小动脉，周围神经有髓轴突和无髓轴突。双吸虫的包囊由不同厚度的胶原纤维构成的结缔组织包膜组成，与周边相比，附着部位近端更为明显。结缔组织包膜被入鳃动脉和外侧入鳃小片小动脉包裹，成纤维细胞和纤维细胞交织在疏松的胶原纤维束里，伴随着许多小的吻合的毛细血管。双吸虫后部角质层与结缔组织被膜直接接触，与寄主细胞的被膜紧密相连。较薄的基底膜远端覆盖结缔组织包膜并支撑着复层鳞状上皮。这种上皮在金枪鱼鳃丝的近端大约有 10 层厚，富含肥大细胞和嗜酸性粒细胞，它们也迁移到宿主的结缔组织包膜中。上皮下区也可见多个小棒状细胞。相反，双吸虫包囊的周边部覆盖着大约 5 层上皮细胞，富含黏液性的杯状细胞（图 12-39）。

（三）流行病学

韦氏泡双吸虫 *D. wedli* 在亚得里亚海蓝鳍金枪鱼中的感染率最高，在黄鳍金枪鱼中也存在类似的感染情况，*D. wedli* 的感染率为 36%，每条鱼的感染强度从 4 到 86 个虫体不等。它对第一鳃弓的亲和力支持该虫的囊蚴直接从水流进入鳃的理论，而不是通过摄食感染中间宿主后再通过血管途径到达鳃部。这种寄生虫不会传染给高等动物。

（四）诊断

检查鳃中寄生虫的包囊和形态。

（五）控制方法

口服吡喹酮治疗太平洋蓝鳍金枪鱼能有效控制该类寄生虫的感染。完全根除的最小有效剂量被确定为 7.5 mg/kg 或更高，连续 3 d。可能需要重复用药，因为少数成鱼在治疗后 3 或 5 周再次发病。正如用饲喂吡喹酮控制单殖吸虫那样，加药颗粒会影响饲料的适口性。吡喹酮对南方蓝鳍金枪鱼感染的寄生虫也有一定的控制作用，但最低有效剂量尚待确定，单次口服 75 mg/kg 的吡喹酮可显著减少吸虫及虫卵的数量。

七、血居吸虫所致的疾病

血居科吸虫共有 26 个属，其中 24 个属（约 95 种）血居吸虫可寄生于海水鱼。这些可寄生于海水鱼的血居吸虫称为海水血居吸虫，可寄生于鲭科、鲹科、鲀科、鲈形科、鹦嘴鱼科等 51 个科的鱼，其中很多都是具有经济价值的鱼种类。血居科里的住心吸虫属（*Cardciola*）对金枪鱼易感，其中两个种 *Cardciola forsteri* 和 *Cardicola orientalis* 报道最

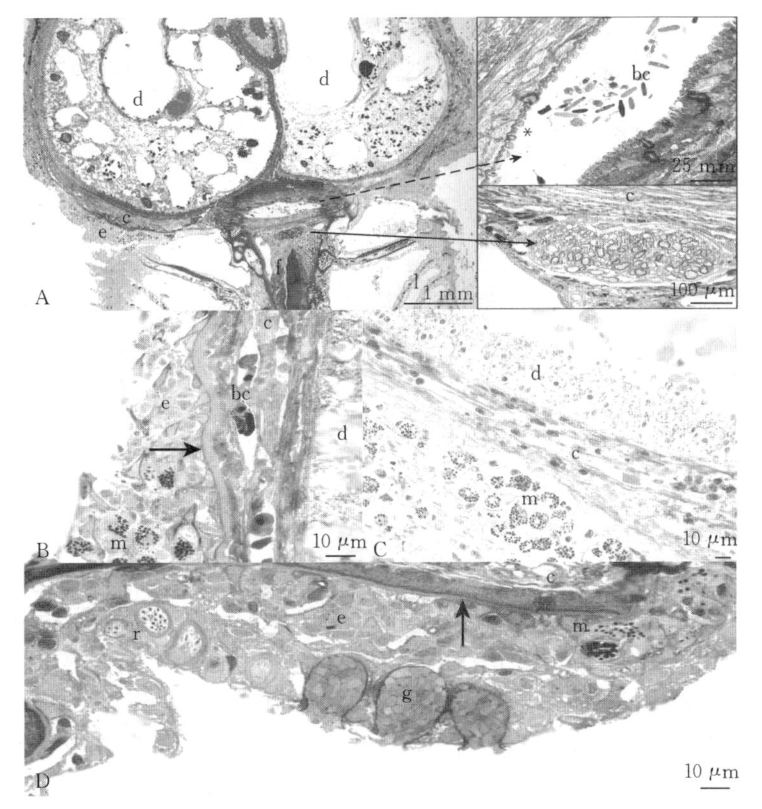

图 12-39　韦氏泡双吸虫 *Didymocystis wedli* 感染大西洋蓝鳍金枪鱼鳃丝病理组织学半薄切片（Pleić et al.，2015）

A. 双吸虫包囊内有两个个体（d）的动粒体样囊肿，位于鳃丝（f）鳞状上皮（e）的近端，靠近鳃小片（l），被结缔组织膜（c）包裹。虚线箭头指向上部插图，位于包囊下方的入鳃动脉内有不同的血细胞（bc），小颗粒细胞（*）附着在其内膜上。实线箭头指向下插图，丰富的有髓轴突的外周丝状神经位于入鳃动脉和结缔组织包膜(c）下方　B. 结缔组织包膜（c）与双吸虫背部（d）紧密接触，充满血细胞的吻合毛细血管分布其间（bc）。注意：薄基底膜（箭头）支撑着富含肥大细胞和嗜酸性粒细胞（m）的鳃丝鳞状上皮（e）　C. 结缔组织包膜（c）上方可见肥大细胞和嗜酸性粒细胞（m）浸润，复盖在双吸虫背部（d）。(c）丰富的细胞成分（淡红色）较薄的结缔组织纤维包膜（c）　D. 结缔组织被膜的远侧部分（c）显示一层薄的基底膜（箭头），由鳞状上皮（e）覆盖，在那里有小棒细胞（r）和大的、活跃的黏液杯状细胞（g），不同脱颗粒阶段的肥大细胞（M）

多，危害最大。

（一）*C. forsteri* 所致的血居吸虫病

1. 病原

住心吸虫 *C. forsteri* 成虫体宽呈矛尖形，大小为 4 620 μm×849 μm，体宽与体长之比为 1∶5.4。体被棘突非常明显，直到腹侧排，每排 11～14 刺，口腔吸盘缺失，前神经连合清楚，靠近口部。食管长 1 395 μm，占体长的 30%，沿其内侧 2 节被腺体细胞包围。肠呈 H 形；前盲囊几乎等长为 360 μm，远端至身体前肢距离 1 121 μm，后盲肠长度相近为 2 060 μm，远端至身体后端距离 1 040 μm，前后盲肠长度比 1∶5.7。睾丸轮廓模糊，大小为 2 138 μm×472 μm，卵巢前部后方重叠，延伸至盲肠交点正前方。输精管宽，稍弯曲，精囊弯曲，雄性生殖孔位于背侧。卵巢不规则浅裂，横向椭圆形，输卵管细长椭圆形，卵黄滤泡，卵泡小，卵黄管腹侧到子宫，后为卵巢（图 12－40）。

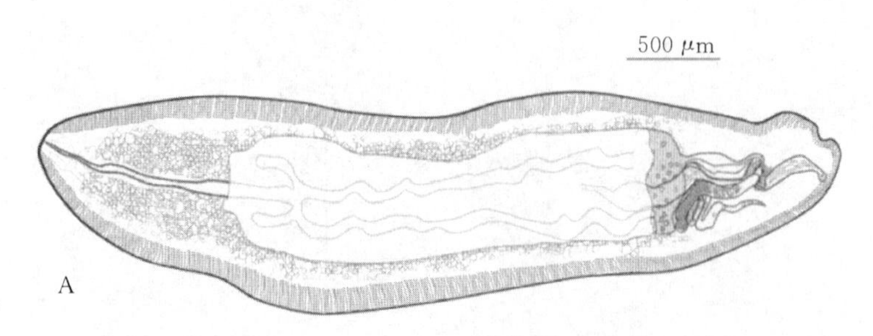

图 12－40 住心吸虫成虫 *Cardciola forsteri* 示意图（Palacios Abella et al.，2015）

2. 生活史

海水血居吸虫生活史大致是成虫在寄生部位的血管中产卵，虫卵沉积于鳃部、肠或各个内脏组织器官中。内脏血管中的部分虫卵随血液循环转移到鳃部，鳃部多数虫卵（或肠系膜部分虫卵）能孵化形成毛蚴，毛蚴穿过鳃上皮细胞释放到环境中，接触到适宜中间宿主（*Amphitrite* sp.，多毛纲、蛰龙介科），侵入其体内并进行无性繁殖，经过胞蚴或雷蚴、子雷蚴等阶段形成具有侵染性的尾蚴，尾蚴逸出，或感染鱼类宿主或死亡，尾蚴侵入鱼体经过各幼虫阶段并在体内移行，最终寄生于鱼体的特定部位，虫体成熟、交配、产卵，完成一个生活史循环过程。其中毛蚴和尾蚴阶段在水体中一段时间内遇到并侵入适宜的宿主，才能得以生存和继续发育，整个生活史过程才能够顺利完成（图 12－41 和图 12－42）。

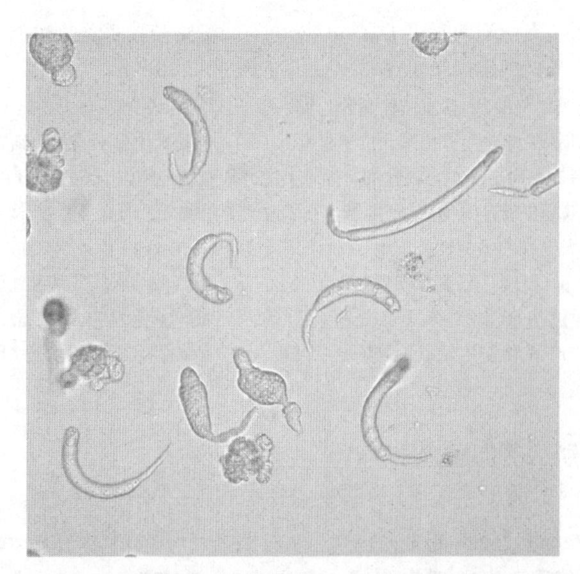

图 12－41 寄生在中间宿主 *Amphitrite* sp. 体内胞蚴中释放出的 *Cardicola forsteri* 尾蚴（Dennis et al.，2011）

（1）胞蚴。含有发育尾蚴中的胞蚴寄生在中间宿主 *Amphitrite* sp. 的体腔内，胞蚴呈梭形，长530～698 μm（均值 625.9 μm），宽 182～278 μm（均值 228.7 μm）。胞蚴含有不同发育期的尾蚴，从未分化的生发团到成熟的尾蚴。

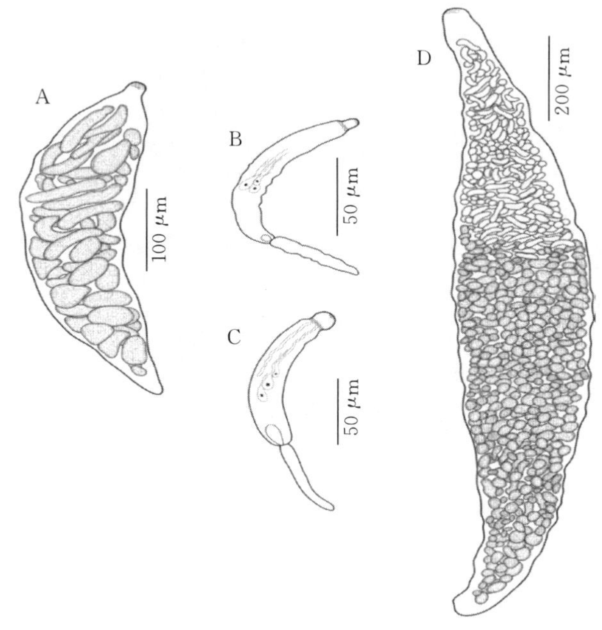

图 12-42　*Cardicola forsteri* 不同的发育阶段（Cribb et al.，2011）

A. 孢囊　B. 尾蚴　C. Aporocotylid A 型尾蚴　D. Aporocotylid A 型孢囊

（2）尾蚴。尾蚴体呈长圆柱形，含尾部长 111～136 μm（均值 121.7 μm），体长 71～95 μm（均值 82.9 μm），宽 12～21 μm（均值 17.6 μm）。尾直无分叉，远端渐尖，长 29～48 μm（均值 38.9 μm），宽 6～10 μm（均值 7.4 μm）。

3. 临床症状与病理

（1）*C. forsteri* 引起的鳃炎。住心吸虫 *C. forster* 会导致典型的鳃炎，肉眼观察会发现，鳃炎严重的鳃丝被白色粉红色不透明黏液渗出物所覆盖，苍白和发红的鳃丝交替会产生明显的条纹（图 12-43）。

在组织学上，在急性鳃炎中，大量的虫卵位于鳃小片顶端（推测来自鳃小片毛细血管破裂），有很多在入鳃动脉内。虫卵呈卵圆形到椭圆形，直径 25～50 μm，壁很薄。靠近虫卵的鳃小片上皮细胞坏死，并有散在的单核白细胞和粒细胞浸润，表面常覆盖血块、蛋白质和（或）坏死细胞碎片。鳃小片相对面消失，急性多灶性鳃炎分布广泛，会占据鳃组织切片大部分区域。细小的入鳃动脉常含有与血栓和（或）粒细胞浸润相关的退化虫卵。

亚急性鳃炎常为多灶性的，虽然没有急性鳃炎广泛，但是亚急性鳃炎在鳃小片和入鳃动脉内也含有一些虫卵，比急性鳃炎要少。此外，与急性鳃炎相比，亚急鳃炎的鳃小片坏死程度较轻。相反，由于上皮增生和入鳃动脉内的血栓和虫卵引起的鳃小片融合病灶在亚急性鳃炎中更常见（图 12-44）。

慢性鳃炎在每个病例中都是轻到中度的，并且包括鳃丝内的小而散在的肉芽肿。虫卵在入鳃动脉内稀疏，当存在时，它们通常是碎裂的或退化的。虫卵在鳃小片内非常稀少。此外，鳃动脉外膜增生，中膜平滑肌肥大、增生，鳃小片坏死、鳃血管炎和血栓形成比较少见。

图 12-43 *Cardicola forsteri* 感染南方蓝鳍金枪鱼的鳃（Dennis et al.，2011）

金枪鱼鳃呼吸困难，鳃丝上有苍白的条纹，一些区域被分泌的黏液覆盖

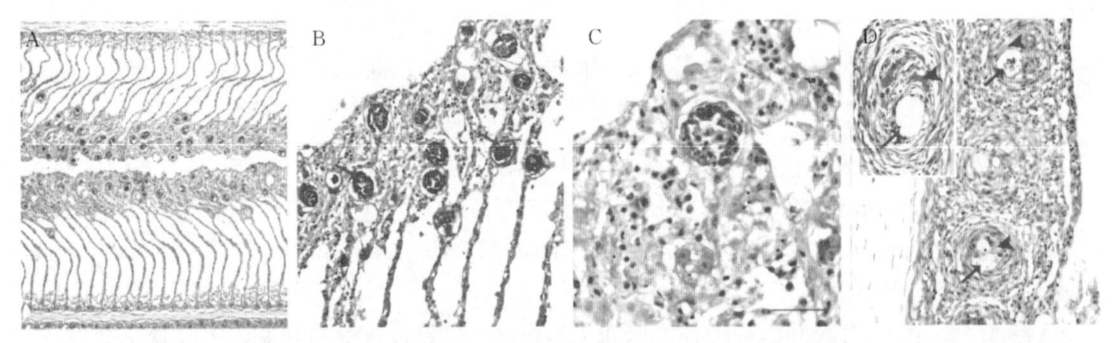

图 12-44 *Cardicola forsteri* 感染南方蓝鳍金枪鱼病所致严重的急性鳃炎（Dennis et al.，2011）

A. 鳃小片普遍扭曲，在鳃小片尖端有许多虫卵 B. 大量的虫卵在鳃小片顶端 C. 卵子周围的鳃小片因上皮坏死、增生和白细胞浸润而扭曲 D. 鳃丝血管被流入的虫卵（箭头）和血栓（箭头）阻塞，周围有白细胞浸润

（2）*C. forsteri* 引起的心肌炎。住心吸虫 *C. forsteri* 的成虫常在养殖金枪鱼的心脏中被发现，数量为 1～3 条，它们主要分布在心室里。从大体病理学上不可直接认定该吸虫的成虫只寄生在南方蓝鳍金枪鱼心脏中。金枪鱼常表现出 *C. forsteri* 相关的心肌炎，且均为轻度。急性心肌炎较轻，心房和心室海绵层有少量虫卵包裹，仅有微小的绒毛内皮细胞增生和心内膜粒细胞浸润，宿主反应不明显。

在亚急性心肌炎中，粒细胞和较小的单核白细胞使心内膜和心外膜扩张。心内膜绒毛内皮细胞增生程度明显高于急性心肌炎。亚急性心肌炎往往比急性心肌炎有更多的虫卵，而且心室的虫卵比心房的更多。有个别鱼的心外膜炎延伸到心外膜神经节。慢性心肌炎包括散布在心肌海绵层的大量肉芽肿，通常以退化的虫卵为中心。心绒毛内皮细胞增生，心内膜和心外膜白细胞浸润轻微或消失。在金枪鱼的心房里会观察到组织学上比较清晰的成年吸虫，成虫背腹扁平，宽 100～150 μm，体外边缘有棘突，可见体腔细胞，生殖道和消化道模糊不清（图 12-45）。

此外，养殖的金枪鱼中均有系统性粒细胞血管周围浸润，可在小动脉和静脉周围观察到粒细胞和少量的单核白细胞。细胞浸润常延伸至周围组织，常累及周围神经。在肠、胃和心肌的血管和神经周围最严重，在幽门盲肠、肝脏和其他脏器的浆膜血管中较轻，但持续存在。养殖的金枪鱼也会出现胃颗粒细胞浸润，不同数量的颗粒细胞弥漫浸润在胃黏膜下层和肌层。

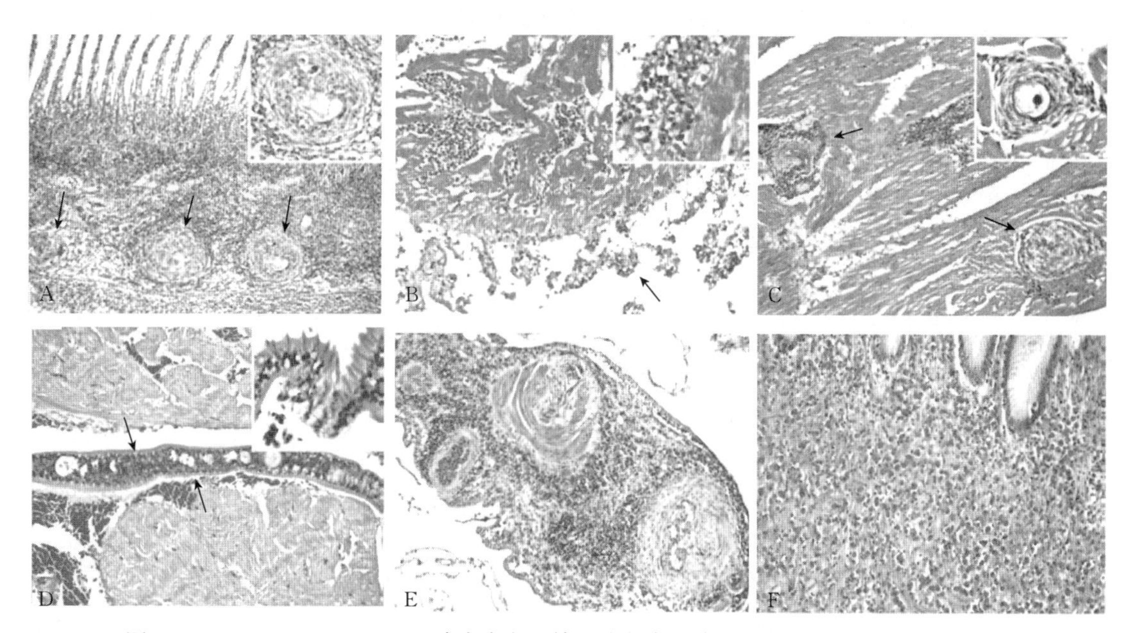

图 12－45　*Cardicola forsteri* 感染南方蓝鳍金枪鱼病所致心肌炎（Dennis et al.，2011）

A. 南方蓝鳍金枪鱼中度慢性鳃炎，肉芽肿（箭头）位于退变虫卵的中心（插图）　B. 南方蓝鳍金枪鱼的心室，轻度亚急性心肌炎，心内膜扩张，伴有绒毛增生（箭头）和白细胞（插图）　C. 南方蓝鳍金枪鱼心室，慢性心肌炎，以退变卵为中心的肉芽肿（箭头）散布在心肌的海绵层（插图）。心肌血管（箭头）被单核白细胞和粒细胞包裹　D. 南方蓝鳍金枪鱼心房，成虫（箭头）在心房的管腔内，插图显示边缘的被皮棘　E. 南方蓝鳍金枪鱼肠系膜，粒细胞血管周围浸润，肠系膜动脉周围有粒细胞和单核白细胞，因平滑肌细胞肥大、增生，动脉中膜增厚，排列紊乱　F. 南方蓝鳍金枪鱼胃，粒细胞浸润，胃黏膜下层有大量粒细胞浸润，单核白细胞较少

4. 流行病学

金枪鱼累计死亡率为 2.1%，养殖区的累计死亡率为 0.3%～3.6%，该病常爆发于养殖的第 5 周后，在养殖的 6～9 周达到高峰。住心吸虫 *C. forsteri* 感染会对养殖的南方蓝鳍金枪鱼产生致命的损伤，可能占金枪鱼移入网箱养殖后死亡率的很大比例。目前尚不清楚住心吸虫 *C. forsteri* 对澳大利亚南方蓝鳍金枪鱼水产养殖业的影响程度。

5. 诊断

解剖病鱼心脏及动脉球，放入盛有生理盐水的容器中，肉眼可见成虫；解剖鳃血管，可见尾蚴和幼虫；做肾脏或鳃组织压片，镜检可见虫卵及成虫。

6. 预防

目前防治该病多是从理论上进行指导。

（1）根据现有的危害情况进行预防，如根据住心吸虫感染情况，进行比较和估计，选择可能远离中间宿主的海域养殖。

（2）根据感染情况判断血吸虫适宜中间宿主的分布情况，海水网箱养殖前不可能接触到血吸虫的幼虫，网箱养殖后被感染，断定该吸虫适宜中间宿主在养殖网箱的附近，能够短时间内大量感染某血吸虫，则其中间宿主分布在养殖地周围。

（3）在满足养殖鱼的较快生长和预防感染的前提下，选择水温适当低的海区进行养殖。较低水温时，可预防血吸虫病，但也会影响养殖鱼的生长速度使养殖周期增长。

（4）还可使用一些预防性的药物，如水温较低时使用防止血管堵塞的药物也有助于防治该寄生虫病的爆发，对血吸虫的毛蚴和尾蚴会有毒性。在鱼饵料中加维生素和可以提高鱼体免疫力的中草药，定期地改造和清洗网箱，这些方法都有助于预防血吸虫病。

7. 治疗

清除养殖环境中的中间寄主，切断其生活史是最有效的方法，但是难度很大。

（二）*C. orientalis* 所致的血居吸虫病

1. 病原

病原体为住心吸虫 *C. orientalis*，虫体扁平、细长、矛尖形、长 2 100～2 500 μm，宽 320～460 μm，长为宽的 5.1～6.8 倍。体表被体棘突 300～349 排；中体棘宽 36～45 μm。神经索明显，残存的口吸盘长 16～20 μm，宽 19～23 μm。口自前端 12～17.5 μm，食管呈曲线形，自前向后连续增宽，周围有明显的腺细胞包围，盲肠前缘，长 470～560 μm，占体长的 20.7%～23.6%。肠呈 H 形，前盲肠长 75～150 μm，后盲肠长 850～1 110 μm。睾丸圆柱形，位于盲肠后分叉与卵巢分叉之间的盲肠间区，长 805～990 μm，宽 113～173 μm。输精管起源于睾丸后缘前部，在上段子宫和最后下段子宫之间向后穿行，与精囊汇合。精囊长，靠近其后端向左弯曲。射精管狭窄，弯曲，稍向前，周围有腺细胞。雄性生殖孔背侧，左侧体缘开口于三角形末端突起基部。卵巢紧凑，基部膨大，稍靠右侧中线，紧靠睾丸后缘，前与盲肠后缘之间，后伸过盲肠间，长 159～210 μm，宽 130～200 μm。输卵管起源于卵巢右侧，向后，在扩张形成输卵管囊之前形成环状，长 90～148 μm，宽 16.5～25 μm。子宫从 oö 形向后通过 FDPU，然后在从身体后端 215～340 μm 的距离处转回自身以进入本身的上段子宫（APU），该上段子宫本身被膨胀并形成几个缠绕，在加入子宫之前，通过卵巢后方进入子宫的最后段部分（FDPU），子宫的最后下段部分变窄和卷曲，再加入子宫内膜，进入子宫（图 12－46）。

2. 生活史

C. orientalis 虫卵聚集到金枪鱼的鳃片上，毛蚴穿过鳃上皮细胞释放到环境中，接触到适宜中间宿主 *Nicolea gracilibranchis*，在中间寄主体内发育，进行无性繁殖，并形成大量胞蚴和自由生活的尾蚴，尾蚴出现后感染鱼类（图 12－47）。

C. opisthorchis 感染金枪鱼的中间宿主为 *N. gracililamchis*，这是养殖区采样区最常见的多毛类。可在中间宿主体腔内观察到大量处于发育阶段的胞蚴，感染的严重程度在个体之间有很大的差异，被感染的 *N. gracilibrchis* 的体腔充满了胞蚴，经常可观察到发育中的胞蚴或形成中的尾蚴，*C. opisthorchis* 的尾蚴特征明显，具有一条微小的圆形尾巴（图 12－48 和图 12－49）。

（1）胞蚴。所有感染的中间寄主 *N. gracililamchis* 含有尾蚴或未发育成熟的胞蚴。

胞蚴呈体梭形，长 512～1 272 μm（874.7 μm），宽 107～284 μm（201.9 μm），发育成熟的胞蚴长 391～1 012 μm（624.3 μm），宽 98～255 μm（168.8 μm）。发育成熟的胞蚴含有

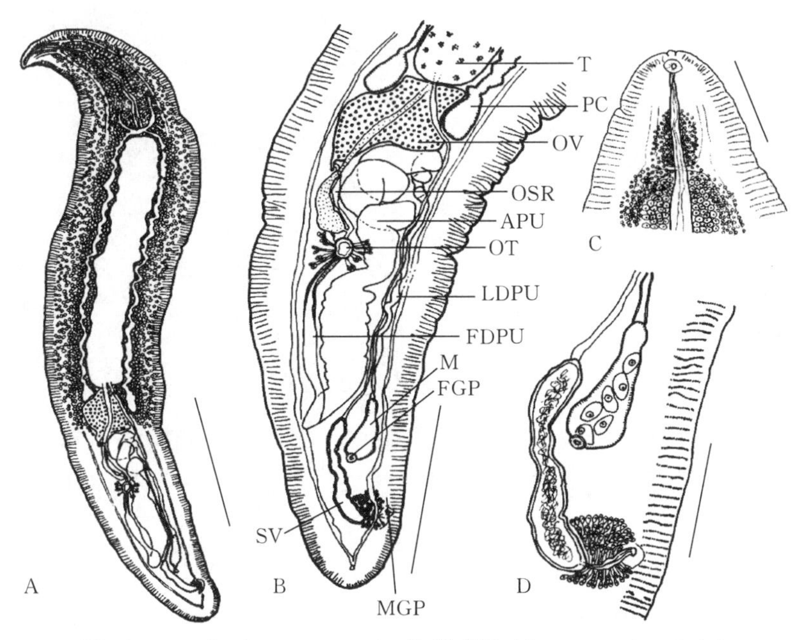

图 12－46　*Cardicola orientalis* 的模式图（Ogawa et al.，2010）

A. 正型，腹面观　B. 身体前端（副模），腹面　C. 身体后端（副模），腹面　D. C 图的放大，腹面

APU. 子宫上段部分　FDPU. 子宫第一下段部分　FGP. 雌性生殖孔　LDPU. 子宫最后下段部分　M. 子宫　MGP. 雄性生殖孔　OT. oö 形　OSR. 输卵管的受精囊　OV. 卵巢　PC. 后盲囊　SV. 精囊　T. 睾丸

图 12－47　*Cardicola orientalis* 生活史（Shirakashi et al.，2016）

1. 虫卵　2. 毛蚴　3. 中间寄主 *Nicolea gracilibranchis*　4. 胞蚴　5. 尾蚴

不同成熟期尾蚴，从未分化的生发团到成熟的尾蚴，尾蚴的数量（包括成熟和未成熟尾蚴）为 59～193 个（平均 106.6 个）。胞蚴包含尾蚴和未分化的生殖团，后者的数量与尾蚴相同或更多。母胞蚴含有约 20～50 个子胞蚴（包括生殖团），每个母胞蚴的大小为生殖团直径 10～20 μm，用于发育胞蚴的长为 69～218 μm（142.3 μm），宽为 39～79 μm（58.1 μm）（图12－50）。

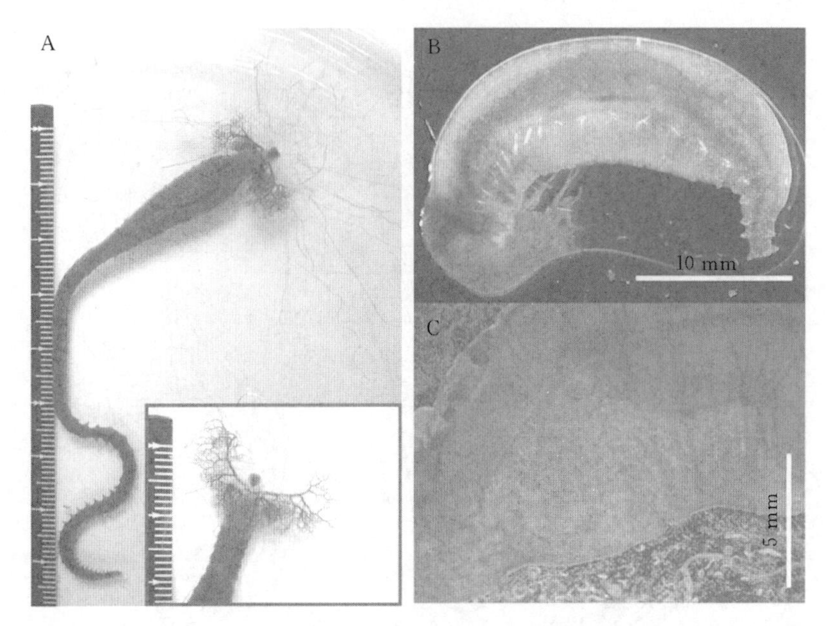

图 12－48 *Cardicola orientalis* 感染其中间寄主 *Nicolea gracililamchis*（Shirakashi et al.，2016）

A. 中间寄主 B，C. 体腔内充满了孢囊

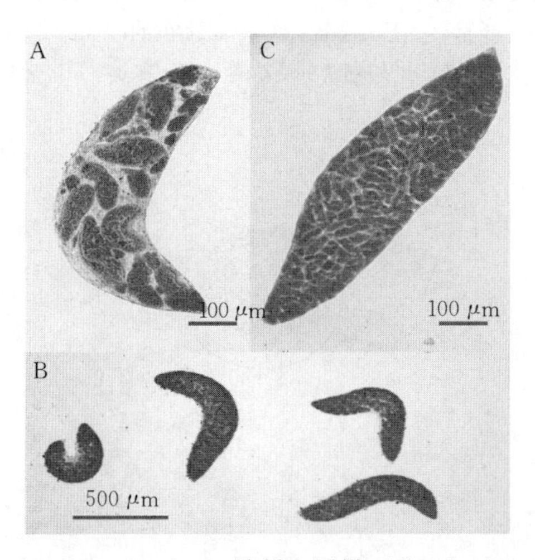

图 12－49 *Cardicola orientalis* 胞蚴和尾蚴（Shirakashi et al.，2016）

A. 子胞蚴 A B. 未发育尾蚴 C. 成熟发育的尾蚴

（2）尾蚴。体长圆柱形，含尾部长 78～163 μm（118.5 μm），体长 70～151 μm（107.9 μm），宽17～30 μm（24.3 μm）。尾部椭圆形，长 7～15 μm（10.7 μm），宽 7～12 μm（9 μm）。头部有 6～7 排同心的棘突与身体的其余偶尔的收缩部分明显分开。紧靠棘突后方的嘴部开口为横向裂口。长而弯曲的食管长 45～99 μm（66.4 μm），呈直线状，从身体前端到后端的54%～72%（63.4%）。盲肠有 2 个前和后的分支，长度分别为 3～9 μm（5.6 μm）和 3～7 μm（4.6 μm）。盲肠的管腔用中性红染色（图 12－51），头部腺体细胞位于梨状腺囊后面，含有颗粒状物质。

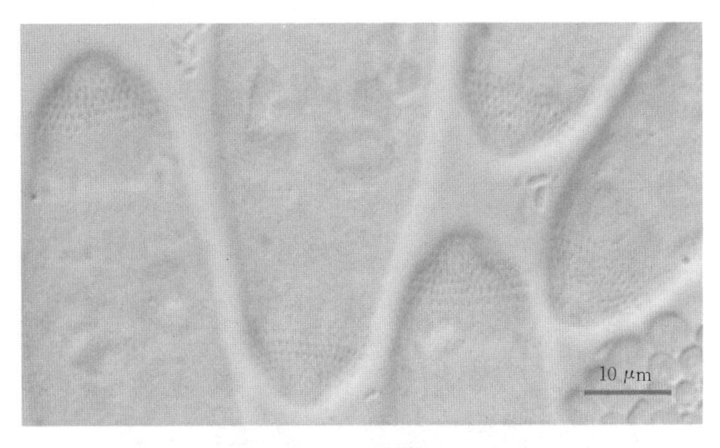

图 12-50　*Cardicola orientalis* 尾蚴（Shirakashi et al.，2016）

显示 6～7 排同心排列的头棘（微分干涉差显微镜）

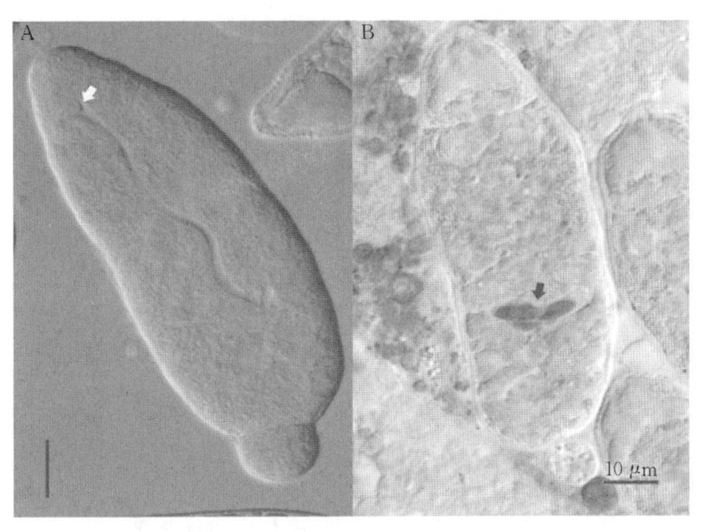

图 12-51　未成熟的 *Cardicola orientalis* 尾蚴（Shirakashi et al.，2016）

A. 微分干涉差显微镜显示尾蚴的嘴（箭头），随后是一条长长的弯曲的食道

B. 尾蚴染成中性红色，显示盲肠（箭头）

三组大的穿透腺细胞位于身体的前部、中部和后部。4 个前部细胞成两对。中间的细胞由 5 个细胞组成，中线上有一个细胞，后面是两对细胞。6 个后部细胞在盲肠后横向纵向排列成三对，最大的是前部细胞。它们的导管沿着身体的外侧向前延伸，在前端开口。此外，两个功能未知的颗粒细胞纵向排列在中线，一个在身体中部，另一个在盲肠水平位置（图 12-52）。

3. 临床症状与病理

解剖心脏时，发现许多吸虫，由于这些虫子来自解冻的鱼，所以除身体棘突外其他部位不适合观察。在鳃中可观察到虫卵，数量较少，也有少量存在于心肌中，但在肾、肝、脾、肠和脑等组织未见。鳃小片中的虫卵呈卵圆形至椭圆形，长 40～56 μm，宽28～37 μm；入鳃动脉里的虫卵为椭圆形或新月形，长 46～75 μm，宽 25～44 μm（图 12-53 和图 12-54）。

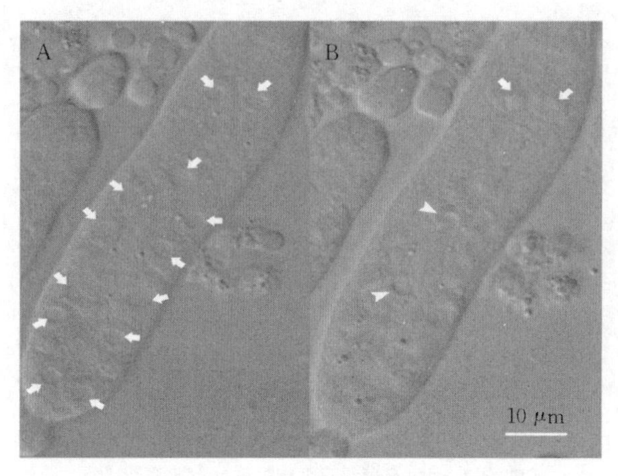

图 12-52　活体 *Cardicola orientalis* 尾蚴（Shirakashi et al.，2016）

A. 显示体内两个不同焦点下的腺细胞组（微分干涉差显微镜），体部前、中、后三组细胞分别为 2、5、6 个细胞（箭头）　B. 其余 2 个前部细胞（箭头），中部 2 个细胞（箭头）

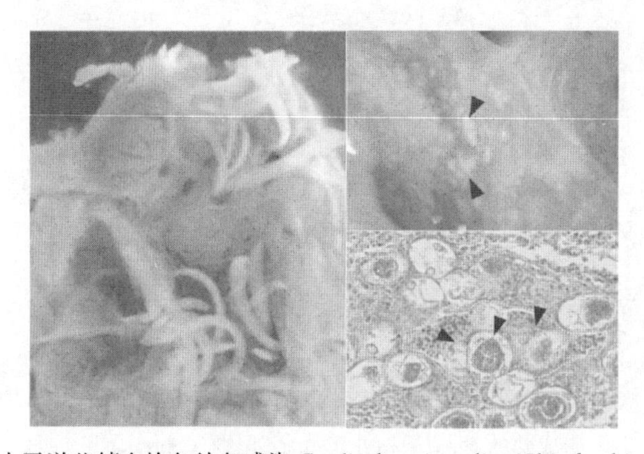

图 12-53　太平洋蓝鳍金枪鱼幼鱼感染 Cardicola orientalis（Shirakashi et al.，2016）

心室中的成虫（左）和心脏组织中的卵结节（右上箭头）；
组织学（右下）显示入鳃动脉（黄线）被卵（右下箭头）堵塞并肿胀

在感染的虫卵不多的金枪鱼鳃中，常会观察到基本正常的、相邻两条鳃丝的鳃小片会部分融合。*C. orientalis* 的虫卵在鳃小片毛细血管中，最常见的是在鳃小片的顶端，导致其延伸融合，鳃丝呈棒状，虫卵会造成鳃小片毛细血管闭塞。在含有大量虫卵的鳃丝附近，很少有或没有虫卵，虫卵在鳃丝之间的分布不均匀，在同一鳃丝内会观察到不同种类住心吸虫的卵（图 12-55）。

Cardicola orientalis 虫卵在鳃丝和鳃片中都有，虫卵分别被一层薄薄的成纤维细胞覆盖，包囊有时由几层上皮样细胞和成纤维细胞组成，卵中的胚胎处于不同的发育阶段，从不成熟的毛蚴到发育完全的毛蚴。在组织切片中常可观察到明显含有退化胚胎的死虫卵，大量的虫卵堵塞使鳃丝变粗，鳃丝中的一些虫卵看起来是从入鳃动脉中分离出来的，最终在卵之间分叉和绕过（图 12-56）。

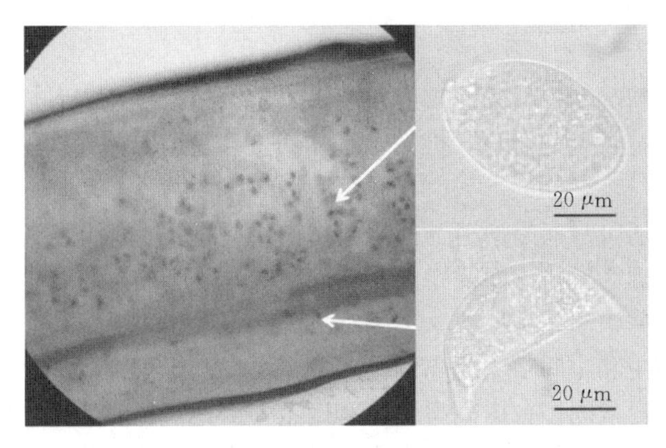

图 12－54　受感染的太平洋蓝鳍金枪鱼幼鱼的鳃丝，有大量的卵（×200，左）（Shirakashi et al.，2016）
Cardicola orientalis 虫卵位于鳃小片（右上）和入鳃动脉（右下）

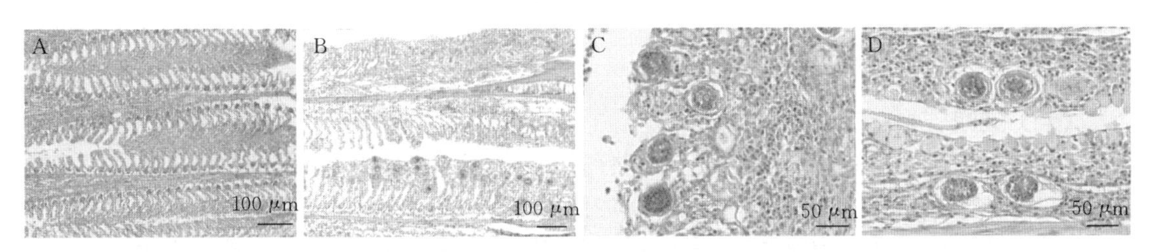

图 12－55　*Cardicola orientalis* 感染金枪鱼幼鱼的鳃（Shirakashi et al.，2012）
A. 未受感染的正常鳃丝，两个相邻鳃丝的鳃小片是融合的　B. 一条带有虫卵的鳃细丝（下）具有扩大的融合的鳃小片，鳃丝（上）不含卵，显示卵在鳃丝之间分布不均　C. 几片带有虫卵的鳃小片，大多数卵分布在鳃小片顶端　D. 鳃小片（上）和鳃丝（下）里分别有两个虫卵，均被宿主成纤维细胞包裹

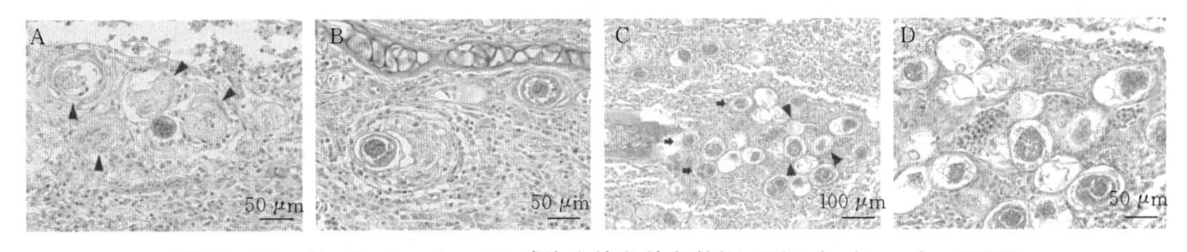

图 12－56　*Cardicola orientalis* 感染金枪鱼幼鱼的鳃（Shirakashi et al.，2012）
A. 鳃小片里有明显的死虫卵（箭头）　B. 一枚内有纤毛胚胎的卵（右）和一枚由上皮样细胞和成纤维细胞厚包裹的卵（左）　C. 由于吸虫卵（箭头）的存在，入鳃动脉变得不规则肿胀　D. 鳃动脉内的虫卵

4. 流行病学

血吸虫的流行性流行病可引起不同年龄段的太平洋蓝鳍金枪鱼的大规模死亡，金枪鱼的幼鱼爆发血吸虫的病例越来越多。按照推理，大量的虫卵在鳃中聚集，会导致组织损伤和缺氧。在死亡的太平洋蓝鳍金枪鱼幼鱼中虽然经常发现大量的虫卵，但却很少表现出典型的窒息症状，如口和鳃盖张开。太平洋蓝鳍金枪鱼幼鱼也容易受到一系列应激的影响，并经常遭受不明原因的死亡，是否与鱼血吸虫感染有直接的原因还有待进一步调查。通常在 1 月份，养殖的太平洋蓝鳍金枪鱼幼鱼容易感染住心吸虫，心脏中的 *C. opisthorchis* 平均密度可达到

6～7条，鱼的患病率达到54.2%左右。

5. 诊断

根据症状和流行情况初诊，确诊需要实验室鉴定。解剖病鱼心脏放入盛有生理盐水的容器中，肉眼可见成虫；解剖鳃血管，可见尾蚴和幼虫，鳃组织压片，镜检可见虫卵及成虫。

6. 预防

目前控制淡水血居吸虫病是通过消灭水体中的中间宿主，但此法应用于控制海水血居吸虫病是相当困难的，因为要消灭海洋中潜在中间宿主是不切实际也是非常昂贵的。密度养殖鱼是否感染血吸虫病并引起病害取决于中间宿主是否与鱼类宿主靠近，控制海水血吸虫病唯一的方法是把鱼类宿主和中间宿主相隔离。理论上可以选择远离中间宿主放置网箱进行养殖以防止感染该吸虫病，但因多数中间宿主没有确定，故此法很难应用于实践。血吸虫的中间宿主和鱼类宿主的种类繁多及其不严格宿主特异性等，给防治该病带来很大的困难。

7. 治疗

目前本病尚无有效治疗方法。

八、鳍缨虫所致的疾病

（一）病原

鳍缨虫属（*Branchiomma*）为环节动物门、多毛纲、缨鳃虫目、缨鳃虫科。目前发现的鳍缨虫属种类约有30种，多栖息于较平静的海水水域中（如港湾、海湾、潟湖等），主要在珊瑚缝隙、岩石、木柱、水泥桩和码头的结壳动物区系中。鳍缨虫属在我国鲜有报道，在我国南海出现的有斑鳍缨虫（*B. cingulatum*）、锯鳃鳍缨虫（*B. serratibranchis*）、黑斑鳍缨虫（*B. nigromaculata*）和珠鳍缨虫（*B. pererai*）等。感染东方蓝鳍金枪鱼与*B. nigromaculata*的关系最近，该寄生虫可分为三部分：胸区、腹区和鳃冠。鳃冠由2瓣鳃叶组成，每瓣鳃叶由16片鳃丝组成，鳃丝呈半圆形对称排列；鳃丝基部有鳃膜相连；每片鳃丝腹面生着许多近似等长须状羽枝，羽枝上具黄棕色色斑；鳃丝背面不具有外突起，但具有8～10对复眼；在鳃冠中间具1对锥状唇，可刺破寄主的皮肤获取营养物质。胸区和腹区为墨绿色、棕黄色或红棕色；胸区具8个刚节，腹区具50余个刚节，均具伸缩性，缩短后附着器官与身体的比例约为1∶2，完全伸展后可达1∶3；成体体长可达20～90 mm，直径可达2 mm。胸区刚节的疣足位于躯体背面且渐斜向两侧排列，腹区刚节的疣足完全位于虫体两侧，每个刚节两侧均有刚毛，腹区末端开口为肛门（图12-57）。

寄生虫鳃冠基部中央有一纵向裂口消化道，具有一定的伸缩性；鳃冠基部组织紧密，可为鳃冠提供支撑（图12-58）。消化道包括口、口腔、咽、肠、肛门。消化道纵向排列，其形态与刚节延伸相应，即消化道在刚节中段膨大，而在刚节间的结合处收缩，因此消化道呈现连续性的念珠状膨大与收缩。肠道结构由外到内分为外膜层、肌层、黏膜下层和黏膜层。外膜层为浆膜，肌层由平滑肌组成，内为环肌，外为纵肌，黏膜层由排列紧密的柱状上皮细胞组成，且向肠内部凸出形成肠绒毛，大大增加了消化与吸收面积。每两个刚节之间均有隔膜将虫体隔开，该构造有利于其受伤时及时阻断伤口，防止体液流失及伤口恶化的同时有利于伤愈。

（二）临床症状与病理

室内循环水养殖的东方蓝鳍金枪鱼感染鳍缨虫后，摄食量减少，游泳速度加快，易受惊

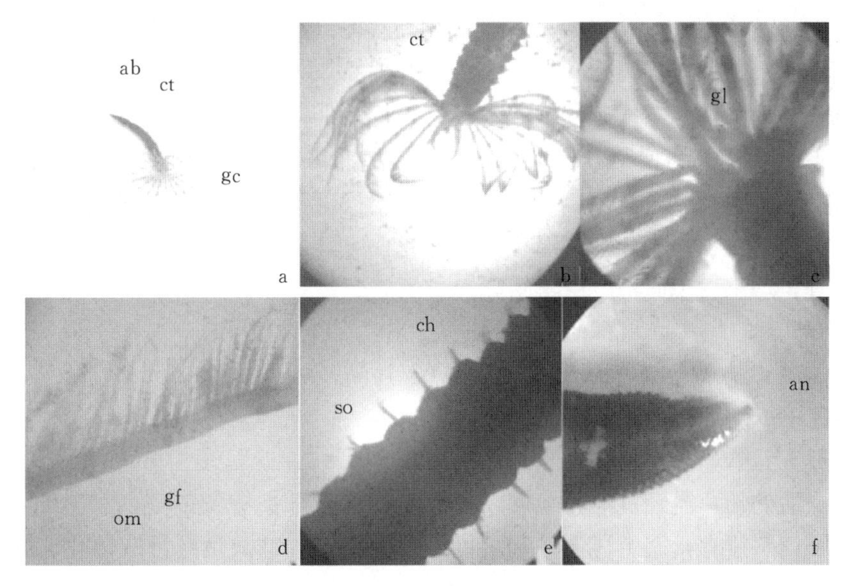

图 12-57　感染东方蓝鳍金枪鱼的鳍缨虫外部观察（马振华 等，2020）

ab. 腹区　ct. 胸区　gc. 鳃冠　gl. 鳃叶　gf. 鳃丝　om. 复眼　ch. 刚毛　so. 刚节　an. 肛门

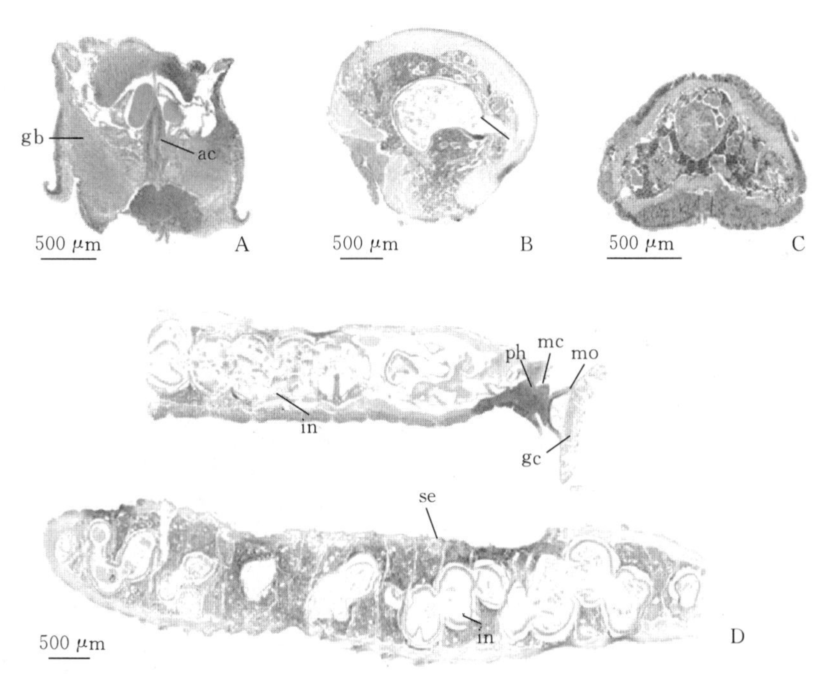

图 12-58　感染东方蓝鳍金枪鱼的鳍缨虫的组织学（马振华 等，2020）

A、B、C 分别为该寄生虫鳃冠基部、胸区、腹区的横切图　D. 虫体的纵切图

in. 肠　gc. 鳃冠　gb. 鳃冠基部　se. 隔膜　mo. 口　mc. 口腔　ph. 咽　ac. 消化道　iv. 肠绒毛

吓。不会出现蹭壁现象，因此体表并无明显鳞片掉落、皮肤破损等症状。该寄生虫主要附着于东方蓝鳍金枪鱼胸鳍基部至末端 2/3 处和胸鳍基部向上靠近鳃盖骨的位置。若该寄生虫附着于鱼表时，其鳃冠紧贴鱼体，身体可随水流摆动。同时具有很强的吸附能力，在从鱼体脱

落后可附着在养殖池壁上，普通水流无法将其冲下，需要用高压水枪或者刷子才能使其脱落。未见明显的病理学变化。

（三）流行病学

2019年首次报道在海南某养殖基地人工养殖的东方蓝鳍金枪鱼感染鳍缨虫，池内共养殖29尾金枪鱼，通过仔细观察水下摄像机视频发现50%以上的小头鲔体表附着1条或多条鳍缨虫。有7尾寄生虫侵害较重的金枪鱼发生死亡，其余恢复正常，总体死亡率为24.1%。后经多次复查，均未发现此寄生虫再感染。

（四）诊断

根据虫体的形态特征，肉眼观察可以初步判断；可通过扩增该寄生虫的18S和28S rRNA基因进一步确诊。

（五）预防方法

（1）采捕后的幼鱼需经过检验检疫以确保无明显疾病带入养殖车间。

（2）加强饵料管理，制定科学日常饵料投喂策略，对鲜杂鱼进行减菌化、除虫化处理，以确保饵料安全。

（3）进行水质因子监测与调控，保持良好的养殖环境。

（4）定期筛分，保持统一养殖池内个体规格相近，维持合理密度，降低病害暴发的风险。

（六）治疗方法

（1）淡水浸洗15～20 min。

（2）可通过苯扎溴铵加戊二醛浸泡消毒、杀虫。

九、鱼虱所致的疾病

（一）病原

鱼虱属节肢动物门，甲壳纲（Crustaceans），桡足亚纲（Copepoda），鱼虱目（Caligoida），鱼虱科（Argulidae）的统称。大部分寄生在海鱼，仅鱼虱属（*Caligus*）的少数种类寄生在咸淡水或淡水鱼类。全世界至今约已发现百余种，寄生在金枪鱼上的鱼虱主要有 *Caligus macarovi*、*Caligus chiastos* 等。体扁平盾状，雌雄大小相似，约5～8 mm，头部与胸节连接一起形成头胸部，具4对泳足可供游动及于宿主体表行动。一般的鱼虱具有以下特征：雌体长2～5 mm，头胸部盾形，第四胸节短小，两侧突出，生殖节近于方形，卵囊带状，内含卵19～43个，腹部一节；雄体长3.5～7 mm，生殖节较小，两侧缘各有11～12个管状突起（低倍显微镜下呈钝齿状），腹部分二节（图12-59）。成虫鱼虱危害不大，寄生量大的成虫会在鱼体全身爬行，对其危害较大的是鱼虱幼虫。

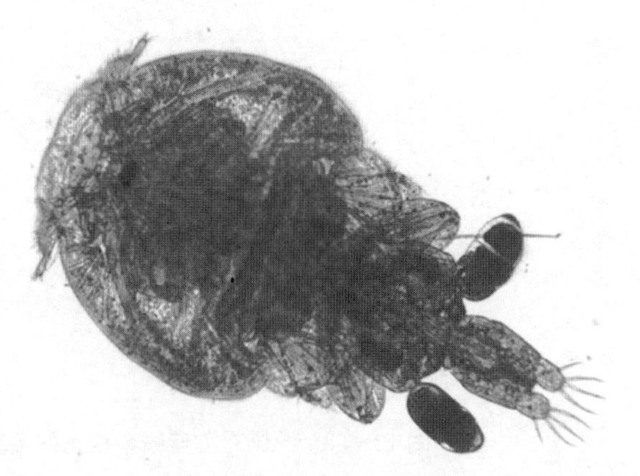

图12-59　鱼虱形态（徐力文）

（二）症状

鱼虱成虫可自由活动，幼虫阶段会附着在病鱼口腔上颚内，呈红点状，幼虫较多时被附着部位会腐烂；寄生鱼体表及鳍条，鱼体表面有红点，分泌大量黏液，在水中焦躁不安，狂游或跃出水面，食欲减退，鱼体瘦弱；鱼虱在鱼体表自由爬行，严重的体表充血，体色发黑，甚至继发感染细菌（图 12-60）。

图 12-60　鱼虱感染鱼的口腔（徐力文）

（三）流行与危害

鱼虱种类较多，每年开春季节繁殖大量幼虫，疾病流行于 5—10 月，以 7 月、8 月份最为严重。不同的金枪鱼，感染率较高，会引起幼苗大批死亡。在南澳大利亚水域，南部蓝鳍金枪鱼的鱼虱 *C. chiastos* 在典型的年养殖季节感染流行病，持续时间不到 8 个月。但在实际生产中，为了增加新鲜产品的供应，养殖周期延长到夏季几个月，水温可能会达到 24 ℃以上，会增加感染的风险。

（四）诊断

通过体表、鳍条或口腔可肉眼看到体色透明，前半部略呈盾形的虫体即可诊断，也可通过显微镜观察虫体特征确诊（图 12-61）。

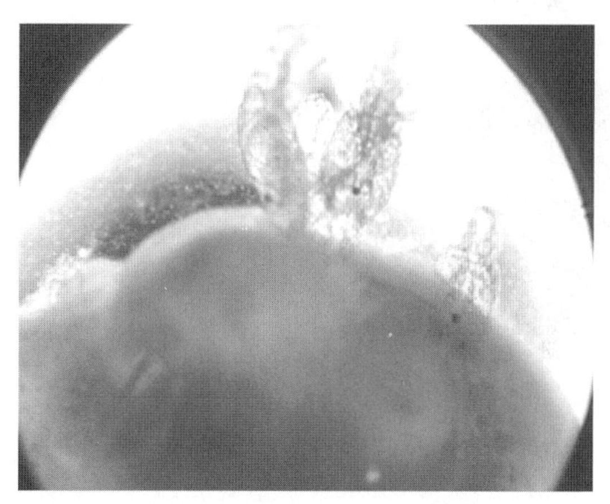

图 12-61　显微镜下观察鱼虱（徐力文）

（五）预防方法

金枪鱼养殖设置处在一个复杂的生态系统中，食腐动物种群的增加可能会影响生态系统的结构和功能。因此，管理不仅要考虑生产和质量，而且要考虑环境成本和平衡。一些可能的实际管理策略可能会减少养殖的金枪鱼感染鱼虱的概率，包括：减少饲喂牧场金枪鱼的饲料量；试验人工饲料；以及将金枪鱼网箱迁移至离岸更远、养殖空间更大的海域。

（六）治疗方法

（1）淡水浸洗 15～20 min。

（2）个别鱼体发现少量鱼虱时，可用镊子夹去，在鱼体出血地方涂抹紫药水。

（3）大量发生鱼虱的网箱，将病鱼全部捞出放入 0.1%～0.15% 的晶体敌百虫溶液中，浸洗 2～5 min。

第五节　金枪鱼非传染性病害

一、营养性疾病

在日本太平洋蓝鳍金枪鱼养殖的早期阶段，会出现因维生素 B_1 缺乏而导致一定的发病率和死亡率。因为在这个生长阶段，仅以太平洋秋刀鱼 *Cololabis saira* 和（或）日本凤尾鱼 *Engraulis japonicus* 作为饲料鱼，饲喂后会导致养殖的金枪鱼的维生素 B_1 储存的大幅减少。这些诱饵鱼含有硫胺酶，能够在金枪鱼中产生诱导性的硫胺素缺乏症。近来，在日本，增加另外一些诱饵鱼可以改善这种状况，避免金枪鱼这种疾病的发生。

目前养殖的南方蓝鳍金枪鱼很少发生这种营养性的疾病。然而，在以诱饵鱼为食的南方蓝鳍金枪鱼的肝脏中发现了相对较低水平的维生素 E（平均 33 μg/g），其含量与患有维生素 E 反应性肌病的虹鳟鱼（40 μg/g）相当，说明金枪鱼存在爆发维生素 E 反应性肌病的可能。

二、微藻中毒

（一）病因

主要与海洋卡盾藻（*Chattonella marina*）和米娜卡盾藻（*C. mina*）有关。曾引起在墨西哥下加利福尼亚州西北海岸养殖的北方蓝鳍金枪鱼大规模死亡。有证据显示，南澳大利亚州林肯港的南方蓝鳍金枪鱼发生大规模死亡与海洋卡盾藻直接相关。卡盾藻细胞呈撕裂状（椭圆形至卵圆形），长 35～60 μm，靠近细胞壁的叶绿体排列明显。藻细胞对一些防腐剂很敏感，在样品中加入乙酸葡甲酯会影响细胞形态，但多聚甲醛、1%戊二醛、HEPES 和蔗糖对卡盾藻影响较小（图 12-62 和图 12-63）。

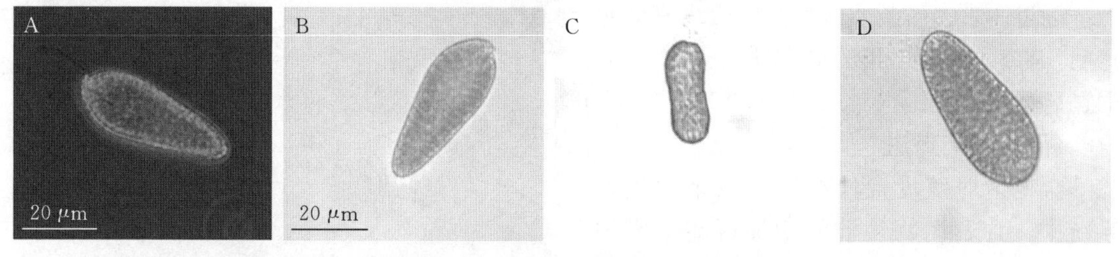

图 12-62　在墨西哥下加利福尼亚州西北海岸养殖的北方蓝鳍金枪鱼大规模死亡期间采集的水样中的卡盾藻（*Chattonella* spp.）（García Mendoza et al.，2018）

A-B 显示在没有任何固定剂的水样中观察到细胞

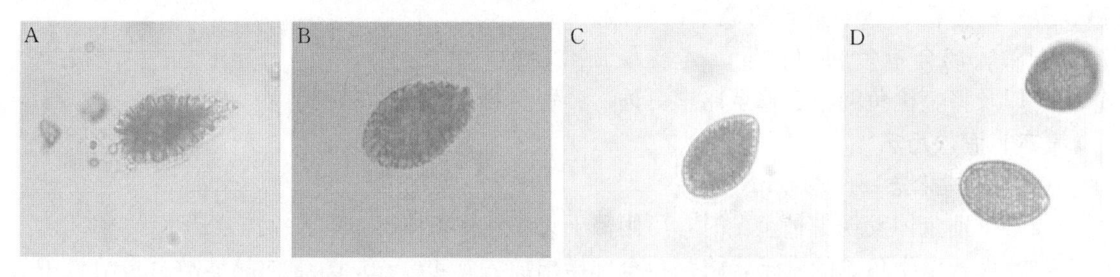

图 12-63　在墨西哥下加利福尼亚州西北海岸养殖的北方蓝鳍金枪鱼大规模死亡期间采集的水样中的卡盾藻（*Chattonella* spp.）（García Mendoza et al.，2018）

A. 添加乙酸葡甲酯对细胞的形态有显著影响　B. 多聚甲醛、1%戊二醛、HEPES 和蔗糖对卡盾藻影响较小；大规模死亡期间培养出的藻：卡盾藻 *C. marina*（C）和 *C. mina*（D）

（二）临床症状与病理

海洋卡盾藻中毒导致金枪鱼方向迷失，游速放慢，而且不稳定，不像正常情况下那样做圆周运动。一些鱼在喘气，鳃盖和嘴张开，受影响严重的金枪鱼会撞到网箱壁，出现这些症状通常在 4 h 后死亡，并沉入网箱底部。肝脏和肾脏通常不出现典型的功能性损伤，相比之下，金枪鱼的鳃组织损伤较严重，鳃表面分泌大量的黏液，鳃出血。显微镜下可观察到黏液里还有大量的藻类。组织病理学分析显示鳃小片弥漫性充血，多灶性毛细血管扩张导致鳃小片远端柱状细胞破裂，部分鳃小片上皮破裂，红细胞流出。在一些病例中，多灶性毛细血管扩张占据了整个鳃小片，鳃丝和鳃小片均会出现严重的炎症和增生，包括鳃小片融合和缩短（图 12－64 至图 12－66）。少数病例可见鳃小片完全脱落，并伴有严重的炎症、增生和坏死，伴随弥漫性水肿和空泡化。

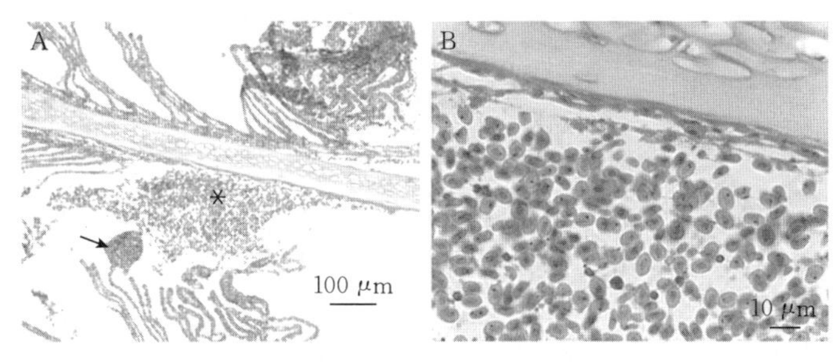

图 12－64　暴露在有害的海洋卡盾藻（*Chattonella marina*）藻华中的蓝鳍金枪鱼鳃组织病理学（García Mendoza et al. 2018）

A. 鳃丝的出血区域（星号），其中所有的松动的，毗连的鳃小片的远端区域有毛细血管扩张（箭头）

B. 出血区细节：大量红细胞内含铁血黄素颗粒，可见靠近鳃丝软骨的基底上皮坏死

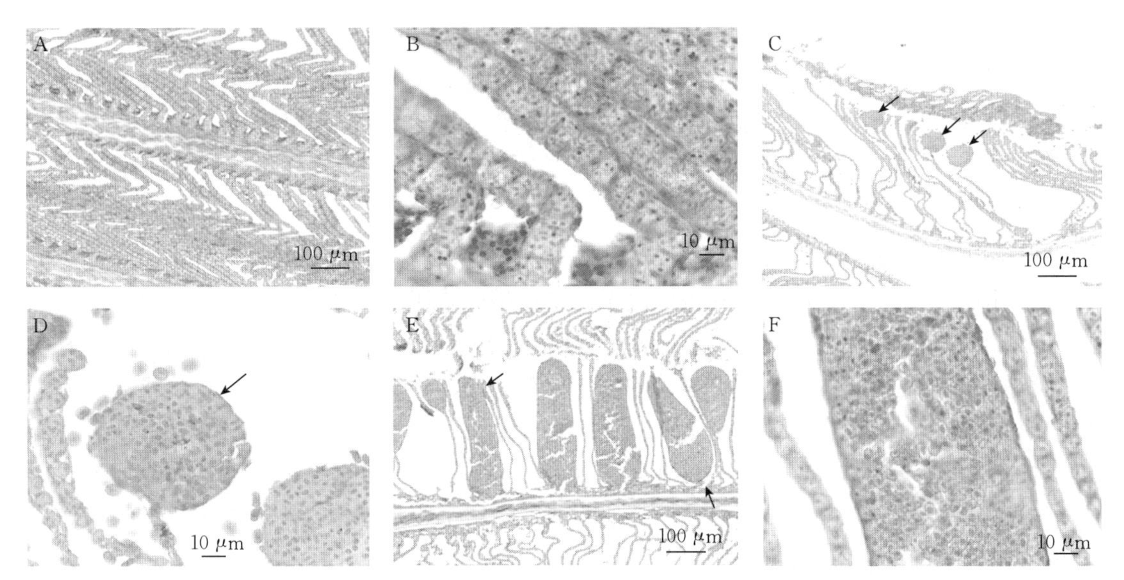

图 12－65　暴露在有害的海洋卡盾藻（*Chattonella marina*）藻华中的蓝鳍金枪鱼鳃组织病理学（García Mendoza et al.，2018）

A. 观察到鳃小片中弥漫性充血　B. 鳃小片红细胞聚集（充血）　C. 多灶性毛细血管扩张导致鳃小片远端柱状细胞破裂（箭头）　D. 鳃小片顶部毛细血管扩张，鳃上皮细胞破裂，红细胞流出　E. 多灶性鳃丝毛细血管扩张　F. 鳃小片内红细胞聚集

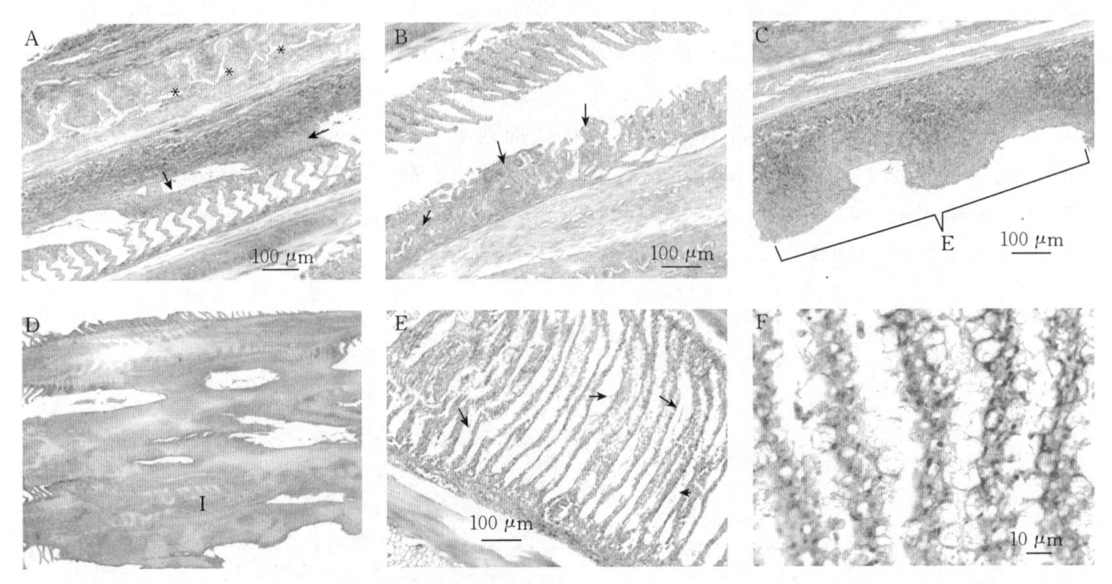

图 12-66　暴露在有害的海洋卡盾藻（*Chattonella marina*）藻华中的蓝鳍金枪鱼鳃组织病理学（García Mendoza et al.，2018）

A. 鳃丝和鳃小片的严重炎症和增生，表现为鳃小片融合（箭头），可见红血球（星号）聚集在细丝中部　B. 鳃小片融合缩短伴多灶性毛细血管扩张（箭头）　C. 鳃小片完全散落，鳃丝严重炎症反应、坏死　D. 鳃丝严重炎症、增生、融合、坏死，鳃小片疏松　E. 鳃小片上皮脱落（箭头），伴随弥漫性水肿和空泡化　F. 鳃小片闭合严重空泡化

（三）流行病学

海洋卡盾藻和其他有毒藻类的毒性是由一系列变量决定的，包括生长阶段、温度、铁的有效性和照射水平。关于照射水平，重要的是要注意到，澳大利亚的海洋卡盾藻分离株比日本分离株能适应更高的辐照度。

（四）诊断

除非在中毒发生时已经有微藻收集、鉴定和量化的设施，否则明确诊断微藻中毒往往是很难的。即使有这样的设施，诊断也取决于观察典型的临床症状和病理学变化，以及死亡时水柱中适当水平的微藻细胞。据报道，500 个海洋卡盾藻/mL 对黄尾鰤具有致死作用，另发现，黄尾鰤比真鲷或日本比目鱼更容易中毒，相对易感性与这些鱼的通气量直接相关。由于黄尾金枪鱼的通气量为 1 099.6 mL/(kg·min)，而黄鳍金枪鱼（没有南方蓝鳍金枪鱼的数据）的通气量为 3 900 mL/(kg·min)，因此可以预测较低浓度的海洋卡盾藻（大约 170 个海洋卡盾藻/mL）将对金枪鱼有毒性。其他要考虑的宿主相关因素是水中低溶解氧的相加效应和血吸虫感染引起的心脏疾病。

（五）治疗

目前没有切实可行的治疗方法。

（六）预防

最有效的预防手段是将金枪鱼网箱从爆发该藻的水域中拖走，其他的策略是在网箱周围，喷洒一些类型的黏土，通过絮凝从网圈中去除有毒微藻。

三、捕捞鱼造成的擦伤

（一）病因

在日本，太平洋蓝鳍金枪鱼养殖的苗种（全长 20～40 cm）是用拖网捕捞的，会造成这些鱼的下巴或身体其他部位的损伤。南方蓝鳍金枪鱼在大约 3 龄时被围网捕获，在收鱼、拖曳、转移和最终捕获过程中可能会导致鱼体意外的创伤。通常情况下，不利的天气条件会加剧这种情况，捕捞者在网箱里抓鱼时会导致金枪鱼严重的擦伤。

（二）临床症状与病理

受影响的鱼有不同大小的皮肤伤口，通常会对眼睛造成损害，可能导致失明，严重受损的鱼通常会死亡。正如预期的那样，受损的鱼经常局部和全身感染条件性致病菌，如气单胞菌和弧菌等，呈现细菌感染的病理变化特征。

（三）流行病学

尽管大多数渔民在收捕金枪鱼的过程中用的装置和技术都差不多，但根据金枪鱼的种类和年龄以及捕获地点和养鱼场之间的距离存在一定差异。日本经销商需求的太平洋蓝鳍金枪鱼通常为 0.2～1 kg，很少在运输过程中超过 48 h。相比之下，澳大利亚经销商采购的南部蓝鳍金枪鱼通常重达 12～20 kg，在到达养殖点之前可能会被拖上长达 2 周的时间，然而，经销商要求南方蓝鳍金枪鱼要更强壮，而且在养殖场的网箱里金枪鱼体表要尽量正常，不能有太多的擦伤。

渔网的网目大小很重要，否则鱼可能会被卡住、死亡或受损。此外，有经验的养殖者认为，一定程度的网垢会使渔网更容易被看到，这样会减少鱼被网擦伤的概率。在海豹栖息地附近放置网箱会增加被其袭击的概率，也会导致金枪鱼受伤。在收获过程中排出的血液会吸引鲨鱼的出现，会增加被袭击的风险。

（四）诊断

不同的原因所导致的鱼体创伤、擦伤非常容易辨别，应根据具体情况做出判断。

（五）治疗

治疗通常难以处理。

（六）预防

预防主要是通过应用良好的饲养原则，如不以过快的速度拖曳网箱。需要特别注意的是养殖区域网箱网衣的网目大小选择和捕鱼的方法（钩和线而不是鱼叉）。收鱼过程中应该使用专业的捕鱼网具或紧绷的重网。

四、孵化和早期养殖阶段的死亡

（一）病因

太平洋蓝鳍金枪鱼在孵化和早期养殖过程中的高发病率和死亡率，这种死亡“综合征”是由于金枪鱼幼鱼与池壁或网眼碰撞导致的。

（二）临床症状与病理

这些鱼由于受到外界刺激变得惊慌失措，并与养殖池或网衣的侧面相撞。据报道，死亡率从孵化后第 33 天的 4.9%上升到第 52 天的 8.9%，然后维持在每天 4%左右，到孵化后第

60天就所剩无几了。受影响的鱼已经对脊柱和副蝶骨造成了相当大的病理学损伤（图12－67）。

图12－67　嵌在PVC挡板中的太平洋蓝鳍金枪鱼幼鱼（Miyashita et al.，2000）

（三）流行病学

这种综合征显然与将自由活动的幼鱼限制在受约束的区域有关，金枪鱼通常通过快速游行来逃脱危险，但这在水箱或网箱的范围内是不可能的。此外，研究显示，太平洋金枪鱼幼鱼肌肉和尾鳍形状的发育先于胸鳍和尾鳍，即游泳能力的发展先于转向能力。因此，即使是微弱的刺激，如闪光或振动，也会导致金枪鱼幼鱼产生恐慌反应，从而与养殖池（网）的侧面发生碰撞。

（四）诊断

可以通过观察鱼的行为和（或）发现典型的骨骼病变来诊断。

（五）治疗

目前治疗比较困难。

（六）预防

为了避免最大限度地减少刺激，最有效的预防措施是实行24 h光照措施，以便鱼随时都能看到鱼池（网）的侧面。

五、仔鱼的自相残食

（一）病因

金枪鱼同类相食与其天生具有的掠夺性有关，特别容易发生在具有不同大小的群体中。

（二）临床症状与病理

从孵化后14～20 d，仔鱼的数量持续减少。此外，还可以观察到一些大鱼吞食较小鱼的情况。金枪鱼同类相食通常伴随着咬伤，尤其表现为鳍和眼睛病理学损伤。

（三）流行病学

如上所述，金枪鱼天生的掠夺性是一个主要因素。此外，与放养密度、有效获得食物和其他管理因素也有一定的关系。

（四）治疗

目前治疗的难度较大。

（五）预防

减少金枪鱼的放养密度，并注意尽量避免鱼饥饿。

六、泡沫黏连致仔鱼死亡

（一）病因

厚厚的皮肤黏液层是在孵化时出现的，并随着年龄的增长而发展，当太平洋蓝鳍金枪鱼仔鱼被曝气流带到水面时，它会黏附在水面的泡沫上，但随着鱼类年龄的增长和游泳能力的增强，它们能够自我解脱。

（二）临床症状与病理

这种情况很有特点，仔鱼被困在水面上，并逐渐变干。未见详细的病理描述。

（三）流行病学

由于太平洋蓝鳍金枪鱼仔鱼的需氧量非常高，因此必须进行不间断的曝气，会产生大量的黏液，使仔鱼黏在水表面泡沫上。

（四）诊断

很容易观察到被困在水面上的仔鱼。

（五）治疗

受影响的仔鱼可以被移到静态容器中，但基本不会再活过来。

（六）预防

在孵化后的前 7 天内，使用纯氧气代替强有力的曝气，这样会减少损失。此外，在水面上提供一层油膜是非常有效的，当仔鱼被运送到水面时，油膜可以防止它们暴露在空气中。这一预防措施也用于其他鱼类仔鱼，如石斑鱼仔鱼，它们在苗种生产过程中也会出现同样的问题。

七、瘤变

（一）临床症状与病理

已报道的金枪鱼肿瘤中浅表脂肪瘤占据大多数，可能占身体质量的 10%。在已报告的 8 例肿瘤病例中，3 例为脂肪瘤，2 例为骨瘤，1 例为纤维瘤，1 例为侵袭性神经鞘瘤，1 例为黑色素瘤。

（二）诊断

诊断依赖于肿瘤的组织学检查。

八、金枪鱼“熟身病”

（一）病因

对这种情况最合理的解释是钙蛋白酶水解作用，即低的细胞内 ATP 浓度会导致钙稳态的破坏，细胞内钙的增加会激活钙蛋白酶。钙蛋白酶是一种攻击非收缩性蛋白的酶，如肌肉的 Z 形盘。低的细胞内 ATP 浓度很可能出现在糖原储备较低且承受剧烈体力消耗的鱼类中，例如垂钓捕获的黄鳍金枪鱼。

(二) 临床症状与病理

没有临床迹象，因为这是死后才能出现的现象。受影响的肌肉不是红色，而是呈现半透明和坚固、苍白、水嫩和柔软样，肉眼看起来体色泛白，像被“煮熟”了一样。

(三) 流行病学

“煮熟”样病变的金枪鱼主要与黄鳍金枪鱼垂钓业有关，南方蓝鳍金枪鱼偶尔也会出现这种情况。如上所述，垂钓涉及的压迫应激导致儿茶酚胺的释放，从而促进糖原分解，如果鱼的糖原储备有限，ATP 就会降低，肌肉的 pH 值就会升高，从而导致钙蛋白酶分解肌肉组织的 Z 盘。

(四) 诊断

这种情况可以通过观察典型的肌肉病变来诊断。

(五) 预防

养殖的金枪鱼不太可能受到这种情况的影响，因为它们通常有足够的肌肉糖原储存。更有效的捕获方法，应该可以避免这个问题。

九、眼部损伤

(一) 病因

有些是创伤性的，但另一些的病因尚不清楚。

(二) 临床症状与病理

异常情况多种多样，从白内障到角膜溃疡，再到完全丧失眼眶。这种病理在金枪鱼中很少有描述。

(三) 流行病学

大多数角膜损伤可能是由于接触网衣造成的。白内障的病因尚不清楚，虽然紫外线辐射被认为是一个可能的原因。

(四) 诊断

损伤是非常容易判断的，但是小的白内障可能很难检测到。

(五) 治疗

在这些情况下，没有切实可行的方法来处理养殖的病变的南方蓝鳍金枪鱼。

(六) 预防

改进的管理应该会降低角膜病变的患病率。在确定白内障的病因之后，才能制定具体的预防方法。

第六节　金枪鱼的免疫与面临的病害挑战

一、金枪鱼的机体免疫

免疫反应是机体识别和防卫自身免受病原体等异己成分（或变异的自体成分）的攻击。了解养殖物种的免疫反应是物种健康管理的基础，特别是在疫苗和免疫增强剂的发展中。免疫应答的知识可间接地提高对养殖物种健康风险的理解，这取决于宿主、病原体和环境之间的相互作用。对金枪鱼免疫反应的研究包括蛋白和基因表达水平上的反应水平的检测。已经对多种金枪鱼的一些免疫基因进行了测序，例如已经对太平洋蓝鳍金枪鱼、南方蓝鳍金枪鱼和蓝鳍金枪鱼的肿瘤坏死因子 *α1* 和 *TNFα2* 的序列进行了分析。

（一）先天性免疫反应

先天性免疫反应不是针对特定病原体，它可以分为体液免疫和细胞免疫。对金枪鱼先天免疫反应的研究主要集中在体液免疫，包括溶菌酶活性、补体活性和基因表达等。溶菌酶是一种具有抗菌活性的酶，南方蓝鳍金枪鱼的溶菌酶活性和补体旁路途经活性的模式已经被描述。总体而言，在养殖网箱的前几周，溶菌酶活性有所增加。以富含维生素 A 和维生素 C 的饲料在网箱喂养南方蓝鳍金枪鱼 8 周后可促进溶菌酶活性增加 1.5 倍。心脏中 *C. forsteri* 成虫数量与溶菌酶活性呈显著负相关，虫卵数量与溶菌酶活性呈显著负相关。

补体是一组蛋白水解酶，它的激活会导致病原体的溶解或调理并诱导炎症反应。它是免疫反应的重要组成部分，能增强吞噬细胞和抗体清除生物体中病原体的能力。补体可被经典途径（抗体复合物）、旁路途经（病原体表面）或凝集素（甘露糖结合凝集素和病原体表面复合物上的甘露糖）激活。对南方蓝鳍金枪鱼补体活性的研究大多集中在旁路途径上。旁路途径补体活性通常随着网箱养殖时间的延长而下降。然而，血吸虫感染通常会随着网箱养殖的延长而增加，因此可能存在效应混杂，因为在一些金枪鱼群体中，*C. forsteri* 与补体活性之间存在负相关。

细胞因子是一种小蛋白，其功能是细胞信号传递。在蓝鳍金枪鱼中，已经鉴定了三种促炎细胞因子：肿瘤坏死因子 α1（TNFα1）、肿瘤坏死因子 α2（TNFα2）和白细胞介素 1β（IL－1β），并研究了金枪鱼两年养殖期内这些因子作为健康生物标志物的潜在作用。与太平洋蓝鳍金枪鱼结果相反，网箱养殖的蓝鳍金枪鱼中 TNFα1 和 TNFα2 的表达模式相同，但在相同的健康条件下，TNFα1 的表达水平高于 TNFα2，这可能与前者参与了更强的代谢有关。此外，与其他鱼类活体研究结果相反，IL－1β 即使在没有刺激的情况下也是组成型表达，肝脏是全身炎症期间细胞因子产生的重要部位。通过白细胞介素－1β 和肿瘤坏死因子 α 的表达介导的炎症介质也定位于韦氏泡双吸虫 D. wedli 感染部位。虽然在鳃和皮肤中观察到白细胞介素－1β 和肿瘤坏死因子 α 的组成型表达，表明机体与环境之间存在良好的先天性免疫屏障，这两种细胞因子在感染的双吸虫的鳃中表达上调，但缺乏强烈的细胞因子反应表明无法成功清除该寄生虫。

（二）特异性免疫反应

已经鉴定了南方蓝鳍金枪鱼的 *IgM*，并对南方蓝鳍金枪鱼 *IgM* 基因进行了测序。已经对太平洋蓝鳍金枪鱼中 *IgM* 和 *IgT* 进行了测序，并测量了它们在次级淋巴器官中的表达。*IgM* 在脾脏和头肾中的表达要高得多，而在脾脏和鳃中的表达仅略高。在南方蓝鳍金枪鱼中存在针对血吸虫 *C. forsteri* 的特异性抗体，抗体与 *C. forsteri* 成虫数量呈正相关，抗体可维持 3 个月。金枪鱼的网箱养殖时间对抗体滴度和血清学流行率有显著影响，比如把鱼转到网箱养殖后抗体滴度和血清流行率增加，9 个月后达到峰值，然后趋于平稳。总体而言，已经观察到抗体滴度随着网箱养殖时间的延长而增加。同样，在太平洋蓝鳍金枪鱼中，心脏和鳃中 *IgM* 的基因表达水平随着血吸虫感染的增加而增加。相对 *IgM* 转录与鳃样本中 *C. orientalis* DNA 的相对丰度相关。随着太平洋蓝鳍金枪鱼年龄的增长，这种抗体反应很可能有助于提高血吸虫再次感染后的存活率。

比较了高温（20 ℃）和低温（12 ℃）条件下南方蓝鳍金枪鱼在蛋白质水平上的免疫反应。然而，网箱的温度与时间是混淆的（如金枪鱼在 12 ℃时养殖了 7 个月和在 20 ℃养殖了

2.5个月），冷水中南方蓝鳍金枪鱼的平均血清总Ig浓度最高，而温水中南方蓝鳍金枪鱼的总Ig浓度较低。血清溶菌酶在12℃的南方蓝鳍金枪鱼中较高。类似地，从12℃开始，南方蓝鳍金枪鱼中的平均补体旁路途经活性最高，而平均补体经典途径活性呈现相同的模式。

对在18℃和25℃孵育的南方蓝鳍金枪鱼白细胞免疫基因表达的体外分析表明，温度影响炎症反应的时间，但不影响炎症反应的程度，不同的细胞群体对温度的反应不同。金枪鱼的白细胞和头肾细胞群在25℃下孵育24 h后，热休克蛋白Hsp70在前者中诱导表达，但在后者中不被诱导。4种潜在的炎症介质TNF-α2、IL-1β、IL-8和Cox2在LPS刺激后在头肾白细胞和外周血白细胞中表达上调，在25℃下孵育的细胞中到达峰值比在18℃下孵育的细胞中更快。

（三）免疫器官发育

人们对金枪鱼免疫反应的个体发育知之甚少。养殖的太平洋蓝鳍金枪鱼免疫反应的个体发育研究表明，金枪鱼免疫器官的发育比其他海洋硬骨鱼更先进。肾脏是孵化后0.5 d出现的第一个器官，未分化干细胞出现在孵化后2 d，淋巴细胞出现在孵化后7 d，胸腺在5 d可见，淋巴细胞在7 d出现，从15 d开始出现外胸腺细胞区和内上皮样区。脾脏在2 d时出现，并在30 d之前红细胞化。基于淋巴细胞的出现，有人提出抗体应答可能在孵化后2周以后出现。

二、金枪鱼病害所面临的挑战

虽然金枪鱼养殖和海洋牧场中的重大健康问题相对较少，但集约化养殖引起局部生物量的增加，可能会导致其他健康问题。目前，太平洋蓝鳍金枪鱼是唯一具有商业孵化生产的物种，所有其他金枪鱼物种的人工养殖（日本和墨西哥的大部分太平洋蓝鳍金枪鱼养殖）都是基于捕获野生幼鱼进行的。改变其他金枪鱼在野生环境的生活史并转向人工海洋牧场养殖，将会给典型的海洋孵化带来新挑战，其中包括金枪鱼人工养殖中的健康问题，例如在孵化阶段影响金枪鱼的病毒性疾病。孵化场饲养的幼鱼一旦被送到网箱里，将会对海洋病原体的抵抗力大大降低，这将导致疾病暴发。孵化场饲养的太平洋蓝鳍金枪鱼受血吸虫的影响很大，必须用吡喹酮治疗。仍需开发新的治疗方法和疫苗，以减少传染病的影响。

金枪鱼免疫力的基础知识以及养殖和牧场如何影响金枪鱼免疫力将有助于我们利用免疫调节来预防疾病暴发。疫苗的开发是成熟水产养殖业的特征，对于生活史封闭的物种的养殖至关重要。目前已有针对影响大西洋鲑鱼的大多数病毒和细菌性疾病的有效疫苗，针对鱼类寄生虫的疫苗开发研究仍在继续。由于金枪鱼的种类特点，口服给药将是金枪鱼的首选方法。

在养殖的金枪鱼中已经检测到一些病原体，例如神经坏死病毒，但该物种对这些病原体的敏感性尚不清楚。由于更多地转移到孵化场养殖将增加病毒疾病的风险，所以需要发展永久性细胞系，以便能够研究金枪鱼的病毒病原体。了解病原体和寄生虫的生活史和储主可以实施有效的控制措施。虽然我们已经确定了一些血吸虫的中间宿主，但还没有关于一些特定区域的其他血吸虫和包括粘孢子虫在内的其他寄生虫的中间宿主的信息。这一块的资料比较匮乏，对这些寄生虫的防控缺乏有效的措施。

虽然大多金枪鱼在健康方面有一些特定物种的差异，不同地区和不同物种的海洋牧场（养殖做法）也不同，但具有许多共同的健康问题或风险，这表明合作研究将是最有效的。

我们面临着同样的全球挑战，例如气候变化将影响水产养殖，特别是网箱养殖和海洋牧场。这是由于对网箱养殖条件的有限控制，以及对可供海洋牧场使用的野生金枪鱼的依赖造成的。

目前细菌病害的发生相对较少，可能是由于金枪鱼的苗种来源于野生捕获。出现这种原因是多方面的，但观察到金枪鱼的免疫反应可能与环境温度无关，这似乎是金枪鱼在相对较低的温度下存活的一个关键因素。但大量最初生理学研究是对鲣（*Katsuwonas pelamis*）和黄鳍金枪鱼进行的，而用于人工养殖的金枪鱼是南部、北部或太平洋的蓝鳍金枪鱼。虽然从一个物种到另一个物种的推断是可能的，但有充分的证据表明，生理上确实存在显著的差异，这样的推断可能会导致做出错误的决定。显然，这是一个亟须关注的领域。

使用油性饲料鱼作为人工养殖金枪鱼的食物来源存在一些问题。首先，这些鱼中硫胺酶和氧化脂质的存在已经或很可能导致金枪鱼营养问题。此外，众所周知，饲料鱼携带重要的病毒性疾病，如病毒性出血性败血症病毒和沙丁鱼疱疹病毒。因此，迫切需要开发一种美味的、能产生食欲的人工饲料。日本工人初步尝试孵化和养殖金枪鱼的经验表明，孵化场繁殖存在许多问题，驯化的金枪鱼可能需要一段时间才能取代从野外捕获的种鱼。然而，重要的是继续这项研究，因为与受到威胁的南方蓝鳍金枪鱼一样，完成人工繁育除具有商业意义外，还具有很好的资源保护作用。

第十三章　金枪鱼营养需求-蛋白质、脂肪和糖类

饲料能否提供充足均衡的营养是决定鱼类养殖成功的关键，对于鱼类的繁殖、生长都是至关重要的。确定鱼类的营养需求的方法主要有两种：一是根据“所食即所得”（you are what you eat）的营养学原理反推，通过测定该种鱼在野生环境下所摄食的天然饵料或者其捕食者的营养成分，反推该鱼的营养需求，或者通过测定鱼体（如肌肉）的营养元素组成来估计其饲料营养需求；二是通过养殖实验投喂不同营养含量的饲料，用营养学和数学方法计算实验鱼对营养元素的需求。

对金枪鱼营养需求的研究非常困难，主要是因为用于实验的金枪鱼幼鱼非常昂贵（稍大规格的可达1 000美元）且很难获得。另外，金枪鱼上市规格相对一般鱼类而言要大很多，重量可达20～30 kg，体长可达1 m，生长周期长也导致研究不同规格鱼的营养需求更加困难。这些因素导致实验设计中很难设计很多重复，而足够多的重复量是获得有统计学意义数据的基础（Glencross et al.，2002a，2002b）。在这里我们收集相关的研究结果，旨在初步评估金枪鱼的营养需求。

第一节　蛋白质和氨基酸需求

蛋白质是动物饲料中最重要的营养，一方面动物需要把食物中的蛋白质分解成氨基酸，作为合成自身蛋白质的原料；另一方面氨基酸分解也是鱼类主要的能量来源途径。在饲料中脂肪和碳水化合物不足时，鱼类会通过分解蛋白质获取能量，所以饲料中最适的蛋白质含量还取决于饲料中的能量含量（Cowey，1979）。因此，饲料中适宜含量的脂肪和碳水化合物非常重要，可以起到蛋白质节约效应（protein - sparing effect）（Wilson，1989）。鱼类对饲料中蛋白质的需求量会因品种、饲料蛋白源、饲料中能量（脂肪和碳水化合物）水平、生长发育阶段、养殖条件等的不同而变化。肉食性鱼类对蛋白质需求相对较高，例如大西洋鲑和红鱼等种类对饲料蛋白质需求约为45%～55%，而杂食性鱼类如罗非鱼和鲶鱼等鱼类对饲料蛋白质的需求量一般为30%～36%（Biswas et al.，2009a）。一般来说，尤其是对于肉食性鱼，增加饲料中蛋白质含量会产生更高的生长速度（Lee et al.，2002）。但过高的蛋白质含量又会增加鱼类的代谢负担，导致含氮废物排泄增加，污染养殖水环境（Catacutan and Coloso，1995；Tibbetts et al.，2000）。另外，鱼类饲料的蛋白质主要由鱼粉、豆粕等动植物原料提供，其价格相对其他成分非常昂贵，可占到饲料总成本的60%左右（NRC，2011）。金枪鱼是典型的肉食性鱼类，对饲料的蛋白质需求量很高，因此饲料价格也相对很贵，研究评估金枪鱼饲料蛋白质需求量就尤其重要。评估金枪鱼蛋白质需求量的研究和主要结果如表13 - 1所示。

Glencross（1999a，b；2002a）等以生长为指标，评估的金枪鱼对饲料中蛋白质需求为10 g/(kg · d)。Takii等（2005）研究的金枪鱼维持正常生理活动的蛋白质需求量为5.5 g/kg。

Biswas 等（2009a）以酶解鱼粉为蛋白源，设计了不同蛋白脂肪比的饲料，分析金枪鱼摄食 61.9% CP 和 17.9% CL 时的特定增长率、饲料转化率最高。

表 13-1　金枪鱼关键肌肉类型的必需氨基酸组成（g/kg，以干物质计）**和理想的氨基酸平衡**（相对于赖氨酸）

氨基酸	白肌	红肌	理想平衡（%）
甲硫氨酸	10.9	11.0	35
苏氨酸	17.2	18.2	56
缬氨酸	19.2	20.4	63
异亮氨酸	17.1	18.7	57
亮氨酸	27.6	29.3	90
苯丙氨酸	14.9	15.1	47
赖氨酸	30.7	32.5	100
组氨酸	30.3	30.5	96
精氨酸	22.3	23.9	73

鱼类对蛋白质的需求本质上是对氨基酸的需求。但是由于上面提到的几个原因，对金枪鱼氨基酸需求的研究也非常困难，开展的研究相对较少。但有些学者开展了有意义和创新的工作，如 Ingham 等（1977）通过测定金枪鱼肠道的方法研究了金枪鱼对氨基酸的吸收，他们认为金枪鱼的肠道较短，所以其盲肠（pyloric ceca）很可能在氨基酸的吸收当中起到重要作用，Martínez-Montanõ 等（2013）研究了赖氨酸和精氨酸在金枪鱼肠道前端的相互作用，他们都认为金枪鱼肠道相对较短是氨基酸的吸收的一个不利因素，但是肠道的高效吸收能力则对此起到了补偿作用。

第二节　脂肪和脂肪酸需求

一、脂肪

脂类和脂肪酸是鱼类重要的营养物质。脂肪的主要功能包括：①提供能量；②提供必需脂肪酸（EFA）；③作为细胞膜等的结构物质；④作为调节物质（类花生酸，白三烯，血栓烷，前列腺素等）。金枪鱼的运动迁移能力很强，是生长快速的肉食性鱼类，相比其他种类，其鱼体富含高 DHA [docosahexaenoic acid，22：(6n-3)]，且 DHA：EPA [eicosapen taenoic acid，20：(5n-3)] 比例很高，可以推知它们具有独特的脂肪和脂肪酸需求（Mourente et al.，2009）。金枪鱼对饲料中脂类和脂肪酸的需求也随着生长和发育阶段而变化，并且在金枪鱼不同种类之间也存在种属变化。对金枪鱼脂肪需求的研究，也与蛋白质相似，可以分为三个范畴，即粗脂肪需求、定性的和定量的 EFA 需求（Mourente et al.，2009）。目前，关于金枪鱼脂肪需求的研究还很少，金枪鱼脂肪和脂肪酸具体的需求量还不清楚。仅对大西洋蓝鳍金枪鱼（pacific bluefin tuna，PBFT）和大西洋蓝鳍金枪鱼（atlantic bluefin tuna，ABFT）开展了初步探索。Seoka 等（2007a）研究发现，以脂肪含量约为 20%（基于干重）的海水鱼卵黄囊幼体饲喂 PBFT 幼体时获得了很好的生长性能。Biswas

等（2009a）以脂肪含量18%、蛋白质含量62%的人工饲料饲喂金枪鱼时获得了最好的生长性能。但是也有研究显示，用营养加富培养的卤虫饲喂一般海水鱼取得了很好的效果，但是在用卤虫饲喂PBFT幼体时，生长性能并不好（Seoka et al.，2007a）；而用DNA加富强化后的卤虫饲喂PBFT幼体时改善了幼体的生长性能，说明DHA是金枪鱼必需的脂肪酸，而其他海水鱼幼体对DHA的需求不像金枪鱼这么严格。但是，即使饲喂DHA加富的卤虫，金枪鱼幼体的生长速度依然低于以卵黄囊幼体作为饵料时的生长速度（Seoka et al.，2007b）。

二、磷脂

Seoka等（2010）用以中性脂肪（一般以鳀鱼为脂肪源）配置的人工饲料饲喂PBFT幼体，没能获得好的生长性能。但是用从三文鱼卵中提取的卵磷脂替代部分中性脂肪后，金枪鱼幼体的生长性能有所改善（Seoka et al.，2008）。因为磷脂加富的卤虫中的DHA含量很低，而三文鱼卵的磷脂富含DHA，所以可以推测金枪鱼的幼鱼依赖于和卵磷脂结合的DHA，从而获得了较好的生长和存活（Seoka et al.，2008），这种现象在其他海水鱼的幼鱼中也有发现（Tocher，2003；Cahu et al.，2009）。Biswas（2010）发现用卵磷脂和DHA结合的商业鱼油制成人工饲料饲喂PBFT幼体时改善了生长，也证明了以上的推测。综合这些研究结果可知，金枪鱼的仔稚鱼对饲料中卵磷脂有特殊的需求。

用胆碱加富培养卤虫后，其体内卵磷脂的前体-磷脂酰胆碱含量较高（Seoka et al.，2007a），但是用这种处理后的卤虫饲喂PBFT仔鱼，并没有显著改善鱼体的生长性能（Biswas et al.，2006）。虽然磷脂在三文鱼卵中的含量很低，但是当用大豆磷脂（卵磷脂）和从三文鱼卵中提取富含DHA的中性脂肪制成的人工配合饲料时仍提高了PBFT仔稚鱼的生长速度（Seoka et al.，2008）。因此，饲料中磷脂的数量和质量都会对金枪鱼的生长产生影响，需要更多的研究才能确定其对脂肪酸的需求。此外，因为饲料中的磷脂在金枪鱼仔稚鱼消化系统早期发育过程中具有重要作用（Cahu et al.，2003，2009），对饲料磷脂作用和需求量的研究也能促进金枪鱼的苗种繁殖。

三、不饱和脂肪酸

多数海水鱼身体内的多不饱和脂肪酸（polyunsaturated fatty acid，PUFA）主要是由n-3高不饱和脂肪酸（HUFA），EPA和DHA组成的。但金枪鱼体内的脂肪酸独特，表现为较高的DHA比例（在总脂肪酸中约占25%～36%）和较高的DHA/EPA比例（3.4～5.8）（Mourente et al.，2009）。虽然我们知道鲭亚目鱼类合成这些特殊脂肪酸的能力非常有限，但是金枪鱼体内DHA含量以及DHA/EPA比例较高的原因和机制还不清楚（Morais et al.，2011）。基于这些现象，我们建议金枪鱼饲料中脂肪酸的组成应该与鱼体的这些特征保持一致，也就是要含有较高的n-3 HUFA含量并有较高的DHA/EPA比例。条石鲷仔鱼和卵黄囊幼虫的DHA含量较高（约为20 mg/g DW），DHA/EPA比例也较高（约为3.3），是金枪鱼稚鱼的理想的活饵料（Seoka et al.，2007b）。但是当用DHA含量为24 mg/g DW，DHA/EPA（1∶1）的卤虫饲喂PBFT稚鱼时就会导致生长发育不良，成活率下降，也证明了n-3 HUFAs对金枪鱼的重要性（Seoka et al.，2007b；Mourente et al.，2009）.

最近的研究发现，PBFT有5个绿色敏感的视蛋白基因，是目前所有已知鱼类当中最高的（Nakamura et al.，2013）。DHA在神经组织和视网膜中的积累在ABFT，PBFT和黄鳍金枪鱼（yellowfin tuna，YFT，*Thunnus albacores*）中都有发现（Ishihara et al.，1996；Saito et al.，1996；Mourente et al.，2002；Roy et al.，2010）。金枪鱼是海洋中顶级的捕食者，敏锐的视觉对其捕食至关重要。因此，可以推测 DHA 在视网膜中的积累是金枪鱼保持敏锐视觉所必需的。

第三节 碳水化合物

目前关于金枪鱼对碳水化合物利用的研究资料很少。这里我们只能用鲭科鱼和其他海水鱼饲料碳水化合物利用的相关资料进行说明和推测。碳水化合物的价格相对低廉，因此是很好的饲料能源物质，在开发鱼类配合饲料时对碳水化合物的利用非常重要。但是，相比陆生动物，水生动物尤其是肉食性鱼类对饲料碳水化合物的利用性能较差（Bou et al.，2014；Moon，2001；Hemre et al.，2002）。饲料中的碳水化合物会影响鱼类的生长，碳水化合物对鱼类的影响程度受到很多因素的影响，包括来源、加工工艺、含量和鱼类对其的消化率等（Brauge et al.，1994；NRC，2011）。鱼类对碳水化合物的消化率也低于对蛋白质和脂肪的消化率（NRC，2011）。

饲料中碳水化合物含量较高时，在很多鱼类中都导致强烈和持续的高血糖症状（Booth et al.，2006；Moon，2001）。鱼类对高血糖的不耐受主要是因为鱼类的胰岛素对氨基酸具有高敏感性而对于葡萄糖不敏感（Hemre et al.，2002；Moon，2001），以及对葡萄糖的利用和吸收性能较差，对体内稳态葡萄糖调节不足和内源性、外源性葡萄糖源的不平衡也是鱼类对碳水化合物利用性能差的原因（Booth et al.，2013）。

Matus de la Parra 等（2007）从 6 尾新鲜解剖的金枪鱼［（24.15±7.58）kg 和（1.07±0.13）m］体内获取消化道评估了消化酶的活性，并根据 pH 和在鱼胃内的温度以及肠近端、中端和远端对酶活性进行分类。α-淀粉酶活性表现出更宽的活性范围，在碱性 pH 和较高温度下具有更高的活性。

Biswas 等（2009b）研究了 PBFT 幼鱼饲料中适宜的碳水化合物水平。他们还比较研究了配合饲料和鲜玉筋鱼饵料的性能，旨在研究适合的饲料糖水平。饲料使用了 68%酶处理过的鱼粉和 8%鲑鱼卵油的混合物以使 PBFT 幼鱼获得最佳生长速度（表 13-2）。结果表明，金枪鱼幼鱼饲料的最适蛋白质、脂肪和碳水化合物的含量分别应为 60%、16%和 13%。根据这些研究，Biswas 等（2009b）认为饲料碳水化合物可以替代一部分蛋白质和脂肪而不会对 PBFT 幼鱼的生长或体成分造成显著的负面影响，并且饲料中的碳水化合物含量达到 12.8%时，对鱼片的物理性质有一定的改善，并能促进生长和饲料利用，而不影响幼鱼对碳水化合物的代谢。

表 13-2 Biswas 等（2009b）研究采用的饲料配方

原料	饲料（%）
酶解鱼粉[a]	63.8
鲑鱼卵油[b]	7.5
α-淀粉	8.0

（续）

原料	饲料（%）
复合维生素[c]	5.0
复合矿物质[c]	5.0
大豆卵磷脂	1.9
牛磺酸	2.0
诱食剂[d]	0.5
纤维素	3.9
小麦麸	2.3
L-抗坏血酸-2-单磷酸镁-21-盐 APM[e]	0.1

[a] Profish S. A，Santiago，Chile，defatted with n - Hexane.

[b] Sujiko oil®，Nisshin Marinetech Co. Ltd.，Yokohama，Japan.

[c] Halver's vitamin and mineral mixtures（Halver，1957）.

[d] The mixture of Glutamic acid，8.5；L - Histidine HCl H_2O，232.8；and Inosine - 50 - monophosphate 2Na，200.9 mg.

[e] L - Ascorbyl - 2 - monophosphate magnesium21 salt.

第十四章　金枪鱼对微量营养素的营养需求

第一节　金枪鱼对维生素的营养需求

一、维生素的概念及分类

维生素是维持动物机体正常生长、发育和繁殖所必需的微量小分子有机化合物。动物对维生素需要量很少，其主要作用是作为辅酶参与物质代谢和能量代谢的调控、作为生理活性物质直接参与生理活动、作为生物体内的抗氧化剂保护细胞和器官组织的正常结构和生理功能，还有部分维生素作为细胞和组织的结构成分。对于多数维生素，动物本身没有全程合成的能力，或合成量不足以满足营养需要，主要依赖于食物的供给，动物肠道微生物可以合成部分维生素如生物素、B_{12}和 K_3 等。

维生素种类多，一般按其溶解性分为水溶性维生素和脂溶性维生素两大类。水溶性维生素是能够溶解于水的维生素，包括维生素 B_1（硫胺素）、维生素 B_2（核黄素）、泛酸（遍多酸）、烟酸（尼克酸）、烟酰胺（尼克酰胺）、维生素 B_6（吡哆素）、生物素（维生素 H）、叶酸、维生素 B_{12}（氰钴素）、维生素 C（抗坏血酸）等，它们对酸稳定，易被碱破坏。脂溶性维生素是可以溶于脂肪或脂肪溶剂（如乙醚、氯仿、四氯化碳等）而不溶于水的维生素，包括维生素 A（视黄醇）、维生素 D（钙化醇）、维生素 E（生育酚）和维生素 K。

二、水溶性维生素的性质及生理功能

水溶性维生素大多数都易溶于水，通过作为辅酶而参与动物物质代谢、能量代谢的调控，部分水溶性维生素是以生物活性物质直接参与对代谢反应的调控作用，还有部分水溶性维生素是作为细胞结构物质发生作用。动物体及其肠道微生物可合成某些维生素，但大多数维生素仍然依赖饲料提供。水溶性维生素在植物性饲料、微生物饲料中含量较高。

（一）维生素 B_1

维生素 B_1 也叫硫胺素，在体内的存在形式包括游离的硫胺素及硫胺素磷酸酯，其中的焦磷酸硫胺素（TPP）为维生素 B_1 的活性辅酶形式。单纯的硫胺素为白色粉末，其盐酸盐为针状结晶体，有特殊香味，极易溶于水。维生素 B_1 在酸性溶液中较稳定，加热到 120 ℃也不会被破坏。但在碱性及中性溶液中易被氧化，氧化剂及还原剂均可使其失去作用。

维生素 B_1 在体内主要以焦磷酸硫胺素作为α-酮酸脱羧酶的辅酶参与α-酮酸如丙酮酸和α-葡萄糖酮酸的氧化脱羧反应，作为α-酮戊二酸氧化脱羧酶的辅酶参与氨基酸的氧化脱羧反应。焦磷酸硫胺素在磷酸戊糖代谢途径中参与转酮醇作用，并与核酸合成、脂肪酸合成相关联。硫胺素的非辅酶作用包括维持神经组织和心肌的正常生理功能等。硫胺素三磷酸在神经元细胞和激动组织如骨骼肌、鱼类的电器官中富集，当受到刺激时快速分解并由此改变膜的阴离子通透性，从而对神经冲动的传导产生作用。硫胺素有抑制胆碱酯酶的作用，胆碱酯酶能催化神经递质乙酰胆碱水解，而乙酰胆碱与神经传导有关。肠道内游离硫胺素可以被

直接吸收，硫胺素磷酸酯则在磷酸酶的作用下水解为硫胺素再被吸收。

维生素 B_1 在酵母、谷类胚芽及皮层、瘦肉、核果及蛋类中含量较多。商品形式为盐酸硫胺素、单硝酸盐硫胺素等。

(二) 维生素 B_2

维生素 B_2 又名核黄素，微溶于水和酒精，但不溶于其他有机溶剂；在酸性溶液中较稳定，但在碱液或暴露于可见光时，易发生分解。核黄素在体内以游离核黄素、黄素单核苷酸（FMN）和黄素腺嘌呤二核苷酸（FAD）三种形式存在，后二者为其辅酶形式。FMN 和 FAD 是体内多种氧化还原酶的辅酶，催化多种氧化还原反应，参与多种物质如蛋白质、脂质的中间代谢过程。FAD 是细胞呼吸链的一个部分，主要参与电子和氢的传递，是细胞能量代谢中心环节。

核黄素通过参与谷胱甘肽氧化还原循环而具有预防生物膜过氧化损伤的作用。生物膜中含有大量不饱和脂肪酸，它们很容易被氧化破坏，最大威胁来自细胞内的过氧化物类物质，而谷胱甘肽过氧化物酶可以破坏生物膜中的过氧化物，从而对生物膜起到保护作用。此外，核黄素对维护皮肤、黏膜和视觉的正常机能均有重要的作用。

核黄素广泛分布于动植物中，如米糠、酵母、肝、奶、豆中含量都很高。食物中的核黄素化合物需水解为游离核黄素才能被肠道吸收。通常以干粉形式直接加到多维预混料中使用。

(三) 维生素 B_6

维生素 B_6 为一种含氮的化合物，主要有三种天然形式，即吡哆醇、吡哆醛和吡哆胺。吡哆醛、吡哆胺很不稳定，遇热、光、空气迅速遭到破坏，一般以盐酸吡哆醇的形式补充维生素 B_6。盐酸吡哆醇易溶于水，在酸、碱溶液中耐高热，但暴露于可见光时易被破坏。

维生素 B_6 主要以磷酸吡哆醛形式参与蛋白质、脂肪酸和糖的多种代谢反应；吡哆醛为100多种酶的辅酶。维生素 B_6 与氨基酸代谢有密切关系，主要有以下几个方面：①B_6 在体内与磷酸结合生成磷酸吡哆醛或磷酸吡哆胺，它们是转氨酶的辅酶，饲料蛋白质水平增加时对维生素 B_6 的需要量也增加；②磷酸吡哆醛是谷氨酸、酪氨酸、精氨酸等氨基酸脱羧酶的辅酶，也是丝氨酸、苏氨酸脱氨基酶的辅酶；③B_6 为含硫氨基酸及色氨酸正常代谢所必需，色氨酸在转变为烟酸的过程中也需要维生素 B_6；④B_6 能增加氨基酸的吸收速度，提高氨基酸的消化率。维生素 B_6 在肝脂质代谢中具有重要作用。在细胞免疫方面维生素 B_6 也具有重要作用，缺乏时将导致细胞介导的免疫反应受损。

维生素 B_6 在自然界分布很广，在谷物、豆类、种子外皮及禾本科植物中含量较多。

(四) 泛酸

泛酸也叫遍多酸，是泛解酸和β-丙氨酸组成的一种酰胺类物质，主要在微生物中合成。泛酸溶于水和乙醚。泛酸对氧化剂和还原剂均较稳定，在有水加热时也很稳定，但在干热及酸碱性介质中加热时易被破坏。

泛酸作为 CoA 的组成成分发挥重要作用。泛酸在机体组织中与巯乙胺、焦磷酸及 3′-磷酸腺苷结合成为 CoA，其活性基为巯基（-SH）。CoA 存在于所有组织中，并为组织代谢中最重要的辅酶之一。CoA 的主要功能是作为羧酸的载体，如 CoA 与草酰乙酸结合生产柠檬酸而进入三羧酸循环。来自脂肪酸、α-氨基酸和糖氧化分解的二碳中间产物与 CoA 生产乙酰 CoA 进行三羧酸循环。同时，脂肪酸要进入线粒体氧化分解时必须活化，即形成酯酰

CoA后才能进入线粒体，酯酰CoA是体内脂肪酸氧化分解的关键中间产物。所以，CoA在机体物质分解代谢和能量产生中具有关键性的作用。乙酰CoA是许多物质生物合成的直接原料，在脂肪酸、胆固醇、固醇类激素、酮体等物质的合成代谢中，CoA起着重要的中间代谢作用。

泛酸的非辅酶作用表现在可以刺激抗体的合成而提高肌体对病原体的抵抗能力。泛酸也是蛋白质及其他物质的乙酰化、酯酰化修饰所必需的物质。许多与信号传递作用有关的蛋白质，如红细胞、免疫系统、神经系统和对激素有反应的各种蛋白质均是被乙酰化的；同时这些修饰作用可以影响到蛋白质定位和活性。由乙酰CoA与乙酸形成的活性乙酸盐与胆碱结合形成乙酰胆碱，而乙酰胆碱是神经细胞重要的神经信号传递物质。

泛酸广泛存在于动植物中，在酵母、种皮、米糠、饼粕类饲料中含量尤为丰富。泛酸主要以泛酸钙的干粉形式通过多维预混料加入饲料中使用。

（五）烟酸

烟酸又名尼克酸，是烟酸及具有烟酰胺生物活性的衍生物的通称。烟酸、烟酰胺烟酸和烟酰胺均为白色针状晶体，对热、光、酸均较稳定。烟酸微溶于水但能大量溶于碱性溶液中；烟酰胺则易溶于水和乙醇，在碱性溶液中加热，烟酰胺可水解为烟酸。

烟酰胺主要作为烟酰胺腺嘌呤二核苷酸（又称辅酶Ⅰ，NAD^+）和烟酰胺腺嘌呤二核苷酸磷酸（又称辅酶Ⅱ，$NADP^+$）的组成成分参与体内的代谢。辅酶Ⅰ为体内很多脱氢酶的辅酶，是连接作用物与呼吸链的重要环节，是细胞线粒体呼吸链的重要组成部分。在呼吸链中作为氢和电子的传递体，是能量产生关键场所和关键性反应。辅酶Ⅱ在生物合成反应中是重要的供氢体，参与许多物质的生物合成。重要的非氧化还原反应也需要NAD^+，如催化蛋白质连接生成糖蛋白的酶和涉及DNA损伤修复的酶均需要NAD^+作为辅酶。此外，烟酸的突出药理功能是降低血脂的作用。同时，烟酸可以与体内的三价铬形成烟酸铬，也因此烟酸成为葡萄糖耐量因子的一部分。葡萄糖耐量因子是一种有机铬复合物，具有加强胰岛素反应的作用。

烟酸和烟酰胺的分布很广，以酵母、瘦肉、肝脏、花生、黄豆、谷类皮层及胚芽中含量较多。在生产中可以干粉形式直接使用。

（六）生物素

生物素又称维生素H，是一种双环含硫化合物。生物素微溶于水，其钠盐易溶于水。生物素化学性质较稳定，不易受酸、碱及光破坏，但高温和氧化剂可使其丧失活性。生物素在动物体内是作为羧化酶的辅酶而参与代谢反应，羧化酶是生物合成和分解代谢的重要酶类，主要作为CO_2的中间载体参与羧化或脱羧反应。主要的羧化酶包括乙酰CoA羧化酶、丙酮酸羧化酶、丙二酰CoA羧化酶和β-甲基丁烯酰CoA羧化酶等。生物素也是长链不饱和脂肪酸代谢的必需物质。

在蛋白质和核酸代谢中，生物素在蛋白质合成、氨基酸脱羧、嘌呤合成、亮氨酸和色氨酸分解代谢中起重要作用，也是许多氨基酸转氨基脱羧反应所必需的。生物素在蛋黄、肝、蔬菜中的含量较高。水生动物肠道微生物可以合成部分生物素。生物素以干粉形式通过多维预混料加入饲料使用。

（七）维生素B_{12}

维生素B_{12}又名钴胺素和氰钴胺素，氰钴素为粉红色结晶，在弱酸溶液中很稳定，可因氧化剂、还原剂的存在而遭破坏。

维生素 B_{12} 重要的功能是参与核酸和蛋白质代谢，也在脂肪和糖代谢中发挥重要作用。B_{12} 参与体内一碳基团的代谢，是传递甲基的辅酶，甲基化反应是体内许多物质合成所必需的，具有非常重要的作用。甲基钴胺也是维生素 B_{12} 的辅酶形式，甲基钴胺是 N5－甲基四氢叶酸甲基转移酶的辅酶，参与体内甲基转移反应和叶酸代谢，其作用是促进叶酸的周转利用，以利于胸腺嘧啶脱氧核苷酸和 DNA 的合成。维生素 B_{12} 能使机体的造血机能处于正常状态，促进红细胞的发育和成熟。

维生素 B_{12} 的另一种辅酶形式为 5′-脱氧腺苷钴胺，它是甲基丙二酰辅酶 A 变位酶的辅酶，参与体内丙酸的代谢。体内某些氨基酸、奇数碳脂肪酸和胆固醇分解代谢可产生丙酰 CoA。正常情况下，丙酰 CoA 经羧化生成甲基丙二酰 CoA，后者再受甲基丙二酰 CoA 变位酶和辅酶 B_{12} 的作用转变为琥珀酰 CoA，最后进入三羧酸循环而被氧化利用。

动物肝、肌肉中含有较多的维生素 B_{12}，但植物中不含有 B_{12}。许多微生物（如动物消化道中的某些微生物）可合成 B_{12}。B_{12} 的吸收要依赖于肠道中的一种内因子（肠壁分泌的一种黏蛋白）的存在。维生素 B_{12} 可以干粉的形式通过多维预混料添加到饲料中。

（八）叶酸

叶酸由蝶啶核、对氨基苯甲酸和谷氨酸所组成，因其广泛存在于植物叶片中，故称叶酸。叶酸的辅酶形式为四氢叶酸（FH4）。

叶酸为黄色结晶，微溶于水，在酸性溶液中稳定，但遇热或见光则易分解。在还原型辅酶Ⅱ（NADPH）和维生素 C 的参与下，叶酸经叶酸还原酶催化加氢成为四氢叶酸才有生理活性。叶酸是生成红细胞的重要物质。叶酸与核苷酸的合成有密切关系，当体内缺乏叶酸时，一碳基团的转移发生障碍，核苷酸特别是胸腺嘧啶脱氧核苷酸的合成减少，骨髓中幼红细胞 DNA 的合成受到影响，细胞分裂增殖的速度明显下降。叶酸也是维持免疫系统正常功能的必需物质，因白细胞分裂增殖同样需要叶酸。叶酸通常以干粉形式通过多维预混料加入饲料使用。

（九）肌醇

具有生物活性的肌醇是环六己醇，其六磷酸酯为植酸。它以磷脂酰肌醇的形式参与生物膜的构成。磷脂酰肌醇参与一些代谢过程的信号转导，这种信号传导系统在许多方面与腺苷酸环化酶转导系统相似；但是，磷脂酰肌醇系统在激素刺激下产生两个二级信使。受磷脂酰肌醇二级信使系统控制的生理生化过程包括淀粉酶分泌、胰岛素释放、平滑肌收缩、肝糖原分解、血小板凝集、组胺分泌、纤维细胞和成淋巴细胞中的 DNA 合成。肌醇以干粉形式通过多维预混料加入饲料中。

（十）维生素 C

维生素 C 又名抗坏血酸，在水溶液中有较强的酸性。维生素 C 可脱氢而被氧化，有很强的还原性，氧化型维生素 C（脱氢抗坏血酸）还可接受氢而被还原。但是，维生素 C 在碱性溶液中很快被破坏。维生素 C 对于许多物质的羟化反应都有重要作用，而羟化反应又是体内许多重要化合物的合成或分解的必经步骤。胶原蛋白是细胞间质的重要成分，当维生素 C 缺乏时，胶原和细胞间质合成障碍，毛细血管壁脆性增大，通透性增强，轻微创伤或压力即可使毛细血管破裂，引起出血现象即坏血病。维生素 C 具有强的还原性和螯合特性，能使酶分子中－SH 保持在还原状态，从而起到保护含巯基酶的活性的作用。维生素 C 还有解毒的作用，药物或毒物在内质网上的羟化过程是重要的生物转化反应。

维生素 C 能使难吸收的 Fe^{3+} 还原成易吸收的 Fe^{2+}，促进铁的吸收，它还能促使体内 Fe^{3+} 还原，有利于血红蛋白的合成。此外，维生素 C 还有直接还原高铁血红蛋白的作用。

维生素 C 能够促进血清中溶血性补体的活性、免疫细胞的增殖、吞噬作用、信号物质的释放和抗体的产生。维生素 C 增强机体的免疫功能而不限于促进抗体的合成，它还能增强白细胞对病毒的反应性以及促进 H_2O_2 在粒细胞中的杀菌作用等。维生素 C 可有效降低由于环境恶化和管理不善等带来的应激反应。维生素 C 的主要来源是新鲜水果、蔬菜和动物的肾、肝和脑垂体等。

维生素 C 极不稳定，在储藏、加工（特别是在高温膨化加工过程中）中易被氧化破坏。因此，在饲料的多维预混料中一般不加晶体维生素 C，而是使用各种包被的维生素 C，或者是对高温稳定的维生素 C 多聚磷酸酯。

（十一）胆碱

胆碱是β-羟乙基三甲胺的羟化物。它不仅是机体的构成成分，而且对某些代谢过程有一定的调节作用。胆碱可以在肝中合成，但合成速度不一定能够满足需要。与其他水溶性维生素不同，胆碱没有辅酶的功能。它作为卵磷脂的构成成分参与生物膜的构建，是重要的细胞结构物质。胆碱可以促进肝脂肪以卵磷脂形式输送，或提高脂肪酸本身在肝脏内的氧化作用，故有防止脂肪肝的作用。胆碱有三个不稳定的甲基，在转甲基反应中起着甲基供体的作用。胆碱的衍生物乙酰胆碱是重要的神经递质，在神经冲动的传递上很重要。

胆碱一般以 20%～60%的氯化胆碱干粉的形式加入饲料，如果储存期过长，氯化胆碱可降低多维预混料中其他维生素的稳定性。

三、脂溶性维生素的性质与生理功能

脂溶性维生素在饲料中常与脂类共存，其吸收也必须借助脂肪的存在。脂溶性维生素可在动物肝（胰）脏中大量贮存，待机体需要时再释放出来供机体利用。脂溶性维生素主要作为生理活性物质起作用，但长期过量供给也可能产生中毒反应。

（一）维生素 A

最常见的有视黄醇（又称为维生素 A_1）和脱氢视黄醇（又称维生素 A_2）两种。A_1 主要存在于哺乳动物和海水鱼的肝（胰）脏，而淡水鱼同时存在 A_1 和 A_2，A_1 的相对生理活性高于 A_2。鱼类和其他动物能够利用存在于很多植物中的β-胡萝卜素作为合成维生素 A 的前体。维生素 A 的化学性质很活泼，可以被氧化生成相应的视黄醛和视黄酸，也容易被空气氧化及紫外线破坏而失去生理活性。维生素 A 应避光贮存，在实际生产中一般是将视黄醇与脂肪酸（如乙酸、棕榈酸等）反应形成酯使用。

维生素 A 的主要生理功能是参与动物眼睛视网膜光敏物质视紫红质的再生，维持正常的视觉功能。维生素 A 在细胞分化方面具有重要的生理作用。在细胞核中已经发现了视黄酸的受体，视黄酸在细胞核内与其受体结合后通过促进基因转录来调节机体的新陈代谢和胚胎发育，从而影响细胞的增殖和分化。维生素 A 的这种功能与类固醇激素的功能较为相似。视黄醇影响细胞分化的另一途径是通过形成视黄酰基蛋白完成对蛋白质的修饰作用来进行调节的。

（二）维生素D

维生素D为一类固醇类的衍生物，没有明显的生理活性。维生素D为无色针状结晶，易溶于脂肪和有机溶剂，除对光敏感外，化学性质一般较稳定，不易被酸、碱、氧化剂及加热所破坏。

维生素D的主要生理功能是通过增强肠道对钙、磷的吸收和通过肾脏对钙、磷的重吸收来维持体内血钙、血磷浓度的稳定，参与体内矿物质平衡的调节。在骨骼系统的生长和发育中，维生素D具有溶骨和成骨的双重作用。在钙、磷供应充足时，维生素D主要促进成骨作用。当血钙降低、肠道钙吸收不足时，主要促进溶骨，使血钙升高。在免疫方面，维生素D可以调节淋巴细胞、单核细胞的增殖与分化，以及这些细胞由免疫器官向血液转移。摄入过量的维生素D将刺激肠道中钙的吸收和骨钙的重吸收，最终会导致软组织钙化。

食物中的维生素D在胆盐和脂肪存在的条件下由肠道吸收，通过被动扩散的形式进入肠细胞。

（三）维生素E

维生素E又名生育酚，其中以α-生育酚的生理效用最强。维生素E为油状物，在无氧状况下能耐高热，对酸和碱比较稳定，但对氧却十分敏感，是一种有效的抗氧化剂，被氧化后即失效。它与维生素A或不饱和脂肪酸等易被氧化的物质同时存在时，可保护维生素A及不饱和脂肪酸不受氧化。因此，维生素E可作为这些物质的抗氧化剂。维生素E的醋酸酯对氧较稳定，常用作饲料添加物。

维生素E在大多数动植物饲料中含量都很丰富，特别是在谷物胚芽、籽实、青饲料中含量都很高。

维生素E的主要生理功能是清除细胞内自由基，从而防止自由基、氧化剂对生物膜中多不饱和脂肪酸、富含巯基的蛋白质成分以及细胞核和骨架的损伤，保持细胞、细胞膜的完整性和正常功能。维生素E对正常免疫功能，特别对T淋巴细胞的功能有重要作用。维生素E可以影响花生四烯酸的代谢和前列腺素的功能；通过抑制前列腺素-2和皮质酮的生物合成来促进体液、细胞免疫和细胞吞噬作用来增强机体的整体免疫机能。维生素E能够保护红细胞膜，使之增加对溶血性物质的抵抗力；同时，还能保护巯基不被氧化而保护酶的活性。此外，维生素E还参与调节组织呼吸和氧化磷酸化过程。

（四）维生素K

维生素K是2-甲基1，4-萘醌的衍生物，在自然界中最重要的是K_1，广泛存在于动植物体内；其次是K_2，主要由细菌合成。人工合成的种类也很多，其中以K_3的活性最强，化学结构为2-甲基萘醌。

维生素K性质比较稳定，有耐热性，但碱、光可将其破坏。维生素K的主要作用是参与动物的凝血反应。首先，激活凝血酶原使之转变为有活性的凝血酶，凝血酶再催化血纤维蛋白原转变为有活性的血纤维蛋白，血纤维蛋白相互交织成网状结构阻止血液的流动，从而起到止血的作用。其次，血液凝血因子Ⅶ、Ⅸ和Ⅹ的合成也需要维生素K。所以，维生素K缺乏将使动物凝血能力减弱，或延长凝血时间。

许多蛋白质生理作用依赖于维生素K的存在，维生素K在机体代谢中发挥重要作用。维生素K依赖性羧化酶系统除了凝血作用外，还参与成骨作用；在皮肤中的一种维生素K

依赖性羧化酶系统还参与皮肤的钙代谢。

动物肠道细菌可以合成部分维生素 K，但是还没发现鱼类消化道存在合成维生素 K 的微生物区系。维生素 K 以甲基萘醌盐的形式作为饲料添加剂，如亚硫酸氢钠甲萘醌和亚硫酸氢二甲基嘧啶甲萘醌。

四、维生素缺乏症

维生素缺乏症是指动物为维持正常的生理功能、生长、发育和繁殖所需要的维生素种类、含量得不到满足时而出现的代谢紊乱或病理性变化。维生素供给不足包括所需要的维生素的种类不足、单个维生素的含量不足两方面的含义。供给不足可能是食物中的维生素种类、含量的缺乏或不足，也可能是在肠道吸收进入体内的维生素种类或含量不足，还可能是食物中抗维生素因子作用导致维生素供给不足。维生素缺乏症的表现形式包括生理生化的异常反应，细胞、组织、器官乃至个体的形态变化，以及个体生产、繁殖性能下降等不同层次的变化。

维生素作为动物体内代谢反应酶的辅酶、辅助因子或生理活性物质直接参与营养素和能量代谢的调控。动物自身有一套调节、控制机制以维持体内的物质、能量代谢处于内稳定状态。因此，当维生素供给出现轻度或短暂不足时，动物体会启动自身的调控机制来消除维生素供给不足的影响而保持生理状态的内稳定，不会出现明显的缺乏症。当维生素的缺乏超过了动物自身的调控能力后，首先就会出现生理生化方面的缺乏症，此时可以通过血液、肝（胰）脏中维生素的含量或相关的酶活力大小进行相应评价和判定，这是维生素缺乏症较为灵敏的判别指标。进一步缺乏会出现个体形态方面和发育、生长、繁殖等方面的缺乏症，表现在形态指标或可以测量的生长、饲料效率等生产性能指标上。对于维生素缺乏症的判定也应该根据上述分析在不同层次、不同表现形式上进行检测和分析。

五、鱼类动物对维生素的需要

鱼类对维生素的需要包括对维生素种类的定性需要和定量需要。配合饲料中维生素总量分别来自饲料原料中维生素含量和维生素的添加量（预混料中的量）。考虑到饲料加工和储藏过程中维生素的损失和动物对饲料中维生素的利用率，在实际生产中，一般是将养殖动物对维生素的需要量直接作为饲料中维生素的添加需要量。

确定鱼饲料中的维生素最适含量是一项十分复杂的工作，很多方面还有待进一步研究，比如养殖生态系统中还有天然饵料生物的维生素贡献，某些养殖种类自身还有一些维生素的合成能力（如鲟合成维生素 C，皱纹盘鲍合成肌醇）等。在生产当中是否需要添加维生素，添加什么，添加多少，应根据具体情况具体分析。在有关理论问题尚未进一步阐明的情况下，一般是采用适当提高添加量的方法，以确保饲料中各种维生素均能满足需要。

通过投喂化学成分明确而缺乏某种特定维生素的饲料，可以定性和定量地评价鱼类对该维生素的需求。水产动物对维生素的需要量还受大小、年龄、生长率、各种环境因子和营养物质间互相作用的影响。因此针对维持同一种类正常生长的维生素需要量，不同的研究者获得的结果存在较大的差异。生长并非是测定鱼类维生素需要量的唯一指标。其他用来定量维生素需要量的指标还包括脂肪累积、骨骼畸形、特定的酶活性、组织维生素累积量、未出现缺乏症、肝脏脂肪含量、肝指数、脂肪氧化程度、热休克蛋白和免疫反应等。

六、金枪鱼对维生素的需要

鲭科鱼类和其他动物一样，维生素是正常生理功能所必需的。在海洋环境中，野生金枪鱼可能会获得足够量的这些化合物，由于其各种猎物的天然成分含有这些化合物，所以很可能是通过食物链集中的。然而，由于产品处理和反复的冷冻和解冻循环，圈养金枪鱼，最常投喂冷冻的饵料鱼，通常发现提供的这些有机化合物的浓度低于满足其代谢所需的浓度，或生物活性降低或变质。

可以做出这样的假设，即鲭科鱼类需要相同范围的水溶性和脂溶性维生素，迄今为止，这些维生素已被确定为所有研究鱼类饮食中必需的维生素（NRC，2011）。但是，每种维生素的定量需求在物种之间略有不同。因此，必须确定目前饲养的主要鲭科鱼类（PBFT，SBFT，YFT 和 ABFT）的需要量，以优化饲料配方。作为第一种方法，一种鲑鱼通用维生素预混料（Halver，1957）已经被准用于近畿大学用 PBFT 进行的开创性营养试验。并且到目前为止，在短期试验中已证明足以预防 PBFT 的维生素缺乏症状。

但是，在考虑鲭科鱼类独特的生理特征时，可能需要对维生素预混料进行一定的修改。例如，有报道指出大型鲭科鱼类的胴体成分中的 DHA 含量异常高，其中包括表现出很高 DHA/EPA 比例的 PBFT 幼鱼（Sawada et al.，1993）。对于北半球和南半球的大多数海水鱼，该比例通常低于 2（Ackman，1980）。PBFT 显然不是这种情况，PBFT 的 DHA/EPA 比例高达 6，肌肉 DHA 含量为 25%～35%（Ishihara et al.，1996）。同样，Medina 等（1995）发现 ABFT 中的 DHA/EPA 比值超过 7。由于这些脂肪酸特别容易被氧化，因此仔细研究被证明具有抗氧化功能的维生素，例如维生素 E（生育酚）和维生素 C（抗坏血酸盐），从而强化这些化合物在金枪鱼饲料中添加的必要性。例如，Biswas 等（2013）确定了 PBFT 幼鱼的维生素 C 需求量为 1 200 mg/kg，尽管是通过一次养殖周期极短的饲养试验（2 周）。该水平超过硬骨鱼类（军曹鱼，*Rachycentron canadum*，最高至 54 mg/kg，NRC，2011）所确定的最高维生素 C 需求量（类似单磷酸盐）的 22 倍，并且可以部分解释 DHA / EPA 相关需求的维生素 C 需求增加。

此外，通常将鲭科鱼类归类为“高性能”鱼。类似于高性能人类运动员的运动补剂（Clarkson，1996），相关文献报道鲭科鱼类具有出色的新陈代谢性能，包括高耐力和无氧运动恢复能力，因此必须增加关键维生素的供应，包括硫胺素、核黄素、维生素 B_6、维生素 B_{12} 和叶酸。例如，Moyes（1996）使用心脏代谢率和其他生理指标来辨别鲣（*K. pelamis*）和鲤鱼（*Cyprinus carpio*）。在这种情况下，通过比所有其他硬骨鱼类高的代谢速率，鲭科鱼类获得高性能的状态。例如，鲣的心室呼吸能力是代谢能力较弱的鲤鱼的 21 倍。

另一个恰当的例子是，金枪鱼白肌具有自然界中最高的乳酸脱氢酶活性（5 700 units/g），这为鲣惊人的厌氧爆发供了动力（*K. pelamis*）（Guppy et al.，1978）。直到现在，这仍然是正确的。因为鲭科鱼类肌纤维中线粒体的体积密度远远高于哺乳动物，甚至优于蜂鸟（Dymowska et al.，2012）。这使鲭科鱼类不仅可以高达 5 个体长/s 的持续速度游泳，而且可以加速到 20 个体长/s（40 mph），并保持该速度长达 8 min，休息间隔之间 30 s（Guppy et al.，1978）。因为几种水溶性维生素在代谢途径中主要具有辅酶功能（维生素 B 复合物），而其他水溶性（胆碱、肌醇和维生素 C）和脂溶性维生素（维生素 A、D、E 和 K）除了辅酶功能外，还具有其他功能。它们对于包括鱼在内的脊椎动物的中间代谢而言都是极为重要的。因此，金枪鱼物种对维生素的营养需求可能高于所有其他硬骨鱼类。

在 SELFDOTT（*From capture based to self sustained aquaculture and domestication of Bluefin tuna*，*Thunnus thynnus*）倡议下，欧洲的研究似乎证实了鲭科鱼类对维生素需求量可能更高的观点，该研究分析了野生捕获 ABFT 幼鱼［（800±133）g；（34±2）cm；$n=30$］肌肉和肝组织中维生素 C 和 E 的浓度。对于维生素 C，肌肉和肝脏组织中的维生素 C 含量（以 μg/g DW 计）分别为 51 和 632；而同一组织中的维生素 E 含量分别为 1.3 和 180。研究发现这些水平显著高于从其他海洋生物中获得的水平，包括鱿鱼（*Sepia elegans*）、鲭（*Trachurus mediterraneus*）、金头鲷（*Sparus aurata*）和细点牙鲷（*Dentex dentex*）（De la Gandara，2012）。

已经为几种鱼类确定了大多数维生素的需求量，其中包括大西洋鲑鱼、太平洋鲑鱼（*Oncorhynchus* spp.）、虹鳟（*Oncorhynchus mykiss*）、鲤、鲮（*Labeo rohita*）、斑点叉尾鮰（*Ictalurus punctatus*）、罗非鱼（*Oreochromis* spp.）、真鲷（*Pagrus major*）、杂交条纹鲈（*Morone saxatilis*×*M. chrysops*）、美国红鱼（*Sciaenops ocellatus*）、尖吻鲈（*Lates calcarifer*）、军曹鱼（*Rachycentron canadum*）、欧洲鲈（*Dicentrarchus labrax*）、牙鲆（*Paralichths olivaceus*）、石斑鱼（*Epinephelus* spp.）和黄尾鰤（*Seriola* spp.）（NRC，2011）。据我们所知，除了 PBFT 幼鱼（孵化后 25 d）之外，还没有金枪鱼类对维生素需要量的研究。在该试验中，维生素 C 的营养需求估计为 454 mg/kg（Biswas et al.，2013）。

尽管旨在确定鲭科鱼类对其他营养素最适水平的养殖试验，使用了推荐用于鲑鱼类的维生素预混料（Biswas et al.，2009），但表 14－1 考虑了上述生理因素，并且可能更接近代谢要求高的鲭科鱼类对维生素的需求，而不会产生毒性。也就是说，在获得最佳生长、健康和增强防御机制等指标获得最适需要量之前，这些估计需要量可能就足够了。

表 14－1　鲭科鱼类建议维生素水平

单位：mg/kg

维生素	建议水平
水溶性维生素	
维生素 B_1	20
维生素 B_2	18
维生素 B_6	30
泛酸	60
烟酸	230
生物素	2
维生素 B_{12}	0.04
叶酸	3
肌醇	600
维生素 C	454
脂溶性维生素	
维生素 A	3.5
维生素 D	60
维生素 E	150
维生素 K	20

第二节　金枪鱼对矿物元素的营养需求

与其他大多数营养素相比，鱼类的矿物质营养相关的研究很少。由于鱼类除了能从饲料中获得矿物元素外，还可以从其生活的水体中吸收某些矿物质。水生生物矿物质营养研究相对比较困难，制约矿物质定量需求研究的因素包括：评估水环境中可能含有的矿物元素对于需求量的潜在贡献，确定摄食前饲料中矿物质的溶失，制备靶矿物质元素内源性含量低的实验饲料以及矿物质生物利用率数据的匮乏。

矿物元素在水生鱼类体内的代谢不仅受到饲料中矿物元素含量的影响，也受到水体中矿物元素浓度以及组成的影响。水体中矿物质元素含量以及组成可能对机体的渗透压调节、离子调节和酸碱平衡产生影响，水生鱼类可通过鳃吸收多种矿物质来满足其代谢的需求。鱼类从饲料或水环境中摄取矿物质以及通过尿和粪便排出矿物质受到机体渗透压调节的影响，该过程影响了机体对环境盐度的适应。海水鱼类处于高渗透环境，机体不断失去水分（但可从环境中获得一价离子），同时不断饮水，通过鳃中特异的泌氯细胞以及鳃上皮细胞的主动运输过程，将摄取的多余盐分排泄。与此同时，肾脏通过少量尿液排泄二价离子，其他盐类主要在粪便中集聚后排出。除了保持体内稳定（相对于水环境）的渗透浓度外，鱼类的鳃、肾、胃肠等器官通过主动及被动过程来维持合适的离子水平和酸碱平衡，这些过程可能直接影响某些矿物质的代谢。

钙、氯、镁、磷、钾和钠这 6 种元素是最常见的常量矿物元素，它们在饲料中的需求量以及体内需要量相对较高。常量矿物元素的功能包括参与骨骼和其他硬质组织（如鳍条、鳞、牙齿和外骨骼等）的形成、电子传递、调节酸碱平衡、膜电位的产生以及渗透压调节。微量矿物元素在饲料和体内的需要量较常量元素低很多。他们是激素和酶的重要组成部分，并作为众多酶的辅基和（或）激活剂来广泛参与一系列生化过程。饲料中最重要的矿物元素包括 8 种阳离子（Ca^{2+}、Cu^{2+}、Fe^{2+}、Mg^{2+}、Mn^{2+}、K^{+}、Na^{+} 和 Zn^{2+}），以及 5 中阴离子或离子团（Cl^{-}、I^{-}、MoO_4^{2-}、PO_4^{3-} 和 SeO_3^{2-}）等。

一、常量元素

（一）钙和磷

钙和磷是饲料无机部分的两种主要成分。钙和磷的功能主要是作为硬质组织的结构性成分（如骨骼、外骨骼、鳞片和牙齿）。除了结构功能以外，钙还参与了血液凝固（脊椎鱼类）、肌肉功能、神经冲动传导、渗透压调节，以及作为酶促反应的辅助因子。磷是体内骨骼中有机磷酸盐的主要成分，如核酸、磷脂、辅酶、脱氧核糖核酸（DNA）和核糖核酸。无机磷酸盐也是维持细胞内液和外液正常 pH 的重要缓冲剂。

大多数常量矿物元素通常以离子形式存在于水中，因此即使饲料中缺乏钙等常量矿物元素，鱼类也很难出现缺乏症。然而，在鱼饲料中添加磷非常关键。这是因为磷在水体中的含量和鱼对其利用率非常有限。饲料缺磷会损害中间代谢，导致生长和饲料系数降低。当磷摄入量不足时，可能导致各种骨骼畸形及硬质组织矿化下降。

（二）镁

在脊椎动物中，体内约 60％的镁存在于骨骼中。存在于骨骼中的镁，大约 1/3 与磷结合，其余的镁松散地吸附在矿化结构的表面。在软组织中，胞内和胞外都有镁的存在。镁对于保持鱼类细胞内外的动态平衡至关重要，对于细胞呼吸作用以及由三磷酸腺苷、二磷酸和单磷酸盐参与的磷运转反应也是必不可少的。镁是焦磷酸硫胺素反应的激活剂，并参与脂肪、糖类和蛋白质的代谢。

（三）钠、钾和氯

钠、钾和氯被认为在鱼类众多生理过程中发挥着至关重要的作用。这些生理过程包括酸碱平衡和渗透压调节。鱼类很难出现钠和氯的缺乏症，这是因为钠和氯在水体及饲料原料中的含量非常充足。

二、微量元素

（一）铁

铁的功能主要是构成血红蛋白，参与氧气的运输；铁在细胞氧化中是细胞色素氧化酶和黄素蛋白等的组成成分，在氧化还原反应中起到传递氢的作用。血红蛋白是红细胞中的载氧体，主要在鱼类脾脏的淋巴髓质组织中形成。红细胞可周期性地再生，大部分的铁也随之循环，不能再循环的铁则通过胆汁排到肠中。

饲料中的无机铁和与蛋白质结合的铁必须在鱼的消化道中被还原成二价铁后再吸收，在饲料中存在的还原性物质如抗坏血酸等可增进铁的吸收，被吸收的二价铁在肠黏膜细胞内被氧化成三价铁，和脱铁蛋白结合，形成铁蛋白。二价铁的吸收量受到肠黏膜细胞内存在的铁蛋白的制约，仅吸收生物体所需要的铁量。出血后和贫血时，造血机能亢进，铁吸收速度增加。饲料中铁含量越低，铁吸收率越高。

（二）铜

铜在鱼类体内参与铁的吸收及新陈代谢，为血红蛋白合成及红细胞成熟所必需。铜是软体动物和节肢动物血蓝蛋白的组成部分，作为血液的氧载体参与氧的运输。铜是细胞色素氧化酶、酪氨酸酶和抗坏血酸氧化酶的成分，具有影响体表色素形成、骨骼发育和生殖系统及神经系统的功能。含铜的赖氨酸氧化酶，可直接由组织细胞产生，促进弹性蛋白和胶原蛋白的联结。

（三）锌

锌是鱼体中比较大量存在的微量元素，是维持机体正常生长、发育和发挥生理功能所必需的元素。锌分布于动物机体的所有组织中，其中以肌肉和肝脏的含量较高。锌是许多酶，如碳酸酐酶、胰羧肽酶、谷氨酸脱氢酶和吡啶核苷酸脱氢酶的组成成分，以及某些酶如碱性磷酸酶的激活剂。锌还是构成胰岛素及维持其功能的必需成分，还参与核蛋白的结构及前列腺素的代谢。鱼对锌吸收的主要部位是鳃、胃和肠，可通过肾脏和鳃正常地排出，以维持体内平衡。

（四）锰

锰广泛分布于动物组织中，在骨中含量最高，在肝脏、肌肉、肾、生殖腺和皮肤中含量也较多。在这些组织中，锰主要集中于线粒体中。锰的主要功用和镁相似，是许多酶的激活剂，如激酶、磷酸转移酶、水解酶和脱羧酶，其激活剂为非专一性的，既能为锰激活，也能为镁激活。而某些酶，如糖转移酶，锰作为激活剂具高度专一性。锰也是精氨酸酶、丙酮酸脱羧酶、超氧化物歧化酶的组成成分，在三羧酸循环中起重要作用。

（五）钴

钴除了是维生素 B_{12} 构成成分外，还是某些酶的激活因子，在饲料中添加钴盐，可促进鲤生长及血红蛋白形成。饲料中缺乏钴，容易发生骨骼异常和短躯症。鲤肠道中细菌能合成维生素 B_{12}，如果缺钴，则肠道中维生素 B_{12} 的生成会严重降低。鱼体对钴的积累能力小，过量的钴会迅速被排出体外。另外，钴的营养需要量与有毒量之间距离很大，在实际饲养条件下，不太可能发生钴的中毒。

（六）碘

碘广泛分布于各种组织中，但其中一半以上集中于甲状腺内。碘和酪氨酸结合生成一碘酪氨酸和二碘酪氨酸，而后转变成甲状腺素，为甲状腺球蛋白的组成部分。甲状腺素可加速体内组织和器官的反应，故可增加基础代谢率，促进生长发育。

（七）硒

硒既是动物生命活动所必需的元素，又是毒性较大的元素。它是谷胱甘肽氧过化物酶的组成成分，能防止细胞线粒体的脂类过氧化，保护细胞膜不受脂类代谢产物的破坏。硒被认为是葡萄糖代谢的辅助因子。硒也有防御某些重金属如镉和银的毒性的作用。硒的生理作用与维生素 E 有关，硒有助于维生素 E 的吸收和利用，并协同维生素 E 维持细胞的正常功用和细胞膜的完整。

（八）其他微量元素

铬是动物和人所必需的元素，铬的氧化价有 0、＋2、＋3 和＋6 价，铬能形成配位化合物和螯合物，正是这种重要的化学性质使之成为生物所必需的微量元素。在饲料中铬以两种形式存在，即无机 Cr^{3+} 和生物分子的一部分。三价铬有助于脂肪和糖类的正常代谢以及维持血液中胆固醇的稳定。其生物功能与胰岛素有关。至目前为止，饲料中三价铬对鱼的影响研究没有显示任何缺乏症和过剩症，但是，曾经观察到六价铬对溪红点鲑的毒性。

氟是分布全身的一种微量元素，在骨骼和牙齿中含量较高。增加氟的摄入量，可增加氟在虹鳟脊椎的积累。氟中毒可使牙齿凹陷，穿孔，直至齿髓暴露，骨和关节发生畸形。氟是积累中毒，长期摄入少量的氟才会出现中毒症状，故开始往往不易引起人们的重视。

三、金枪鱼对矿物元素的需要

目前，对于金枪鱼对饲料中矿物元素需要量的研究还比较少。因此，参照其他海洋性鱼类的矿物元素营养研究，尽量满足金枪鱼对饲料矿物元素的需求。应注意避免某些矿物质的含量过低，因为这可能会导致营养缺乏症。饲料可用于适当补充金枪鱼所需的关键矿物质，尤其是金枪鱼不能从海水中吸收一些矿物质。较高浓度的矿物质对金枪鱼的健康生长是必需的。金枪鱼可能需要补充以下矿物质：铁、硒、磷、钙和镁（Masumoto，2002）。

第十五章 探鱼仪在金枪鱼养殖中的应用

第一节 探鱼仪发展简介

海水是导电介质，电磁波在海水中传播时会形成传导电流，使得电磁波能量快速损耗，当水中含有悬浮颗粒物或者浮游生物时，电磁波的穿透能力会进一步下降，这极大地限制了电磁波在水下的应用。声波是一种机械波，依赖介质传播，在水中传播时衰减很小，因此可以传播很远，成为目前最有效的水下信息传递和探测手段。水下声音的历史可以追溯到中世纪，当时达·芬奇（Leonardo da Vinci）观察到，长管的一端在海中，在另一端就会听到远处船只的声音。到了 20 世纪 30 年代，人们就已发现回声测深仪能探测到鱼群。第二次世界大战时，人们发现密集的鱼类和浮游生物对声波有较强的散射作用，经常干扰主动声呐的工作，装有军用声呐的驱潜舰有时会把鱼群误认为潜水艇加以攻击。战后，一些国家借用装有声呐的军舰进行了探鱼研究，渔业资源的声学调查也变得越来越频繁。20 世纪 50 年代初，挪威开始建造专门用来探鱼的声呐，由此诞生了最早的商用探鱼仪。早期的探鱼仪都是使用模拟器件制造的，受到模拟器件精度、带宽、存储等限制，其性能一直维持在较低的水平。20 世纪 60 年代后期，随着计算机技术发展，数字技术在仪器上逐渐得到应用。与模拟信号相比数字信号更利于传输、存储和加工，越来越多的数字信号处理方法被引入声呐系统，探鱼仪也开始向着数字化发展。1980 年华盛顿大学应用物理实验室将分裂波束技术引入探鱼仪，并由此诞生了科学探鱼仪。这种探鱼仪采用数字信号处理，具有更大的动态范围，更稳定的增益特性和更准确的传输补偿，能够直接测量出鱼体的目标强度。随着科学探鱼仪和数据分析技术的发展，目前声学方法已成为渔业资源调查的主要手段，被广泛应用于海洋生物资源评估、种类识别和行为监测追踪。进入 21 世纪后，宽频探鱼仪受到越来越多的关注，除了能提高作用距离和探测精度外，宽频探测可以获取更丰富的水下信息，使得鱼种分类和更准确的生物量估计成为可能。为了能够在网箱内对金枪鱼进行观测，本章重点介绍宽带分裂波束探鱼仪的原理和应用。宽带分裂波束探鱼仪是一种垂直向下探测，且能精确测量鱼体目标强度、空间位置的探鱼仪。利用这种仪器，结合网箱中金枪鱼的行为规律，估计金枪鱼的数量、大小和游泳速度。

第二节 探鱼仪工作原理

探鱼仪由发射器、接收器、换能器、显示控制器等部件组成，如图 15 - 1 所示。

发射器的基本功能是产生具有指定特征和一定功率的电信号送给换能器。最常见的信号是 CW 脉冲信号。图 15 - 2 所示是一个包含了 25 个周期的 CW 信号，它的频率是50 kHz，脉宽 $\tau T=25\div 50=0.5$ ms，其时域包络是一个矩形脉冲，傅立叶变换后可以看到信号的带宽约为 $50.9-49.1=1.8$ kHz。

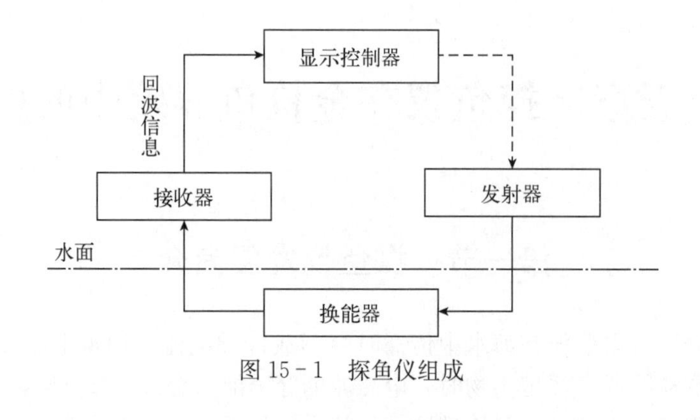

图 15-1　探鱼仪组成

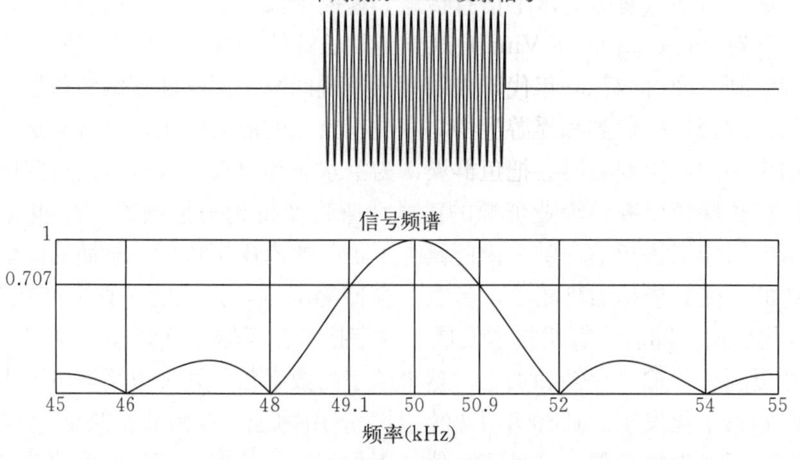

图 15-2　探鱼仪的探测信号

换能器将电信号转换为声信号向水下发射，当遇到目标时，部分能量变为回波反射回来，被换能器接收转换回电信号。假设目标距离换能器 R，水中声速 c，声波从发射到接收经历的路程即为 $2R$，经历的时间 $te=2R/c$，通过测量时间可以获得目标的距离。

声波在水中传播，加上水中的吸收衰减，目标回波到达换能器端时已经非常微弱。接收器的作用就是放大这些微弱信号，把接收到的信号动态压缩到一定范围，方便后续的信号处理。信号处理部分一般包括 FIR 滤波、匹配滤波等，对于分裂波束探鱼仪还会有角度估计、单体目标识别、目标跟踪等处理。

显示控制器部分主要提供操作功能和显示功能。早期的探鱼仪是黑白显示的，目标强度不好区分。现在探鱼仪的显控部分包含具有数据处理能力的处理器，能够对数据进行加工，将处理结果通过多种形式表现在彩色监视器上。通过适当的处理和后续操作人员的分析，探鱼仪不仅可估计是否有鱼群，甚至可以估计鱼群的数量和大小。

第三节　鱼的目标强度

目标强度用来反映回波信号的强弱，它定义为：距离目标声学中心 1 m 处，由目标反射回来的声强与入射平面波声强之比的分贝数。其表达式为：$TS=10\lg(Ir/Ii)$。式中 Ir 为在 1 m 处的回波强度，Ii 为入射声波的强度。声学中心是指在目标以内或以外的一个虚拟参考点。目标可看作是再辐射的点声源，这一虚构的点源，即为声学中心。由于目标回波不仅能反映目标的存在，而且能反映目标的几何形状、类别和组成材料等信息，因而目标强度对于水下信号检测与目标识别具有重要的价值。

声波在不同介质的表面发生反射，设介质密度和声速分别为 ρ 和 v，则第一种介质和第二种介质的波阻抗分别为 $Z_1=\rho_1 v_1$ 和 $Z_2=\rho_2 v_2$，其反射波声压与入射波声压之比定义为反射系数 R，$R=\dfrac{\dfrac{Z_2}{\cos\theta_2}-\dfrac{Z_1}{\cos\theta_1}}{\dfrac{Z_2}{\cos\theta_2}+\dfrac{Z_1}{\cos\theta_1}}$，在垂直入射的情况下，入射角 θ_1 和折射角 θ_2 均为 0，反射系数可写为 $R=(Z_2-Z_1)/(Z_2+Z_1)$。如图 15 - 3 所示，对于鱼类，鱼肉的声速和密度和水比较接近，因此反射较弱；而鱼鳔内有空气，空气的声速为 340 m/s，密度为 1.293 kg/m^3，近似全反射，因此对于有鳔鱼类，主要目标强度是鱼鳔贡献的。

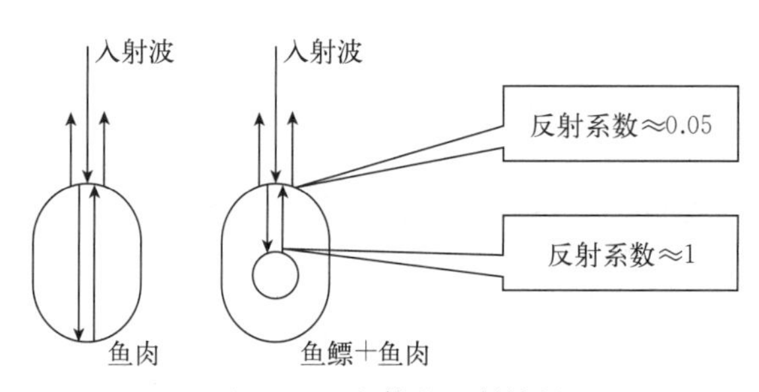

图 15 - 3　鱼体的反射特性

鱼类目标强度测定主要可以分为实验测定和模型估计两类方法。实验测定分为固定鱼体和活鱼两类，固定鱼体实验一般选择麻醉或者死掉的鱼，使用专用的装置（Simmonds et al.，2008），如图 15 - 4 所示，通过调整角度，可以测量到鱼体不同倾角下的目标强度。这类方法的优点是可以精确测量鱼体的目标强度，但是固定鱼的生理状态发生了改变，可能会对目标强度测量结果的准确性产生影响。

活体鱼测量一般在网箱内进行，对网箱内的鱼进行连续观测，通过相机采集鱼的倾角或其他行为参数。这类方法的优点是鱼更接近自然状态，在测量目标强度的同时，可以观测到鱼类聚集对目标强度的影响，统计在游泳状态下倾角的变化情况。

影响鱼类目标强度的因素有很多，主要的因素包括鱼鳔的大小和形状、鱼体的长度、鱼体的倾角。有些因素是互相关联的，比如鱼体长度和鱼鳔

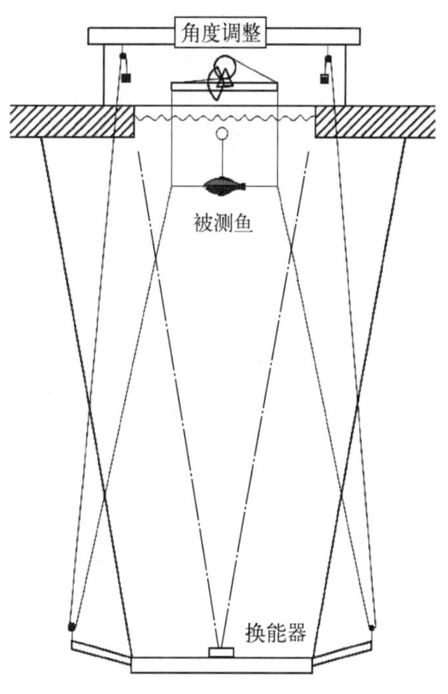

图 15 - 4　测量鱼体目标强度装置

的大小，在使用实验测定时很难独立控制这些因素。模型估计法将鱼类近似为规则的几何形状，通过声波散射的计算对目标强度进行理论近似估计。与实验测定法相比，模型估计方法简单灵活，成本低，近些年应用较多。在低频时（几 kHz，接近鱼鳔共振频率），有鳔的鱼类声散射主要来自充气的鱼鳔，此时可以用一个椭球来作为单体鱼的散射模型，把鱼鳔看作嵌入黏性液体中的气泡，而把鱼肉看成黏性液体。椭球模型计算简单，且在低频时球形的变化不会过大改变散射特性，但大部分探鱼仪的工作频率较高（38～333 kHz），远超过鱼鳔的共振频率，此时一部分能量在鱼体的表面散射，另一部分能量继续前进并形成多次反射，这造成高频段鱼体的反向散射模型建模比较困难。有些模型把鱼体和鱼鳔分别近似为简单的形状，但这些模型只在个别情况下有效。目前探鱼仪在小入射角下符合较好并应用较多的是利用基尔霍夫近似建立的声学模型，例如基尔霍夫射线模型（kirchhoff ray model，KRM）。如图 15 - 5 所示，KRM 模型把鱼体看作一系列充液柱体的组合，把鱼鳔看作一系列充气圆柱体的组合，并假设两部分散射相叠加，得到总体的目标强度（Medwin et al.，1997）。

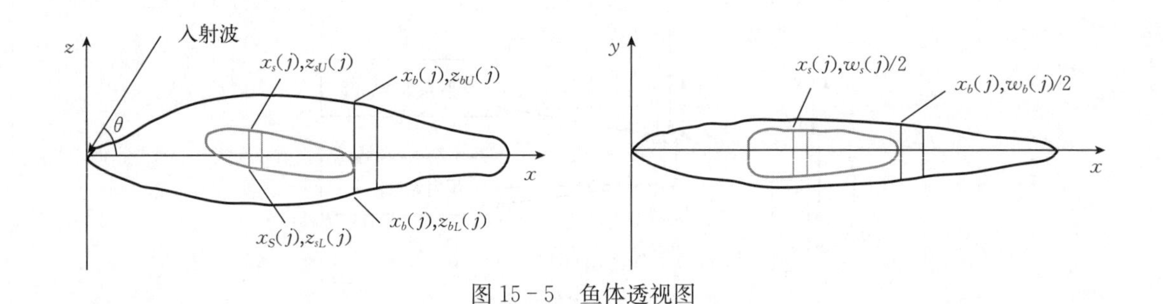

图 15 - 5　鱼体透视图

根据 KRM 模型，需要获得鱼体的相应参数。其轮廓参数一般是通过鱼体的 X 光影像进行图像处理后获取的。如图 15 - 5 所示，将鱼体和鱼鳔作等距离垂直切片，鱼体第 j 个元素坐标为：$x_b(j)$，$z_{bU}(j)$，$z_{bL}(j)$，$w_b(j)/2$，鱼鳔的坐标为：$x_s(j)$，$z_{sU}(j)$，$z_{sL}(j)$，$w_s(j)/2$。基尔霍夫计算中面积指目标面积在入射平面波参考面上的投影，将 $x-z$ 坐标旋转到 $u-v$ 坐标系：

$$u(j)=x(j)\sin\theta-z(j)\cos\theta$$

$$v(j)=x(j)\cos\theta+z(j)\sin\theta$$

鱼鳔散射长度为：

$$L_s\approx -i\frac{R_{bs}(1-R_{wb}^2)}{2\sqrt{\pi}}\sum_{j=1}^{N_s-1}A_{sb}\left[(k_b a_j+1)\sin\theta\right]^{\frac{1}{2}}\mathrm{e}^{-i(2k_b v_j+\psi_p)}\Delta u_j$$

其中：N_s 为鱼鳔切片数量，R_{bs} 为鱼体鱼鳔的界面反射系数，R_{wb} 为水与鱼体的界面反射系数，$k_b=2\pi f/C_b$，C_b 为鱼肉中声速，$\Delta u_j=[x(j+1)-x(j)]\sin\theta$，$a_j=[w(j+1)+w(j)]/4$，$v_j=[v_{sU}(j+1)+v_{sU}(j)]/2$，$A_{sb}\approx\frac{ka_j}{ka_j+0.083}$，$k\approx k_b$，$\psi_p\approx\frac{ka_j}{40+ka_j}-1.05$。

鱼体的散射长度为：

$$L_b \approx -i\frac{R_{wb}}{2\sqrt{\pi}}\sum_{j=0}^{N_b-1}(k_w a_j)^{\frac{1}{2}}\left[e^{-i2k_w v_{Uj}} - T_{wb}T_{bw}e^{-i2k_w v_{Uj}+i2k_b(v_{Uj}-v_{Lj})+i\psi_b}\right]\Delta u_j,$$

其中：N_b 为鱼体切片数量，$k_w=2\pi f/C_w$，C_w 为水中声速，$T_w bT_{bw}=1-R_{wb}^2$，$\psi_b=-\frac{\pi k_b z_U}{2(k_b z_U+0.4)}$。

整条鱼的散射长度：$L=L_b+L_s$。目标强度取决于散射声波的横截面，后向散射截面 $\sigma_{bs}=L^2$，目标强度为 $TS=10\lg\sigma_{bs}=20\lg L$。

利用 KRM 模型，对图 15－5 中的鱼体目标强度进行计算，使用参数和计算结果如表 15－1 所示。

表 15－1　计算结果和使用参数

参数	数值
工作频率	120 kHz
体长	330 mm
鱼肉密度	1 070 kg/m³
鱼肉中声速	1 570 m/s
鱼鳔密度	1.24 kg/m³
鱼鳔中声速	345 m/s
海水密度	1 030 kg/m³
海水中声速	1 490 m/s

我们要了解鱼类目标强度和长度的关系，通常会将目标强度表示为体长对数的线性函数 $TS=a\lg(L)+b$。这是一个很粗略的近似，但已被证明非常有用，且可以很方便地应用在实际计算中。以图 15－6 中的鱼体为例，目标强度 TS（dB）和体长 L（cm）的关系可以表示为 $TS=18.34\lg(L)-62.3$，其中系数 a 的 95%置信区间为［17.89，18.79］，系数 b 的 95%置信区间为［－62.99，－61.62］。

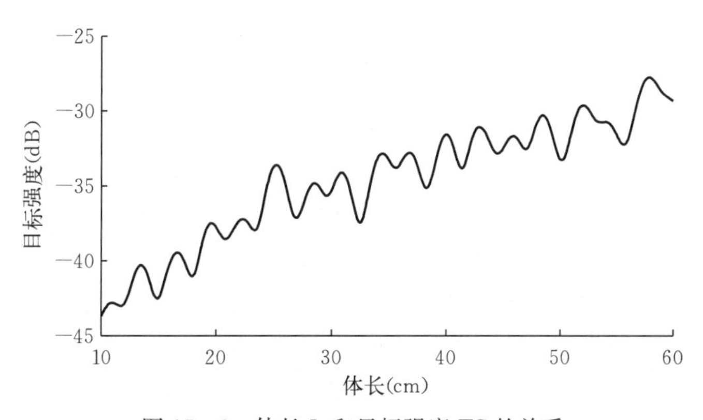

图 15－6　体长 L 和目标强度 TS 的关系

第四节　目标强度测量

测量目标强度时首先需要考虑水中声场的分布和变化。当声波在水中传播时，随着传播距离增加，声强呈指数减弱，为了测量目标强度，需要对这类传播损失进行计算和补偿。

首先是波阵面的几何扩展。当波阵面向外传播时，由于总能量固定，随着声波向更大空间传播，单位面积上的功率随着传播不断减小，在远场区其强度符合平方反比定律即 I=I0/R2。第二个是媒质吸收，它将声能量转化为了热能。媒质吸收作用可以用吸收系数 α 来描述，吸收系数与声波的频率、水温、盐度相关。由于传播损失与距离相关，而目标距离与时间相关，因此这部分补偿功能被称作时变增益（time varied gain，TVG）。由于声音传播的距离是目标距离的 2 倍，所以垂直探鱼仪目标强度补偿函数一般为 TVG（R）$=40\lg R+2\alpha R$（Waite，2002）。

声源在不同方向上的辐射本领被称为指向性。一个点声源发出的声波是无指向性的，即在各个方向上的辐射本领都一样。如果在这个点声源一个波长 λ 的距离处有一个相关声源，那两个声源发出的声波会形成干涉，同相位的地方振幅增加一倍，相位相反的位置振幅为零。如图 15－7 所示，在垂直辐射面的方向，辐射本领最强（白色），偏离后减弱。当偏离角度超过一定数值后，辐射本领降到最小（黑色），继续偏离，辐射本领又继续增强。

图 15－7　相距 λ 的两个点声源形成的声波干涉图像

这个图像类似一个花瓣，将各点声波的强度在极坐标中表示，就得到了指向性图，如图 15－8 所示，声轴方向的称为主瓣，两边的称为副瓣。

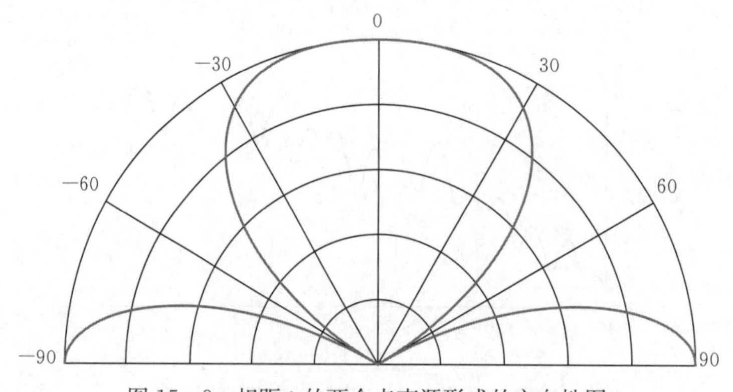

图 15－8　相距 λ 的两个点声源形成的方向性图

显然目标处在不同角度对应的换能器灵敏度不同，为了精确测量目标强度，需要根据目标所处的位置对指向性进行补偿：$TS(\alpha, \beta)=TS(0, 0)+B(\alpha, \beta)$，其中 $TS(0, 0)$ 是由声功率计算得到的目标强度，$B(\alpha, \beta)$ 为补偿函数，α 为入射波与换能器横轴夹角，β 为入射波与换能器纵轴夹角。对于垂直探鱼仪最常用的圆盘形换能器，假设其直径为 D，其理论波束指向性 G 为一阶贝塞尔函数 $J1$，在声轴方向辐射本领最强 $G=1$，归一化后的指向性函数为：

$$G(\theta)=\frac{2J_1\left(\frac{\pi D}{\lambda}\sin\theta\right)}{\frac{\pi D}{\lambda}\sin\theta}$$

探鱼仪换能器一般都是收发合置，即接收指向性与发送指向性一样，因此圆盘形换能器的补偿函数为：

$$B(\theta)=40\lg\left(\frac{2J_1\left(\frac{\pi D}{\lambda}\sin\theta\right)}{\frac{\pi D}{\lambda}\sin\theta}\right)$$

其中 $\theta=\tan^{-1}(\sqrt{\tan^2\alpha+\tan^2\beta})$。

目标强度估计是针对单体鱼的，因此在估计前应该区分单体鱼回声和由两条或者多条鱼叠加的回声。在鱼群密度较低的理想情况下，单体回波可以在距离上进行分割。但实际上，即使鱼群密度较低，鱼也不一定均匀分布，可能在某个区域内密度较高，而形成回波叠加。多个目标形成的干涉回波会对目标强度估计精度造成很大的影响，这就需要建立一个单体目标判别标准。早期的判别标准有幅度、脉宽和回波包络的形状，随着分裂波束技术引入，增加了回波内相位抖动标准，大大提高了近距离重叠回波的拒绝能力。但相位抖动只针对单频探鱼仪，对于新型的宽带分裂波束探鱼仪，由于发射信号的相位本身是时变的，所以无法使用该方法。考虑到单体的尺度很小，回波的角度应在小范围内变化，而不同角度的多目标干涉会引起回波内角度的变化，因此宽带探鱼仪可以使用回波内角度标准差作为单体判断标准。

幅度筛选：对回波信号的传播损失进行补偿，确定目标角度后再对波束指向性进行补偿，可以得到目标强度的准确估计值。通过对鱼体的目标强度测量或模型分析，可以获得需要测量鱼类的目标强度范围，显然通过目标强度的筛选可以快速排除不是单体的信号。由于鱼的目标强度和鱼鳔的大小、鱼鳔的形状、鱼体的体长、声波入射角等很多因素相关，所以单体鱼的目标强度范围很大，幅度筛选能够提供的区分能力非常有限，需要做进一步处理。

（1）距离分割。在幅度筛选的基础上去除距离过近的目标，距离分割能力与探鱼仪的距离分辨率相关。此外，当两个目标距离过近时，回波会发生重叠，可以通过回波宽度排除这些重叠的回波。回波的宽度一般以信号包络的半功率点作为起始和结束位置，因此最小值一般设置在 $0.5\tau T$ 左右。由于鱼体的尺度较小，回波展宽有限，所以最大值一般设置为 $1.5\tau T$ 左右。

（2）回波特征。当鱼群密度较高时，鱼体间隔小于探鱼仪的最小可分辨距离，脉宽限制条件也可能失效，需要选择其他特征拒绝这类回波。具体的方法包括回波包络形状的判断、回波内的相位标准差判断和回波内角度标准差判断。回波内的相位标准差是窄带分裂波束探鱼仪单体识别的经典方法（Soule et al.，1997），对于宽带分裂波束探鱼仪可以利用回波宽度内角度标准差进行判断，大于某个阈值拒绝该信号。回波内角度标准差 θ_{dev} 可以通过设置有一定距离宽度的滑动窗进行计算：$\theta_d ev=\sqrt{\frac{\sum_{i=1}^{N}(\hat{\theta}_1-\bar{\theta})^2}{N-1}}$，其中 N 为回波脉宽内的采样点数，$(\bar{\theta})$ 为回波内角度均值，$\hat{\theta}_1$ 为第 i 个窗口的短时角度估计值。

如图 15－9 所示，由于单体鱼姿态的变化，会造成单体目标强度的变化。为了获取更准确的估计值，可以在完成单体识别后对该单体进行跟踪，找到最大值作为目标强度的最终估计值。

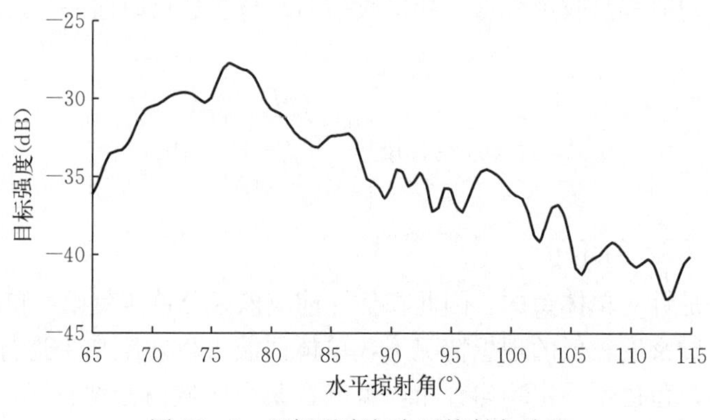

图 15－9　目标强度与水平掠射角关系

第五节　网箱内金枪鱼监测方法

金枪鱼养殖在圆形网箱内，并在网箱内不停绕圈游泳。通过在网箱内部署分裂波束探鱼仪，对波束范围内的金枪鱼进行单体识别和目标强度估计，进行较长时间的观测，从而得到网箱内金枪鱼的目标强度分布情况和平均目标强度，并利用体长反演，估计金枪鱼的生长情况。通过回波计数或者回波积分的方法，对波束内金枪鱼的数量进行估计；通过多目标跟踪，可以估计出波束内金枪鱼的游泳速度；由于网箱的空间已知，也可以由此推算出网箱内金枪鱼的数量。

一、目标距离估计

探鱼仪通过测量回波到达经历的时间估计目标的距离。使用 CW 脉冲信号探测时，设 c 为水中声速，τT 为发射脉宽，水中有两个靠近的点目标，第一个目标回波到达时刻 $t_1=2R_1/c$，并持续到 $t_1+\tau T$ 时刻，第二个目标如果要和第一个目标能够区分，应满足 $t_2=2R_1/c>t_1+\tau T$，即目标距离间隔应满足 $\Delta R=R_2-R_1>c\tau T/2$。实际上，由于目标具有一定的尺度，会引起回波展宽，所以分辨率会有所下降。一般以接收信号包络的半功率点作为脉宽的起始和结束位置，当选取 1 ms 发射脉宽时，忽略回波展宽，则 CW 信号下探鱼仪的最小可分辨距离约为 750 mm。想要提高目标的距离分辨能力，必须使用更短的发射脉宽，这和探鱼仪的作用距离是矛盾的。

宽带探鱼仪一般使用线性调频信号（LFM 信号，也称 Chirp 信号）作为探测信号，LFM 信号的解析表示为：$s(t)=\mathrm{rect}\left(\frac{t}{\tau_T}\right)A\mathrm{e}^{j2\pi\left(f_c t+\frac{K}{2}t^2\right)}$，其中 A 为信号幅度，f_c 为载波频率，τ_T 为脉宽，$\mathrm{rect}\left(\frac{t}{\tau_T}\right)$为矩形函数，调频斜率 $K=\frac{B}{\tau_T}$，B 为带宽（图 15-10）。信号的傅立叶变换为：

$$
\begin{aligned}
S(f) &= A\int_{-\infty}^{+\infty}\mathrm{rect}\left(\frac{u}{\tau}\right)\mathrm{e}^{j\pi Kt^2}\,\mathrm{e}^{-j2\pi ft}\,\mathrm{d}t \\
&= A\int_{-\tau/2}^{\tau/2}\exp\left[j\pi K\left(t^2-\frac{2f}{K}t+\frac{f^2}{K^2}\right)\right]\exp\left(-j\pi K\frac{f^2}{K^2}\right)\mathrm{d}t \\
&= A\exp\left(-j\pi\frac{f^2}{K}\right)\int_{-\tau/2}^{\tau/2}\exp\left[j\pi K\left(t-\frac{f}{K}\right)^2\right]\mathrm{d}t
\end{aligned}
$$

令 $x=\sqrt{2K}\left(t-\frac{f}{K}\right)$，则简化为：$S(f)=\frac{A}{\sqrt{2K}}\exp\left(-j\frac{\pi}{K}f^2\right)\int_{-U_2}^{U_1}\cos\left(\frac{\pi x^2}{2}\right)+j\sin\left(\frac{\pi x^2}{2}\right)\mathrm{d}x$。

积分上下限分别为：$U_1=\sqrt{2K}\left(\frac{\tau}{2}-\frac{f}{K}\right)=\sqrt{\frac{B\tau}{2}}-\sqrt{\frac{2}{K}}f$，$U_2=\sqrt{2K}\left(\frac{\tau}{2}+\frac{f}{K}\right)=\sqrt{\frac{B\tau}{2}}+\sqrt{\frac{2}{K}}f$。利用菲尼尔积分及其性质：$c(U)=\int_0^U\cos\left(\frac{\pi x^2}{2}\right)\mathrm{d}x$，$s(U)=\int_0^U\sin\left(\frac{\pi x^2}{2}\right)\mathrm{d}x$，$c(-U)=-c(U)$，$s(-U)=-s(U)$。

$$
S(f)=\frac{A}{\sqrt{2K}}\exp\left(-j\frac{\pi}{K}f^2\right)\{[c(U_1)+c(U_2)]+j[s(U_1)+s(U_2)]\}
$$

$$
B\tau\gg 1,\ S(f)\approx\frac{A}{\sqrt{K}}\mathrm{rect}\left(\frac{f}{B}\right)\exp\left(-j\frac{\pi}{K}f^2+j\frac{\pi}{4}\right)
$$

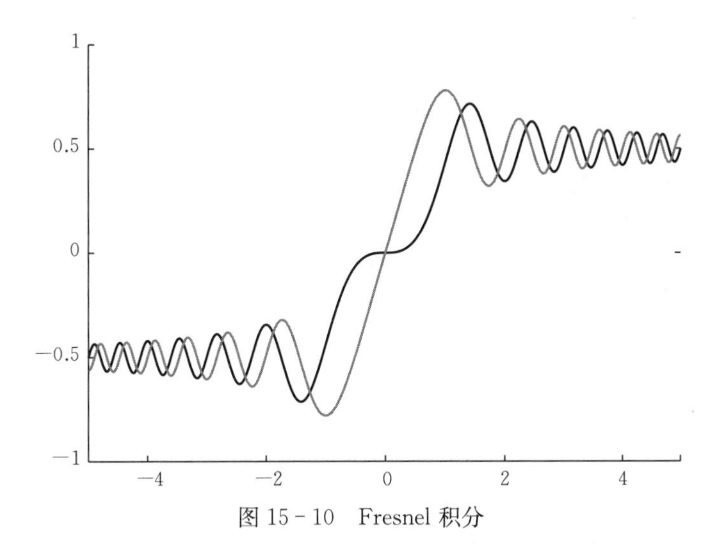

图 15-10　Fresnel 积分

图 15-11 所示是一个 LFM 信号，中心频率 50 kHz，带宽 30 kHz，脉宽 2 ms，傅立叶变换后可以看到信号频域包络近似为一个 35 kHz 到 65 kHz 的矩形脉冲。

相比窄带探鱼仪，宽带探鱼仪性能有很大提升，重要的一点是得益于匹配滤波器。根据匹配滤波器原理，即某一时刻 $t=t_0$ 时滤波器输出端信号的瞬时功率与噪声的平均功率之比

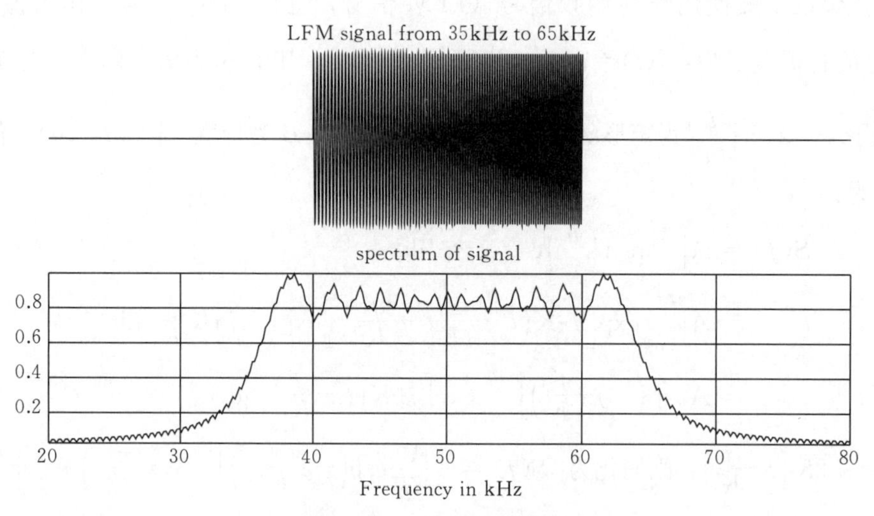

图 15-11　LFM 探测信号

最大，在分析时令 $t_0=0$，去除信号载波，LFM 信号的匹配滤波器为 $h(t)=s(-t)=\mathrm{rect}\left(\frac{\tau_T}{T}\right)\mathrm{e}^{-j\pi Kt^2}$，匹配滤波后的输出为：

$$
\begin{aligned}
s_o(t) &= \int_{-}^{\infty} \infty s(u)h(t-u)\mathrm{d}u \\
&= \int_{-}^{\infty} \infty h(u)s(t-u)\mathrm{d}u \\
&= \int_{-}^{\infty} \infty \mathrm{rect}(\frac{u}{\tau_T})\mathrm{e}^{-j\pi Ku^2}\mathrm{rect}(\frac{t-u}{\tau_T})\mathrm{e}^{j\pi K(t-u)^2}\mathrm{d}u
\end{aligned}
$$

当 $0\leqslant t\leqslant\tau_T$ 时，

$$
\begin{aligned}
s_o(t) &= \int_{t-\frac{\tau_T}{2}}^{\frac{\tau_T}{2}} \exp(j\pi Kt^2)\exp(-j2\pi Ktu)\mathrm{d}u \\
&= \exp(j\pi Kt^2)\frac{\exp(-j2\pi Ktu)}{-j2\pi Kt}\Bigg|_{t-\frac{\tau_T}{2}}^{\frac{\tau_T}{2}} \\
&= -\frac{1}{j2\pi Kt}[\exp(j\pi Kt^2-j\pi Kt\tau_T)-\exp(-j\pi Kt^2+j\pi Kt\tau_T)] \\
&= \frac{\sin(\pi Kt\tau_T-\pi Kt^2)}{\pi Kt}
\end{aligned}
$$

当 $-\tau_T\leqslant t\leqslant 0$ 时，

$$
\begin{aligned}
s_o(t) &= \int_{-\frac{\tau_T}{2}}^{t+\frac{\tau_T}{2}} \exp(j\pi Kt^2)\exp(-j2\pi Ktu)\mathrm{d}u \\
&= \exp(j\pi Kt^2)\frac{\exp(-j2\pi Ktu)}{-j2\pi Kt}\Bigg|_{-\frac{\tau_T}{2}}^{t+\frac{\tau_T}{2}} \\
&= -\frac{1}{j2\pi Kt}[\exp(-j\pi Kt^2-j\pi Kt\tau_T)-\exp(j\pi Kt^2+j\pi Kt\tau_T)] \\
&= \frac{\sin(\pi Kt\tau_T+\pi Kt^2)}{\pi Kt}
\end{aligned}
$$

合并得：$s_o(t)=\tau_T\dfrac{\sin\left[\pi K\tau_T\left(1-\dfrac{|t|}{\tau_T}\right)t\right]}{\pi K\tau_T t}\mathrm{rect}\left(\dfrac{t}{2\tau_T}\right)$，显然在 $t\ll\tau_T$ 时，$s_o(t)\approx\tau_T\sin c(Bt)\ \mathrm{rect}\left(\dfrac{t}{2\tau_T}\right)$，归一化后 $s_o(t)$ 的包络如图 15－12 所示：

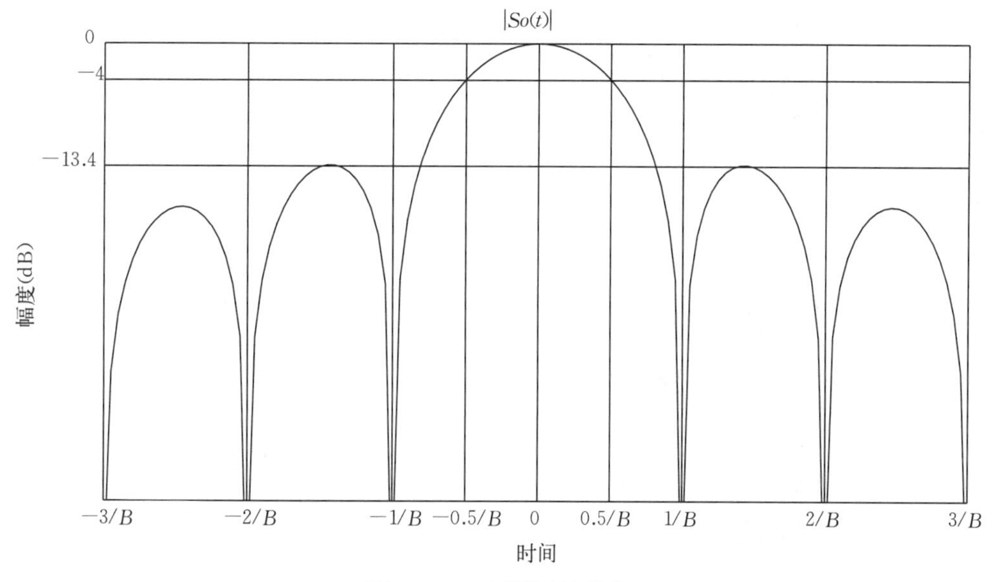

图 15－12　匹配滤波输出

它的－4 dB 宽度约为 $1/B$，第一旁瓣高度约为－13.4 dB。因此对于匹配滤波后的输出，分辨率为 $\Delta R=c/2B$。可见 LFM 信号的分辨率和发射脉宽无关，探鱼仪可以在不损失距离分辨率的情况下通过增加发射脉宽来提高作用距离，这样的过程被称为脉冲压缩。例如选取一个带宽为 30 kHz 的 LFM 信号，其脉冲压缩后对点目标的最小可分辨距离约为 25 mm。

图 15－13 为消声水池中使用宽带分裂波束探鱼仪进行的距离分辨能力测试。两个 36 mm 合金小球沿着声轴方向吊放并不断靠近，使用中心频率 70 kHz、带宽 30 kHz 的 LFM 信号探测目标，观察未压缩和脉冲压缩后的目标分辨效果。在距离 270 mm 时，未作脉冲压缩和压缩后的数据均能区分出两个目标。当距离靠近到 195 mm 时，两个回波开始重叠，未作压缩无法区分目标个数。当距离靠近到 50 mm 时，信号基本重叠，但仍可以通过脉冲压缩后的输出进行区分，试验结果和理论计算符合。

二、目标角度估计

测量目标的角度是分裂波束技术探鱼仪的核心功能。分裂波束探鱼仪将换能器分为 4 个象限，发射时并联，接收时四个象限独立接收，由于回波到达不同象限换能器存在时差，以此确定目标在波束中的位置。如图 15－14 所示是一个中心频率 70 kHz 的分裂波束基阵，由 136 个基元排布而成。

基阵的指向性如图 15－15 所示，在声速 1 500 m/s 时波束宽度约 6.2°。相对于正方形基阵，由于少了四个角，等效于水平和垂直方向进行了加权，使得该基阵的旁瓣级很低，理论值约为－25 dB，这对于精确角度估计是很有帮助的。

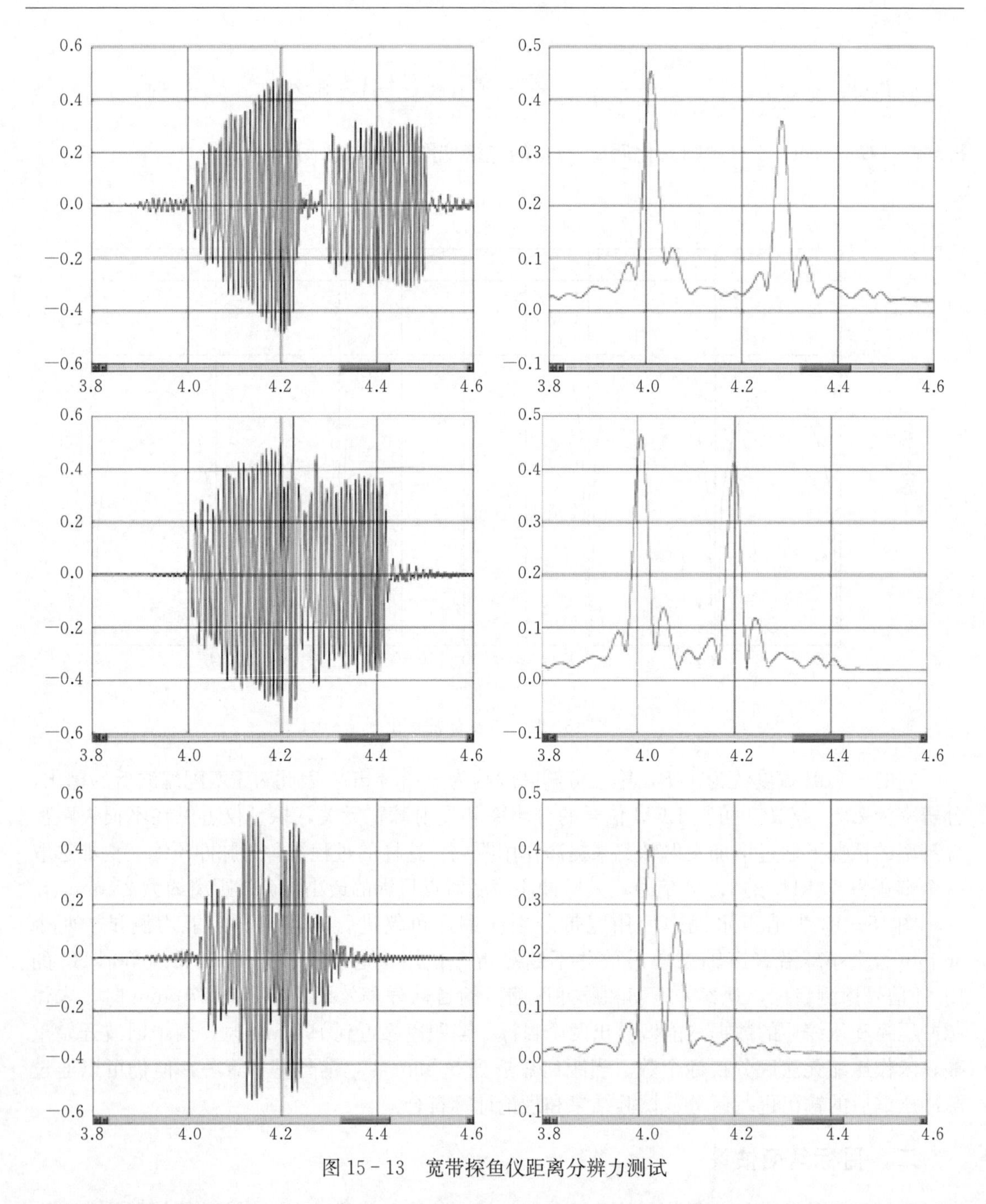

图 15 - 13　宽带探鱼仪距离分辨力测试

如图 15 - 16 所示，A、B 两个子阵由 $2M$ 个阵子构成，阵元间距 d。由 1 到 M 个阵元输出求和得到左波束 $x_A(t)$，由 $M+1$ 到 $2M$ 的阵元求和后得到右波束 $x_B(t)$。显然 $x_A(t)$ 和 $x_B(t)$ 间的相对时延对应了信号入射角 θ。

对于窄带分裂波束探鱼仪，设输入单频信号为 $e^{j2\pi ft}$，则左波束 $x_A(t)=\sum_{k=1}^{M}e^{j2\pi ft+j(k-1)\varphi}$，其中 $\varphi=2\pi f\dfrac{d\sin\theta}{c}=\dfrac{2\pi d}{\lambda}\sin\theta$，$x_B(t)=\sum_{k=M+1}^{2M}e^{j2\pi ft+j(k-1)\varphi}=x_A(t)e^{M\varphi}$。A、$B$ 两子阵相位差

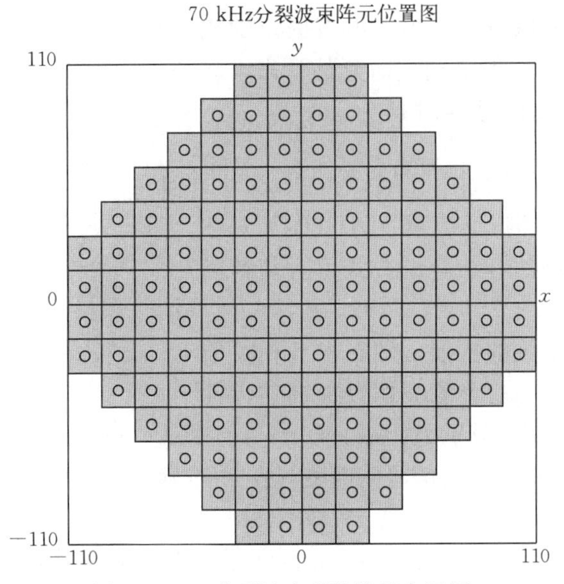

图 15-14　分裂波束基阵阵元布置图

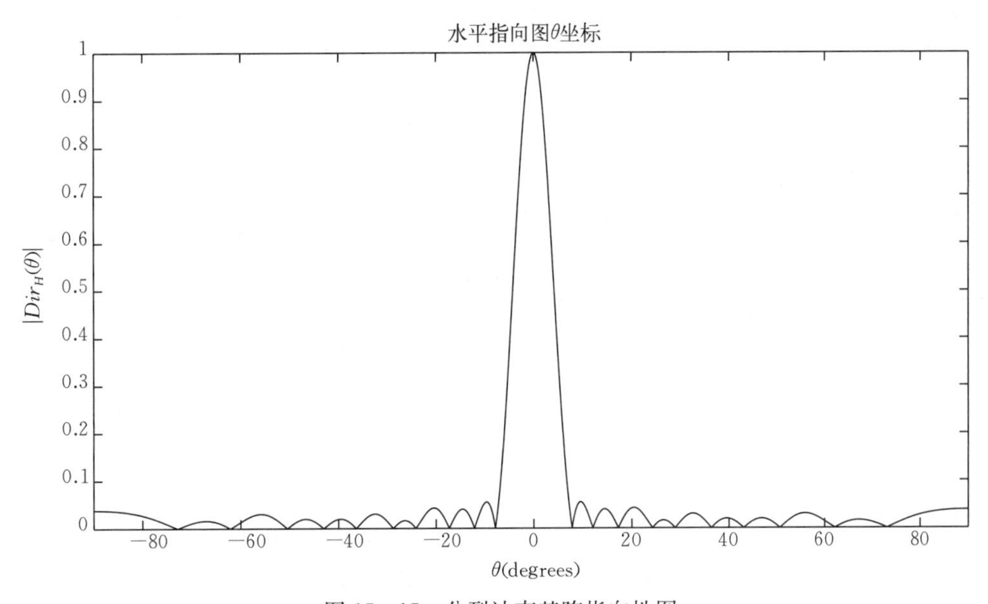

图 15-15　分裂波束基阵指向性图

$\varphi_{AB}=M\varphi=\frac{2\pi D}{\lambda}\sin\theta$，$D=Md$ 为两个子阵的声中心间距。对上式两边求增量得 $\Delta\varphi_A B=\frac{2\pi D}{\lambda}\cos\theta\Delta\theta$，测向误差 $\Delta\theta=\frac{1}{2\pi}\frac{\lambda}{D\cos\theta}\Delta\varphi_A B$。可见，在方位角 $\theta=0$ 时 $\cos\theta=1$，测向精度最高，在频率 f 固定条件下，D 越大，$\Delta\theta$ 越小，测向精度越高。以图 15-14 70 kHz 的分裂波束阵为例，$\frac{\lambda}{D}\approx0.28$，当相位误差 $\Delta\varphi_{AB}=1°$时，声轴处角度估计误差约为0.045°，可见分裂波

束定位的精度是很高的（李启虎 等，2007）。

对于宽带分裂波束探鱼仪，由于没有固定的相位差（$\varphi_A B$ 是时变的），一般是通过时延估计来求波达方向。设两子阵接收信号的时延为 τ_R，则 $\tau_R=\frac{D\sin\theta}{c}$。时延估计是水声信号处理的重要内容，这里介绍主要的两种方法，即广义互相关法（GCC）和互谱法（CSP），并通过两者结合的方式得到高精度的角度估计。

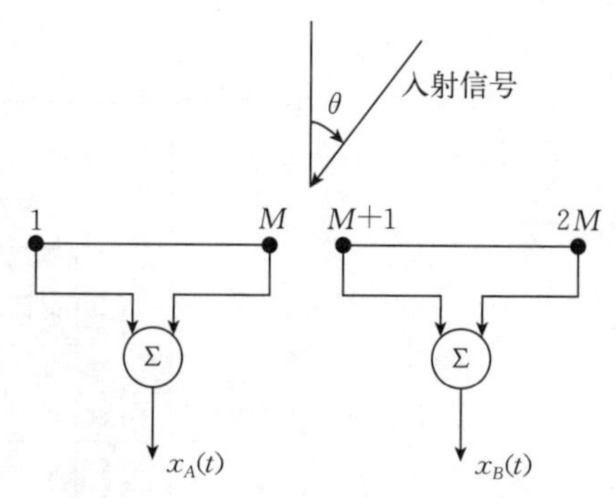

图 15-16　分裂波束基阵测向原理

广义互相关是互相关的扩展，即在求互相关前将两个信号各自通过一个前置滤波器以提高估计性能。设两子阵接收到的信号分别为：$x_A(t)=s(t)+n_A(t)$、$x_B(t)=a(t)s(t-\tau_R)+n_B(t)$。其中 $a(t)$ 为两子阵间信号的畸变，τ_R 为时延，$n_A(t)$、$n_B(t)$ 为信号噪声。则互相关函数为：$R_{x_Ax_B}(\tau)=E[x_A(t)x_B(t+\tau)]=a(t)R_{ss}(\tau-\tau_R)+R_{sn_B}(\tau)+a(t)R_{n_As}(\tau-\tau_R)+R_{n_An_B}(\tau)$。假设 $s(t)$、$n_A(t)$、$n_B(t)$ 相互独立且零均值，则：$R_{x_Ax_B}(\tau)=a(t)R_{ss}(\tau-\tau_R)$。如果两子阵性能一致且距离较近，则 $a(t)\approx1$，$R_{x_Ax_B}(\tau)=R_{ss}(\tau-\tau_R)$，对于自相关函数 $R_{ss}(0)$ 为最大值，因此 $R_{x_Ax_B}$ 达到最大值时的 τ 即为时延 τ_R 的估计值。依据 Wiener - Khintchine 定理：$R_{x_Ax_B}(\tau)=F^{-1}[G_{x_Ax_B}(\omega)]$，$G_{x_Ax_B}(\omega)$ 即 $x_A(t)$ 和 $x_B(t)$ 的互功率谱，其中互相关函数 $R_{x_Ax_B}(\tau)$ 是互功率谱 $G_{x_Ax_B}(\omega)$ 的傅立叶逆变换。信号分别通过权函数 $H_A(\omega)$ 和 $H_B(\omega)$ 的滤波器后，输出 y_A 和 y_B 的互功率谱为：$G_{y_Ay_B}(\omega)=G_{x_Ax_B}(\omega)H_A(\omega)H_B^*(\omega)$。$x_A(t)$ 和 $x_B(t)$ 的广义互相关定义为：$R_{y_Ay_B}(\tau)=F^{-1}[G_{y_Ay_B}(\omega)]=F^{-1}[G_{x_Ax_B}(\omega)H_A(\omega)H_B^*(\omega)]$，$R_{y_Ay_B}(\tau)$ 的峰值位置即为时延估计 $\hat{\tau}_{GCC}$。选择不同的函数会改变广义互相关函数的形状，常见的几种权函数如表 15-2 所示：

表 15-2　常见的几种权函数

权函数	权系数 $H_A(\omega)H_B^*(\omega)$	特性
互相关	1	信号噪声敏感
ROTH	$1/G_{x_Ax_A}(\omega)$ 或 $1/G_{x_Bx_B}(\omega)$	抑制高频噪声、展宽峰值
SCOT	$1/\sqrt{G_{x_Ax_A}(\omega)G_{x_Bx_B}(\omega)}$	类似 ROTH，同时考虑 A、B
PHAT	$1/\lvert G_{x_Ax_B}(\omega)\rvert$	白化滤波、主峰锐化

现在的探鱼仪都是使用数字处理的，采样间隔是量化的，在互相关算法时延估计分辨率取决于采样频率，而采样频率会受到硬件限制，因此尽管存在互相关峰值却不一定能准确估计，故暂且把互相关得到的时延估计 $\hat{\tau}_{GCC}$ 称为粗时延估计。为了得到更精确的估计值，一般会在相关峰取三个点，使用内插的方法求精确值。我们使用互相关法和互谱法结合的方式获得更精确的估计，下面介绍互谱法，对内插方法不做展开。

在理想传播条件下，$S_A(\omega)=S(\omega)=\int_{-\infty}^{+\infty}s(t)e^{-j\omega t}dt$、$S_B(\omega)=\int_{-\infty}^{+\infty}s(t-\tau_R)e^{-j\omega tdt}=S(\omega)e^{-j\omega\tau_R}$，原信号的互功率谱 $G_{s_As_B}(\omega)=S_A(\omega)S_B^*(\omega)=|S(\omega)|e^{j\omega\tau_R}$。两子阵接收信号的互功率谱为 $G_{x_Ax_B}(\omega)=X_A(\omega)X_B^*(\omega)=G_{s_As_B}(\omega)+G_{n_An_B}(\omega)=|S(\omega)|e^{j\omega\tau_R}+$

$N_A(\omega)N_B^*(\omega)$。在信噪比较高的情况下，即$|G_{s_As_B}(\omega)|\gg|G_{n_An_B}(\omega)|$，接收信号相位可以表示为$\varphi_{x_Ax_B}=\omega\tau_R+v(\omega)$，其中$v(\omega)$是噪声和畸变引起的相位随机起伏。$\varphi_{x_Ax_B}=\tan^{-1}\left\{\frac{\mathrm{Im}[G_{x_Ax_B}(\omega)]}{\mathrm{Re}[G_{x_Ax_B}(\omega)]}\right\}$。实际上我们是使用FFT来进行互功率谱计算，假设在信号频率范围内有N条谱线，对于第i条谱线有$\varphi_i=\omega_i\tau_R+v_i$。这里可以使用最小二乘法进行拟合得到$\tau_R$的最优估计：$\hat{\tau}_{\mathrm{CSP}}=\frac{\sum_{i=1}^{N}\omega_i\varphi_i}{\sum_{i=1}^{N}\omega_i^2}$，也可以使用无偏的等权平均$\hat{\tau}_{\mathrm{CSP}}=\frac{1}{N}\sum_{i=1}^{N}\frac{\varphi_i}{\omega_i}$。

分裂波束探鱼仪的子阵间距都比较大（$D/\lambda>1$），因此在θ角较大时，$\omega\tau_R$的变化范围会超过2π。互谱法的估计范围是$(-\pi,\pi)$，这时候就会产生相位模糊而使算法失效。这里使用的方法是先通过广义互相关法获得粗时延估计$\hat{\tau}_{\mathrm{GCC}}$，$\hat{\tau}_{\mathrm{GCC}}$是采样周期的整数倍，通过移动数据就可以将数据对齐，对齐后的时延误差在±0.5个采样周期内，再使用互谱法就可以获得无模糊的精确时延估计$\hat{\tau}_{\mathrm{CSP}}$，最终估计值为$\hat{\tau}=\hat{\tau}_{\mathrm{GCC}}+\hat{\tau}_{\mathrm{CSP}}$，波达方位角估计$\hat{\theta}=\sin^{-1}\frac{c\hat{\tau}}{D}$。

在换能器横向$\theta=1.82°$方向吊放直径36 mm的目标球，已知换能器子阵间距约76 mm，目标球深度4.35 m，测试水温13 ℃，声速约1 460 m/s。探测信号为中心频率70 kHz、带宽30 kHz的LFM信号，采样频率2 MHz，使用上述方法进行角度估计。

图15-17为两个通道的原始接收信号，由于目标到横向两子阵的声程差，可以看到接收信号存在时延。

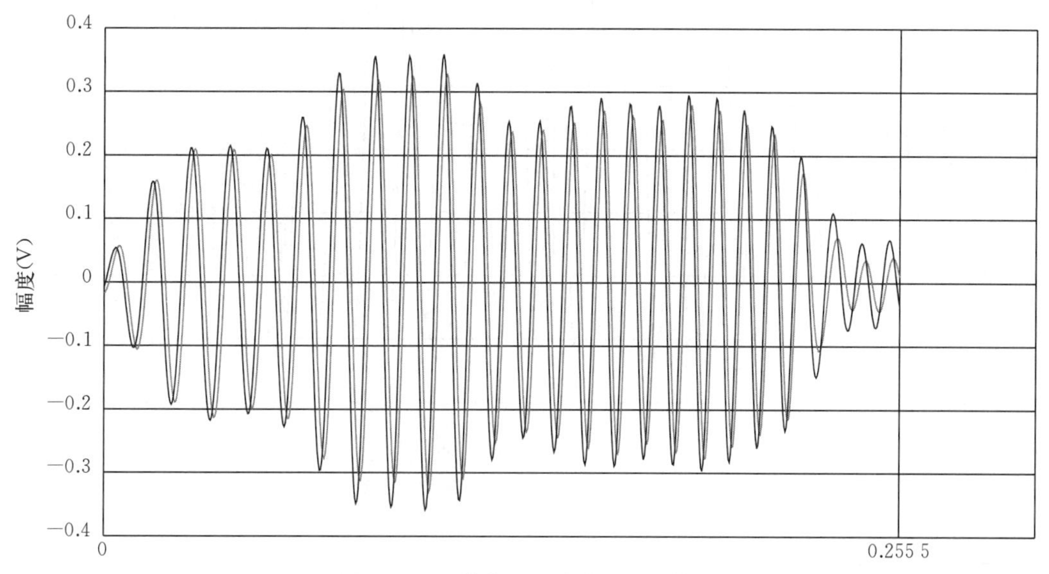

图15-17　横向两子阵接收原始信号

利用互相关求粗时延估计，结果如图15-18所示，峰值位置的时延为1.5 μs。

移动3个采样周期后进行粗时延对齐，如图15-19所示。

利用互谱法对对齐后的数据进行精确时延估计，如图15-20所示A线为功率谱包络，B线为相位角。精确时延值估计值为1.677 8 μs，估计角度为1.85°，误差0.03°。

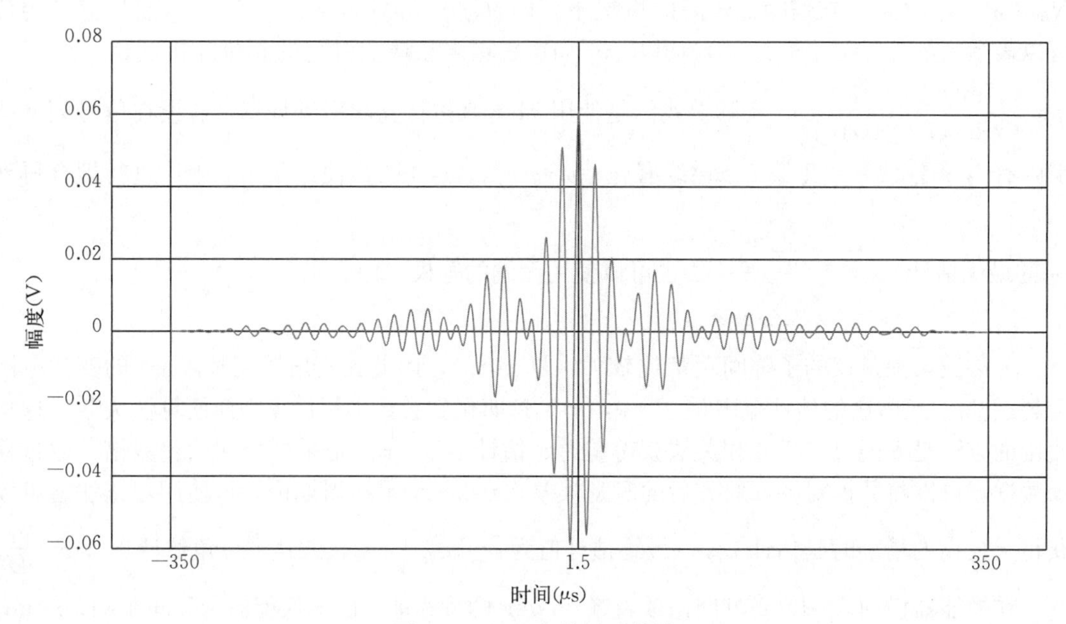

图 15-18　互相关时延估计

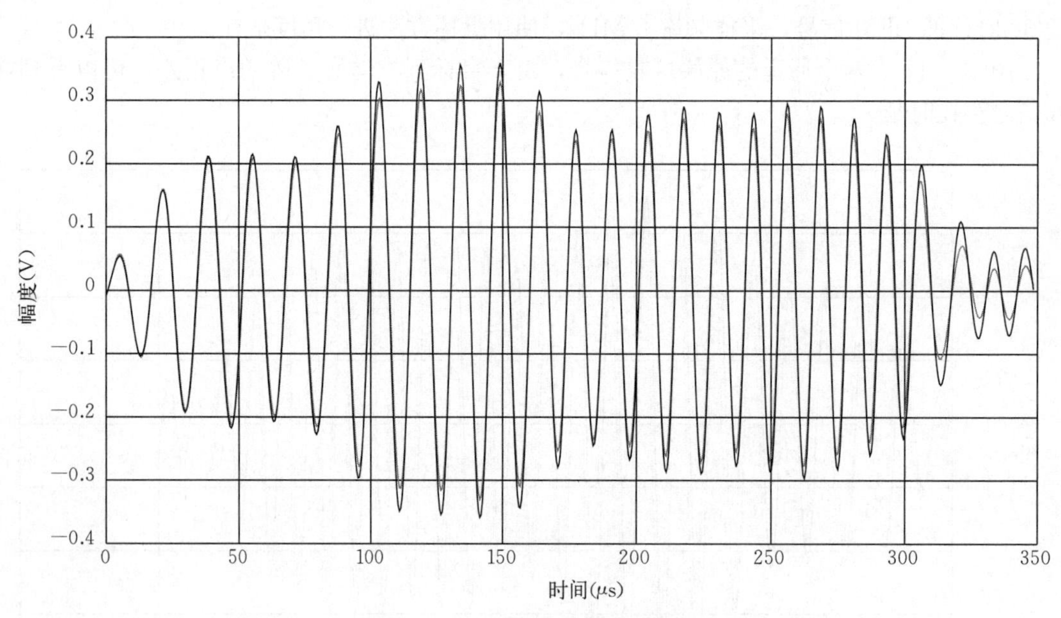

图 15-19　原始信号粗时延对齐

三、生物量估计

在鱼群密度较低时，鱼体间隔大于探鱼仪的距离分辨率，可以通过计数的方法直接数出鱼数。鱼群密度较高时，回波叠加可能超出声呐的距离分辨能力，此时可以通过回波积分的方法进行数量估计。回波积分建立在一个线性假设上，它指的是积分器的输出与具有相似声学特性目标的数量成正比（Foote et al.，1983）。

假设 t 时刻的鱼群回波是由 N 条鱼反射共同作用的结果，其中第 i 条鱼的回波幅度为

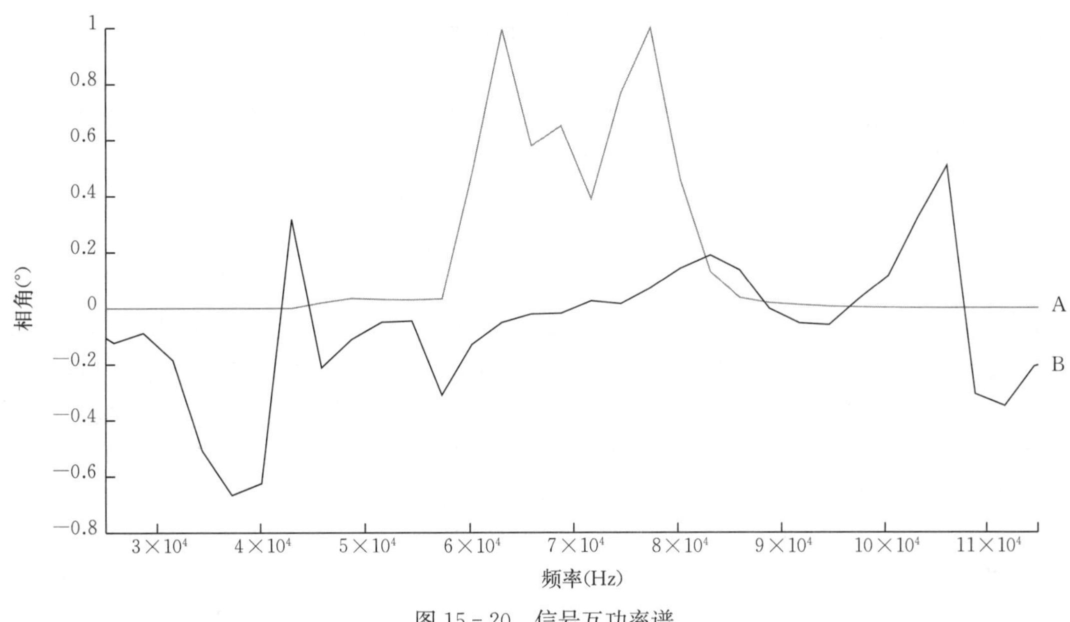

图 15-20　信号互功率谱

A_i，等效相位为θ_i，则包含 N 条鱼鱼群的回波幅度可以表示为$A_N=\sum_{i=1}^{N}A_i e^{j\theta_i}$，回波信号强度可以表示为 $I_N=A_N A_N^*=\sum_{m=1}^{N}A_m e^{j\theta_m}\cdot\sum_{n=1}^{N}A_n e^{-j\theta_n}$，信号强度的期望$\langle I_N\rangle=\sum\langle A_m A_n e^{j(\theta_m-\theta_n)}\rangle$。线性假设指的是：①鱼随机分布在采样体积内（在某一点出现的概率符合泊松分布），以确保每条鱼的回波相位相对随机；②鱼群在多次测量（多个 ping）时游动，每个 ping 都会产生新的随机相位集，此时上式中所有 $m\neq n$ 的项为 0，有$\langle I_N\rangle=\sum_{i=1}^{N}A_i^2$。对采样体积内的信号强度求和后得到回波能量 E，对单体鱼回波积分得到单体回波能量 e，多次测量后得到体积内回波能量均值 $\bar{E}$ 和单体均值 $\bar{e}$，当测量次数足够大时 $\bar{E}\approx\langle E\rangle=N\bar{e}$。此外，进行回波积分时忽略了鱼体对声波的吸收和多重散射，当鱼群密度很高或高阶的多次散射不可忽略时应对测试结果进行修正。

四、单体鱼跟踪

单体鱼跟踪是多目标跟踪（multi target tracking，MTT）在探鱼仪中的应用，其核心内容是滤波算法和数据关联。单体追踪将探鱼仪探测到的不同单体数据归类到各自的观测集中，一旦轨迹形成和确认，则跟踪的单体参数如位置、速度、加速度、单体目标强度等均可以估计出来。

在多目标跟踪前，首先建立单目标的跟踪方法。对于线性系统的运动方程可以表示为 $x_t=F_t x_{t-1}+B_t u_t+\omega_t$，其中 x_t 是 t 时刻的状态向量，这里包括鱼的位置坐标和速度；u_t 是系统输入向量，包括鱼的运动加速度和转向；F_t 是状态转移矩阵，将 $t-1$ 时刻的状态转换到 t 时刻状态；B_t 是控制输入矩阵，将 u_t 作用到状态向量上；ω_t 是预测的高斯噪声，均值为 0，协方差矩阵为 Q_t。测量方程可以写为 $z_t=H_tx_t+v_t$，其中 z_t 为测量值；H_t 为转移矩阵，将状态向量映射到测量空间；v_t 为测量的高斯噪声，均值为 0，协方差矩阵为 R_t。

运动模型建立后，需要对目标的轨迹进行滤波和外推，由于存在测量噪声和过程噪声，这就是一个统计估值的问题。卡尔曼滤波是一种线性最小方差统计估算方法，它通过处理一系列带有误差的实际测量数据而得到物理参数的最佳估算。利用卡尔曼滤波器对上述模型进行跟踪预测有，$\hat{x}_{t|t-1}=F_t\hat{x}_{t-1}+B_tu_t$，$\hat{x}_t=\hat{x}_{t|t-1}+K_t(z_t-H_t\hat{x}_{t|t-1})$，$P_t=P_{t|t-1}-K_tH_tP_{t|t-1}$，$K_t=P_{t|t-1}H_t^T(H_tP_{t|t-1}H_t^T+R_t)^{-1}$，其中 $\hat{x}_t$ 表示 t 时刻的状态估计，$\hat{x}_{t|t-1}$ 表示 $t-1$ 时刻到 t 时刻预测更新得到的预测值，P_t 为更新后状态向量的协方差矩阵，K_t 为卡尔曼增益（Bar - Shalom et al.，1995）。对于线性系统，卡尔曼滤波具有较高的精度，但如上所示，卡尔曼增益计算涉及矩阵求逆，当多目标实时跟踪时计算量较大，如果将增益固定，则能大大减少计算量。假设单体鱼在未受到刺激的状态下匀速运动，则目标的状态向量只包括位置和速度两项，使用 α、β 两个参数分别作为目标状态中的位置、速度分量的滤波增益，只要这两个参数选择得当，则进入稳态跟踪时的滤波精度和卡尔曼滤波精度相当。简化后的滤波器的迭代公式如下所示：$X_{pi}=X_{si-1}+V_{si-1}(t_i-t_{i-1})$、$X_{si}=X_{pi}+\alpha(X_{oi}-X_{pi})$、$V_{si}=V_{pi}+\beta(V_{oi}-V_{pi})$、$V_{oi}=(X_{oi}-X_{si-1})/(t_i-t_{i-1})$、$V_{pi}=(X_{pi}-X_{si-1})/(t_i-t_{i-1})$，初始条件 $X_{p0}=X_{s0}=X_{o0}$、$V_{p0}=V_{s0}=V_{o0}=0$，其中 X_{pi}、V_{pi} 分别为第 i 次回波中目标的预测位置和预测速度，X_{si}、V_{si} 分别为滤波后的估计位置和估计速度，X_{oi}、V_{oi} 为第 i 次回波中目标的实测位置和实测速度。需要注意的是在极坐标系下，虽然观测模型简单，但会引入为加速度，因此需要将位置向量和速度向量转换到直角坐标系。如图 15 - 21 所示，极坐标向直角坐标转换公式为：$x=r\sin\theta\cos\varphi$、$y=r\sin\theta\sin\varphi$、$z=r\cos\theta$。

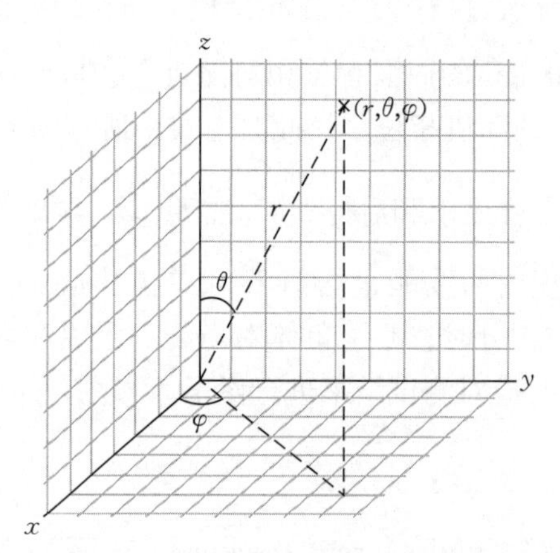

图 15 - 21　极坐标系转直角坐标系

在多个目标情况下，需要对多个目标进行跟踪，确定其轨迹，当获得目标位置的预测值后，以该预测值为中心进行空间搜索，这个空间的形状和大小应该使真实值有很大概率落入其中，同时有尽可能少的无关测量值，显然这个尺寸和预测精度有关。我们选择椭球形作为相关波门，x、y、z 方向的半轴长度分别为 a、b、c，令 $d^2=\frac{(x_{oi}-x_{pi})^2}{a^2}+\frac{(y_{oi}-y_{pi})^2}{b^2}+\frac{(z_{oi}-z_{pi})^2}{c^2}$，则当 $d^2\leqslant 1$，测量位置在相关波门内。当一个目标多个预测值不在波门内，则认为该目标离开波束空间。使用 $\alpha-\beta$ 滤波方法，对 3 个目标跟踪仿真，假设 3 个目标做匀速运动，使用较高的 ping 率进行测量，结果如图 15－22 所示，图中“+”为带噪声的测量值，“o”为滤波后的输出值。通过轨迹跟踪可以获得金枪鱼运动过程较为准确的速度估计，对同一个目标的多次测量，可以获得更准确的目标强度估计，从而推测出金枪鱼的生长情况。

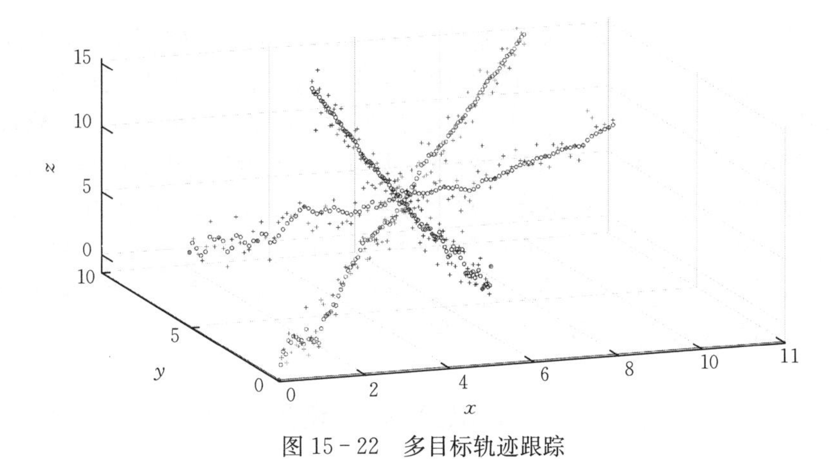

图 15－22 多目标轨迹跟踪

第十六章　金枪鱼保鲜加工

金枪鱼（Thunnus），又称吞拿鱼、鲔，主要分布在太平洋、印度洋、大西洋等中低纬度深海区域。金枪鱼肉质柔嫩鲜美，具有高优质蛋白、低脂肪、低热量的特点，是国际营养学会推荐的健康美食。FAO统计年鉴中，将金枪鱼属的7种金枪鱼（长鳍金枪鱼、黄鳍金枪鱼、蓝鳍金枪鱼、大眼金枪鱼、马苏金枪鱼、大西洋金枪鱼和青干金枪鱼）和鲣共8个鱼类称为主要金枪鱼类。金枪鱼因其较高的营养及经济价值、较广的分布范围、丰富的资源储量等优势，成为当今世界远洋渔业发展的关注重点和国际水产品贸易的主要鱼种。金枪鱼罐头的消费和需求因此呈现增加的趋势。作为关乎海洋权益和渔民生计的重要战略产业，金枪鱼渔业成为一些国家或地区远洋渔业发展的主要目标。

第一节　金枪鱼营养成分分析

邹盈（2018）以黄鳍金枪鱼、蓝鳍金枪鱼和大眼金枪鱼腹部肌肉为研究对象，进行了全面的营养成分分析及综合评价对比（表16－1、表16－2），对金枪鱼腹部肌肉的蛋白质、脂肪、氨基酸、脂肪酸、矿物质及维生素的含量进行了对比分析。结果显示，金枪鱼的蛋白质含量较高而脂肪含量较低，氨基酸种类齐全，含有丰富的不饱和脂肪酸、多不饱和脂肪酸和EPA、DHA；富含人体必需常量元素和多种微量元素；维生素含量也较高，具有较高的营养价值和良好的开发利用前景。

表16－1　3种金枪鱼腹部肌肉营养成分含量（鲜质量）

单位：%

鱼名	水分	蛋白质	脂肪	灰分
大眼金枪鱼	77.0	16.20	0.4	1.6
黄鳍金枪鱼	71.8	19.30	3.8	2.1
蓝鳍金枪鱼	66.2	21.89	6.2	1.4

试验选用的3种金枪鱼蛋白质含量较高而脂肪含量较低，是一种名副其实的高蛋白低脂肪优质海水鱼类，可作为人们理想的保健品或健康减肥食品。其中蓝鳍金枪鱼蛋白质含量最高，占鲜质量的21.89%，高于黄鳍金枪鱼（19.30%）和大眼金枪鱼（16.20%）；3种金枪鱼脂肪含量差别较大，蓝鳍金枪鱼的脂肪含量也是最高的，高达6.2%，远高于黄鳍金枪鱼（3.8%），而大眼金枪鱼的脂肪含量则只有0.4%。据资料报道，在一定范围内肌肉脂肪的含量与肉品的风味呈正相关，而肌肉脂肪含量只有达到3.5%～4.5%才会有良好的适口性。供试3种金枪鱼中黄鳍金枪鱼脂肪含量恰好介于这一水平之间，故其口感细嫩、肉味鲜美，这或许是目前大多报道的资料皆选用黄鳍金枪鱼作为供试原料的主要原因。但蓝鳍金枪鱼水分含量低，只有66.2%，低于大眼金枪鱼和黄鳍金枪鱼。蓝鳍金枪鱼脂肪含量高、水分含

量低，因此在加工时应注意脂肪氧化，实际应用中建议进行适当脱脂和抗氧化处理，以延长保质期。

食品中蛋白质的品质尤为重要。氨基酸评分（AAS）和化学评分（CS）是营养学中对食物蛋白质进行营养评价的重要指标，必需氨基酸指数（EAAI）则是反映必需氨基酸含量与标准蛋白质接近程度的指标。

由表 16-2 可知，以 AAS 为评价标准时，3 种金枪鱼氨基酸评分均超过 100，分别为 118、116 和 124。从限制性氨基酸上看，3 种金枪鱼的限制性氨基酸略有不同，大眼金枪鱼和蓝鳍金枪鱼的第一限制氨基酸均为甲硫氨酸和胱氨酸，黄鳍金枪鱼则为苏氨酸；而缬氨酸和苏氨酸共同为大眼金枪鱼的第二限制氨基酸，黄鳍金枪鱼和蓝鳍金枪鱼则分别为缬氨酸和苏氨酸。而以 CS 为评价标准时，3 种金枪鱼化学评分均接近或超过 100，分别为 101、99 和 105。可见无论以 AAS 为评价标准还是以 CS 为评价标准，3 种金枪鱼所含蛋白质均符合 FAO 或 WHO 建议的需要模式。对照 EAAI 评价指标标准（EAAI>95 为优质蛋白源），亦证明了 3 种金枪鱼均为优质蛋白源的结论。就氨基酸评分和化学评分而言，蓝鳍金枪鱼氨基酸模式最优。

表 16-2　3 种金枪鱼腹部肌肉氨基酸组成及含量

氨基酸种类		大眼金枪鱼		黄鳍金枪鱼		蓝鳍金枪鱼	
		含量（g/100 g）	氨基酸比例（%）	含量（g/100 g）	氨基酸比例（%）	含量（g/100 g）	氨基酸比例（%）
EAA	缬氨酸（Val）	0.89	5.67	1.04	5.60	1.35	6.40
	苏氨酸（Thr）	0.71	4.53	0.82	4.42	0.96	4.55
	苯丙氨酸（Phe）	0.59	3.76	0.71	3.83	0.81	3.84
	亮氨酸（Leu）	1.32	8.41	1.55	8.35	1.85	8.77
	色氨酸（Trp）	—	—	—	—	—	—
	异亮氨酸（lle）	0.73	4.65	0.85	4.58	1.10	5.22
	赖氨酸（Lys）	1.40	8.92	1.63	8.78	2.01	9.53
	甲硫氨酸（Met）	0.48	3.06	0.51	2.75	0.61	2.89
NEAA	丝氨酸（Ser）	0.57	3.63	0.65	3.50	0.72	3.41
	酪氨酸（Ty）	0.50	3.19	0.56	3.02	0.74	3.51
	胱氨酸（Cys）	0.14	0.89	0.23	1.24	0.16	0.76
	丙氨酸（Ala）	1.11	7.07	1.29	6.95	1.34	6.35
	天冬氨酸（Asp）	1.48	9.43	1.72	9.27	1.97	9.34
	谷氨酸（Glu）	2.35	14.98	2.64	14.22	2.74	12.99
	组氨酸（His）	0.53	3.38	1.00	5.39	1.67	7.92
	甘氨酸（Gly）	1.18	7.52	1.29	6.95	1.03	4.88
	精氨酸（Arg）	1.04	6.63	1.18	6.36	1.26	5.97
	脯氨酸（Pro）	0.81	5.16	0.89	4.80	0.77	3.65
	TAA	15.83	100.00	18.56	100.00	21.09	100.00
	EAA	6.12	39.00	7.11	38.31	8.69	41.20

（续）

氨基酸种类	大眼金枪鱼		黄鳍金枪鱼		蓝鳍金枪鱼	
	含量（g/100 g）	氨基酸比例（%）	含量（g/100 g）	氨基酸比例（%）	含量（g/100 g）	氨基酸比例（%）
DAA	6.12	39.00	6.94	37.39	7.08	33.56
EAA/TAA	39	39	38	38	41	41
EAA/NEAA	63	63	62	62	70	70
DTT/TAA	39	39	37	37	34	34

注：色氨酸含量未测出。TAA：氨基酸总量；EAA：必需氨基酸量；NEAA：非必需氨基酸量；DAA：呈味氨基酸量。

食物的脂肪酸含量和组成是评价食物营养价值的重要指标。大眼金枪鱼、黄鳍金枪鱼和蓝鳍金枪鱼中的脂肪含量差别较大，3 种金枪鱼脂肪含量依次为蓝鳍金枪鱼＞黄鳍金枪鱼＞大眼金枪鱼。

金枪鱼腹部肌肉富含 K、Na、P、Ca、Mg 等人体必需常量元素；此外还含有 Se、Fe、Cu、Zn、Mn 等多种微量元素。从 3 种金枪鱼腹部肌肉中共检出 10 种矿物质元素。3 种金枪鱼 K 元素的含量均为最高，其次为 P、Na、Mg、Ca；微量元素中，含量最高的均为 Se 和 Cu，特别是都含有丰富的人体细胞的活性因子——Se，具有防癌、抗癌、抗氧化等功效，尤其黄鳍金枪鱼的 Se 含量高达 16.7 mg/100 g，是一种良好的功能保健食品。Se 是人体必需的重要微量元素，成人每天通过尿液、粪便、汗液和毛发等排出的 Se 约为 50 μg，这些 Se 的损失主要通过摄入食物中所含的微量硒来补充，Se 的推荐日摄入量被限制在每人 50～200 μg。

第二节　金枪鱼保鲜与贮藏

一、贮藏方式

国际市场金枪鱼鱼品严格实行按质论价，鱼品价格由高到低排序为：鲜活、冰鲜、冷冻、干品、罐头，咸品为最低等，金枪鱼优质与劣质价差几倍甚至十倍。金枪鱼以生鱼片的消费形式有着极大的市场需求，但是金枪鱼相对于其他水产品更易腐败、货架期更短，常规冷藏保鲜方法难以长时间地保持生食金枪鱼鱼肉的鲜度，从而降低生食金枪鱼的商业价值。为了有效地延长生食金枪鱼的货架期，有学者使用酸性电解水、乳酸菌、植酸等保鲜剂进行了研究，发现处理过的金枪鱼生鱼片总菌数量显著下降，但保鲜剂具有一定的刺激气味，对口感的影响会让消费者产生不适。选用天然、安全且感官能被消费者接受的可食用生物保鲜剂具有重要的研究价值和研究意义。

为了有效延长微冻条件下生食金枪鱼的货架期，邓添和谢晶（2017）通过响应面法确定茶多酚、芥末、食醋组成的复合保鲜剂中各组分的最佳配比。使用配制好的复合保鲜剂进行验证，并在第 0、2、4、6、8、10、12 天测定金枪鱼的感官、质构、色差、高铁肌红蛋白含量、总菌落数、*TVB*-*N* 值及 *K* 值。在复合保鲜剂中茶多酚、稀释后的芥末溶液、食醋的质量分数分别为 0.38%、8%、15.69%时，生食金枪鱼的货架期延长了 4 天。在－2 ℃冷藏条件下，优化后的复合保鲜剂能有效延长生食金枪鱼的货架期。

常用于金枪鱼的冻结方式有盐水冻结、冰被膜冻结等（徐慧文和谢晶，2014），新型冷冻方式有超低温（低于－55 ℃）冻结、液氮冻结、冷冻液浸渍冻结。冻结保鲜虽然可以延长金枪鱼的货架期，但也会给鱼肉品质带来负面的影响，如质地下降、营养成分损失等（Shi et al.，2018）。

（一）盐水冻结保鲜

1. 三组分盐水冻结保鲜

苏联制冷专家用三组分盐水冻结金枪鱼获得用诸盐水冻结最优的保鲜之冠，质量最优保存期长达 7 个月（$CaCl_2$ 盐水冻结保鲜金枪鱼保存期为 6 个月，NaCl 盐水冻结保鲜金枪鱼保存期为 3 个月）。用 NaCl 盐水在－15～－12 ℃冻结几十至几百千克的金枪鱼要几昼夜才可达中心温度－15 ℃，送入－50 ℃的冷藏库（舱）要经 5 昼夜才能达中心温度－25 ℃，因为长时间慢冻，NaCl 渗入量达 3%。用三组分盐水［NaCl（7～10）、$CaCl_2$（17～20）、水或海水卤水（76～70）］可把金枪鱼冷冻到鱼中心温度－30 ℃以下。三组分盐水无毒、不燃、耐爆、低温、价廉、安全、易操作、鱼肉冻结时渗盐少，一般渔船及冷冻厂制冷系统稍加改造，即可冻结金枪鱼。三组分盐水冻结金枪鱼是较理想的一种保鲜工艺新方案，据研究表明，用三组分盐水冻结金枪鱼比用 NaCl 盐水冻结金枪鱼的时间可缩短 50%，渗盐量比用 NaCl 盐水冻结少 1/2、比用 $CaCl_2$ 盐水冻结少 1/3，冻鱼商品外观好、质量优良。

2. $CaCl_2$ 盐水冻结保鲜

$CaCl_2$ 盐水冻结金枪鱼及其他鱼类的保鲜方法，由日本率先试验使用，$CaCl_2$ 盐水温度比 NaCl 盐水温度低，可达－50～－40 ℃，鱼肉中心温度可冻到－40 ℃以下。冻结速度快，冰晶小、鱼体肌体组织细胞损伤小，可逆性大、产品质优，采用管架式或隧道冷风式冻结法冻到鱼块中心温度－30 ℃要 24 h，采用 $CaCl_2$ 盐水冻结法只需 12～13 h，日本大型捕捞加工船冻金枪鱼几乎全采用此法。工艺流程：鲜金枪鱼去头去内脏→洗净→沥干称重→$CaCl_2$ 盐水－45 ℃冻结→均温→第二次冻结－45 ℃→洗净→镀冰衣→冷藏库（舱）－30 ℃冻藏检验。

$CaCl_2$ 盐水冻鱼降温快、质优，－25 ℃的 $CaCl_2$ 冻结和－55 ℃管架式或隧道吊车式冻结产品曲线基本相似，－45 ℃的 $CaCl_2$ 盐水冻结和－89 ℃管架空气冻结及－100 ℃液氮冻结曲线相近，产品质量相同。

不开腹整条金枪鱼在－45 ℃盐水冻结会因鱼体压力不同产生鱼腹冻裂，商品外观差从而影响售价，防止金枪鱼腹冻裂的措施是冻结过程采用“均温处理”：即当鱼体深 7 cm，温度达到－5 ℃时，将整条鱼放在－7 ℃冷空气中静置 4 h，或在－5 ℃的 $CaCl_2$ 盐水中静置 1 h 进行“均温处理”，当鱼体中心和体表温度达到相近，再用－45 ℃以下 $CaCl_2$ 盐水继续冻结。把金枪鱼冻到中心温度－45 ℃即告冻结完成。经过“均温处理”冻结金枪鱼，鱼肚完好不破裂，整条鱼商品外观好、质优、售价高。

金枪鱼切块冻结，可用塑料薄膜袋真空密封包装后冻结，$CaCl_2$ 盐分不会渗入鱼肉，避免金枪鱼肉因渗有 $CaCl_2$ 盐分产生苦涩味从而影响口感。$CaCl_2$ 盐水（30%）加液氮（10∶1）能在 10 h 使鱼中心温度冻到－16～－15 ℃，延长冷藏时间 2.5 倍，减少渗盐量 2/3。由于 $CaCl_2$ 盐水温度低、冻结快、质优、节能、设备不复杂、易操作，日本等国已推广应用。

(二) 冰被膜冻结 (CPF) 保鲜

反复急冻、慢冻冰被膜冻结，也称 CPF 冰被膜冰结，工艺流程为：急冻→慢冻→急冻→慢冻。操作用制冷剂为液氮（或液 CO_2），日本等国曾对金枪鱼、鲣、鲔、鲟采用 CPF 法冻结保鲜。采用此法冻结保鲜金枪鱼，肉体冰晶小，可逆性大，产品冻结流汁少，商品外观美，质量优良。操作流程：①急冻：用液氮（或液 CO_2）喷射鱼体让鱼体速冻，库温冷至 −45 ℃，然后停喷液氮让鱼体达到冻结让一层冰被膜覆盖体表。②慢冻：库温 −45 ℃停喷液氮后，金枪鱼在 −45～−30 ℃保冷，让鱼体表和中心达 0 ℃作"均温处理"，经此"均温处理"鱼体中心及体表的温度和压力相近，不会造成鱼肚破裂，保持鱼商品外观美观。③急冻：均温处理（慢冻）后鱼中心温度达到 0 ℃，再用液氮（或液 CO_2 喷射鱼10 min，让鱼体快速通过冰晶带被冻结完结，关键是要快速。④慢冻：停喷液氮（或液 CO_2）后保冷 90 min，让鱼中心温度达 −18 ℃，然后送入 −60～−20 ℃冷库（舱）冻藏，加工厂或船装上制氮（或 CO_2）机即可生产。

金枪鱼在贮运过程中的腐败变质，多由腐败微生物的生长代谢加速鱼肉组织结构变化、脂肪氧化酸败、蛋白质分解引起。我国《生食金枪鱼》水产行业标准规定，从生食金枪鱼肉中检测出的菌落总数不得超过 10^4 CFU/g，大肠菌群须少于 30 MPN/100 g，且不得检测出沙门氏菌等致病菌。腐败微生物的代谢特征和竞争能力不同，使其在初始菌相中的数量及贮藏过程菌相中的变化对金枪鱼肉的腐败变质有决定性的影响。刘爱芳等（2018）模拟金枪鱼经 −60 ℃冷链运输至销售终端 4 ℃冷藏的物流过程，在传统分离培养技术基础上，结合应用 PCR‑DGGE 指纹图谱技术，分析 4 ℃冷藏金枪鱼品质（感官、色差、质构、TVB‑N、K 值、菌落总数和嗜冷菌总数）及菌相演替变化规律。4 ℃冷藏条件下，试验所用金枪鱼初始菌落总数及嗜冷菌数在冷藏期间均呈上升趋势，且于第 4 天超过规定阈值；同时金枪鱼肉亮度值 L^*、红度值 a^*以及硬度、咀嚼性呈下降趋势；第 6 天鱼肉散发腥臭味，TVB‑N 值和 K 值均超过生食金枪鱼卫生规定标准。因此，综合分析感官、理化和微生物品质变化判定，冷藏 2 d 和 4 d 是金枪鱼的腐败关键点。4 ℃冷藏虽可抑制大部分微生物的生长繁殖，但嗜冷菌仍能生长繁殖。至贮藏末期，检测到假单胞菌和不动杆菌为冷藏金枪鱼的优势菌。

为保证生食金枪鱼产品的风味品质和营养价值，选择合适的解冻方式尤为重要。科学合理的解冻工艺是保证金枪鱼质量安全的关键。若解冻方法不当，会造成大量的汁液流失，导致金枪鱼的风味、营养价值、质地、色泽等的劣化，影响金枪鱼食用品质。现有的金枪鱼解冻方法以空气解冻和水解冻为主。空气解冻是以空气为介质的解冻方法，热交换效果差，解冻时间较长，不可避免地存在细菌生长和繁殖、颜色劣化、表面过度解冻等问题，不利于产品质量安全的保持。水解冻使冻结的金枪鱼块与水直接接触，营养成分会从切断面渗出溶入水中；同时水也会从切断面渗入产品中，使得切断面被水污染，导致产品质量下降，特别是对金枪鱼肉质地的影响尤为显著。

刘梦等（2017）研究了气体加压解冻对金枪鱼解冻及贮藏期间品质变化的影响，将金枪鱼分为 O_2 加压解冻组、CO_2 加压解冻组及托盘包装解冻组，在 4 ℃冷藏条件下解冻后进行托盘包装贮藏，以汁液流失率、pH、色泽、嫩度、硫代巴比妥酸反应底物值（thiobarbituric acid reactive substances，TBARs）、高铁肌红蛋白含量、挥发性盐基氮（total volatile basic nitrogen，TVB‑N）含量、菌落总数等理化指标的变化为依据评价金枪鱼的品质变化。结果表明：O_2 加压解冻可以维持金枪鱼解冻时的色泽，对贮藏期间金枪鱼的品质影响不大；CO_2 加压解冻能够延缓贮藏过程中金枪鱼 TBARs 值的上升，对脂肪氧化有抑制作用，从而维持金枪鱼贮藏期间的营养价值。

二、品质变化机理

（一）冻结方式

鱼肉的冻结曲线大致可分为 3 个阶段：第 1 阶段是鱼肉体温降低到冻结点，放出显热；第 2 阶段是最大冰晶生成最多的区域，大部分水结成冰，放出热量，时间较长；第 3 阶段是从最大结晶带到恒温不变。冻结的速度越快，通过最大结晶带的时间越短，冷冻鱼肉的质量越好。张洪杰等（2014）研究表明，液氮低温快速冻结可以在 2 min 内使金枪鱼鱼体温度降低到－169 ℃，最大冰晶生成区很短，形成的冰晶体积小，对组织的机械损伤小，故液氮速冻金枪鱼品质好。Inohara 等（2013）发现快速冷冻也可以保留高浓度的 ATP，ATP 能抑制肌质网（SR）Ca^{2+}－ATPase 的变性，肌质网（SR）在肌肉的收缩和松弛中起着重要的作用，尤其是在控制肌原纤维 ATPase 活性方面。Yuan 等（2016）也发现高浓度的 ATP 可以通过抑制肌红蛋白自氧化速率来保持冷冻鱼肉的品质。冰晶的形态也是冷冻鱼肉品质属性的关键因素，特别是保水能力和口感。Kobayashi 等（2015）研究表明，深度冻结的金枪鱼肉具有平行于肌纤维排列的棒状冰晶，不均匀且各向异性，而棒状冰晶的直径取决于冷冻程度，这些冰晶彼此连接形成杆状结构，因此可以通过深度冷冻控制冰晶结构来提高冻结金枪鱼肉的品质。

（二）冻结温度

不同冻结温度对金枪鱼肉品质变化的影响有明显差异。蛋白质是鱼体内构成生物体，完成生理活动的重要物质。冻藏温度越低，蛋白质变性越缓慢，生化特性越稳定。在肌肉蛋白中，盐溶性蛋白含量占总蛋白含量 60%以上，鱼肉在冻藏过程中硬度变化受到肌肉中盐溶性蛋白含量的影响（杨金生 等，2015）。Somjit 等（2005）发现冻藏温度的高低决定了盐溶性蛋白含量下降的速度和程度，主要原因是巯基氧化形成的二硫键导致盐溶性蛋白含量下降。冻结温度也会影响冰晶的形成。Harnkarnsujarit 等（2015）发现蓝鳍金枪鱼在不同冷冻温度下冷冻，较高的冷冻温度产生较慢的成核作用，并形成较大的冰晶，增强了肌纤维的聚集，导致较粗的尺寸且纤维结构的完整性较差。相反，在低温冷冻系统中形成的纤维结构更细，完整性更高。Li 等（2009）研究发现 ATP 降解的产物不仅可以减缓盐溶性蛋白含量下降速度，还对蛋白质有保护作用，主要与 ATP 降解产生的 ADP、AMP、IMP 有关。然而 ATP 降解产生肌苷却能促进盐溶性蛋白含量下降，导致蛋白质变性。因此，冻藏温度越低，ATP 分解能力越弱，HxR 效果越不明显，鱼肉鲜度越好。

（三）冻藏时间

金枪鱼在冻藏期间蛋白质变性和脂肪氧化十分显著。刘琴（2013）发现金枪鱼肌肉中肌动蛋白、肌球蛋白重链在贮藏期间逐步降解变性，Ca^{2+}－ATPase 活性、巯基含量随着冻藏时间的延长，均呈下降趋势。同时，蛋白质周围疏水与亲水结合键遭到破坏，使蛋白质亲和的水分子变成游离水流出，增加蛋白质凝聚变性的机会，导致蛋白质持水率下降（杨金生，2012；Li et al.，2018）。此外，在贮藏期间由于鱼体内从合成代谢转化为分解代谢，蛋白质等大分子物质在酶的作用下分解产生氨基酸等小分子物质也使得鱼肉品质下降。

贮藏过程中脂质的水解是鱼肉中脂质氧化的原因之一。Tanaka 等（2016）发现 4－羟基-2-己烯醛含量与鱼样品中的丙醛含量密切相关，丙醛是脂质氧化的分解产物，是在n-3 PUFA脂质过氧化过程中形成的。此外，林婉玲等（2012）研究指出肌红蛋白和脂肪氧化之间的关系密切，脂肪氧化过程产生的自由基破坏高铁肌红蛋白酶，同时肌红蛋白氧化成高铁肌红蛋白产生的Fe^{3+}对脂肪氧化又有促进作用。

（四）冷冻液

在冻结的过程中，为防止金枪鱼肌肉中肌原纤维蛋白变性最常用的方法是加入抗冻剂。盐水浸渍冻结能改善金枪鱼肉的保水能力和质地特性，Jiang等（2019）研究发现在空气冻结鱼肉中观察到变形的肌纤维和大的细胞外冰晶，而盐水浸渍鱼肉则是规则而饱满的肌纤维和细胞内冰晶。同时，盐水浸渍鱼肉中冰晶形态是许多球形或椭圆形的冰晶均匀地分散在整个肌纤维中，而在空气冻结样品中观察到冰柱，冰柱在冷冻过程中形成并压缩肌纤维，导致肌肉组织损伤更加严重，从而使鱼肉品质恶化。当盐水浓度过高时，则会形成大的冰晶并扩大细胞外空间，也会导致保水能力下降（Jiang et al.，2019）。

三、金枪鱼加工与综合利用

（一）生鱼片的加工技术

金枪鱼类中的蓝鳍金枪鱼、马苏金枪鱼、大眼金枪鱼及黄鳍金枪鱼4个鱼种为主要的生食金枪鱼，其他鱼种一般熟食，也有生食。

（1）切割。将冷冻的金枪鱼去头去尾后，沿侧线及脊骨切成4半。

（2）剥皮去骨。用刀去皮去骨，处理干净后迅速运往冷库。

（3）去残留物。清理残留的碎皮、细小骨刺、血污，洗净后做进一步修整。

（4）冷冻。将鱼块摆放于铁架上，忌叠加，后塑封，速冻。

（5）包装。将鱼块放入装有冰水的不锈钢槽中包冰衣，然后装入透明的塑料袋中，封口后装入纸箱包装。

（6）鱼片制作。去掉鱼块的头尾及不规则部分，沿肌节将鱼锯成2.5 cm左右厚度的薄片，包冰，称重分拣，装篮，真空包装或者气体置换包装。最后装进纸箱，封口，送进冷冻库。

（二）金枪鱼罐头加工技术

金枪鱼罐头是水产品原料经过深加工的产品，具有货价期长、品种多、风味好、商品价值高等特点，加工罐头的金枪鱼主要以长鳍金枪鱼和黄鳍金枪鱼为主。国内外生产的金枪鱼罐头品种很多，按加工方式分有鱼干、熏鱼、鱼排、鱼汉堡、香肠、鱼籽以及金枪鱼下脚料制作的宠物罐头等；按风味分有原汁、油浸、玉米、茄汁、咖喱、五香、蔬菜汁、色拉金枪鱼等产品；按包装分也有大包装、小包装、硬包装和软包装等多种式样；另外还可以根据内容物块型来分类。

金枪鱼罐头生产的工艺基本相似，但不同的金枪鱼罐头会因其具体原料及终产品规格、包装等的不同而有所区别。

（1）解冻：用流动水解冻至恒重。去头、尾和内脏后洗净黏液、杂质及腹腔内的黑膜、血污。

（2）蒸煮：将鱼体装入蒸煮盘中蒸煮，直至鱼体熟透，脱水率达到20%～50%为止。具体的蒸煮时间和温度应根据原料鱼的大小确定。

（3）整理：鱼体冷却后，去鱼皮、鱼鳍，沿腹中线（指脊骨）将鱼剖成两半，去除中骨、暗色肉、血污等残留物。再将鱼片切成所需规格的鱼块。

（4）装罐、灌汤：根据成品规格选择相应的罐型，将鱼块、植物油、调味液及配料装罐。

（5）封口、杀菌、冷却：装罐后立即封口杀菌、后冷却。根据具体情况选择杀菌方式。

（6）保温试验：以真空度为指标，对于恒温 37 ℃保温的罐头进行删选，剔除不合格罐头。

（7）包装、标志、运输和贮存：按《罐头食品包装、标志、运输和贮存》(ZBX 70005—89）的有关规定执行。

（三）综合利用

黄鳍金枪鱼、蓝鳍金枪鱼和大眼金枪鱼等大型金枪鱼因其经济价值和生物保健功能备受推崇，由于其以生食为主的消费形式和特殊的贮存、加工方式，生产过程中产生的大量下脚料无法得到有效利用。金枪鱼通常采用切割机进行切割，下脚料能占到鱼体总重量的 50%以上，而其中鱼皮又占了 20%，同时切割后鱼皮中会带有大量的碎肉，且其不同部位的鱼皮在色泽、质地等各方面也存在差别，所以在加工过程中不可能像鳕鱼皮、罗非鱼皮整张剥下来进行处理，需要分类处理，这既增加了前处理的工作量，同时也对后续水解控制产生了一定的难度。但鱼皮中胶原蛋白含量丰富，含量最高可占到蛋白质总量的 80%以上，是很好的综合加工和精深加工的原辅料，尤其适合生产水产胶原蛋白活性肽。因此如何将这些加工过程中产生的废弃物变废为宝成了研究的关键。

国内学者对金枪鱼碎肉的利用做了一定的研究，张朋等（2014）以金枪鱼碎肉蛋白为原料进行血管紧张素转换酶抑制活性肽（ACEP）的研发；辛建美（2011）发现水解金枪鱼碎肉蛋白效果较好的 2 种酶为胰蛋白酶和木瓜蛋白酶，并利用蛋白酶酶解和超滤技术从金枪鱼碎肉中提取具有抗氧化活性的肽类物质；杜帅等（2014）采用双酶分步水解法从金枪鱼碎肉中制备高 F 值寡肽；刘建华等（2016）探讨了炒制、热泵干燥和真空干燥 3 种脱水方式对金枪鱼碎肉挤压产物品质的影响。

王国强等（2016）以长鳍金枪鱼鱼皮为原料，采用碱热复合酶三步水解法制备胶原蛋白多肽。以水解度、氮回收率和水解产物相对分子质量为指标，通过单因素和多因素正交设计试验，确定最佳酶解条件。结果表明：碱处理为第一步，鱼皮经过 0.1 mol/L Ca×$(OH)_2$ 反复清洗数次，最后清水冲洗干净；热处理为第二步，鱼皮于水浴锅中 90 ℃处理 30 min；酶解为第三步，梯度加入碱性蛋白酶、中性蛋白酶和风味酶。酶解的最佳工艺条件为：复合酶料比1∶200（g/g），料水比 1∶2.5（g/ml），酶解温度 55 ℃，pH 为 9.0～6.5，酶解总时间为4 h，水解度平均能达到 30%。酶解液脱色的最佳条件为：活性炭添加量 2%，自然pH，温度 70 ℃，时间 30 min，经过浓缩喷雾干燥后的胶原蛋白粉末经过 HPLC 分析，得到相对分子质量在 3 kD 以下的多肽占到 85%以上。根据日本、德国的研究，相对分子质量小于 5 kD 的胶原蛋白多肽能够被人体很好地吸收和利用，因此能作为功能因子广泛应用于保健食品、化妆品、医药等各个行业当中。

据 FAO 资料统计，鲣产量约占世界金枪鱼总产量的 40%左右。鲣内脏和鱼头中含有大量的粗脂肪，对于鲣头鱼油的提取和精炼研究发现，金枪鱼和鲣等鱼类在眼窝鱼油中的 DHA 浓度高达 30%～40%，而 EPA 水平相对较低，为 5%～10%，眼窝油的主要成分主要由中性脂肪（甘油三酯）构成，容易进行脱色脱腥等精制处理。刘书成等（2007）用胰蛋白酶酶解金枪鱼鱼头提取鱼油，理化指标达到一级精制鱼油标准，DHA 和 EPA 总含量为 29.6%，多不饱和脂肪酸总含量达 37.1%。洪鹏志等（2007）考察木瓜蛋白酶和中性蛋白酶水解金枪鱼头蛋白，确定了金枪鱼头的蛋白水解条件，工艺条件为：温度 50 ℃，pH 6.8，固液比 1∶3，木瓜蛋白酶 1 100 IU/g 样品，水解时间 2.5 h，氨基酸总量为 4.12 g/100 ml，游离氨基酸为 0.81 g/100 ml，占氨基酸总量的 19.66%。Guerard 等（2001）用碱性蛋白酶水解金枪鱼内脏，得到大量的多肽和游离氨基酸等营养物质，冻干后这些水解产物可以作为氮源加入微生物培养基中，副产物资源得到有效利用。Li 等（2006）采用超滤法从金枪鱼的脾脏中分离胃蛋白酶、胰岛素和胰凝乳蛋白酶，可用于酶制剂的生产。

白冬（2018）对鲣内脏鱼油提取、精炼工艺进行了系统研究，他以鱼油提取率为考察指标，选择胰蛋白酶、碱性蛋白酶、胃蛋白酶、木瓜蛋白酶和风味蛋白酶 5 种蛋白酶酶解鲣内脏，其中鱼油提取率效果最佳的是碱性蛋白酶，选择酶解时间、酶解温度、酶添加量、pH 和固液比进行三因素三水平的响应面优化实验，通过实验结果数据表明，鲣内脏鱼油提取的最佳条件为 pH 为 8.41，酶解时间 5.5 h，酶解温度 55 ℃，液固比为 1∶1，酶添加量为 2.13%，在此条件下鱼油提取率的为 58.49%。磷酸脱胶工艺最佳参数为：磷酸添加量 1%，浓度为 60%，脱胶温度为 65 ℃。NaOH 脱酸工艺最佳参数为：NaOH 添加量为 0.9%，NaOH 浓度为 10%，脱酸温度为 70 ℃。脱色脱腥工艺吸附剂最佳复配比例为：活性炭∶凹凸棒土=1.25∶1。鲣内脏鱼油经过精制后，鱼油总提取率为 40.79%，酸价为 1.12 mg/g，过氧化值为 2.52 mmol/kg，有轻微腥味，色泽明亮呈淡黄色，澄清透亮。

参 考 文 献

艾杨洋，丁国芳，杨最素，等，2018. 长鳍金枪鱼多肽的酶解制备工艺研究［J］. 食品工业（39）：11－14.

曹希全，李艳慧，魏杰，等，2019. 宽口裂腹鱼体长－体质量关系和肥满度［J］. 西北农业学报（28）：1380－1386.

曹晓怡，周为峰，樊伟，等，2009. 印度洋大眼金枪鱼、黄鳍金枪鱼延绳钓渔场重心变化分析. 上海海洋大学学报，18（4）：467－471.

常卫东，张禹，2014. 中国大陆中西太平洋金枪鱼围网捕捞技术的探讨. 渔业信息与战略，29（4）：280－284.

陈大刚，1997. 渔业资源生物学［M］. 北京：中国农业出版社.

陈峰，郭爱，周永东，等，2012. 南太平洋所罗门群岛海域长鳍金枪鱼的生物学特征［J］. 浙江海洋学院学报：自然科学版，31（2）：123－128.

陈国宝，李永振，陈丕茂，等，2008. 鱼类最佳体长频率分析组距研究［J］. 中国水产科学，15（4）：659－666.

陈金玲，2020. 全自动生化分析仪与血气分析仪电解质测定结果比较［J］. 中国医疗器械信息，26（22）：31－32.

崔奕波，解绶启，朱晓鸣，等，2001. 鱼类生长与生物能量学研究新进展［J］. 浙江海洋学院学报（自然科学版），20（S1）：11－15.

代丹娜，刘洪生，戴小杰，等. 2011. ENSO现象与东太平洋黄鳍金枪鱼围网CPUE时空分布的关系［J］. 上海海洋大学学报，20（4）：571－578.

戴芳群，李显森，王凤臣，等. 2006. 中东太平洋长鳍金枪鱼延绳钓作业分析［J］. 海洋水产研究，27（6）：37－42.

戴小杰，项忆军，2000. 热带大西洋公海金枪鱼延绳钓渔获物上钩率的分析［J］. 水产学报，24（1）：81－85.

窦硕增，1996. 鱼类摄食生态研究的理论及方法［J］. 海洋与湖沼，27（5）：556－561.

樊伟，崔雪森，周甦芳，2004. 太平洋大眼金枪鱼延绳钓渔获分布及渔场环境浅析［J］. 海洋渔业，26（4）：261－265.

樊伟，陈雪忠，崔雪森，2008. 太平洋延绳钓大眼金枪鱼及渔场表温关系研究［J］. 海洋通报，27（1）：35－41.

樊伟，陈雪忠，沈新强，2006. 基于贝叶斯原理的大洋金枪鱼渔场速预报模型研究［J］. 中国水产科学，13（3）：426－431.

樊伟，沈新强，林明森，2003. 大西洋大眼金枪鱼渔场、资源及环境特征的研究［J］. 海洋学报（中文版）（S2）：167－176.

樊伟，张晶，周为峰，2007. 南太平洋长鳍金枪鱼延绳钓渔场与海水表层温度的关系分析［J］. 大连水产学院学报，22（5）：366－371.

范小萍，叶旭芳，毛月燕，等，2020. 新生儿GBS感染败血症患儿血乳酸和血清炎症指标水平及临床意义［J］. 中国妇幼保健，35（24）：4764－4766.

房海，陈翠珍，张晓君，2010. 水产养殖动物病原细菌学［M］. 北京：中国农业出版社.

房敏，蔡露，高勇，等，2014. 运动消耗对草鱼幼鱼游泳能力的影响 [J]. 长江流域资源与环境，23 (6)：816-820.
冯波，陈新军，许柳雄，2007. 应用栖息地指数对印度洋大眼金枪鱼分布模式的研究 [J]. 水产学报，31 (6)：806-810.
冯波，陈新军，许柳雄，2009. 利用广义线性模型分析印度洋黄鳍金枪鱼延绳钓渔获率 [J]. 中国水产科学，16 (2)：282-288.
冯波，陈新军，许柳雄，等，2009. 多变量分位数回归构建印度洋大眼金枪鱼栖息地指数 [J]. 广东海洋大学学报，29 (3)：49-52.
冯波，龚超，钟子超，等，2018. 南海金枪鱼延绳钓作业参数优化 [J]. 渔业现代化，48 (4)：64-69.
冯波，李忠炉，侯刚，2014. 南海大眼金枪鱼和黄鳍金枪鱼生物学特性及其分布 [J]. 海洋与湖沼，45 (4)：886-894.
宫领芳，许柳雄，管卫兵，等，2011. 中西太平洋鲣卵巢发育特征 [J]. 水产学报，123 (31)：420.
管卫兵，王修国，戴小杰，2012. 东太平洋雄性大眼金枪鱼生殖特征研究 [J]. 海洋湖沼通报 (4)：90-99.
郭弘异，唐文乔，魏凯，等，2007. 中国鲚属鱼类失耳石形态特征 [J]. 动物学杂志，42 (1)：39-47.
郭旭鹏，李忠义，金显仕，等，2007. 采用碳氮稳定同位素技术对黄海中南部鳀鱼食性的研究 [J]. 海洋学报，29 (2)：98-104.
何珊，王学昉，戴小杰，等，2017. 中国金枪鱼围网船队大眼金枪鱼渔获物的特征变化与人工集鱼装置禁渔期的关系 [J]. 南方水产科学 (13)：110-116.
胡芬，李小定，熊善柏，等，2011.5 种淡水鱼肉的质构特性及与营养成分的相关性分析 [J]. 食品科学，32 (11)：69-73.
胡敏，盛伟松，2021. Apgar 评分及脐带血 pH 值对足月新生儿窒息的预测价值及其与严重程度的相关性 [J]. 临床误诊误治，34 (1)：67-70.
化成君，张衡，伍玉梅，等，2014. 中东太平洋金枪鱼延绳钓中心渔场的时空变化 [J]．生态学杂志，33 (5)：1243-1247.
贾建萍，周彦钢，林赛君，等，2013. 金枪鱼骨营养成分分析 [J]. 营养与保健，34 (10)：334-337.
贾涛，陈新军，李纲，等，2010. 哥斯达黎加外海茎柔鱼耳石形态学分析 [J]. 水产学报，34 (11)：1744-1752.
江建军，许柳雄，朱国平，等，2018. 利用鳍条研究北太平洋长鳍金枪鱼的年龄与生长 [J]. 水产学报 (43)：917-927.
金志军，陈小龙，王从锋，等，2017. 应用于鱼道设计的马口鱼（*Opsariichthys bidens*）游泳能力 [J]. 生态学杂志，36 (9)：2678-2684.
蓝蔚青，巩涛硕，孙晓红，等，2019. 基于高通量分析流通方式对大目金枪鱼品质与微生物种群变化影响 [J]. 食品科学 (40)：178-184.
李波，阳秀芬，王锦溪，等，2019. 南海大眼金枪鱼（*Thunnus obesus*）摄食生态研究 [J]. 海洋与湖沼，50 (2)：336-346.
李灵智，王磊，刘健，等，2013. 大西洋金枪鱼延绳钓渔场的地统计分析 [J]. 中国水产科学，20 (1)：198-204.
李杰，晏磊，杨炳忠，等，2018. 罩网兼作金枪鱼延绳钓的钓钩深度与渔获水层分析 [J]. 海洋渔业，(40)：660-669.
李娟，林德芳，黄斌，等，2008. 世界金枪鱼网箱养殖技术现状与展望 [J]. 海洋水产研究，29 (6)：142-147.
李军，1994. 渤海鲈鱼食物组成与摄食习性的研究 [J]. 海洋科学 (3)：39-44.

李军，李志凌，叶振江，2005. 大眼金枪鱼渔业现状和生物学研究进展 [J]. 齐鲁渔业，22 (12)：35 - 38.
李念文，汤元睿，谢晶，等，2013. 物流过程中大眼金枪鱼（*Thunnus obesus*）的品质变化 [J]. 食品科学 (34)：319 - 323.
李鹏飞，藏迎亮，虞聪达，2016. 东太平洋公海大眼金枪鱼生物学特性的初步研究 [J]. 中国水运，16 (7)：134 - 136，321.
李启虎，朴大志，2007. 微弱信号源的和波束定向方法与分裂波束定向方法的性能比较 [J]. 应用声学，26 (3)：129 - 134.
李亚楠，戴小杰，朱江峰，等，2018. 渔获量不确定性对印度洋大眼金枪鱼资源评估的影响 [J]. 渔业科学进展，39 (5)：1 - 9.
李雅婷，陈明，曾帅霖，等，2016. 饲料中添加龙须菜对眼斑拟石首鱼生长、脂肪酸组成、免疫及肠道的影响 [J]. 南方水产科学 (12)：85 - 93.
李钰金，隋娟娟，李银塔，等，2012. 金枪鱼鱼松的工艺研究 [J]. 食品研究与开发 (33)：67 - 70.
梁旭方，2005. 日本对金枪鱼养殖及人工育苗技术的研究 [J]. 水产科技情报，32 (2)：59 - 62.
廖锐，区又君，2008. 鱼类耳石研究和应用进展 [J]. 南方水产，4 (1)：69 - 75.
林洪，刘勇，2008. 国际贸易水产品图谱 [M]. 青岛：中国海洋大学出版社.
林海明，张文霖，2005. 主成分分析与因子分析的异同和 SPSS 软件 [J]. 统计研究 (3)：65 - 68.
林婉玲，曾庆孝，朱志伟，等，2012. 脆肉鲩冷藏保鲜过程中暗色肉颜色的变化 [J]. 食品工业科技，33 (22)：355 - 359.
刘爱芳，谢晶，钱韻芳，等，2018. PCR - DGGE 结合生理生化鉴定分析冷藏金枪鱼细菌菌相变化 [J]. 中国食报，18 (10)：211 - 222.
刘大鹏，张胜茂，吴祖立，2018. 基于 OpenLayers 的金枪鱼延绳钓辅助生产分析系统 [J]. 渔业信息与战略，33 (3)：173 - 179.
刘辉，2020. 池塘水质理化指标变化与鱼病发生的关系 [J]. 渔业致富指南 (1)：60 - 62.
刘建华，王斌，郤鹏，等，2014. 金枪鱼暗色肉酶解工艺及其水解物营养价值评价 [J]. 食品科学 (35)：1 - 5.
刘莉莉，周成，虞聪达，等，2018. 钓钩深度和浸泡时间对东太平洋公海长鳍金枪鱼延绳钓渔获性能的影响研究 [J]. 中国海洋大学学报（自然科学版），48：40 - 48.
刘梦，史智佳，杨震，等，2017. 气体加压解冻对金枪鱼贮藏品质的影响 [J]. 肉类研究，31 (2)：33 - 37.
刘书成，章超桦，洪鹏志，等，2007. 酶解法从黄鳍金枪鱼鱼头中提取鱼油的研究 [J]. 福建水产 (1)：46 - 50.
刘维，戴小杰，2007. 我国北太平洋长鳍金枪鱼发展研究 [J]. 中国渔业经济 (1)：32 - 33.
刘小玲，唐辉，李全阳，等，2009. 干酪的质构与其成分的相关性初探 [J]. 广西大学学报（自然科学学版），34 (3)：372 - 376.
刘亚娟，胡静，周胜杰，等，2018. 急性氨氮胁迫对尖吻鲈稚鱼消化酶及抗氧化酶活性的影响 [J]. 南方农业学报，49 (10)：2087 - 2095.
刘一淳，戴小杰，2005. 东太平洋金枪鱼渔业现状及我国发展前景分析 [J]. 中国渔业经济 (5)：78 - 80.
刘永士，施永海，谢永德，等，2018. 膨化沉性饲料和粉状饲料对菊黄东方鲀生长和氮磷收支的影响 [J]. 水产科技情报 (45)：253 - 258.
栾松鹤，戴小杰，田思泉，等，2015. 中西太平洋金枪鱼延绳钓主要渔获物垂直结构的初步研究 [J]. 海洋渔业，37 (6)：501 - 509.
徐慧文，谢晶 . 2014. 金枪鱼保鲜方法及其鲜度评价指标研究进展 [J]. 食品科学，35 (7)：258 - 263.
马振华，李霞，2006. 中西太平洋金枪鱼资源 [J]. 水产科学，25 (10)：537 - 540.
马振华，于刚，孟祥君，等，2019. 尖吻鲈养殖生物学及加工 [M]. 北京：中国农业出版社.

马振华，周胜杰，杨蕊，等，2020. 青干金枪鱼野生幼鱼陆基驯养技术［J]. 科学养鱼（2)：57－58.
马振华，周胜杰，杨蕊，等，2020. 小头鲔寄生鳍缨虫的分离及鉴定［J]. 南方水产科学，16（2)：17－23.
孟庆显，1996. 海水养殖动物病害学［M]. 北京：中国农业出版社.
孟晓梦，叶振江，王英俊，2007. 世界黄鳍金枪鱼渔业现状和生物学研究进展［J］. 南方水产，3（4)：74－80.
牟啸东，窦瑜贵，孙玮，等，2020. 血清微量元素与甲状腺疾病的相关性研究［J]. 中国地方病防治，35（4)：420－422.
牛明香，李显森，徐玉成，2009. 智利外海竹筴鱼中心渔场时空变动的初步研究［J]. 海洋科学，33（11)：105－109.
庞旭，袁兴中，曹振东，等，2012. 溶氧水平对瓦氏黄颡鱼幼鱼静止耗氧率和临界游泳运动能力的影响（英文）［J]. 水生生物学报，36（2)：255－261.
彭士明，王鲁民，王永进，等，2019. 全球金枪鱼人工养殖及繁育研究进展［J]. 水产研究，6（3)：118－125.
全晶晶，蔡江佳，郑平安，等，2013. 鲣肌肉品质改良研究［J]. 中国食品学报（13)：122－129.
尚艳丽，杨金生，霍健聪，等，2012. 运输过程中金枪鱼生鱼片鲜度变化的模拟［J]. 食品工业科技（33)：349－351.
世界卫生组织，2000. 水产动物病害诊断手册［M]. 北京：中国农业出版社.
史方，林小涛，孙军，等，2008. 自然种群唐鱼的耳石、日龄与生长［J]. 生态学杂志，27（12)：2159－2166.
宋利明，高攀峰，周应祺，等，2007. 基于分位数回归的大洋中部公海大眼金枪鱼栖息地环境综合指数［J]. 水产学报，31（6)：799－804.
宋利明，许柳雄，陈新军，2004. 大西洋中部大眼金枪鱼垂直分布与温度、盐度的关系［J]. 中国水产科学，11（6)：561－566.
宋利明，吕凯凯，杨嘉樑，等，2012. 马绍尔群岛海域大眼金枪鱼耳石形态［J]. 上海海洋大学学报，21（5)：884－891.
苏奋振，周成虎，史文中，等，2004. 东海区底层及近地层鱼类资源的空间异质性［J]. 应用生态学报，15（4)：683－687.
宋利明，张禹，周应祺，2008. 印度洋公海温跃层与黄鳍金枪鱼和大眼金枪鱼渔获率的关系［J]. 水产学报，32（3)：369－378.
孙波，鲍毅新，张龙龙，等，2009. 千岛湖岛屿化对社鼠的肥满度之影响［J]. 动物学研究（30)：545－552.
孙雪丽，赵忠桢，薛芳菁，2000. 母乳二十二碳六烯酸含量与婴儿智能发育的关系［J]. 中国实用妇科与产科杂志（8)：61－62.
谭洪亮，郁迪，王斌，等，2014. 金枪鱼鱼骨胶原肽的制备及抗氧化活性研究［J]. 水产学报（38)：143－148.
谭汝成，赵思明，熊善柏，2006. 腌腊鱼主要成分含量对质构特性的影响［J]. 现代食品科技，22（3)：14－17.
唐学燕，陈洁，李更更，等，2008. 加工方法对鱼汤营养成分的影响［J]. 食品工业科技，29（10)：248－251，255.
陶雅晋，莫檬，何雄波，等，2017. 南海黄鳍金枪鱼（*Thunnus albacores*）摄食习性及其随生长发育的变化［J]. 渔业科学进展，38（4)：1－10.
王芳，杜帅，罗红宇，2013. 金枪鱼碎肉蛋白的酶解工艺研究［J]. 粮食科技与经济（38)：56－59.
王峰，杨金生，尚艳丽，等，2013. 黄鳍金枪鱼营养成分的研究与分析［J]. 食品工业（34)：187－189.
王国强，何力，贾鲁君，等，2016. 长鳍金枪鱼鱼皮胶原蛋白肽制备工艺的研究［J]. 食品研究与开发，37

（7）：105－110.

王健雄，1986. 台湾近海鲔钓渔业资源动态解析［J］. 中国水产（400）：3－15.

王晓晴，2017. 我国东太平洋金枪鱼渔业发展探讨［J］. 渔业信息与战略，32（1）：31－37.

王馨云，谢晶，2020. 不同冷藏条件下金枪鱼的水分迁移与脂肪酸变化的相关性［J］. 食品科学，41（5）：200－206.

王永猛，李志敏，涂志英，等，2020. 基于雅砻江两种裂腹鱼游泳能力的鱼道设计［J］. 应用生态学报，31（8）：2785－2792.

王宇，2000. 世界主要国家和地区远洋渔业发展态势［J］. 中国渔业经济（6）：23－25.

王中铎，郭昱嵩，颜云榕，等，2012. 南海大眼金枪鱼和黄鳍金枪鱼的群体遗传结构［J］. 水产学报，36（2）：191－201.

王忠民，李治勋，王先科，2010. 鲤鱼健康鱼与暴发性疫病病鱼血清分析［J］. 科学养鱼（11）：43.

文娟，王文菊，赵仕玉，等，2020. 老年慢性心衰患者红细胞压积、总血红蛋白水平与左心室功能的相关性［J］. 心血管康复医学杂志，29（6）：660－664.

吴青怡，曹振东，付世建，2016. 鳊鱼和宽鳍鱲幼鱼流速选择与运动能量代谢特征的关联［J］. 生态学报，36（13）：4187－4194.

夏春，2005. 水生动物疾病学［M］. 北京：中国农业出版社.

徐慧文，谢晶，2014. 金枪鱼保鲜方法及其鲜度评价指标研究进展［J］. 食品科学，35（7）：258－263.

徐慧文，谢晶，汤元睿，等，2014. 金枪鱼盐水浸渍过程中渗盐量及品质变化的研究［J］. 食品工业科技，35（12）：349－353，364.

徐坤华，赵巧灵，廖明涛，等，2014. 金枪鱼质构特性与感官评价相关性研究［J］. 中国食品学报，14（12）：190－197.

许柳雄，朱国平，宋利明，2008. 印度洋中西部水域大眼金枪鱼的食性［J］. 水产学报，32（3）：387－394.

许品诚，曹萃禾，1989. 湖泊围养鱼类血液学指标的初步研究［J］. 水产学报（4）：346－352.

薛莹，2004. 黄海中部小黄鱼的食物组成和摄食习性的季节变化［J］. 中国水产科学，11（3）：237－243.

杨胜龙，靳少非，化成君，等，2015. 基于Argo数据的热带大西洋大眼金枪鱼时空分布［J］. 应用生态学报，26（2）：601－608.

杨胜龙，伍玉梅，张忭忭，等，2017. 中西太平洋大眼金枪鱼中心渔场时空分布与温跃层的关系［J］. 应用生态学报，28（1）：281－290.

杨胜龙，张忭忭，张衡，等，2019. 黄鳍金枪鱼垂直移动及水层分布研究进展［J］. 水产科学（38）：119－126.

杨胜龙，张忭忭，唐宝军，等，2017. 基于GAM模型分析水温垂直结构对热带大西洋大眼金枪鱼渔获率的影响［J］. 中国水产科学，24（4）：875－883.

杨阳，曹振东，付世建，2013. 温度对鳊幼鱼临界游泳速度和代谢范围的影响［J］. 生态学杂志，32（5）：1260－1264.

叶清如，1990. 金枪鱼及其罐头制品［J］. 食品工业（6）：9－11.

于娜，李加儿，区又君，等，2012. 不同盐度下鲻鱼幼鱼鳃和肾组织结构变化［J］. 生态科学，31（4）：424－428.

余文晖，王金锋，谢晶，2019. 不同解冻方式对金枪鱼品质的影响［J］. 食品与发酵工业，45（12）：189－197.

原作辉，杨东海，樊伟，等，2018. 基于卫星AIS的中西太平洋金枪鱼延绳钓渔场分布研究［J］. 海洋渔业（40）：649－659.

曾令清，张耀光，付世建，等，2011. 双向急性变温对南方鲇幼鱼静止耗氧率和临界游泳速度的影响［J］. 水生生物学报，35（2）：276－282.

曾令清，彭韩柳依，王健伟，等，2014. 饥饿对南方鲇幼鱼游泳能力个体变异和重复性的影响 [J]. 水生生物学报，38 (5)：883 - 890.
战文斌，2004. 水产动物病害学 [M]. 北京：中国农业出版社.
战文斌，杨先乐，汪开毓，2011. 水产动物病害学 [M]. 北京：中国农业出版社.
张殿昌，马振华，2015. 卵形鲳鲹繁育理论与养殖技术 [M]. 北京：中国农业出版社.
张德锋，李爱华，龚小宁，2014. 鲟分枝杆菌病及其病原研究 [J]. 水生生物学报，38 (3)：99 - 108.
张德锋，潘磊，可小丽，等，2017. 花鲈源海分枝杆菌的分离、基因组测序及比较基因组学研究 [J]. 基因组学与应用生物学，36 (4)：1462 - 1467.
张寒野，程家骅，2005. 东海区小黄鱼空间格局的地统计学分析 [J]. 中国水产科学，12 (4)：419 - 424.
张寒野，林龙山，2005. 东海带鱼和小型鱼类空间异质性及其空间关系 [J]. 应用生态学报，16 (4)：708 - 712.
张衡，樊伟，崔雪森，2012. 北太平洋长鳍金枪鱼延绳钓渔场分布及其与海水表层温度的关系 [J]. 渔业科学进展，32 (6)：1 - 6.
张衡，吴祖立，周为峰，等，2016. 南海南沙群岛灯光罩网渔场金枪鱼科渔获种类、渔获率及其峰值期 [J]. 海洋渔业，38 (2)：140 - 148.
张继光，陈洪松，苏以荣，等，2008. 喀斯特山区洼地表层土壤水分的时空变异 [J]. 生态学报，28 (12)：6334 - 6344.
张鹏，杨吝，张旭丰，等，2010. 南海金枪鱼和鸢乌贼资源开发现状及前景 [J]. 南方水产，6 (1)：68 - 74.
张鹏，曾晓光，杨吝，等，2013. 南海区大型灯光罩网渔场渔期和渔获组成分析 [J]. 南方水产科学，9 (3)：74 - 79.
张晓霞，叶振江，王英俊，等，2009. 青岛海域小眼绿鳍鱼耳石形态的初步研究 [J]. 中国海洋大学学报 (自然科学版)，39 (4)：622 - 626.
张学健，程家骅，2009. 鱼类年龄鉴定研究概况 [J]. 海洋渔业，31 (1)：92 - 99.
赵传絪，陈思行，1983. 金枪鱼类和金枪鱼渔业 [M]. 北京：中国农业出版社.
赵冬芹，朱莹漫，蔡昭林，等，2011. 碱性钙离子水对大鼠血液酸碱度、血钙浓度及免疫功能的影响 [J]. 华南师范大学学报 (自然科学版) (2)：129 - 132，142.
赵文文，曹振东，付世建，2013. 溶氧水平对鳊鱼、中华倒刺鲃幼鱼游泳能力的影响 [J]. 水生生物学报. 37 (2)：314 - 320.
郑波，陈新军，李纲，2008. GLM 和 GAM 模型研究东黄海鲐资源渔场与环境因子的关系 [J]. 水产学报，32 (3)：379 - 387.
郑晓春，戴小杰，朱江峰，等，2015. 太平洋中东部海域大眼金枪鱼胃含物分析 [J]. 南方水产科学，11 (1)：75 - 80.
郑振霄，童玲，徐坤，等，2015. 2 种低值金枪鱼赤身肉的营养成分分析与评价 [J]. 食品科学，36 (10)：114 - 118.
支兵杰，刘伟，石连玉，2009. 人工培育秋大麻哈幼鱼的生长与形态研究 [J]. 水产学杂志 (22)：49 - 52.
钟金鑫，张倩，李小荣，等，2013. 不同流速对鳙 (鱼良) 白鱼游泳行为的影响 [J]. 生态学杂志，32 (3)：655 - 660.
周成，朱国平，陈锦淘，等，2012. 印度洋南部大眼金枪鱼年龄鉴定及其与长的关系 [J]. 中国水产科学，19 (3)：536 - 544.
周劲望，杨铭霞，陈新军，等，2014. 世界主要金枪鱼捕捞产量分析 [J]. 渔业信息与战略，29 (2)：149 - 155.
周先标，2001. 全球金枪鱼贸易状况 [J]. 中国渔业经济 (4)：46 - 47.

朱国平，许柳雄，2008. 热带大西洋西部水域大眼金枪鱼延绳钓渔场分布及其与表温之间的关系［J］. 海洋渔业，30（1）：8－12.

朱国平，许柳雄，周应祺，等，2007b. 印度洋中西部和大西洋西部水域大眼金枪鱼的食性比较［J］. 生态学报，27（1）：135－141.

朱国平，周应祺，许柳雄，等，2007a. 大西洋西部大眼金枪鱼摄食生态的初步研究［J］. 水产学报，31（1）：23－30.

朱江峰，戴小杰，官文江，2014. 印度洋长鳍金枪鱼资源评估［J］. 渔业科学进展，35（1）：1－8.

邹盈，李彦坡，戴志远，等，2018. 三种金枪鱼营养成分分析与评价［J］. 农产品加工，10（5）：43－47.

Alain F，Ariz J，Delgado A，et al.，2005. Acomparison of bigeye stocks and fisheries in the Atlantic，Indian and pacific oceans［J］. Col Vol Sci Pap ICCAT，57（2）：41－66.

Abascal F J，Medina A，2005. Ultrastructure of oogenesis in the bluefin tuna，*Thunnus thynnus*［J］. J Morph，264（2）：149－160.

Buentello J A，2006. The blue revolution in southern Baja California Yellowfin tuna，*Thunnus albacares* aquaculture［J］. Panorama Acuicola，11（3）：60－67.

Cai L，Cao M，Cao A，et al.，2018. Ultrasound or microwave vacuum thawing of red seabream（*Pagrus major*）fillets［J］. Ultr Sonochem（47）：122－132.

Chen I C，Lee P F，Tzeng W N，2005. Distribution of albacore（*Thunnus alalunga*）in the Indian Ocean and its relation to environmental factors［J］. Fish Ocean（14）：71－80.

Evans K，Langley A，Clear NP，et al.，2008. Behaviour and habitat preferences of bigeye tuna（*Thunnus obesus*）and their influence on longline fishery catches in the western Coral Sea［J］. Can J Fish Aqu Sci（65）：2427－2443.

Glencross B D，Van Barneveld R J，Carter C G，et al.，1999. On the path to a manufactured feed for farmed bluefin tuna［J］. World Aquaculture Mag，30（3）：42－46.

Ishihara K，Saito H，1996. The docosahexaenoic acid content in the lipid of juvenile bluefin tuna *Thunnus thynnus* caught in the sea of the Japanese coast［J］. Fish Sci（62）：840－841.

Kazutaka Y，Steve E，Takafumi A，2007. Influence of water temperature and fish length on the maximum swimming speed of sand flathead，*Platycephalus bassensis*：Implications for trawl selectivity［J］. Fish Res（84）：180－188.

Laslett G，Eveson J P，Polacheck T，2004. Fitting growth models to length frequency data［J］. ICES Mar Sci，60（2）：218－230.

Li J，Lu H，Zhu J，et al.，2009. Aquatic products processing industry in China：Challenges and outlook［J］. Tren Food Sci Tech，20（2）：73－77.

Metian M，Pouil S，Boustany A，et al.，2014. Farming of bluefin tuna reconsidering global estimates and sustainability concerns［J］. Rev Fish Sci Aquaculture（22）：184－192.

Motomura T，Uchioke S，2003. Review of the production model analyses of bigeye tuna（*Thunnus obesus*）in the Indian Ocean［J］. Journal of Ryutsu Keizai University，37（11）：1－18.

Potier M，Marsac F，Cherel Y，et al.，2007. Forage fauna in the diet of three large pelagic fishes（lancetfish，swordfish and yellowfin tuna）in the western equatorial Indian Ocean［J］. Fish Res，83（1）：60－72.

Seoka M，Takaoka O，Takii K，et al.，1998. Triacylglycerol and phospholipid in developing Japanese flounder eggs［J］. Fish Sci（64）：654－655.

Tendencia E A，Bosma R H，Verdegem M C J，et al.，2015. The potential effect of greenwater technology on water quality in the pond culture of *Penaeus monodon* Fabricius［J］. Aquacult Res，46（1）：1－13.

Tocher D R，2003. Metabolism and function of lipids and fatty acids in teleost fish [J]. Rev Fish Sci (11): 107-184.

Zink I C，Benetti D D，Douillet P A，et al.，2011. Improvement of water chemistry with Bacillus probiotics inclusion during simulated transport of yellowfin tuna yolk sac larvae [J]. North Am J Aquacult (73): 42-48.

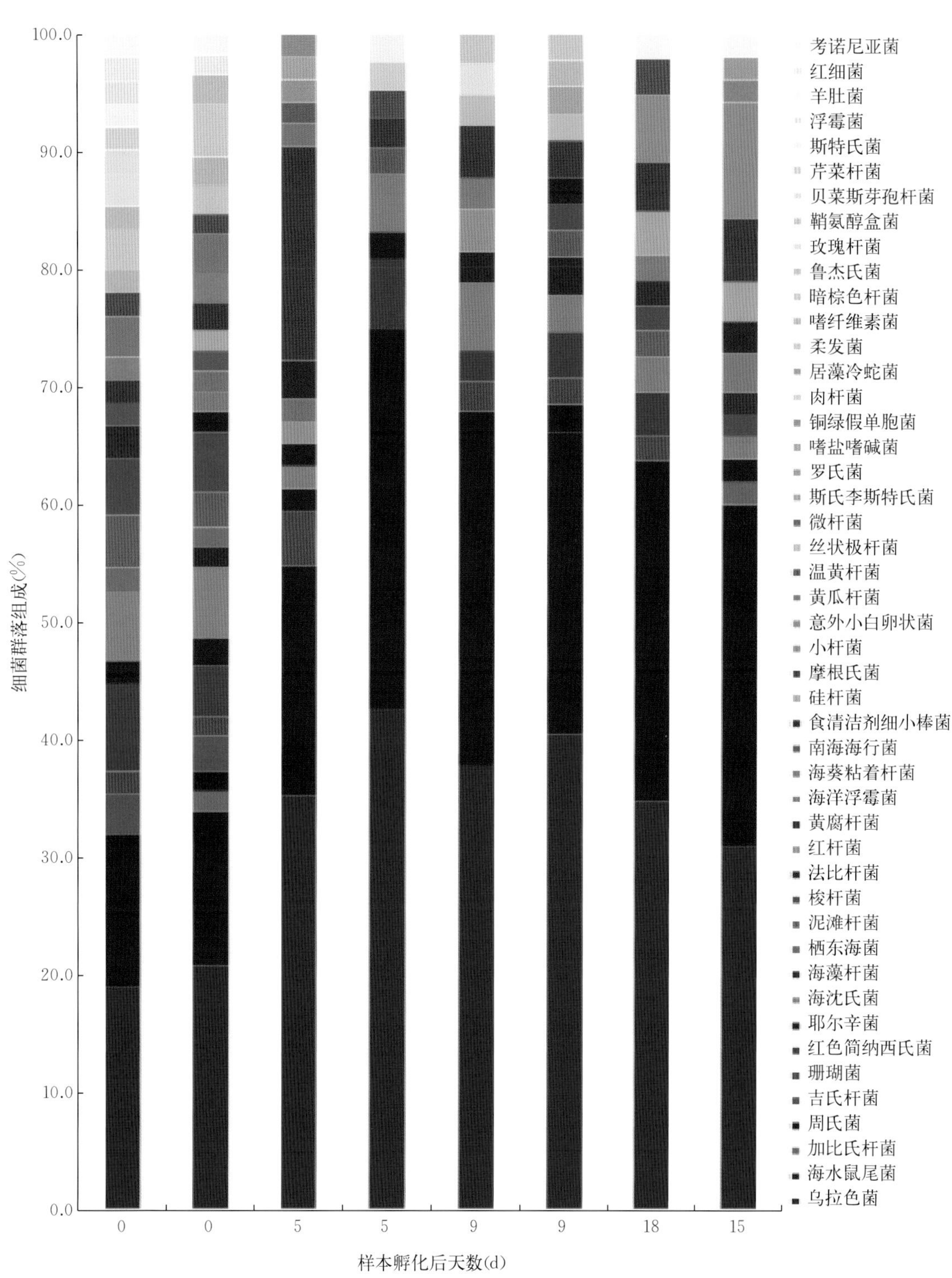

彩图 1　孵化场幼体培育水槽水中细菌群落百分比

（0 为干净海水，5～18 为不同日龄）

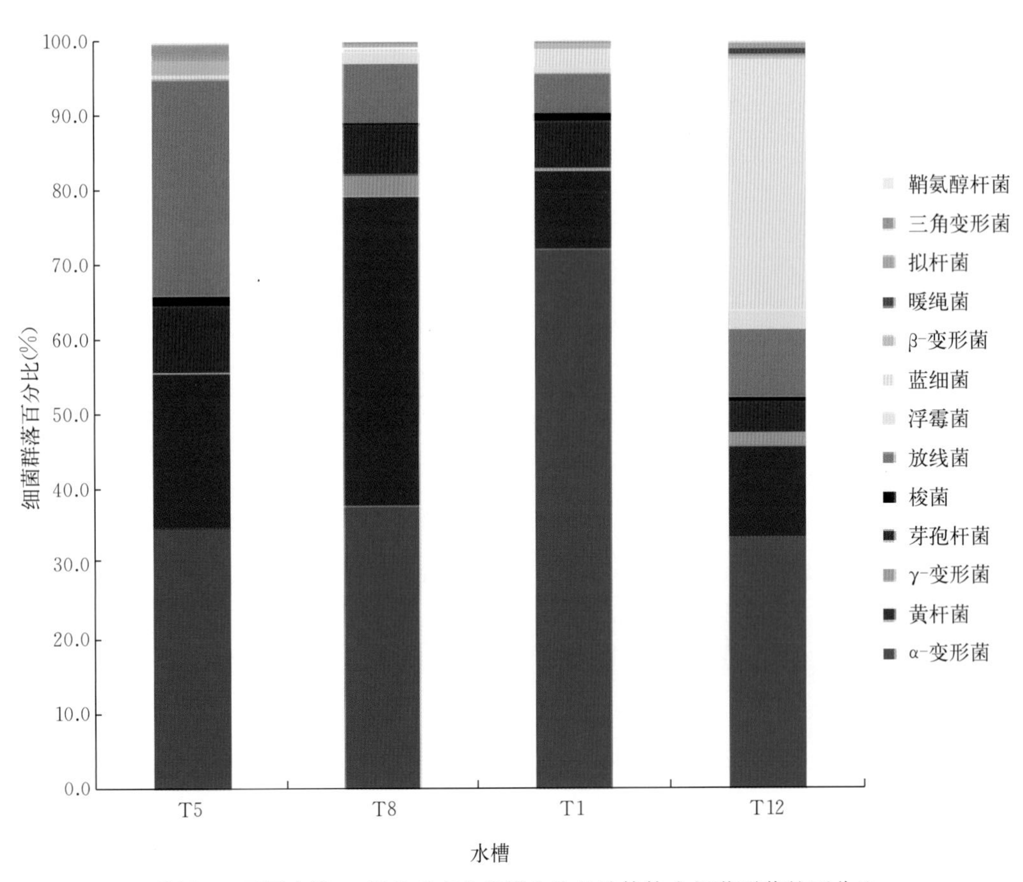

彩图 2　不同水槽 15 日龄时南方蓝鳍金枪鱼幼体体内细菌群落的百分比